Einführung in die Chrono-Bio-Psychologie

Chrono-Bio-Psychologische Grundlagen
in Bildung und Gesundheit
Chrono-Bio-Psychological Basics
in Education and Health

Herausgegeben von / Edited by
Hans-Ullrich Balzer / Marcus Stück /
Libbi Annatagia

BAND 1

Hans-Ullrich Balzer / Marcus Stück / Libbie Annatagia (Hrsg.)

Einführung in die Chrono-Bio-Psychologie

PETER LANG

Berlin - Bruxelles - Chennai - Lausanne - New York - Oxford

Bibliografische Information der Deutschen Nationalbibliothek
Die Deutsche Nationalbibliothek verzeichnet diese Publikation in der Deutschen Nationalbibliografie; detaillierte bibliografische Daten sind im Internet über http://dnb.d-nb.de abrufbar.

ISSN 2365-3345
ISBN 978-3-631-90059-8 (Print)
ISBN 978-3-631-90060-4 (E-PDF)
ISBN 978-3-631-90061-1 (EPUB)
DOI 10.3726/b20739

Verlegt durch: Peter Lang GmbH, Berlin, Deutschland

info@peterlang.com - www.peterlang.com

Inhaltsverzeichnis

1 Einleitung

Die Chronos (griechisch: chronos – Χρόνος) ist nach der griechischen Mythologie der Gott der Zeit. Philosophisch kann man die Zeit als Kraft verstehen, die Außergewöhnliches bewirkt. So gesehen könnte man den Spruch „Die Zeit heilt alle Wunden" als Ausdruck dafür verstehen, dass Zeit eine therapeutische Wirkung hat. In der Physik stellt sie neben den Raumkoordinaten die vierte Dimension dar, hat eine Richtung und ist nicht umkehrbar. In der Quantenmechanik und Relativitätstheorie haben Systeme eine Eigenzeit und von verschiedenen Systemen aus betrachtet, können Ereignisse in der Natur unterschiedliche Zeiten haben. Für Abläufe in der Natur und damit auch für Lebensvorgänge existieren darüber hinaus auch noch „Teile" der Zeit – wie die Vergangenheit, die Gegenwart, die Zukunft und der Begriff der Gleichzeitigkeit. Die Chronobiologie beschäftigt sich mit den zeitlichen Abläufen in biologischen Systemen. Die Psychologie untersuchte bisher den Zeitbegriff vor allem im Zusammenhang mit der Zeitwahrnehmung. Wundt (1911) äußert bereits den Gedanken, dass der „Zeitsinn" an rhythmische Vorgänge gebunden ist. Dabei wird festgestellt, dass die subjektive Zeitwahrnehmung eng mit der Zahl der Ereignisse in einem Zeitabschnitt korreliert, was dazu führt, dass vergangene Zeit als kurz empfunden wird, wenn viele Ereignisse stattfanden und als lang empfunden wird, wenn wenig Ereignisse stattfanden. Auf jeden Fall beschreibt die Zeit den zeitlichen Abstand zwischen Ursache und Wirkung eines Vorganges. In der Medizin spielt die Zeit inzwischen eine entscheidende Rolle, z. B. bei der Rettung von Menschen nach Unfällen oder aus gefährlichen Situationen, aber auch bei der Anwendung von Medikamenten zur Heilung oder in der zeitlichen Folge bestimmter Therapien, um einen optimalen Heilungseffekt zu erzielen. Diese Erkenntnisse führten und führen letztlich zur Etablierung der Chronopharmokologie als Wissenschaft. In die Entwicklung der Chronobiologie und Chronomedizin flossen teilweise auch die Erfahrungen der chinesischen Heilkunst ein. Im alten China waren Beobachtungen der Veränderungen der Körperfunktionen Grundlage des Wissens vom Menschen. Dazu gehörte die Feststellung von Ying und Yang. Heute sprechen wir in diesem Zusammenhang von Aktivierung und Deaktivierung der Körperfunktionen und stellen zeitliche Abhängigkeiten fest, wie sie schon im alten China bekannt waren.

Beginnend mit wissenschaftlichen Untersuchungen zu zeitlichen Abläufen in der belebten Natur, stellte Lemmer (2009) diese Entwicklung in einer übersichtlichen Art zusammen. Eine der ersten internationalen Konferenzen zur Chronobiologie war die 3. Konferenz der „International Society for Biologic Rhythm Research" 1949 in Hamburg. In der heutigen Zeit gibt es eine Reihe von Gesellschaften, die sich mit Chronobiologie befassen, ihre Ergebnisse zusammenstellen und der Allgemeinheit in Form von Publikationen und Vorträgen präsentieren. Nichts desto trotz haben es chronobiologisch basierte Gedankengänge immer noch schwer in viele Bereiche der Medizin, der Biologie selbst, vor allem auch in Bereiche der Psychologie einzudringen. Das liegt unter anderem daran, dass die in der Chronobiologie verwendeten Methoden zur Datenerhebung einerseits ein hohes technologisches Niveau verlangen und andererseits, insbesondere bei der Zeitreihenanalyse[1], ausgeklügelte mathematische Methoden notwendig sind, um diese Datenmengen nicht nur zu bewältigen, sondern sie auch interpretierbar zu machen. Die Komplexität der Lebensvorgänge erzwingt infolge dessen auch ein sich wandelndes Verständnis über alle Arten von Lebensvorgängen. Dazu gehört auch ein Verständnis von Regelvorgängen in z.T. sich selbst organisierenden, reagierenden oder durch Denkvorgänge adaptierende Veränderungen in Organismen, die – um sie mit der Physik entfernt zu vergleichen – nichtlinearer Natur sind. Diese dynamischen Strukturen verlangen ein Umdenken, weg vom simplen Begriff eines Mittelwertes und der dazu gewöhnlich gehörenden Streuung hin zum Verständnis, dass periodische Schwankungen der Mittelwerte oder in den Streuungen verborgenen Werte die eigentliche Information über den Zustand eines Organismus enthalten können. Dieses Umdenken stellt vor allem in der Medizin und in der Psychologie eine Art Quantensprung in der Entwicklung der Wissenschaft dar.

Aufgabe dieser Buchreihe zur chrono-bio-psychologischen Regulationsdiagnostik ist es daher:

1. eine neue Zusammenfassung des Wissens zu dieser Thematik nach der weit verbreiteten Sammlung dieser Art von Hildebrandt (1998), zu veröffentlichen;
2. die Gedanken und das Verständnis von Chronobiologie tiefer auch in den Bereich Psychologie einfließen zu lassen und damit den bisherigen Ansatz

1 Das Wort Zeitreihe spielt bei der Analyse von Daten im Rahmen der Chronobiologie eine entscheidende Rolle. Unter einer Zeitreihe versteht man eine Folge von beobachteten oder gemessenen Werten. Mit modernen Mitteln der Mathematik werden solche Zeitreihen analysiert um daraus Schlüsse über den Zustand der Umwelt und der biologischen Systeme zu ziehen oder ihre Veränderungen darzustellen.

der Chronobiologischen Regulationsdiagnostik (CRD) ebenfalls in der Psychologie anzuwenden und begrifflich unter der Akronym – CRD – die Chrono-Bio-Psychologische Regulationsdiagnostik zu verstehen;

3. durch die Wahl des Wortes Chrono-Bio-Psychologie verständlich werden zu lassen, dass keine der Wissenschaften, die sich mit dem Lebenden befasst, den Begriff der Zeit nicht nur außer Acht lassen kann, sondern ihn geradezu als Mittel zum Zweck, insbesondere bei der Diagnostik sowohl im humanen Bereich, im Tierbereich aber auch im Bereich der Pflanzen gebrauchen muss;
4. die reichen Erfahrungen der chronobiologischen Erkenntnisse des Ostens mit denen des Westens zu verknüpfen, da es gegenwärtig auffallend ist, dass zwar eine Reihe der westlichen Literatur in die der östlichen Literatur einfließt, umgekehrt aber wenig bis gar nicht. Daher ist eine Mitherausgeberin der Buchreihe (Libbi Annatagia) eine Vertreterin des Ostens aus Indonesiens, von der Islamische Universität Yogyakarta.

2 Geschichte und Entwicklung der Chronobiologie

Der Herzschlag des Menschen und sein am Körper fühlbarer Puls haben schon in der Frühzeit die Menschen dazu inspiriert diese Merkmale des Lebens als Gegenstand der Beurteilung von gesund und krank zu nutzen. Aus Beobachtungen der Umwelt – der Einflüsse von Sonne, des Mondes und anderer kosmischer Objekte sowie der Veränderungen in der Lebensweise anderer Lebewesen und Pflanzen auf der Erde – entwickelten sich Erfahrungen und Kenntnisse über zyklische Abläufe. Auf Basis dieser Erkenntnisse entstanden die Zeitrechnungen mit ihren Darstellungen in Form von Kalendern sowie auch die Mittel zur Messung der Zeit – die Uhren.

Lemmer (2004, 2009) ist die bisher umfassendste Darstellung der Entwicklung der Chronobiologie gelungen. Nach Lemmer beginnen die wissenschaftlichen Aufzeichnungen zur Chronobiologie im Jahre 1631 in dem von Sanctorius Sanctorius (Sanctorius, 1631; zitiert in Lemmer, 2004) verfasstem Werk zur medizinischen Philosophie „Methodi vivandorum". Dabei wird berichtet, dass Sanctorius einen Pulsmesser zur Erfassung des Pulses erfunden hat und feststellt: „Aus der Beobachtung dieses Pulsmessers schließen wir zunächst, an welchem Tag und zu welcher Stunde in welchem Maß und Häufigkeit die Kranken vom natürlichen Zustand abweichen" (Zitat aus Lemmer, 2004). Doch die Erfindung der Pulsmessung liegt noch weiter zurück. Herophilos von Chalkedon (* um 330 v. Chr.; † um 255 v. Chr.) war ein griechischer Arzt, der in Alexandria die Lehre von der diagnostischen Bedeutung des Pulses bei Herzkrankheiten begründete und dazu eine Taschenwasseruhr zur Messung nutzte.

Ibn Sina Abu Ali (Avicenna) beendete seine Arbeit zum Kanon der medizinischen Wissenschaft ungefähr im Jahre 1020. In seinem umfassenden Werk widmete er ein Kapitel der Pulsdiagnostik und vergleicht darin den Puls mit der Musik, indem er die darin enthaltenen Rhythmen und Periodizitäten beschreibt und auf den Zusammenhang mit gesund und krank, jung und alt verweist.

Bei der in Tibet seit Jahrhunderten verbreiteten Pulsdiagnostik (Zydypov 1988) wird unter Berücksichtigung der tageszeitlichen Veränderungen empfohlen, Pulsmessungen bei Sonnenaufgang vorzunehmen, wenn der Patient sich noch im Bett befindet und ein Gleichgewicht zwischen dem Wärmekanal ‚ro-ma' und dem Kältekanal ‚čžan-ma' vorhanden ist. Das lässt darauf schließen, dass die tagesabhängigen Unterschiede und die darin enthaltenen

Unterschiede in Bezug auf gesund oder krank eine wichtige Rolle bei der Diagnose bildeten. In der tibetischen Medizin erreichte die Pulsdiagnostik ohne technische Hilfsmittel ihren höchsten Stand. Ein erfahrener Arzt ist hiermit in der Lage, bis zu 360 Merkmale aus dem Puls zu erkennen. In der tibetischen Medizin spielt die Tageszeit, aber auch die jahreszeitliche Abhängigkeit in der Behandlung von Erkrankungen eine wichtige Rolle. Dabei ist es durchaus wichtig, wann im Tagesverlauf und in welcher Jahreszeit die Extrakte aus den verschiedensten Kräutern gewonnen werden, um individuelle Rezepturen zu erstellen.

In die Zeit des Herophilos von Chalkedon ca. 200 v. Chr. fallen auch die ersten Überlieferungen aus dem alten China zu den Begriffen Yin und Yang. Sie sind beschrieben im Ch'ien-Han-shu oder vereinfacht Han Shu, dem 2. Teil des chinesischen Geschichtskanons aus der Zeit von 206 v. Chr. bis 24 nach Christi (Literaturstelle 5, Kap. 2, S. 82, zitiert in Granet 1934). Danach werden Yin und Yang unter verschiedensten Aspekten gebraucht. Teilweise werden ihnen gegensätzliche Kräfte zugeschrieben, teilweise werden sie als Beschreibungen von gegensätzlichen Zuständen der Natur oder des Menschen oder zwischen den Menschen gebraucht. Unter astronomischem Aspekt erhalten sie Bedeutungen von kosmischen Einflüssen. Mit den Begriffen Yin und Yang werden ebenso Gegensätzlichkeiten beschrieben, die in Raum und Zeit existieren als auch ihre Abfolge – zuerst Yin, dann Yang – bzw. die zyklische Wiederkehr in dieser Abfolge. Granet bemerkte dazu: „Vorläufig ist es wichtig festzuhalten, dass nichts dazu berechtigt, im Yin und Yang Substanzen, Kräfte oder Prinzipien zu sehen, Yin und Yang sind vielmehr (das) mit einer wahrhaft unbegrenzten, ja eigentlichen totalen Deutungskraft ausgestattetes Ensemble (Granet 1934, S. 94)". Eine Abhandlung zum Han Shu findet man bei Le Blanc (1985).

2.1 Entwicklung der Chronobiologie nach geographischen Gesichtspunkten des Westens und Ostens

IM WESTEN: Der Dichter NOVALIS sprach es im 18. Jahrhundert folgendermaßen aus "Hat man den Rhythmus der Welt weg – so hat man auch die Welt weg."[2]

2 Novalis: Enzyklopädie (Poetik), In: http://www.phil-fak.uni-duesseldorf.de/ germ4/ modlyr/novpoes1.htm

Abbildung 1 NOVALIS, eigentlich: (Georg) Friedrich (Philipp) Freiherr von Hardenberg, geb. 02.05.1772 Oberwiederstedt/Harz, gest. 25.3.1801 Weißenfels

Der Umkehrschluss lautet: „Grundlage der Welt und damit des Lebens ist der Rhythmus". Das Leben (griechisch: bios) ist eine Eigenschaft der Materie. So sprechen wir auch von der belebten und unbelebten Natur und differenzieren dabei nach organischen und anorganischen Stoffen. Das Leben beginnt mit der Bewegung. In einem der bekanntesten Lehrbücher der Physik dem „Gerthsen" wird festgestellt „Bewegung ist Lageänderung" (Vogel, 1997). Nur dass wir der Bewegung anorganischer Materie kein Leben zuordnen. Leben allgemein bedeutet Veränderung, Dynamik und Ruhelosigkeit. Das wiederum sind Begriffe, die wir den vorher genannten Eigenschaften von Raum und Zeit zuordnen können. Leben hat mehrere Teilfunktionen, die nicht immer alle vorhanden sein müssen: Fortpflanzung, Stoffwechsel, Reizempfinden, Bewegung, Regulation, Vererbung, Evolution, Mutation,....

Die Fortführung der Überlegungen von NOVALIS führt zu folgendem Schluss:

Postulat:
Das Leben beginnt mit der Rückkopplung von Informationen und wird durch die Zuführung von Energie aufrechterhalten. Basis ist eine (organische) Struktur, die diese Rückkopplung ermöglicht und die in der Lage ist, die Energie ihres Umfeldes zur Aufrechterhaltung ihrer Struktur zu nutzen. Die Rückkopplung und damit die Entstehung von Leben, kann aufgrund äußerer Bedingungen zufällig erfolgen[3].

---

3 Der Molekularbiologe Bernard Korzeniewski (Korzeniewski, 2001) definiert Leben als "Geflecht von negativen Rückkopplungsschleifen, die einer positiven Rückkopplungsschleife untergeordnet sind." D. h., "ein lebendes System reguliert sich selbst, um fortzubestehen".

Und wenn von Rhythmus und Rückkopplungsschleifen in Lebensvorgängen die Rede ist, so spielte auch die Zeit im wissenschaftlichen chronobiologischen Diskurs seit jeher eine bedeutende Rolle. Die Entwicklung der Chronobiologie verdichtete sich im westeuropäischen Raum vor allem mit den wissenschaftlichen Abhandlungen im Mittelalter und der Zeit der Renaissance. De Mairan (1729) berichtete als erster in seinen „Observation Botanique" von den tagesrhythmischen Blattbewegungen der Mimose. 1745 entwickelte der schwedische Ritter Carl v. Linné eine Blumenuhr, damit man „auch bei trübem Wetter wisse, was die Glocke geschlagen hat" (zitiert in: Somers, 1999). Aschoff (1987) erstellte in diesem Sinne eine Vogeluhr (zitiert in Bunk, 2004).

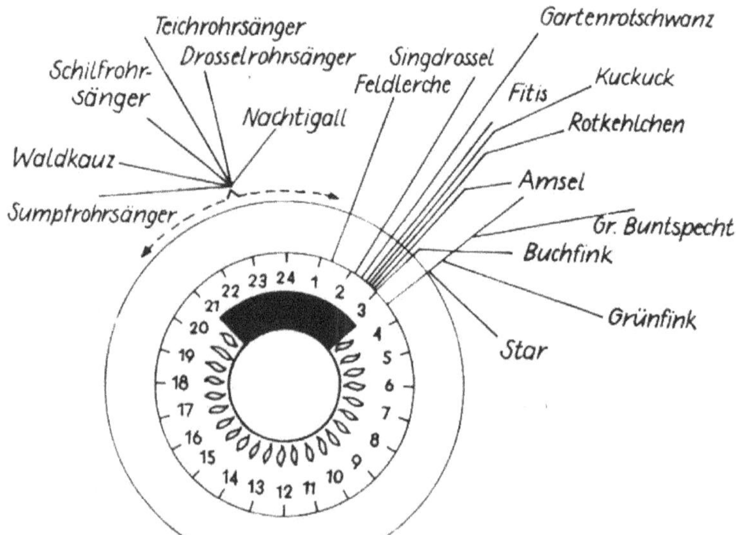

Abbildung 2 Schema einer Vogeluhr, aus Hildebrandt, 1998

Bemerkung: dargestellt ist der Beginn und Ende des täglichen Vogelgesangs, die Steuerung erfolgt durch Überschreiten einer kritischen Helligkeitsgrenze (Exo-Rhythmen).

Hufeland (1860) bemerkt u. a. zum Einfluss der Tagesrhythmik „*In allen Krankheiten äußert sich diese regelmäßige Periode, und alle andern so wunderbar pünktlichen Termine in unserer physischen Geschichte werden im Grunde durch diese einzelne 24stündige Periode bestimmt.“*. Entscheidenden Anstoß für die Entwicklung der Chronobiologie lieferten die Gedanken, die R. Virchow (Zitat 1)(1869) – 1856 Direktor des Instituts für Pathologie der Charité Berlin- äußerte:

> *„Die Krankheit beginnt in dem Augenblick, wo die regulatorische Einrichtung des Körpers nicht ausreicht, die Störung zu beseitigen. Nicht das Leben unter abnormen Bedingungen als solches erzeugt Krankheit, sondern die Krankheit beginnt mit der Insuffizienz des regulatorischen Apparates.“*

Über die zahlreichen einzelnen Beiträge zur Entwicklung chronobiologischer Gedanken berichtet Lemmer in seinem Buch „Chronopharmakologie – Tagesrhythmus und Arzneimittelwirkung“ (Lemmer, 2004) und in seinem Artikel „Discoveries of Rhythms in Human Biological Functions: A Historical Review“ (Lemmer, 2009) ausführlich. Im Verlaufe des 20. Jahrhunderts nahm die Chronobiologie einen rasanten Aufschwung. Im Jahre 1937 fand in Schweden die erste Konferenz der Internationalen Gesellschaft für biologische Rhythmusforschung statt. Ab 1920 begann die Erforschung biologischer menschlicher Zeitstrukturen (Forsgreen, 1931), u. a. Herzfrequenz, Harnausscheidung, Körpertemperatur und Gallensekretion. 1935 gelang der Nachweis der endogenen Tagesrhythmik (bei Pflanzen; unter Ausschluss aller Umwelteinflüsse; Bünning, 1935). Allgemein werden Jürgen Aschoff (1913–1998) und Franz Halberg (1919–2013) als die Väter der Chronobiologie beschrieben. Franz Halberg wechselte in den 50 er Jahren des 20. Jahrhunderts nach Minnesota in die USA und gründete dort die Chronobiologischen Laboratorien (Chronobiology Laboratories).

IM OSTEN: Im osteuropäischen Raum verlief die Entwicklung etwa zeitgleich. Im Jahre 1864 hielt von Baer (1864) in St. Petersburg als Präsident der Russischen Entomologischen Gesellschaft eine Rede über die biologische Zeit und ihre Veränderungen bei verschiedenen Tierarten. Später begann I.M. Sečenov (1829–1905) mit ersten Untersuchungen zum Problem der „biologischen Zeit“, die danach von Uchtomskij (1875–1942) weitergeführt wurden, jedoch noch wenig Beachtung fanden. Ende der 20 er und zu Beginn der 30 er Jahre des 20. Jahrhunderts beschäftigte sich A. L. Chizhevsky im Jahre 1934 (Chizhevsky (1934)) mit dem Einfluss von Umweltfaktoren, insbesondere der Sonne auf das Leben auf der Erde und untersuchte u. a. die elektromagnetischen Parameter von Erythrozyten im Blut und den Zusammenhang mit dem circadianen System des Menschen. Diese Arbeiten wurden zur Zeit der Repressionen unter Stalin verboten. Er selbst wurde nach Sibirien verbannt.

Seine Arbeiten wurden erst ab 1973 wieder publiziert, Čiževskij (1976). Einen historischen Überblick dazu lieferte Chetagurova (2013). In der ehemaligen Sowjetunion begann die Entwicklung der Chronobiologie in den 50er Jahren des 20. Jahrhunderts und nahm dann einen rasanten Aufschwung, zu dessen Höhepunkt im Jahre 1981 die Gründung von drei Problemkommissionen zur Chronobiologie und Chronomedizin an der Akademie der Wissenschaften der UdSSR, dem Gesundheitsministerium der UdSSR und der Leningrader Abteilung der AdW der UdSSR führte. Dazu zählen insbesondere auch die Arbeiten von J.A. Romanov (1980) und F.I. Komarov (1966). Einen besonderen Beitrag zur Chronobiologie und Chronomedizin lieferten Arbeiten aus dem Bereich der Raumfahrtmedizin u.a. von Alâkrinskij (1983) und Stepanova (1977). Einen Einblick in die derzeitigen Arbeiten zur Chronobiologie und Chronomedizin liefern die wiederholt stattfindenden Konferenzen zu dieser Thematik. Der gegenwärtige Stand wird u. a. dokumentiert in Rapoport (2012). Inhaltlich konzentrieren sich weltweit viele Arbeiten auf die Erforschung des circadianen Rhythmus. In der Medizin selbst schufen die Arbeiten zur Schlafforschung und zur Herzfrequenzvariabilität (HRV) die Grundlage für chronobiologische Erkenntnisse. Zu den führenden Vertretern und Gründern der Methodik zur HRV zählen R.M. Baevsky (2011) und Caslavskaâ (1991). Baevsky (2011) ist es auch zu verdanken, einen Zeitsprung vollführt zu haben und moderne Erkenntnisse der regulatorischen Tätigkeit des Organismus den historischen Kenntnissen von Avicenna (Abu Ali Ibn Sina, 2003) von vor über 1000 Jahren gegenüberzustellen und auf die vielen Gemeinsamkeiten in diesen Auffassungen und Erkenntnissen hinzuweisen.

2.2 Grundlegende Entdeckungen in der Chrono-Bio-Psychologie

2.2.1 Entdeckung der biologischen Uhren

Zahlreiche Funktionen unseres Körpers unterliegen rhythmischen Schwankungen: Wachsein und Schlafen, Blutdruck, Herzfrequenz, Schmerzempfinden, Zellteilung in gesundem Gewebe und Temperatur verändern sich im Verlauf eines Tages und der Nacht. Auf der Suche nach den biologischen Uhren (clock's) des Organismus wurde zuerst nach der Uhr gesucht, die die Tagesrhythmik bestimmt. Ein beliebter Proband für die Untersuchung circadianer Rhythmen war und ist die Taufliege (Drosophila melanogaster), die einen ausgeprägten Tagesrhythmus beim Schlüpfen der Fliegen aus den Puppen aufweist. S. C. Pittendrigh (1954) war einer derjenigen, die sich intensiv damit auseinandersetzten. Eine gute Übersicht zum gegenwärtigen Stand dazu ist bei Rieger (2007) zu finden. Eine biologische Uhr entsteht als komplexer physiologischer und biochemischer Rückkopplungsvorgang. Inzwischen konnten eine Reihe biologischer Uhren auch für Säugetiere entdeckt und zugeordnet werden („Clock-Gene" wie Bmal1 (Menet, 2013), Clock, Per1 (Ishida, 1988, Gaddameedhi, 2015), Per2, Per3, Cry1, Cry2).

Die biologische Uhr beim Menschen entsteht als komplexer physiologischer und biochemischer Rückkopplungsvorgang. Die Kenntnisse über den Aufbau und die Funktionen dieser Uhr wurden in den letzten Jahren ständig erweitert. So konnte der Taktgeber der biologischen Uhr – die Hauptuhr – im Gehirn, im suprachiasmatischen Kern (SCN = neurosekretorisches Zentrum im Zwischenhirn) lokalisiert werden (Hildebrandt, 1998). Der genetisch festgelegte Tages-Rhythmus (circadian) wird täglich durch Umweltreize, sogenannte Zeitgeber, mit dem 24- stündigen Tag-Nacht-Rhythmus synchronisiert. Der wichtigste Zeitgeber ist der tägliche Wechsel von Hell-Dunkel, der von hochspezialisierten Lichtsinneszellen des menschlichen Auges, den circadianen Photorezeptoren, wahrgenommen und über den retinohypothalamischen Trakt an den SCN übertragen wird. Von dort werden die Signale über Hormone (Cortisol, Melatonin) oder das vegetative Nervensystem an die Organe des Körpers vermittelt (Hildebrandt, 1998). Bei Lichteinfall bedeutet das z. B. Unterdrückung der Melantoninproduktion in der Epiphyse (Zirbeldrüse) (Reiter, 1984). Auch die Zellen in den Körperorganen enthalten ein molekulares Uhrwerk – sie sind die Nebenuhren, die durch die Signale der Hauptuhr gestellt werden. Sie wiederholen sich mehrmals am Tag und können in Stunden, Minuten und Sekunden gemessen werden (sog. ultradiane Rhythmen). Sie sorgen dafür, dass die Funktionen der Organe zur rechten Zeit an- oder abgeschaltet werden.

Dabei spielen Aminoketten die entscheidende Rolle. Rensing (1973) bringt eine Übersicht über verschiedene zelluläre Rhythmen, Rhythmen in der Änderung des Membranpotentials, Rhythmen bei der Zellteilung usw. Inzwischen gibt es wesentliche Fortschritte bei der Erforschung zellulärer Rhythmen. Dies ist auch wiederum im Wesentlichen dem weiterentwickelten Stand der Technik zu verdanken, der es ermöglicht Veränderungen in einer Zelle, in Proteinen und in Molekülen auch in vivo zu beobachten. Dabei werden Fluoreszenzmikroskope verwendet, die mittels STED-Technologie (Stimulated Emission Depletion) arbeiten (Klar/Hell, 1999). Eine ausführliche Übersicht über ultradiane biochemische Regelungsvorgänge liefern Lloyd und Kippert (1993). Rossi (1999) beschreibt den physiologischen und biochemischen Regelungsvorgang zur Entstehung der Phasen des REM-Schlafes mit ca. 1 h 30 min. Aktivierung gefolgt von ca. 30 min. Deaktivierung. Dieser Ultradiane Rhythmus stellt die Grundlage für den Basic Rest Activity Cycle (Kleitman 1970, modifiziert durch Hecht 2001, s. Abbildung 97, Abbildung 98, Kap. 1) dar, wobei ein ähnlicher Rhythmus auch für den Tag angenommen wird.

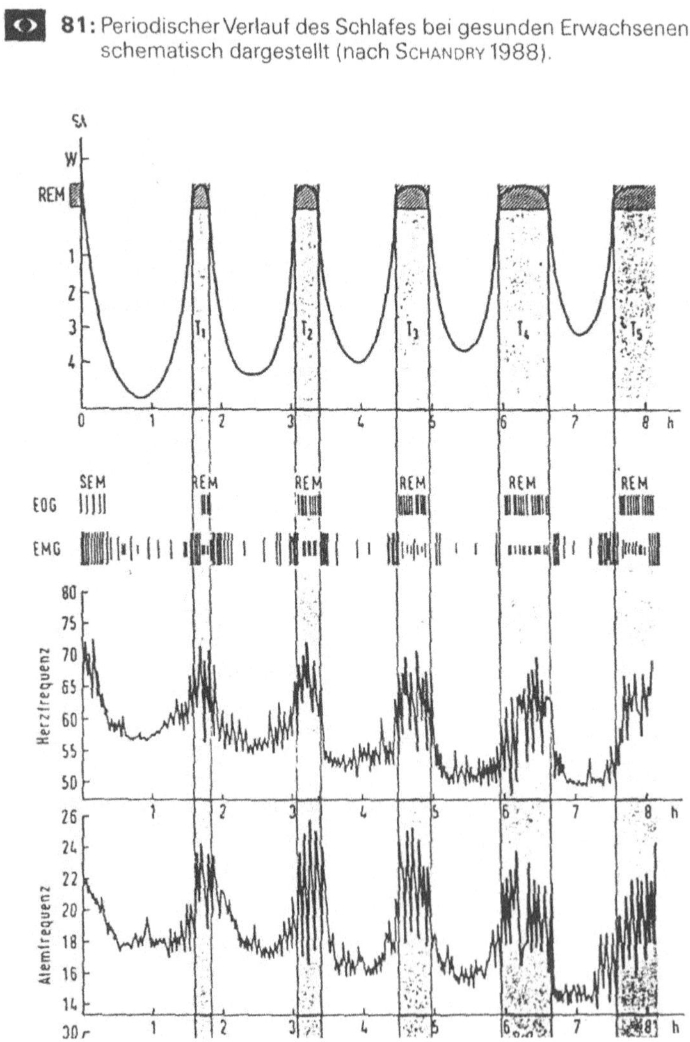

Abbildung 3 Basic Rest Activity Cycle (BRAC) im Schlafverhalten, übernommen aus Hildebrandt (1998)

Die Geschichte und Entwicklung der Chronobiologie geht einher mit der Entdeckung der o. g. biologischen Uhren, der Bestimmung von damit zusammenhängenden endogenen[4] und exogen[5] bzw. endo-exogen[6] geprägten biologischen Rhythmen, der Entdeckung der Hierarchie zwischen diesen biologischen Rhythmen (s. Kap. 2.2.2), der Prägung der Begriffe Desynchronose (nach Alâkrinskij, 1979; zitiert in Latenkov, 1987) bzw. Synchronisation biologischer Rhythmen (Balzer 1995, 2002a, s. Kap. 5.2, Abbildung 117 ff.) und über das Verständnis von Variabilität (z. B. Herzratenvariabilität) bis hin zur Klassifikation periodischer Zustände biologischer Systeme (Balzer, 2009, Kap. 5.2, Abbildung 130 ff.).

Damit zusammenhängend wird auch immer wieder die Frage nach dem Entstehen von endogen-exogenen Rhythmen (Erläuterung, s. Fußnoten 4–6) gestellt. Es kann davon ausgegangen werden, dass im Verlaufe der Evolution exogene Einflüsse (z. B. Strahlung, Gravitation, Klima) die biologischen Rhythmen (Uhren) geprägt haben und durch die genetische Entwicklung diese Rhythmen (Uhren) auch beim Ausbleiben der äußeren Zeitgeber, wenn auch mit teilweise veränderter Rhythmik weiterlaufen (Wever, 1979). In den 60 er Jahren wurden dazu Isolationsexperimente von Aschoff am MPI für Verhaltensphysiologie in Andechs in zeitgeberfreien Räumen (Bunkern) durchgeführt. Versuchspersonen wurden in mehrwöchiger Isolation, ohne Information über die Tageszeit, ohne Kontakt gehalten. Als Ergebnis konnte gezeigt werden, dass ohne Zeitgeber sich der somatische Aktivitäts-Ruhe-Rhythmus auf 26,1 h (mit Zeitgeber: 24,0 h) verlängert (Aschoff & Wever, 1962).

Zur Wichtigkeit der Desynchronose bemerkt Latenkov (1987): „Im Gegenteil, die Desynchronose der Rhythmen dient als erstes Signal, dass die Abweichung von der Norm belegt. Die Desynchronose kann ein oder einige untereinander verbundene morpho-funktionelle Systeme erfassen, daraus entwickelt sich eine innere und intersystemische Desynchronose ". Diese Auffassung konnte letztlich bei der Analyse von Zeitreihen zum Schlafverhalten (Balzer, 1988) belegt

---

4 rein endogene Spontanrhythmen, relativ unabhängig von äußeren Zeitgebern, Bsp: Seitigkeitsrhythmus der Nasenatmung aller 4–5 Stunden (Grünwidl, 1996);

5 völlige Abhängigkeit des biologischen Systems von äußeren Faktoren, Fehlen von Autonomie = niedrige Entwicklungsstufe der biologischen Zeitorganisation (z.B. Sonnenblume, stellt als Kompasspflanze ihre Blüte in Richtung Sonne);

6 keine völlige Abhängigkeit des biologischen Systems von äußeren Faktoren, Synchronisierung der biologischen Rhythmen durch periodische Umweltreize Zeitgeber sind dabei die regulierenden Umweltreize (u. a. Wechsel Tag/Nacht, Mondumlauf, Jahreszeiten);

werden und diente als Grundlagen für weitere Arbeiten in diese Richtung. Im Zusammenhang mit dem Auftreten von biologischen Rhythmen wird auch immer wieder die Frage nach dem Entstehen und der Existenz von endogenen oder exogenen Rhythmen gestellt. Eine Übersicht über Umweltrhythmen lieferte dazu u. a. Kornetov (1988). Eine Übersicht über verschiedene Jahresrhythmen kosmischer Strahlungskomponenten findet man in dem Beitrag von Cornélissen (2007). Ebenso ist anzunehmen, dass mit der sich verändernden Umwelt neue biologische Rhythmen entstehen können oder bestehende verändert werden können. In diesem Zusammenhang sind Untersuchungen der Zusammenhänge zwischen den Umwelteinflüssen, dazu zählen letztendlich auch soziale und kulturelle Einflüsse, und den biologischen Rhythmen und ihren Veränderungen wichtig sowohl für die Diagnose als auch für die Therapie von Krankheiten (s. auch Mikulecky, 1993). Weitere Ausführungen, v. a. zur Entstehung von "inneren Uhren" (exo-endogenen Rhythmen) sind in Kap. 4 zu finden

2.2.2 Entdeckung der Hierarchie der biologischen Rhythmen

Aschoff und vor allem Halberg prägten die Begriffe von circadianen (Tages-) Rhythmen und die Hierarchie der biologischen Rhythmen. Eine der Übersichten dazu findet man auch in Hildebrand (1998). Die Hierarchie der biologischen Rhythmen zeugt von der Kompliziertheit der funktionellen Abhängigkeiten in biologischen Systemen, wie sie auch schon bei Tiedt (1982) beschrieben werden. Aus physikalischer Sicht handelt es sich bei den meisten dieser geregelten Systeme um nichtlineare Systeme mit all ihren komplizierten Reaktionsmustern. Diese können zum Teil nur mit Hilfe aufwendiger mathematischer Methoden beschrieben werden. Während die „Chronobiologie" vor über tausend Jahren vorwiegend Zyklen in deskriptiver Form darstellte, gelang es mit Beginn des vorigen Jahrhunderts durch die Anwendung neuer mathematischer Methoden Zyklen, Periodizitäten und rhythmische Vorgänge mathematisch nicht nur zu erfassen, sondern auch aus den ineinander verflochtenen Datenstrukturen herauszulösen und in ihren Abhängigkeiten und Zusammenhängen darzustellen. Eine wesentliche Rolle spielte und spielt dabei der Begriff der Spektralanalyse in den verschiedensten Varianten.

Das folgende Spektrum von Rhythmen lässt sich für den Bereich der Chrono-Bio-Psychologie darstellen:

- Sekundenrhythmen
  Ein typischer Vertreter der Sekundenrhythmen ist die Herzrate und der Puls. Aber auch die Muskelaktivität des Menschen und der Tiere bei Bewegungen und auch bei der Nahrungsaktivität (Bewegung der Kinnmuskulatur, Kauen,

bei Rindern Widerkauen) ändert sich im circa-Sekundentakt. Sekundenrhythmen wurden aber auch in der Änderung des Hautwiderstandes und des Hautpotentials gefunden (Balzer 2009).

- Minutenrhythmen
  Minutenrhythmen sind seit den 60er Jahren des vergangenen Jahrhunderts in vielfacher Weise beschrieben worden. Sie werden sowohl bei rein biologischen als auch bei psychobiologischen Prozessen beobachtet. Zum Beispiel:
  - In der Wärmeregulation (Donhofer et al. 1959);
  - In der Hautwiderstandsregulation (Balzer und Hecht 1989b);
  - In der psychomotorischen Ausdauer und Konzentration (Diedrich et al., 1989);
  - Bei der Differenzierung von Schlafgesunden und Schlafgestörten auf der Grundlage von EEG-Zeitreihen (Fietze et al. 1989);
  - Bei sensomotorischen Reaktionszeiten (Stebel und Sinz 1970);
  - Bei neurovegetativen Systemstörungen (Sinz 1978a);

Die Untersuchungen der Minutenrhythmen dienten verschiedenen Zielen. So wurde z. B. versucht, mit ihnen Biooszillatoren auf molekularen und zellularen Regulationsebenen zu finden. Dabei ist man auf die Regulation metabolischer bzw. epigenetischer Prozesse, vor allem auf die Proteinsynthese gestoßen (Rensing 1973, Stebel und Sinz 1970). Des Weiteren wurde die Periodenvariabilität und deren mathematisches Verhalten nach dem Prinzip sprunghafter Übergänge von multiplikativen und demultiplikativen Periodenverhältnissen an Hand der Minutenrhythmik entdeckt (Mann 2000, Hecht und Bauman 1974, Treptow et al 1971, Fietze et al 1989). Unter diesem Aspekt werden die Minutenrhythmen zur Grundlage der chronopsychobiologischen Regulationsdiagnostik nach Balzer und Hecht (Balzer und Hecht 2000, Hecht und Balzer 1998, Balzer und Hecht 1989a).

- Ultradiane Rhythmen
  Der Begriff „ultradian" bezieht sich auf Rhythmen, die sich mehrmals am Tag wiederholen und in Stunden, Minuten und Sekunden gemessen werden können. Ultradiane Rhythmen unterliegen einer autonomen Frequenz- und Phasenordnung und synchronisieren das Stoffwechselsystem, das Transport- und Verteilungssystem sowie das Nervensystem. Zu einem wesentlichen Bestandteil der Hierarchie der biologischen Rhythmen gehören im Humanbereich der Schlaf-Wach-Zyklus, die damit im Zusammenhang stehenden Schlafdauertypen (Roenneberg, 2010), die ultradianen Rhythmen wie der REM-Schlaf (Rossi, 1997, 1999) oder das nach Kleitmann (1969) benannte Pendant im Tagesverlauf der Basis-Ruhe-Aktivitäts-Zyklus mit dem Wechsel von circa 1,5 Stunden Aktivierung gefolgt von ca. 0,5 Stunden

Deaktivierung. Den ultradianen Rhythmen ist außerdem ein ultradianer Vier- Stunden-Rhythmus und der Zwei-Stunden-Rhythmus (BRAC) unterlegt. (Zulley/Knab, 2003). Ultradiane Rhythmen sind in folgenden Funktionssystemen nachgewiesen:

- Seitigkeitswechsel der Nasenatmung im Tagesverlauf (Grünwidl, 1996, zit. in Hildebrandt, 1998)
- Rhythmik selbst verlangter Mahlzeiten bei Säuglingen (Morath, 1974, zit. in Hildebrandt, 1998);
- Veränderung der Schlafbereitschaft am Tage (Zulley, 1993);
- Tonus und Bewegung der glatten Muskulatur aller Hohlorgane, der Haut und der Schleimhäute (Hildebrandt, 1998);
- Magen-Darm-Peristaltik (Hildebrandt, 1998);
- Herz-Atemrhythmus (Hildebrandt, 1998);
- Blutdruckrhythmus (Golenhofen, Hildebrandt, 1958);

– Circadiane Rhythmen

  Der circadiane Rhythmus wird durch Taktgeber beeinflusst und geprägt. Dazu gehören das Hell-Dunkel- (Tag- und Nacht-) Rhythmus, soziale Rhythmen und Programme der sozialen Verhaltensweisen, Vorgabe der objektiven Zeit mittels Uhr sowie erlerntes Zeitbewusstsein und Zeitgefühl (Wever 1979, Aschoff et al. 1965). Kurz- oder langzeitige Entkopplungen zwischen zirkadianen Rhythmen und Taktgebern führen zur Desynchronose bzw. zum Schichtfehlanpassungssyndrom (Moore-Ede 1993, Alâkrinski 1979, 1972). Die einfachste Störung zwischen Taktgeber und biologischem Tagesrhythmus ist beim Jetlag-Syndrom gegeben. Hierbei treten u. a. Befindlichkeitsstörungen, Leistungseinbußen, Kopfschmerzen, Appetitlosigkeit oder Heißhunger, Muskelschmerzen, Müdigkeit und Schlafstörungen auf.

  Der circadiane biologische Rhythmus hat praktische Bedeutung z. B:

- für die Schichtarbeit (Moog 1988);
- für den Schlaf-Wach-Rhythmus (Zulley et al. 1994, Hecht, Balzer 1993, Zulley 1993),
- für die Diagnostik und Therapie von Herz-Kreislauferkrankungen (Caslavskaâ 1991);
- für die Pharmakawirkung (Redfern und Lemmer 1997, Halberg et al. 1977);
- für transmeridiane Flüge (Jetlag-Syndrom, Leder 2016);
- für das Schichtfehlanpassungssyndrom (Moore-Ede 1993);
- für Tageszeittypen: Morgentyp, Abendtyp, Indifferenztyp (Östberg 1973, zit. in Hildebrandt, 1998);

- für die Nahrungsaufnahme bei der Gewichtsregulation (Hirtsch 1989);
- für visuelle und vegetative Lichtempfindlichkeit (Hildebrandt 1972);
- für Hörleistungen und Lärmwirkungen (Maschke et al. 1996).

– Infradiane Rhythmen
  Im länger periodischen Bereich, den infradianen Rhythmen gibt es zahlreiche Untersuchungen zur Wochenrhythmik, beispielsweise im Schlafverhalten (Balzer, 1988) oder den bekannten Menstruationszyklus der Frau. Auch Auswirkungen von sozialer Isolation zur Vorbereitung internationaler Raumflüge wurden untersucht (u. a. Kirsch, 1991, Balzer et al., 1993, 1996, Gushin, 2000, zit. in Balzer, Stueck, 2005, Larina, 2005, zit. in Balzer, Stueck, 2005).

Aber auch Jahresrhythmen, Rhythmen mit einer Periode von 7 oder 12 Jahren (Cornélissen et al., 2000; zitiert in „Bolezni zivilizazii....“, 2005 (Zivilisationskrankheiten unter dem Aspekt der Lehre von V. I. Vernadskij)) im Laufe der menschlichen Entwicklung sind bereits dokumentiert worden. So hängen z. B. Populationsschwankungen (Fruchtbarkeit) mit dem 11,1/8-jährigen Rhythmen der Sonnenaktivität (Sonneneruptionen) zusammen (Mletzko, 1985 in Hildebrandt 1998).

Die hier dargestellten Aspekte behandeln traditionell chronobiologisch bzw. medizinisch untersuchten Bereiche. Für die Chrono-Psychologie sind dabei vor allem die ultra-, circadianen- und infradianen Rhythmen interessant. In Kap. 2.3 und 2.4 werden diese Beispiele aus der Chronopsychologie bzw. Chrono-Bio-Psychologie weiterführend diskutiert.

2.2.3 Ableitung des Chronotyps und Typisierungen mittels chrono-bio-psychologischer Ansätze

Ein grundlegender chronobiologischer Rhythmus ist die Unterteilung in Morgen und Abendtypen. Dieser Chronotyp kann z. B. mittels Körpertemperatur (rektal) bestimmt werden (s. Abbildung 4).

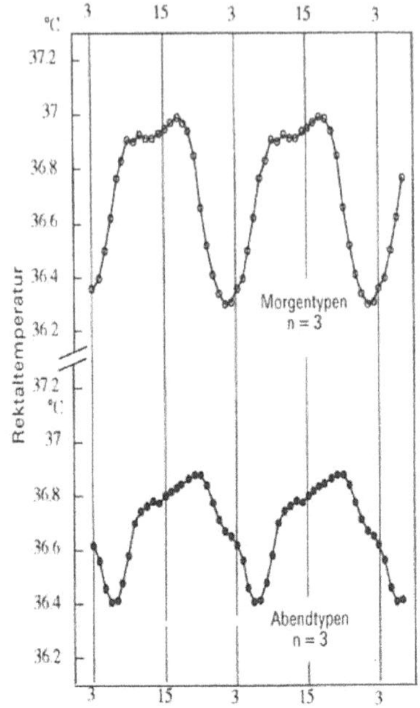

Abbildung 4 Zusammenhang zwischen Körperkerntemperatur und Tageszeit für verschiedene Chronotypen, Hildebrandt, 1998

Mittels Fragebogens wird der Chronotyp u. a.mit der Composite Morningness Scale (CMS), dem Münchner Chronotyp Fragebogen oder dem and Eveningness Questionnaire (EEQ) ermittelt. Der Morningness Questionaire (MEQ) wurde 1976 durch Horne und Östberg entwickelt. In Deutschland wird meist die deutsche Version, mit folgender Kategorisierung: „Definitiver Abendtyp", „Moderater Abendtyp" (sog. Eulen), „Neutraltyp", „Moderater Morgentyp" und „Definitiver Morgentyp" (sog. Lerchen) benutzt. Nach Untersuchungen von 80.000 Versuchspersonen (Roenneberg, 2012) ergibt sich für die Chronotypen folgende Verteilung, wonach eine Art Gaußsche Verteilung existiert, wobei die leichte Schiefe dieser Verteilung ein leichtes Übergewicht der Eulen gegenüber den Lerchen anzeigt:

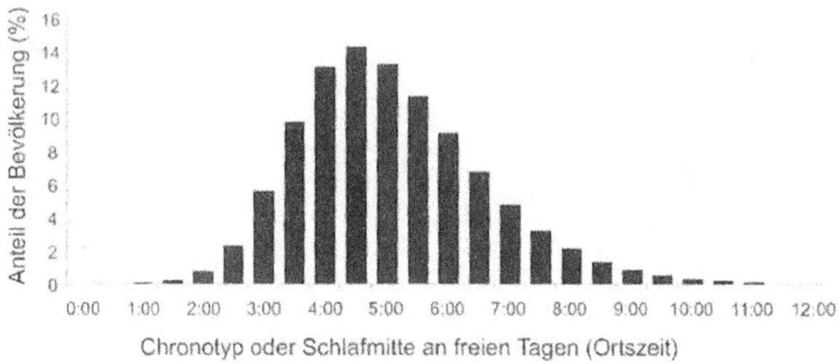

Abbildung 5 Verteilung der Chronotypen nach Roenneberg (2012), n = 80000 Region Mitteleuropa

Zur Chronotyp-Forschung und ihre Bedeutung für die betriebliche Gesundheit von Mitarbeitern und zur Bedeutung bei Kindern und Jugendlichen sind eine Vielzahl von Veröffentlichungen erschienen. Forschungen zu Kindern und Jugendlichen wurden v. a. durch Randler (Vollmer, 2012, S. 35) in Deutschland realisiert, die hormonell bedingten Veränderungen des Chronotyps mit der Pubertät und ihre Auswirkungen z. B. auf Schulnoten, Konzentrationsleistungen, Umgang mit Medien, Gesundheitsverhalten nachweisen konnten.

In diesem Zusammenhang gibt es inzwischen auch zahlreichen Untersuchungen zum Zusammenhang zwischen dem Chronotyp und genetischen Merkmalen (GWAS – Genow Wide Association Study). Dabei konnten signifikante Zusammenhänge zwischen den Chronotypen (z. B. Morgentyp und Abendtyp) und dem Vorhandensein bestimmter Gene nachgewiesen werden. Eine gute Übersicht zu den derzeitigen Studien findet man in Youna H. et. al. (2016).

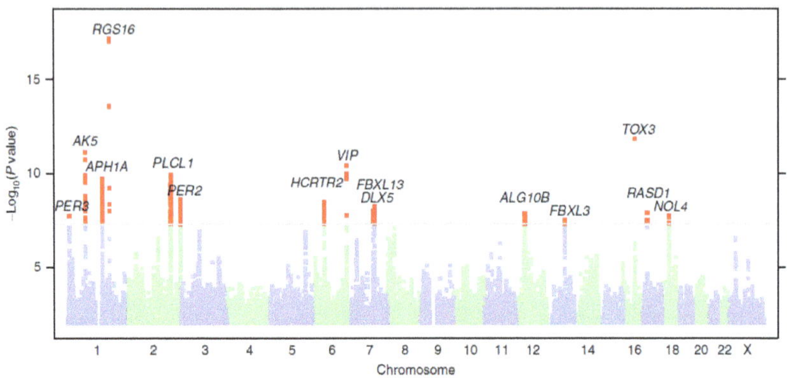

Abbildung 6 Manhattan plot aus einer GWAStudie zum Vorhandensein eines Morgentyps nach Youna H. et. al (2016)

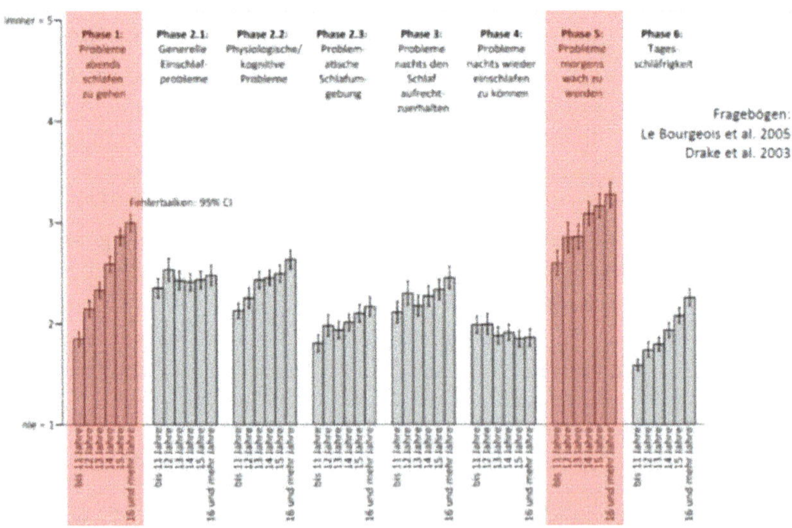

Abbildung 7 Abhängigkeit von Schlafparametern vom Alter nach Vollmer, 2012

An Hand der Analyse von Sekundenrhythmen gelang es Balzer (Balzer & Hecht 1996b, 2000) eine Klassifikation von Stressbewältigungstypen vorzunehmen (Hecht, Balzer, Rosenkranz, 1998, s. auch Kap. 5.2). Mittels eines

Stressentspannungstests (SET) konnten 4 Stressbewältigungstypen klassifiziert werden. Dieser Test besteht aus 3 Phasen:

Phase 1 – Erwartung des Stress;
Phase 2 – Applikation des Stress;
Phase 3 – Nachverarbeitung des Stress.

Das jeweilige Dominieren der Regulationsstabilität bzw. der Regulationsinstabilität in der zweiten und dritten Phase ermöglicht die Klassifizierung von folgenden Stressregulationstypen.

Stressbeherrscher (BH)
Der Stressbeherrscher ist dadurch gekennzeichnet, dass er während des Einflusses, Erleben des Stressors (Phase 2) und während des Verarbeitens des Stresses (Phase 3) eine stabile Regulation seines Verhaltens ausweist.

Stressbewältiger (BW)
Der Stressbewältiger ist dadurch gekennzeichnet, dass er während des Stressoreinflusses (Phase 2) instabil ist, in der Phase danach (Phase 3) aber stabil wird. Der Stressor stört seine Regulation vorübergehend. Der Stressbewältiger kann aber den Stress gut verarbeiten.

Stresskompensierer (KP)
Der Stresskompensierer ist dadurch gekennzeichnet, dass er während des Stressoreinflusses (Phase 2) stabil ist, in der Phase 3, der Stress – bzw. Belastungsverarbeitung, wird er instabil. Den Einfluss des Stressors kann er gut kompensieren, das Verarbeiten des Stresses dagegen nicht.

Stress-Nichtbewältiger (NB)
Der Stress-Nichtbewältiger ist dadurch gekennzeichnet, dass er während des Stressoreinflusses (Phase 2) und in der Stressverarbeitungsphase (Phase 3) instabil ist. Er ist daher weniger belastbar als die anderen Regulationstypen und seine Leistungsfähigkeit kann eingeschränkt sein.

Die Stabilität bzw. Instabilität in einer der Phasen wird mittels CRD bestimmt, siehe dazu auch Kap. 5.2. Dieser Test hat sich inzwischen als geeignet erwiesen den Erfolg von Therapiewirkungen nachzuweisen.

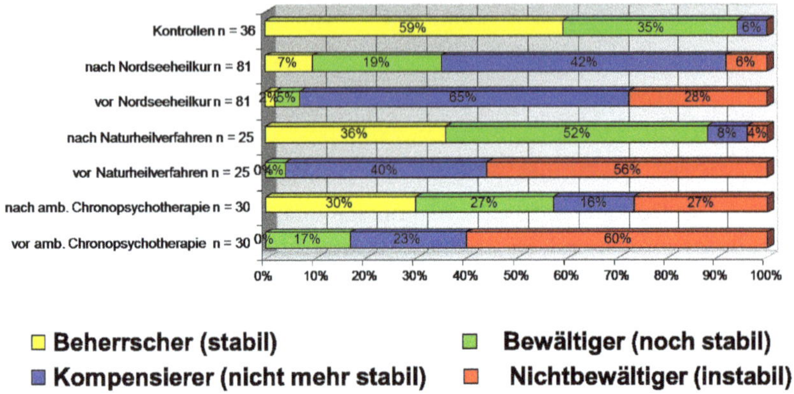

Abbildung 8 Verteilung von Stressbewältigungstypen nach Anwendung verschiedener Therapien

2.2.4 Grundlagen der Chrono-Pathologie

Die Chronopathologie ist die Wissenschaft der gestörten Rhythmik als Grundlage für Krankheit. Bereits in den 70 er Jahren entwickelte sich dieses Feld (Wever, 1979) mit folgenden Hauptergebnissen:

- endogene Rhythmen folgen einer bestimmten Zeitgeberrhythmik (je nach individuellem Beharrungsvermögen), d. h. sie sind veränderbar;
- bei Störungen der Zeitgeberperiodik bzw. bei Zeitgeberausschluss kommt es zu einer internen Desynchronisation verschiedener Teilfunktionen, Beispiel: Flugreisen mit Zeitzonensprüngen. Dieses führt zu einer Desynchronisation zwischen Lokalzeit und innerer Uhr. Die Umstellung kann 1 bis 3 Wochen dauern (Gundel, 1987, zit. in Hildebrandt, 1998) und ist u. a. abhängig von Stärke des Zeitgebers, Amplitude der endogenen Oszillation, Empfindlichkeit des Organismus gegenüber Zeitgeberreiz;
- interne Desynchronisationen nehmen mit Alter und Neurotizismusgrad an Häufigkeit zu (Wever, 1979);
- Unter Stress und bei Leistungsbeanspruchung ist diese Koordination zunehmend aufgehoben (Hecht, 2001; Hildebrandt, 1998). Dazu gehört auch die Störung des normalen ganzzahligen Zusammenhangs der Frequenzabstimmung zwischen Herz -und Atemrhythmus (4:1) im Tagesverlauf unter Stress;
- Auch gibt es einen engen Zusammenhang mit vegetativen Regulationsstörungen nach Herzinfarkten (Heckmann, 1994, zit. in Hildebrandt, 1998) und psychiatrischen Erkrankungen (Hildebrandt, 1998) und einen

Zusammenhang zwischen externen und internen Synchronisationsstörungen bei bestimmten Formen der Depression und Schlafstörungen (Meier-Ewert, 1989);

- Rossi (Rossi, 1993) geht in seinem "Modell der Dysregulation ultradianer Rhythmen" davon aus, dass die Nichtbeachtung der gesamten funktionellen Zeitstruktur zu "ultradianem Stress" führt, welcher psychische Störungen, somatoforme Störungen und psychosomatische Krankheitsbilder nach sich ziehen kann. Unter anderem wurden folgende Symptome beobachtet: Kopfschmerzen, Rückenschmerzen, Bluthochdruck, Magengeschwüre, Essstörungen, Depressionen, Angstzustände, innere Unruhe, Schlaflosigkeit, Immunschwäche (erhöhte Anfälligkeit gegenüber Infektionserregern), chronische Müdigkeit u .a.. Das Erleben der Alltagstrance in der Deaktivierungsphase des Basis-Ruhe-Aktivitäts-Zyklus (BRAC) wird von vielen Menschen vermieden und häufig in Unkenntnis der Wichtigkeit des Prozesses verhindert. Infolgedessen entsteht ein Stress durch Störung der Zeitstruktur. Diese Störung der Zeitstruktur wird von Rossi (1993) auch als ultradianes Stresssyndrom bezeichnet.

Mehrere Autoren beschäftigen sich mit dem Problem der gestörten Zeitwahrnehmung bei Krankheiten. Ein umfassendes Ergebnis einer Metastudie dazu findet man bei Thoenes (2015). Schon Kornetov (1988) untersuchte chronobiologische Aspekte der Zeitwahrnehmung in seinem Werk „Rhythmische und ökologische Untersuchungen bei psychischen Erkrankungen".

2.3 Entwicklung und Forschung in der Chrono-Psychologie

Die Chrono-Psychologie behandelt zeitliche Veränderungen in Bezug auf ausschließlich psychische bzw. psychologische Parameter, u. a. im Gefühlsbereich, in Betrachtung kognitiver Aspekte, Zeitreihen des Verhaltens und psychische Ableitungen zum Chronotyp (s. Kap 2.2.3, u. a. Randler, 2011, Vollmer, 2012, Müller, Balzer, Stück, 2014). Diese Aspekte werden mit möglichst standardisierten und ausreichend validierten psychologischen Messinstrumenten operationalisiert: Beobachtungsbögen (Fremd- und Selbstbeobachtung von Ereignissen), Aktivitätsprotokollen, Selbstbeurteilungsskalen (z. B. Rating von Gefühlen, Lickert-Skalen, Persönlichkeitstests), Leistungstests (u. a. Konzentration) und implizites Testen (Reaktionszeiten in Bezug zu psychischen Merkmalen, z. B. Angst). Für die Auswertung von Zeitreihen mit psychologischen Variablen ist wichtig, dass dabei eine Zeitreihe mit mindestens 20 Daten entsteht, damit man sie chronopsychologisch auswerten kann (s. CRD, Kap. 5.2 und 6). Angesiedelt sind solche Forschungen im pädagogisch-psychologischen,

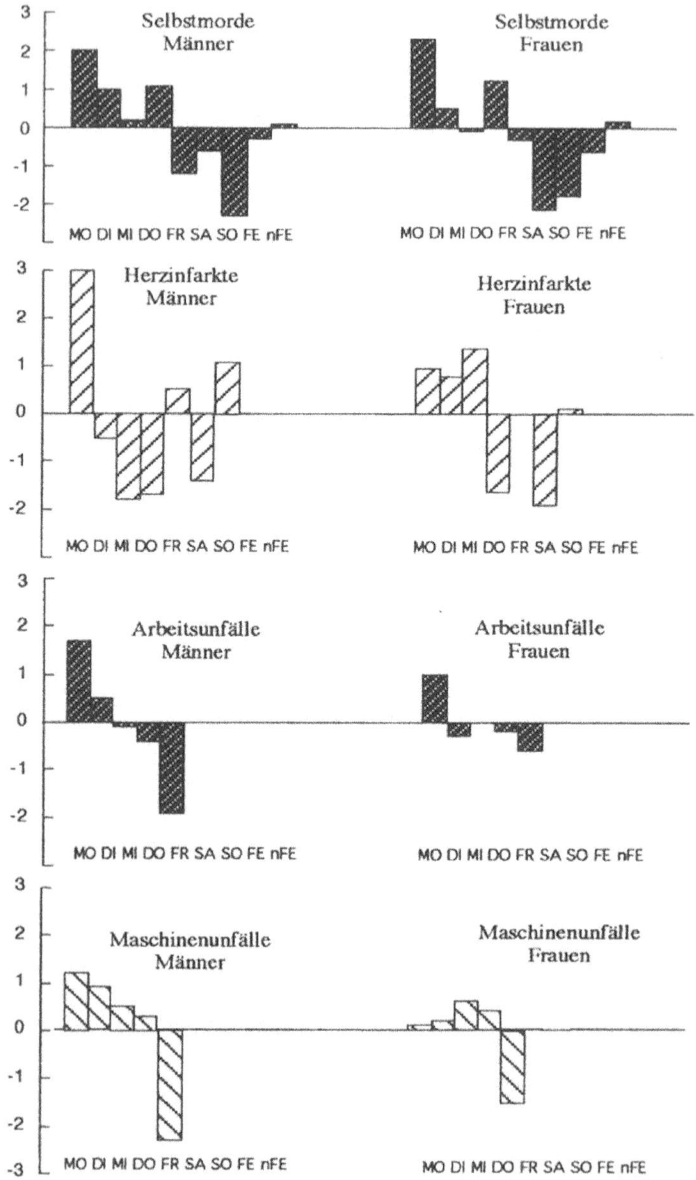

Abbildung 9 Wochenrhythmik (circaseptane Periodik), Wochengänge der Häufigkeit von Suiciden und Suicidversuchen, Herzinfarkten, Arbeitsunfällen bei Frauen und Männern in Wien, (Undt, 1976)

arbeitspsychologischen und klinischen Bereich, in der Sozialpsychologie und der Allgemeinen Psychologie bzw. in der Psychodiagnostik. Erste arbeitschronopsychologische Studien zu Wochengängen der Häufigkeit von Suiciden und Suicidversuchen, Herzinfarkten, Arbeitsunfällen bei Frauen und Männern in Wien führte Undt (1976) durch. Diese wurden jedoch bisher als chronobiologische Ergebnisse ausgegeben, obwohl sie sowohl in der Arbeitsmedizin, als auch in der Arbeits- und Organisationspsychologie angesiedelt sind.

Untersuchungen zum mittleren Jahresverlauf der Reaktionszeit und der Stimmung führte Daubert (1968) (zit. In Hildebrandt (1998)) und Frank (1974) (zit. in Hildebrandt (1998)) durch. Die Stimmung, untersucht an 2079 Versuchspersonen, über 2 Jahre hinweg, war jeweils in den Monaten April/Mai am besten und im Dezember am schlechtesten. Die mittlere Reaktionszeit auf visuelle Reize im Jahresverlauf war im September am kürzesten und im Februar am längsten.

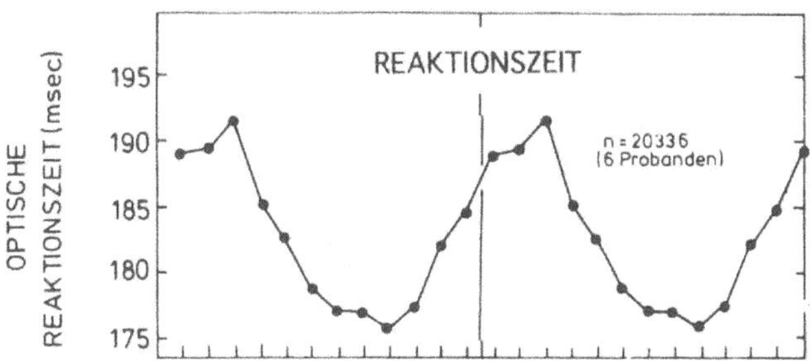

Abbildung 10 Mittlerer Jahresverlauf der Reaktionszeit auf visuelle Reize (Daubert, 1968).

Auf der X-Achse sind die Monate, beginnend mit Januar über 24 Monate hinweg abgebildet.

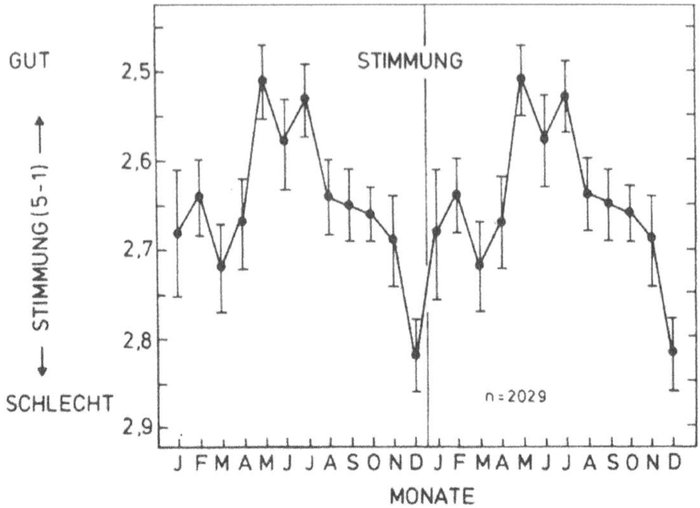

Abbildung 11 Mittlerer Jahresverlauf der Stimmung (Frank, 1974)

Langzeitveränderungen in Form von psychologischen Zeitreihen (Sensibilität, Stimmung, Aktivität, Entspannungsempfinden u. a. psychologischen Parametern) wurden seit 1995 von Stück und Balzer (u.a. 2005b) im Rahmen von Hochgebirgsexpeditionen vorgenommen. Beispielhaft seien hier die Prozessveränderung dargestellt (Abbildung 12) hinsichtlich des leichten Absinkens der Hypersensibilität[7] während der Pik Leipzig Expedition 2014[8], während eine Vp die nicht auf dem Gipfel stand, hypersensibel wurde (s. obere Kurve).

7 gemessen mit der Skala zur Bestimmung des hypersensiblen Syndroms nach Aaron, adaptiert durch Stueck, Balzer, & Utami (s. www.bionet.name), objektive Messung der Hypersensibilität, s. Kap. 5.2

8 sehr schwierig zu besteigender Berg im Pamir, Wiederbesteigung 25 Jahre nach Erstbesteigung, 5725 m

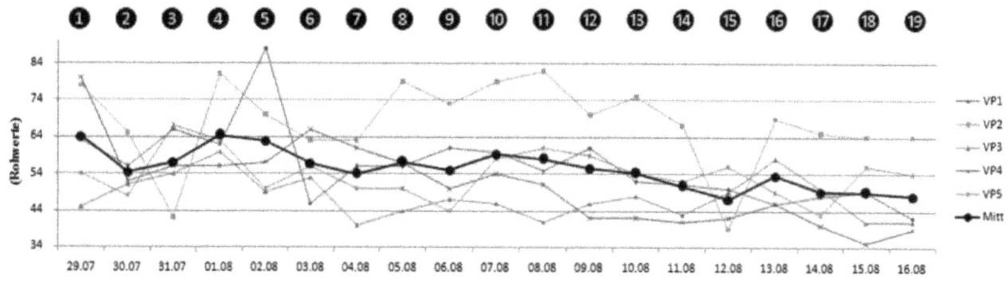

Abbildung 12 Prozessveränderung der Sensibilität-Skala im Verlaufe einer Hochgebirgsexpedition zum Pik Leipzig (5725m) nach Tomczak (2015)

Legende: R – Rohwerte und M – Mittelwert, VP – Versuchsperson, n = 5

Interessante Ergebnisse konnten im Verlaufe der Untersuchung zum Wohlbefinden im Verlaufe der Expedition zum Cho Oyu 1999 (8206 m) erzielt werden. Untersucht wurde die Stimmung mit der Skala Wohlbefinden von Zerssen (Zerssen, 1976). Größere T-Werte entsprechen schlechterem Wohlbefinden. In Abbildung 13 und Abbildung 14 kann man sehr gut die rhythmischen Schwankungen im Wohlbefinden beim Gipfelstürmer 1 (Vp 3) im Unterschied zu Gipfelstürmer 2 (Vp 8) sehen und das Abfallen des Wohlbefinden-Scores in Abhängigkeit von negativen Situationszuschreibungen. Bei beiden sinkt das Wohlbefinden im Gesamtverlauf.

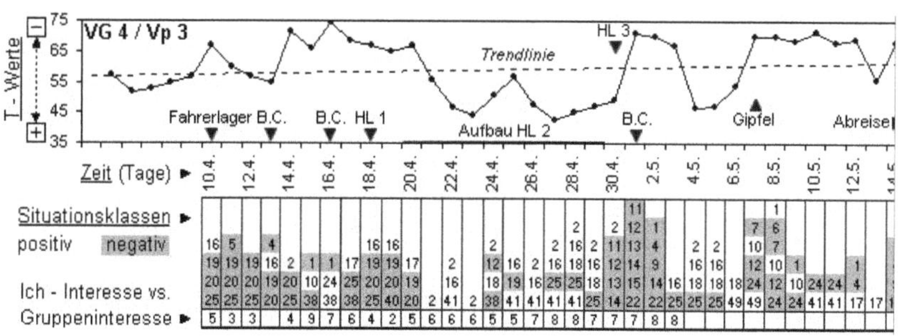

Abbildung 13 Verlauf der Stimmung des Gipfelstürmer 1 VP 3 der Cho Oyu Expedition 1999

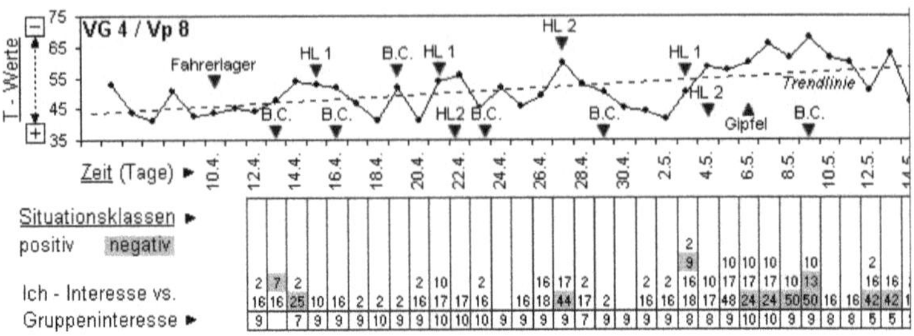

Abbildung 14 Verlauf der Stimmung des Gipfelstürmer 2 VP 8 der Cho Oyu Expedition 1999

Dieses Beispiel zeigt die Entwicklung innerhalb chronopsychologischer Analysen in den letzten Jahren. Während die meisten chronopsychologischen Studien, einfache Chronogramme darstellen, wurde nach dieser Langzeit-Zeitreihe (8 Wochen) eine Chrono-Bio-Psychologische Regulationsdiagnostik (unter Verwendung spektralanalytischer Verfahren, s. Kap. 5.2 und 6) erstmals angewendet. Die Auftrittswahrscheinlichkeit dieses Rhythmus' mit einer Periode von 6 Tagen liegt bei 12,4 %. Die Verkürzung dieses Rhythmus' um einen Tag gegenüber dem „normalen" circaseptanen Rhythmus von 7 Tagen kann auf die Beanspruchungssituation (Stress) unter diesen Bedingungen zurückgeführt werden. Zur Berechnung des Modellverlaufs wurden die korrigierten (trendbereinigten) Daten benutzt (s. Abbildung 15).

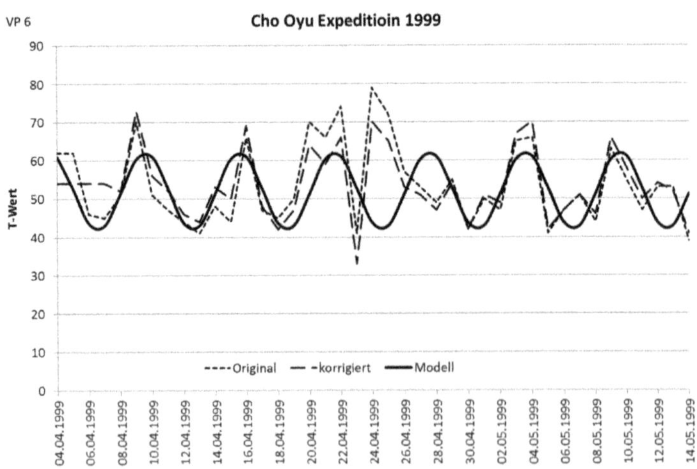

Abbildung 15 Circaseptaner Rhythmus der Stimmung der VP 6 der Cho Oyu Expedition 1999

Zur Chrono-Bio-Psychologie gehört neben den spektralanalytischen bzw. chronogrammatischen Untersuchungen von Zeitreihen (s. Abbildung 10, Abbildung 14), wie bereits in den vorherigen Beispielen gezeigt, auch die Untersuchung des Prozesscharakters von Ereignissen, wie z. B. Häufigkeit von Suiciden, Herzinfarkten, Arbeitsunfällen (s. Abbildung 9). Ein Beispiel für vergleichende Chrono-Bio-Psychologische Untersuchungen im interkulturellen Kontext (s. auch Kap. 10) sind Untersuchungen von Hildebrandt (1998), der Todesfälle aufgrund respiratorischer und kardiovaskulärer Krankheiten in der Nordhemisphäre im Vergleich zur Südhemisphäre untersuchte. Dabei zeigte sich, dass in den Wintermonaten im Süden (Juli) und Norden (Dezember) die meisten Todesfälle auftreten.

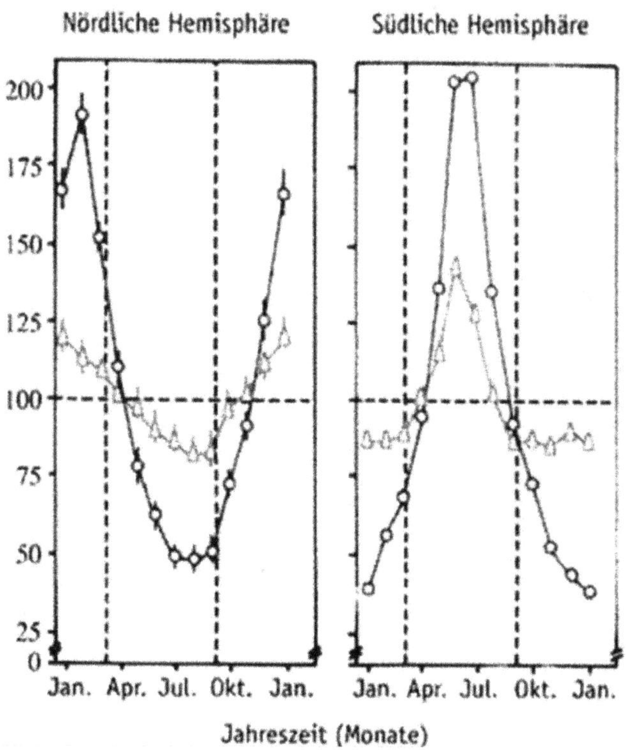

Abbildung 16 Jährliche Chronogramme von Todesfällen aufgrund respiratorischer und kardiovaskulärer Krankheiten nach Hildebrandt. 1998

Legende: Respiratorische Krankheiten – helle Linie, ca. 140 000 Fälle, kardiovaskuläre Krankheiten, dunkle Linie, ca. 420 000 Fälle

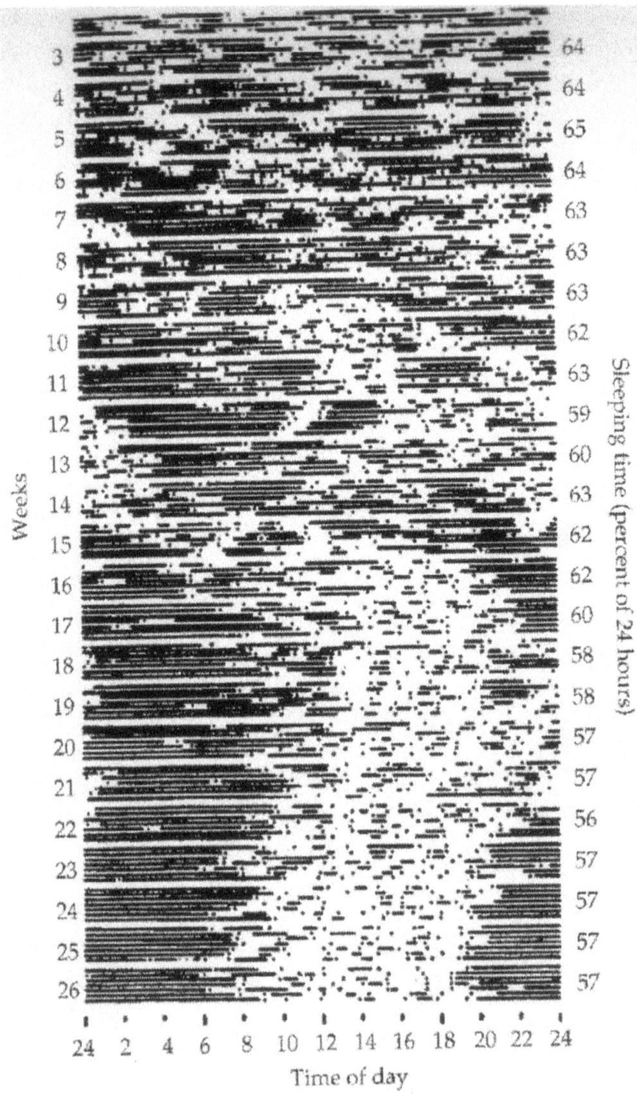

Abbildung 17 Zirkadiane Tagesrhythmik bei Neugeborenen (Fiser et al., 1996, zit. in Hildebrandt, 1998)

Eine weitere Erhebungsmethodik Chrono-Bio-Psychologischer Forschung sind Aktivitätsprotokolle. Hier wird z. B. das Schlafen und Wachsein bei Babys oder die Aktivierungs- und Pausenphasen von Arbeitnehmern protokolliert. Als Beispiel soll hier die Studie von Fieser et al. (1996, zit. in Hildebrandt, 1998) aufgeführt werden, der die Tagesrhythmik bei Neugeborenen mittels o. g. Aktivitätsprotokolle untersuchte. Hier zeigen sich deutliche Anpassungen des Neugeborenen-Organismus an den Wechsel Tag/Nacht-Rhythmus (auch bzgl. Stoffwechsel, Energiebereitstellung, nervale und hormonelle Steuerung).

Bei der Anwendung von psychologischen Leistungstests ist in jedem Fall auf die Tageszeit der Untersuchung zu achten. Dieser Aspekt der Veränderung psychologischer Parameter während des Tages wird in der psychologischen Diagnostik kaum beachtet. Der tageszeitliche Einfluss auf die Genauigkeit und Geschwindigkeit bei einer leistungsdiagnostischen psychologischen Aufgabenstellung (serieller Suchtest) wurde durch Folkhard und Monk (1983) untersucht. Dabei zeigte sich, dass Aufgabengenauigkeit und Geschwindigkeit am besten gegen 11:00 Uhr morgens ausgeprägt sind. Dieser Aspekt wird auch unter dem pädagogischen Aspekt zu wenig berücksichtigt.

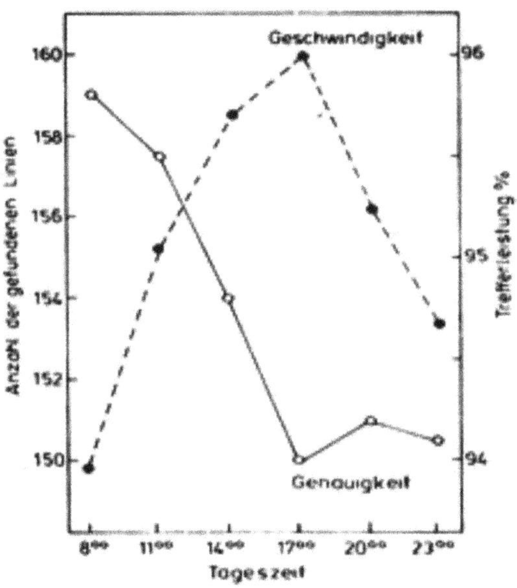

Abbildung 18 Tageszeitliche Einfluss auf die Genauigkeit und Geschwindigkeit bei einer leistungsdiagnostischen psychologischen Aufgabenstellung (serieller Suchtest), Folkhard und Monk (1983)

Weitere psychologische Termini sowie für die Chrono-Bio-Psychologie relevante Theorieansätze (Stress-Coping, Emotionstheorien) sind in Kap. 9.7 und 9.9 zu finden.

2.4 Entwicklung und Forschung in der Chrono-Bio-Psychologie

Die Verknüpfung der o. g. chronopsychologischen Forschungen (v. a. in den Bereichen Verhalten, Emotion, Kognition), mit denen aus den Bereichen der Physiologie, der Biologie, der Biochemie führte zum Feld der Chrono-Bio-Psychologie. Als einer der Vorreiter der Chrono-Bio-Psychologie kann die Psychophysik angesehen werden. Der Beginn der Forschung zum Thema Zeit (Chronos) lässt sich mit den Forschungen von Wilhelm Wundt verorten, welcher 1890 in Leipzig erste Zeitreaktionsmessungen mit Chronoskopen vornahm. Primär waren Wundt, wie auch seine Kollegen, keine Chronobiologen, sondern Psychophysiker.

Abbildung 19 Abbildung eines Chronoskops nach Hipp (1865, links) und einer Versuchsanordnung für pädagogische Zwecke (rechts, 1908), Roitger (Chronos und Psyche, MAXPLANKFORSCHUNG 1/2004)

Unter Psychophysik versteht man seit G. T. Fechner (1860) die Lehre von den Beziehungen zwischen seelischen (subjektiven oder phänomenalen) und körperlichen (objektiven oder physikalischen) Tatbeständen. Fechner unterschied dabei bereits zwischen äußerer und innerer Psychophysik. Während die äußere Psychophysik das Verhältnis von physikalisch messbaren Reizen zu den durch sie ausgelösten Erlebnissen untersucht, beschäftigt sich die innere Psychophysik mit den, prinzipiell ebenfalls mit physikalischen Methoden messbaren, sensorischen und neuronalen Erregungsprozessen und den ihnen zugeordneten Erlebnissen" (zitiert aus Ehrenstein, 2015). An der Universität Leipzig forscht in den 1980 er Jahren Geissler an der zeitlichen Architektur zentral ablaufender Informationsprozesse (Zeit-Quanten-Modell biologischer Systeme). Eine weitere Differenzierung der Psychophysik fand mit der Herausbildung der Psychoakustik (z. B. Zwicker, 1982) statt. Dabei werden aber vor allem die physiologischen Komponenten des Hörens erfasst, während sich die psychischen Komponenten in der Regel auf das Lautstärkeempfinden beziehen. Dementsprechend wird die „gefühlte Lautstärke" eines Tones oder Schallereignisses als psychische Komponente betrachtet. Diese spezielle akustische Psychophysik wurde später in chronobiologischen Untersuchungen aufgegriffen (Maschke, Hecht und Balzer, 1996)[9].

In der Chrono-Bio-Psychologie werden psychologische Parameter in Verbindung mit somatischen Prozessen oder umgekehrt untersucht. Erste chronobiologische Untersuchungen zur Körpertemperatur im Zusammenhang mit psychischen Zuständen im Sinne von Wohlsein und Unwohlsein führte u.a. Crawford (1979) durch. Er verweist dabei auf erste Studien von Nikitopoulou (1976). Diese Studien waren jedoch im klassischen chronobiologischem Feld angesiedelt. Die Chrono-Bio-Psychologie als interdisziplinäre Verknüpfung von Chronobiologie und Chronopsychologie wurde vor allem durch die Arbeiten von Balzer und Stueck in den 90 er Jahren eingeleitet, v. a. zum Kinder-Yoga und zu Chrono-Bio-Psychologischem Verhalten in Extremsituationen (Stueck, Balzer, siehe u. a. Abbildung 13, Abbildung 14, Abbildung 49 und Abbildung 224) und hängt eng mit der Entwicklung der Chrono-Bio-Psychologischen Regulationsdiagnostik (CRD, Kap. 5) zusammen, da sowohl psychologische als auch physiologische bzw. biologische Daten mit den

9 Untersuchung der Lärmwirkung unter Erfassung der circadianen Rhythmik (Tagesrhythmik) zur Sensibilität und Aktivierung in einem Lärmmedizinischen Gutachten zum Ausbau des Flughafens Hamburg.

traditionell chronobiologischen Analysemethoden ausgewertet werden können. Es ist einfach sinnvoller von Chrono-Bio-Psychologie zu sprechen, da beides, sowohl in der Diagnostik als auch Intervention zusammengehören.

Chronobiologische Forschungsergebnisse wurden bisher oft als medizinische oder chronobiologische Forschung veröffentlicht, obwohl in diesen Studien Verbindungen zur Psychologie und Pädagogik existierten. So ist z. B. die Bestimmung der Langzeit- Veränderungen des Hautwiderstandes eine traditionell chronobiologische Untersuchung, in Verbindung mit erfassten Stimmungsmaßen, subjektiven Entspannungs- und Aktivierungsbeobachtungen als Zeitreihe wird sie zur Chrono-Bio-Psychologischen Studie (s. Stueck, Balzer et al., 2005b). Die Bestimmung des Chronotyps (s. Kap. 2.2.3) ist eine chronobiologische Fragestellung, in Verbindung mit psychologischen oder pädagogischen Parametern wird sie eine Chrono-Bio-Psychologische Fragestellung im Feld der Pädagogik bzw. Pädagogischen Psychologie (s. Randler, 2008)[10]. Problematisch ist dabei, dass eine chronobiologisch orientierte Erfassung psychologischer Merkmale eine Erfassung dieser im Sinne einer Zeitreihe bedingt. Damit läuft man jedoch Gefahr durch wiederholte Befragungen, den natürlichen Ablauf der Probanden zu stören und ihn dadurch nicht mehr realistisch erfassbar zu machen. Einen Ausweg bietet hier die Zuordnung psychischer Zustände mit Hilfe physiologischer und/oder biochemischer Parameter über Verhaltensbewertungen (Balzer, 2009, s. Kap. 9.11, Abbildung 238).

Der in diesem Buch erstmals aufgestellten „Arbeitsdefinition" zur Chrono-Bio-Psychologie (CBP), wonach in der CBP rhythmische Veränderungen psychologischer Parameter in Verbindung mit periodischen somatischen Prozessen untersucht werden (oder umgekehrt), liegen bereits eine Reihe Chrono-Bio-Psychologischer Forschungsbefunde vor, von denen einige exemplarisch vorgestellt werden sollen:

a) Stück, Balzer, Schröder entwickelten 1994 eine Chrono-Bio-Psychologische Untersuchungsmethodik zur Untersuchung von Langzeitbelastungen während Hochgebirgsexpeditionen, die dann 1995 zum Aconcagua (Argentinien, 6995m) erstmals erprobt wurde. Dabei wurde neben Stimmungsschwankungen und der Zuspitzung egoistischer Tendenzen in Abhängigkeit von negativen Situationsklassen eine zunehmende instabile vegetativ-emotionelle Regulation mit zwei überragenden vegetativmotionellen Instabilitäten nach Zielerreichung festgestellt (s. Abbildung 224).

10 Chronotypen von Jugendlichen in Verbindung mit Verhaltens-Erlebensmustern (Randler, 2008, Vollmer, 2012).

Dieser „Urlaubs-Herzinfarkt“-Effekt, dass heisst der Zusammenbruch einer vegetativ-emotionellen Regulation nach Zielerreichung, war eines der Hauptergebnisse dieser Studie. Stueck und Balzer (1999, zit. in Stueck et al., 2005) untersuchten außerdem die Veränderungen psychischer Zustände (vegetativ-emotionale Reaktion mittels Langzeitmonitorings des Hautwiderstandes) und emotionaler Zustände während einer dieser Hochgebirgsexpeditionen in Nepal (Cho Oyu, 8206 m) und konnten neue Erkenntnisse bzgl. der Herausbildung von Überbeanspruchungszuständen (Überlastungshemmung, Black Out, Hypersensibilität, Erschöpfung) erzielen (s. Stufen-Modell der psychophysischen Erschöpfung, Abbildung 135). Mit der Anwendung der Zeitreihenanalyse, wie sie bisher für physiologische Daten üblich war, konnten während dieser Expedition auch Zeitreihen psychologischer Daten ausgewertet werden. Voraussetzung war eine genügend große Anzahl von Daten (mindestens 20), um wenigstens einfache Modelle von psychologischen Rhythmen zu erstellen. Im Rahmen der Untersuchungen zur Veränderung des Wohlbefindens eines Expeditionsteilnehmers der Cho Oyu Expedition 1999 ließ sich ein circaseptaner Rhythmus von 6 Tagen (Auftrittswahrscheinlichkeit 12,4 %) finden (s. Kap. 2.3, Abbildung 15). Die Verkürzung dieses Rhythmus' um einen Tag gegenüber dem „normalen“ circaseptanen Rhythmus von 7 Tagen wurde auf die Beanspruchungssituation (Stress) unter diesen Bedingungen zurückgeführt. Während weiterer Expeditionen zu 8000 er Bergen (Pakistan: Gasherbrum, 1996, 2002, Nepal: Everest, 2005, Stueck, 2001, 2002) und Erst- bzw. Zweitbesteigungen (Nepal: Num Ri, 1997, 2002, Pik Leipzig, 2014) wurden Erkenntnisse zur Entspannungsfähigkeit in großen Höhen aber auch zu Persönlichkeitsveränderungen, Hypersensibilität (s. Abbildung 12), Veränderungen der Gruppendynamik und psychoneuro-immunologischen Veränderungen gewonnen.

b) In Chrono-Bio-Psychologische Untersuchungen an Lehrern (Stueck, 2007, Stueck Balzer 2007) und Schülern (Stueck, 1997) konnte bei Lehrern regressionsanalytisch gezeigt werden, dass burnoutgefährdete Lehrer genauso wie Stress-Typ A – Lehrer (erfasst mit dem Arbeitsbezogenem Verhaltens und Erlebensmuster, Schaarschmidt, 2005) entweder chronobiologische Deaktivierungsmuster oder aber auch Aktivierungsmuster aufweisen können (Stueck, Rigotti, Balzer, 2005). Versuchspersonen, die ausschließlich zum Typ Schonung gehörten, zeigten chronobiologische Aktivierungsmuster. Bei Schülern konnte nachgewiesen werden, dass ein Yogatraining Aktivierungsmuster reduziert (Stueck, 1997).

c) Psychologische Korrelate des Stressdiagnostischen Tests:
Zur Chrono-Bio-Psychologie gehört die Bestimmung der psychologischen Korrelate von chronobiologischen Testreihen bzgl. der chronobiologischen Stressverarbeitung. Eine Möglichkeit ist die Messung der muskulären (EMG), emotionalen (Hautwiderstand) und nerval-kognitiven (Hautpotenzial) Stressverarbeitung bzw. der Blutdruckentspannung im Chrono-Bio-Psychologischem Stressdiagnostischen Test (SDT) mit dem Stress-Entspannungstest (SET)[11] und dem davor stattfindenden Blutdruck-Entspannungstest[12] (BET). Mit diesen Tests wurden in Verbindung mit standardisierten Skalen, Messungen vor und nach Yogainterventionen bei Kindern von Stueck (1997) und vor und nach Biodanza-Interventionen (Stueck, Villegas, 2008) durchgeführt. Außerdem wurden Untersuchungen mit arbeitslosen Patienten (Dreßler, Huhn, Stueck, 1999) und bei PädagogInnen (Stück, Balzer, Müller 2014) herausgearbeitet. In diesen letzten Untersuchungen korreliert der durchschnittliche Ruhepuls im Blutdruck-Entspannungstest bei Lehrern (n = 25, Durchschnittsalter = 45 Jahre) signifikant mit der Skala „Kontrolle und Überbehütung" im Fragebogen „Erinnerte Elterliche Erziehungsstile". Bezüglich der Atemfrequenz, welche kontinuierlich während der gesamten physiologischen Testphase des SDT gemessen wurde, zeigte sich deutlich, dass Probanden des muskulären Stressbewältigungstyps „Kompensierer" und des nervalen Stressbewältigungstyps „Beherrscher" eine durchgängig erhöhte

11 Der Stressdiagnostische Test (SDT, Balzer und Hecht 1999) wurde im Rahmen der chronopsychobiologischen Regulationsdiagnostik entwickelt. Er umfasst den Blutdruck-Entspannungstest (BET) und den Stress-Entspannungstest (SET). Der SET überprüft die Stressbewältigung des Probanden auf drei Ebenen. Hierzu zählt man die muskuläre, vegetativ-nervale und die vegetativ-emotionale Reaktion. Gemessen werden diese Reaktionen mit Hilfe der Smardwatch, Beim SET wird der Proband gebeten, sich in den nächsten 21 Minuten zu entspannen. Während dieser 21 Minuten wirkt ein akustischer Stressor nach 10 Minuten für die Dauer von 1 Minute auf den Probanden (lautes Rauschen). Dem Probanden ist das Geräusch bekannt, jedoch nicht der Zeitpunkt des Eintreffens des Stressors. Mit dem Test wird zwischen vier Stressbewältigungstypen differenziert. Mit Hilfe der aufgezeichneten Daten der Smardwatch, kann außerdem im Anschluss eine Kategorisierung des Entspannungsverhaltens bei Abwesenheit Dritter des Probanden für die Phase 1 des Tests (erste 10 Minuten) stattfinden.

12 Beim BET (s. Kap. 5, Abbildung 114) wird für 10 Minuten, jeweils einmal pro Minute der Blutdruck des Probanden gemessen. Das Abfallen des Blutdrucks ist ein Maß für Entspannungsfähigkeit.

Atemfrequenz aufzeigen. Da „Beherrscher“ als auch der „Kompensierer“ in der 2. Testphase des SDT eine stabile Regulation aufweisen, liegt die Annahme nahe, dass eine ausgeprägte Atmung dies begünstigt hat. Probanden mit dem Regulationstyp „Bewältiger“ im kognitiv-nervalen und emotionalen Bereich, berichteten im FEE über „wenig Ablehnung und Strafe“ durch die Eltern. Im Umkehrschluss würde das bedeuten, dass es Menschen leichter fällt Stress zu bewältigen, wenn das Erziehungsverhalten der Eltern als wenig ablehnend und strafend eingeschätzt wurde. Zusätzlich weist dieser Regulationstyp eine Korrelation mit dem Relationship Questionaire (RSQ Fragebogen, Steffanowski et al., 2001) auf, wobei deutlich wurde, dass diese Personen signifikant weniger Angst vor Trennung zeigen. Die Häufigkeit von Personalengpässen und deren Belastungsgrad im Arbeitsalltag korreliert negativ mit dem Regulationstyp „Bewältiger“, d. h., dass diese Personen entweder kaum Personalengpässe im Arbeitsalltag wahrnehmen oder diese als „nicht störend“ einstufen. Unter Berücksichtigung der typischen Stressverarbeitung eines „Bewältigers“ (zunächst instabil während des Stressors, bei Verarbeitung des Stressors jedoch stabil) lässt sich vermuten, dass der Großteil der „Bewältiger“ zwar mit Personalmangel arbeitet, aber dies reflektierend als nicht störend empfindet. Personen, welche im Stresstest den Typ des „Kompensierers“ verkörpern, wiesen im RSQ mehr Angst vor Trennung auf und zeigten darüber hinaus mehr emotionale Belastungserscheinungen. Zusätzlich bezeichnen diese Personen den Stressor “Unsicherheit in der Personalzusammensetzung” als stark störend und häufig vorkommend. Hinsichtlich des Regulationstyps „Nicht-Bewältiger“ wurde eine signifikante Korrelation mit der zweiten Skala des FEE gefunden. Hierbei wird deutlich, dass Testpersonen des Typs „Nicht-Bewältiger“ das Erziehungsverhalten der Eltern als nicht emotional wärmend reflektieren. Im Umkehrschluss würde dies bedeuten, dass eine emotional warme Erziehung der Eltern zu einer verbesserten Stressverarbeitung führt. Die während des SDT mitgemessene Herzfrequenzvariabilität bzw. respiratorische Sinusarrythmie[13] (RSA) korreliert negativ mit Alter, Berufsjahren und Gewicht, d. h. je älter, schwerer und mehr Berufsjahre die ErzieherInnen

13 Bei der HRV-Messung wird die respiratorische Sinusarrhythmie (RSA) innerhalb einer Minute gemessen. Die RSA beschreibt die atemsynchrone Schwankung der Herzfrequenz. Bei Einatmung erhöht sich die Herzfrequenz, bei Ausatmung sinkt sie wieder. Allgemein lässt sich sagen, dass eine hohe Herzratenvariabilität (also eine große Herzfrequenzänderung) ein gutes Ergebnis darstellt.

abgeleistet haben, desto weniger gelingt ihnen die Atem-Puls-Anpassungsleistung. Es wird deutlich, dass Menschen, welche häufig Sport treiben oder Gesundheitskurse belegen, eine verbesserte RSA aufzeigen. Darüber hinaus geht eine Berührungsempfindlichkeit (im Sinne von Feingefühl) mit einer guten RSA einher.

d) Randler (2008) und Vollmer (2012) führten Studien zu Chronopsychologie und Chronobiologie durch, indem sie vor allem Jugendliche und Eltern in Bezug auf den Chronotyp im Zusammenhang mit psychologischem Verhalten (Noten, Konzentrationsleistungen) untersuchten.

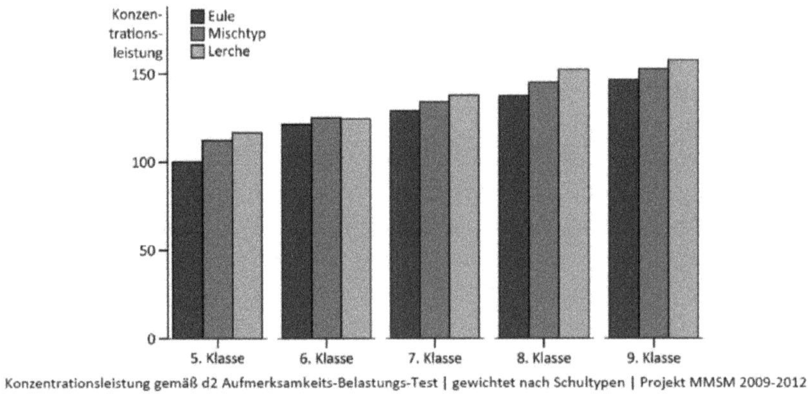

Abbildung 20 Konzentrationsleistungen und Chronotyp nach Vollmer (2012)

e) Siepmann (2001) und Stueck, Balzer et al. (2007) untersuchten das chronopsychologische Verhalten von Schülern bzw. Lehrern in Abhängigkeit vom BRAC-Rhythmus. Dabei wurde ein verstärkter Zerfall des BRAC-Rhythmus in Richtung Deaktivierung (Siepmann, 2001, s. Abbildung 51), aber auch die Wiederherstellung desselben bei Schülern und Lehrern (Stueck, 1997, 2008, Balzer, Hecht, Stueck, 1997) infolge von Yoga und Biodanza (Stueck, Villegas, 2008) festgestellt.

f) Die subjektive Befindlichkeit in Verbindung mit somatischen Parametern wurde im Menstruationszyklus (28 Tage) von Hildebrandt (1998) untersucht. Sie zeigt, dass das subjektive Befinden und die Pulsfrequenz nach dem Eisprung der Frau abnehmen, währenddessen die Reaktionszeit und Schnellkraft zunehmen.

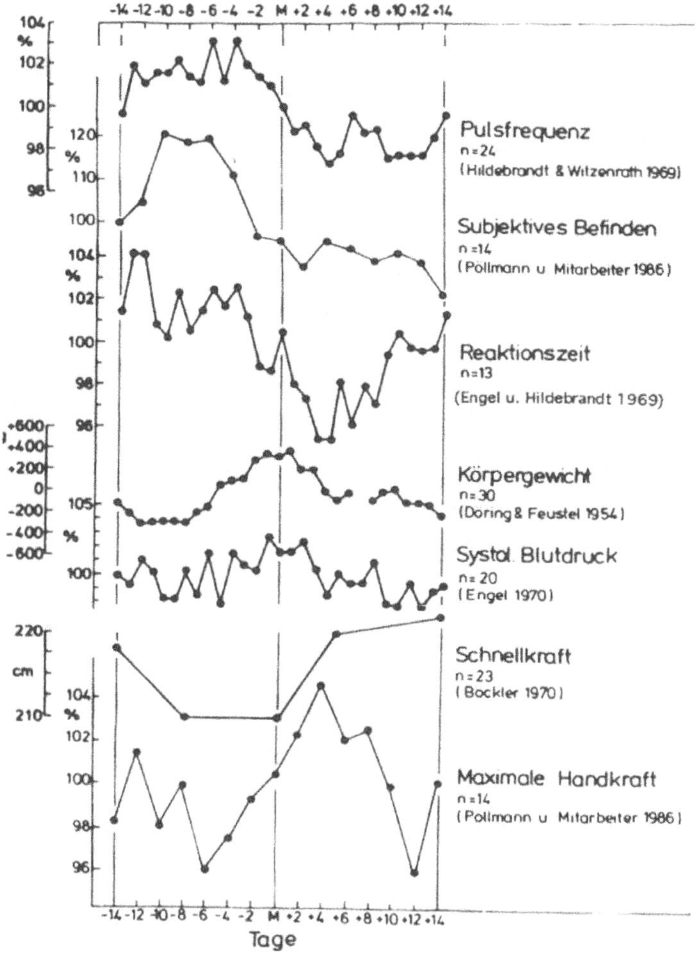

Abbildung 21 Zusammenhang zwischen physiologischen und psychologischen Parametern, Verhaltensparametern und dem Menstruationszyklus nach Hildebrandt 1998

g) In den Langzeitmonitoring-Untersuchungen der Expeditionen (s. o.) wurden Chrono-Bio-Psychologische Hypersensibilitätszustände der Haut entdeckt und als Vorstufe zu Erschöpfungszuständen definiert (Stueck, Balzer et al, 2005b, Balzer und Stück, 2013, s. Abbildung 135). Mittlerweile gibt es auch ein Diagnose-Instrument (s. Kap. 7.4). Diese diagnostizierten regulationsdiagnostischen Begleitzustände der Haut wurden weiterführend mit psychologischen Persönlichkeits- und Zustandsbeschreibungen bei Lehrern untersucht (Stück, Balzer, Rigotti, 2005, Stück, Sonntag, 2005). Dabei wurde festgestellt, dass sie eng mit dem Ansteigen von selbstberichteten chronischen Stresszuständen bzw. Burnoutzuständen zusammenhängen. Die wahrgenommene Sensibilität unterliegt dabei chronobiologischen Einflüssen (circadianen Rhythmen) und durch fortwährende Stressoreneinwirkung genügen oft geringe oder geringste Stressoren um mit einer Überlastungsreaktion zu reagieren. Diese unspezifische Hypersensibilität kann zeitweise (zeitweilig) oder manifestiert (dauernd) auftreten (s. auch Kap. 5). Nach Integration chronobiologischer Analysen mit psychologischen Erhebungen zeigten sich, bezogen auf die psychologische Interpretation der Hypersensibilität, folgende Ergebnisse (Stueck, Sonntag 2005): Hypersensible Vpn (VG) unterscheiden sich zu nicht hypersensiblen Vpn u. a. hinsichtlich einer signifikant niedrigeren Liebesfähigkeit, der internalen Kontrollüberzeugung, dem Wohlbefinden, dem Typ der Gesundheits-Ausprägungsgrad bzw. der Schlafdauer, einem signifikant höherem Stresserleben und höherer Selbstvergessenheit (s. Tafel **1**).

Tafel 1 Mittelwertvergleiche zwischen psychologischer und psychophysiologischer Ebene am Beispiel der Hypersensibilität

Skalen psychologischer Verfahren	2.4.1.1.1.1.1.1 Hypersensibilität			
	Gruppen-Vergleiche			
	Hypersensibilität	ja	Nein	Signifikanz
- Stress Anamnese/ Chronobiologische Anamnese	Mittelwert	25,88	18,83	p =.010* (.73)
	SD	9,04	10,22	
FKK-Internale Kontrollüberzeugung	Mittelwert	47,35	52,27	p =.012* (.67)
	SD	6,94	7,73	
- TPF/Selbstvergessenheit vs. Selbstzentrierung	Mittelwert	56,44	51,82	p =.044** (.64)
	SD	5,64	8,47	
TPF/Liebesfähigkeit	Mittelwert	42,18	47,95	p =.017* (.76)
	SD	7,34	7,78	
FEG/Ausmaß Schlaf	Mittelwert	39,06	44,97	p =.031* (.64)
	SD	9,61	8,97	
FEG/Allgemeines Wohlbefinden	Mittelwert	45,88	50,22	p =.022* (.47)
	SD	10,75	7,64	
AVEM-Typ Gesundheit	Mittelwert	0,13	0,23	p =.09* (.38)
	SD	0,18	0,33	

* Mittelwertunterschied ist auf dem Niveau von 0,05 signifikant

** Mittelwertunterschied ist auf dem Niveau von 0,01 signifikant

Hinsichtlich der psychosomatischen Beschwerden bei Lehrern mit und ohne Hypersensibilität wurden folgende Verteilungsunterschiede mit Hilfe des Chi-Quadrat-Tests ermittelt (nominalskalierte Daten, s. Abbildung 22).

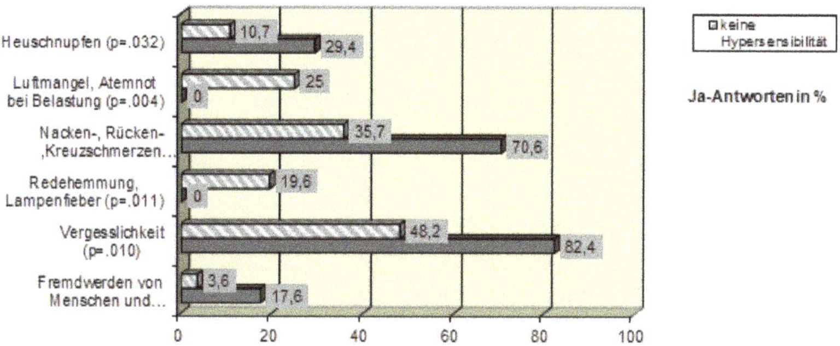

Abbildung 22 Signifikante Unterschiede der Beschwerdehäufigkeit bei Lehrern mit und ohne Hypersensibilität

h) Stueck und Balzer führten 2013 chrono-bio-psychologischen Laboruntersuchungen zur interpersonalen Synchronisierungen des Hautwiderstandes (s. Kap. 10) und dazugehöriger subjektiver Aussagen zum Entspannungsempfinden durch, wobei eine zunehmende Entspannung von zwei Partnern mit einer physiologischen Synchronisierung zwischen ihnen einhergeht.

i) Die Chrono-Bio-Psychologische Regulationsdiagnostik kann vor allem für die Bestimmung der Korrelation zwischen physiologischen bzw. endokrinologischen und psychologischen Daten verwendet werden, indem man die analysierten Periodenlängen der regulatorischen Vorgänge verschiedener Parameter vergleicht. Ein Beginn dieser Analysen stellt beispielhaft die Interpretation der Chronogramme zum Verlauf psychischer Daten (Stimmung, Stressempfinden) und biolochemischer Daten (Cortisol) dar. Im folgenden Beispiel sind 2 Versuchspersonen dargestellt (Vpn 9, Vpn 3), die an 10 Biodanza-Sitzungen einer portugiesischen Studie teilgenommen hatten und dabei vor und nach jeder Sitzung Cortisol abgaben und eine 17 stufige Lickert-Ratingskala bzgl. ihrer Stimmung beantworteten (Mzp 1=Prä, Mzp 2= Post usw.). Insgesamt ergaben sich 2 Zeitreihen von jeweils 20 Daten. Die Ergebnisse dieser beiden Zeitreihen sind für eine Versuchsperson in Abbildung 23 exemplarisch dargestellt.

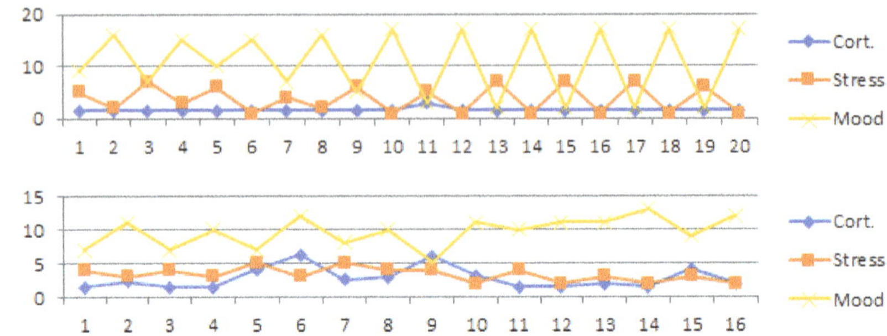

Abbildung 23 Rhythmus der Stimmung und des Cortisols zweier Versuchspersonen der Biodanza-Intervention

Legende: Vp 9: keine Cortisol-Ausschüttung nach Biodanza (oben), Vp 3: Cortisol-Ausschüttung nach Biodanza (unten)

In diesem Beispiel wird deutlich, dass die Versuchsperson ohne Cortisolveränderungen nach Biodanza (Vpn 9) ein stereotypes Muster bzgl. der Vor-Nachsitzungseinschätzung seiner Stimmung und seiner Stressempfindung aufweist, während bei Vpn 3 ein viel flexibleres Cortisol-Muster in Verbindung mit den Verläufen der Stimmungs- und Stressempfindungen vor und nach den Sitzungen feststellbar ist.

Diese beschriebenen 9 Beispiele (a-i) verdeutlichen die Richtung der Chrono-Bio-Psychologie als integrative Forschungsdisziplin. Im weiteren Verlauf dieses Buches (s. Kap. 5) werden eingehendere Ausführungen zur Chrono-Bio-Psychologischen Regulationsdiagnostik (CRD) gemacht, das heißt zur Auswertung von biologischen und psychologischen Zeitreihen-Analyse und ihre Bedeutung in den Anwendungsfeldern der Medizin, Rehabilitation, Pädagogik, Psychologie (s. auch Kap. 9 und 10).

2.5 Chrono-Bio-Psychologische Forschungen in weiteren Wissenschaftsgebieten

Chrono-Bio-Psychologische Untersuchungen erfolgten auch in anderen Wissenschaftsgebieten. So konnte auch die Sichtweise auf das Verhalten der Tiere für sich oder in Wechselwirkung mit der Umwelt und dem Menschen erweitert werden. Aber auch die Untersuchung von Umwelteinflüssen auf den Menschen erbrachten neue Erkenntnisse. Die folgenden Beispiele sollen nur einen kleinen Einblick in diese Wissenschaftsgebiete geben. Für den interessierten Leser sei auf die darin angegebenen Quellen und die vorgesehenen Publikationen der Verfasser zu dieser Thematik verwiesen.

HINWEIS: Zum besseren Verständnis der Abbildungen und der darin verwendeten chronobiologischen Analysemethodik in diesem Kapitel empfiehlt es sich Kapitel 2.6, 3, 4, 5 und 66 parallel zu lesen bzw. nach dem Studium dieser Kapitel zu den Abbildungen zurück zu kehren.

2.5.1 Chrono-Bio-(Psychologie) bei Tieren und Pflanzen

Durch verschiedene Untersuchungen in den letzten Jahren, konnte auch die Sichtweise auf das Verhalten der Tiere und Pflanzen in Wechselwirkung mit der Umwelt und dem Menschen erweitert werden.

a) Pflanzen:

Während die Psychologie bei Tieren bereits sehr intensiv untersucht ist, dürfte die Anwendung dieses Begriffes im Bereich der Pflanzen eher problematisch sein. Eine weitere Differenzierung erlebte die Chronobiologie bezüglich der verschiedenen Subdisziplinen dieser Wissenschaftsgebiete. So differenziert man inzwischen Forschungen im biologischen Bereich, speziell der Pflanzen, der Tiere einschließlich der Kleinstlebewesen wie Insekten. Sehr übersichtlich werden Ergebnisse im Bereich der Chronobiologie im Bereich der Pflanzen von Engelmann (2004) in „Rhythmen des Lebens“ und als historische Review bei McClung (2006). So zeigen Toko et al. (1990) z. B. die rhythmische Aktivität des Zellpotential in einer Wurzel (s. Abbildung 24).

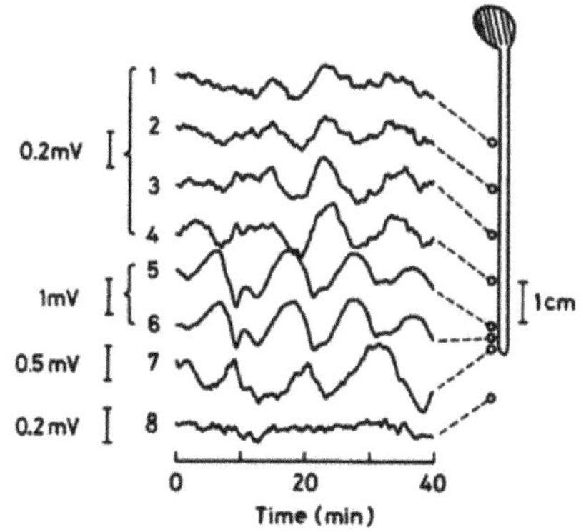

Abbildung 24 Oszillationen des extrazellulären elektrischen Potentials an acht Punkten einer 89 mm langen Wurzel einer Adzukibohne

Vom Messpunkt 7 zu Messpunkt 1 konnten eine Phasenumkehr von 180° registriert werden. Die Regulationsperiode beträgt ca. 10 Minuten. Engelmann (2004) verweist auf Schuster (1996) und zeigt periodische Wachstumsschwankungen von Keimlingen. Dabei werden Periodizitäten von ca. 30 Minuten und 1 Stunde sichtbar.

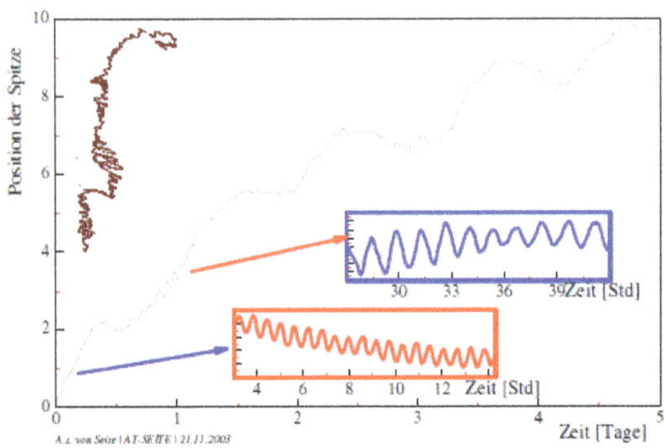

Abbildung 25 Periodische Wachstumsbewegungen eines Keimlings der Ackerschmalwand (Arabidopsis thaliana) nach Schuster (1996)

b) Landwirtschaftliche Nutztiere (u.a. Rinder, Schweine, Schafe, Enten, Hennen):

Eine Übersicht über verhaltensgeprägte, biologische Rhythmen bei Nutztieren findet man u. a. bei Tilger (2005). Insbesondere aus Verhaltensbeobachtungen konnten eine Reihe ethologischer Rhythmen im ultradianen, circadianen und infradianen Bereich herausgefunden werden. Dazu gehören u. a. Rhythmen im Schlaf-Wachverhalten und Fortpflanzungsrhythmen (s. Abbildung 26).

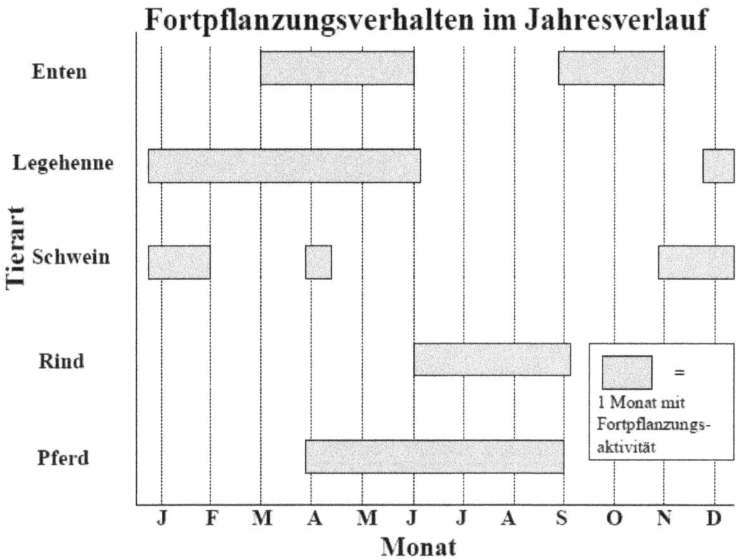

Abbildung 26 Circaannuale Rhythmen des Fortpflanzungsverhaltens bei Enten, Legehennen, Schweinen, Rindern und Pferden unter mitteleuropäischen Bedingungen nach Tilger, 2005

Aber auch Rhythmen der motorischen Aktivität, Rhythmen in der Futter- und Wasseraufnahme, im Komfortverhalten (u. a. die Selbstpflege der Tiere), Rhythmen in der Körpertemperatur und in verschiedenen biochemischen Parametern, z. B. der Corticosteroide u.a.m. Kultus et al. (2009) gelang es den Verlauf der Brunst sowie den Ovulationszeitpunkt beim Rind mittels chrono-bio-pschologischer Analyse (CRD) nachzuweisen. Dazu wurden sowohl physiologische Parameter mittels des Systems smardwatch im Langzeitmonitoring über den Brunstverlauf als auch biochemische Parameter (Prostegeron[14]) und veterinärmedizinische Befunde sowie Verhaltensbeobachtungen integriert. Das Synchronisationsverhalten der untersuchten physiologischen Parameter – dargestellt als „Wolke" im zweidimensionalen Raum – zeigte charakteristische Verschiebungen bezogen auf die normierte gemittelte Regulationsperiode (Erklärungen dazu s. auch Kap. 5.2).

14 Progesteron ist wie Östrogen ein Geschlechtshormon bei weiblichen Tieren.

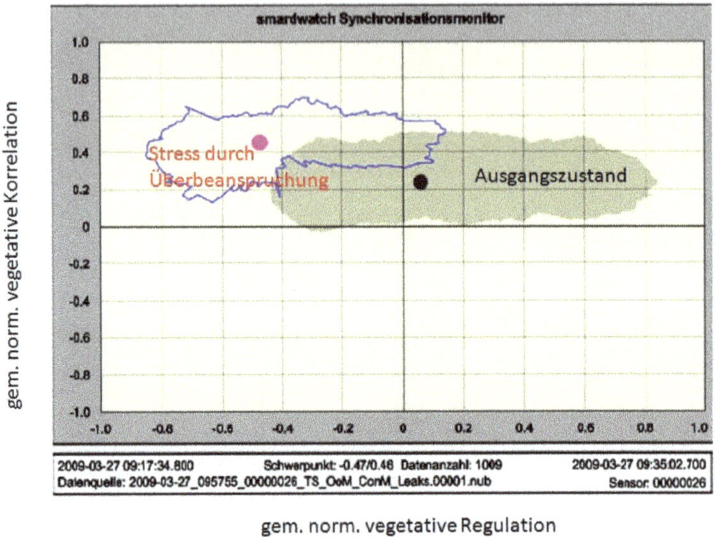

Abbildung 27 Darstellung der Verschiebung der vegetativen Synchronisation durch Stress (hier Brunst) bei einem Rind, Kultus et al. (2009).

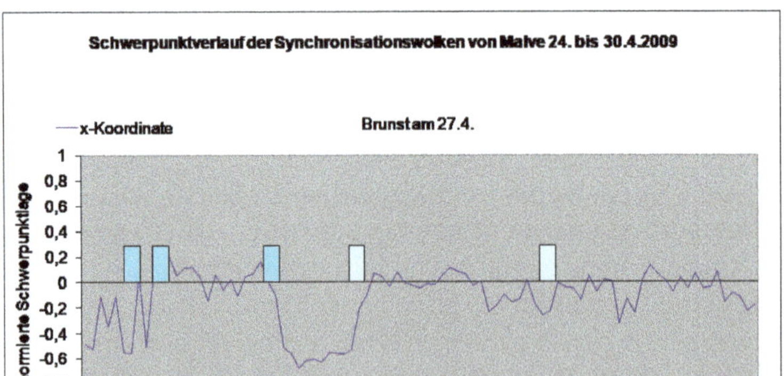

Abbildung 28 Verlauf der Verschiebung der x-Achse der „Synchronisationswolke" im Verlaufe der Brunst eines Rindes im Vergleich zur Veränderung von Prostegeron, aus Kultus et al., 2009

Der Brunstzeitpunkt, in Abbildung 28 am 27.04.2008, konnte statistisch signifikant in Übereinstimmung mit den erhobenen Befunden gebracht werden. „Von den im Zusammenhang mit der Änderung des Schwerpunktverlaufes während der Brunst untersuchten Rindern wurden 58,82 % Übereinstimmung zwischen dem visuell bestimmten Brunstzeitpunkt und dem biochemischen Nachweis mittels Prostegerontest bestimmt. Etwas höher, bei 70,59 % lag die Übereinstimmung zwischen der visuellen Brunstbestimmung und der Verschiebung des Schwerpunktes im Synchronisationsverhalten. Die deutlichste Übereinstimmung wurde zwischen dem Prostegerontestergebnissen und der Verlagerung des Schwerpunktes mit 88,24 % bestimmt“, zitiert aus Kultus et al. (2009).

Umfangreiche Studien zur Beurteilung des Gesundheitszustandes von Tieren gelangen Balzer und Kultus (2013) im Rahmen einer Studie zur Untersuchung verschiedener Haltungsbedingungen an Rindern und Pferden. Dabei konnte der von Baevsky (2011) geprägte Begriff der vegetativen Balance von der HRV auf die vegetativen Parameter EMG, HP und HW erweitert werden und zusätzlich der Begriff der regulatorischen Balance definiert und als Kriterium für gesund und krank in Anlehnung an die Definitionen von Avicenna (Abu Ali Ibn Sina, 2003) angewendet werden.

c) Wildtiere an Land und in der Luft (Wildpferde, Störche, Schafe):

Wesentliche Beiträge zur Erforschung biologischer Rhythmen bei Wildtieren lieferte Scheibe et.al (2000, 2008). Die folgende Abbildung 29 weist den circadianen sowie ultradiane Rhythmen beim Muflonschaf nach. Zugrunde liegen Messwerte im zeitlichen Abstand von 15 Minuten über einen Zeitraum von 10 Tagen,

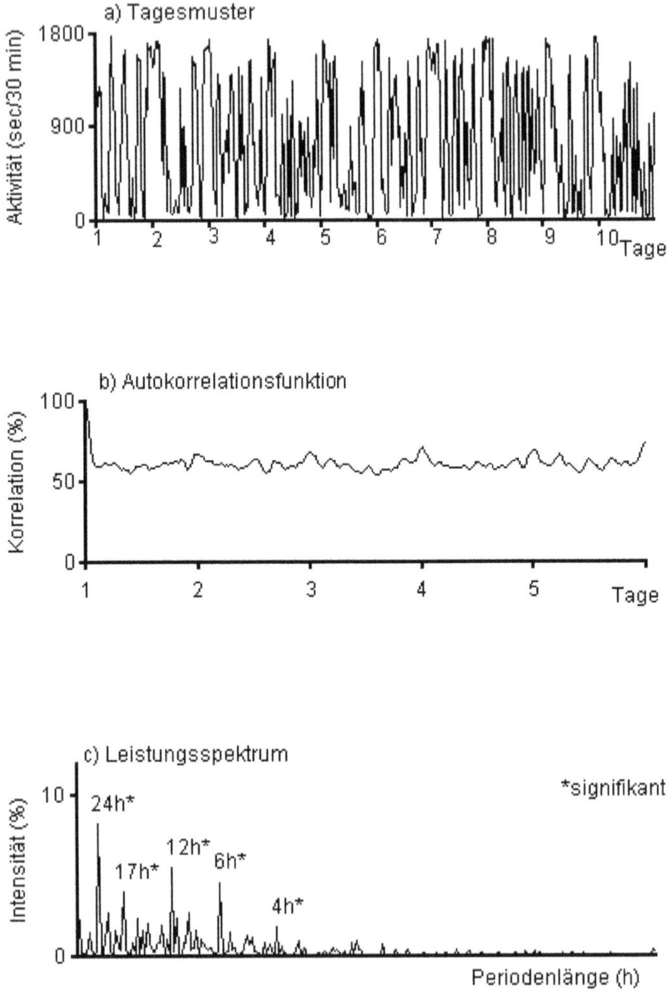

Abbildung 29 Tagesmuster, Autokorrelationsfunktion und Leistungsspektrum der lokomotorischen Aktivität eines weiblichen Mufflons. aus Langbein & Scheibe, 1998

d) Wildtiere im Wasser (u.a. Delphine, Wale)

Vor allem bei im Wasser lebenden Tieren sind Messungen physiologischer Parameter stark an den Entwicklungsstand der Technologie gebunden. Während bei größeren Meerestieren wie Walen und Delphinen (Williams, 1993) schon seit längerer Zeit vor allem verhaltensgeprägte biologische Rhythmen festgestellt wurden, waren die Messung physiologischer Rhythmen mit der Weiterentwicklung der technologischen Möglichkeiten erst später möglich, beginnend von verkabelten Systemen (z. B. Siegmund 1977) zu telemetrischen Systemen (Clough, 1998). Herzfrequenzuntersuchungen sowie Untersuchungen zur Stoffwechselrate und zur Konzentration von Laktat im Plasma an Delphinen (Tursiops truncatus) führten Williams, Friedl und Haun (1993) durch.

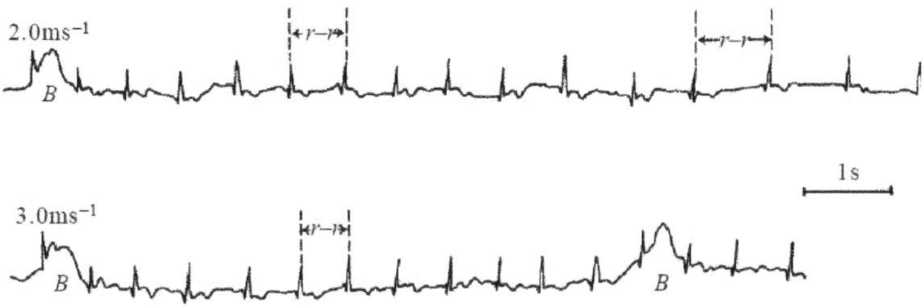

Abbildung 30 EKG-Kurve eines Delphins (Großer Tümmler) bei zwei verschiedenen Schwimmgeschwindigkeiten nach Williams, Friedl und Haun (1993)

e) Tiere in der Aquakultur (Karpfen, Störe)

Mit Hilfe einer Weiterentwicklung der SMARD-Watch zu einem FischFit-Monitor gelang 2010 (Sachbericht, 2011; Baganz et al., 2011b; Brockmann, 2010) die Messung physiologischer Parameter bei Langzeituntersuchungen an Zuchtkarpfen einschließlich der chronobiologischen Datenauswertung. Dazu wurde der Sensor in die Bauchhöhle des Fisches implantiert. Es wurden physiologische Rhythmen der Parameter elektrischer Gewebewiderstand, Gewebepotential, Körperkerntemperatur, 3D-Beschleunigung sowie mittels eines speziellen Druck-Sensors die Atemfrequenz und Herzfrequenz detektiert. Die Auswertung der Daten erfolgten mit Hilfe der CRD für den Bereich der Sekundenrhythmen.

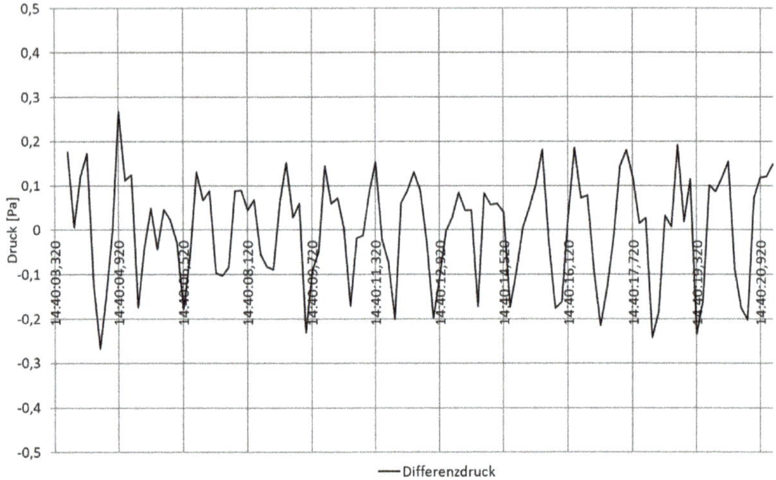

Abbildung 31 Messung des Differenzdruckes in Herznähe in einem Karpfen unter Laborbedingungen

Mit Hilfe spektralanalytischer Methoden (Burg-Algorithmus) konnte sowohl die Atemfrequenz als auch die Herzfrequenz (angenähert) bestimmt werden.

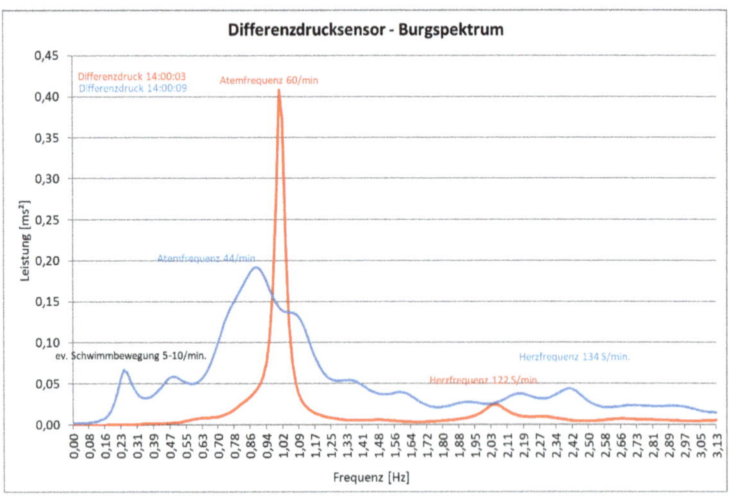

Abbildung 32 Burg-Spektrum der Messung der Druckamplitude in der Nähe des Herzens eines Karpfens

f) Tiere unter kosmischen Bedingungen (u.a. Rhesusaffen, Ratten):

Balzer (1990, 1991) und Wachtel (1991) untersuchten Änderungen von Minutenrhythmen während kosmischer Flüge von Rhesusaffen im EEG und von vegetativ-emotionalen Reaktionen. Inzwischen gibt es eine Reihe von Arbeiten zu Änderungen von ultradianen Rhythmen (insbesondere Sekundenrhythmen) verschiedenster Körperfunktionen.

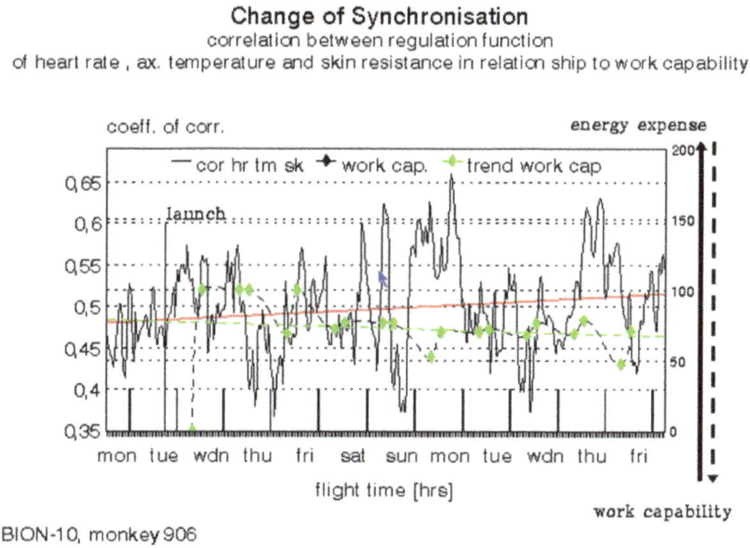

Abbildung 33 Synchronisationsverlauf vegetativer Parameter (HR, SR, ax. Temp.) eines Rhesusaffen während eines 12-tätigen kosmischen Fluges an Bord von BION-10

Die chronobiopsychologische Datenanalyse zeigt eine Zunahme des Energieverbrauches (gemessen an der Nahrungsaufnahme) bei gleichzeitiger Abnahme der Arbeitsfähigkeit im Verlaufe des kosmischen Fluges (gemessen an der motorischen Reaktionszeit des Tieres). Dies korreliert mit einer Abnahme der Synchronisation der gemessenen vegetativen Parameter.

g) Haustiere und Gebrauchstiere (u.a. Hunde, Katzen, Pferde):

Lindner (2010) konnte in detaillierten Studien zum Verhalten von Hunden (n = 57) u. a. Angstzustände und aggressives Verhalten unter speziellen Bedingungen mit Hilfe der CRD nachweisen. Die Hunde durchliefen einen für diese

Studie speziell vorgesehenen Parcour mit verschiedenen Beanspruchungssituationen. Untersucht wurden u. a. kognitive und emotionale Reaktionsmuster und Hand von Messungen vegetativer Parameter (HRV, Hautpotential und EMG). Die folgende Abbildung 34 zeigt als Beispiel das Auftreten verschiedener Regulationszustände während der verschiedenen Beanspruchungssituationen.

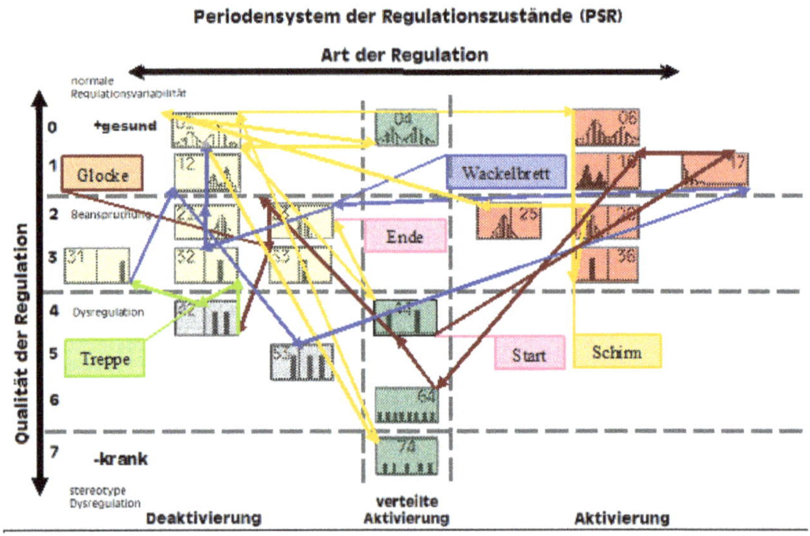

Abbildung 34 Zuordnung verschiedener Regulationszustände der vegetativ-nervalen (kognitiven) Reaktion eines Hundes bei verschiedenen Beanspruchungssituationen, Hund B.

Das plötzliche Aufklappen eines als Stressor bisher dem Hund nicht bekannten übergroßen Schirmes führte zu einem hochkonzentrierten, starr regulierten Regulationszustand (Nr. 36) auf der Seite der Aktivierung (zum Periodensystem der Regulationszustände s. auch Kap. 5). Stucke (2012) konnte in Untersuchungen Pferden (n =26) verschiedene Stresstypen gegenüberstellen. Unter anderem konnte ein Zusammenhang zwischen dem emotionalen Stressverhalten – gemessen über den Parameter Hautwiderstand – dem Cortisolverlauf und den Verhaltensbeobachtungen hergestellt werden. Die nachfolgende Tabelle zeigt die Verteilung der vegetativen Stresstypen bei Pferden (Stucke, 2012).

Tabelle 1 Prozentuale Verteilung der Stressregulationstypen berechnet in den Parametern Hautwiderstand (HW) und Hautpotential (HP) jeweils in der ersten und zweiten Testwoche bei Pferden nach Stucke (2012)

n=26	HW	HW	HP	HP
Woche	*1*	2	*1*	2
BH	7,69 % n=2	15,38 % n=4	15,38 % n=4	7,69 % n=2
BW	34,62 % n=9	50,00 % n=13	30,77 % n=8	38,46 % n=10
KP	50,00 % n=13	23,08 % n=6	58,85 % n=14	30,77 % n=8
NBW	7,69 % n=2	11,54 % n=3	0 % n=0	23,08 % n=6

h) Tierpsychologie:

Im Bereich der Tierpsychologie verweist Tembrock (1967) auf die physiologischen Komponenten der Regulation. Langbein & Scheibe (1998) untersuchten die Verhaltensänderungen von Wildtieren und stellten fest, dass man „anhand der unterschiedlichen Periodizitäten in den Leistungsspektren der Verhaltenszeitreihen [...] den Grad der Abstimmung zwischen der internen Verhaltensrhythmik eines Tieres und der externen Zeitgeberrhythmik ermitteln“ kann. Dieser Parameter kann als Indikator für Störungen der Biorhythmik infolge von Belastungssituationen verwendet werden. Lindner (2010) konnte mit Hilfe chronobiologischer Methoden nach Balzer (2000, 2009) Hinweise auf das Vorhandensein von Angstzuständen und Zuständen von Aggressivität bei Hunden feststellen. Balzer & Kultus (2013) bestimmten über die Messungen psycho-physiologischer Parameter erstmals psycho-physiologische Grundzustände wie Wohlbefinden, Freude, Apathie (Trauer) Ärger und Angst bei Tieren.

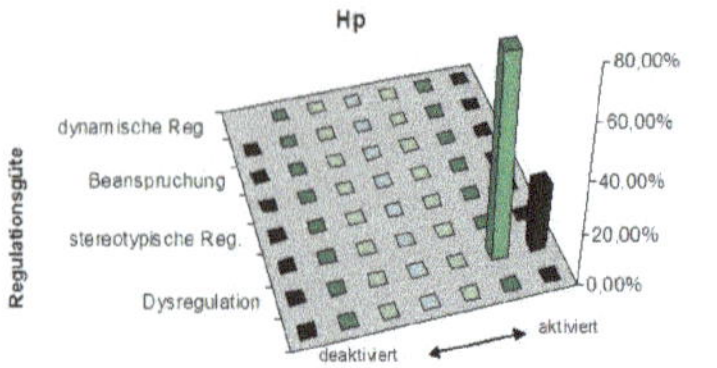

Abbildung 35 starre aktivierte Dysregulation im vegetativ-nervalen Verhalten bei einem Hund

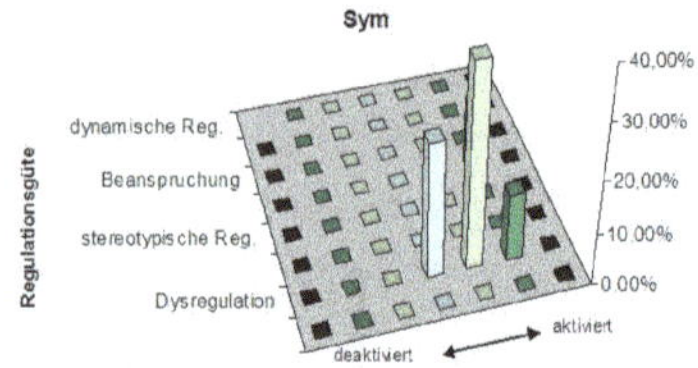

Abbildung 36 starre aktivierte Dysregulation im vegetativ-emotionalen Verhalten bei einem Hund

In einer Studie an Hunden (Balzer, 2005, Lindner, 2010) konnte gezeigt werden, dass eine Übereinstimmung verschiedener Basisemotionen, wie Angst und Aggressivität, mit einer charakteristischen Verteilung von Regulationszuständen im Periodensystem der Regulationszustände (PSR, s. Kap. 2.5) der untersuchten vegetativen Parameter (EMG, HP und HW (hier Sympathikusreaktion, analysiert aus der HRV)) zusammenhängen. Die starken starren Dysregulationen in allen untersuchten vegetativen Funktionen treten in den Sekunden unmittelbar nach der Schreckreaktion auf. Der Hund zeigte dabei aggressives Verhalten mit lautem Bellen, Zähne fletschen sowie Angriff auf die untersuchende Person – mit Schirm, (Balzer, 2005).

2.5.2 Chrono-Bio-Psychologische Forschungen im Bereich der Psychoneuroimmunologie[15]

Die Psychoneuroimmunologie untersucht die komplizierten Zusammenhänge zwischen Zentralnervensystem und Immunsystem, wobei zusätzlich noch eine enge Interaktion mit dem Hormonsystem besteht (u. a. Schedlowski 1996). Es liegen zahlreiche Studien zu Aspekten der zeitlichen Veränderungen von endokrinologischen und immunologischen Parametern vor, von denen hier beispielhaft vier ausgewählte Arbeiten genannt werden sollen:

a) Koelsch et al. (2016) konnte zeigen, wie sich verschiedene endokrinologische und immunologische Parameter in Abhängigkeit von der Tageszeit signifikant unterscheiden (s. Abbildung 37). So kann der Tagesrhythmus von Cortisol (Absinken zur Nacht) auch zur Diagnostik (Stress,

15 Ulrich Sack (Universität Leipzig, Medizinische Fakultät, Institut für Klinische Immunologie)

Gedächtnisleistungen) verwendet werden, wie verschiedene Untersuchungen zeigen: bei traumatischen Assoziations-Gedächtnisleistungen bleibt die Cortisolabsenkung am Abend aus (Nagamine 2016).

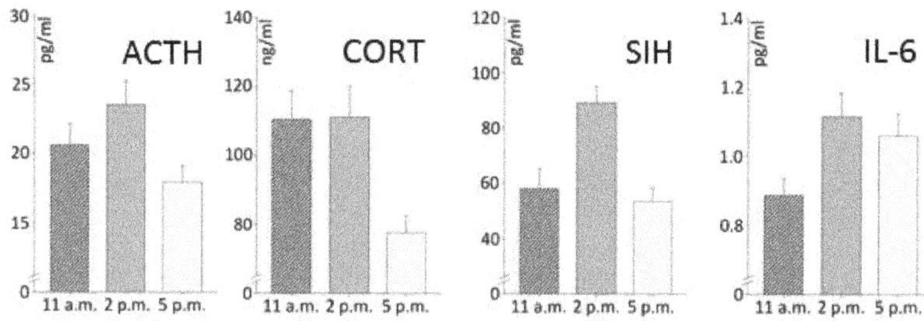

Abbildung 37 Circadianer Rhythmus von ACTH, Cortisol, Somatotropin inhibitory hormon und Interleukin-6, nach Koelsch et al. (2016), supplementary material

Der nachgewiesene circadiane Rhythmus von Cortisol wird angewendet zur Diagnostik bei stressbelasteten Personen und deren Fähigkeit zu autoregulativem Stress Coping (s. Kap. 9). Bei einem fehlenden Absinken der Tageswerte in folgende Referenzfenster wird ein Defizit bzgl. Stress Coping angenommen: 8 Uhr morgens (8 h) 3,0 – 9,0 ng/mL, 9 Uhr morgens (9 h) 5,0 – 15,0 ng/mL; 14 Uhr nachmittags 1,0 – 2,8 ng/mL; 18 Uhr abends 0,5 – 1,5 ng/mL (nach Lab. CASTRO FERNANDES; Madeira/Portugal, Agostinho, 2016, zit. in Stueck, Fernandes, 2017).

b) In Studien von Boehlig (2011) konnten Veränderungen in der Zeitreihe im Noradrenalin-Serum gefunden werden in Abhängigkeit von einem Stressor (CO_2) und vom Geschlecht. Der Gesamtzeitraum des Tests betrug eine Stunde (siehe Abbildung 38).

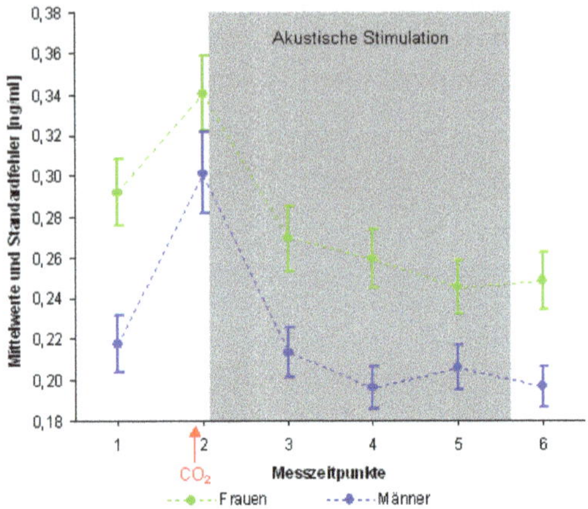

Abbildung 38 Verlauf von Noradrenalin (ng/ml) über eine Stunde im Serum, nach Boehlig 2011.

Legende: differenziert nach Frauen (N = 65, grün) und Männer (N = 66, blau), der rote Pfeil „CO2" zeigt auf das akute Stressereignis

c) Auch bei Cortisol im Speichel zeigten sich diese Veränderungen. Beispielhaft sei hier die Studie von Khalfa (2003) genannt, in der gezeigt wurde, dass eine Zeitreihe von Speichel-Cortisol Daten sich unter Musikeinfluss nach einem Stressoren-Input (CO_2) signifikant absenkt im Unterschied zu einer "Silent"-Kontrollgruppe.

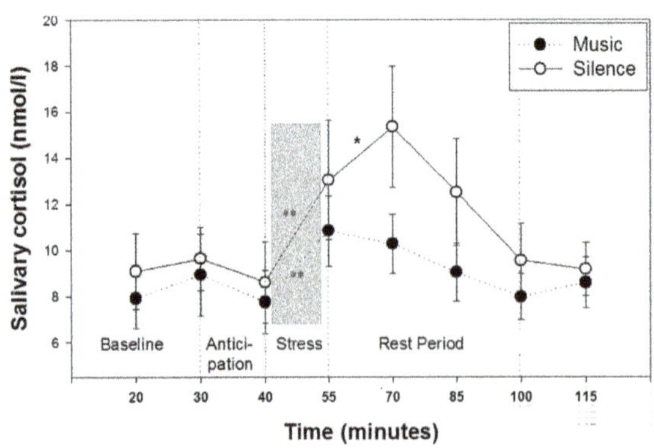

Abbildung 39 Wirkung von Musik auf das Speichelcortisolniveau nach psychologischem Stress, Khalfa et al., 2003

d) Keller et al. (2009) fanden in Studien mit transgenen Tieren, dass es circadiane biologische Uhren gibt, die in verschiedenen Zellen und Geweben des Immunsystems nachweisbar sind (s. Abbildung 40).

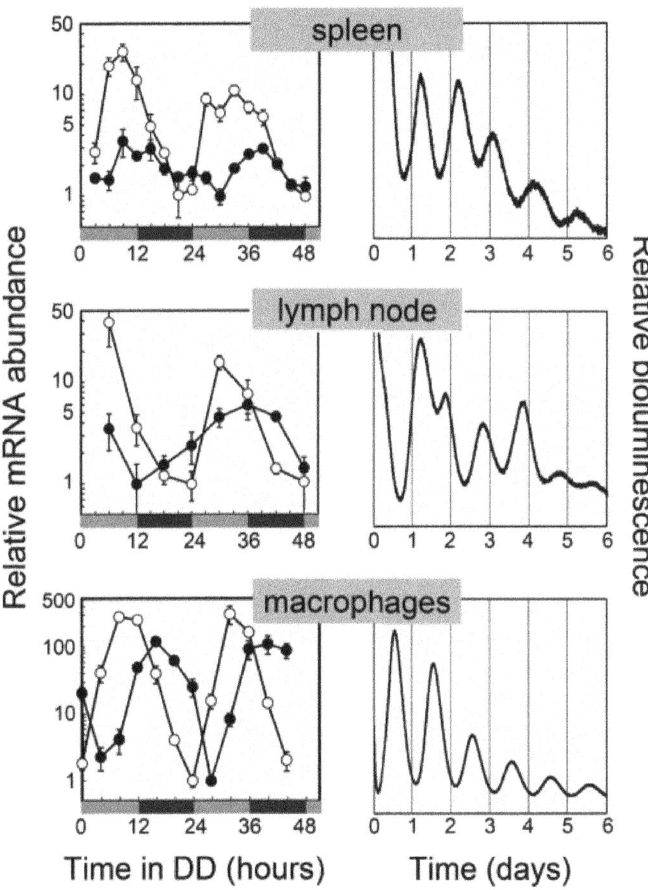

Abbildung 40 Circadianer Rhythmus in Geweben und Zellen des Immunsystems, Keller et al. 2009

Legende: die Gene Per2 (gefüllte Kreise) und Rev-Erbα (offene Kreise) werden in murinen Milzzellen, Lymphknoten und Peritonealmakrophagen rhythmisch exprimiert. Graue und schwarze Balken zeigen Tag und Nacht an. Angezeigt sind Mittelwerte ± SEM

Weitere Studien zum circadianen Verlauf des Wachstumshormons STH, von Glucose und ACTH (Scheving, Halberg, Pauly 1974) bzw. zum Zusammenhang Emotion und Immun- bzw. Hormonsystem sind im Kap. 2.6 in Zusammenhang mit der Cosinor-Analyse bzw. im Kap. 9 nachlesbar.

2.5.3 Chrono-Bio-Psychologische Forschungen im Bereich der Umweltwirkung, Musikwirkung und Kunstwirkung

Neu dazugekommen sind die Bereiche der Umweltwirkungsforschung, der Musikwirkungsforschung und der Kunstwirkungsforschung, in denen der komplexe Zusammenhang zwischen von Menschen geschaffenen Kreationen und deren Wirkung auf die Menschen mittels chronobiologischer Methoden untersucht werden (Balzer, 2009). Im Rahmen eines Projektes zu Stadtgeräuschen wurden die möglichen Wirkungen von Geräuschen einer Großstadt von verschieden Plätzen (Bahnhof, Park, Verkehrslärm) an Hand der Geräusche selbst untersucht und von den Geräuschen ausgehende Aktivierungs- und Deaktivierungsprozesse zugeordnet. Die Methodik dazu wurde im Rahmen der Musikwirkungsforschung an der Universität Mozarteum Salzburg erarbeitet. 2004 erfolgte erstmals die Analyse von in der Musik enthaltenen regulatorischen Vorgängen, die Komponisten und/oder Interpreten zugeordnet werden konnten (Balzer et al., 2005; Fritz, 2005; Bachmann, 2006; Balzer, 2009). Im Weiteren konnten Synchronisationsvorgänge bezüglich der Aktivierungs- und Deaktivierungsphasen und der Qualität der regulatorischen Vorgänge nachgewiesen werden. Schließlich konnte erstmalig 2008 auf dem Wissenschaftssymposium Wien Modern, die Synchronisation zwischen psychischen Grundzuständen, die in der Musik enthalten sind und psychischen Grundzuständen des Hörers dieser Musik nachgewiesen werden. Gleichzeitig konnten grundlegende Strukturen der vielfältigen Wechselwirkungen zwischen der Umwelt (einschließlich der sozialen und kulturellen Komponenten) und den möglichen Antwortreaktionen des menschlichen Organismus erarbeitet werden. Eine der sich daraus ergebenden Fragestellungen konnte in diesem Zusammenhang auch erstmalig wissenschaftlich dargestellt werden – die Synchronisation zwischen Musik, Therapeut und Patient im Rahmen einer Behandlung (hier altorientalische Musiktherapie bei Leukämie (Tucek, 2006)). Auf Basis dieser Erkenntnisse entwickelte Balzer 2007 eine Methode zur Bestimmung von psychischen Grundzuständen, die in Werken der Malerei und Grafik oder der bildenden Kunst enthalten sind. Dabei wurde ein Stand erreicht, der die durch den Schöpfer des Kunstwerkes geprägten emotionalen Anteile enthält (Balzer 2007; Hempel, 2015).

2.5.4 Chrono-Bio-Psychologische Aspekte zu sozio-kulturell-wirtschaftlichen Fragestellungen

Mit der industriellen Entwicklung der Menschheit wurde auch der Begriff der Konjunktur geprägt. 1926 untersuchte der russische Wissenschaftler N. Kondratieff (Kondratieff, 1926) Zyklen wirtschaftlichen Wachstums und Phasen der Rezession und kam zu dem Schluss, dass diese Zyklen eine Dauer von ca. 40–60 Jahren haben. Auch wenn diese Zyklen nicht einzelnen Individuen zuzuordnen sind, kann doch von Zyklen eines biologischen Systems gesprochen werden. Balzer (2001) verweist in seiner Studie „Musik und biologische Rhythmen" im Bereich von Epochen auf Zusammenhänge zwischen dem Lebensalter von Komponisten und Musik der letzten 1000 Jahre und den musikalischen Epochen bzw. wirtschaftlichen Zusammenhängen.

2.5.5 Chronopharmakotherapie und chrono-bio-psychologische Therapieansätze

2.5.5.1 Chronopharmakotherapie/Chronopharmakologie

Der Zusatz „chrono" zum Wort „Pharmakotherapie" beinhaltet die Berücksichtigung des Aspekts der Zeit bzw. der Berücksichtigung chrono-bio-psychologischer Aspekte der Diagnose. Seit dem Beginn der Entwicklung der Chronobiologie bzw. schon seit jeher, z. B. in der tibetischen Medin, wurden Grundlagen der Zeitrhythmik berücksichtigt.

a) Berücksichtigung der Dosis

Biologische Systeme haben oft die „Angewohnheit" adaptiv zu sein, d. h., dass die Wirkung einer pharmakologischen Therapie bei mehrmaliger Anwendung auf Grund sich einstellender Adaptierung an das Medikament oder die Therapie ein Nachlassen der Wirkung des Medikaments einstellt, bzw. im Extremfall kommt es zu einer Therapieresistenz (z. B. gegenüber dem Einsatz von Antibiotika). Besonders wichtig sind die Therapiezeitpunkte bei Medikamenten mit Triggerwirkung, wie z. B. den Neuropeptiden. Halberg veranschaulichte mit Forschungen zur Chronopharmakotherapie, dass die gleiche Dosis eines Wirkstoffs, zu unterschiedlichen Zeitpunkten verabreicht, erhebliche Wirkungsunterschiede aufweisen kann. Er ging davon aus, dass nur dann ein kontinuierlicher Effekt eines Mittels erzielt werden kann, wenn die Tageszeitabhängigkeit der Dosis des Wirkstoffs berücksichtigt wird (Halberg et al., 1977). Diese Überlegungen werden von Lemmer (2004) in seinem Buch Chronopharmakologie – Tagesrhythmen und Arzneimittelkonsequenzen fortgesetzt. Vor allem für den Einsatz von Psychopharmaka, z. B. zur Depressionsbehandlung, spielt der Zeitpunkt der Einnahme des Medikaments eine bedeutende Rolle.

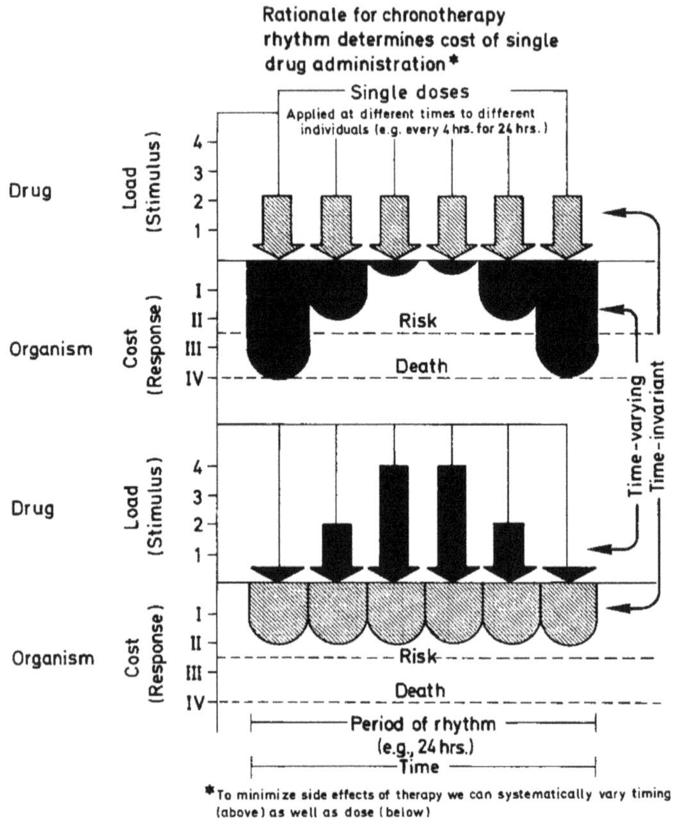

Abbildung 41 Schematische Darstellung zur Chronotheraie nach Halberg, 1977

In Abbildung 41 sind das Verhältnis einer unterschiedlichen Pharmaka-Menge (Drug Load, 6mal am Tag mit unterschiedlicher Dosis) und die Auswirkungen für den Organismus (Cost Responses, low risk) dargestellt im Unterschied zu gleicher Pharmaka-Menge mit Todes-Risiko (Halberg, 1977).

b) Kenntnis über die Langzeitwirkung

Hildebrandt et al. (Hildebrandt, Moser, Lehofer, 1998) zeigen die Rhythmizität der Körperfunktionen auf und erklären gleichzeitig, dass eine gleichmäßige Medikamentenwirkung nur dann zu erreichen ist, wenn „...die Medikamentendosen nicht gleichmäßig (>>3mal täglich<<), sondern ihrer Wirkungsschwankung entsprechend verteilt werden.“ Dazu bedarf es einerseits der Kenntnis der Dosis-Wirkungskurve aber auch der sogenannten „Latenzzeit“ (Zeit bis zur Wirkung eines Medikaments oder auch Zeit bis zum Auftreten eines Effekts nach Absetzen eines Medikaments, s. Teschke, 2001) und der Dauer der Wirkung eines Medikaments oder einer nichtmedikamentösen Therapie, z. B. auch einer Psychotherapie.

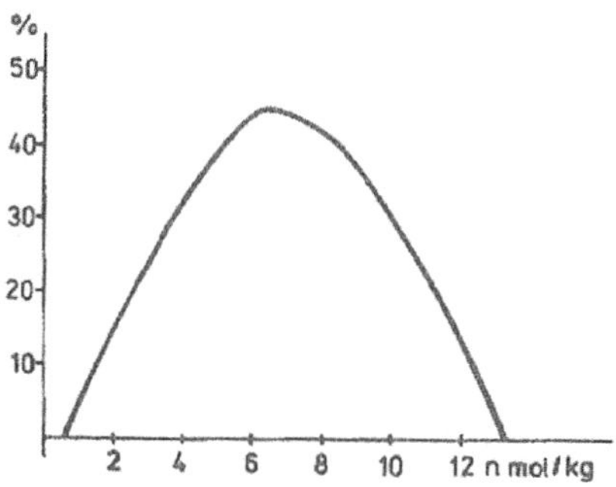

Abbildung 42 Dosis-Wirkungskurve von infundierten DISP an Kaninchen nach Schönenberger u. Monier; zitiert in Hecht et al., 1990

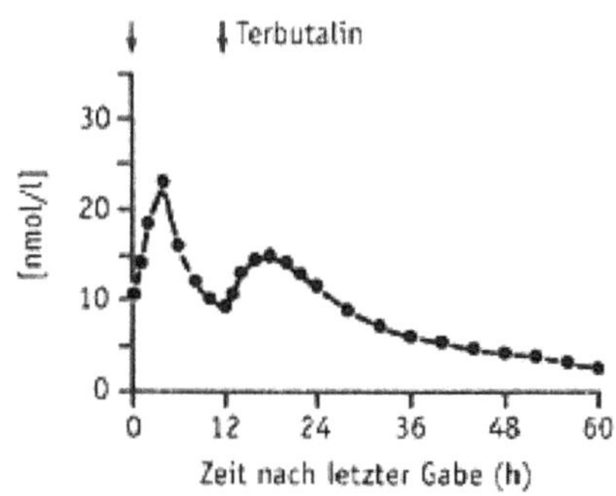

Abbildung 43 Pharmakokinetik des Metaboliten Terbutalin des langwirkenden β2-Sympathomimetika Bambuterol nach Lemmer, 2004

In der Darstellung der Pharmakokinetik des Terbutalin[16] (s. Abbildung 43) ist ein dem Trend überlagerter aperiodischer Einschwingvorgang[17] zu sehen. Gegenwärtig werden biochemische regulatorische Vorgänge noch nicht oder

16 Terbutalin ist ein Arzneistoff, genauer ein Sympathomimetikum, das zur Akutbehandlung jener Formen von Atemnot eingesetzt wird, die durch eine reversible Verengung der Atemwege gekennzeichnet sind.

17 s. auch Abbildung 71, Systemantworten (Einschwingprozesse) nach Tiedt (1982), je nachdem zu welchem Zeitpunkt und mit welcher Stärke ein geregeltes System beeinflusst wird.

nur ungenügend analysiert. Dies liegt zum einen an den noch nicht ausreichend vorhandenen technologischen Möglichkeiten biochemische Daten mit hoher Auflösung und mit einer hohen Abtastrate zu erfassen, aber auch an nicht oder unzureichend angewandten Analysemethoden für Zeitreihen für diese Parameter. Latenzzeiten und damit das Auftreten von Wirkungen nach Applikation eines Medikaments gibt es aber auch, wie bereits erwähnt, für nichtmedikamentöse Therapien oder Behandlungen, wie Psychotherapien oder einfach im Alltag (z. B. s. chrono-bio-psychologische Therapieansätze und Interventionen in diesem Kapitel).

c) Kenntnis des „richtigen" Zeitpunkts für die Applikation eines Medikaments

Grundlage der Mehrzahl der gegenwärtigen pharmakologischen Therapien ist es, eine Verschiebung des Niveaus regulatorischer Prozesse zu erreichen, beispielsweise durch die Applikation von blutdrucksenkenden Mitteln bei diagnostizierter Hypertonie. Dabei werden oder müssen oft Nebenwirkungen in Kauf genommen werden. Die Verschiebung des Blutdruck-Niveaus kann aber auch durch Stimulation bzw. Applikation des blutdrucksenkenden Medikaments oder der begleitenden therapeutischen Behandlung zum richtigen Zeitpunkt erreicht werden. Noch effektiver könnte eine Therapie sein, wenn die regulatorischen Effekte, d. h. der biologische Grundrhythmus, der zu beeinflussenden Funktion des Organismus bekannt ist und richtig genutzt wird. Vergleichbar dazu wird in der Technik der Begriff der Resonanz benutzt. Ähnlich wie bei einer Kinderschaukel kann das mittlere Schwingungsniveau eines Regelvorganges angehoben werden, wenn zum richtigen Zeitpunkt, also an den linksseitigen und rechtsseitigen Umkehrpunkten des Schaukelvorgangs der Prozess entsprechend beschleunigt wird. Am effektivsten ist es, die Schaukel kurz vor dem Umkehrpunkt zu fassen, sie unter Mitnahme etwas anzuheben und mit einem kleinen Stoß stärker zu beschleunigen. Der Energieaufwand, der zur Erweiterung bzw. zur Erhöhung der Schwingungsamplitude notwendig ist, ist dabei relativ gering. Allerdings ist dabei zu beachten, dass die Verstärkung der Schwingungsamplitude ein dynamischer Prozess ist, so dass die nächsten Beschleunigungszeitpunkte des Systems nicht exakt im selben Zeitabstand erfolgen dürfen, sondern sich diese Zeitpunkte im Abstand vergrößern. Auf ähnlichem Weg kann das System durch Bremsen zum richtigen Zeitpunkt angehalten werden. Mit dieser Kenntnis wird verständlich, dass die Einwirkung auf regulatorische Prozesse im Körper mit festen Applikationszeitpunkten gegenwärtig zwar zum Erfolg führt aber eigentlich nicht sehr effektiv ist. Im Extremfall kann ein zeitlich unkontrollierter wiederholter Eingriff zu katastrophalen Folgen führen. Bei der Herbeiführung einer sogenannten experimentellen Neurose für Untersuchungen an Ratten (Hecht, 1990) wurde genau dieser Effekt (durch Anwendung kleiner elektrischer Stromreize) ausgenutzt, um die Versuchstiere durch zeitlich chaotisch wirkende Impulse in einen neurotischen Zustand zu versetzen.

Die Abbildung 44 zeigt die zeitgerechte Stimulation des Basic Rest Activity Circles (BRAC, s. auch Abbildung 97 und Abbildung 98). Der BRAC ist ein 2-Stunden-Rhythmus mit Aktivierungs- und Deaktivierungszuständen im Verhältnis 3:1 im Zeitraum von 120 Minuten (s. Kap. 4). Diesem Verhältnis von 70 % Aktivierung zu 30 % Deaktivierung liegt eine gesunde Autoregulation zugrunde, die durch Medikamente zum richtigen Zeitpunkt (an den Umkehrpunkten bzw. Minima und Maxima) aber auch psychologische Interventionen zum richtigen Zeitpunkt (s. folgenden Absatz: Chrono-Bio-Psychologische Therapieansätze und Intervention) stimuliert werden können.

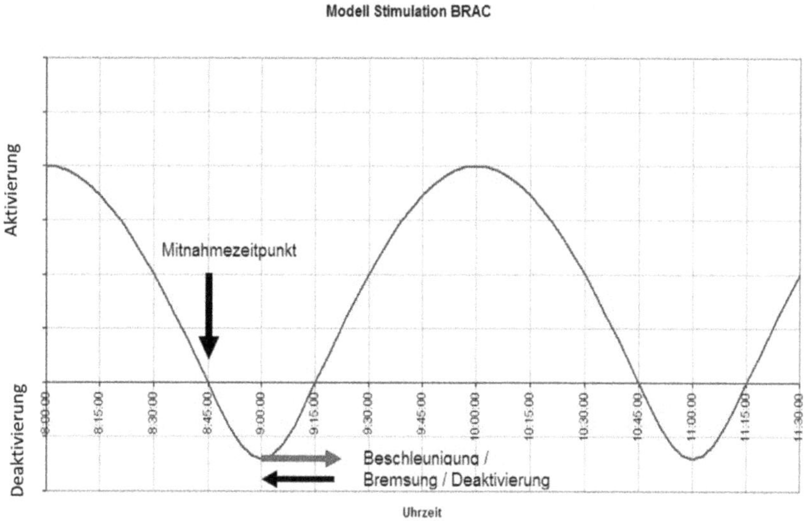

Abbildung 44 Zeitgerechte Stimulation des BRAC

In diesem Zusammenhang sollen die sogenannten Zeitgeber (z. B. in Stechmesser, 1981) erwähnt werden oder auch der in diesem Zusammenhang auftretende „Mitzieheffekt“. In der Elektrotechnik besteht die Möglichkeit, dass die Frequenz eines Oszillators durch den Mitzieheffekt (s. auch Rensing, 1973) über einen anderen Oszillator, dessen Frequenz sich in der Nähe des ersten befindet, mitgezogen wird. Sprechen wir von einem biologischen „Oszillator", so kann dessen Frequenz durch äußere Einflüsse (äußere Oszillatoren, bei dem Blutdruck-Beispiel durch regelmäßige Entspannungsübungen gemäß der Ultradianen Heilreaktion nach Rossi[18], veränderte Ernährung) verändert oder beeinflusst werden. Die Nebeneffekte, insbesondere von Medikamenten könnten dadurch gesenkt werden ebenso auch die Dosis der verabreichten Mittel.

2.5.5.2 Chrono-Bio-Psychologische Therapieansätze und Interventionen

Zu den chrono-bio-psychologischen Therapieansätzen zählen vor allem nichtmedikamentöse Anwendungen und Behandlungen. Das Problem der meisten bisher entwickelten chronobiologischen Interventionskonzepte, v. a. zur Stressreduktion ist, dass sie teilweise mit sehr einfachen und in der Psychologie "überholten", reaktionsorientierten Stress-Konzepten arbeiten bzw. gearbeitet haben (s. Hecht, 2001). So wird beispielsweise noch mit dem veralteten "Distress-Eustress-Konzept" im Kontext der chronobiologischen Diagnostik argumentiert (Hecht, 2001). D. h. psychologische Ansätze haben mit wenigen Ausnahmen (s. folgende Beispiele c, d) bisher kaum Eingang in die Chronobiologie erhalten. In Kap. 9 wird deshalb eine kurze Einführung zu aktuellen Stress- und Emotionskonzepten bzw. Bewältigungsansätzen, die aus der Psychologie kommen, gegeben, um die zukünftige Entwicklung Chrono-Bio-Psychologischer Ansätze zu inspirieren. Aufgrund der Erkenntnisse der vorangegangenen Kapitel und zur biologischen und psychologischen Zeitordnung, verändern sich in Zukunft aber auch die Aufgaben in der psychologischen oder pädagogischen Therapie bzw. Intervention hinsichtlich:

(1) der Zeitzuordnung von Intervention/Therapie, im Sinne einer zeitordnenden Therapie, d. h. der Zeitpunkt, die Zeitdauer und Zeitfolge aller therapeutischen Maßnahmen sind zu beachten und
(2) der Chronohygiene, d. h. der Absicherung einer chronobiologisch begründeten Ordnung der Lebensführung.

---

18 Rossi: die ultradiane Heilreaktion (U H R) beachtet den Basic Rest Activity Circle im täglichen Leben, indem in vier Phasen die körperliche Deaktivierung wahrgenommen, eine vertiefende Atmung in Gang gesetzt, die balancierende und aktivierende Wirkung dieser Atemintervention wahrgenommen und in soziale Beziehungen integriert wird (Rossi, Nimmons, 1997).

Mit folgenden Beispielen sollen Aussagen zu zentralen Aspekten vertieft und „Gute Praxis-Beispiele“ für Chrono-Bio-Psychologische Therapieansätze und Interventionen bzw. deren Wirkungen gegeben werden.

a) Nutzung von Musik in der Chrono-Bio-Psychologischen Therapie und Nachweis für den Nachwirkungseffekt von Musik:

Zur chrono-bio-psychologischen Wirkung von Musik sind am Mozarteum eine Reihe von Studien durch Balzer (2005) und seinen Studenten durchgeführt worden. Bereits in den 90 er Jahren wurden am Institut für Stressforschung Berlin (I.S.F.) die Wirkung nach dem Absetzen des „Medikaments Musik“ anhand des Verlaufs der vegetativen Synchronisation zwischen den regulatorischen Vorgängen der Muskelaktivität und der Herzfrequenz während und nach Wirkung von Musik untersucht. Die „Latenzzeit“ betrug in diesem Beispiel ca. 6 Minuten, d. h. die Wirkung des „Medikaments Musik“ setzt hier erst nach Ende der Applikation des „Medikaments Musik“ ein (s. Abbildung 45, Abbildung 46, Abbildung 47).

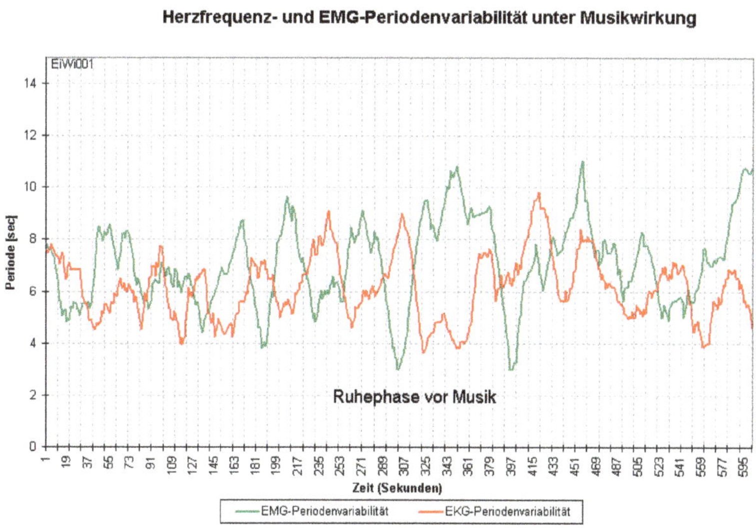

Abbildung 45 Phasenkonträre Regulation der Muskelaktivität und der Herzfrequenz (R-Zacken-Abstände) vor Musikwirkung

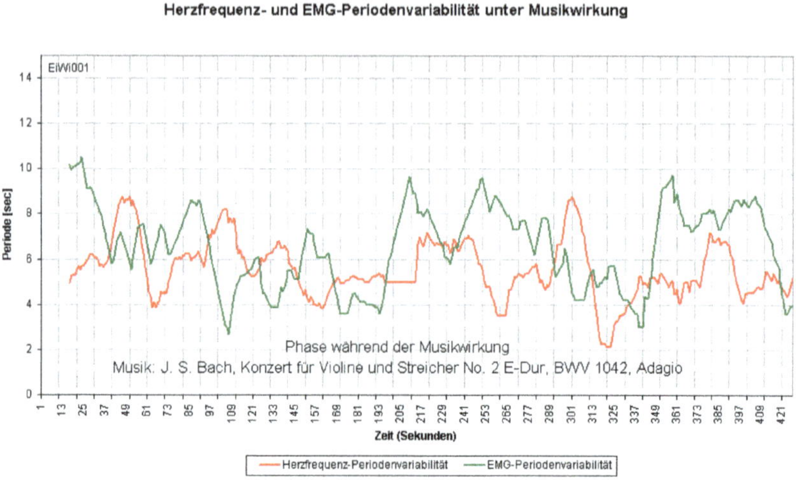

Abbildung 46 Näherungsweise Synchronisation der Regulation der Muskelaktivität und der Herzfrequenz am Ende der Musikwirkungsphase

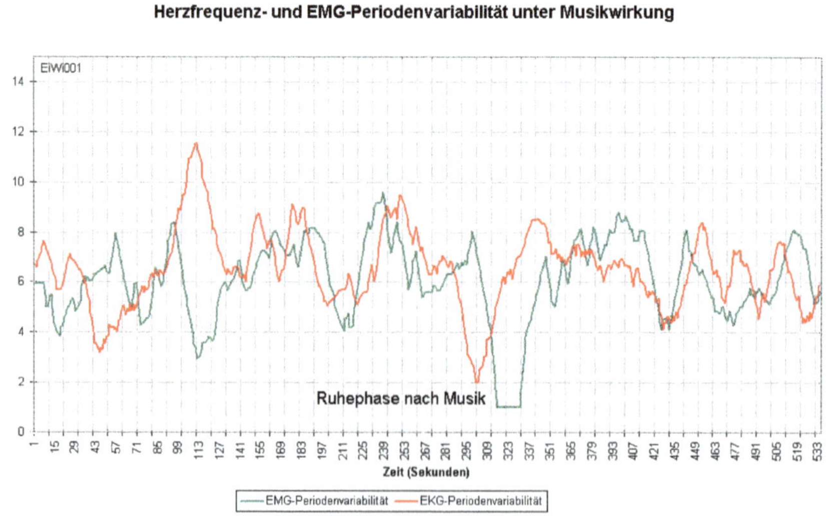

Abbildung 47 Auftreten von vermehrter Synchronisation zwischen der Regulation der Muskelaktivität und der Herzfrequenz nach Ende des Musikhörens

b) Nutzung der Ultradianen Heilreaktion (U-H-R)

Rossi (1997) hat auf der Grundlage der Theorie des BRAC-Rhythmus die "20-Minuten-Pause" entwickelt und langjährig erprobt. Sein Ziel war, Menschen mit Gesundheitsstörungen, den natürlichen Basis-Ruhe-Aktivitäts-Zyklus wiedererleben und damit wiederherstellen zu lassen. Der BRAC ist ein Circa-Zwei-Stundenrhythmus, der im Mittel ca. 80–100 Minuten Aktivierung (Aktivität) und ca. 20–30 Minuten Deaktivierung (Trance, Träumen, Müdigkeit) zum Inhalt hat (s. Rossi 1997, Lloyd und Rossi 1992, s. Abbildung 44, Abbildung 97 und Abbildung 98). Die Beachtung des BRAC im täglichen Leben bezeichnet er als effiziente Stressprävention. Diese auch als ultradiane Heilreaktion benannte Intervention unterteilte Rossi (1997) in folgende vier Stadien:

- **Erstes Stadium:** Die Signale der Deaktivierungsphase des BRAC sollen bewusst wahrgenommen werden. Vor allem sollen die negative Einstellung gegen Ruhepausen überwunden werden, so dass durch positive Erfahrungen von Prozessen der Regeneration Vertrauen zur körpereigenen Selbstregulation aufgebaut werden kann.
- **Zweites Stadium:** Der Zugang zu einer tiefen rhythmischen Atmung leitet eine Synchronisation mit anderen Körperrhythmen ein, mit denen sie koordiniert ist (z. B. Atem-Pulsquotient =1:4). Der ganze Körper soll im Atemrhythmus mitschwingen. Das dabei erlebte Wohlbefinden fördert die Herstellung der Seele-Körper-Einheit. In diesem Stadium können eine Reihe von Phänomenen auftreten (s. Tabelle 2).

Tabelle 2 Phänomene, die während einer Tiefenentspannung (z. B. Trance) auftreten können (Janofske, 2003)

Muskelzuckungen, Muskelzittern	Myoklonien entstehen, wenn die Muskulatur von einem hohen Spannungsniveau sehr schnell in einen tiefen Entspannungszustand übergeht. Diese reflexartigen Entladungen werden im Verlauf des Übens immer weniger und verschwinden schließlich ganz.
Husten, Niesen, Jucken, Schlucken, vermehrter Speichelfluss	stehen in Verbindung mit einer Erholungseinstellung aller Funktionen des Organismus. Diesen Impulsen sollte nachgegeben werden.

(wird auf nächster Seite fortgeführt)

Tabelle 2 Fortsetzung

Schweregefühle, Wärme, Prickeln	entstehen durch Dehnung der Blutgefäße auf Grund des verstärkten Blutstroms in den Hauptkapillaren.
Kältegefühle	entstehen durch die Erhöhung der Blutversorgung im Bauchraum (parasympathische Aktivität) und die verringerte Durchblutung der Haut.
Körpergrenzen, Schwerelosigkeit, Verschmelzungsgefühle mit der Umgebung, Körperteile scheinen zu schrumpfen, zu schwellen, sich aufzulösen	Diese Empfindungen sind hirnphysiologisch nicht erforscht, könnten aber angstfrei erlebt, oder als bewusstseinserweiternd wahrgenommen werden.
somatische Erinnerungsbeschwerden	Die Erinnerungsfähigkeit des Gewebes wird durch Entspannung aktiviert. Schmerzliche Erinnerungen sollen zugelassen werden, damit sie sich auflösen können.

- **Drittes Stadium:** Während der ultradianen Heilphase können verschiedenste psychotherapeutische Techniken angewandt werden: u. a. Führen des Dialoges zwischen Körper und Seele, Bewusstwerdung unbewusster Konflikte, Kommunikation mit einem Symptom, positive Ereignisse visualisieren, ziel -und ressourceorientierte kognitive Umstrukturierung ("Lichtmeditation der Organe").
- **Viertes Stadium:** Nach der Wahrnehmung der körperlichen Zeichen der Aktivierung und der Empfindung von Wohlbefinden kann das Lebensgefühl, das durch die Neuordnung der Körper-Seele-Beziehung entsteht, in soziale Beziehungen integriert werden. Die positiven Auswirkungen auch auf andere Rhythmen, wie den Schlaf-Wach-Zyklus und den Wochenrhythmus verstärken den Effekt der ultradianen Heilreaktion.

Während der ultradianen Heilphase (U-H-R) finden laut Rossi (1993) ein Informationsaustausch und eine Kommunikation zwischen der linken und rechten Gehirnhälfte statt. Außerdem ist eine Theta-Wellen-Aktivität (4–8 Hertz) und autonom ablaufende, synchronisierende, selbstregulierende Kommunikationsprozesse zwischen den limbischen, vegetativen, endokrinen, immunologischen, zellulären, genetischen und organischen Systemen nachweisbar (Rossi 1993, S. 188, Hildebrandt et al. 1998). Damit zusammenhängend kann es zu weiteren heilsamen Reaktionen kommen:

- Abbau von Stresshormonen;
- Aktivierung des Immunsystems;
- Reparaturleistungen an beschädigten Zellen;
- Koordination zwischen Atmung, Körpertemperatur und Schlaf –Wach -Rhythmus;
- Produktion von Sexualhormonen und verjüngenden Hormonen;
- Verbesserung von Gedächtnisleistungen;
- Regulation der Menstruationsphasen;
- Kommunikation zwischen den Botenmolekülen;

c) Anwendung verwandter psychologischer Methoden in der chrono-bio-psychologischen Therapie

Die folgenden psychologischen Interventionen, die unterstützend auf die Wiederherstellung bzw. Aufrechterhaltung chrono-bio-psychologischer Synchronisierungsvorgänge wirken können, sollen beispielhaft erläutert werden (s. auch Janofske, 2003, Stueck, 2007):

- Autogenes Training bzw. Selbsthypnose
  Hypnotherapeutische Schulen betonen die Wichtigkeit selbsthypnotischen Übens im Gegensatz zur Fremdhypnose. Die PatientInnen erlernen Formate, um den selbsterzeugten Prozess durchzuführen. Ein Beispiel dafür ist das autogene Training nach Schultz (1939, zit. in Stueck, 1997). Ruhe, Wärme- und Schwere-Instruktionen der Arme und Beine, des Sonnengeflechts, der Atmung, des Herzschlages stimulieren den selbstregulatorischen Apparat und haben körperliche und psychische Entspannungswirkungen.
- Hypnotherapie:
  Rossi hat die hypnotherapeutische Schule Milton Ericksons durch neurophysiologische und chronobiologische Aspekte erweitert und auf den Bereich Gesundheit bezogen. Dabei werden folgende Techniken benutzt: (1) **Tranceinduktion,** wobei die Konzentration auf visuelle, auditive, kinästhetische Reize einen Zustand des Sich- Zentrierens auf innere Realitäten bewirkt (Janofske, 2003). (2) **Indirekte Suggestionen,** wobei die Verbalisierungen während nach einer Tranceinduktion nicht in Form von Anweisungen gegeben wird, sondern in Form „offener Fragestellungen“ (Erickson, Rossi, 1981)[19]. (3) **Imaginative Verfahren**[20] dienen der Selbstbegegnung und der

Erweiterung der Selbstwahrnehmung, wobei u. a. Imagination von Hilfspersönlichkeiten, Imagination mittels Symbolisierung einer negativen sozialen Bindung (= Zerschneiden der Nabelschnur), Imagination durch Personalisierung des inneren Dialogs (Janofske, 2003).

- **Neurolinguistisches Programmieren**[21] dient der "Neurahmung" (Reframing) psychischer Prozesse u. a. unter Zuhilfenahme dreier Wahrnehmungspositionen: (1) die assoziierte Position (Wie nehme ich mich in einer Situation wahr?) (2) die dissoziierte Position (Wie nehme ich mich von Außen wahr?) (3) die Meta-Position (Was nehme ich an mir wahr, wenn ich mich von einer neutralen Position aus neutral, unterstützend betrachte?)

d) Entwicklung evidenzbasierter chrono-bio-psychologischer Gesundheitsförderungs-programme:

Sowohl in der chrono-bio-psychologischen Prävention (an Risikofaktoren orientiert), als auch in der Gesundheitsförderung (ressourcenorientiert) spielen evaluierte strukturierte Interventionsprogramme eine wichtige Rolle, da nur so auch das Wirkspektrum genau abgeklärt werden kann. Hier sind in den letzten Jahren Fortschritte erzielt wurden, die beispielhaft erläutert werden sollen. Sie lassen sich in 3 Gruppen teilen:

I: Störungsbezogene chrono-bio-psychologisch orientierte Gesundheitsprogramme
(Fokus: Prävention und Gesundheitsförderung)

II: Chrono-bio-psychologische Stressreduktionsansätze
(Fokus: Prävention und Systemische Gesundheitsförderung)

III: Komplexe Gesundheits-Interventionen mit chrono-bio-psychologischem Hintergrund
(Fokus: Prävention und Systemische Gesundheitsförderung)

---

19 Beispiele: "Sie können diese Gefühle so frei beschreiben, wie Sie wollen."Früher oder später werden Sie die Antwort auf Ihre Frage erhalten." „Sie haben die Möglichkeit, aus dem Spektrum Ihrer Fähigkeiten, die für Sie richtige Lösung zu finden."

20 Anwendung in der Verhaltenstherapie, (Meichenbaum, 1978), Gesprächstherapie und im katathymen Bilderleben (Imagination von Symbolen).

21 Das NLP wurde in den 70 Jahren von dem Linguisten John Grinder und dem Mathematiker Richard Bandler entwickelt.

zu I. Störungsbezogene chrono-bio-psychologisch orientierte Gesundheitsprogramme (Fokus: Prävention, Gesundheitsförderung)

Als Beispiel soll das chronopsychotherapeutischen Gesundheitstrainings COPE (Janofske, 2003) vorgestellt werden:

Dieses Training wurde für PatientInnen mit somatoformen Störungen von Janofske (2003) entwickelt und ist trotz seiner Bezeichnung Gesundheitsprogramm ein sekundäres, tertiäres Präventionsprogramm, da es störungsorientiert arbeitet. Ein Gesundheitsförderungsprogramm ist es aber auch, da es an den Gesundheitsressourcen der Patienten ansetzt. In den Modulen 1- 6 wird die Gestaltung des Alltags nach chronobiologischen Prinzipien trainiert. Die ultradiane Heilreaktion (U-H-R) soll einmal am Tag eingeleitet und für Regenerations- und Veränderungsprozesse genutzt werden. Da die somatoforme Störung vor allem bei chronifizierten Krankheitsverläufen, neben der Gesundheits-, Befindens- und Funktionsbeeinträchtigungen sozioemotionale Ursachen und Folgen hat, müssen folgende Aspekte der Bewältigung der Störung berücksichtigt werden: Symptommanagement, Selbstmanagement und Alltagsmanagement. In den Modulen 7–12 werden Selbstmanagementmethoden trainiert, die die PatientInnen befähigen, den individuellen Alltagsstress aktiv zu bewältigen und gesundheitsbe-zogene Verhaltensänderungen vorzunehmen. Folgende Tabelle soll die Inhalte der Trainingsmodule und die jeweils angewandten Interventionen im Überblick darstellen:

Tabelle 3 Gesundheitsstrategien und Interventionen

Modul-Nr.	COPE -Gesundheitstraining	Interventionen
1.Modul	Organisation der Tagesaktivität im Einklang mit dem Basis-Ruhe-Aktivitäts-Zyklus (BRAC)	1. Aktivitätenplanung im Einklang mit der BRAC-Rhythmik 2. Imagination positiver Selbstbilder im Verlauf der BRAC-Rhythmik
2. Modul	Selbstbeobachtung von Pausensignalen und Aufbau positiver Einstellungen zum Pausenverhalten	1. Identifikation negativer und positiver Einstellungen zum Pausenverhalten 2. Löschung negativer Einstellungen zum Pausenverhalten
3. Modul	Umschaltung von der Außenorientierung zur Innenorientierung	1. Planung der Selbstsuggestion 2. Erlernen einer Standard-Tranceinduktion

(wird auf nächster Seite fortgeführt)

Tabelle 3 Fortsetzung

Modul-Nr.	COPE -Gesundheitstraining	Interventionen
4. Modul	Aktiver Umgang mit negativen Wahrnehmungen während der ultradianen Heilreaktion	1. Zyklischer Transformation negativer Gefühle nach Rossi 2. Tranceinduktion und indirekte Suggestion zum Erleben der ultradianen Heilreaktion (U-H-R)
5. Modul	Dialog zwischen Bewusstsein und Unbewusstem	1. Erlernen von Fragen zur Krankheitsgenese und Gesundung 2. Tranceinduktion und gesundheitsrelevante Informationsgewinnung
6. Modul	Kommunikation mit einem Symptom	1. Reframing: Erkennen des positiven Krankheitsgewinns (Janofske, 2003)
9. Modul	Entwicklung positiver Problemlösungsstrategien und Etablierung eines ziel- und ressourcenorientierten Denkstils	Imaginationsmethoden: 1. Internale positive Problemlösung (Mentormodell,Grinder 1989, zit. in Janofske, 2003) 2. Optimierung des positiven Selbstdialogs (Trance: Innere BeraterIn, Janofske, 2003)
10. Modul	Soziale Beziehungen- Aufbau von Autonomie durch Lösung von stresserzeugenden sozialen Bindungen	1. Visuelle Darstellung des sozialen Netzes 2. Unterscheidung zwischen stützenden und belastenden Relationen 3. Imaginationsmethode: Symbolische Trennung von negativen Beziehungen
11. Modul	Die Bedeutung von Wohlbefinden für die Gesundheit Wahrnehmung positiver Gefühle	1. Fokussierung auf positive Erlebnisse und Intensivierung der Erlebnisqualität Submodalitätsarbeit (Janofske, 2003)
12. Modul	Zukunftsorientierte Gesundheitskonzepte	Imagination der Zeitlinie: Vergangenheit als Chance, Zukunft als Weg, (Janofske, 2003)

Die in diesem Training gelernten Bewältigungsfähigkeiten (Coping) sind die Grundlage für die Einhaltung der BRAC-Rhythmik, die in Zuständen der Reizüberflutung und Übererregung missachtet wird (Zulley und Knab, 2003). Die Coping-Strategien werden nach Prinzipien der Hypnotherapie nach Rossi, der kurzzeittherapeutischen Methode des Neuro-Linguistischen- Programmierens und der kognitiven Verhaltenstherapie aufgebaut.

zu II.) Chrono-bio-psychologische Stressreduktionsansätze (Fokus: Prävention und systemische Gesundheitsförderung)

Nach dem Störungsspezifischen Programm nach Janofske (2003) mit dem Fokus: Prävention und Gesundheitsförderung, wird im Folgenden ein Gesundheitsförderungs-Werkzeug vorgestellt, welches im Betrieblichen Gesundheitsmanagement (BGM) und in der Pädagogik seine Anwendung findet und in den Bereich systemische Gesundheitsförderung verortet ist. Es ist ein **Sys**temischer chrono-bio-psychologischer Stress**red**uktionsansatz (SYSRED, Stueck, 2004), der Interventionen auf 2 Ebenen-Interventions-Modulen vorschlägt: Erwachsene (s. Punkte 1–2) und Kinder (Punkte 3–4):

1) Evidenzbasierte chrono-bio-psychologische Stressreduktionsschritte für belastete Berufsfelder im interkulturellen Kontext (Chrono-bio-psychologisches STRESS-HEALING-Programm, Stueck, 2016):
   Wie bereits ausführlich erläutert, sind unter Stress bzw. bei Leistungsbeanspruchung die Koordination und Synchronisierung endogener Rhythmen zunehmend aufgehoben (Hecht, 2001; Hildebrandt, 1998). Nur unter Ruhebedingungen kommt es zur Frequenz- und Phasenkoordination, d. h. Synchronisation der endogenen Rhythmen. Diese Grundlagen der ultradianen Heilreaktion werden im STRESS-HEALING-Programm nach Stueck (2016) geübt. Wie bereits zu Beginn des Kapitels beschrieben ist Stress-Healing jedoch noch mehr (s. auch Kap. 9). Zur Stimulierung dieser Synchronisierung werden in diesem von Stueck entwickelten HEALING-Programm neben diesem ersten Zugang zum Stress-Coping, folgende Aspekte trainiert:
   (a) Training des internalen Copings
      - durch Förderung von reflexiver Aktivität und durch Förderung emotions-regulierender Fähigkeiten mittels autoregulativer Methoden zur Stimulierung von U-H-R. Ein sehr wirksames Mittel dafür sind z. B. der Minischlaf (s. auch Fallstudie zum Nachweis des Minischlafes, Balzer s. Kap. 10.11 / Power Nap[22], autogenes Training, Yoga, Meditation, aber auch das Gebet im interkulturellen Kontext bzw. Übungen und Reflexion zu den 4 U-H-R-Stadien nach Rossi (1993)),

---

22 Power Nap, Minischlaf oder Kurzschlaf, 20 Minuten unter Verwendung einer Power-Nap-App (Andrew Johnson)

(b) Training des externalen Copings
   - Dazu gehören
     (1) Übungen zur besseren Verhaltensprävention, an dem stressauslösenden Verhalten ansetzend und
     (2) Übungen zur Verhältnisprävention, an den Bedingungen ansetzend.

In diesem Punkt unterscheidet sich dieses STRESS-HEALING-Programm vom COPE-Programm von Janofske (2003).

Tabelle 4 Chrono-Bio-Psychologische Stressreduktionsschritte für belastete Berufsfelder im interkulturellen Kontext (Stueck, 2016)

Schritte	**Psychoedukation**	**Autoregulation (U-H-R-Training und Reflexion)**
1. Schritt	Stressoren, krankmachende Zeitgeber Einführung in die „BRAC-Schaukel"	Stimulierung der Ultradianen Heilreaktion (U-H-R) u.a. Power Nap, incl. Atem-Meditation, Gebet, auch Yoga und Geh-Meditation möglich, Reflexion und Übungen zu den 4 Stadien nach Rossi
2. Schritt	Beobachtung von Reaktionen unter Verwendung der chrono-bio-psycholog. Regulationsdiagnostik (CRD)	Stimulierung der Ultradianen Heilreaktion (U-H-R)
4. Schritt	Reflexion zu Organismusvariablen, z.B. Chronotyp, dysfunktionale Stresseinstellungen	Stimulierung der Ultradianen Heilreaktion (U-H-R)
5. Schritt	Ermittlung langfristiger Konsequenzen unter Verwendung der CRD	Stimulierung der Ultradianen Heilreaktion (U-H-R)
6. Schritt	Grundlagen Chrono-bio-psychologisches Coping (internal, external)	Stimulierung der Ultradianen Heilreaktion (U-H-R)
7. Schritt	Spezifisches Coping, Bewegung, Ernährung und Genuss	Stimulierung der Ultradianen Heilreaktion (U-H-R)
8. Schritt	Ressourcen: Soziale Beziehungen	Stimulierung der Ultradianen Heilreaktion (U-H-R)
9. Schritt	Ressourcen: Wünsche, Bedürfnisse	Stimulierung der Ultradianen Heilreaktion (U-H-R)
10. Schritt	Langfristiger Transfer in den Alltag	Stimulierung der Ultradianen Heilreaktion (U-H-R)

Der Trainingsentwickler spricht bewusst nicht von Modulen, sondern von Schritten, da dadurch der Übende sich die Zeit nehmen kann wie er möchte. Manualisierte Module sind zu stark an Zeitvorgaben gekoppelt. Auch teilt er die Schritte konsequent in 2 Teile:

- in Psychoedukation (Reflexion über verschiedene Stressbereiche und Ressourcen) und
- in autoregulativen Teil (Übung des internalen Copings, u. a. auch für den islamischen Kulturraum, z. B. Indonesien, Islamisches Gebet).

2) Tanzorientiertes Gesundheitstraining mit Biodanza für Erwachsene zur Förderung autoregulativer Fähigkeiten und der chrono-bio-psychologischen Gesundheit (TANZPRO-Biodanza für Erwachsene).

Biodanza als Methode, die mit Tänzen und Gruppenerlebnissen arbeitet, wurde durch Rolando Toro entwickelt. Es ist eine Methode der Autoregulation, der organischen Selbsterneuerung und der affektiven (gefühlsbasierten) Integration des Individuums mit sich selbst, mit anderen und mit der Natur (Toro, 2010). **Biodanza ist die getanzte "Chrono-Bio-Psychologie[23]"** und Teil einer Lebenswissenschaft, in der der Tanzende in ein periodisches, sich selbst erzeugendes Mysterium eintaucht (im Erlebnis). Es gibt keine Subjekttrennung, sondern ein subjektives und objektives Miteinander in wechselnden offenen und geschlossenen Systemen. Leben als periodischer Prozess entsteht durch Feedback von Information zuerst in organischen Molekülstrukturen, die in geometrischen Strukturveränderungen münden und zwangsläufig mit Änderungen der biophysikalischen Felder einhergehen[24]. Letztendlich kommen in der menschlichen Entwicklung dann der emotionale Verhaltensausdruck und der Bewusstwerdungsprozess in sozialen Interaktionen hinzu. Solange Energie bereitgestellt wird, ist das System lebendig und koppelt seine Struktur an andere Strukturen. Diese Strukturkopplung heißt Leben und dieses beginnt mit dem Geben und Nehmen. In Biodanzaklassen wird dieser Lebensprozess getanzt (Bios = Leben, Danza = Tanz). Vom Geben zum Nehmen in einer tanzenden Rückkopplung mit anderen, vom inneren Rhythmus zum Äußeren und umgekehrt.

---

23 Bios = Leben, Danza = Tanz, der Tanz des Lebens ist ein System der affektiven Integration, Autoregulation und organischen Selbsterneuerung, welches mit Tanz, Musik und Gruppenerlebnissen arbeitet (Toro, 2010).

24 s. auch Kap. 4 in diesem Buch über Beschreibungen über Entstehung des Lebens und der Rhythmen.

Es existiert eine fundierte Biodanza-Methodologie, die von Rolando Toro (2010) entwickelt wurde. Die didaktische Biodanzakurve entspricht dem BRAC-Rhythmus

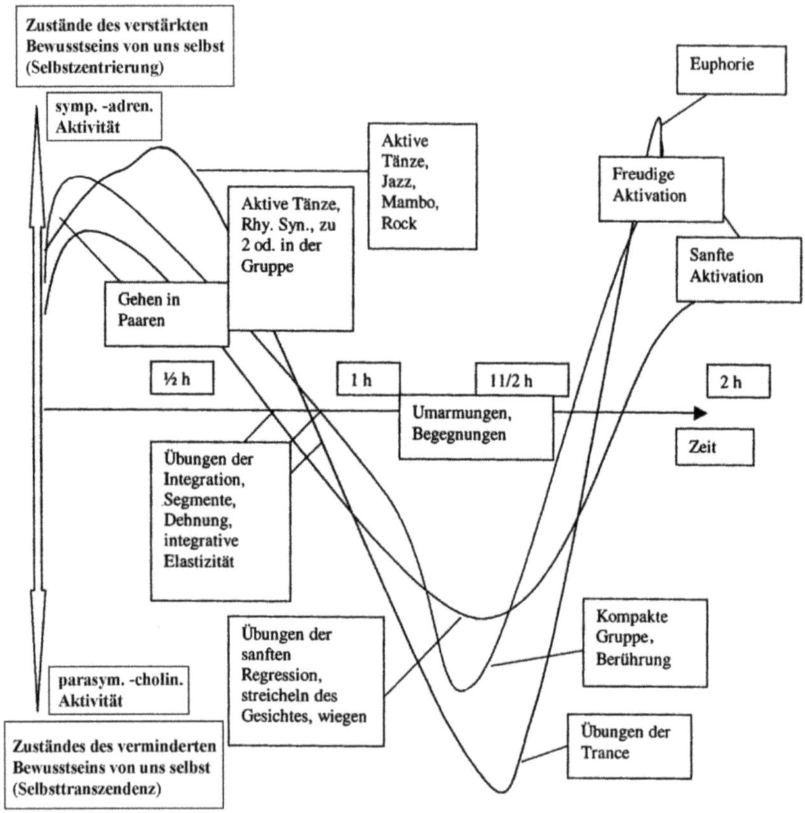

Abbildung 48 Methodologische Kurve einer Biodanzaklasse.

Durch Marcus Stueck und Alejandra Villegas wurden ein evidenzbasiertes Biodanzaprogramm (10 Sitzungen) entwickelt und strukturiert untersucht. Dieses Tanzorientierte Gesundheitsprogramm mit Biodanza (TANZPRO-Biodanza für Erwachsene) wurde in verschiedenen Kontexten (Schulen, Betriebliches Gesundheitsmanagement, Kliniken) eingesetzt und u. a. mit der Chrono-biopsychologischen Regulationsdiagnostik (CRD) bezüglich ihrer Wirkungen auf das sympathikotone Aktivierungsniveau untersucht. Als Indikator wurde der prozentuale Anteil von sympathischen Aktivierungszuständen im Hautwiderstand während eines 24-Stunden-Monitorings mit der SMARD-Watch herangezogen. Die Messungen erfolgten jeweils vor und nach der 10-wöchigen Intervention am selben Wochentag. Untersucht wurde eine Versuchsgruppe 1 (VG 1) mit acht Lehrerinnen, die das Trainingsprogramm mit Yogaelementen in den Jahren 2000 bzw. 2001 absolvierten. Die Versuchsgruppe 2 (VG 2) bestand auch aus acht Lehrerinnen, die die psychologische, tanzorientierte Selbstregulationsmethode Biodanza durchführte. Die Ergebnisse zeigen eine Absenkung der psychophysiologischen Aktivierungszustände im 24-Stunden-Hautwiderstands-Monitoring (Chrono-bio-psychologische Regulationsdiagnostik nach Balzer) nach der 10-wöchigen Intervention in der VG 1 und VG 2. Das deutet auf eine Reduzierung der allgemeinen Anspannung hin. Außerdem ist eine verbesserte Aktivitäts-Entspannungs-Synchronisierung des basalen Rest-Activity-Cycles (BRAC) infolge von Yoga und Biodanza feststellbar, d. h. die Vpn erreichen nach den beiden Interventionen vermehrt ihr optimales An- und Entspannungsverhältnis von 67 % Aktivierungsmuster zu 33 % Entspannungsmuster, welches ein Indikator für Gesundheit darstellt. Dieser Befund zeigt, dass sowohl Yoga (s. Punkt II/1) als auch Biodanza Methoden mit autoregulierender Wirkung sind und die Ultradiane Heilreaktion (U-H-R) durch beide Methoden stimuliert werden kann[25].

3) Entwicklung und Evaluation eines chrono-bio-psychologisch fundierten Entspannungsstrainings mit Yogaelementen (EMYK)

Das Entspannungstraining mit Yogaelementen (EMYK) wurde 1994 am Institut für Angewandte Psychologie der Universität Leipzig entwickelt und evaluiert und ist das erste wissenschaftlich fundierte Yogaprogramm für Kinder. Es ist ein 15 Sitzungen umfassendes Entspannungstraining mit einer Version für 6–12 jährige Kinder und einer EMYK-Version für 3–6 jährige Kinder. Bisher fand eine Reihe von wissenschaftlichen Evaluations-Studien mit EMYK statt (s. Stueck, 1997, 2010, Stueck, Glöckner, 2005), von denen beispielhaft eine Untersuchung mit Kindern im Alter von 11–12 Jahren (VG, KG) an einer Leipziger Schule unter Verwendung der Chrono-Bio-Psychologischen Regulationsdiagnostik vorgestellt werden soll (Stueck, 1997). Die Versuchspersonen nahmen an insgesamt 18 EMYK-Sitzungen je 60 Minuten, 2 mal pro Woche, teil.

25 Ultradianen Heilreaktion, s. Punkt b in diesem Kapitel, s. auch Abbildung 48, Abbildung 97, Abbildung 98, Untersuchungen zu Biodanza in Kap. 10.

Ausgewertet wurde in einer ersten Fragestellung das Verhältnis von Aktivierung zu Deaktivierung des vegetativ-emotionalen Verhaltens (Parameter Hautwiderstand). Es zeigte sich ein sehr unterschiedliches Verhältnis am Beginn des Trainings. Etwa in der 14. Sitzung erreichten alle Kinder etwa ein Verhältnis von 3:1. Dieses Verhältnis kann als Optimum angesehen werden. Danach überwog bei der Mehrzahl der Kinder die Deaktivierung. Dieser Zustand kann auch als „übertrainiert" eingestuft werden. Deswegen wurde das Training in seiner heute gelehrten Version auf 15 Sitzungen gekürzt.

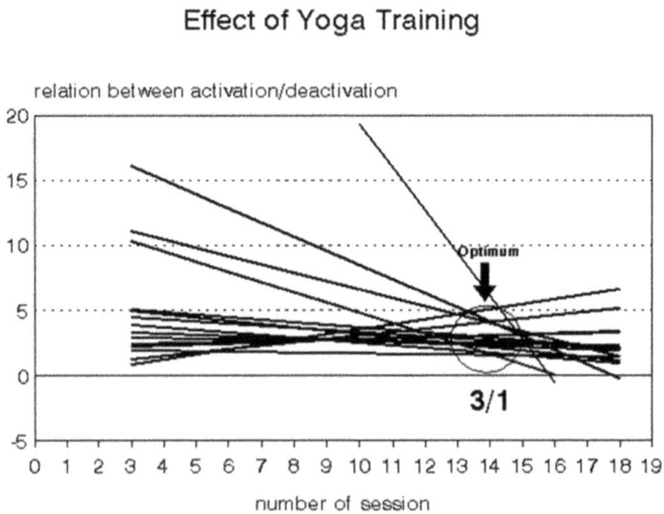

Abbildung 49 Effekt von Yoga-Training bei Kindern, n = 21 (Balzer, Hecht, Stueck, 1997; Stueck, 1997)

In einer 2. Fragestellung wurden Pulsverläufe der Kinder untersucht, um die Hypothese zu prüfen, wann Kinder ihren maximalen Deaktivierungszustand in der dreigeteilten EMYK-Sitzung erreichen: nach der Anfangsentspannung (Teil 1), nach dem Yogateil (Teil 2) oder nach dem Abschlussteil (Teil 3)? Wie die Abbildung 50 zeigt, tritt der größte Entspannungseffekt nach der Anfangsentspannung (Körperreise[26]) auf. Am Ende dieser Anfangsentspannung

26 Entspannungs-Imagination verschiedener Körperteile zum Erreichen der Innenorientierung.

wurden durch den Trainingsentwickler folgerichtig die Yoga-Atemübungen (Pranayama) gesetzt, bevor der Yogateil weiter geübt wird. Im Programm TANZPRO-Biodanza für Kinder ergibt sich ein gegenläufiges Muster (s. Abbildung 50).

Pulsverlauf EMYK
Größter Abfall nach Anfangsentspannung (10 Min.)
dann Anstieg im Yoga und Abschlussteil
EMYK-Verlauf im Einzelnen:

Pulsverlauf TANZPRO
Größter Anstieg nach 10.Min.
Größter Abfall am Ende

Sitzungsphase	**Mittelwert**		**N**
Ausgangswert (1./2.Minute)	105,395	7,432	15
MW Anfangsentspannung (3.-10.Minute)	98,987	6,125	15
MW Yogateil (11.-23.Minute)	107,578	6,471	15
MW Abschlussteil (letzte 3 Minuten)	112,965	6,549	15

Abbildung 50 Pulsverlauf (Durchschnittswert) während der Yoga-Intervention für Kinder (EMYK) im Vergleich zur Biodanza Intervention (TANZPRO-Biodanza für Kinder)

In einer weiteren Fragestellung wurde der Stressdiagnostische Test (Pre, Post 1 und Post 2, s. Kap. 2.2.3) mit der Chrono-bio-psychologischen Regulationsdiagnostik (CRD, s. Kap. 5) durchgeführt. Im Ergebnis dessen zeigte sich eine Verbesserung der Stressbewältigungskompetenz der Kinder der VG im Unterschied zu KG.

4) Tanzorientiertes Biodanzaprogramm für Kinder zur Förderung autoregulativer Fähigkeiten und chrono-bio-psychologischer Gesundheit (TANZPRO-Biodanza für Kinder)

Das Tanzorientiertes Biodanzaprogramm für Kinder besteht aus 10 Sitzungen (mit Erweiterungsmöglichkeiten um weitere 10 Sitzungen). Kinder lernen in verschiedenen Sitzungen, die themenspezifisch als Reise in interessante Länder gestaltet wurden, kindgerechte Tänze aus Biodanza kennen. Sie tanzen allein und in der Gruppe. Es gibt eine Version für 3–6 jährige und eine Version für 7–12 jährige Kinder. Das Biodanzatraining mit Kindern gehört zum nonverbalen Teil der Empathieschule. Es wurde durch Stueck und Villegas und Kollegen entwickelt und wissenschaftlich evaluiert (Stueck, Villegas et. al., 2017, Greaves, Stueck, Svence, 2016), wobei autoregulative Wirkungen auf das Immunsystem (IgA,), aber auch auf das Hormonsystem (Cortisol, Testosteron) und das physiologische System (Hypersensibilität, s. Kap. 5) festgestellt wurden. Hinsichtlich des physiologischen Systems, gemessen am Puls in den Sitzungen kann eine Aktivierung als gegenläufige Prozess-Kurve zu EMYK festgestellt werden (s. Abbildung 50).

Das Tanzorientiertes Biodanzaprogramm für Kinder kann durch seine stimulierende Wirkung auf das vegetative Nervensystem (v. a. auf den Sympathicus) als Selbstregulationsmethode v. a. für die Stimulierung der Ultradianen Heilreaktion angesehen werden. In Untersuchungen von Studie Siepmann & Salzberg-Ludwig, 2000 wurde festgestellt, dass der BRAC-Rhythmus bei Kindern der 3. Klasse (untersucht 1998), im 24-Stunden-Monitoring am Parameter Hautwiderstand gemessen, 60–85 % Deaktivierungsmuster bei 11 von 21 Probanden aufwiesen. Nur 3 Probanden hatten eine Aktivierung von über 80 %. 1999 stiegen die Anzahl der Kinder mit Aktivierungsmustern nochmals an (16 von 20 Kindern mit Deaktivierungsmustern von 60–85 %). D. h., eineMehrzahl der Kinder in den Studien war deaktiviert bzw. untererregt mit einem totalen Verlust der BRAC-Rhytmik, d. h. mit Entkopplungstendenzen von Umweltanforderungen. In Abbildung 51 ist die Messkurve (Hautwiderstand) dargestellt.

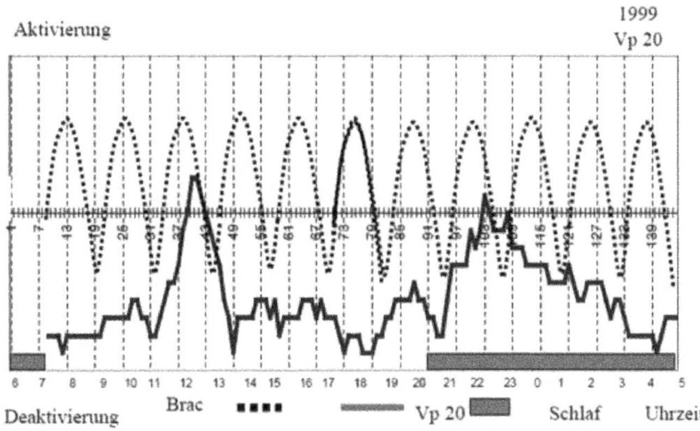

Abbildung 51 Deaktivierung und zerstörter BRAC-Rhythmus bei einem Kind 3. Klasse.

Es zeigt sich, dass das Kind keinen BRAC-Rhythmus mehr besitzt und im 24 h Monitoring eine überwiegende Deaktivierung des vegetativ-emotionellen Systems feststellbar ist. Durch seine aktivierende Wirkung kann davon ausgegangen werden, dass die chrono-bio-psychologische Wirkung von TANZPRO Biodanza für Kinder v. a. in der Wiederherstellung des BRAC-Rhythmus liegt. Diese Aussage muss durch weiterführende Untersuchungen bestätigt werden.

zu III.) Komplexe biozentrische Gesundheits Interventionen, z. B Gesundheitswürfel mit chrono-bio-psychologischer Orientierung und das Biozentrische Gesundheitsmanagement (Stueck, 2021) (Fokus: Prävention und biozentrische Gesundheitsförderung)

Komplexe Gesundheits-Interventionen unter chrono-bio-psychologischen Gesichtspunkten berücksichtigen ein multimodales, multizentrisches und interdisziplinäres Herangehen an die Lösung komplex verursachter Gesundheitsprobleme, z. B. im Lehrerberuf. Diese Lösungsansätze sind wie II. systemisch und präventiv, gesundheitsfördernd und biozentrisch ausgerichtet. Als Beispiel soll der Gesundheitswürfel genannt werden, der eingebettet wurde in die Biozentrische Gesundheitstheorie (Stueck, 2021). Der Gesundheitswürfel ist ein ganzheitlicher, an chrono-bio-psychologischen Prinzipien orientierter

Zugang zu Bildung von Gesundheit, z.B. im BGM[27] bzw. zur Gestaltung gesunder Bildungsprozesse z. B. in Schulen und Kindertageseinrichtungen. Dieser Würfel wurde durch Stueck als ein Diagnose- und handlungsplanendes Strategie-Instrument an der Universität Leipzig entwickelt und in verschiedenen Projekten[28] erprobt. Im Rahmen der Arbeit an der DPFA-Akademie für Arbeitsgesundheit wurde der Gesundheitswürfel digitalisiert in einer Handy-App (Happy Teams Tool).

Tabelle 5 Gesundheitswürfel bezogen auf die Intervention

Biozentrische Grenzen	**HANDLUNGSFELDER (Areas)** **Bitte ankreuzen! Das sind dann die Handlungsfelder, in denen man arbeiten kann**	**Biozentrische Handlungsfelder dient als Orientierung!**
Affektive Pathologien		Affektive Kommunikation, Affektive Beziehungen zu mir selbst und zu anderen
Angstgrenzen		Ausdruck der Lebendigen Körperlichkeit zusammen mit aderen
Physiologische Schutzmechnanismen		Kontakt mit Identität und Innenorientierung zusammen mit anderen
Chronische negative Beanspruchungsfolgen		Erlebnis und Ausdruck von Lebenspotenzialen, zusammen mit anderen
Dysregulative Bewertungen		Erweiterung des Bewußtseins und Verbindung zum Großen Ganzen

27 s. auch www.bildungsgesundheit.de. Er basiert auf einer über 20 jährigen Forschungsaktivität (Stueck, 2019, 2021), beginnend 1994 (chronobiologisch orientiertes evidenzbasiertes Entspannungstraining mit Yoga für Kinder).

28 2007–2011: Projekt des Gesundheits-Ministeriums "Gesunde Lebensstile im Setting Kita", Seit 2016 Projekt "Betriebliches Gesundheitsmanagement" auf der Basis chrono-bio-psychologischer Gesichtspunkte an der DPFA-Akademiegruppe Sachsen (Stueck, 2010). Seit 2021 als digitale App (Happy Teams-Tool).

Tabelle 5 Fortsetzung

Biozentrische Grenzen	**HANDLUNGSFELDER (Areas)** **Bitte ankreuzen! Das sind dann die Handlungsfelder, in denen man arbeiten kann**				**Biozentrische Handlungsfelder dient als Orientierung!**
Körperliche und gesellschaftliche Dissoziationen					Affektive Verbindung zur Gesamtheit aller Lebewesen (Natur) und ethischem Handeln.
GATES	Ich möchte Gesundheits Information **z.B. im Rahmen von Fachtagen**	Ich möchte eine Analyse **u.a. mit Mobilem Labor**	Ich möchte ein Training in diesem Thema **z.B. Gesundheits-pakete**	Ich möchte eine Ausbildung als Experte zu diesem Thema **z.B. Empathieschule Entspannungs-training**	

In der vertikalen Achse befinden sich die 6 Stufen Gesunder biozentrischer Bildungsprozesse (Biozentrische Handlungsfelder) und 6 Biozentrische Grenzen (sog. Biozentrische Areas), die interventiv bearbeitet werden können, damit das Leben (Bios), im Mittelpunkt der Gesundheitsförderung steht (Biozentrik). Diese Stufen sind Bestandteil der Biozentrischen Gesundheitstheorie nach Stueck (Stueck, 2021) und auch der Pandemie-Management-Theorie als Spezialfall der Biozentrischen Gesundheitstheorie. Die horizontale Achse bilden 4 methodische Zugänge (sog. Gates): Gesundheits-Information basierend auf chrono-bio-psychologischen Gesichtspunkten, Gesundheitsanalyse basierend auf chrono-bio-psychologischen Analysemethoden (s. Kap. 5), Training unter Berücksichtigung chrono-bio-psychologischer Grundlagen und Ausbildung von Experten, die mit chrono-bio-psychologischen Training (s. II) arbeiten. In Tabelle 5 ist der Würfel dargestellt.

2.5.6 Wechselwirkungen zwischen verschiedenen biologischen Systemen (Mensch -Mensch, Mensch -Tier, Mensch – Pflanze) und abiologischen Systemen (Mensch -Maschine)

Ein weiterer interessanter Bereich der Psychologie ist das Feld der Wechselwirkungen zwischen mehreren Personen, das Zusammenspiel in einer Gruppe von Menschen oder die Wechselwirkungen beim Aufeinandertreffen von Mensch und Tier. Um dieses Forschungsgebiet zu erfassen, ist es notwendig den Begriff der Synchronisation und die daraus abgeleiteten Begriffe der intrapersonellen und interpersonellen Synchronisation zu erklären. Unter Synchronisation wird im mathematischen Sinne die Korrelation von im Körper vorhandenen Regulationsvorgängen verschiedener Parameter bzw. Körperfunktionen verstanden. Die intrapersonelle Synchronisation stellt somit die Synchronisation eines Individuums dar, das gilt auch für andere biologische Systeme als dem Menschen, auch wenn der Begriff „intrapersonell" auf den Menschen zugeschnitten ist. Folglich stellt die interpersonelle Synchronisation diejenige dar, die zwischen zwei biologischen Systemen entstehen kann. Eine interpersonelle Synchronisation kann letztlich auch zwischen einem biologischen und einem abiologischen System (z. B. Maschine) entstehen, wenn das abiologische System über Regelvorgänge verfügt. In der heutigen Zeit dürfte sich eher der Mensch an die Maschine anpassen (mit ihr synchronisieren) als umgekehrt. Mit der Weiterentwicklung der Robotertechnik sind auch umgekehrte Synchronisationsvorgänge vorstellbar.

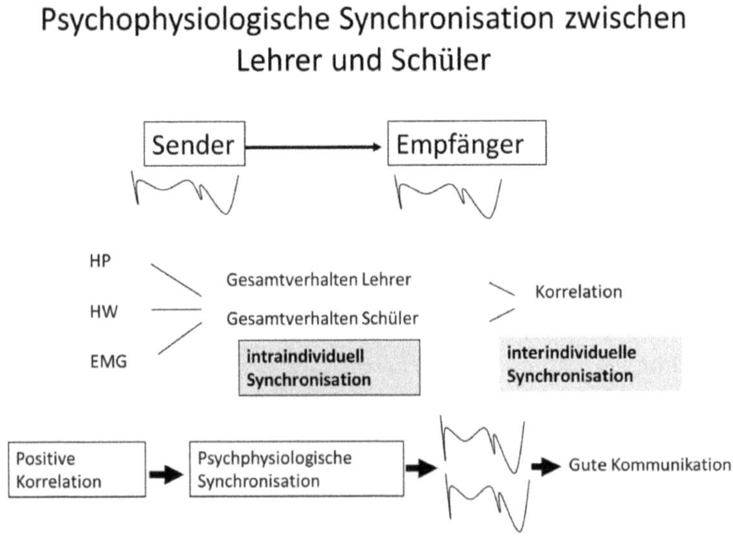

Abbildung 52 Interindividuelle Synchronisation zwischen zwei Individuen, aus Berka-Schmidt et. al, 2004

Grundlage der Bestimmung der intraindividuellen Synchronisation ist in diesem Fall die Synchronisation der vegetativen Parameter Hautwiderstand

(HW) - als Ausdruck der emotionalen Regulation, Hautpotenzial (HP) - als Ausdruck der nervalen Regulation und Elektromyogramm (EMG) - als Ausdruck der Muskeltätigkeit. Erste Untersuchungen im pädagogischen Bereich erfolgten zur Bestimmung der intraindividuellen Synchronisation erfolgten 2003 im Rahmen von Studien an lernbehinderten Kindern

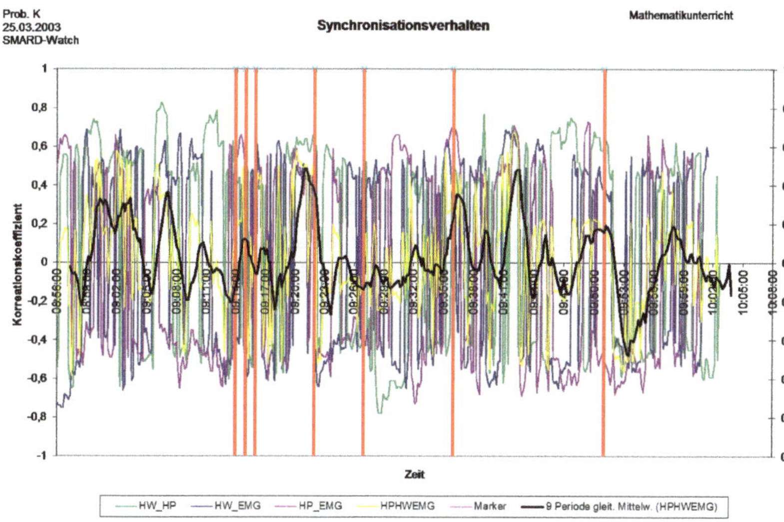

Abbildung 53 Intraindividuelle Synchronisation eines Schülers während des Mathematikunterrichts

Die Untersuchungen von interpersonellen Wechselwirkungen erfolgten auch u. a. in dem Projekt „Musikpädagogik als Prävention“, Berka-Schmidt et al. (2004). Die Ergebnisse dazu sind in Kap. 10 dargestellt. Die intraindividuelle Synchronisation wurde auch genutzt, um die Verwendung einer Oxytocin und die Sexualhormone Testosteron, Estradiol, deren Derivate, physiologisch verträglichen Salze oder Ester enthaltenden Wirkstoff-Kombination zur Herstellung eines Medikamentes zur Behandlung von Störungen des psychosozialen Erlebens und Verhaltens (Bindungsstörungen) nachzuweisen. So konnten Beier (2004) mit Daten einer Studie zur Verwendung eines Oxcytocin und Testeron oder Estradiol enthaltenden Gemisches an Hand von chrono-bio-psychogischen Auswertungen der intraindividuellen Synchronisation von Probanden folgende Korrelationen nachweisen:

Tabelle 6 intraindividuelle Synchronisation im Zusammenhang mit verschiedenen Applikationen einer Paarstudie nach Beier 2004

Art der Applikation	intraindividuelle Synchronisation (gem. Kreuzkorrelationskoeffizient)
Austausch von Intimität	0,45
Placebo	0,58
Oxytocin	0,51
Placebo / Sexualhormon	0,37
Oxytocin / Sexualhormon	0,25

Die Bestimmung der Korrelationskoeffizienten erfolgte unter Einbeziehung des Parameters Pulsfrequenz, Hautwiderstand, Hautpotential und Elektromyogramm analog zu der in Abbildung 53 (Intraindividuelle Synchronisation eines Schülers während des Mathematikunterrichts). Weitere Beispiele sind im Kap. 10 dargestellt.

Ein interessanter heilpädagogischer Effekt könnte sich bei der Behandlung von Autismus ergeben. Die nachfolgende Abbildung zeigt die intraindividuelle Synchronisation eines autistischen Kindes während einer Sitzung:

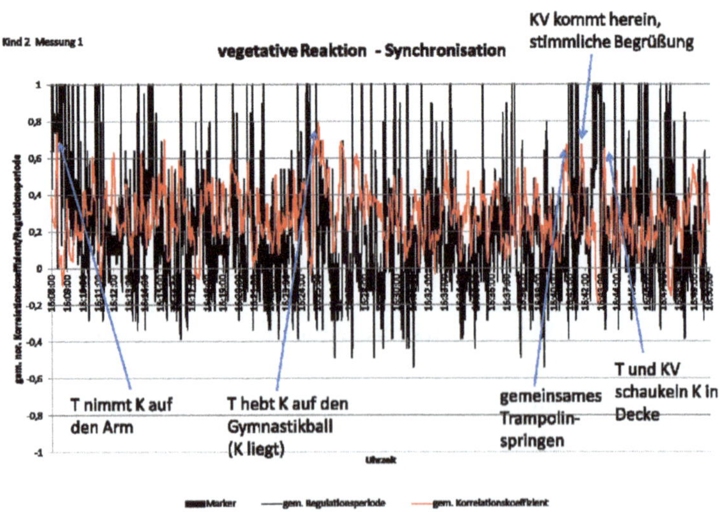

Abbildung 54 intraindividuelle Synchronisation bei einem autistischen Kind (K) während einer Sitzung mit der Betreuerin (T) und einem Elternteil (KV)

Es ist ersichtlich, dass vor allem die körperliche Kontaktaufnahme zu erhöhten Synchronisationswerten führt. Diese Untersuchungen bieten Ansätze für eine chrono-bio-psychologische Therapie. Erstmals wurden Untersuchungen zur intraindividuellen Synchronisation in der Beziehung Mensch – Maschine von Balzer & Hecht (1995) angewendet. Dabei wurde die Erkennungsleistung von Fahrzeugführern bei verschiedenen Anstellwinkeln und Farben der Windschutzscheibe von PKW's untersucht. Ferstl, (2005) führte Untersuchungen zum Therapieverhalten einer kleinen Gruppe bei Anwendung islamischer Musiktherapie durch.

Bei der Untersuchung von Paarbeziehungen durch Stück und seinen Studenten (s. Kap. 5.2) konnten so erstmals chrono-bio-psychologische Methoden eingesetzt werden, um Aktivierungs- und Deaktivierungszustände von Paaren zu untersuchen. Das Paarverhalten bei affektiven-motorischen Handlungen (Streicheln des Partners) zwischen zwei Menschen untersuchte Zeumann (2015).

Die Synchronisation zwischen 2 Tänzern (Biodanza) wurde sowohl für den emotionalen (Hautwiderstand), als auch für den kognitiv-nervalen (Hautpotenzial) Bereich von Stueck und Balzer (s. Kap. 10) untersucht. Bezüglich der (gemittelten) emotionalen Synchronisation zwischen den beiden Versuchspersonen zeigen sich bei rhythmischen Tänzen (Batacuda) und am Ende der Biodanza-Klasse die höchsten Zusammenhangswerte im Hautwiderstand, d. h. im emotionalen Bereich ($r = 0,2$, $r = 0,18$). Zwischen der emotionalen und nervalen Synchronisation gibt es zeitweise gegenphasiges Verhalten zwischen den Personen, z. B. in der Anfangsphase von Biodanza (s. Kap. 10).

Untersuchungen zur interpersonellen Resonanz von Hirnwellen wurden auf dem 26. Weltkongress für Psychologie 2017 in Yokohama vorgestellt (ICP-Abstraktband, 2017).

2.6 Geschichte und Grundlagen der chronobiologischen Analysemethoden

In dem Kapitel zu grundlegenden Entdeckungen in der Chrono-Bio-Psychologie darf natürlich ein kurzer Abriss zu Meilensteinen der Entwicklung Chrono-Bio-Psychologischer Analysemethoden nicht fehlen. Der Begriff der Zeitreihe spielt in der Chrono-Bio-Psychologie eine wesentliche Rolle. Während am Beginn der Entwicklung Beobachtungen die Einzelwerte einer Zeitreihe lieferten (Chronogramme), brachte die Entwicklung moderner Methoden der Erfassung von biologischen, physiologischen, biochemischen oder auch immunologischen Parametern bis hin zur Erfassung von psychologischen Parametern oder Parametern des Verhaltens eine Flut von Daten, die nur mit der Anwendung und Entwicklung mathematischer Methoden bewältigt werden konnte. Kornetov (1988) beschrieb eine einfache Methode zur Bestimmung dessen, ob eine Zeitreihe überhaupt eine rhythmische Komponente enthält oder nicht.

2.6.1 Die Cosinoranalyse

In der heutigen Zeit werden periodische bzw. rhythmische Komponenten einer Zeitreihe mittels spektralanalytischer Methoden ermittelt. Halberg, 1967, zitiert in Cornélissen, (2014) legte mit seiner Cosinor-Analyse den Grundstein für die mathematische Darstellung von biologischen Rhythmen. Mathematische Grundlage der Cosinor-Analyse (s. f in Abbildung 58) wiederum sind verschiedene Formen der Spektralanalyse wie die Autokorrelation, die Fourieranalyse, das Leistungsdichtespektrum (s. e in Abbildung 58). Ziel der Cosinor-Analyse ist es, einen biologischen Rhythmus möglichst gut mathematisch wiederzugeben. Das hat insbesondere dann Bedeutung, wenn die Daten als nicht äquidistante Daten vorliegen, d. h. der zeitliche Abstand zwischen den Daten einer Zeitreihe nicht konstant ist, wie z. B. bei der Herzrate und wenn die in der Zeitreihe enthaltene periodische Funktion sich nur schlecht in Form einer sinusförmigen Näherung darstellen lässt. Rensing (1973) hat dazu eine sehr gute Übersicht erarbeitet und an Beispielen dargestellt. Die verschiedenen Ansätze innerhalb der Cosinor-Analyse beschreibt Cornélissen, 2014 (die engste Mitarbeiterin von F. Halberg). Die nachfolgende Darstellung zeigt die grundsätzlichen Bestandteile einer Cosinoranalyse.

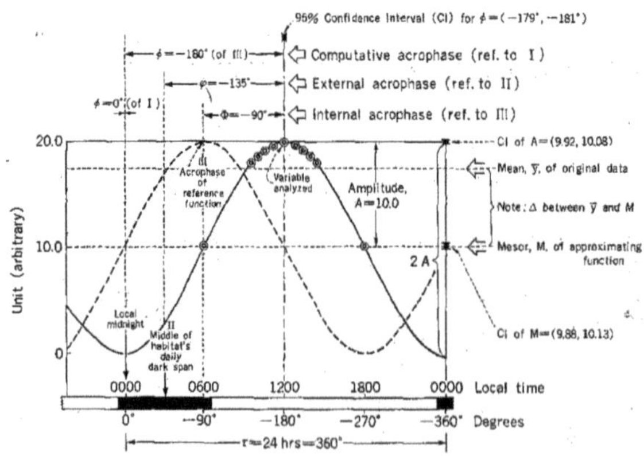

Abbildung 55 Grundelemente einer Cosinoranalyse nach Halberg, aus Scheving, Halberg, Pauly 1974

Diese Darstellung wurde ursprünglich für die Wiedergabe des circadianen Rhythmus entwickelt. Besonderer Wert wurde auf die Phasenlage des tatsächlichen und berechneten Rhythmus - als Acrophase bezeichnet - gelegt. Den Verlauf der Änderung verschiedener biochemischer Parameter (STH, Glucose und ACTH) zeigt die nachfolgende Darstellung.

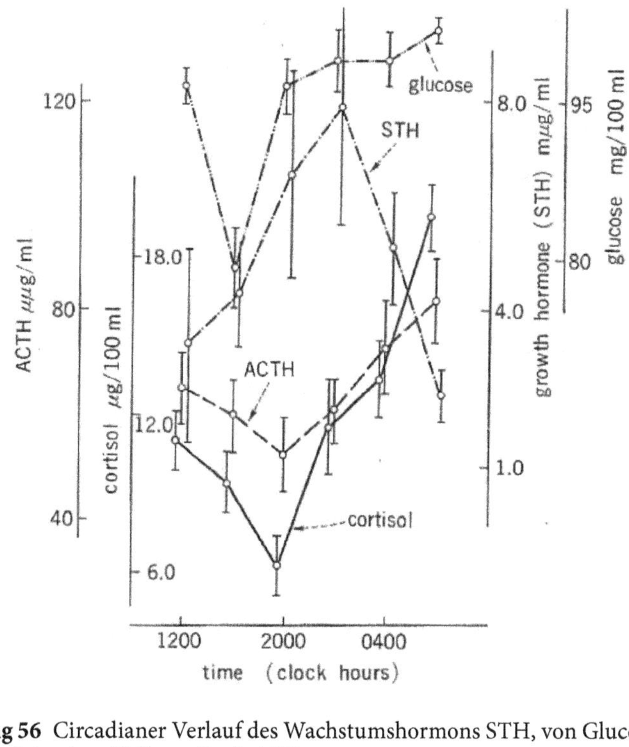

Abbildung 56 Circadianer Verlauf des Wachstumshormons STH, von Glucose und ACTH aus Scheving, Halberg, Pauly 1974

Die Cosinor-Darstellung der Parameter STH, Glucose und ACTH kann auch als Polardiagramm in 2-dimensionaler Form dargestellt werden (s. Abbildung 57).

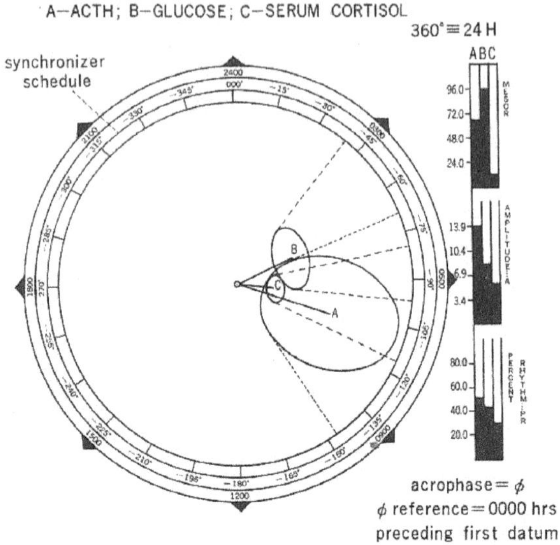

	N	φ	(.95 CA)		A	(.95 CI)		M	(.95 CI)		P	PR
A	12	−108	−68	−146	13.98	5.39	22.58	65.20	33.80	96.60	.001	51.16
B	12	− 66	−39	− 96	8.50	6.32	10.69	96.00	83.99	108.02	.001	42.66
C	11	− 98	−79	−115	5.62	4.54	6.69	11.86	4.43	19.28	.001	29.90

Abbildung 57 Cosinordarstellung der berechneten Modelle für den circadianen Verlauf der Parameter: STH, ACTH und Glucose, n = 13, aus Scheving, Halberg, Pauly 1974

2.6.2 Spektralanalytische Methoden

Bestimmungen von Zuständen biologischer Systeme erfolgte bereits in den 80 er Jahren des vorigen Jahrhunderts unter Nutzung der Erfahrungen von Rechtschaffen & Kales (1968) bei der Bestimmung von Schlafzuständen aus dem Elektrokardiogramm (EEG) über die zeitgleiche Messung mehrerer physiologischer Parameter (u. a. EEG, EMG, EOG) unter Zuhilfenahme der Fourieranalyse, s. Abbildung 58 b (Borbely, 1981; Hasan, 1983; Penzel, 1988).

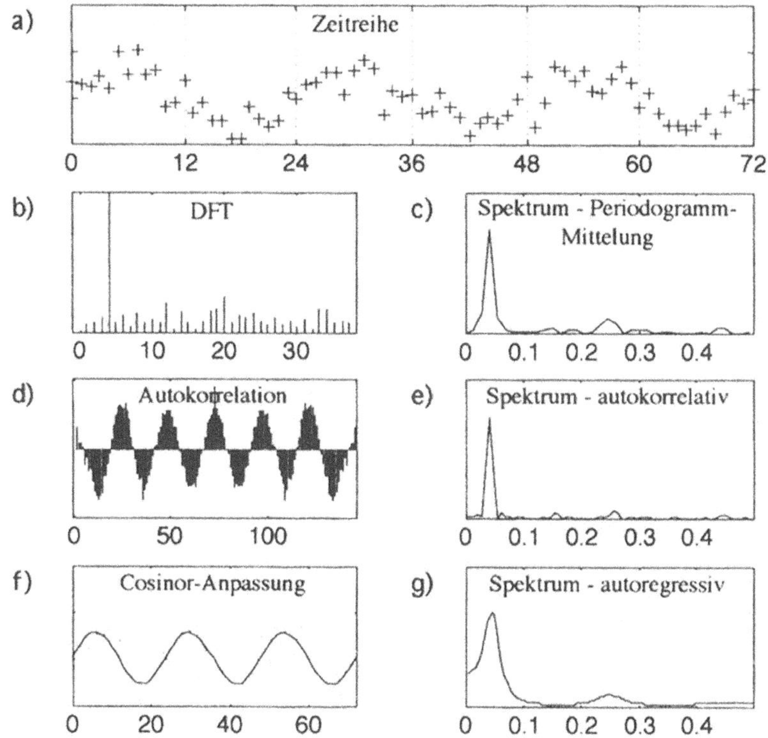

Abbildung 58 verschiedene Methoden der Zeitreihenanalyse, nach Hildebrandt, 1998

Im Rahmen der Analyse der Herzfrequenz wird derzeit verstärkt der Burgalgorithmus als Näherungsrechnung zur Bestimmung der Herzfrequenzvariabilität (HRV) eingesetzt (s. auch Orfanidis, 1988, Bennemann, 1996). Die Bifurkationstheorie bzw. ihre Ansätze und Modelle gehören zum Gebiet der nichtlinearen Dynamik. Mit Hilfe einer kleinen Anzahl von Kontrollparametern und einer Zustandsfunktion können nichtlineare oder nicht stetige Änderungen, wie z. B. Divergenz, Hysterese und Verhaltenssprünge beschrieben werden. Zum vollständigen Bild über regulatorische Zustände gehört gegenwärtig auch die Darstellung des Standes der Analyse der Herzfrequenzvariabilität (oder auch Herzratenvariabilität – HRV).

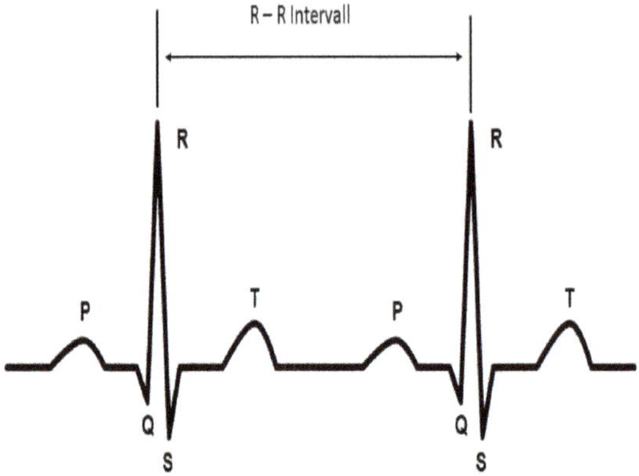

Abbildung 59 Modell eines EKG mit RR-Intervall

Bei Gesunden variiert die HRV von RR-Intervall zu RR-Intervall. Die zeitlichen Änderungen der R-Zackenabstände werden spektralanalytisch ausgewertet und in verschiedener Form grafisch dargestellt (z. B. als autochrones Bild, s. Moser, 1999).

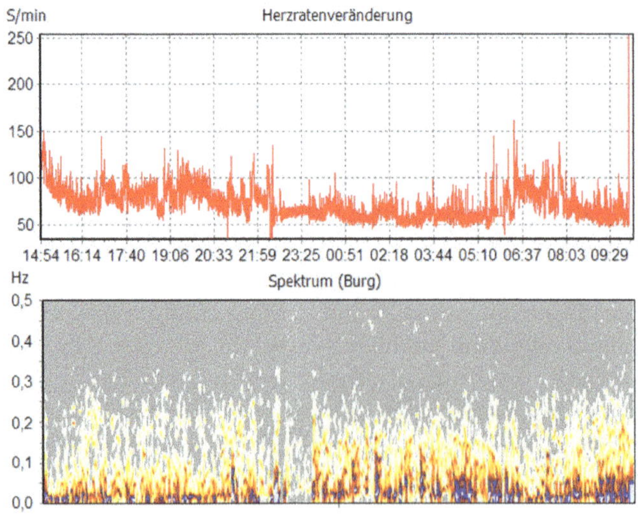

Abbildung 60 HRV-Analyse eines Probanden nach Balzer, 2012 (Pilotstudie zum Vergleich System heart man – smardwatch)

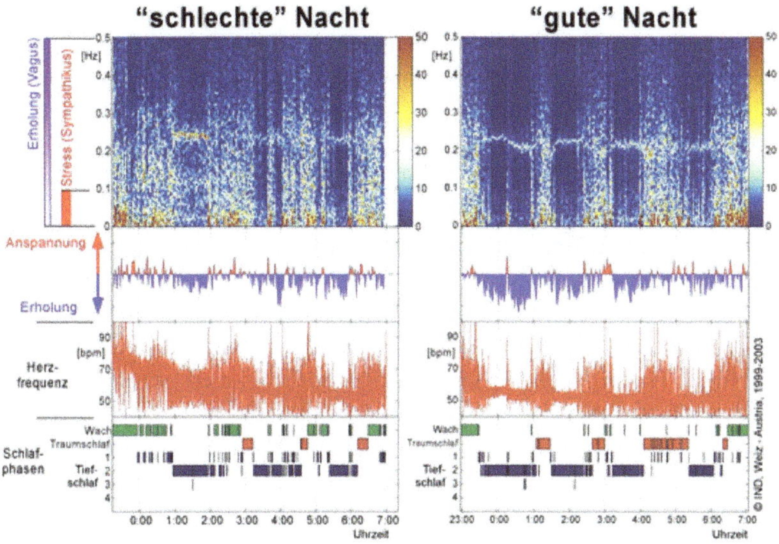

Abbildung 61 Darstellung der HRV als autochrones Bild nach Moser (2004) im Vergleich von gestörtem Schlafprofil zu „normalem" Schlafprofil

Das autochrone Bild lässt Strukturen in der Veränderung der HRV erkennen. Eine Zustandsanalyse an Hand dieser Daten liegt bisher nicht vor. Auch die z. T. angewandten Clusteranalysen der HRV-Daten (s. Tarvainen et al., 2013) sind ebenfalls nur als Vorstufe zu einer Zustandsanalyse zu werten.

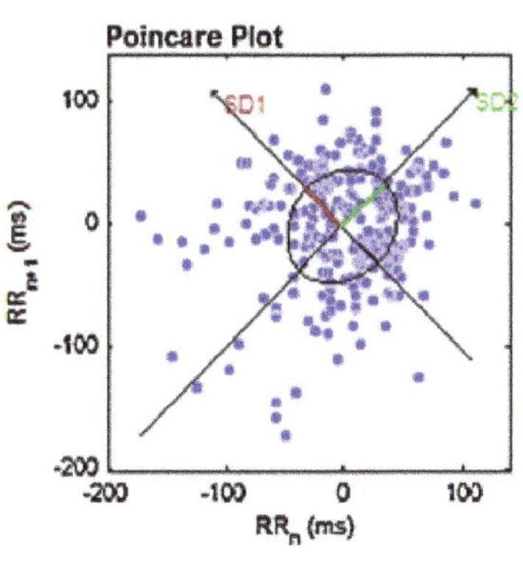

Abbildung 62 Clusteranalyse zur Darstellung der HRV, nach Tarvainen et al., 2013

Die Regulationsanalyse eines Parameters beschreibt auch nur die mögliche Änderung von Zuständen dieses Parameters. Will man komplexere Reaktionen des Organismus untersuchen, so kommt man nicht umhin, mehrere Parameter zeitgleich zu untersuchen und zu analysieren. Dabei besteht in der Regel ein zyklischer nichtlinearer Zusammenhang zwischen physiologischen, biochemischen und psychologischen Parametern, die sich letztlich im Verhalten von biologischen Systemen widerspiegeln.

Der Dynamik im Tagesverlauf der HRV wird in der Darstellung durch eine Darstellung zum „Autochronen Bild“ nach Moser (2004) Rechnung getragen, ohne jedoch die Dynamik in der HRV zu analysieren. Darüber hinaus gibt es weitere mathematische Verfahren, um periodische Anteile in Zeitreihen zu bestimmen. Hintergrund ist, dass biologische Rhythmen oft im „Rauschen“ eines Signals versteckt sind. Ein anschauliches Beispiel lieferte Schrüfer (1992) in seinem Beispiel zur Analyse der Drehfrequenz eines Rührwerks aus der Messung der Temperatur des umgerührten Wassers in einem Gefäß. In diesem Versuch wird Wasser in einem Behälter mittels eines Rührers erwärmt. Wenn man die Temperatur des Wassers elektronisch misst und die Daten als Zeitreihe darstellt, erhält man ein Rauschsignal mit einem ansteigenden Trend. Der Trend stellt die Temperaturerhöhung dar. Das Rauschen stammt vorwiegend von der Brownschen Molekularbewegung, der sich an sich bewegenden Moleküle, die zusätzlich durch das Rührwerk bewegt werden.

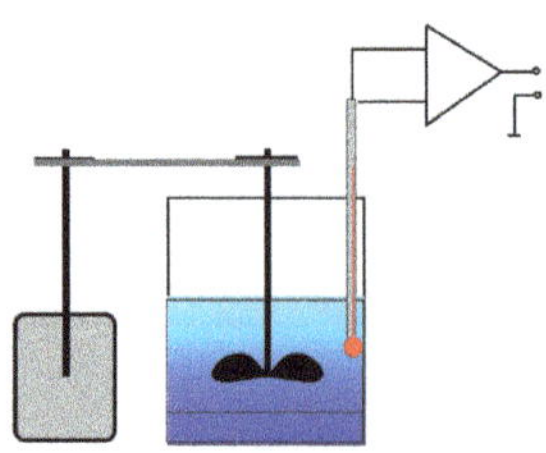

Abbildung 63 Modell eine Kalorimeterversuchs nach Schrüfer 1992

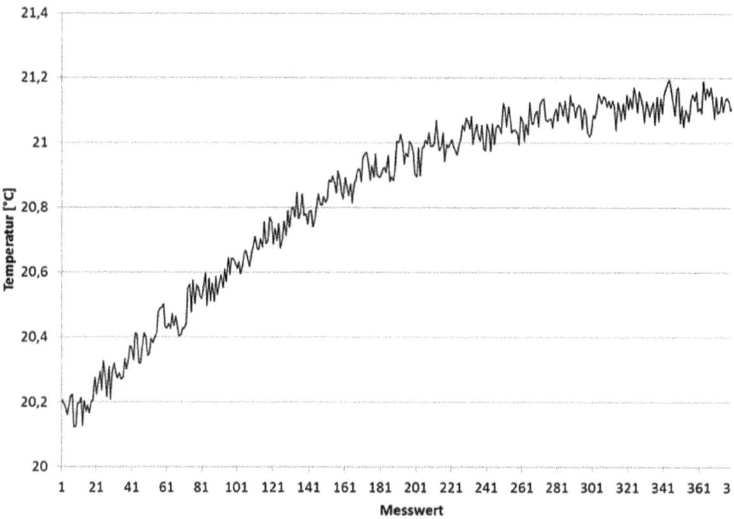

Abbildung 64 Modellbeispiel einer Temperaturerhöhung während eines Kalorimeterversuchs

Die linke Abbildung 63 zeigt den Versuchsaufbau mit Motor, Rührwerk, Kalorimetergefäß mit Wasser, dem Temperaturfühler und der Operationsverstärker zum Messen der Temperatur. Rechts (Abbildung 64) ist der Verlauf des Ausgangssignals dargestellt. Ein Rauschen überlagert den Trend. Analysiert man jedoch dieses Rauschsignal, z. B. mit Hilfe der Autokorrelationsfunktion, so findet man die Drehfrequenz des Rührwerkes (Schrüfer, 1992). Wendet man diese Gedanken auf die moderne Chronobiologie an, ersetzt das Rührwerk beispielsweise durch das Herz und setzt an Stelle des Kalorimetergefäßes unser Blutgefäßsystem, so findet man, dass es möglich sein sollte, auch die Herzfrequenz aus der Messung der Körpertemperatur zu extrahieren. Das Verfahren wurde u. a. von Balzer (IASP 2008) zur Bestimmung der Herz – und Atemfrequenz bei einem Schwein angewandt. Balzer (2000) bestimmt physiologische und psychologische Zustände über die zeitgleiche Messung vegetativer Parameter (EMG, HP, HT, HW).

2.6.3 Methoden der nichtlinearen Dynamik

Bei der Analyse von periodischen Vorgängen in biologischen Systemen werden inzwischen auch andere Verfahren, wie die Wavelettransformation (Hubbard,

1997; Azzaqui, N. et al., 2013), die Fraktalanalyse, die Chaostheorie (Kratky, 2003) oder die Theorie der Markoff-Ketten (Uppuluri 1974) angewendet. Zur Bestimmung von biologischen Zuständen nutzte Fritz spezielle Neuronale Netze (Fritz, 2005). Insbesondere bei der Analyse der Herzfrequenzvariabilität zeigte sich, dass die spektralanalytischen Verfahren, die eine definierte Menge von Daten benötigen, um ein Ergebnis zu erzielen, den schnelleren zeitlichen Änderungen der R-R-Intervalle, z. B. beim Auftreten von Arrhytmien nicht gewachsen sind (Esperer, 2001 und 2006, Schmiederer, 2015, Mäkikallio, Perkiömäki & Huikuri, 2004). Bei der Bestimmung von Zuständen (Schlafstadien oder Regulationszuständen) wurde darüber hinaus zusätzlich auf die Anwendung von Clusteranalysen und neuronaler Netze zurückgegriffen. In der Arbeit von Sammito & Böckelmann (2014) findet man eine Übersicht über verschiedene mathematische Verfahren zu Methoden der nichtlinearen Dynamik bei der Analyse der R-R-Intervalle. Nach Schmiederer (2015) bezieht sich auf Pincus (1994 und 1995) und beschreibt den Parameter der approximierten Entropie (ApEn) als eine Möglichkeit die Regularität einer betrachteten Zeitreihe zu quantifizieren. "Sie gibt die logarithmische Wahrscheinlichkeit an, mit der sich bestimmte Muster der R-R Intervallsequenz wiederholen" (zitiert aus Schmiederer, 2015, S. 16). Als Parameter dienen dabei die Musterlänge und die Ähnlichkeitstoleranz. Ein stabileres Verfahren stellt die Detrended Fluctuated Analysis (DFA) dar. "Die DFA erlaubt die Erkennung von Langzeit-Korrelationen in nichtstationären Zeitreihen. Gleichzeitig vermeidet sie die Erkennung von fehlerhaften Korrelationen, welche Artefakte der Nichtstationarität darstellen (Peng 1995)" (zitiert aus Schmiederer, 2015, S. 16). Zusammenfassend kann festgestellt werden, dass es die Methoden der nichtlinearen Dynamik erlauben, ähnliche Signalmuster zu erkennen und auch deren Abweichungen zu detektieren. Damit wird es möglich die Genauigkeit der HRV-Analyse weiter voran zu bringen und sicherer gegenüber von Artefakten zu machen.

2.6.4 Regulationsanalyse mehrerer Parameter

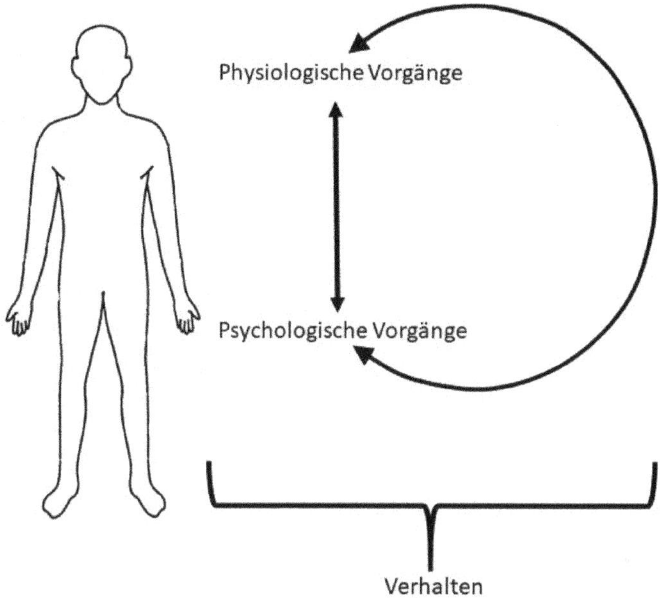

Abbildung 65 Zusammenhang zwischen physiologischen, biochemischen, psychologischen Reaktionen und Veränderungen des Verhaltens beim Menschen

Auf einer Regulationsebene sind in der Regel die physiologischen Veränderungen diejenigen Prozesse, die am schnellsten ablaufen, gefolgt von den psychologischen und biochemischen Prozessen. Der immer wieder geführte, wissenschaftliche Streit zwischen Henne und Ei oder was hat sich zuerst verändert und was war die Reaktion darauf ist oft unsinnig, da er je nach Fragestellung zu verschiedenen Schlussfolgerungen führen kann. So können Veränderungen biochemischer Größen genauso Änderungen physiologischer Parameter hervorrufen, wie umgekehrt. Unbestritten ist aber, dass man Gesund und Krank nicht an einem Parameter festmachen kann. Insofern ist ein weiterer Schritt zum Verständnis der komplizierten Reaktionen biologischer Systeme notwendig, so dass man Zustandsänderungen sowohl in ihrem zeitlichen Verlauf, als auch in ihrer Mehrdimensionalität analysiert und darstellt.

Damit zusammenhängend und als logische Fortführung der Darstellung und Analyse biologischer Rhythmen entwickelte Balzer (1988) den Gedanken der Analyse der Veränderungen der biologischen Rhythmen unter dem Begriff Dynamikanalyse. Diese Analyseform stellt die Änderung einer Periodizität auf Grund innerer und/ oder äußerer Einflüsse in den Vordergrund und nutzt dabei die Autokorrelation und das Leistungsdichtespektrum im Zusammenhang mit der Methode der kleinsten Quadrate, um den zu einem bestimmten Zeitpunkt vorherrschenden Rhythmus darzustellen. Diese Analysemethode erbrachte u. a. erste Ergebnisse bei der Analyse der circaseptanen Rhythmik im Schlafverhalten (Balzer & Hecht, 1992) und führte zur Unterscheidung von vier Reaktionsgruppen. Aus diesen Reaktionsgruppen ging später das Periodische System der Regulationszustände (PSR, Balzer, 2000, s. Kap. 4) hervor.

Die Entwicklung der Chronobiologischen Regulationsdiagnostik nach Balzer wird in den nächsten Kapiteln erläutert, da sie bedeutsam für die Ergebnisdarstellungen in diesem Band sind. Grundbegriffe der Regulationsdiagnostik (Dynamikfunktion, Regulationszustand, Auftrittswahrscheinlichkeit) und die Möglichkeit der Bestimmung dieser Funktionen werden mit Hilfe mathematischer Methoden dargestellt bzw. eingeführt.

3 Biologische Rhythmen und ihre Hierarchie

Ein biologischer Rhythmus reflektiert einen Regelvorgang in einem biologischen System. Biologische Rhythmen sind Ausdruck der zeitlichen Regulation von biologischen Systemen, Prozessen oder Funktionen. In Erweiterung der Definitionen von Hildebrandt (1998) lassen sich biologische Rhythmen wie folgt nach ihrer Entstehungsart unterscheiden:

- Exogene Rhythmen sind rhythmische Lebensvorgänge, die allein durch Schwankungen äußerer Faktoren hervorgerufen werden;
- Exo-endogeno Rhythmen sind im Organismus selbst erzeugte Rhythmen, die mittels äußerer Zeitgeber synchronisiert werden;
- Endogene Rhythmen sind von äußeren Zeitgebern unabhängige Spontanrhythmen und stellen einen Zuwachs an Autonomie und zeitlicher Emanzipation dar.

Die Schwankungen in der Regulation der Körperfunktionen werden lt. Chronobiologie in folgenden Bereichen dargestellt:

Tabelle 7 Spektrum der Periodendauern und deren funktionelle Bedeutung, modifiziert nach Hildebrandt

Periodendauer (log)	Bezeichnung	Funktionelle Bedeutung
> 1 Jahr	infraanual (mehrjährige Rhythmen)	Evolution Populationsschwankungen Wachstum-Involution
1 Jahr	zirkaanual (Jahresrhythmen)	Reproduktion (Fruchtbarkeit-Unfruchtbarkeit)
1 Monat	zirkaintrigintan (zirkalunar) (Monatsrhythmus)	Menstruationszyklus
1 Woche	zirkaseptan (Wochenrhythmus)	Regeneration – Heilung Assimilation – Dissimilation
1 Tag	zirkadian (Tagesrhythmus)	Schlafen-Wachen Speicherung – Ausscheidung Aktivierung-Deaktivierung
< 1 Tag	zirkatidian (Gezeitenrhythmus)	Tonussteigerung-Tonusabnahme (glatte Muskulatur) Kreislauf, Peristaltik

(wird auf nächster Seite fortgeführt)

Tabelle 7 Fortsetzung

Periodendauer (log)	Bezeichnung	Funktionelle Bedeutung
> 1 Stunde	ultradian (mehrstündige Rhythmen)	Atmung, Einatmung-Ausatmung, Motorik Fortbewegung
1 Stunde	zirkahoran (Stundenrhythmus)	Herzschlag (Systole-Diastole) Gehirntätigkeit (EEG)
1 Minute	(Minutenrhythmus (10-s-Rhythmus)	Flimmerorgane Nervenreaktion Erregung – Erholung
1 Sekunde	Sekundenrhythmus	Depolarisation- Repolarisation der Zellmembran
0,001 Sekunde	Mikrorhythmen	Muskelbewegung

Biologische Regelvorgänge dienen sowohl der Aufrechterhaltung der Homöostase als auch der Regulation der Körperfunktionen beim Auftreten von Störungen. Sie wurden bereits bei einer Vielzahl von funktionellen Veränderungen physiologischer, biochemischer, immunologischer und psychischer Parameter, aber auch bei Veränderung von Verhaltensparametern nachgewiesen. Biologische Rhythmen lassen sich durch Messung und/oder Beobachtung von Vorgängen und Veränderungen räumlicher und zeitlicher biologischer Strukturen erfassen, analysieren und darstellen. In diesem Zusammenhang wurde der Begriff der Zeitreihe geprägt.

Definition:
Eine Zeitreihe stelle eine Folge von gemessenen und/oder beobachteten Daten dar. Die Daten können in äquidistantem zeitlichem Abstand (z.B. durch Abtastung analoger Signale) oder nicht äquidistantem Abstand (z.B. den R-Zackenabstände des Herzschlages) erfasst werden.

Eine Zeitreihe enthält drei Anteile:

1. den quasistationären Anteil
2. den periodischen Anteil
3. den stochastischen Anteil.

Während die Erfassung physiologischer und biochemischer Daten oft auf technologische Grenzen stößt, gelingt derzeit die Erfassung psychologischer Parameter oder von Verhaltensparametern größtenteils nur über die Protokollierung, die Erfassung mittels Fragebögen und/ oder die Audio- oder Videoaufzeichnung mit nachfolgender Auswertung.

In diesem Zusammenhang soll auf den Einfluss einer Messwerterfassung auf das zu erfassende biologische System (z. B. durch Implantation eines Sensors) oder auf manchmal suggestiv geprägte Fragestellungen bei Fragebögen und deren subjektiv geprägte Antworten hingewiesen werden. Aber auch die moderne Digitalisierung der Datenerfassung ist fehlerbehaftet, allein dadurch, dass die Daten intervallmäßig, d. h. in einem zeitlich definierten Messintervall registriert werden. Dadurch können im Einzelfall Informationen verloren gehen.

3.1 Der biologische und der psychologische Rhythmus

Zu biologischen Rhythmen gibt es eine Vielzahl von Untersuchungen mit der Ableitung von funktionellen Bedeutungen (s. Tabelle 7 in diesem Kapitel, s. auch Studien in Kap. 2.2.2[29]). Zum Verständnis eines biologischen Rhythmus hier die Darstellung in Form einer sinusförmigen Näherung für das circaseptane Schlafverhalten.

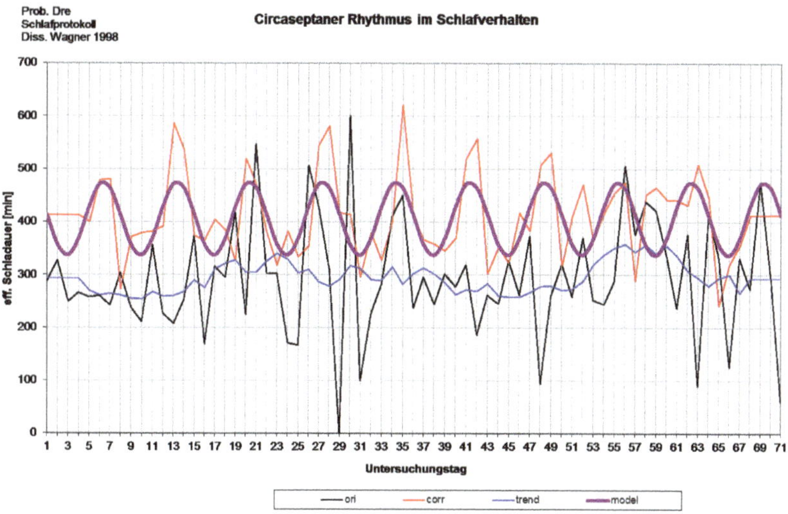

Abbildung 66 Biologischer circaseptaner Rhythmus im Schlafverhalten

29 Entdeckung und Hierarchie biologischer Rhythmen

Zur Bestimmung des circaseptanen Anteils wurde aus den Originaldaten (effektive Schlafdauer – schwarz) der Trend (blau) mittels gleitender Mittelung (9 Daten) eliminiert. Die trendfreien Daten (corr. – rot) wurden spektralanalytisch untersucht und ein Grundrhythmus von 7–8 Tagen bestimmt. Es ist erkennbar, dass dieses Model eine Näherung an das tatsächliche Schlafverhalten darstellt und daher auch nur mit einer gewissen Wahrscheinlichkeit auftritt, d. h. je größer die Störungen im Schlafverhalten, desto geringer die Wahrscheinlichkeit, dass ein rhythmisches Schlafverhalten bestimmt werden kann. Mathematisch entspricht dabei die Wahrscheinlichkeit für das Vorhandensein solch eines Rhythmus dem Korrelationskoeffizienten zwischen dem Modell und dem realen Schlafverlauf. Tagesrhythmen haben in der Regel die höchste Auftrittswahrscheinlichkeit, da die äußeren Faktoren – wie der Wechsel von Hell nach Dunkel – über Generationen hinweg den Organismus geprägt haben. Die Auftrittswahrscheinlichkeiten für längere oder kürzere Rhythmen haben dagegen geringere Auftrittswahrscheinlichkeiten. Das liegt bei längeren Rhythmen (infradiane und größer) vor allem daran, dass der Einfluss sozialer und gesellschaftlicher Komponenten wächst und Störungen dieser Rhythmen verursachen kann. Im Bereich kürzerer Rhythmen, die vor allem gegenseitigen Einflüssen verschiedener Regelvorgänge im Körper selbst unterliegen führen diese zu gegenseitigen Störungen. Gleichzeitig verändert sich das rhythmische Verhalten selbst. Im übertragenen Sinne kann man von einer zunehmenden „Digitalisierung“ sprechen, wenn man rhythmische Funktionen im Körper betrachtet, wie z. B. das Feuern der Neuronen bei nervalen Aktivitäten.

Aber auch die Anwendung verschiedenster mathematischer Methoden kann in verschiedenen Fällen zur „Vorgaukelung“ oder Modifizierung biologischer Rhythmen führen. Gründe dafür gibt es verschiedene. Um biologische Rhythmen zu berechnen nutzt man spektralanalytische Methoden. Diese setzen eine möglichst trendfreie Zeitreihe mit äquidistanten Daten, also Daten die im gleichen zeitlichen Abstand erhoben oder gemessen wurden, voraus. Um aber z. B. mit Daten der R-Zackenabstände des EKG's arbeiten zu können, die selbst nicht äquidistant sind, müssen diese so umgerechnet werden – z.B. durch Interpolation – dass diese äquidistant werden. Durch die Interpolation verändert sich die Lage der Messpunkte bezogen auf die Zeitachse und dies wiederum hat Auswirkungen auf die Berechnung einer Periodizität. Da Perioden als ganzzahlige Werte ausgegeben werden, können solche „Datenmanipulationen“ sich besonders dann auf das Endergebnis auswirken, wenn sich die Periode gerade im Bereich zwischen zwei ganzzahligen Werten befinden würde, als eine der Kommastellen, oder anders ausgedrückt, die Genauigkeit der Interpolation, über das Ergebnis entscheidet. Das betrifft in der Regel benachbarte Perioden, also z. B. eine gefundene Periodizität von 10 s oder 11 s, aber auch die verschiedenen de-trend - Methoden, wie gleitende Mittelung, smoothing-Methoden, Tiefpässe verschiedener Art und Ordnung u. a., aber auch die spektralanalytischen Methoden können zu verschiedenen Ergebnissen führen.

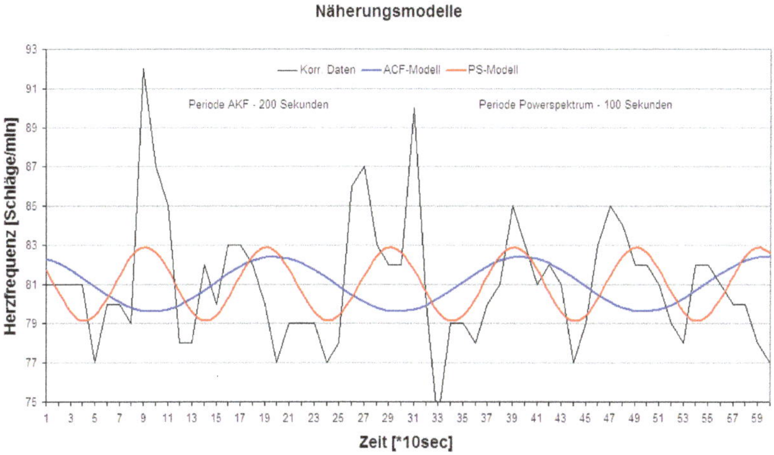

Abbildung 67 Modellfunktionen – Analyse der Herzfrequenz mittels Autokorrelationsfunktion (AKF) und Leistungsdichtespektrum (PS)

Hier fällt auf, dass das Modell (blau), berechnet anhand der AKF eine Periodizität von ca. 21 s wiedergibt, die dem Abstand der beiden Maxima bei ca. 10 s und 31 s entspricht, während das Modell (rot), berechnet an Hand des Leistungsdichtespektrums, eine Periodizität von ca. 10 s wiedergibt.

Die Untersuchung psychologischer Rhythmen und die Klassifikation dieser gibt es dagegen kaum. Stueck und Balzer begannen seit 2016 auch psychologische Rhythmen mit der Chrono-Bio-Psychologischen Regulationsdiagnostik zu untersuchen. Ein Beispiel wurde im Kap. 2.3 dargestellt hinsichtlich eines circaseptanen Rhythmus der Stimmung einer Versuchsperson der Cho Oyu Expedition. Es ist unbestreitbar, dass es auch psychologische Rhythmen existieren, die bisher jedoch überhaupt noch nicht ausreichend untersucht worden sind. Wenige weitere Beispiele sind in der Arbeits- und Organisationspsychologie (u. a. Wochenrhythmen bzgl. verschiedener Ereignisse, u.a. Arbeitsunfälle, Todesfälle, s. Kap. 2.3) zu finden.

3.2 Grundlagen zu biologischen Regelvorgängen

Hochentwickelte Lebewesen enthalten eine Vielzahl mit einander verknüpfter biologischer Regelsysteme. Aber auch niedere biologische Systeme weisen bereits eine Vielzahl solcher Regelsysteme auf, angefangen von makromolekularen Strukturen, über die einzelne Zelle bis hin zu Kleinstlebewesen. Der Mensch verfügt über komplexe organische und funktionelle Systeme wie z. B. das Hirn, das Herz-Kreislaufsystem, das autonome Nervensystem usw..

Aber auch zwischen biologischen Systemen verschiedener Gattungen oder Arten gibt es regulatorische Verknüpfungen. So entsteht ein Regelvorgang zwischen zwei Menschen oder innerhalb einer Gruppe von Menschen, wobei die Kopplung z. B. über den visuellen Weg, den akustischen Weg (Sprache), den affektiven Weg (z. B. Berührung) oder indirekt über andere biophysikalische Felder (z. B. durch die Oberflächenstrahlung im infraroten Bereich – Körperwärme oder elektrostatische und elektromagnetische Felder) sowie biochemische Felder (z. B. Abgabe von Pheromonen, Wen Zhou et al., 2014) erfolgen kann.

Um das komplizierte Wechselspiel biologischer Regelsysteme zu verstehen ist ein tieferer Einblick in die Struktur komplexer biologischer Systeme notwendig.

Tiedt & Zwiener (1982) beschrieben das hierarchische Ordnungsprinzip der Regulationssysteme und bemerkten dazu: „So kann z. B. ein Entzündungsbrand in einem Organ lokal ausreguliert werden durch Stoffwechselsteigerung der Zellen, lokale Durchblutungsverbesserung und Leukozyteninvasion. Zentrale Verstellungen z. B. des Herz-Kreislaufsystems werden erst erforderlich, wenn die Störung den lokalen Regelungsbereich überschreitet.“ Diese Erklärung zur Regelung stellt eine Erweiterung der Grundaussage von R. Virchow über die Insuffizienz des regulatorischen Apparates dar (s. Kap. 2).

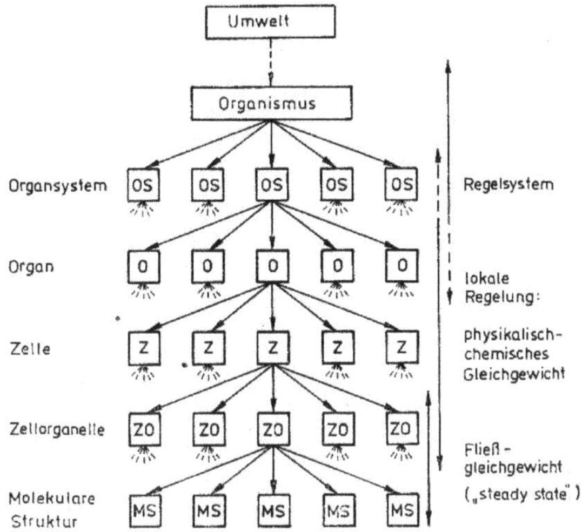

Abbildung 68 Regulationsstruktur im Organismus nach Tiedt u. Zwiener, 1982

Regelsysteme bestehen im einfachsten Fall aus einer Eingabeeinheit, einer Ausgabeeinheit, einem Sensor zur Erfassung der Abweichung vom Sollzustand und einem Stellglied, das den Sollwert wiederherstellt. Bei Störungen des Regelsystems kann es zu krankhaften Veränderungen im Organismus kommen. Geregelte Systeme können auf Grund ihrer Systemeigenschaften sehr unterschiedlich, scheinbar irrelevant und im ersten Moment auf unverständliche Weise reagieren. Für biologische Regelsysteme sind inzwischen eine Reihe von selbstständigen Taktgebern (‚clocks') festgestellt worden. Nach Döcke (1994) ist der Nucleus suprachiasmaticus der Taktgeber für die cirdadiane Rhythmik. Der Nucleus suprachiasmaticus (SCN) ist eine im anterioren Hypothalamus über dem Chiasma opticum und lateral des dritten Ventrikels gelegene Gehirnregion (zit. in Tucek, Fritz, Ferstel, 2006). Döcke (1994) bezeichnet diese Region als eine Gruppe dicht gepackter kleiner Neuronen, die gegenseitigen Kontakt aufweisen. Nelson (2000) bezeichnet diese Region als ‚master clock', da davon ausgegangen wird, dass darüber die Regelprozesse im Körper synchronisiert werden. Zwischen den einzelnen lokalen Regelsystemen kommt es ebenfalls zu Kopplungen, die selbst periodisch veränderlich sein können.

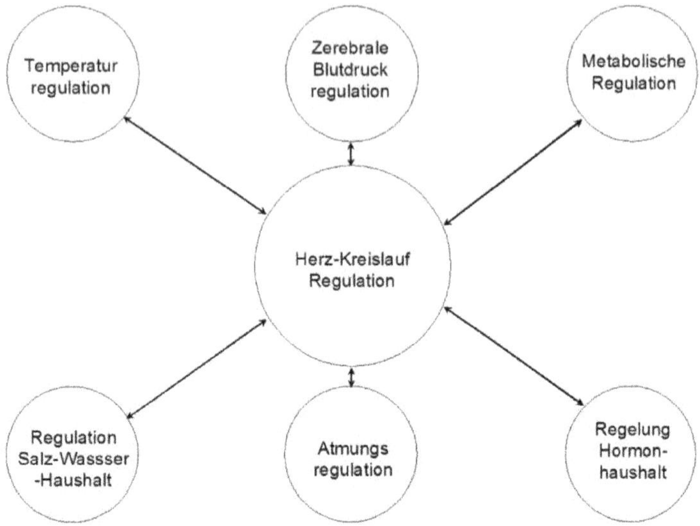

Abbildung 69 Beispiele für Regelsysteme

Diese lokalen Regulationsvorgänge werden wiederum sensorisch und über das ZNS sowie das autonome Nervensystem reguliert.

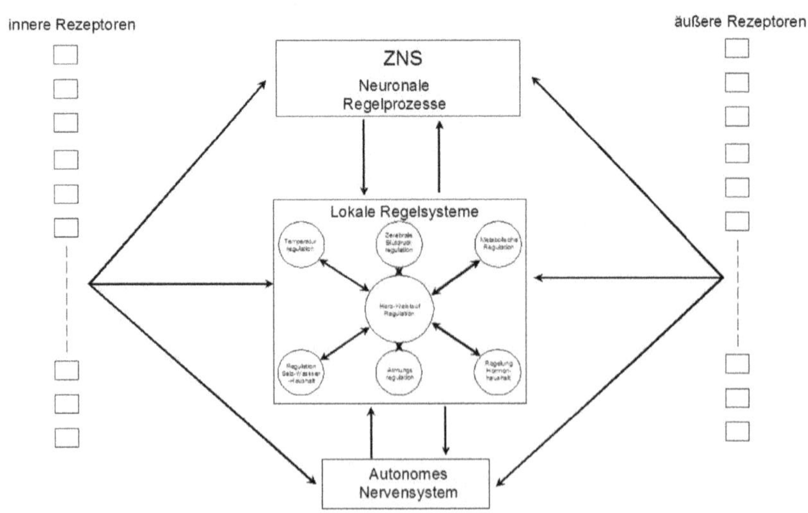

Abbildung 70 Prinzip der Regulation

Je nach dem, zu welchem Zeitpunkt ein geregeltes System beeinflusst wird und mit welcher Stärke, reagiert das System auf die Störung oder den Einfluss. Verschiedene „Systemantworten“ können die Folge sein. Mögliche theoretisch auftretende Regeländerungen zeigt die folgende Abbildung 71:

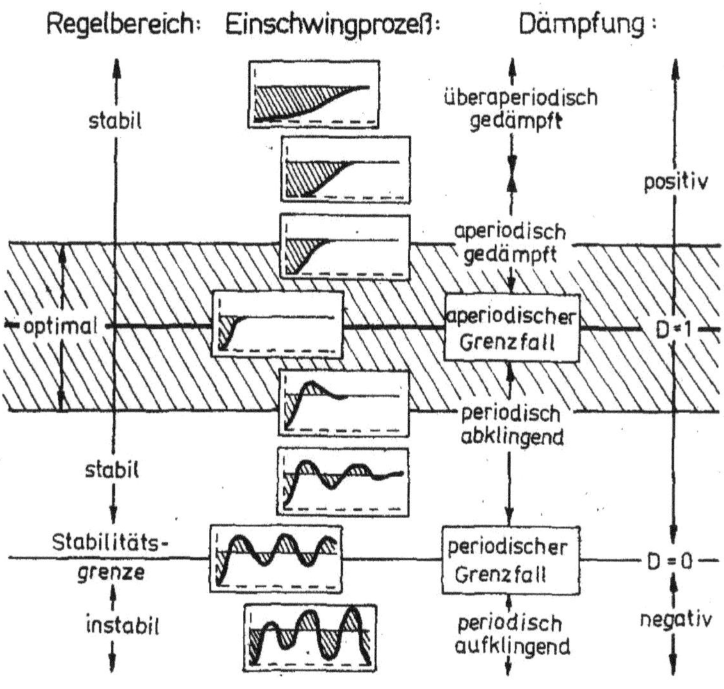

Abbildung 71 Systemantworten (Einschwingprozesse) nach Tiedt und Zwiener, 1982

Die Systemeigenschaften und die Größe und Art der Störung bestimmen die mögliche Systemantwort. Biologische Systeme sind anpassungsfähig, lernfähig oder wandlungsfähig, das heißt, über längere Zeiten betrachtet können sich die Systemeigenschaften ändern. Damit verschiebt sich auch die Systemantwort, und unter Umständen auch seine Stabilitätsgrenzen. So kann ein System nach Adaptierung an eine Störung eine andere Antwort liefern, auch wenn die gleiche Störgröße auftritt, wie vor der Änderung der Systemeigenschaften. Ein typisches Bild von Systemantworten zeigt das Kreislaufsystem für die Blutdruckänderung beim Übergang vom Liegen zum Stehen.

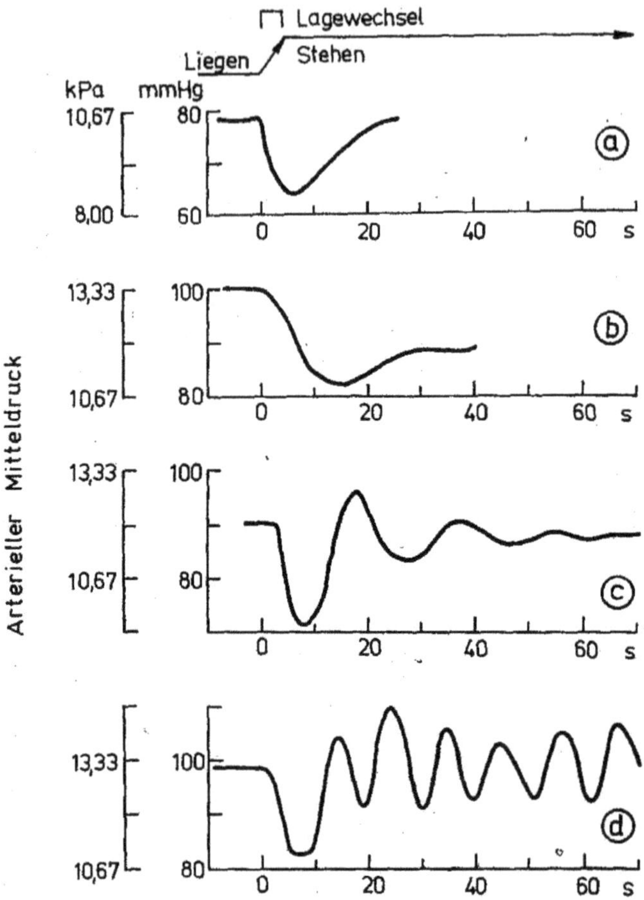

Abbildung 72 Blutdruckregulation nach Tiedt und Zwiener, 1982

Die Darstellung der Blutdruckregulation zeigt periodische Änderungen im Einschwingverhalten von ca. 20 Sekunden bzw. ca. 6 Sekunden. Balzer (1988) konnte den Einschwingvorgang der circaseptanen Regelung des Schlaf-Wachverhaltens darstellen.

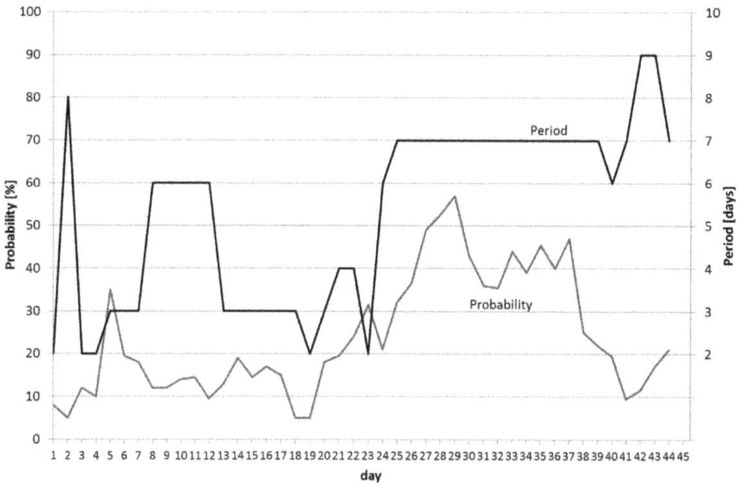

Abbildung 73 Wiederherstellung (Einschwingvorgang) des circaseptanen Schlafverhaltens nach Balzer,1988

Legende: x-Achse, Untersuchungstage 48, y-Achse, links, Auftrittswahrscheinlichkeit in Prozent, y-Achse rechts, Periode in Tagen, untere rote Kurve – Verlauf der Auftrittswahrscheinlichkeit, obere schwarze Kurve – Verlauf der Regulationsperiode

Die Abbildung 73 zeigt den Einschwingvorgang der infradianen Rhythmik eines Insomnie-Patienten (mit langjähriger Behandlung mit Schlafmitteln) nach Schlafmittelentzug. Erst nach ca. 4 Wochen stabilisiert sich ein circaseptaner Schlafrhythmus, wie er für Gesunde charakteristisch ist, bei gleichzeitiger Zunahme der Auftrittswahrscheinlichkeit dieses Rhythmus auf ca. 35 %.

3.3 Arbeitsweise biologischer Systeme

Nach Balzer (1995, 2000) wird die Arbeitsweise biologischer Systeme wie folgt beschrieben:

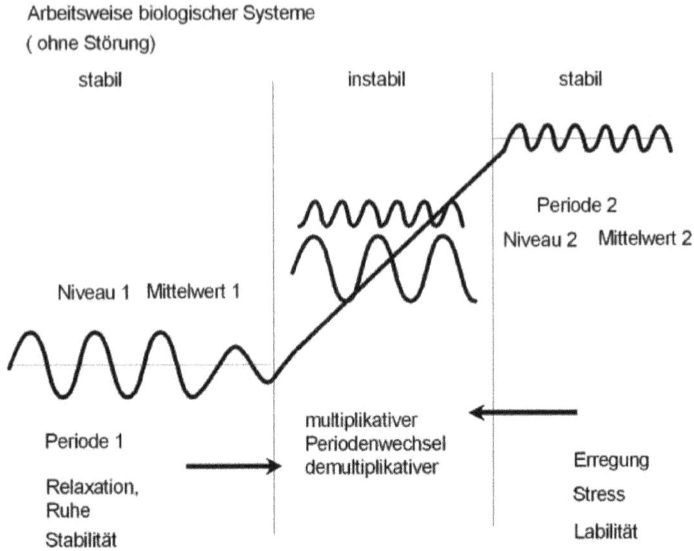

Abbildung 74 Arbeitsweise biologischer Systeme nach Balzer 2000

Unter bestimmten Bedingungen wird mittels eines Regelvorgangs das Niveau 1 eines Systems aufrechterhalten. Dabei wird der Regelvorgang durch das Niveau (oder den Mittelwert) 1, die Periode 1 und die dazugehörige Amplitude 1 gekennzeichnet. Nach Beanspruchung stellt sich ein neuer Regelvorgang auf dem Niveau 2 mit der Periode 2 und der Amplitude 2 ein. Bei Nachlassen der Beanspruchung geht das Regelsystem wieder in den Zustand 1 zurück. Während die beiden Zustände 1 und 2 relativ stabil sind, gekennzeichnet durch höhere Auftrittswahrscheinlichkeiten ihrer Regelprozesse, gibt es dazwischen eine zeitlich instabile Übergangsphase. Analogien dazu findet man in der Natur beim Übergang von Elektronen von einem Anregungszustand auf einen anderen. (Dabei sind diese Wechsel mit Energieaufnahme oder -abgabe verbunden). Dabei ist charakteristisch, dass der Periodenwechsel multiplikativ oder demultiplikativ erfolgt, das heißt, es kommen in der Regel nur ganzzahlige Periodenverhältnisse für stabile Zustände vor.

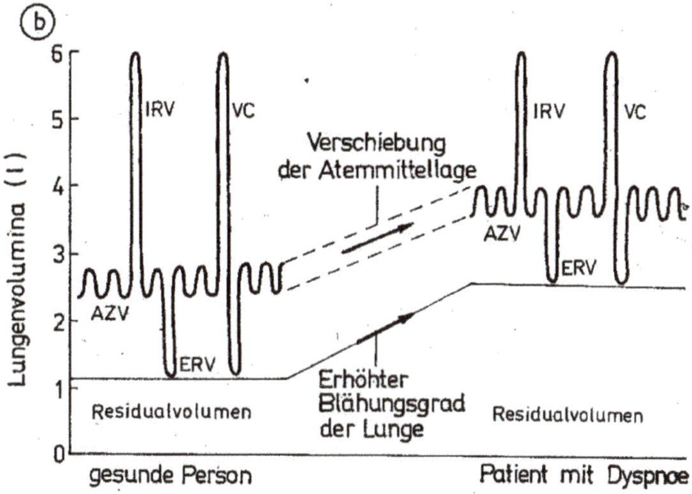

Abbildung 75 Regelprozess der Atmung nach Tiedt und Zwiener, 1982

Eine dementsprechende Regelung zeigte Tiedt und Zwiener, 1982 für den Regelprozess der Atmung bei Dyspnoe im Vergleich zum Gesunden.

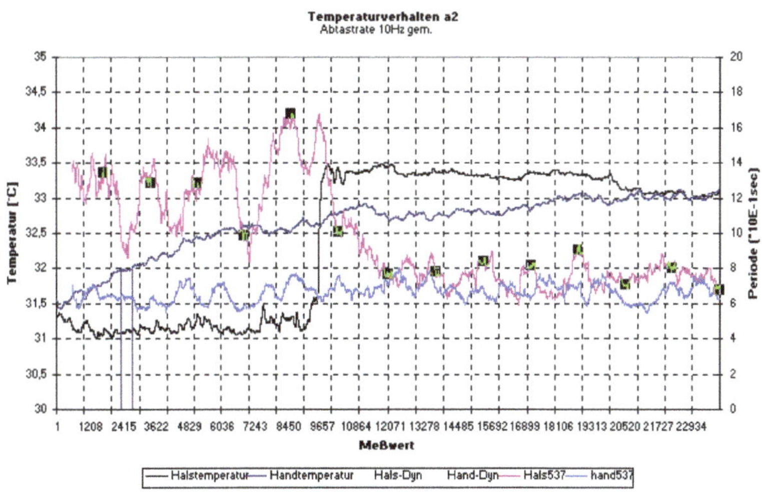

Abbildung 76 Dynamikfunktion (gemittelt über 537 Daten) bei einer Lebensmittelallergie

Die Regulationsperioden liegen im Bereich von 0,2–1,3 s (y-Achse 2–13). Die Werte > 14 bzw. 1,4 s entstehen auf Grund der Mittelung, da in der Analyse Werte außerhalb des Analysebereiches = 26 gesetzt wurden. Mit dem Anstieg der Halstemperatur von ca. 31,25°C auf ca. 33,5°C verändert sich die Regulationsperiode ebenfalls entscheidend. Während vor Beginn der Allergiereaktion die Perioden bei > 0,8 s lagen, liegen sie mit der allergischen Reaktion bei Werten von 0,6–0,8 s.

Nach Halberg und Hildebrandt sprechen wir von einer Hierarchie biologischer Rhythmen. Die biologischen Rhythmen sind dabei sowohl für verschiedene Regelprozesse eines Systems als auch für Regelprozesse verschiedener Systeme nachweisbar. So wird der circadiane Rhythmus oft durch weitere mehr oder weniger gut sichtbare ultradiane Rhythmen untersetzt.

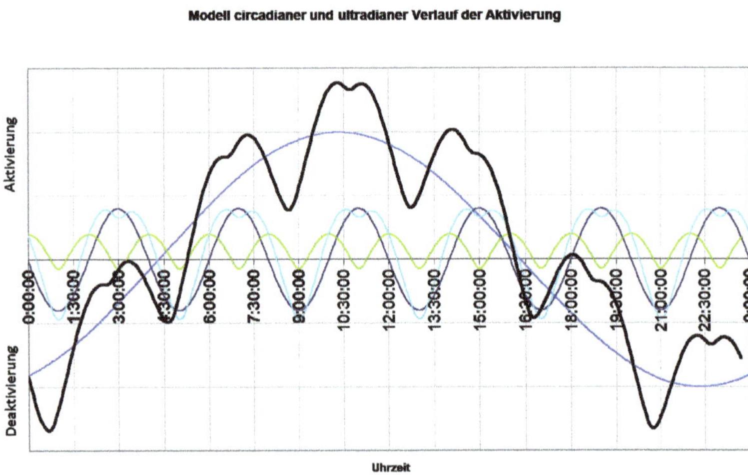

Abbildung 77 Prinzipdarstellung der Überlagerung von circadianem Rhythmus und dem ultradianen 2h- und 4h- Rhythmus

Für den Menschen gewöhnlich wahrnehmbar ist der ultradiane 4h-Rhythmus. Schlafmediziner sprechen hier von sogenannten Schlaffenstern, d. h. von Momenten natürlicher Müdigkeit. Diese treten gewöhnlich im 4 Stundentakt auf (09h, 13h, 17h, 21h, 01h, 05h). Der darin enthaltene 2h Rhythmus ist nachts als REM-Schlaf (REM – rapid eye movement) bekannt. Dieser wiederum besteht aus ca. 90 Minuten Aktivierung, gefolgt von ca. 30 Minuten Deaktivierung. Am Tage wird dieser Rhythmus nach Kleitman (1970) als Basis-Ruhe-Aktivitätszyklus (BRAC) bezeichnet. In diesem Rhythmus ändern eine Reihe von physiologischen, biochemischen, psychologischen Parametern ihre Werte:

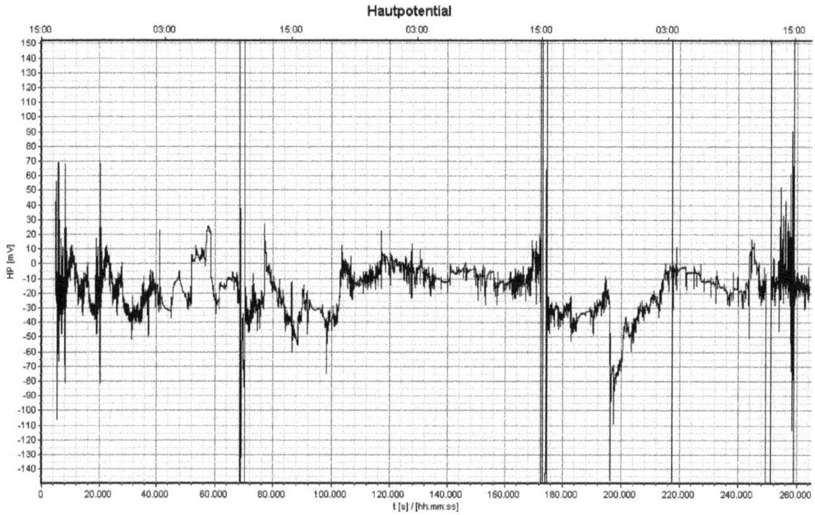

Abbildung 78 Originaldaten der vegetativ-nervalen Reaktion – Parameter Hautpotential Monitoring über 72 Stunden

Abbildung 78 zeigt den Verlauf der 72h-Messung für den Parameter Hautpotential (summarische Zellpotentialdifferenz an der Hautoberfläche, s. auch Bureš, 1960). Die Originaldaten wurden im 1s-Takt gemessen. Die Änderungen liegen im Bereich der üblichen Zellpotentiale (von +100 – 150mV). Werte darüber oder darunter sind in der Regel als Artefakte zu werten. Auf Grund der Lage des Sensors korrelieren positive Werte mit vegetativ-nervalen Entspannungsvorgängen und negative Werte mit Erregungsvorgängen. Besonders am 3. Messtag überwiegen hier Erregungswerte.

Generell gilt nach bisherigen Kenntnissen, dass eine Levelverschiebung von Werten zu Entspannungszuständen hin (in diesem Fall in den positiven oberen Bereich) mit einer Verlangsamung von Regulationsvorgängen einhergeht und umgekehrt.

Nach der Arbeitsweise biologischer Systeme (Balzer, 2000, Balzer et.al. 2004) werden bei Aktivierung die vorhandenen Periodendauern kürzer und bei Deaktivierung länger. Dazu werden die Messdaten, hier die Hautpotentialdaten, einer chronobiologischen Regulationsanalyse unterzogen (Balzer, 1988, 2000). Das heißt, es gilt folgender Zusammenhang: Je höher die Aktivierung (bei Parameter Hautpotential sind das negativere Werte), umso schneller der Regulationsvorgang (bzw. kurze Perioden). Schlafneigungszeitpunkte - oder besser Momente einer natürlichen Neigung zur Schläfrigkeit oder Momente der relativen Erschöpfung des Organismus - weisen eine niedrige Aktivierung und dementsprechend langsame Regulationsvorgänge auf. Schlafneigungszeitpunkte sind demnach als relative Maxima dargestellt.

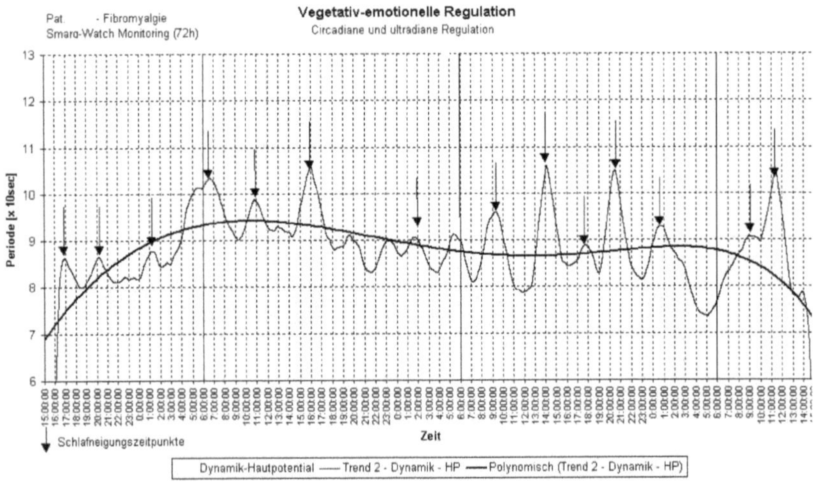

Abbildung 79 Regulationsanalyse des Parameters HP, 72h Monitoring

Nach der Regulationsanalyse erfolgte die Trenddarstellung der gefundenen Änderung der Regulationsperiode. Damit werden die in dem in Abbildung 76 o. g. Regulationsbereich vorkommenden mittleren Änderungen der vegetativnervalen Regulation dargestellt. In die geglättete Trendkurve wurde zusätzlich eine Näherungskurve mittels Ausgleichrechnung (polynomisch) gelegt. Diese Kurve zeigt den circadianen Verlauf.

Untersucht man aber z. B. die vegetativ-emotionale und die vegetativ-nervale Reaktion über die Parameter Hautwiderstand und Hautpotential gleichzeitig, so stellt man fest, dass die Momente der relativen Erschöpfung des Organismus bezogen auf die emotionale und nervale Reaktion durchaus nicht zum selben Zeitpunkt auftreten können oder müssen, sondern dass der Organismus verschieden reagiert. Das bedeutet, dass beim Auftreten zwischen emotionalen, nervalen und muskulären SNZ (Erschöpfungsmomenten) unterschieden werden muss.

Langzeituntersuchungen in einer Studie an Mitarbeitern eines Call-Centers (Balzer 2009, nicht publiziert) zeigten außerdem, dass in Abhängigkeit von den Belastungen die Zahl der Erschöpfungsmomente zunehmen und sich der zeitliche Abstand zwischen ihnen verkürzt.

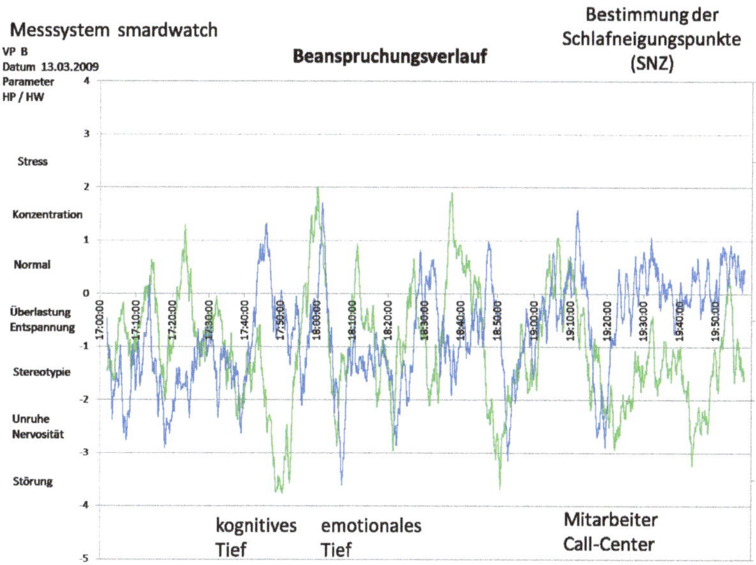

Abbildung 80 Auftreten von emotionalen und kognitiven Schlafneigungszeitpunkten

Legende: Die „kognitiven" Tiefpunkte werden im Bereich der Störung dargestellt, der zeitliche Abstand zwischen dem 1. und 2, Tief beträgt ca. 1 Stunde, das 3. Tief folgt auf das 2. Tief nach ca. 50 min.

Eine weitere Möglichkeit besteht in der Analyse der SNZ aus den Aktivierungsverhältnissen entsprechend der Abbildung 140. Dazu wurden Deaktivierungsphasen > 20Minuten ausgewertet.

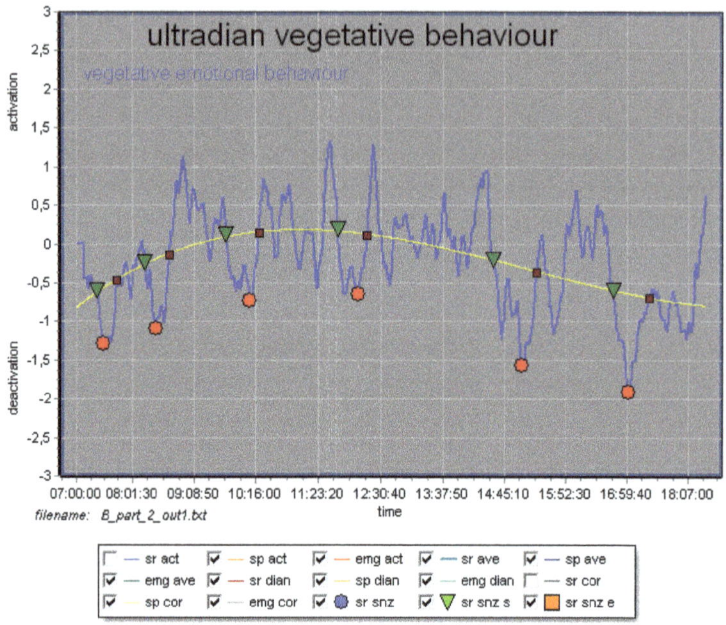

Abbildung 81 Dianer und ultradianer Verlauf der vegetativ-emotionalen Reaktion über den Tag, gemessen mit dem System smard-watch (Chronomar, Version 2021)

Die Abbildung 81 zeigt die Änderung der Aktivierung bzw. Deaktivierung im Tagesverlauf für die vegetativ-emotionale Beanspruchung. Die gelbe Kurve zeigt den dianen Anteil (Tagesrhythmik) mit einem Überwiegen der Aktivierung bis zur Mittagzeit gegen 12:30h. Danach beginnt eine Phase der allgemeinen Deaktivierung. Beide Anteile sind aber durch ultradiane Rhythmen im 4h-Takt und 2-Stunden Takt überlagert. Darüber hinaus sind auch 20-Minuten-Rhythmen erkennbar.

Die roten Punkte zeigen die zeitliche Lage der SNZ (Schlafneigungszeitpunkte oder Momente des Auftretens von Müdigkeit). Innerhalb des BRAC's ist der jeweilige Beginn einer Deaktivierungsphase mit einem Dreieckmarker gekennzeichnet. Das jeweilige Ende dieser Phase mit einem Rechteckmarker.

Ein etwas anderes Bild der gleichen VP wie in Abbildung 82 zeigt der Verlauf der dianen und ultradianen Rhythmik der vegetativ-nervalen Beanspruchung.

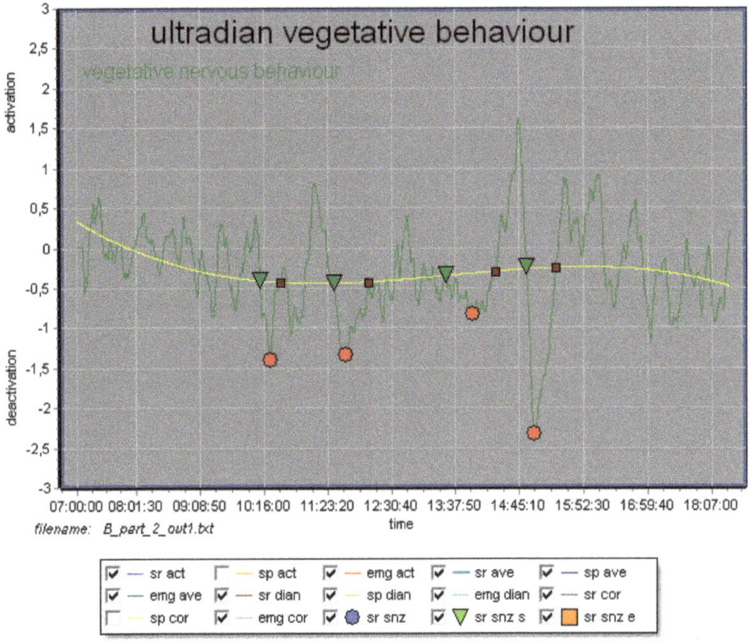

Abbildung 82 Dianer und ultradianer Verlauf der vegetativ-nervalen Reaktion über den Tag, gemessen mit dem System smard-watch (Chronomar, Version 2021)

Die Analyse der vegetativ-emotionalen Reaktion zeigen in etwa die zu erwartenden Ergebnisse. Während der SNZ Nr. 1 eine Dauer von ca. 20 Minuten aufweist, nimmt die Dauer bis zu den Mittagstunden bis auf 36 Minuten zu. In der Zeit von 12Uhr bis 15Uhr konnte keine Deaktivierung festgestellt werden. Die Folge davon ist eine Verdopplung der Zeitdauer der Deaktivierung bezogen auf den Zeitpinkt 1 auf > 40 Minuten. Der Körper „nimmt sich" sozusagen eine Auszeit. Die Zeitpunkte (time) der SNZ liegen darüber hinaus nicht exakt auf den theoretischen Zeitpunkten (09, 13, 17 Uhr) und hängen u.a. von der individuellen Beanspruchung im Tagesverlauf ab.

Vergleicht man die circadianen Verläufe der vegetativ-emotionalen und vegetativ-nervalen Reaktionen (jeweils gelbe Kurve) fällt ein gegenläufiges Verhalten auf wobei der Trend insgesamt bei beiden Reaktionen zum Abend hin in Richtung Deaktivierung geht. Für die vegetativ-nervale Reaktion konnten nur 4 SNZ verifiziert werden. Im Vergleich mit der vegetativ – emotionalen Reaktion fällt die ungefähre Übereinstimmung zweier SNZ (rot markiert) auf.

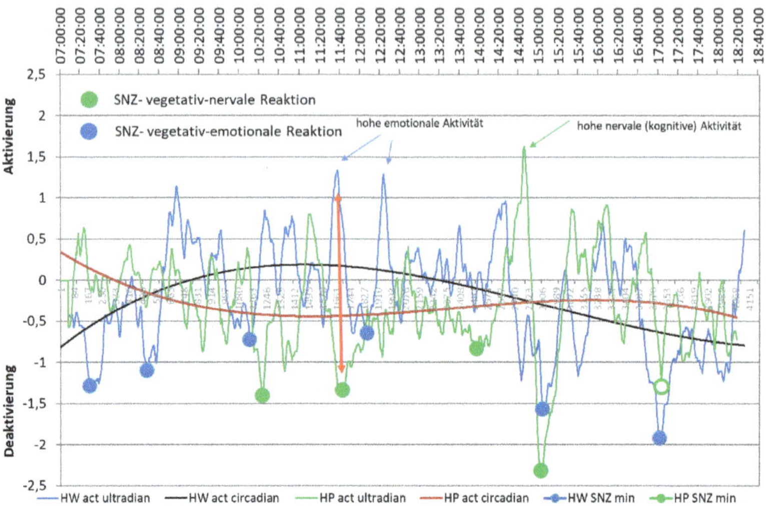

Abbildung 83 Verlauf der circadianen und ultradianen emotionalen (blau) und nervalen (grün) Reaktion

Gewöhnlich verläuft die emotionale Reaktion gegenläufig zur nervalen Reaktion (s. Beispiel, gekennzeichnet durch roten Pfeil). Das heißt, beim Auftreten hoher emotionaler Aktivität (z.B. stark freuen, Lachen, Schreien…) sind die nervalen (kognitiven) Aktivitäten reduziert und bei Auftreten hoher nervaler Reaktionen, z.B. bei hoher geistiger Konzentration (z.B. Rechnen, Programmieren, Aufpassen….) sind emotionale Reaktionen nicht vorhanden oder reduziert. In einigen Ausnahmen können beide Aktivitäten jedoch gleichzeitig auftreten.

Eine endgültige Antwort darüber, ob periodische Anteile in einem Prozess enthalten sind oder nicht, gibt es nur für endliche Zeitreihen, d. h. für Untersuchungszeiten, die als abgeschlossen betrachtet werden. Die Autokorrelation liefert für unendlich lange Zeitreihen, die Rauschen repräsentieren, kein Maximum und damit keine Information über eine vorhandene Periodizität. Damit könnten Kritiker meinen, die Mathematik könne jederzeit Periodizitäten „produzieren". Der Beweis über die Existenz periodischer Prozesse liegt letztlich in der Reproduzierbarkeit dieser oder besser noch in der definierten Veränderbarkeit ihrer selbst. Chronobiologen haben lange versucht die Signifikanz rhythmischer Prozesse mit Hilfe der Methoden der Wahrscheinlichkeitsrechnung (t-Test, Test nach Fischer, χ^2-Test) zu prüfen. Das Problem in der Anwendung dieser Methoden besteht darin, dass alle genannten Verfahren in der Wahrscheinlichkeitsrechnung unter dem Aspekt entwickelt und eingesetzt wurden, dass die Einzelwerte unabhängig voneinander erhoben wurden, sozusagen nach dem Würfelprinzip. In der Regel trifft dieses aber für Messdaten, die aus Messungen an biologischen Objekten stammen, nicht zu. Hier hängt der nachfolgende Messwert vom vorhergehenden ab.

Aus chronobiologischer Sicht besteht damit die Aufgabe aus der komplizierten Struktur eines oder mehrerer Datensätze die wesentlichen biologischen Rhythmen heraus zu filtern und auf ihr tatsächliches Vorhandensein hin zu untersuchen. Dabei muss beachtet werden, dass biologische Regelvorgänge durchaus im Rauschen eines Signals verborgen sein können, wenn z. B. ein Messparameter gewählt wurde, der nicht primär die zu untersuchende Funktion enthält, sondern in dem die gesuchte Funktion nur infolge einer „Einkopplung“ vorhanden ist. Einfachstes Beispiel ist die Analyse der Atemfrequenz aus den Abständen der R-Zacken eines EKG-Signals. Der direkte Weg der Signalanalyse wäre die Messung des Atemsignals mittels Wegmessung über einen Brustgurt o. ä.. Ob und wie gut eine Analyse der Atemfrequenz tatsächlich ist, kann nur durch eine Validierungsmessung im direkten Vergleich mit einer Messung der Atemfrequenz über einen Atemsensor nachgewiesen werden.

4 Entstehung biologischer Rhythmen – endogene und exogene Rhythmen

Das Leben ist mit der Existenz von biologischen endogenen und exogenen Rhythmen verbunden. Man kann davon ausgehen, dass vor allem durch die Einwirkung exogener Faktoren auf das sich entwickelnde Leben auf der Erde eine Reihe von biologischen Rhythmen erzeugt, geprägt und schließlich genetisch und sozial manifestiert wurden.

In Erweiterung der Definitionen von Hildebrandt (1998) lassen sich biologische Rhythmen wie folgt nach ihrer Entstehungsart unterscheiden:

- Exogene Rhythmen sind rhythmische Lebensvorgänge, die allein durch Schwankungen äußerer Faktoren hervorgerufen werden
- Exo-endogeno Rhythmen sind im Organismus selbst erzeugte Rhythmen, die mittels äußerer Zeitgeber synchronisiert werden
- Endogene Rhythmen sind von äußeren Zeitgebern unabhängige Spontanrhythmen und stellen einen Zuwachs an Autonomie und zeitlicher Emanzipation dar.

Zum Begriff Spontanrhythmus ist zu bemerken, dass das Wort spontan nicht nur „plötzlich" und „unerwartet plötzlich" bedeutet, sondern spätlateinisch spontaneus = freiwillig; frei, zu lateinisch (sua) sponte = freiwillig (lt. Duden) bedeutet. Hier wäre der Begriff Eigenrhythmus für ein System angebrachter. In diesem Kapitel kann nur auf die Entstehung einiger wesentlicher biologischer Rhythmen eingegangen werden. Eine umfangreichere Betrachtung dazu findet der Leser in Kap. 8.

Als ein Beweis für die Existenz von endogenen rhythmischen Prozessen wurde bisher das Auftreten bzw. weitere Existieren von rhythmischen Vorgängen nach „Abschaltung" der äußeren Zeitgeber anerkannt. Auch wenn sich die Periodizität solcher Vorgänge nach der „Abschaltung" verändert hat. Aus physikalischer Sicht ist eine solche Abschaltung, wie es z. B. das Hell-Dunkel-Regime darstellt zwar möglich, nicht aber ist es derzeit möglich, die im Hintergrund weiterlaufenden Zeitgeber, wie z. B. Gravitationsfelder in der Beziehung der Sonne-Erde-Mond-Verhältnisse, einfach abzuschalten. Um tatsächlich endogene Rhythmen in biologischen Systemen nachzuweisen, müssten diese in gravitations- und strahlungsfreie Räume gebracht und dort untersucht werden. Dies ist derzeit nur theoretisch möglich. Auch das Auftreten unabhängiger Spontanrhythmen muss unter diesen Umständen in Frage gestellt werden, da auch hier die tatsächliche Unabhängigkeit von Gravitations- und Strahlungsfeldern derzeit nicht geprüft werden kann. Selbst bei Flügen in den kosmischen Raum ist diese Umgebung nicht vollständig gravitations- und strahlungsfrei. Insofern muss man davon ausgehen, dass vorwiegend exo-endogeno Rhythmen im Organismus vorhanden sind. Auf Grund der bisherigen Erkenntnisse zur Entstehung von biologischen Rhythmen kann folgendes Postulat aufgestellt werden:

> Postulat:
> *Das Leben beginnt mit der Rückkopplung von Informationen und wird durch die Zuführung von Energie aufrechterhalten. Basis ist eine (organische) Struktur, die diese Rückkopplung ermöglicht und die in der Lage ist, die Energie ihres Umfeldes zur Aufrechterhaltung ihrer Struktur zu nutzen. Die Rückkopplung und damit die Entstehung von Leben kann auf Grund äußerer Bedingungen zufällig erfolgen.*

Der Molekularbiologe Bernard Korzeniewski (Korzeniewski, 2001) definiert Leben als "Geflecht von negativen Rückkopplungsschleifen, die einer positiven Rückkopplungsschleife untergeordnet sind." Das heißt, „ein lebendes System reguliert sich selbst, um fortzubestehen".

In der Elektronik sind rückgekoppelte Systeme ein gebräuchliches Instrument und kein Radioempfänger in der heutigen Zeit, kein Rundfunksender oder Mobiltelefon, keine Fernsehübertragung funktioniert ohne sogenannte Oszillatoren, rückgekoppelte elektronische Verstärker. Damit diese Rückkopplung stabil funktioniert, wird der Oszillator mit Energie aus einer Stromquelle versorgt und ein Teil der Schwingungsenergie vom Ausgang des Verstärkers mit der entsprechenden Phasenlage auf den Eingang zurückgeführt. Damit einsteht ein Prozess der Selbsterregung, der dieses System „leben" lässt. Nun kann jedes System, anorganisch oder organisch, durch Zuführung von Energie angeregt werden. Auch ein Kristall aus anorganischer Materie. Dabei kommt es gewöhnlich zu Reaktionen der Gitterstruktur des Kristalls in Form von Schwingungen aperiodischer Art, d. h. Schwingungen, die im Laufe der Zeit wieder abklingen. Dabei kann sich auch die Frequenz dieser Schwingungen ändern. Solange es sich um eine einmalige Anregung handelt, hört also die Antwort des Kristalls in Form der Schwingungen wieder auf. Auch die Struktur der DNS und der Eiweiße kann man als einen „aperiodischen Kristall" bezeichnen. Portelli (1979) bemerkte dazu: "According to the model presented in this paper, the beginning of life was marked by the coupling of two complementary nucleotide bases: adenine and thymine. The adenine-thymine system received photons from the sun and stored their energy in the form of a chemical high-energy bond between two phosphoric acid molecules, which were before-hand fixed by adenine from the aqueous environment. The energy of the high-energy bond was then delivered in the form of two waves of electronic excitation. These were utilized to synthesize new molecules, starting from the carbonic acid and ammonia molecules, fixed from the aqueous environment by the polar groups of the nucleotide bases. In this way, a nucleotides-histone protosystem (NHPS) was self-synthesized, evolving step by step towards complexity, by means of some internal cybernetic and informational mechanisms. During its evolution, the NHPS synthesized a limiting membrane, produced the organizing elements of the cellular organelles (chloroplastes, mitochondria, ribosomes etc.) and constructed microtubules and microfilaments. Subsequently, the NHPS evolved to the building of DNA-histone system and formed the cellular nucleus."

Durch die Rückkopplung entsteht ein periodischer Prozess, der das (biologische) System auf ein anderes (oft höheres) energetisches Niveau hebt. Die Energiezufuhr erfolgt auf Grund des Gradienten zwischen den Energieniveaus des rückgekoppelten Systems und seiner Umwelt. Solange die Struktur der Umwelt in der Lage ist Energie, z. B. in Form von Materie, Licht o. a. bereitzustellen, kann das rückgekoppelte System seine Funktion aufrechterhalten. Bei Ausfall der Versorgung „stirbt" das rückgekoppelte System bzw. wandelt sich wieder in ein niederes nicht rückgekoppeltes System um.

Unter Informationen werden u. a. geometrische oder energetische Anordnungen und/oder deren Änderungen von definierten Strukturen auf Grund von Einflüssen oder Wechselwirkungen verstanden. Geometrische Strukturänderungen z. B. von organischen Molekülstrukturen sind zwangsläufig auch mit Änderungen ihrer biophysikalischen Felder verbunden. Falls es die Umweltbedingungen gestatten, erfolgt die Entwicklung von komplizierten rückgekoppelten Strukturen fast zwangsläufig auf Grund der Vielzahl der möglichen Einflüsse und Wechselwirkungen. Dadurch entstehen höher organisierte lebende Strukturen.

Der Übergang von einer höher organisierten lebenden Struktur zu einem Organismus erfolgt durch Ausprägung des Erinnerungsvermögens und des sich damit herausbildenden Reflexes. Unter Erinnerungsvermögen wird infolgedessen die zeitweilige Speicherung von Informationen in einem rückgekoppelten System verstanden. Der Reflex ist die zeitverzögerte Antwort des Systems auf die Information. Je komplizierter das System desto komplexer die Antwort des Systems. Damit entsteht das Reiz-Reaktionsprinzip. Geregelte periodische Systeme zeigen je nach Ausgangslage komplexe Antwortreaktionen. Dazu gehören alle möglichen Antwortarten (vergleiche z. B. Filterantworten von elektronischen Filtern).

Die Ausprägung und Entwicklung verschiedener Organismen erfolgt ähnlich dem oben genannten Prinzipien der Antwort von Organismen, der Ausbildung von Reflexen und der Herausbildung bzw. Prägung verschiedener Strukturen durch Ersatz der zeitweiligen Speicherung von Informationen durch eine ständige strukturelle Änderung. Damit ist die Voraussetzung für die Entwicklung höher organisierter Organismen gegeben, die zu den niederen Formen von Lebensarten wie Pflanzen und Tieren mit Herausbildung von Organismen mit definierter Funktionsweise (Organen) führen. Die weitere Strukturierung der niederen Lebensformen führt damit konsequent zur Entwicklung höherer Lebensformen wie der Säugetiere und letztendlich des Menschen. Das „Altern" ist gleichzusetzen mit einem „Vernachlässigen" der Aufrechterhaltung von Regelvorgängen in organischen Strukturen. Zum „Tod" führt das Vernachlässigen bzw. die Störung bestimmter für die Aufrechterhaltung des einfachen wie komplizierten Organismus notwendiger Prozesse. Dabei werden in der Endkonsequenz rückgekoppelte Strukturen aufgehoben bzw. in ihrer Struktur zerstört.

Nach Hildebrandt (1962) beziehen sich alle Modellvorstellungen zur Entstehung von Leben auf schwingungsfähige Kreisprozesse und Rückkopplungsvorgänge. Es wird vermutet, dass der „inneren Uhr" in erster Linie zyklische chemische Vorgänge und Zellzyklen zugrunde liegen. Andere Forscher verwenden Vorstellungen der Selbstorganisation und Synergie oder Vorstellungen mit Hilfe nichtlinearer Systeme unter Nutzung der Chaostheorie und der Theorie fraktaler Strukturen. Alle diese mathematisch kybernetischen Modelle haben ihre Berechtigung. Während die Genforschung immer tiefer in molekulare Prozesse der Grundbausteine unseres Lebens eindringt, wird die Wechselwirkung des Menschen mit der Umwelt immer komplexer.

Im Folgenden sollen einige der inneren Uhren und der in ihnen innewohnenden Abläufe näher beschrieben werden. Viele der „clock's", die Hildebrandt noch in seinen Modellvorstellungen vermutet hatte sind inzwischen nachgewiesen worden. Zur Darstellung solcher clock's macht es Sinn bei den am niedrigsten entwickelten biologischen System wie Einzellern und Pflanzen zu beginnen.

4.1 Intrazelluläre Rhythmen

Zu den Einzellern gehören die Archaeen. Einzellige Organismen, wie z. B. die Archaeen, verfügen über ein geschlossenes DNA-Molekül. Dies wird auch als „zirkuläres Chromosom" bezeichnet. Diese einzelligen Organismen gehören zu den Urbestandteilen der Entwicklung von Leben auf der Erde. Interessant ist hierbei, das Vorhandensein eines in sich geschlossenen Moleküls, was die Hypothese über die Entstehung des Lebens (s. Postulat, Balzer, 2009, S. 30) stützt. Damit wird aber auch deutlich, dass man die „Quelle" regulatorischer Vorgänge noch etwas tiefer suchen muss.

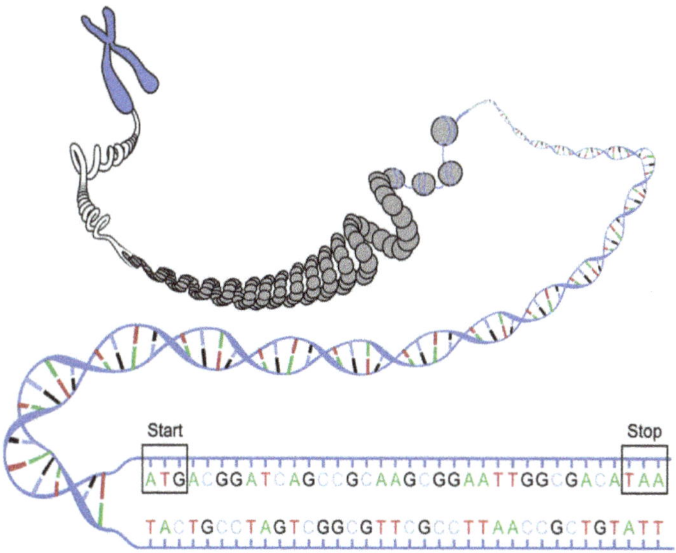

Abbildung 84 Struktur eines Gens, nach National Human Genome Research Institute[30]

Ein Gen stellt einen definierten Abschnitt einer DNA (Desoxyribonukleinsäure) dar. Die DNA ist ein in allen Lebewesen und in bestimmten Virentypen vorhandenes Biomolekül und Träger der Erbinformation. Die DNA hat die Form einer sogenannten Doppelhelix. Dabei handelt es sich um lange Kettenmoleküle. Die DNA beinhaltet die Grundinformation zur Generierung einer biologisch aktiven RNS (Ribonukleinsäure, engl. RNA). Zwei wesentliche Funktionen der RNS sind die Umsetzung genetischer Informationen in Proteine (molekulare Speicherung der Erbinformationen) sowie die regulatorische

30 www.genome.gov

Funktion. Dabei ist die sogenannte circRNA – zirkuläre RNS – durch Bindung an miRNA an der Regulation beteiligt (Memczak et al., 2013). Die zirkuläre RNS wurde zuerst von Sanger (Sanger et al., 1976) vorgestellt und spielt offensichtlich auch bei Krebs eine wichtige Rolle (Jingqiu, Li et al., 2015).

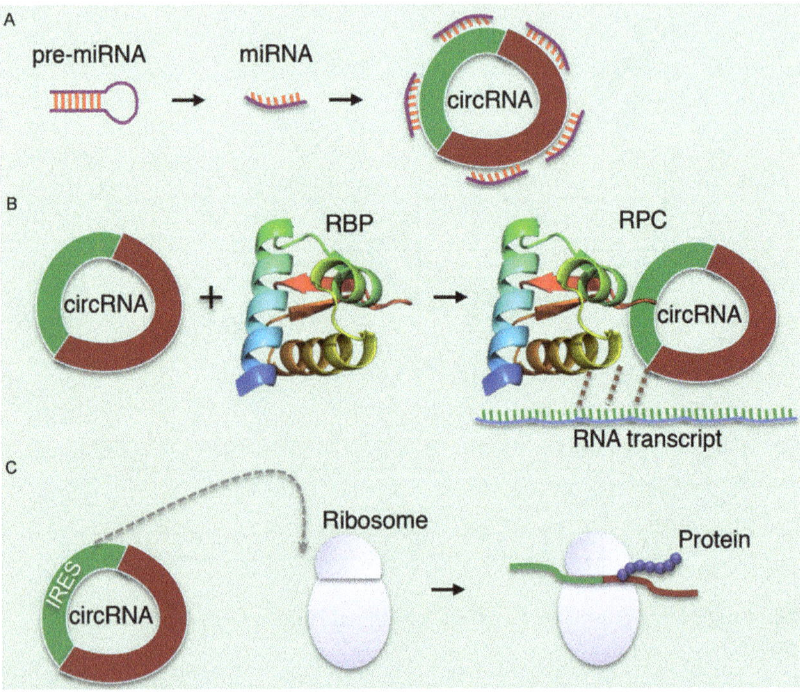

Abbildung 85 Modelle einer aus circRNA vermittelten Genregulation

Legende: Bild A: Die circRNA fungiert als miRNA -Inhibitor. Bild B: Die circRNA ist über ein bindendes Protein (RBP) an ein RNA-Protein-Komplex (RPC) gebunden und interagiert mit dem linearen Transkript – Gen. Bild C: Die synthetische circRNA, die eine IRES enthält, kann in ein Proteinprodukt in vitro gewandelt werden

Informationen über die zeitliche Struktur solcher regulatorischen Abläufe – untersucht an Einzellern (Halobacterium salinarium NRC-1) – findet man u. a. bei Whitehead et al. (2009), bei Zellen aus der Leber von Mäusen bei Ptitsyn et al. (2006) oder bei Zellen von Pflanzen (Arabidopsis – Schaffer et. al., 2001). Dabei ist es nicht verwunderlich, dass insbesondere circadiane aber auch ultradiane Veränderungen festgestellt werden konnten.

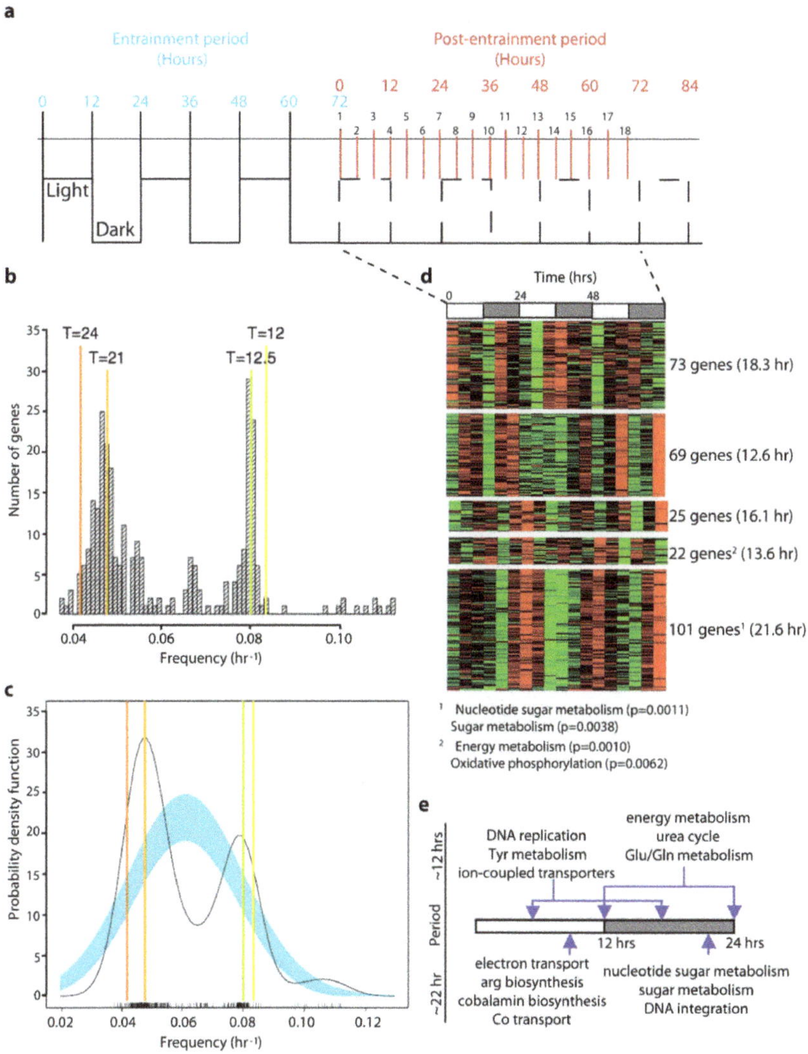

Abbildung 86 Circadiane regulatorische Vorgänge in Einzellern (Archaeen), aus Whitehead et al. (2009)

Während die oben zitierten Arbeiten experimentelle Ergebnisse darstellen, beschreibt schon Rensing (1973, S. 67, 68) einen theoretischen Ansatz zur Analyse von Rhythmen der RNA- und Proteinsynthese.

Das Modell rhythmischer Änderungen des Membranpotentials von Zellen beschreibt Scott 1962 (zitiert in Rensing, 1973).

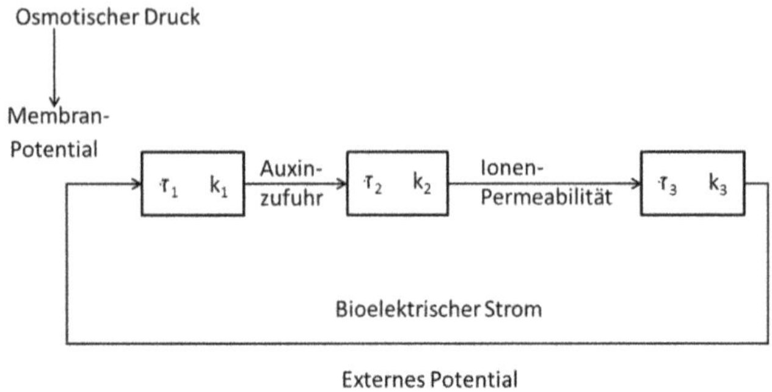

Abbildung 87 Modell der rhythmischen Änderungen des Zellpotentials nach Scott, 1962

Toko et al. (1990) untersuchten den Zusammenhang zwischen Membranpotential und Oberflächenpotential bei höher entwickelten Pflanzen (Phaseolus chrysanthos) und konnten eine recht gute Übereinstimmung zwischen den Änderungen dieser Potentiale feststellen. Dabei konnten Periodizitäten im Bereich von 10–13 Minuten detektiert werden.

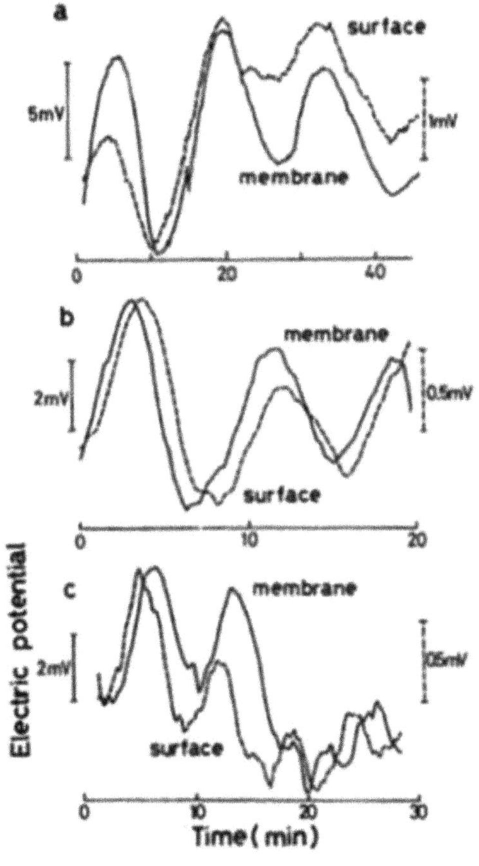

Abbildung 88 Zusammenhang zwischen Membranpotential und extrazellulärem Potential bei Pflanzen (Wurzeln der Phaseolus chrysanthos) nach Toko et al., 1990

4.2 Extrazelluläre Rhythmen

Tychinsky et al. (1997) gelang es mittels eines neuartigen Phasenmikroskops (Airscan) regulatorische Vorgänge im Bereich < 1 s im Zytoplasma von Zellen aufzuzeigen.

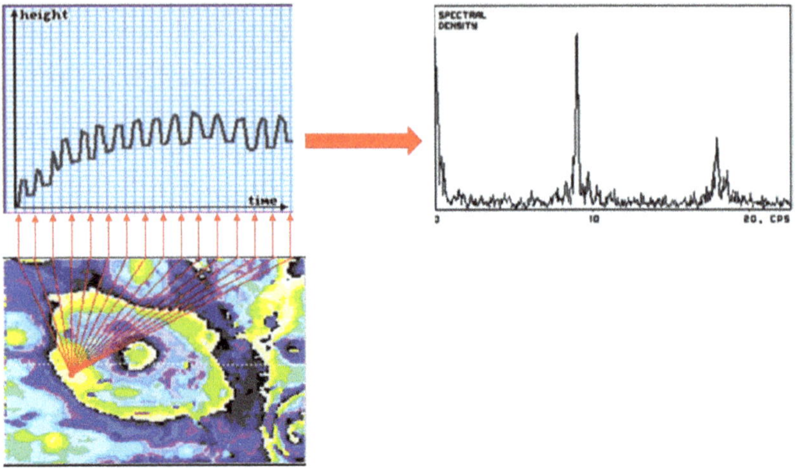

Abbildung 89 Regulatorische Änderungen einer Stelle im Zytoplasma von Allium cepa Zellen nach Tychinsky, 1997

Die Grundfrequenz dieser Änderungen liegt bei ca. 9,5 Hz. Es mag Zufall sein, dass diese Grundfrequenz von 9,5 Hz übereinstimmt mit der Frequenz des alpha-Bandes im EEG, die den Wachzustand beim Menschen charakterisiert. Es ist außerdem eine typische Eigenschaft biologischer Systeme, dass eine multiplikative zweite Komponente im Spektrum auftritt, in diesem Falle hier bei ca. 18–19 Hz. Vergleicht man diese spektralanalytische Darstellung mit den Ergebnissen aus dem PSR, so kommt man zu dem Schluss, dass sich das hier analysierte System in einem deaktivierten Zustand befindet, da die die längeren Perioden mit ca. 105 ms Dauer gegenüber denen mit einer Dauer von ca. 55 ms überwiegen. Die Hintergründe für das Vorhandensein zweier Peaks im Spektrum lebender Systeme beleuchtet Rensing (1973, S. 167–169) näher und stützt sich dabei auf Überlegungen von Wever (1966) sowie Aschoff (1966). Auf Grund der anzunehmenden Nichtlinearität biologischer Systeme dürften aber auch ohne das Vorhandensein eines zweiten Oszillators (s. Rensing, 1973) Oberwellen, wie sie z. B. aus der Akustik oder Elektrotechnik/Elektronik bekannt sind, entstehen. Bennemann (1996) nutzt für die Entwicklung seiner Modelle die Bifurkationstheorie und spricht in diesem Zusammenhang von einem sogenannten Hystereseverhalten biologischer Systeme.

Die recht gute Übereinstimmung zwischen dem Membranpotential und dem extrazellulären Potential in der Arbeit von Toko (1990) ist insofern bemerkenswert, da vermutet wird, dass Änderungen des Oberflächenpotentials auf der Haut von Menschen und Tieren in der Größenordnung -100mV zu +50mV mit dem Aktionspotential von Nervenfasern korrelieren.

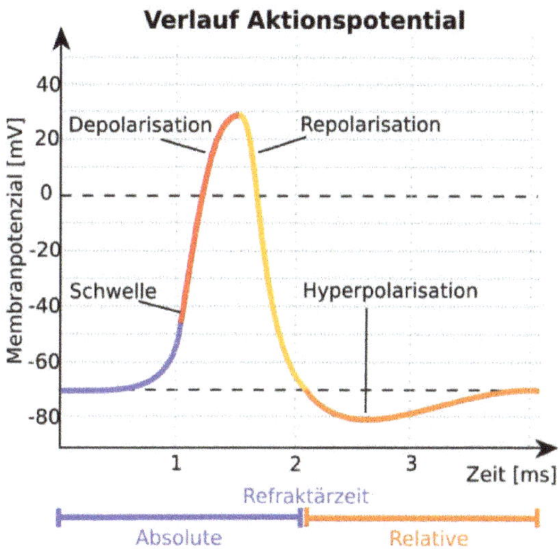

Abbildung 90 Aktionspotential bei Nervenfasern[31]

Durch die unterschiedliche Lage der Messelektroden bezogen auf die Lage der in der Nähe liegenden Nerven können Potentialdifferenzen zwischen diesen Elektroden auftreten. Bei einer Messung des Hautpotentials können diese sichtbar gemacht werden.

31 Quelle: https://www.abiweb.de/assets/courses/img/biologie-neurologie-immunologie-hormone-niedersachsen/5_558.png

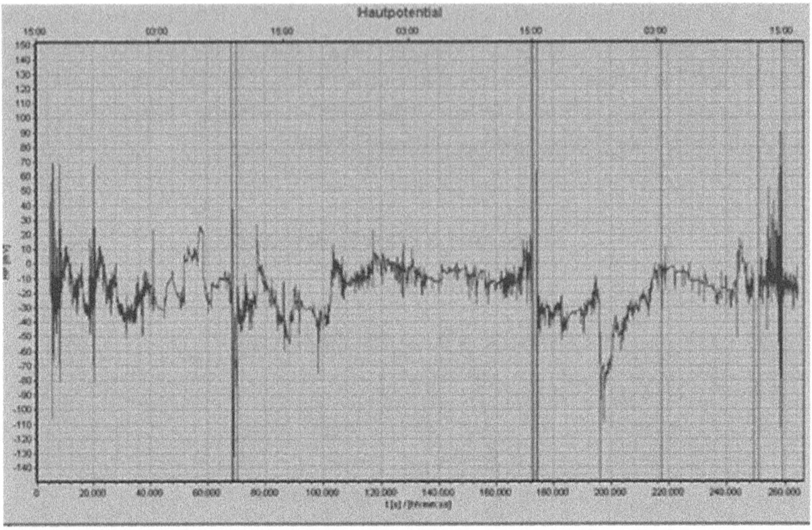

Abbildung 91 72h-Messung Hautpotential an einem Patienten vom 27.10.-30.10.2000 mit Fibromyalgie mittels des Systems SMARD-Watch

Die Messung der Potentialdifferenz erfolgt bipolar bezogen auf eine Referenzelektrode. Lloyd (1987) bringt in seiner Review zur Biochemie des Zellzyklus eine Übersicht zu periodischen Vorgängen um die Zelle.

4.3 Neuronale Rhythmen

Nach Sinz (1978a) wurden neuronale Rhythmen erstmals von Adrian (1931) beim Gelbrandkäfer (Dytiscus marginalis) nachgewiesen. Majtanik (2007) verweist auf Untersuchungen von Caton im Jahre 1875, der elektrische Potentiale bei Katzen und Hunden nachgewiesen hatte, sowie auf die Untersuchungen von Berger (1929), der den Alpha- und Betarhythmus entdeckte und später den Elektroenzephalografen entwickelte.

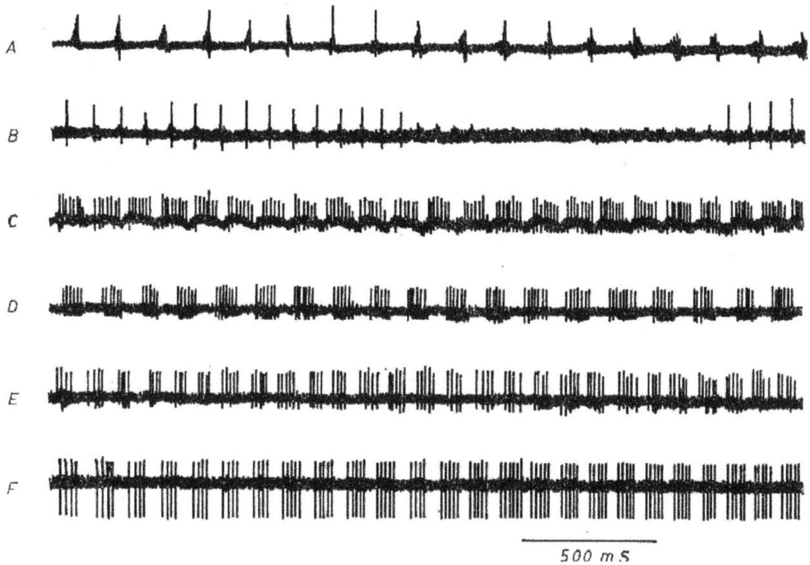

Abbildung 92 Extrazelluläre Ableitung von Neuronen des Nucleus fastigeus und des Hirnstamms unter Harmalin nach De Montigny und Lamarre (1973), zitiert in Sinz 1978a

Legende: A: Rhythmische Entladungen der medialen Olive von 6,3/s.- B: Rhythmische Spikeaktivität in der dorsalen akzessorischen Olive mit zunehmender Verkürzung der Intervalle (von 100 auf 70 ms) bis zur Einstellung der Entladungen und der Persistenz kleiner rhythmischer Feldpotentiale von 15 bis 20/s. – C-F: Rhythmische Salven von Neuronen im N. fastigeus (C), im N. gigantocellularisreticularis (D), im N. vestibularis ventralis lateralis (E) und im N. paramedianus reticulus (F); nach De Montigny und Lamarre (1973), zitiert aus Sinz, 1978a

Eine umfassende Übersicht über die Arten und die Entstehung neuronaler Aktivitäten findet der Leser bei Dudel et al., 2001. Mathematische Modelle zur Entstehung solcher neuronalen Aktivitäten werden u. a. bei Geue (2003) behandelt.

Die neuronalen Aktivitäten können bei Aufzeichnung eines EEG's als summarische Oberflächenpotentiale gemessen werden. Dabei können rhythmische Vorgänge im Frequenzbereich von 0,5 Hz bis 70 Hz gemessen werden. Dieser Frequenzbereich wird zur Analyse in verschiedene Frequenzbänder eingeteilt. Darüber hinaus treten bei verschiedenen Aktivitäten auch verschiedene typische Muster (z. B. Schlafspindeln, K-Komplexe, Vertex-Wellen,…) auf. So wird z. B. der Wachzustand durch einen vermehrten Anteil der Alpha-Wellen und ein Schlafzustand durch vermehrtes Auftreten der Delta- oder Theta-Wellen charakterisiert. Auch der Begriff des REM-Schlafes stützt sich auf die Aufzeichnung des EOG, da hierbei im Okulogramm typischen schnelle Augenbewegungen (Rapid Eye Movements – REM) auftreten. Bei Schlafstörungen kommt es sowohl zu Verschiebungen in den Aktivitäten der einzelnen Frequenzbänder als auch in der zeitlichen Struktur der Schlafstadienfolge.

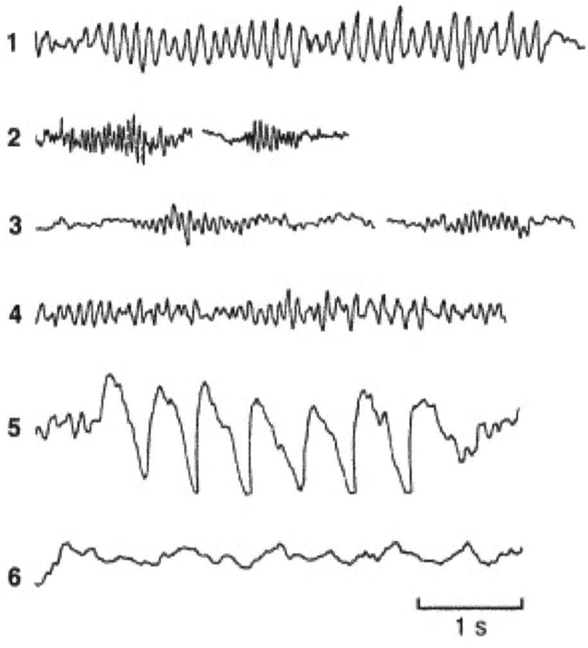

Abbildung 93 EEG-Aufzeichnung in verschiedenen Aktivitässtadien nach Kompaktlexikon der Biologie – Elektroencephalogramm[32]

Legende: Elektroenzephalogramm: 1 annähernd sinusförmige Alpha-Wellen (8 Hz), wie sie beim entspannten Erwachsenen vorkommen; 2 spindelförmige Beta-Wellen, wie sie bei gespannter Wachheit gemessen werden; 3 Schlafspindeln (Beta-Wellen) wie sie bei leichtem und mittlerem Schlaf (Stadium II und III) vorkommen; 4 Mischaktivität als Alpha-Wellen (10 Hz) und Theta-Wellen (6 Hz) bei einem müden Probanden; 5 rhythmische Delta-Wellen, wie sie im Tiefschlaf auftreten; 6 arhythmische langsame Delta-Wellen, die eine allgemeine Hirnfunktionsstörung anzeigen

32 http://www.spektrum.de/lexikon/biologie-kompakt/elektroencephalogramm/3508

4.4 Herz-Kreislauf-Rhythmen

Das Herz-Kreis-System stellt die Grundlage der Lebensfunktion unseres Organismus dar. Es ist eine komplexe Verknüpfung einer Vielzahl regulatorischer Elemente und Funktionen. Das Herz selbst spielt für die Lebenstätigkeit die entscheidende Rolle. Es ist praktisch der Motor dieses lebensfähigen Systems. Eine Störung der Tätigkeit, in welcher Form auch immer, beeinflusst oder gefährdet sogar unsere Lebensfähigkeit. Wang Shu-Ho, ein altchinesischer Arzt (180–270 n. Chr.), zitiert aus Schäfer (2004) formulierte zur Variabilität der Herzfrequenz: „Wenn der Herzschlag so regelmäßig wie das Klopfen des Spechts oder das Tröpfeln des Regens auf dem Dach wird, wird der Patient innerhalb von vier Tagen sterben". Ohne an dieser Stelle den komplexen Mechanismus der Regulation der Herzrate beschreiben zu können, soll sehr vereinfacht darauf hingewiesen werden, dass allgemein die nervale Steuerung über den Sympathikus und den Parasympathikus bzw. Vagus erfolgt. Dabei kommt es bei einer Erregung des Sympathikus in der Regel zu einer Erhöhung der Herzfrequenz, über den Vagus kann die Herzfrequenz wieder vermindert werden. Dabei sind diese Nerven lediglich Steuerungselemente zur Anpassung der Herztätigkeit an sich verändernde Belastungen. Der eigentliche Taktgeber ist der Sinusknoten.

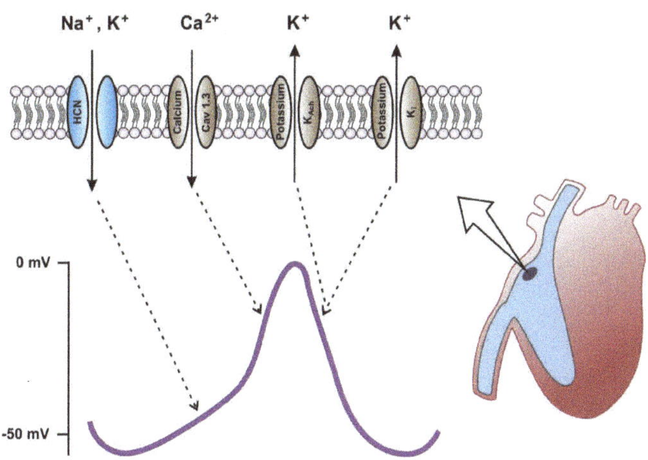

Abbildung 94 Funktionsweise des Sinusknoten nach Hoffmann[33]

33 Franz Hofmann, CC BY-SA 3.0 de, https://commons.wikimedia.org/w/index.php?curid=15719561

Die HCN-Kanäle (Hyperpolarisation activated cyclic nucleotide gates) führen beim Aktionspotential des Sinusknotens zu einer unmittelbaren Depolarisation nach der Repolarisation. Der Sinusknoten wird vom Sympathikus und Parasympathikus innerviert. Mit Hilfe des Transmitters Acetylcholin wirkt der Parasympathikus frequenzsenkend, auch als negativ chronotroper Effekt bezeichnet. Bei Beanspruchung erhöht der Sympathikus mit Hilfe des Transmitters Noradrenalin die Entladungsfrequenz des Sinusknotens, dieser Vorgang wird auch als positive Chronotropie bezeichnet. Aber auch das Stresshormone Adrenalin erreicht den Sinusknoten über die Blutbahn und führt zur Frequenzerhöhung.

Diese regulatorische Tätigkeit von Sympathikus und Parasympathikus entspricht dem physiologischen Prinzip der Regulation und Gegenregulation. Natürlicherweise besteht aber auch die Möglichkeit, dass die Erregung des Sympathikus wieder abklingt und dadurch die Herzfrequenz wieder sinkt, ohne dass es zu einer Gegenregulation über den Parasympathikus kommen muss.

Die Registrierung der Herztätigkeit erfolgt gewöhnlich mittels des EKG. Dabei werden über eine bipolare Ableitung rechts und links von den Herzkammern (bezogen auf eine Referenz) die elektrischen Potentiale der Tätigkeit der beiden Herzmuskeln erfasst. Durch die vektorielle Überlagerung der Messungen entsteht das typische EKG-Bild. Aus kardiologischer Sicht sind die einzelnen Elemente des Kurvenverlaufs einer EKG-Kurve interessant, da sie die einzelnen Funktionen der Herztätigkeit beschreiben. Aus chrono-biopsychologischer Sicht ist es vor allem die Änderung des zeitlichen Abstandes der R-Zacken. Näheres dazu in Kap. 2.6.2.

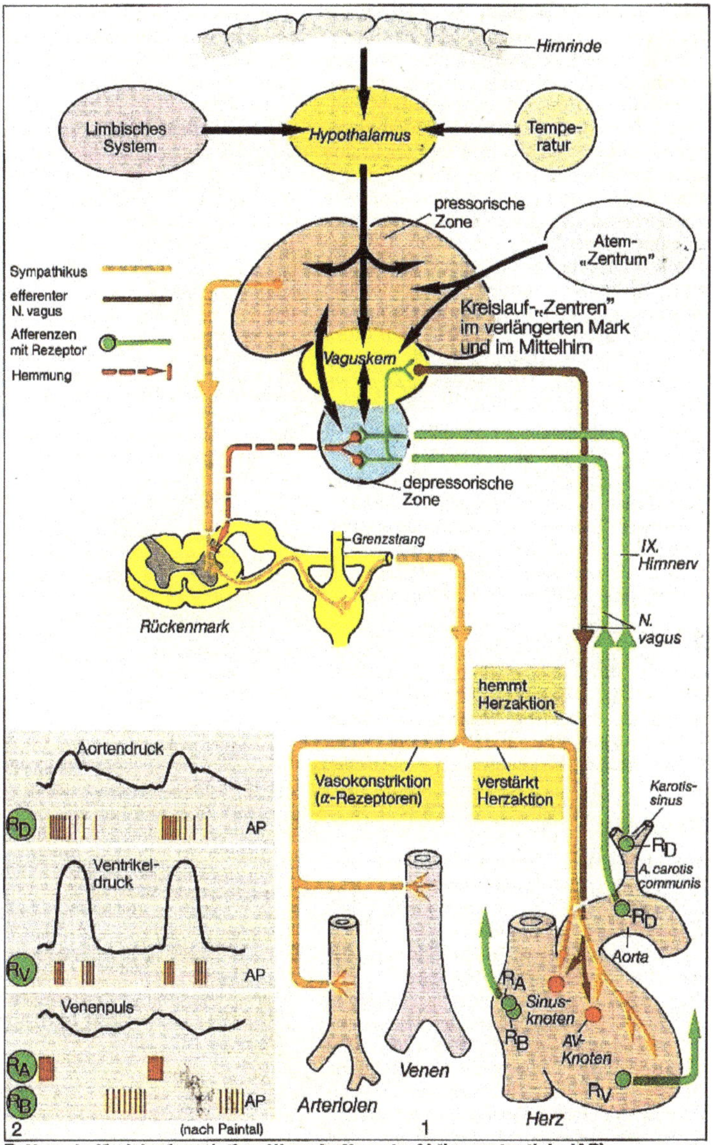

D. Nervale Kreislaufregulation (1) und afferente Aktionspotentiale (AP) von den Kreislaufrezeptoren (2)

Abbildung 95 Wesentliche Bestandteile der Steuerung der Herztätigkeit nach Silbernagel und Despopoulos, 1991

4.5 Schlaf-Wach-Rhythmen

Der ciradiane Rhythmus ist derjenige Rhythmus, der in allen biologischen Systemen mit der höchsten Wahrscheinlichkeit ausgeprägt bzw. vorhanden ist. Eine Übersicht zur Erforschung des circadianen Rhythmus bei Pflanzen findet man u. a. bei McClung (2006). Nach einem Konzept von Achermann & Borbely, 1995 (zitiert in Geue, 2003) wird die circadiane Rhythmik des Schlafverhaltens endogen durch eine innere Uhr im Hypothalamus gesteuert. „Moore-Ede und Mitarbeiter postulierten 1981 die Existenz von zwei Zeitgebern: der Zeitgeber X moduliert Körpertemperatur, REM-Schlaf und Cortisol-Sekretion. Der Y-Zeitgeber ist verantwortlich für den Schlaf-Aktivitäts-Rhythmus, den nonREM-Schlaf und die GH-Sekretion (82). Das Zentrum zur Koordination der unterschiedlichen Rhythmen wird im Nucl. suprachiasmaticus vermutet (83). Im Hypothalamus wird der zirkadiane Rhythmus initiiert, sowohl Größe als auch Amplitude sind abhängig von Veränderungen der Empfindlichkeit der Hypophyse und der Nebenniere (59)“ (zitiert aus Geue 2003, S. 16). Ultradiane Rhythmen sind dem circadianen Rhythmus überlagert. Beim Menschen gibt es im ca. 4 -Stunden Rhythmus das Auftreten der sogenannten Schlafneigungszeitpunkte oder auch der Zeitpunkte natürlicher Müdigkeit oder auch zeitweiligen „Erschöpfung“(s. auch Abbildung 77). Gewöhnlich liegen die Schlafneigungszeitpunkte ohne Berücksichtigung des sogenannten Chronotyps oder beanspruchter regulatorischer Vorgänge, z. B. durch Stress, oder pathologischer regulatorischer Vorgänge bei 09 Uhr, 13 Uhr, 17 Uhr, 21 Uhr, 01 Uhr und 05 Uhr. Sie sind mit einer Deaktivierung, einer Reihe von physiologischen, biochemischen und psychologischen Funktionen gekoppelt. Interessant ist aber auch, dass auch die Lage dieser Schlafneigungszeitpunkte abhängig ist vom Parameter. So konnte Balzer (s. Abbildung 80) zeigen, dass erstens, eine emotionale Erschöpfung früher, später oder auch zeitgleich mit einer nervalen (kognitiven) Erschöpfung auftreten kann und außerdem bei starker Belastung im Tagesverlauf sich der zeitliche Abstand zwischen den SNZ verkürzen kann.

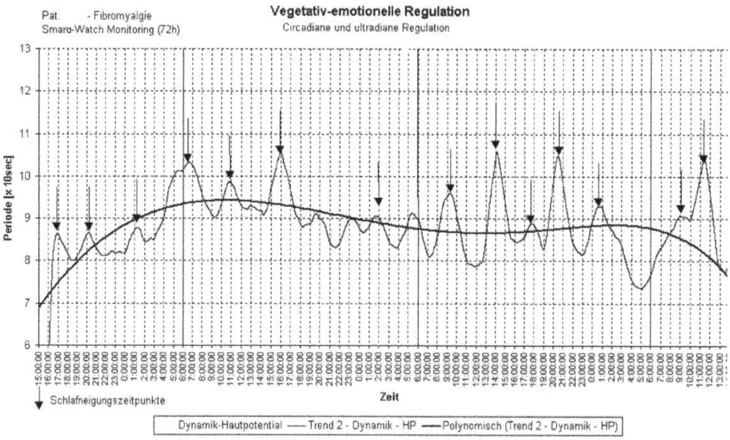

Abbildung 96 Lage der Schlafneigungszeitpunkte (4 Stundenrhythmik) in der vegetativ-nervalen Reaktion bei einem Pat. mit Fibromyalgie

Die Analyse der regulatorischen Vorgänge des Parameters Hautpotential zeigt ca. alle 4 Stunden eine Verlangsamung der Regulation im Bereich von > 80 s. Diesem 4- Stundenrhythmus wiederum ist nach Kleitman (1969) ein 2 Stundenrhythmus überlagert, der Basis-Ruhe-Aktivitätszyklus.

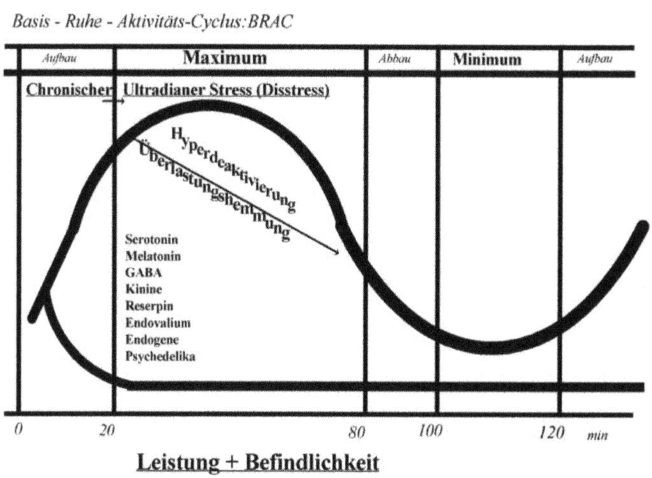

Abbildung 97 Biochemische Korrelate während des BRAC

Dieser 2-Stunden-Rhythmus ist wiederum von einer Reihe funktioneller Veränderungen begleitet, die in den Abbildung 97 und Abbildung 98 dargestellt sind.

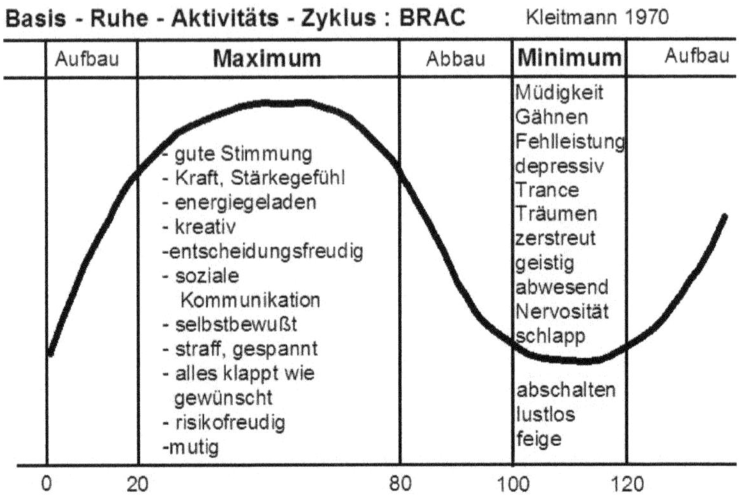

Abbildung 98 Psychologische Korrelate und Verhaltenskorrelate während des BRAC

Während des Schlafes wird dieser Zyklus als REM-Zyklus bezeichnet. Rossi (1986) stellt den biochemischen funktionellen Ablauf wie folgt dar:

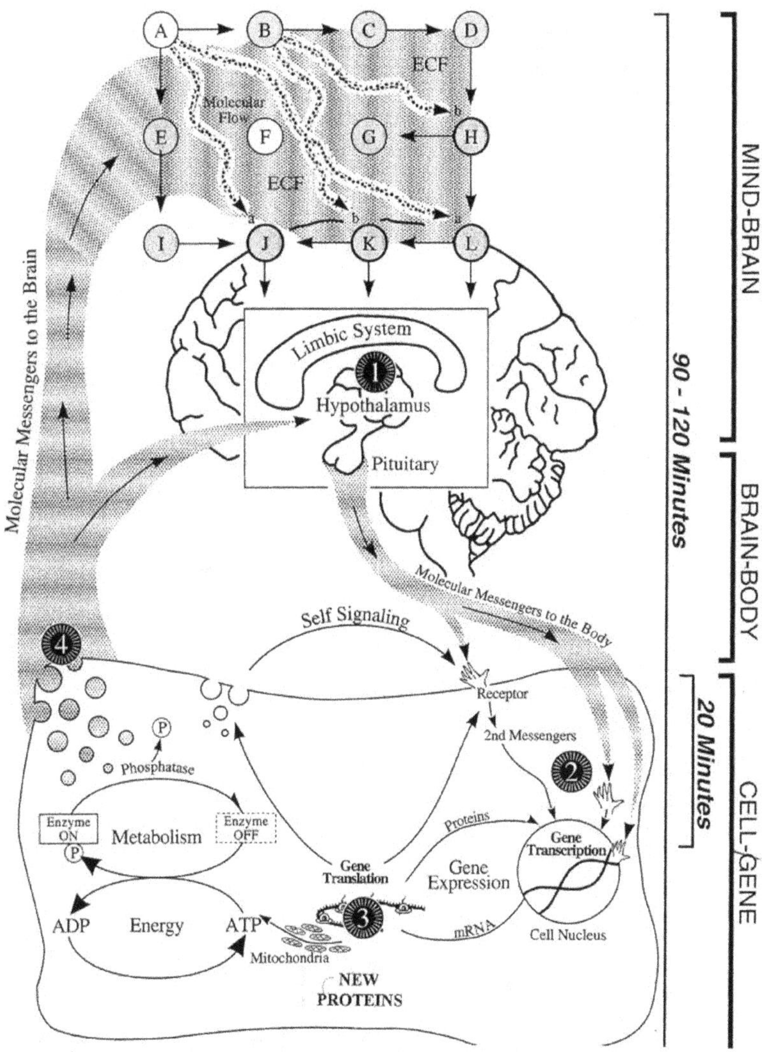

Abbildung 99 Biochemische Abläufe der Entstehung der ca. 2h-Rhythmik (incl. des REM-Schlafes) nach Rossi, 1986

Eine Übersicht zu biochemischen Abläufen der ultradianen Rhythmik findet man bei Lloyd & Rossi 2008.

Der Schlaf-Wach-Rhythmus selbst ist ein ultradianer Rhythmus, bestehend aus Phasen verschiedener Schlaftiefe. Rechtschaffen und Kales (1968) definierten Schlafstadien verschiedener Schlaftiefe an Hand des EEG, EMG und EOG's, so dass eine rhythmische Schlafstruktur im sogenannten Schlafzyklogramm (oder auch Hypnogramm) sichtbar wird.

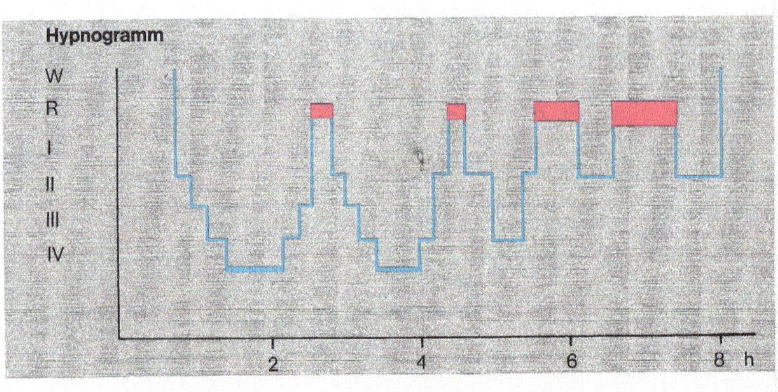

Abbildung 100 Prinzipielle Schafstruktur nach Hecht 1992

4.6 Reproduktionsrhythmen

Die Zellteilung gehört zu den Reproduktionsrhythmen der Organismen. Eine Einführung in die Rhythmik der Zellteilung findet man bei Rensing, 1973. Nach Lloyd (1987) ist die Zellteilung eingebunden in den ultradianen Rhythmus.

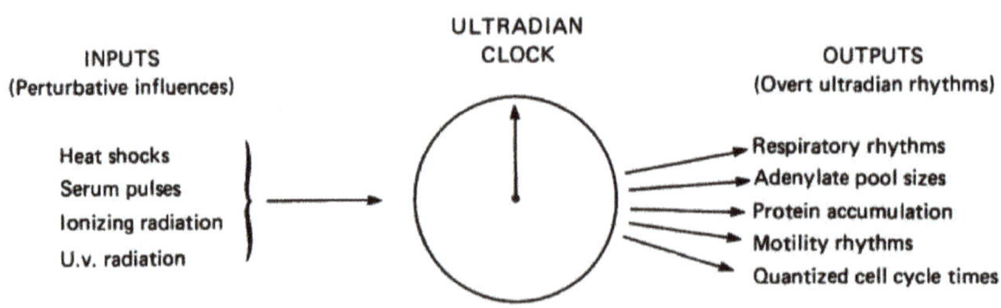

Abbildung 101 Einbindung des Zellteilungsrhythmus in den ultradianen Rhythmus nach Lloyd, 1987

Die Zellteilungszeiten sind abhängig von einer Vielzahl von Faktoren und liegen je nach Organismus zwischen Zeiten im Minutenbereich, z. B. bei 9,8 min. bei dem marine bacterium Vibrio natriegens (Eagon, 1962; zitiert in Lloyd, 1987) bis zum Bereich der circadianen Rhythmik um die 24 Stunden.

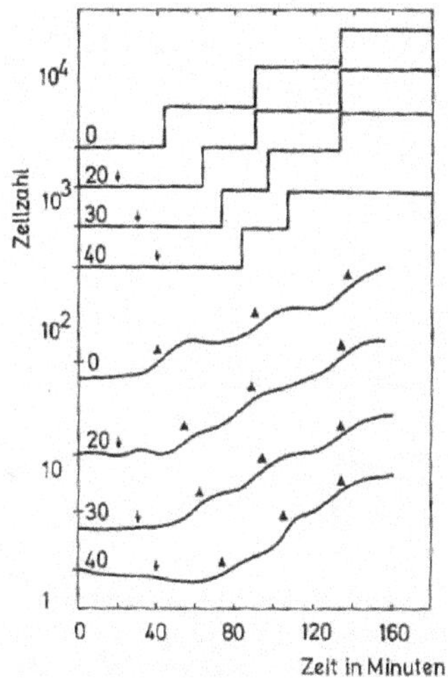

Abbildung 102 Zellteilungsrhythmen von synchronisierten Zellkulturen von Escheria coli nach zeitweiser Blockierung der DNA-Synthese der verschiedenen Phasen des Zellzyklus nach Helmstetter et al., 1968, zitiert in Rensing, 1973

Legende: Obere Kurven: theoretisches Modell mit konstanter Syntheserate des Initiators, untere Kurven: experimentelles Ergebnis

4.7 Circadianer Rhythmus

Der circadiane Rhythmus gehört auf der Erde zu den wichtigsten aller rhythmischen Vorgänge. Untersucht man die Auftrittswahrscheinlichkeit dieser Rhythmen, so findet man ihn mit der höchsten aller Auftrittswahrscheinlichkeiten im Vergleich zu ultra- u. infradianen Rhythmen in fast allen biologischen Systemen verankert. Nach Hardin (2000) besteht die circadiane Uhr (clock) aus drei Komponenten: aus einem mitziehenden input-Teil, das die äußeren Einflüsse (vor allem des Lichtes) auf den Zeitgeber überträgt, aus einem Zeitgeber oder Oszillator, der auch ohne äußere Einflüsse arbeitet und somit die Grundkomponente der circadianen Uhr darstellt, sowie einem Output-Teil, welches spezifische Zeiten der circadianen Zeit aktiviert.

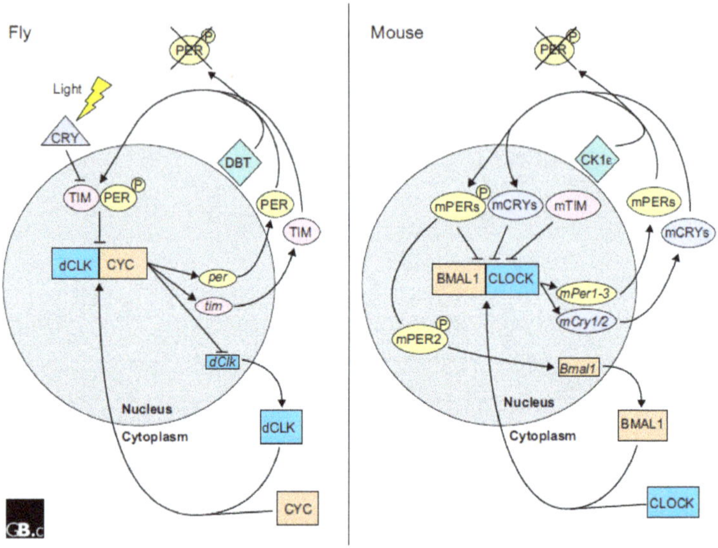

Abbildung 103 Circadianer Oszillator nach Hardin 2000 für Fliege und Maus

Legende: Die Pfeile zeigen die positive Regulierung und Linien in den Balken bezeichnen wo eine negative Regulation endet. Das "P" bedeutet Pro und MPER stellt die Phosphorylierung aufgrund Dbt / CK1 dar.

Weitere Rhythmen mit endogenen Anteilen sind die hormonellen Rhythmen, wie z. B. die Ovarialzyklen, Wachstumsrhythmen und Evolutionsrythmen. Nähere Erläuterungen zu vielen endogenen Quellen und exogen induzierten Rhythmen findet der Leser in Kap. 4.

5 Einführung in die Chrono-Bio-Psychologische Regulationsdiagnostik (CRD)

Der Begriff Chronobiologischen Regulationsdiagnostik (CRD) wurde von Balzer und Hecht seit den 1980er Jahren eingeführt (Zusammenfassung in Balzer, Hecht, 2000). Durch Balzer wurde die CRD in den Folgejahren optimiert, v.a. bezüglich der Mess- und Analysemethodik, aber auch hinsichtlich der Anwendung in verschiedenen Feldern (Humanbereich, Tierbereich). Ohne diese grundlegenden Arbeiten wären die Folgearbeiten undenkbar (s. Aspekt 1 a-c).

Denn darauf aufbauend wurde durch (**Stück** 2013) ein weiterer Aspekt der Chrono-Bio-Psychologie u. a. bzgl. der Erweiterung der Messmethoden der CRD, speziell der Entwicklung der Messung und Untersuchung der Hypersensibilität entwickelt.

Ebenfalls und mit der CRD bzw. der Hypersensibilitätsmessungen zusammenhängend, wurde seit den 1990er Jahren die komplexe Chrono-Bio-Psychologie in Verbindung mit psychologischen Fragestellungen durch Stueck & Balzer entwickelt (Aspekt 3 a-d). Hierzu zählt die Entwicklung des Konzepts eines Mobilen Gesundheitslabors© ("Wundt-Labor", Stueck et. al. (2015), s. auch Kap. 7.3).

Durch diese interdisziplinären Erweiterungen (v.a. Aspekt 3) ist es angebracht, beginnend mit dieser Veröffentlichung von der Chrono-Bio-Psychologischer Regulationsdiagnostik (CRD) zu sprechen. Anwendungsfelder sind u.a. die Medizin, Psychologie und Pädagogik.

Die o. g. 3 Aspekte der Chrono-Bio-Psychologische Regulationsdiagnostik sollen im Folgenden konkretisiert werden, d.h. es sollen Meilensteine in der Entwicklung der CRD vorgestellt werden:

Zum 1. Aspekt – Einführung, Entwicklung und Optimierung der CRD:

a) Entwicklung eines Messgerätes zu Messung und chronobiologischen Analyse des Hautwiderstandes (HIMEM) und später der SMARD-Watch zur Bestimmung der Messung und Synchronisationsanalyse mehrerer Parameter (EMG, Hautwiderstand, Hautpotenzial, Hauttemperatur, 3D Beschleunigung, s. Abbildung 206, Abbildung 207) (Balzer, Hecht 1989b, Balzer, 2006).

b) Entwicklung der Theorie und der mathematischen Algorithmen (incl. Software) zur Auswertung chronobiologischer Reaktionsmuster (Regulationszustände) und Synchronisierungsvorgänge. Erste Arbeiten dazu wurden 1988 und 1989 (Balzer 1988, 1989a, 1989b und 1989c) publiziert. Es ist eine auf die Chronopathologie (s. Kap. 2.2.4) ausgerichtete Diagnostik.
c) Entwicklung und Anwendung der Chrono-Typologie: Mit der Klassifizierung von Stressbewältigungstypen aus Parametern physiologischer Messungen (s. Kap. 5.2, Abbildung 110, Stressdiagnostischer Test) gelang ein weiterer Meilenstein im Rahmen der Chronotypologie.
d) Verbindung Physiologie-Psychologie: Balzer (2009) erarbeitete seit den 90 er Jahren an diesem Aspekt einer Verbindung der Messung physiologischer Parameter und unter Zuhilfenahme des Periodischen Systems von Regulationszuständen (PSR, in diesem Kapitel und Kap. 9.11, Abbildung 238) hin zur Bestimmung von psychologischen Grundzuständen (Wohlbefinden, Freude Trauer, Ärger, Angst) mit dem Ziel der objektiven Messung solcher Grundzustände bei Tieren und Menschen.
e) Einsatz der CRD in verschiedenen Anwendungsfeldern (Tiere, Pflanzen, Umweltwirkung, Wirtschaft, Intervention, Wechselwirkungen zwischen biologischen und abiologischen Systemen, s. Kap. 2.5.1 – 2.5.6)

Zum 2. Aspekt – Erweiterung der Messmethoden der CRD, speziell der Entwicklung der Messung und Untersuchung der Hypersensibilität:

Balzer und Stueck fanden u.a. in den 1990er Jahren den Parameter Hypersensibilität der Haut, während des 10-wöchigem Monitorings der Cho-Oyu-Expedition (s. Kap. 2.4) mit dem Messgerät HIMEM (Parameter Hautwiderstand) und definierten diesen Zustand in einem Stufenmodell physiologischer Erschöpfung als Vorstufe von Burn-Out-prozessen (**Stueck, Balzer, 2005**, Stueck, Balzer 2013, Abbildung 135). 2015 entwickelten sie ein spezielles Messgerät dazu (s. Kap. 7.4).

Zum 3. Aspekt – Entwicklungen und Forschungen zur komplexen Chrono-Bio-Psychologie:

Dieser Bereich lässt sich in 4 Bereiche gliedern:

(a) Der erste Bereich betrifft Langzeit-Untersuchungen mit physiologischen und psychologischen Zeitreihen und die Entwicklung psychologischer

Messmethoden für diese Langzeitstudien: In den 1990er Jahren wurde dieser Aspekt v. a. durch Stueck und Balzer eingeführt (a) mit den o. g. Untersuchungen zu Hochgebirgsexpeditionen, u. a. zum Aconcagua (1995) und 1999 zum Cho Oyu (8206 m), wobei Untersuchungen zum Wohlbefinden und zu Situationsklassen in Verbindung zur CRD stattfanden (s. Kap. 2.3). Die Anwendung der CRD in diesem Bereich wird seitdem durch weiterführende Forschungen mit psychologischen Zeitreihen (Selbstbeobachtungsdaten, z. B. Stimmung, Aktivität, Entspannung, Ängste, depressive Reaktionen, Zwangssymptome usw.) vorangebracht.

(b) Der zweite Bereich betrifft chrono-bio-psychologische Interventionsstudien zu Yoga und Biodanza unter Verwendung der CRD und psychologischer Variablen ebenfalls in den 90 er Jahren (Villegas et.al. 1999) durchgeführt.

(c) Im dritten Bereich erfolgten im ersten Jahrzehnt dieses Jahrhunderts unter dem Begriff der Chrono-Bio-Psychologische Regulationsdiagnostik umfangreiche Studien zur Musikwirkung (Balzer et al., 2004, 2006 u.a.) unter Einschluss psychologischer Fragestellungen und der Untersuchung biochemischer Parameter, auch wenn hier noch keine Erweiterung des Begriffs CRD im Sinne der Chrono-Bio-Psychologie benutzt wurde. Auch im Bereich Lehrerbelastungen wurde durch Stueck und Balzer eine Vielzahl von Untersuchungen mit CRD in Verbindung mit psychologischen Diagnoseinstrumenten durchgeführt (**s. Stueck, Balzer, 2005, 2007**, Kap. 2.4).

(d) im vierten Bereich wurde die physiologische Stress-Typologisierung nach Balzer (s. Aspekt 1) durch Fragebogen-Batterien mit psychologischen standardisierten Testverfahren durch Stueck für folgende Bereiche erweitert:
- "krankmachende" Verhältnisse (Situationsanalyse);
- Reaktionen, Konsequenzen (Chronotyp), arbeitsbezogene Erlebens- und Verhaltensmuster (AVEM), psychosomatische Reaktionen;
- Ressourcen (z. B. Resilienz, Sence of Coherence, Selbstwirksamkeitserwartungen, Beziehungsfähigkeit);
- Biographie (z. B. erinnertes Elternverhalten, Bindungstyp).

Durch diese Arbeiten konnte das Konzept des Mobilen Gesundheitslabors© ("Wundt-Labor", Stueck et.al, (2015), s. auch Kap. 7.3) umgesetzt werden, wobei folgende 4 Bereiche "mobil", d. h. in Institutionen, analysiert und bearbeitet werden können: Verhältnisse, Verhalten, Ressourcen, Training.

Zusammenfassend kann festgestellt werden, dass die Chrono-Bio- Psychologische Regulationsdiagnostik (CRD) eine auf das Verständnis biologischer und psychologischer Rhythmen und deren psychologischer Kontextbedingungen[34] ausgerichtete Diagnostik darstellt. Somit wird es möglich sowohl physiologische, biochemische als auch psychologische Daten und Verhaltensdaten mit derselben chrono-bio-pychologischen Analytik auszuwerten und damit auch vergleichbar zu machen.

5.1 Warum Chrono-Bio-Psychologische Regulationsdiagnostik?

„Die häufigsten Beschwerden, die einen Patienten bewegen, den Basisarzt aufzusuchen, sind Schmerzen, Stress, Erschöpfung, Depression, Angst, Schlafstörungen und chronische Müdigkeit. Zur Diagnostik dieser oft schweren, Leidensdruck erzeugenden, psychobiologischen Beschwerden steht dem Basisarzt kein diagnostisches Instrumentarium zur Verfügung, „...wenn wir die bei allen anderen Krankheiten zur Anwendung kommenden Verfahren der biologischen Befunderhebung als Maßstab zugrunde legen" (Balzer & Hecht, 1989c).

Bei den angeführten Beschwerden ist der Basisarzt größtenteils auf die subjektive Aussage des Patienten angewiesen, der er Glauben schenken muss, solang er das Vertrauen seines Patienten nicht verlieren will. Andererseits verlassen nicht wenige Patienten den Arzt mit nicht diagnostizierten, somatoformen Störungen (Rudolf und Hennigsen, 1998; Hoffmann, 1998), da das ihm zur Verfügung stehende, ärztlich methodische Instrumentarium nicht ausreicht, derartige „funktionelle Störungen" (Rudolf und Hennigsen, 1998) zu diagnostizieren. Die Reflektion von psychischen Beschwerden, wie Konflikte, unterdrückte Emotionen, Depressionen in Form körperlicher Beschwerden und Schmerzen sind eine Tatsache (vgl. Rudolf und Hennigsen, 1998).

Obgleich der Psychiater Menninger-Lerchenthal (1951a, 1951b, 1955a, 1955b, 1954, 1960) mit zu den Begründern der modernen, wissenschaftlich betriebenen Chronologie zählt und von ihm die Wechselbeziehungen zwischen biologischen Rhythmen und psychiatrischen Erkrankungen nachgewiesen wurden sowie später auch von anderen Autoren (Pflug et al. 1977, 1981, 1982; Dierlich et al., 1981; Richter und Benzenhöfer, 1985; Avery et al., 1986; Hernande, 1988; Schulz und Lund, 1983; Goetz und Tölle, 1987; Tsujimoto et al., 1990) zahlreiche Arbeiten zur Beziehung zwischen circadianem Rhythmus und psychischen Krankheiten erschienen sind, verfügt auch die Psychiatrie und Psychologie bis heute

34 mit der Möglichkeit der hintergründigen Interpretation der Ergebnisse durch eine standardisierte psychologische Diagnostik.

noch nicht über ein chronobiologisch fundiertes psychobiologisches Diagnoseinstrumentarium, das sie dringend benötigen" (zitiert aus Hecht, 2000, S. 11).

Diese Einschätzung von Hecht aus dem Jahre 2000 trifft im Wesentlichen auch heute noch zu. Die diagnostischen Methoden, insbesondere im Bereich der Hochtechnologie (z. B. CT, MRT) konnten wesentlich weiterentwickelt werden. Auch die Mikrochirurgie hat enorme Fortschritte gemacht. Dies sind jedoch vor allem Technologien, wie sie für die Intensivmedizin benötigt werden und die bei der Herstellung und Anwendung mit hohen Kosten verbunden sind. Die neuartigen bildauflösenden Verfahren gestatten immer tiefere Einblicke in den Aufbau biologischer Systeme. Das Verständnis über die Funktionalität der Systeme erweitern sie aber nur bedingt, da dafür Langzeituntersuchungen (z. B. als Dauermonitoring) notwendig sind. Technologisch bedingt machen auch biochemische Analysen nur bedingt Aussagen über funktionelle Abläufe möglich. So ist es derzeit nicht ohne weiteres möglich, kontinuierlich, ähnlich wie bei Messungen physiologischer Parameter, Blutproben zu erhalten und z. B. mit Abtastraten von 1 sec oder geringer, Analyseergebnisse über die Blutzusammensetzung zu erhalten. Im präventiven Bereich sind jedoch derzeit nur einige Systeme in der Anwendung. So werden bei Verdacht auf Unregelmäßigkeiten im Herz-Kreislaufsystem u. a. EKG-Langzeitmonitoringsysteme oder Blutdrucksysteme in der Regel über einen Zeitraum von 24 Stunden eingesetzt. Bei Schlafstörungen (Insomnie oder Apnoe) stehen ambulante Langzeit-EEG-Recorder zur Verfügung. Bei Störungen des Stoffwechsels, wie Änderungen des Blutzuckers, werden inzwischen diagnostische Verfahren mit therapeutischen gekoppelt und sind von den betroffenen Patienten ständig am Körper tragbar. Dabei werden allerdings zurzeit nur geringe Abtastraten, z. B. 6-mal pro Tag erreicht.

Ausgehend von dem Grundgedanken über die Insuffizienz des regulatorischen Systems (Kap. 2, Virchow, 1869) als Ursache einer krankhaften Entwicklung sowie den sich entwickelnden, technologischen Möglichkeiten gaben Untersuchungen zu Schlafstörungen an Patienten mit Insomnie (Balzer & Hecht, 1989c) die ersten entscheidenden Hinweise zur Entwicklung der Chronobiologischen Regulationsdiagnostik. Auch mit der Analyse von Daten des Hautwiderstandes bei der Erforschung emotionaler Prozesse wurden gerade hier die neuen Methoden der Zeitreihenanalyse zur Erforschung regulatorischer Vorgänge erstmals angewandt. Sie zeigten im Vergleich zu den vielen verschiedenartigen bisherigen Analysemethoden und Interpretationsversuchen dieses Parameters (zusammenfassend dargestellt in Boucsein, 1988) erste wichtige und reproduzierbare Ergebnisse (Balzer, 1988). Weitere Anstöße gaben vor allem die Methoden der Zeitreihenanalyse, wie sie in Rensing (1973) und Sinz (1978a,1978b) dargestellt sind sowie ein Versuch aus dem physikalischen

Praktikum für Studenten der Physik zur Bestimmung der Wärmekapazität des Wassers (s. auch Schrüfer 1992).

5.2 Grundlagen der Chronobiopsychologischen Regulationsdiagnosik

In der Chrono-Bio-Psychologischen Regulationsdiagnostik geht es vor allem um die Untersuchung des periodischen Anteils einer Zeitreihe. Dabei beachtet werden muss die Definition einer Zeitreihe (s. auch S. 86).

5.2.1 Bestimmung der Periode, die mit der höchsten Wahrscheinlichkeit im untersuchten Datensatz vorhanden ist

Je nach prozentualem Anteil dieser drei Teile an den einzelnen Daten hat der periodische Anteil eine Auftrittswahrscheinlichkeit, mit der er am Gesamtdatensatz beteiligt ist. Im einfachsten Fall kann man Zeitreihen mit der Autokorrelationsfunktion (AKF) untersuchen. Im Ergebnis erhält man die Periode, die mit der höchsten Wahrscheinlichkeit im untersuchten Datensatz vorhanden ist. Es wird die Periode gewählt, die den höchsten sowie ersten positiven Korrelationskoeffizienten nach Durchlaufen vorhergehender negativer Korrelationswerte aufweist (bezogen auf die Autokorrelationsfunktion). Die Auftrittswahrscheinlichkeit entspricht hier dem so bestimmten Korrelationskoeffizienten mal 100 und wird in Prozent angegeben.

BEISPIEL: Aus den Untersuchungen bei Patienten mit Schlafstörungen konnte das Modell der Arbeitsweise biologischer Systeme von Balzer (publiziert in Balzer, 2000) abgeleitet werden (s. Kap. 3.3). Die folgenden Abbildung 104 und Abbildung 105 zeigen Beispiele der stufenförmigen Änderung von Regelvorgängen beim Menschen.

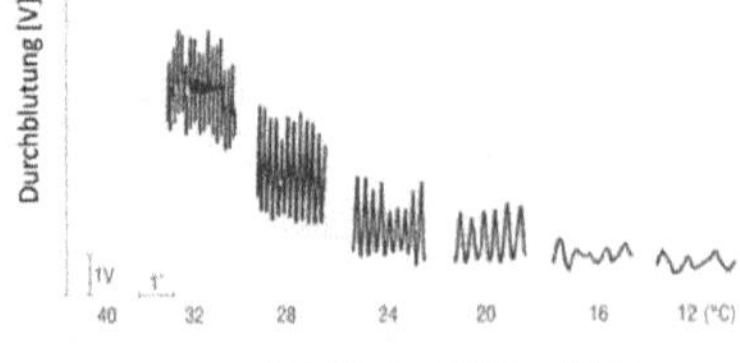

Abbildung 104 Änderung der Mikrozirkulation der Haut (Stirn) bei Abkühlung nach Schnizer, 1984, zit. in Hildebrandt, 1998

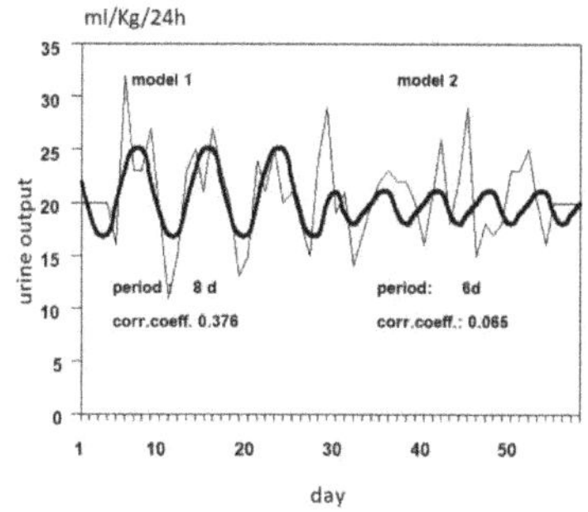

Abbildung 105 Regelprozess der Atmung nach Tiedt, 1982

Je nach Unterstützung oder Beeinflussung durch den Stoffwechsel können sich dabei die Amplituden der Regelvorgänge auf dem jeweils folgenden Niveau (oder der folgenden Stufe) vergrößern oder verringern. In der Regel gilt jedoch, dass bei Aktivierung (z. B. durch Zufuhr von Stoffwechselenergie) die Regulationsvorgänge im Hintergrund schneller ablaufen als auf einem niedrigeren Aktivierungsniveau, d. h. die dazugehörigen Perioden werden bei Aktivierung kürzer, wie auch das Beispiel der Änderung der Mikrozirkulation bereits ohne mathematische Analyse zeigt. Die in Schwingungsprozessen verankerten Gesetzmäßigkeiten erklären auch das Auftreten der multiplikativen bzw. de-multiplikativen Änderungen von Perioden bei auftretenden Störungen bzw. Veränderungen der energetischen Verhältnisse. Ein bisher wenig beachteter Aspekt ist die Wahrscheinlichkeit, mit der ein biologischer Rhythmus in einem Datensatz (einer Zeitreihe) vorhanden ist bzw. sich verändert.

5.2.2 Bestimmung der Veränderung der Perioden im untersuchten Datensatz (Dynamikanalyse / Stabilität - Instabilität)

Untersucht man auf diese Art und Weise Zeitreihen, etwa mittels einer Fensterfunktion, die blockweise oder gleitend in der Zeitreihe vorwärts bewegt wird, so erhält man für jedes Fenster nicht nur die jeweilige Periode des Regelvorgangs, die diese am besten repräsentiert, sondern auch die Wahrscheinlichkeit mit der dieser Regelvorgang vorhanden ist. Der Mediziner spricht hier auch von Ausprägung.

Ausgehend von der blockweisen Berechnung von Modellen der Regulation erfolgte die Berechnung der Änderung der Periode über die Zeit (Balzer, 1988). Zur Bestimmung von stabilen und instabilen Abschnitten der Regulation wird die Dynamikfunktion nach der Zeit differenziert.

Im Ergebnis gilt:

$$\frac{d\,f(P)}{d\,t} = 0 \text{ für } T = \text{const.} \quad y = 0 \qquad \text{(Gl. 1)}$$

und

$$\frac{d\,f(P)}{d\,t} = 1 \text{ für } T = \text{const.} \quad y = 1 \qquad \text{(Gl. 2)}$$

BEISPIEL 1:

Die Abbildung 106 zeigt die Änderung des circadianen Verlaufs der Urinabgabe eines Probanden im Rahmen der Isolationsstudie EXEMSI 92' mit den berechneten, circadianen Modellen. Infolge der Isolation der Probanden verschiebt sich der circadiane Rhythmus von ca. 8 Tagen auf 6 Tage hin. Dabei verringert sich die Auftrittswahrscheinlichkeit von 37,6 % auf 6,5 %. Einfach ausgedrückt, unter Stressbelastung verkürzt sich die Regelungsperiode und der biologische Rhythmus unterliegt einer Desynchronose bzw. geht verloren.

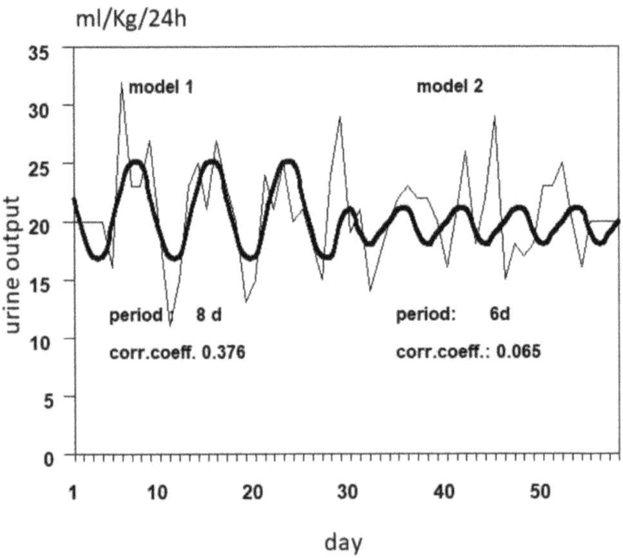

Abbildung 106 Urin-Output eines Probanden im Rahmen der Isolationsstudie EXEMSI 92' nach Balzer et al, 1993

BEISPIEL 2:

Für die Erstellung der Analyse von Schlafstörungen wurden Daten mittels eines Schlafprotokolls erhoben (Einschlafzeitpunkt, Aufwachzeit, Zeit und Dauer der Schlafunterbrechungen). Aus diesen Einzelwerten wurde die effektive Schlafdauer/Tag errechnet und als Zeitreihe dargestellt. Nach Durchführung der biorhythmometrischen Zeitreihenanalyse konnten die Änderung der Periodik sowie der der Auftrittswahrscheinlichkeit über die Zeit dargestellt werden. Bemerkenswert hier ist, dass sich ein circadianer Rhythmus erst 2–3 Wochen nach dem Schlafmittelentzug einstellt. Darüber hinaus ist deutlich erkennbar, dass die Wahrscheinlichkeit bei Auftreten des natürlichen, circaseptanen Rhythmus (Periode 7) nach 3 Wochen mit 33 % durchschnittlich höher ist als in der Phase davor mit durchschnittlich 14 %. Im Vergleich mit einer Reihe anderer Untersuchungen konnte festgestellt werden, dass die durchschnittliche Auftrittswahrscheinlichkeit für Phasen mit stabiler Regulation (Phase ohne Änderung der Regulationsperiode) immer größer ist als in Phasen instabiler Regulation.

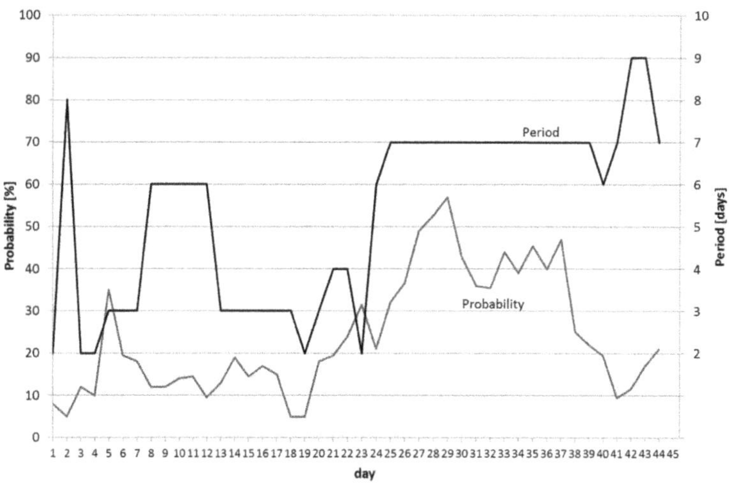

Abbildung 107 Dynamik der circadianen Schlafrhythmik nach Schlafmittelentzug bei Insomnie, Balzer, 1988

Für den gesamten Zeitabschnitt in der Abbildung 107 lässt sich somit ein gesamter Anteil stabiler Regulation von 34,9 % bestimmen. Aus der Bestimmung von stabiler und instabiler Regulation konnte später der Stressdiagnostische Test (SDT) zur Bestimmung von Stressverhaltenstypen entwickelt werden (Balzer, 2000). An dieser Stelle sei bemerkt, dass der SDT zwei Testverfahren enthält: zum einen den Blutdruckentspannungstest (BET) und den

Stressentspannungstest (SET). Diese Informationen dienten auch als Eingabeinformationen für die Bestimmung von Regulationszuständen mit Hilfe künstlicher neuronaler Netze.

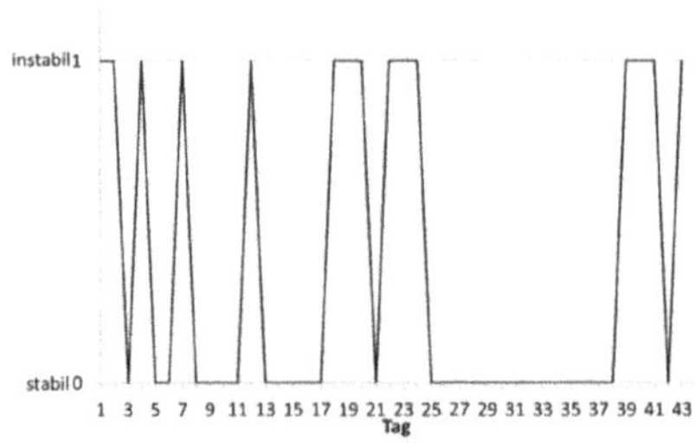

Abbildung 108 Instabile und stabile Phasen circadianen Schlafrhythmik nach Schlafmittelentzug bei Insomnie

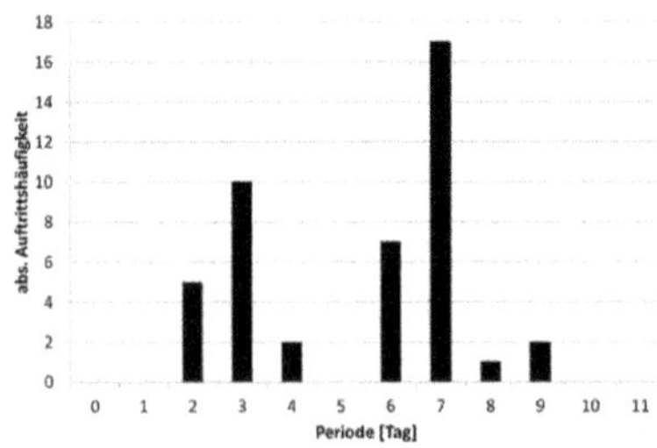

Abbildung 109 Verteilung der Regulationsperioden circadianen Schlafrhythmik nach Schlafmittelentzug bei Insomnie

Aus der Verteilung der Regulationsperioden, die hier zweigipflig erscheint, ist im Vergleich mit der Veränderung der Periodik über die Zeit (s. a. Abbildung 164) – auch als Dynamikfunktion bezeichnet – zu erkennen, dass die Periode 3 (3-Tage-Rhythmik) vorwiegend in der Phase des Schlafmittelentzugs auftritt und die circaseptane Rhythmik in der Phase der Wiederherstellung eines gesunden Schlafs auftritt. Ebenso sind die circa-multiplikativen Verhältnisse der Regulation von 1:2 (Periode 2…3 zu Periode 6..7) zu erkennen.

5.2.3 Bestimmung der Veränderung der Perioden im chonobiologischen Stressentspannungstest / SET

Der chronobiologische Stressentspannungstest wurde bereits im Kap. 2.2.3 im Zusammenhang mit der Chronotyp-Bestimmung vorgestellt. Über die Bestimmung von stabilen und instabilen Phasen gestattet die Chrono-Bio-Psychologische Regulationsdiagnostik einen weiteren Zugang zur Bestimmung von Reaktionsmustern. Im Zusammenhang mit Untersuchungen zum Einfluss von Stressoren auf den Menschen sowie auf Tiere wurde von Balzer & Hecht der Stressentspannungstest (SET) entwickelt (Balzer & Hecht, 1989b, 1996b, 2000 u.a.). Der Test selbst gestattet die Differenzierung von vier verschiedenen Reaktionsmustern bzw. den Umgang mit Stressoren.

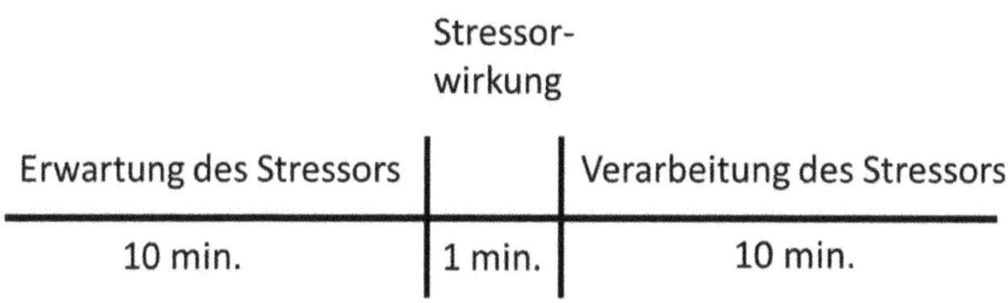

Abbildung 110 Zeitlicher Ablauf des Stressentspannungstests (SET)

Nach Analyse der stabilen und instabilen Anteile eines der vegetativen Parameter (HW, HP oder EMG) kann die nachfolgende Einteilung in die vier Stresstypen vorgenommen werden.

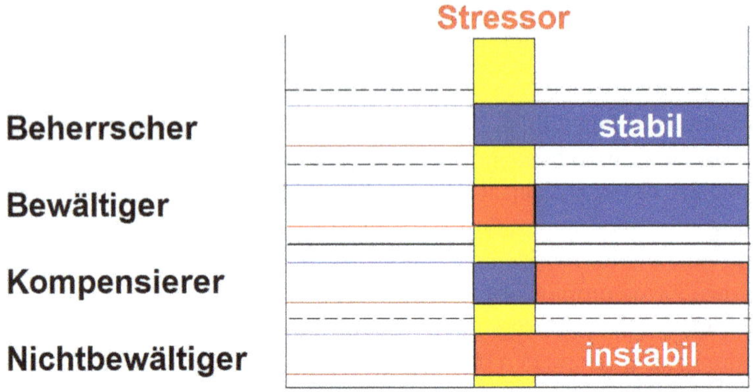

Abbildung 111 Klassifikation von vier Stresstypen

Entscheidend für die Einteilung ist dabei das Verhalten in der Stressorphase und danach. Als Stressor wurde Lärm als „nichtkognitiver" Stressor gewählt. D. h. ein Stressor, der keine kognitive Verarbeitung erfordert. Andere Stressortypen sind jedoch, je nach Zielstellung des Tests, auf dem Umgang mit Stress möglich. So nutzte Rosenkranz (Rosenkranz, 1999, 2001) einen „kognitiven" Stressor, in dem er das mehrfache Addieren von mehrstelligen Zahlen im Kopf von Testpersonen abverlangte. Balzer (2003) und Heidig (2007) setzten diesen Test in modifizierter Form als Test zur Erkennung von BSE bzw. Milchejektionsstörungen ein.

Während mit dem SET am Beginn der Entwicklung nur die Stresstypen bezüglich der vegetativ-emotionalen Reaktion untersucht wurden, entwickelte Balzer diesen Test durch die Anwendung zusätzlicher, vegetativer Parameter – wie des Parameters EMG und HP – zu einem komplexen Test weiter. Damit kann zwischen emotionaler und kognitiver Stressverarbeitung unterschieden werden.

Mit diesem Testverfahren ist es auch möglich den Erfolg einer Behandlung oder therapeutischen Maßnahme nachzuweisen.

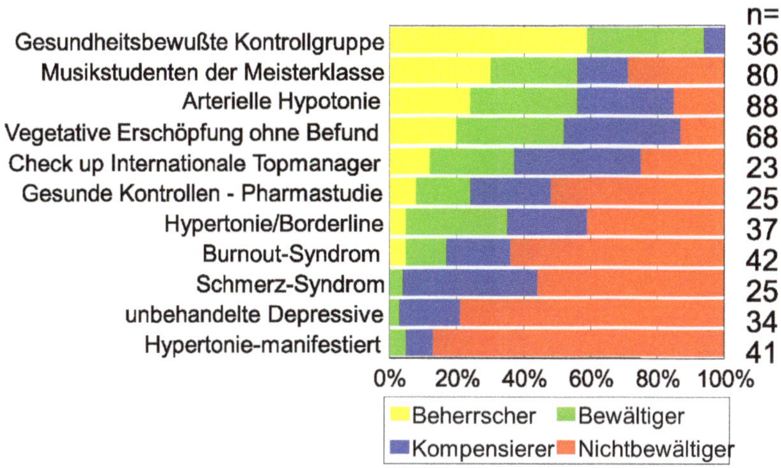

Abbildung 112 Verteilung der Stresstypen auf verschiedene Untersuchungsgruppen, die Stresstypen beziehen sich hier auf die vegetativ-emotionale Reaktion (Parameter HW)

Dazu wird der Test unter Beachtung chronobiologischer Regeln[35] wiederholt angewendet. In der Regel vor Beginn der Behandlung/ Therapie und nach der Behandlung/ Therapie.

35 Zu den chronobiologischen Regeln gehört die Beachtung des Zeitpunktes bei wiederholten Untersuchungen. So sollten Wiederholungsuntersuchungen möglichst unter Beachtung des circaseptanen und circadianen Verlaufs erfolgen, d. h. möglichst am nachfolgenden gleichen Wochentag und zur gleichen Zeit im Tagesverlauf wie in der davor liegenden Untersuchung.

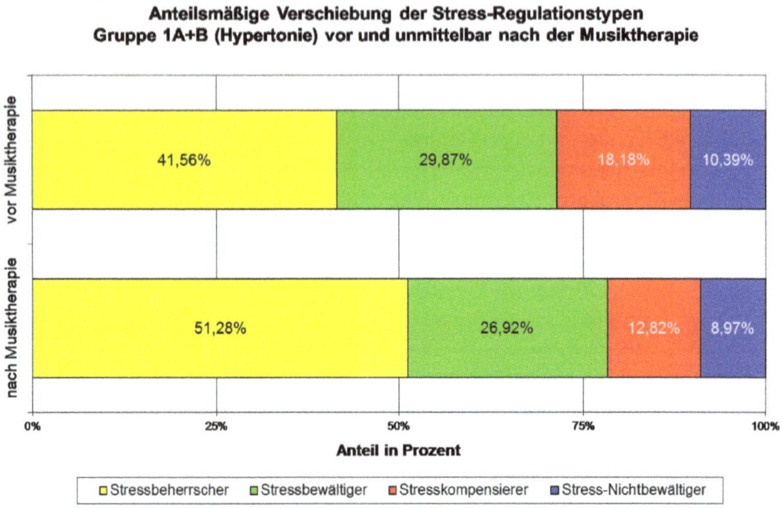

Abbildung 113 Stressregulationstypen von Hypertoniepatienten (n =32) vor und nach musiktherapeutischer Behandlung, Balzer et al. 2006

Hier ist zu beachten, dass die Stressregulationstypen als Mittelwert über die drei vegetativen Reaktionen (muskuläre, vegetativ-emotionale und vegetativ-nervale Reaktion) gebildet wurden. Weitere Ergebnisse zur Anwendung des SET findet der Leser in Kap. 10.

5.2.4 Bestimmung der Veränderung des Blutdrucks als chronobiologisches Prozess-Maß für Entspannungsfähigkeit – Blutdruck-Entspannungstest (BET)

„Der Blutdruck ist ein empfindlicher Indikator für Veränderungen der emotionellen Prozesse" (Analysesoftware - CRD vers. 1.1, 2013, S. 2). Beim Blutdruckentspannungstest wird der Proband gebeten sich bequem auf einen Sessel zu setzen und die Füße hoch zu legen. Er soll sich entspannen und sich nur auf die eigene Atmung konzentrieren. Im weiteren Verlauf wird dem Probanden erklärt, dass nun eine Messung des Blutdrucks (diastolisch, systolisch) und Puls innerhalb der nächsten 10 Minuten stattfindet. Dabei findet pro Minute jeweils eine Messung statt, so dass am Ende des BET 10 Messungen erfolgt sind. Bei einer einmaligen Messung des Blutdrucks können die Werte aufgrund von Erregung ansteigen und somit werden irrelevante Werte gemessen.

Die Messung findet dabei mit einem gewöhnlichen Blutdruckmessgerät statt. Anhand dieser Daten und mit Hilfe des Analyseprogramms CRD 1.1 kann ermittelt werden, inwieweit die Person entspannungsfähig ist. Die erhobenen Daten des BET werden mit Hilfe der Analysesoftware CRD Version 1.1 analysiert und ausgewertet. Zunächst werden die 30 Messdaten manuell im Analysetool -1T-Entspannungstyp- eingegeben. Das Programm erstellt für jede Person ein Diagramm, welches den Verlauf der systolischen und diastolischen Blutdruckwerte sowie den Puls veranschaulicht, sowie ein Diagramm mit normierten Werten. Aus dem Verlauf der normierten systolischen Werte wird eine Entspannungskurve mittels Regression berechnet. Der Exponent der Näherungsfunktion wird als BET Grad ausgegeben. Je größer dieser Wert ist, desto höher ist die Entspannungsfähigkeit der jeweiligen Testperson. Negative Werte bedeuten hierbei Erregung statt Entspannung. Anhand der Normwerte teilt das Programm die jeweilige Testperson in Normotoniker, Hypotoniker oder Hypertoniker ein. Alle gemessenen und analysierten Daten können als ASCII-Datei exportiert werden. (Analysesoftware - CRD vers.1.1., Chronomar GmbH, 2013).

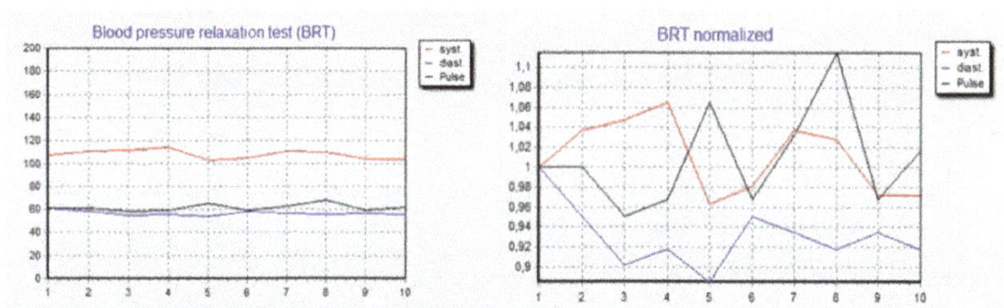

Abbildung 114 Veränderung des Blutdrucks während des Blutdruck-Entspannungstests (BET) links: Originalwerte [mmHg] im Verlaufe von 10Minuten, rechts: normierte Werte

Tabelle 8 Entspannungskriterien bezogen auf die Senkung des systolischen Blutdrucks nach I.S.F.

Kriterien nach WHO		[mmHG]		Puls [S/min]	Kriterium I.S.F. Entspannungsfähigkeit [mmHG]
Normotonie	135/85	110/70	Tachykardie	>75	-13
Hypertonie	>135	>85	Normokardie	60–75	-25
Hypotonie	<110	<70	Bradykardie	<60	-5

Aus der Tabelle 8 geht eine Nichtlinearität im Zusammenhang mit den Entspannungskriterien hervor. Diese kann näher aus der folgenden Abbildung 115 entnommen werden. Der Verlauf dieser Kurve ergab sich aus einer Vielzahl von Blutdruckmessungen nach diesem Verfahren.

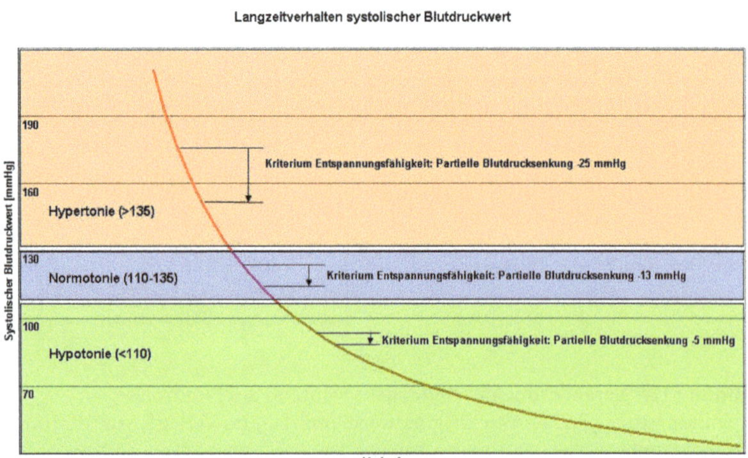

Abbildung 115 Nichtlinearität der Entspannungskriterien in Abhängigkeit von der Tonie

Eine weitere Möglichkeit der Auswertung dieser Daten bzgl. der Selbstentspannungsfähigkeit anhand des Blutdrucks stellt die von Stueck und Lander im Psychologischen Institut der Universität Leipzig entwickelte Methode der empirischen Ausgleichsfunktion zur Beschreibung von Entspannungsverläufen im Blutdruck-Entspannungstest dar (beschrieben in Hecht 2000). Für die formale Beschreibung von Entspannungsverläufen eignet sich dabei am besten eine exponentielle Ausgleichsfunktion und das daraus ableitbare Zeit-Wirkungs-Verhältnis in Form einer Halbwertzeitbestimmung. Die exponentielle Ausgleichsfunktion hat allgemein die Form: $y = a + b \exp(ct)$ mit den Parametern: a als Amplitude, b als maximales Gefälle, a+b als Achsenabschnitt $[y(t = 0)]$, c als Steilheit der Funktion. Diese Steilheit der Funktion (c) stellt den eigentlichen Veränderungsparameter dar und kann interpretiert werden.

5.2.5 Diagnostik des Zusammenspiels der regulatorischen Prozesse mehrerer Parameter im Köper (Synchronisation/ Desynchronisation)

Ein weiterer Aspekt der chronobiologischen Regulationsdiagnostik ist die Erkennung des Zusammenspiels der regulatorischen Prozesse mehrerer Parameter bzw. Funktionen im Köper. Der Chronobiologe spricht hier von Synchronisation bzw. Desynchronisation von funktionellen Vorgängen. Unter psychologischen Aspekten sprechen wir hier auch von der intraindividuellen Synchronisation. In einigen Fällen kann man eine Synchronisation bzw. Desynchronisation bereits an Hand von Originaldaten, ohne Herauslösen des regulatorischen Anteils, erkennen. Das bekannteste Beispiel ist die Synchronisation zwischen Atemfrequenz und Herzfrequenz.

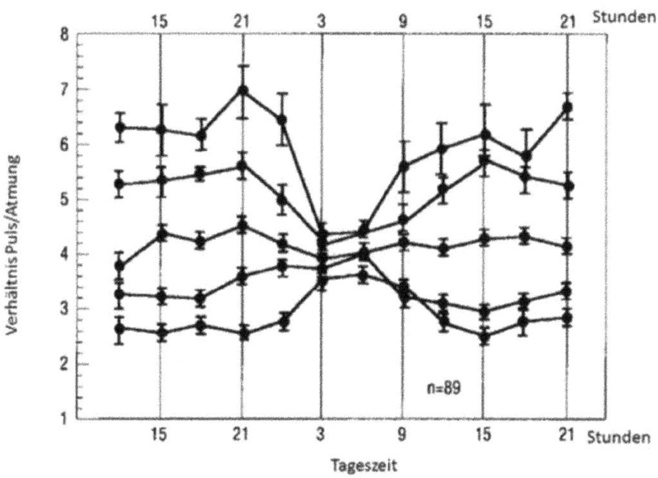

Abbildung 116 Kopplung zwischen Pulsfrequenz und Atemfrequenz nach Pöllmann, modifiziert durch Hildebrandt, 1993, zit. in Hildebrandt, Moser, Lehofer (1998)

In Ruhesituationen, in diesem Fall in den Morgenstunden des Nachtschlafes, stellt sich dabei ein Verhältnis von 1:4 ein, d. h. auf vier Herzschläge gibt es einen Atemzug. Im Tagesverlauf wird dieses Verhältnis durch innere wie äußere Einflüsse gestört. Nähere Ergebnisse zu solchen Untersuchungen findet man bei Raschke (1981). In der Umgangssprache sagt man immer wieder: „Reiß dich zusammen", wenn erwartet wird, dass die Person eine hohe körperliche und/ oder psychische Leistung, wie etwa eine Konzentrationsleistung vollbringen soll. Dazu wird in der Regel viel Stoffwechselenergie benötigt. Es ist aber auch möglich mit etwas weniger Aufwand an Stoffwechselenergie, Leistungen zu erbringen, nämlich dann, wenn dafür gesorgt wird, dass regulatorische Prozesse verschiedener Körperfunktionen im Körper synchroner ablaufen. Dazu wurde das folgende Modell entwickelt (Balzer, Hecht, 1995; Balzer, 2009):

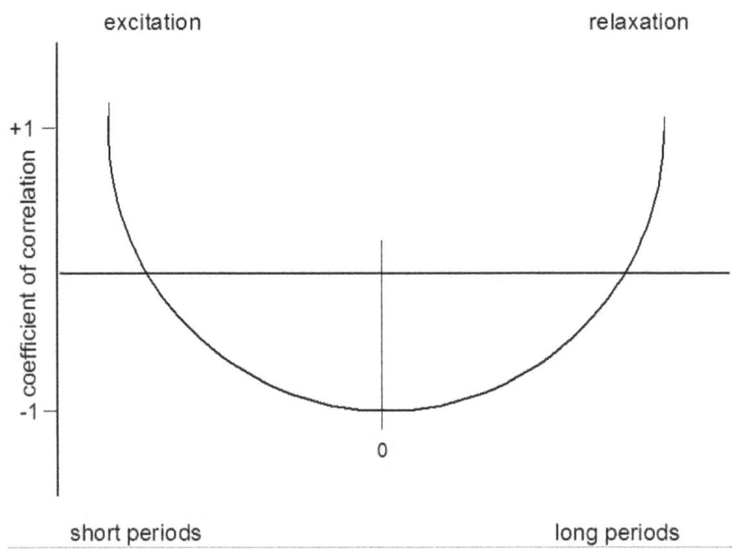

Abbildung 117 Prinzip der Synchronisation regulatorischer Prozesse im Körper (Pendel)

Die Synchronisation zweier, regulatorischer Prozesse wird einerseits bestimmt von Regulation, der Änderung der Regulationsperiode über die Zeit, jeder der Prozesse selbst und andererseits durch die Kopplung dieser Regulationsprozesse untereinander. In Abbildung 117 ist die Kopplung durch den Korrelationskoeffizienten zwischen den beiden Regulationsfunktionen auf der Y-Achse dargestellt. Auf der X-Achse wird die gemittelte Regulationsfunktion dargestellt. Gewöhnlich laufen viele Prozesse konträr zueinander oder phasenverschoben. Nur in besonderen Situationen oder Extremsituationen kommt es zu einer vollständigen Synchronisation der Regulationsfunktionen. Für den Sonderfall, dass die zwei Regulationsfunktionen selbst sinusförmig sind und zwischen beiden keine Phasenverschiebung vorhanden ist, ist das Ergebnis der Korrelationsanalyse über die Zeit +1, für den Fall eines konträren Verhaltens bzw. einer Phasenverschiebung von 180° ist das Ergebnis -1. Interessant ist, dass für die Zweidimensionalität des Zusammenhangs zwischen Korrelation und Regulation für eine Korrelation immer zwei Regulationswerte möglich sind. Das bedeutet, dass das Zusammenspiel regulatorischer Prozesse in biologischen Systemen immer nur durch die Angabe beider Werte korrekt beschrieben werden kann. Gibt es zwei voneinander abweichende Regulationsvorgänge, so kann es allein dadurch zu wechselnden „Beziehungen“ (besser Korrelationen) oder Synchronisationsverhalten kommen. Die Abbildung 118 zeigt diesen Fall in einem Modell.

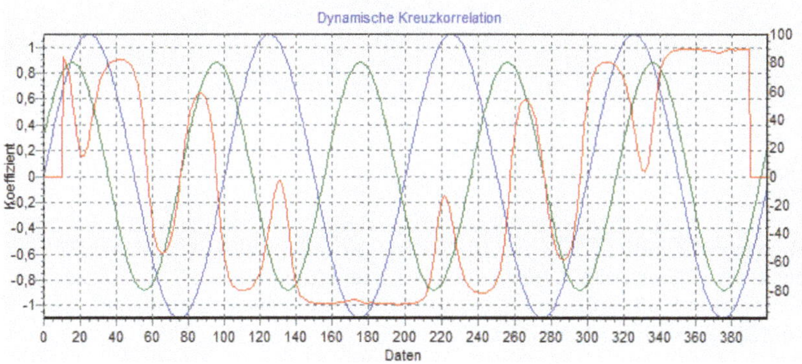

Abbildung 118 Beispiel eines Synchronisationsverlaufes zweier Regulationsfunktionen

Legende: Modell 1(blau): Periode: 10, Amplitude: 100, Phase: 0; Modell 2 (grün): Periode: 8, Amplitude 80, Phase: 20; Korrelationsfunktion (rot).

Ausgehend von einer hohen, positiven Korrelation verringert sich die Korrelation wellenförmig bis zu einer länger dauernden Gegenphasigkeit bei -1, um sich anschließend wieder wellenförmig dem Wert +1 zu nähern.

In der Realität sieht die Abbildung 117 etwas anders aus. Auf Grund der Nichtlinearität vieler Prozesse in unserem Körper wird eine Art „Bänderdarstellung" bzw. „Wolken"- oder Clusterdarstellung erreicht. Gleichzeitig stellt die Abbildung 117 eine Art „Lebensschaukel" dar, in der sich biologische Systeme in einem ständigen Wechsel zwischen Aktivierung und Deaktivierung befinden. Die Aktivierung ist in der Regel mit einer Verkürzung der Periodendauer (linke Seite der Abbildung 117) und die Deaktivierung mit einer Verlängerung der Periodendauer (rechte Seite der Abbildung 117) verbunden.

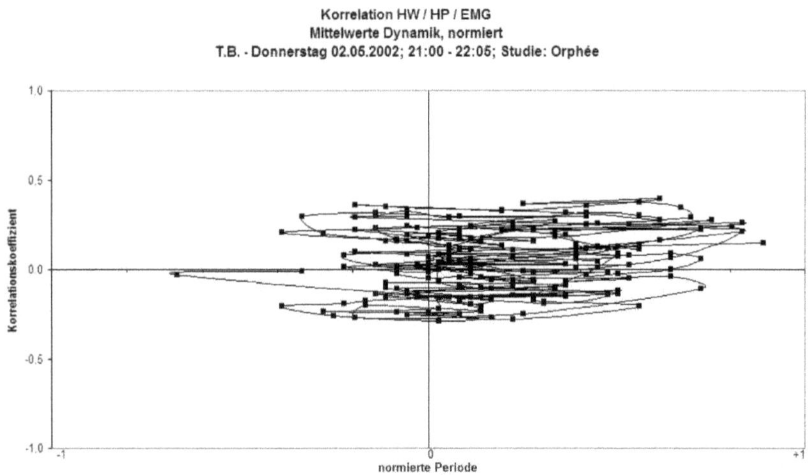

Abbildung 119 Realer Synchronisationsvorgang der Regulationsfunktionen der vegetativen Parameter EMG (muskuläre Reaktion), Hautpotential (vegetativ-nervale Reaktion) und Hautwiderstand (vegetativ-emotionale Regulation) während eines Vortrages (eines Sängers) in Salzburg

Bei dieser zweidimensionalen Darstellung geht die Zeitachse verloren, die einzelnen Messpunkte sind mit Markierungen versehen. Im Kap. 10 werden weitere Ergebnisse vorgestellt, die den praktischen Nutzen dieser Analysemethode, insbesondere auch den Ansatz für eine neuartige, regulationsgesteuerte Therapie aufzeigen.

Etwas detaillierter ist der Mitschnitt einer Blitzschachpartie mit Angabe der subjektiven Befindlichkeiten während der Partie (Balzer, Pietzko, 2008).

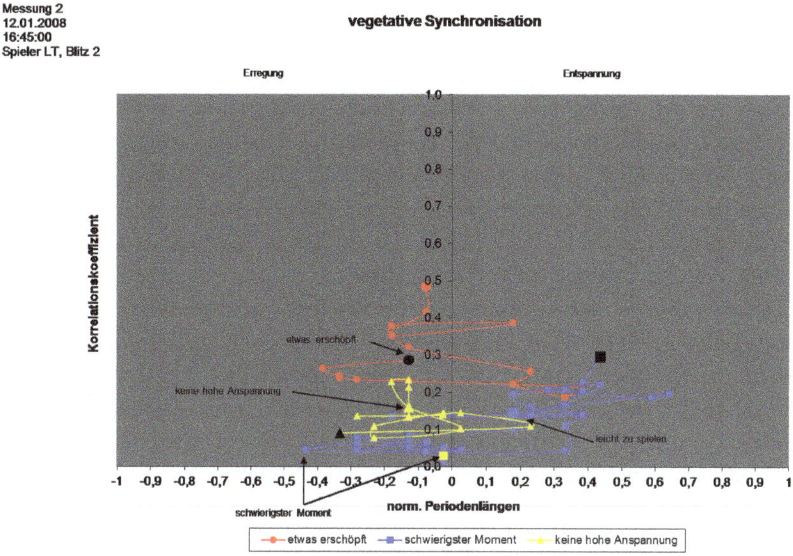

Abbildung 120 Synchronisationsverlauf der vegetativen Synchronisation eines Schachspielers im Detail während einer Blitzschachpartie nach Balzer, Pietzko, 2008

Die Berechnung der vegetativen Synchronisation erfolgte wiederum aus den regulatorischen Vorgängen der Parameter EMG, HP und HW. In diesem Fall werden schwierige Momente durch eine geringe Korrelation und schnelle Regulationsabläufe charakterisiert, während in der Phase der leichten Erschöpfung höhere Korrelationswerte auftreten, ohne dass Entspannung mit längeren Periodendauern vorliegt. Deutlich erkennbar ist hier auch das nichtlineare Verhalten der vegetativen Korrelation. Die Originalwerte wurden mit einer Abtastrate von 1/ sec. erhoben. Eine ausführliche Information zu diesen Ergebnissen wird in Kap. 10.2 vorgestellt.

Eine oft untersuchte Fragestellung ist der Zusammenhang zwischen physiologischen Abläufen, biochemischen Änderungen der verschiedensten Parameter, psychologischen Größen und den Änderungen im Verhalten von biologischen Systemen. Dabei tritt ebenso oft die Frage auf, ob es möglich ist, an Hand der Messung physiologischer oder biochemischer Größen, Rückschlüsse auf psychologische Größen zu ziehen. Hintergrund solcher Fragestellungen ist u. a. der, dass die Erfassung psychologischer Kenngrößen oft mit subjektiv gefärbten Antworten der Probanden / Patienten einher geht und auf Grund der

Zeit, die zur Beantwortung von Fragen notwendig ist, gemittelte Ergebnisse erzielt werden, d. h. der psychische Zustand der befragten Person kann sich während der Beantwortung von Fragen ändern bzw. auf Grund des Zeitmangels werden Befragungen nur zeitlich in größeren Abständen vorgenommen, so dass kein kontinuierliches Bild der Veränderungen des psychischen Zustandes erfasst werden kann. Nicht vergessen werden darf, dass einige Fragen suggestiv formuliert sein können, so dass aus diesem Grunde Fehler in den Ergebnissen bereits vorprogrammiert sind. Bei Tieren entfällt die Befragung und es bleibt nur der Weg der Beobachtung, der Ethologie.

Damit kann gefragt werden, ob es möglich ist, an Hand von Messungen physiologischer Parameter, Rückschlüsse auf psychologische Kenngrößen zu ziehen. Schon lange bekannt ist z. B. der Lügendetektor, bei dem der Hautleitwert und seine charakteristischen Veränderungen bei Befragungen dazu genutzt werden, um wahre von falschen Antworten zu unterscheiden oder Zustände von Unsicherheit zu erfassen. Dieses Verfahren ist in einigen Ländern, z. B. der USA als Beweismittel zugelassen, in anderen nicht (z. B. Deutschland). Der Grund liegt vor allem darin, dass gerade der Parameter Hautleitwert von sehr vielen, verschiedenen Faktoren beeinflusst wird und trainierte Personen bewusst Änderungen des Hautleitwertes unterdrücken können. Nichtsdestotrotz reflektiert die Haut über die elektrodermale Aktivität, speziell die Schweißdrüsensekretion der ekkrinen Schweißdrüsen, auch das emotionale Verhalten (Boucsein, 1988). Eine weitere Information kann aus der elektrischen Aktivität der Haut über nervale Reaktionen gewonnen werden (Bureš, 1960; Balzer, 2012). Dazu muss man wissen, dass über die laterale Verschaltung des ZNS mit den beiden Körperhälften, Aktivitäten der linken Hemisphäre in der rechten Körperhälfte und Aktivitäten der rechten Hemisphäre in der linken Körperhälfte abgebildet werden. Das betrifft sowohl kognitive als auch emotionale Prozesse, die zwar überwiegend asymmetrisch auf die beiden Hemisphären verteilt sind, aber nicht vollständig. Die vegetative Gesamtreaktion eines Menschen oder auch vieler Säugetiere lässt sich somit an Hand der Messung von drei physiologischen Parametern im Wesentlichen darstellen. Entscheidend ist, dass diese Informationen möglichst korrekt aus Rohdaten herausgefiltert werden. Die sympathische und parasympathische Reaktion lässt sich mit einem gewissen Informationsverlust auch aus der HRV herausfiltern. Nähere Informationen zu den Messungen physiologischer Parameter werden in Kap. 7.4 dargestellt.

5.2.6 Ableitung von Gesundheits- und Krankheitsprozessen aus den Parametern der Synchronisation und Desynchronisations

Letztlich ergab sich die Frage, ob es anhand der regulatorischen Vorgänge im Körper möglich ist, die Zustände Gesund und Krank abzuleiten und ob es ausreichend sein könnte, diese anhand der Veränderungen der vegetativen Reaktionen abzubilden. Für die Übergänge zwischen den Zuständen Gesund und Krank gibt es verschiedene Ansichten und Modelle.

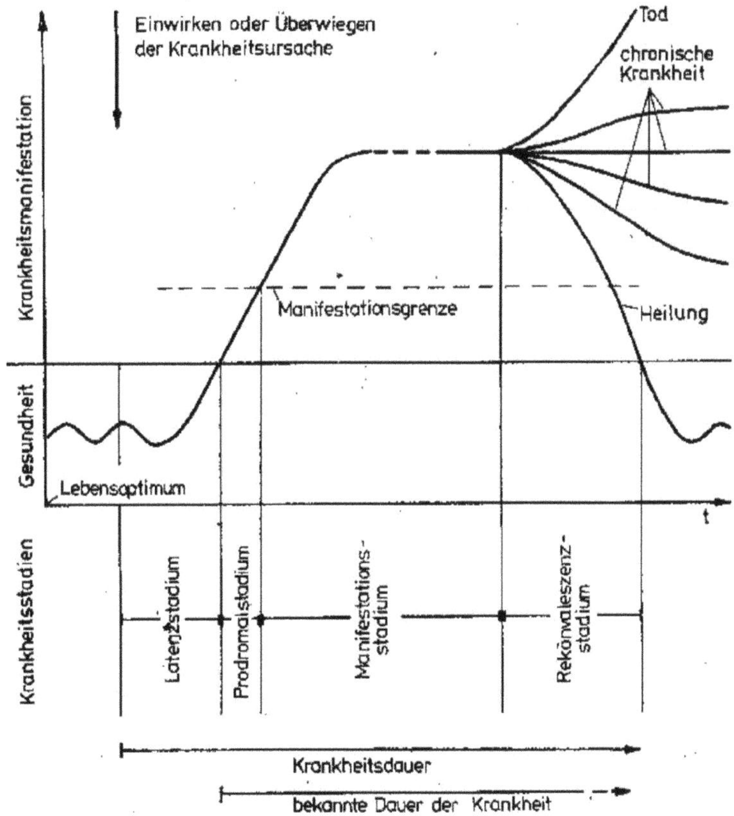

Abbildung 121 Übergänge zwischen Gesund und Krank nach Tiedt & Zwiener, 1982

Eine etwas andere Darstellung zeigt die Zuordnung von medizinischen Begriffen, beginnend von „sehr krank" zu „sehr gesund" nach Hecht & Baumann, 1974.

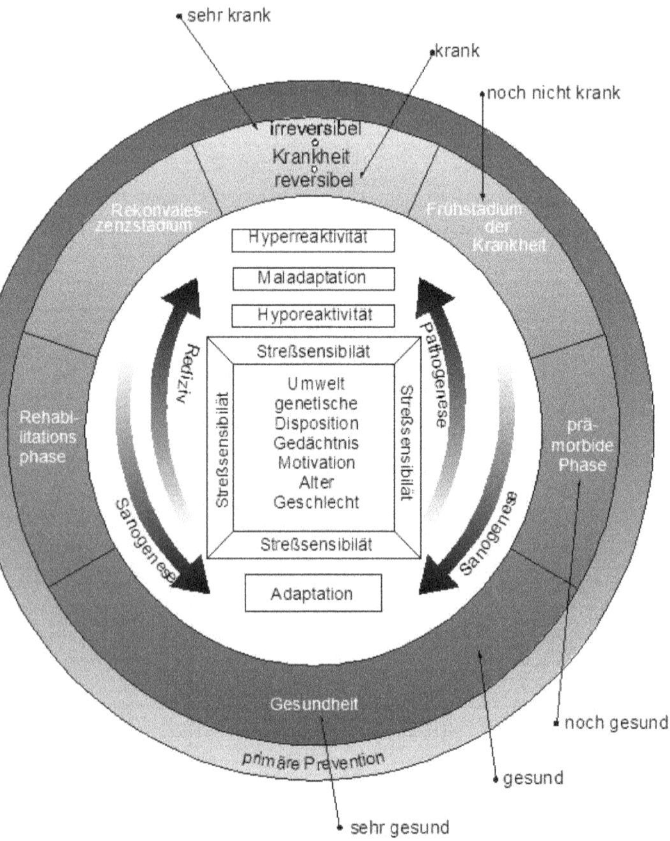

Abbildung 122 Gesundheits- und Krankheitsstufen nach Hecht & Baumann, 1974

Baevsky (Baevsky & Berseneva, 2011, S. 45) zitiert die Vorstellungen von Avicenna (Abu Ali Ibn Sina, 2003) von Gesund und Krank wie sie bereits vor über 1000 Jahren schriftlich formuliert wurden.

Ampelsystem	pränosologische Diagnostik	Skala von Avicenna	Regulationsgüte
1 (grün)	Physiologische Norm	Der Körper ist grenzenlos gesund	0
2 (grün)			1
3 (grün)			
4 (gelb)	pränosologischer Zustand	Der Körper ist gesund, aber nicht grenzenlos	2
5 (gelb)		Der Körper ist nicht gesund, aber auch nicht krank	3
6 (gelb)		Ein Körper, der die Gesundheit leicht aufnimmt	4
7 (gelb)			5
8 (gelb)			6
9 (rot)	prämorbider Zustand	Der Körper ist krank, aber nicht grenzenlos	7
10 (rot)	Versagen der Anpassung	Der Körper ist krank bis zum Äußersten	8

Abbildung 123 Vergleich der modernen medizinischen Stufen der Gesundheit mit der Gesundheitsskala von Avicenna, aus Baevsky & Berseneva, 2011

Auf der linken Seite der Abbildung 123 sind die Einträge nach Baevsky von 0 bis 10 aus einem sogenannten PARS-Wert gebildet. Dieser bezeichnet die Aktivität der Regulationssysteme. Auf der rechten Seite sind im Vergleich die Regulationsebenen (bzw. die Regulationsgüte (- qualität)) entsprechend des PSR zugeordnet.

Etwas detaillierter ist die folgende Darstellung und Zuordnung der Regulationsebenen.

PARS-Wert	Ebenen der Funktionsspannung	Regulationsgüte
1	Optimales Regulationsniveau	0
2	Normales Regulationsniveau	1
3	Mäßige funktionale Anspannung	2
4	Ausgeprägte funktionale Anspannung	
5	Akut ausgeprägte funktionale Anspannung	3
6	Überanspannung der Regulationsmechanismen	4
7	Ausgeprägte Überanspannung der Regulationsmechanismen	5
8	Erschöpfung der Regulationsmechanismen	6
9	Ausgeprägte Erschöpfung der Regulationsmechanismen	7
10	Versagen (Ausfall) der Regulationsmechanismen	8

Abbildung 124 Ebenen der Funktionsspannung nach Baevsky & Berseneva (2011) und Zuordnung der Regulationsgüte (-qualität) entsprechend dem PSR

Baevsky und Berseneva nutzen zur Bestimmung des PARS-Wertes die folgenden HRV-Parameter:

- „Summarischer Regulationseffekt anhand der Pulsfrequenz (PF);
- Gesamtaktivität der Regulationsmechanismen anhand der mittleren quadratischen Abweichung (SDNN);
- Vegetative Balance anhand der Parameter SI, RMSSD, HF;
- Aktivität des vasomotorischen Zentrums, die den Gefäßtonus reguliert, anhand der Leistung der des Spektrums langsamer Wellen 1. Grades (LF);
- Aktivität des subkortikalen Herz-Kreislauf-Nervenzentrums bzw. der übersegmentären Regulationsebenen anhand der Leistung des Frequenzspektrums der langsamen Wellen 2. Grades (VFL) und der Gesamtleistung der Spektralbereiche (TP)“

(zit. aus Baevsky & Berseneva 2011, S. 42 und S. 43).

Als vegetative Balance wird allgemein das Verhältnis der Aktivität von Sympathikus und Parasympathikus, wie es in der HRV zu finden ist, ausgedrückt (Khurs et al., 2010).

Im Rahmen der Untersuchungen zum Tierwohl, unter verschiedenen Haltungsbedingungen (Kultus et al., 2013), wurde der Begriff der vegetativen Balance von Balzer erweitert und nicht nur das Verhältnis der Aktivität von

Sympathikus und Parasympathikus, hier gemessen über die Parameter HP und HW, sondern auch die muskuläre Aktivität (Parameter EMG) und die metabolische Aktivität (Parameter HT) mit einbegriffen. Darüber hinaus gestattet das PSR auch die Einführung des Begriffes der regulatorischen Balance.

Definition der vegetativen Balance:
Die vegetative Balance kennzeichnet das Verhältnis von Aktivierung zu Deaktivierung des Individuums (Phasen aktiven Verhaltens zu Phasen de-aktiven Verhaltens).

Definition der regulatorischen Balance:
Die regulatorische Balance kennzeichnet das Verhältnis von adaptiver, guter Regulation des Organismus (wie sie z. B. im Zustand des Wohlbefindens und der Freude oder positiver Reaktion auftritt) zu gestörter, schlechter Regulation des Organismus (wie sie z. B. im Zustand der Trauer, Apathie oder Ärger, Aggressivität auftritt).

Auf dieser Grundlage konnte in einer Tierstudie (Kultus et al., 2013) anhand der Tiergesundheit bzw. des Wohlbefindens der Tiere, der Einfluss verschiedener Haltungssysteme differenziert werden. Dazu wurden Rinder (n = 117) und Pferde (n = 90) durchschnittlich über 9 Tage untersucht. Mit Hilfe des Systems smardwatch wurden die vegetativen Reaktionen (EMG, HP, HW, HT, die 3D-Beschleunigungsdaten und die Umweltparameter Beleuchtungsstärke und Lärmpegel sowie Umwelttemperatur) tierindividuell mit einer Abtastrate von 10Hz/ Parameter erfasst.

Tabelle 9 Berechnung der prozentualen Anteile einer Befindenskategorie bzw. Aktivierungskategorie für das „Mittelpferd" des Haltungssystems G

Aktivierungskategorie	Messparameter					Prozent		
	EMG	HP	HW	HT	Summe	Deak.	unbestimmt	Akt.
Deaktivierung	33	51	27	41	38	38	26	32
unbestimmt	30	24	27	22	26			
Aktivierung	32	21	42	33	32			
Befindenskategorie	EMG	HP	HW	HT	Summe	WF	unbestimmt	TÄ
Wohlbefinden (W)	17	27	13	23	20	35	26	36
Gesund - unbestimmt	17	15	11	8	13			
Freude (F)	17	11	18	13	15			
Trauer (T)	17	24	14	18	18			
Krank - unbestimmt	13	9	15	13	13			
Ärger (Ä)	16	10	24	20	17			

Die unbestimmten Kategorien entsprechen den mittleren Regulationszuständen des PSR im oberen Bereich der psycho-physiologischen Grundzustände bzw. den mittleren Regulationszuständen im unteren Bereich der psychophysiologischen Grundzustände Trauer und Ärger.

Aus den prozentualen Anteilen lassen sich damit sowohl die regulatorische als auch vegetative Balance bestimmen und letztlich in eine Gesundheits-Krankheitsskala einordnen. Es sei an dieser Stelle erwähnt, dass insbesondere bei Rindern eine gute Korrelation der Bewertung der Tiergesundheit anhand üblicher veterinärmedizinischer Check up's und dem Tierstatus, mittels der Bestimmung der regulatorischen Balance, erreicht werden konnte (r = 0,45). Dagegen lagen die Korrelationen zu den üblichen Einschätzungen der Tiergesundheit, der Welfare Quality und dem NBR (Nationaler Bewertungsbogen) usw. wesentlich niedriger. Für den Humanbereich an andere Tierarten steht die statistische Absicherung dieser Methode derzeit noch aus.

Die derzeit aktuelle Definition des Begriffs Gesundheit nach der WHO lautet:

> Gesundheit ist ein Zustand des vollständigen körperlichen, geistigen und sozialen Wohlergehens und nicht nur das Fehlen von Krankheit oder Gebrechen. (Health is a state of complete physical, mental and social well-being and not merely the absence of disease or infirmity.)

Diese Definition ist unzureichend, da sie den Zustand des vollständigen körperlichen, geistigen und sozialen Wohlergehens nicht näher beschreibt. Im Gegensatz dazu werden in der ICD 10 (Internationale statistische Klassifikation der Krankheiten Vers. 2013) einige tausend krankhafte Zustande teilweise exakt beschrieben (genauer – 22 Krankheitskapitel, 261 Krankheitsgruppen, 2037 dreistellige Krankheitsklassen, 12161 vierstellige Krankheitsklassen (Subkategorien)).

Der Begriff der Diagnose sollte daher über die Diagnose von krankhaften Zuständen hinaus auf die Zustandserfassung des gesunden Organismus hinaus erweitert werden.

In Anlehnung und Umkehrung der Definition von R. Virchow (Zitat 1) lässt sich Gesundheit wie folgt definieren:

> Gesundheit als Zustand des vollständigen körperlichen, geistigen und sozialen Wohlergehens ist dann vorhanden, wenn die regulatorischen Einrichtungen des Menschen ausreichen, eine Störung zu beseitigen. Auch ein Leben unter abnormen, extremen Bedingungen des Menschen ist möglich, wenn die regulatorischen Einrichtungen ausreichen ein Leben unter diesen Bedingungen ohne Kranksein zu ermöglichen.

Eine Störung regulatorischer Prozesse im Menschen, durch welche Einflüsse auch immer, ist somit Kriterium für die Definition von Gesund und Krank.

5.2.7 Chronobiologischer Klassifikationssysteme zur Bewertung von Gesundheit und Krankheit (Periodensystem von Regulationszuständen) an Hand eines Parameters

Die Schlafforscher waren die ersten, die mit Hilfe der Messung physiologischer Parameter physiologische Zustände definierten, in ihrem chronobiologischen Verlauf darstellten und sie zur Bewertung des Schlafes von Menschen und später auch von Tieren nutzten. Inzwischen erfolgt die Bestimmung automatisch mit Hilfe spektralanalytischer Methoden, der Bestimmung von Clustern oder unter Einsatz neuronaler Netze.

Abgeleitet von diesen wissenschaftlichen Erkenntnissen ergab sich die Frage, ob nicht auch physiologische, psychologische, biochemische oder Verhaltenszustände generell bestimmt, klassifiziert und zur Bewertung von Gesund und Krank herangezogen werden können.

Aus den Untersuchungen zum Schlafverhalten mittels EEG, EOG, EMG konnten Rechtschaffen & Kales (1968) sogenannte Schlafstadien oder Schlafzustände definieren und den Schlafforschern in Form eines Manuals eine Möglichkeit zur visuellen Bestimmung der Schlafstadien zur Verfügung stellen. Damit entstand die Möglichkeit den Schlaf in seiner Struktur darzustellen und Schlafstörungen zu klassifizieren.

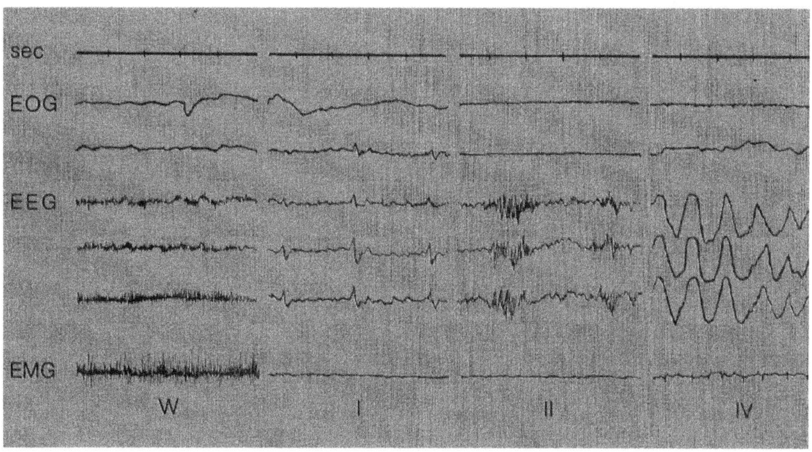

Abbildung 125 Visuelle Zuordnung verschiedener Schlafstadien zu elektrophysiologischen Aufzeichnungen nach Rechtschaffen & Kales, dargestellt in Hecht, 1992

Nachfolgend die Darstellung eines typischen Verlaufs der Schlafstadien:

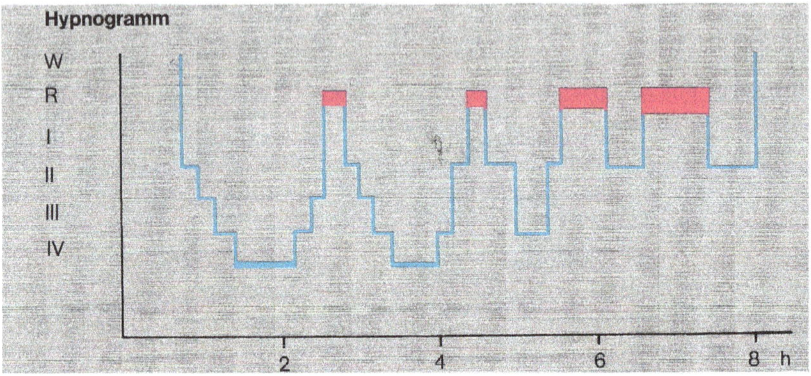

Abbildung 126 Typischer Verlauf der Schlafstadien, dargestellt in Hecht, 1992

Eine erste Klassifizierung von Reaktionsmustern des Schlafverhaltens, basierend auf Untersuchungen des Schlafverhaltens, ergab sich im Rahmen einer klinischen Studie zur Erprobung von Substanz P zur Wiederherstellung gestörten Schlafverhaltens (Balzer 1988, Hecht et al. 1990). Dabei konnten vier Verhaltensmuster bestimmt werden.

„1. Stabile Reaktion: Der 7-Tage-Rhythmus ist während der 10 wöchigen Untersuchung immer vorhanden. Diese Menschen verfügen über ein relativ starres bzw. stabiles Regulationssystem.
2. Adaptive Reaktion: In diesem Fall zeigt sich ein 7-Tage-Rhythmus mit dem ein zweiter Rhythmus (2–4 Tage Periodenlänge) wechselnd vergesellschaftet ist oder wechselnd ein 7-Tage Rhythmus mit einem signifikanten höherfrequenteren (2–4 Tage Periodenlänge) auftritt.
3. Relativ adaptive Reaktion: Hierbei zeigt sich ein 7-Tage-Rhythmus mit dem wechselnd ein höherfrequenter (2 - 4 Tage) nichtsignifikanter (2–4 Tage Periodenlänge) Rhythmus auftritt.
4. Labile Reaktion: Perioden kürzer und länger als 7 Tage sowie Periodenzerfall treten auf. Diese Menschen sind in ihrer Adaptionsfähigkeit eingeschränkt.“ (zit. aus Hecht, 1990).

Einen weiteren Zusammenhang zwischen Verteilungsfunktionen und psychologisch determinierten Zuständen lieferten Untersuchungen von Schlafzyklen bei Mensch und Tier im Zusammenhang mit neurotischen Verhaltensmustern und durch Stress ausgelöstes, neurotisches Verhalten.

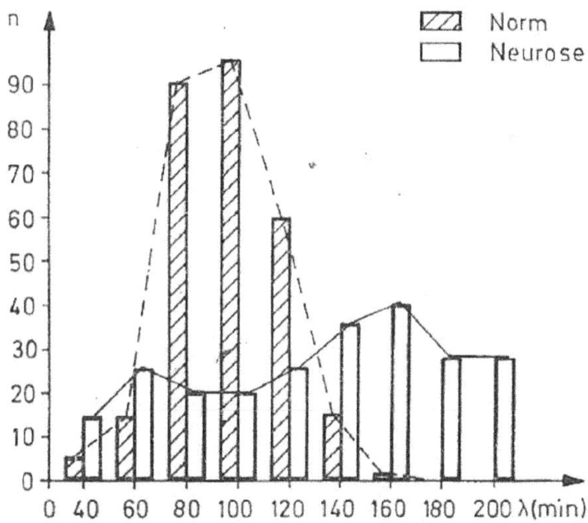

Abbildung 127 Häufigkeitsverteilung von Schlafzyklen (Periodenlängen der REM-Zyklen) von Gesunden (72 Nächte) = gestrichelte Säulen und von schlafgestörten Neurotikern (74 Nächte) = weiße Säulen, dargestellt, aus Wachtel et al., 1989

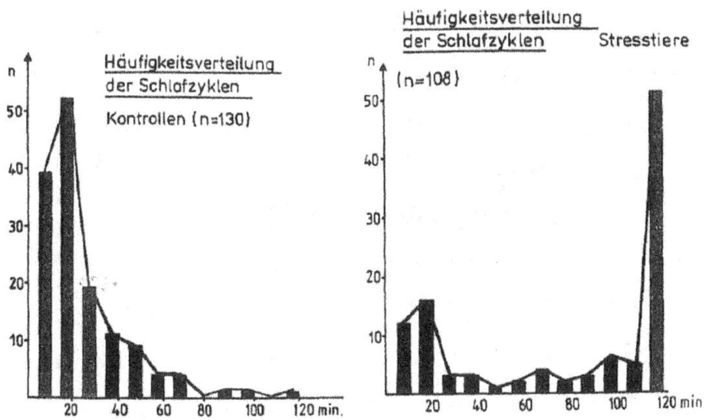

Abbildung 128 Häufigkeitsverteilung von Schlafzyklen verschiedener Rattengruppen, Kontrollen stressinduzierter Schlafstörungen, aus Hecht, 1990

Auffallend für neurotisches Verhalten sind de-synchronisierte Zustände, d. h. das scheinbar zufällige Auftreten verschiedener Periodenlängen. Dieses Merkmal wurde auch für andere physiologische Parameter sowie andere Zeitbereiche gefunden.

Von diesen Erkenntnissen ausgehend wurde allgemein ein Regulationszustand wie folgt definiert:

Definition:
Unter einem Regulationszustand wird ein für eine bestimmte Zeit quasistationärer Zustand eines Regulationssystems verstanden, der durch charakteristische Regulationsvorgänge gekennzeichnet ist. Ein charakteristischer Regulationsvorgang ist die Verteilung einer Regulationsfunktion über die Zeit, bei der die Verteilungsfunktion mathematisch definierbare Charakteristika enthält (Gipfligkeit, Schiefe usw.). Regulationsvorgänge werden unter anderem durch multiplikative[36] *bzw. demultiplikative Sprünge der Regulation charakterisiert.*

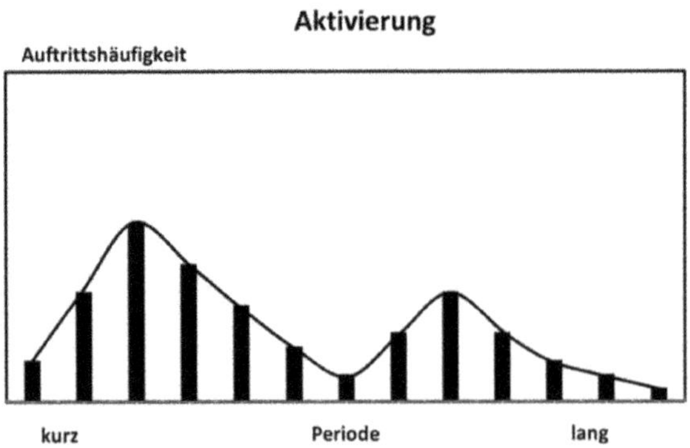

Abbildung 129 Modell eines Regulationszustandes mit Überwiegen der kürzeren Periodenlängen

Im Laufe der letzten Jahrzehnte konnte eine Reihe weiterer, charakteristischer Verteilungsfunktionen der verschiedensten Parameter in den unterschiedlichsten Zeitbereichen gefunden werden sowie in einen logischen Zusammenhang gebracht werden. Daraus entwickelte sich schrittweise das Periodische System der Regulationszustände, das verschiedene Zustände eines lebenden Systems widerspiegelt.

36 Darunter sind ganzzahlige Vielfache der Grundperiode zu verstehen.

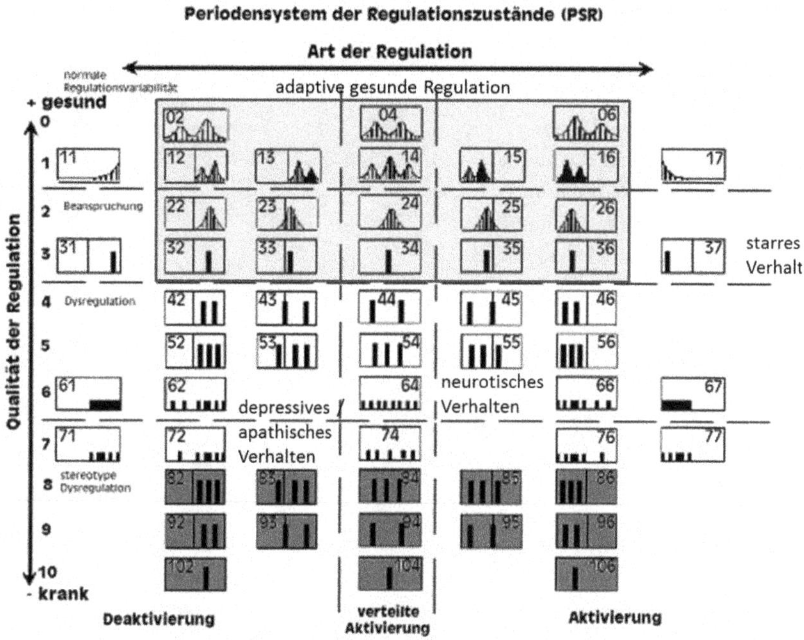

Abbildung 130 Periodensystem der Regulationszustände nach Balzer, 2000; modifiziert durch Fritz, 2005

Die Abbildung 130 zeigt den derzeitigen Stand des Periodensystems der Regulationszustände. Das PSR widerspiegelt das nichtlineare und komplexe Verhalten eines geregelten, biologischen Systems (s. auch Kap. 9).

Dabei entsprechen die zweistelligen Zahlen den verschiedenen Regulationszuständen. Die Einer-Dezimalstelle 1, 2 und 3 entspricht der Deaktivierung und wird graphisch mit –1 dargestellt. Die Einer-Dezimalstelle 4 der verteilten Aktivierung wird graphisch mit 0 dargestellt. Die Einer-Dezimalstelle 5, 6 sowie 7 entspricht der Aktivierung und wird graphisch mit +1 dargestellt. Die Zehner-Dezimalstellen entsprechen der Regulationsgüte in der Skalierung von 0 (sehr gut) bis 10 (sehr schlecht).

Tabelle 10 Grundeinteilung des PSR

Anfangsziffer		Endziffer	
0	Normale Regulation	**1, 2, 3**	Deaktivierte Regulation (dr)
1	Verteilte Regulation	**4**	Verteilte Regulation (vr)
2	Konzentrierte Regulation	**5, 6, 7**	Aktivierte Regulation (ar)
3	Stereotype Regulation		
4	Stereotype Dysregulation		
5	Konzentrierte Dysregulation		
6	Aufgelöste Dysregulation		
7	Sprunghafte Dysregulation		
8	Schwach konzentrierte Dysregulation		
9	Schwach stereotype Dysregulation		
10	Starre Dysregulation		

In der Tabelle 11 sind Grund- und Feineinteilungen in erweiterter Form aufgelistet (s. auch Fritz 2005). Bei der Feineinteilung wurde zur Vereinfachung zusätzlich für jeden Zustand eine Abkürzung eingeführt, wobei „a" für „activation", „c" für „concentration", „d" für „deactivation, „h" für „hypertype" und „s" für „stereotype" steht.

Tabelle 11 Grund – und Feineinteilung des PSR

PSR-Nr.	Bezeichnung	Abkürzung
02	Deaktivierte, normale Regulation	**d0**
04	Verteilte, normale Regulation	**c0**
06	Aktivierte, normale Regulation	**a0**
11	Einphasische, hyperdeaktivierte Regulation	**hd1**
12	Zweiphasische, ansteigende, hyperdeaktivierte Regulation	**d1**
13	Zweiphasische, abfallende, hyperdeaktivierte Regulation	**sd1**
14	Mehrphasische, verteilte Regulation	**c1**
15	Zweiphasische, abfallende, hyperaktivierte Regulation	**sa1**
16	Zweiphasische, ansteigende, hyperaktivierte Regulation	**a1**
17	Einphasische, hyperaktivierte Regulation	**ha1**
22	Konzentrierte, deaktivierte Regulation	**d2**
23	Konzentrierte, schwach deaktivierte Regulation	**sd2**
24	Konzentrierte Regulation	**c2**

Tabelle 11 Fortsetzung

PSR-Nr.	**Bezeichnung**	**Abkürzung**
25	Konzentrierte, schwach aktivierte Regulation	**sa2**
26	Konzentrierte, aktivierte Regulation	**a2**
31	Stereotype, hyperdeaktivierte Regulation	**hd3**
32	Stereotype, deaktivierte Regulation	**d3**
33	Stereotype, schwach deaktivierte Regulation	**sd3**
34	Stereotype, konzentrierte Regulation	**c3**
35	Stereotype, schwach aktivierte Regulation	**sa3**
36	Stereotype, aktivierte Regulation	**a3**
37	Stereotype, hyperaktivierte Regulation	**ha3**
42	Stereotype, deaktivierte Dysregulation	**d4**
43	Stereotype, schwach deaktivierte Dysregulation	**sd4**
44	Stereotype, verteilte Dysregulation	**c4**
45	Stereotype, schwach aktivierte Dysregulation	**sa4**
46	Stereotype, aktivierte Dysregulation	**a4**
52	Konzentrierte, deaktivierte Dysregulation	**d5**
53	Konzentrierte, schwach deaktivierte Dysregulation	**sd5**
54	Konzentrierte Dysregulation	**c5**
55	Konzentrierte, schwach aktivierte Dysregulation	**sa5**
56	Konzentrierte, aktivierte Dysregulation	**a5**
61	Aufgelöste, deaktivierte Dysregulation	**hd6**
62	Aufgelöste, schwach deaktivierte Regulation	**d6**
64	Aufgelöste Dysregulation	**c6**
66	Aufgelöste, schwach aktivierte Dysregulation	**a6**
67	Aufgelöste, aktivierte Dysregulation	**hd6**
71	Konzentrierte und sprunghafte, deaktivierte Dysregulation	**hd7**
72	Sprunghafte, deaktivierte Dysregulation	**d7**
74	Sprunghafte, verteilte Dysregulation	**c7**
76	Sprunghafte, aktivierte Dysregulation	**a7**
77	Konzentrierte, und sprunghafte aktivierte Dysregulation	**ha7**
82	Schwach konzentrierte, deaktivierte Dysregulation	**d8**
83	Schwach konzentrierte, schwach deaktivierte Dysregulation	**sd8**
84	Schwach konzentrierte Dysregulation	**c8**
85	Schwach konzentrierte, schwach aktivierte Dysregulation	**sa8**

(wird auf nächster Seite fortgeführt)

Tabelle 11 Fortsetzung

PSR-Nr.	Bezeichnung	Abkürzung
86	Schwach konzentrierte, aktivierte Dysregulation	**a8**
92	Schwach stereotype, deaktivierte Dysregulation	**d9**
93	Schwach stereotype, schwach deaktivierte Dysregulation	**sd9**
94	Schwach verteilte Dysregulation	**c9**
95	Schwach stereotype, schwach aktivierte Dysregulation	**sa9**
96	Schwach stereotype, aktivierte Dysregulation	**a9**
102	Starre, deaktivierte Dysregulation	**d10**
104	Starre Dysregulation	**c10**
106	Starre, aktivierte Dysregulation	**a10**

Anhand verschiedener Studien konnten bisher verschiedene der dargestellten Regulationszustände gefunden werden.

Der zeitliche Verlauf von Regulationszuständen gibt einen wichtigen Hinweis auf Zusammenhänge bzw. Gesetzmäßigkeiten unter dem Einfluss verschiedener Wirkfaktoren wie z. B. die Wirkung aufeinanderfolgender Reize auf den Organismus. Ein anschauliches Beispiel konnte von Balzer (2003) im Rahmen einer BSE-Studie an Rindern erhoben werden.

Der im Folgenden dargestellte Verlauf der vegetativen Reaktion stellt die aufeinanderfolgende Wirkung einzelner Reize eines speziellen BSE-Tests dar. Der zyklische Verlauf beginnt im deaktivierten Bereich und wechselt zwischen Aktivierung und Deaktivierung, wobei die Berührung des Tieres mit der Hand davon abweicht und zu einer geringen Deaktivierung führt. Im Testverlauf haben die Prephase und Postphase eine Dauer von 10 Minuten. Die Reize mit einer Dauer von einer Minute folgen im Abstand von je einer Minute Pause zwischen den Reizen. Insgesamt verschlechtert sich der vegetative Zustand des Tieres durch die summarische Reizgabe zu einer starken Aktivierung bzw. Verringerung der Regulationsqualität. Der Verlauf ist zyklisch.

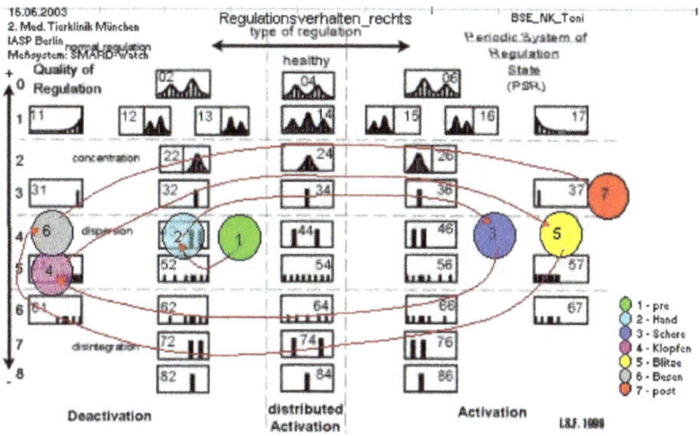

Abbildung 131 Gemittelte Regulationszustände für alle Einzelphasen über die rechte Seite und alle Parameter eines Rindes im Rahmen eines modifizierten Tests auf Sensibilität (BSE-Test) nach Balzer, 2003

Die Messung des gleichen Parameters auf beiden Körperhälften (z. B. beim Menschen, linker und rechter Arm) zeigt einen weiteren, interessanten Zusammenhang

In einer Pilotstudie zur Untersuchung der Aktivierungsverhältnisse im Tagesverlauf konnte ein uhrwerksartiger Wechsel der Aktivierungen bemerkt werden:

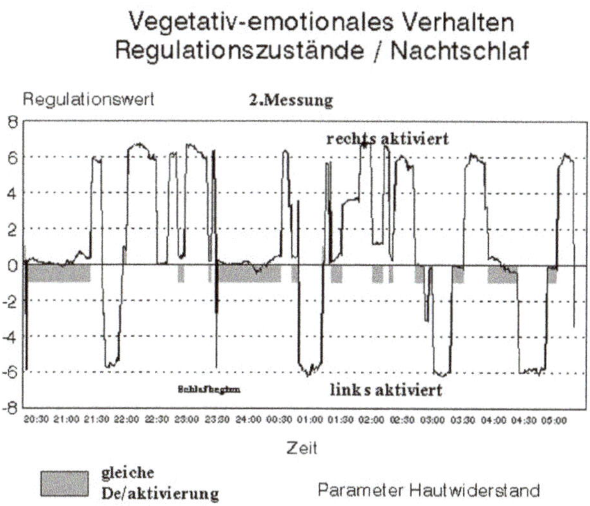

Abbildung 132 Wechsel der Aktivierungs-Deaktivierungsverhältnisse der vegetativ-emotionalen Regulation (Messgerät HIMEM) (Balzer, 2008)

In einigen Fällen hat sich gezeigt, dass eine getrennte Auswertung der Aktivierungsverhältnisse zu einem besseren Verständnis der Veränderung im Organismus führt, als bei komplexer Darstellung oder sogar gemischter Zustände. Das Aktivierungsverhältnis meint also das Wechselspiel zwischen Aktivierung und Deaktivierung – bezogen auf die horizontale Achse des PSR – bzw. die Veränderung der Qualität der Regulation (oder auch Regulationsgüte) – bezogen auf die vertikale Achse des PSR. Besonders eindrucksvoll konnte die Wirkung von Musik auf die Qualität der Regulation im Rahmen der Musikwirkungsstudie (Balzer et al., 2004) erhoben werden, publiziert in Balzer, 2009. Dabei wurde deutlich, dass äußere Faktoren, in diesem Falle Musik, eher Einfluss auf die Regulationsgüte haben als auf die Änderung von Aktivierungsverhältnissen. An dieser Stelle nur ein Auszug zum Verständnis.

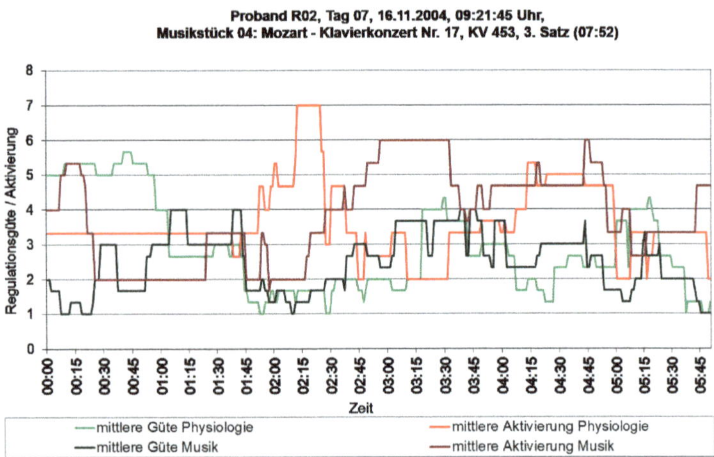

Abbildung 133 Zusammenhänge zwischen den gemittelten Werten der Regulationsgüte und den gemittelten Werten der regulatorischen Aktivierung eines Probanden beim Hören von Musik, Balzer et al. 2004, Balzer, 2009

Die gemittelten Werte wurden für die physiologische Reaktion des Probanden aus den Regulationszuständen des Elektromyogramms, des Hautpotentials und des Hautwiderstands ermittelt. Die gemittelten Werte für die regulatorischen Inhalte (Regulationszustände) der Musik werden hingegen aus den Parametern Amplitudenänderung, Änderung der spektralen Zusammensetzung, Änderung der Tonfolgedichte des Audiosignals der Musik ermittelt.

5.2.8 Ableitung von Gesundheits- und Krankheitsprozessen mittels der Bestimmung der Hypersensibilität der Haut

In Untersuchungen zum Stresserleben in Extremsituationen (Stueck, et al. 2005b) wurden Hypersensibilitätszustände der Haut als Vorstufe zu Erschöpfungszuständen definiert und entdeckt. Diese regulationsdiagnostischen Begleitzustände spielen eine wichtige Rolle in der Bewertung einer Person oder personengruppe hinsichtlich von chronischen Stresszuständen bzw. Burnoutzuständen. Sowohl die Aktivierung als auch die Sensibilität unterliegen chronobiologischen Einflüssen, wie z. B. dem circadianen Rhythmus. In den circadianen Rhythmus eingebettet sind der Basis-Ruhe-Aktivitätszyklus (BRAC- Kleitmann 1963, 1970) mit einer Dauer von ca. 2 Stunden und die Schlafneigungszeitpunkte (SNZ), die im Abstand von ca. 4 Stunden auftreten. Dabei wird in der Regel der Mensch umso sensibler, je deaktivierter er ist und umgekehrt. Die Sensibilität erreicht somit in Ruhephasen ein Maximum. Bei weiterer Zunahme der Einwirkung von Stressoren kommt es zu einer Überlastungsreaktion (nach Pawlow 1955 – Überlastungshemmung) Durch fortwährende Stressoreneinwirkung verschiebt sich das Sensibilisierungsniveau zu niedrigen Werten hin. Letztlich genügen geringe oder geringste Stressoren um mit einer Überlastungsreaktion zu reagieren. Dabei ist die Art der des Stressors (z.B. Lärm, Licht, Berührung,...) oft nicht entscheidend für das Auftreten solcher Überlastungsreaktionen, weshalb auch in diesem Zusammenhang von unspezifischer Hypersensibilität gesprochen wird. Die unspezifische Hypersensibilität kann zeitweise (zeitweilig) oder manifestiert (dauernd) auftreten.

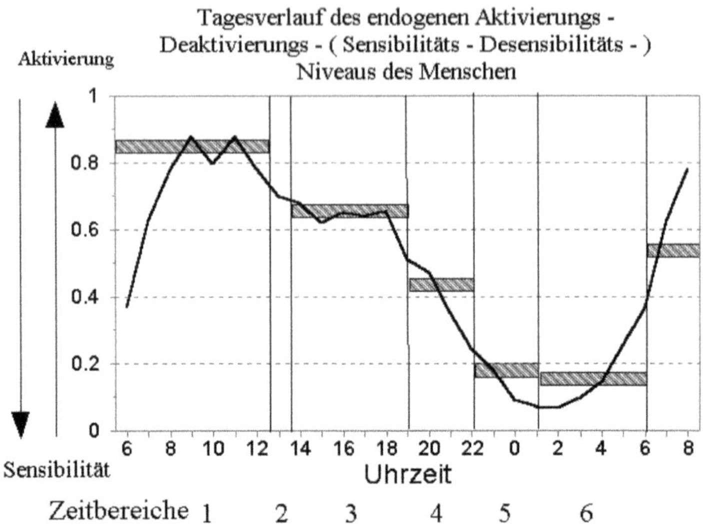

Abbildung 134 Tagesverlauf der endogenen Aktivierung – Sensibilisierung; Maschke, C., Hecht, K., Balzer, H.-U. (1996): Lärmmedizinisches Gutachten für den Flughafen Hamburg

Das Auftreten von unspezifischer Hypersensibilität kann als 2. Kriterium für Erschöpfungszustände angesehen werden. (1. Kriterium ist das vermehrte Auftreten von Überlastungshemmungen). Unspezifische Hypersensibilität kann nach bisherigen Erfahrungen durch das Auftreten zusätzlicher Zellpotentiale nachgewiesen werden.

Die unspezifische Hyper – oder Hyposensibilität ordnet sich in den allgemeinen Verlauf der Erschöpfung des Organismus wie folgt dargestellt ein:

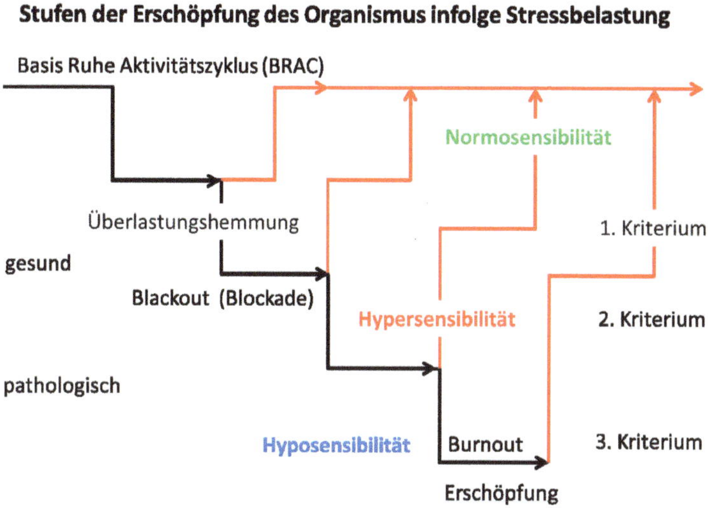

Abbildung 135 Einordnung der Hyper – und Hyposensibilität in das Stufen-Modell der Erschöpfung des Organismus (Stueck, Balzer et al. 2005b, Stück, Balzer 2013)

Unspezifische Hypersensibilität kann infolge ständiger oder wiederholt unregelmäßiger Beanspruchung z. B. durch Lärm, Störung des Schlaf-Wach-Rhythmus oder multifaktorieller Wirkungen verschiedener Stressoren entstehen. Es ist ein Übergangszustand von gesund zu krank und ein Ausdruck für die Vulnerabilität. Sie ist nicht mit Hochsensibilität zu verwechseln. Hypersensibilität kann als Parameter für chronischen Stress und als Folge der Überbelastung durch Stress angesehen werden (s. Abbildung 135). Sie zeichnet sich durch eine abnormal gesteigerte Sensitivität gegenüber Stimuli aus. Hypersensibilität ist eingebettet in eine Folge von Stressreaktionen des Organismus und ist eine border-line – Erscheinung im Übergang zwischen gesund und krank. Beim Auftreten von chronischer Hypersensibilität reicht die Regulationsfähigkeit des Organismus nicht aus, um die Störung zu beseitigen.

Es werden verschieden Arten von Hypersensibilität unterschieden:

- taktile, akustische, chemische Hypersensibilität, Elektrosensibilität;
- darüber hinaus gibt es die unspezifische Hypersensibilität, die durch eine Teilhypersensibilisierung entstehen kann, aber bei der die Person später auf verschiedenste Stimuli hypersensibel reagiert;

- im metabolischen Bereich (Stoffwechselprobleme) können Allergien dem Begriff der Hypersensibilität zugeordnet werden;
- infolge neurologischer Störungen können Hypersensibilitäten ausgelöst werden und/oder treten als Begleiterscheinung auf.

Hypersensibilität kann als vulnerabler Zustand angesehen werden. Als Vulnerabilität wird in der Medizin und in der Psychologie die Anfälligkeit bezeichnet, an einer bestimmten Krankheit zu erkranken. Resilienz (Widerstandsfähigkeit) wird in der Psychologie als das Gegenteil von Vulnerabilität betrachtet. Personen, die als vulnerabel gelten, sind emotional leichter anfällig und können leichter psychische Störungen entwickeln (Wenninger 2003). Der Effekt-Mechanismus dahinter könnte in der Betrachtung des Zusammenhangs zwischen der Leistungsfähigkeit bzw. der Leistungserbringung, dem Grad der Sensibilität und dem Erregungs- bzw. Entspannungszustand einer Person bestehen. Folgendes Modell wird dabei angenommen (s. Abbildung 136): Zu Beginn einer Entspannung – ausgehend vom Punkt 0 in Abbildung 136 – kann die Sensibilität ansteigen, ohne gewöhnlich jedoch den Bereich der Hypersensibilität zu erreichen und bei Erreichen einer tiefen Entspannung („Abschalten“) können Zustände der Hyposensibilität auftreten. Darüber hinaus kann Hyposensibilität entweder veranlagt sein oder infolge Überbeanspruchung bei Erschöpfung oder Burnout entstehen. Es wird angenommen, dass Menschen, die hochsensibel veranlagt oder entwickelt sind (z. B. Künstler), unter Stressoreneinfluss schneller in den Bereich der Hypersensibilität und nachfolgend – in Folge Erschöpfung – in den Bereich der Hyposensibilität geraten. Derzeit wird außerdem angenommen, dass der Übergang von hypersensibel zu hyposensibel bei sehr starker Erregung sprunghaft erfolgt (s. Abbildung 136).

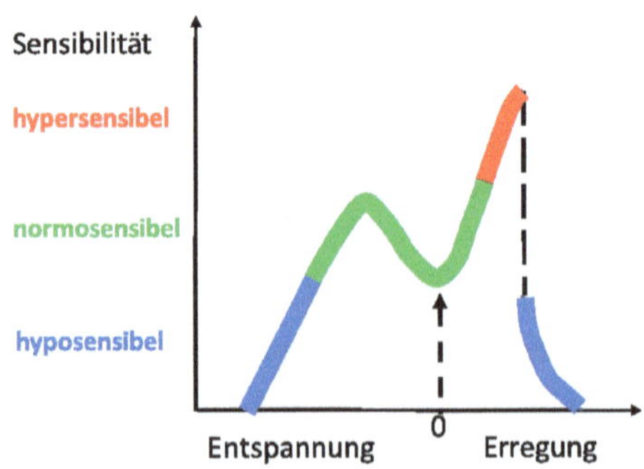

Abbildung 136 Modell des Zusammenhangs zwischen Sensibilität, Entspannung und Erregung

Wie Untersuchungen im Rahmen der Analyse von Daten des Blutdruckentspannungstests (BET) ergaben, musste für den Begriff der Entspannungsfähigkeit an Hand der Messung des systolischen Blutdrucks eine Klassifikation entsprechend der Toniegruppen (Hypertoniker, Normotoniker und Hypotoniker) vorgenommen werden (s. Tabelle 8). Im Zusammenhang mit der Erstellung des Lärmmedizinischen Gutachtens für den Flughafen Hamburg konnte ein genereller Zusammenhang zwischen der Sensibilität und der Aktivierung festgestellt werden (s. Abbildung 220). Aus diesen Untersuchungen geht hervor, dass im Allgemeinen die Sensibilität mit Zunahme der Entspannung steigt. Mit anderen Worten, je entspannter man ist, desto sensibler ist man und kann dementsprechend gut reagieren, die Konzentrationsfähigkeit und Wahrnehmungsfähigkeit steigen. Dieser Zusammenhang gilt für den normosensiblen Bereich (s. Abbildung 137). Der Erfolg einer guten Entspannungsfähigkeit vor Beginn einer hohen Konzentrationsleistung ist in Hecht & Balzer, 1999, dokumentiert. Das Ergebnis dieser Untersuchungen zeigte, dass für eine hohe Konzentrationsleistung eine hohe Entspannungsfähigkeit vor der Konzentrationsleistung Voraussetzung ist. Gleiches gilt für die Technik des Bogenschießens, bei der u. a. im Moment der Ausatmung wird der Bogen abgeschossen und eine hohe Treffsicherheit erlangt. Der komplexe Zusammenhang ist in der folgenden Abbildung 137 dargestellt. Im hyposensiblen Bereich ist dagegen eine Anregung erforderlich, um eine Konzentrationsfähigkeit zu erreichen. Im hypersensiblen Bereich führen Anregungen zu einer Verringerung der Konzentrationsfähigkeit.

Zusammenfassend kann festgestellt werden, dass es einen inversen Zusammenhang zwischen Entspannungszustand und Entspannungsfähigkeit sowie Konzentrationszustand und Konzentrationsfähigkeit gibt, mit anderen Worten, je höher der Konzentrationszustand, desto niedriger die Fähigkeit sich von diesem Zustand aus noch weiter zu konzentrieren und umgekehrt. Für die Entspannung gilt – je größer der Entspannungszustand, umso geringer die Fähigkeit sich von diesem Zustand aus weiter entspannen zu können. Dieser Zusammenhang ist insbesondere bei der Erfassung von Entspannung und Konzentration mittels Fragebögen zu berücksichtigen.

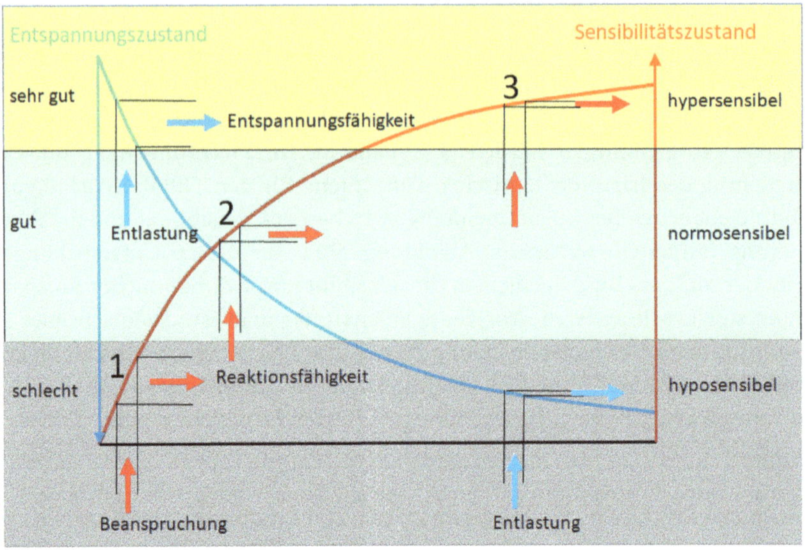

Abbildung 137 Sensibilitätszustand und Reaktionsfähigkeit sowie Entspannungszustand und Entspannungsfähigkeit

Die Sensibilität im Allgemeinen unterliegt aber auch den rhythmischen Schwankungen im Tagesverlauf, sowohl den circadianen als auch den ultradianen Schwankungen. Darüber hinaus kann sie im Tagesverlauf auch phasenweise vorhanden sein, z. B. bei Auftreten von Pollenbelastungen und darauffolgenden allergischen Reaktionen oder scheinbar spontan auftreten, wie bei Heuschnupfen.

Es wurden folgende Untersuchungsergebnisse zu den psychologischen Entsprechungen der Hypersensibilität gefunden:

- signifikant häufigeres Auftreten bei Synästhetikern im Vergleich zur Kontrollgruppe (Schneider, Stueck, Hecht 2001);
- Korrelationen zu frühkindlichen Traumata durch elterliche Erziehungsstile (Bestrafung, Kontrolle) (Stück, Balzer 2013);
- Korrelationen zu dysfunktionalen Einstellungen (Stueck, Villegas, 2008);
- einzelne Items der kognitiven, affektiven und des Verhaltensaspekts der Empathie korrelieren mit Hyper -und Hyposensibilität. Es wird angenommen, dass Empathie einen kompensatorischen Aspekt haben könnte mit dem Ziel der verbesserten Autoregulation;

- Abbau von Hypersensibilität durch Biodanza (Versuchsgruppe in Argentinien und Deutschland) und Meditation (Synästhesie) (Stueck, Villegas, 2008);
- Drop Out Rate erhöht bei Personen mit Hypersensibilität verbunden mit Typ Burn Out (Schaarschmidt, 2005). Hypersensible Versuchspersonen, die zum Typ Schonung gehören, verbleiben dagegen in der Versuchsgruppe (Raykova, 2014);
- 90 % der Personen, die ihre Häuser verloren hatten waren hypersensibel nach Erdbeben in Nepal **(Stueck, 2014);**
- statistisch nachweisbare Korrelationen (r =0,2 – 0,5) der Hypo -und Hypersensibilität zu psychologischen Skalen zur Messung des Hypersensiblen Syndroms (Aaron, adaptiert durch Stück, Balzer 2013) mit den Items Licht, Lärm, Gerüche, Schmerzempfinden. Die mit dieser Skala gemessene Hypersensibilität korreliert mit psychomotorischer Hyperaktivität oder Passivität (weniger Schritte) bei Pflegepersonal einer psychiatrischen Klinik (Stueck, Balzer, Mueller, 2014) und mit einem verringerten Wohlbefinden in Räumen (Stück, Balzer, Müller, 2014);
- ebenso wurde mit der Hypersensibilitätsskala (Aaron, adaptiert durch Stueck, Balzer 2013) ein Absinken der Hypersensibilität bei erfolgreichen Bergsteigern (n =4) im Unterschied zu einer Versuchsperson, die nicht auf dem 5725 Meter hohen Gipfel stand, nachgewiesen (Abbildung 12).
- signifikante Korrelation der Hypersensibilität (r =.52**) mit dem Verhaltenstyp Schonung bei Lehrern, der wiederum mit mit der physiologischen Aktivierung (r =.38**) signifikant korreliert (Stueck, Rigotti und Balzer, 2005, s. Tabelle 12).

Der Typ S (Schonung) ist charakterisiert durch die vergleichsweise geringsten Ausprägungen des Arbeitsengagement und der Motivation, bei gleichzeitig hoher Distanzierungsfähigkeit zu Arbeitsproblemen (Schaarschmidt, 2005)

Tabelle 12 Verteilung von Aktivierungsverhältnissen, Hypersensibilität und Überlastungshemmung bei Lehrern

Typ	Aktivierung	Deaktivierung	verteilte Aktivierung	Überlastungs-hemmung	Hypersensibilität
S	.38*	-.41*	-.34'*	-.27	.52**
A	-.27	.20	.29	.36	-.36
G	-.10	-.05	.16	.21	-.10
B	.12	.02	-.17	-.28	.14

* p<.10, **p<.05 (einseitig), N = 20

Zusammenfassend nehmen die Autoren folgendes Modell an um die Hyper- und Hyposensibilität Chrono-Bio-Psychologisch zu beschreiben (Abbildung 138).

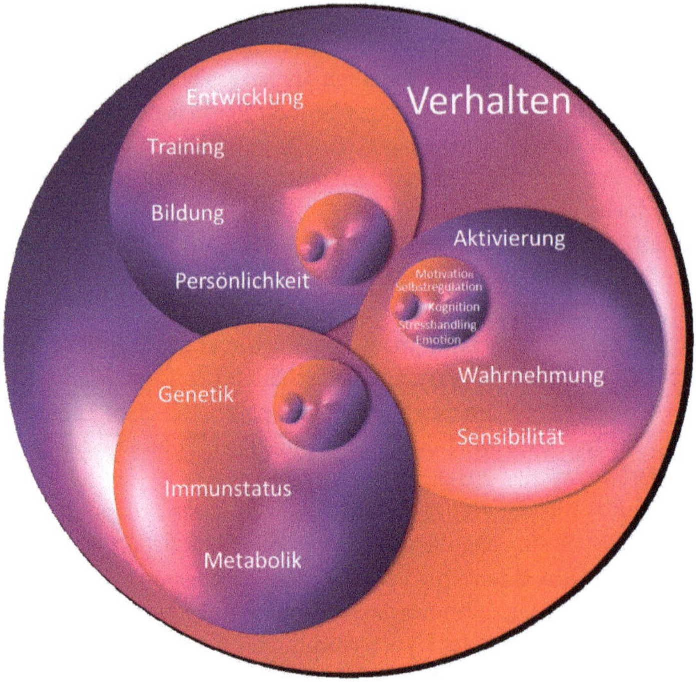

Abbildung 138 Modell des Zusammenhangs zwischen Sensibilität, psychophysiologischen, sozialen und genetischen Merkmalen

Das Modell in der Abbildung 138 beschreibt den komplexen mehrdimensionalen Zusammenhang zwischen verschiedensten Merkmalen des Menschen, die sein Verhalten maßgeblich bestimmen und die Hyper- und Hyposensibilität bedingen. Darüber hinaus zeigt es die Einbettung der Sensibilität in das Merkmal der Aktivierung. Die räumliche Struktur dieser in einander eingebetteten Strukturen versucht einerseits sowohl die Überlappung der Merkmale darzustellen und damit ihren gegenseitigen Einfluss als auch die Rückwirkung, die z. B. das Verhalten auf die Persönlichkeitsentwicklung hat.

a) Einordnung der Hypersensbilität in den patho-psychologischen Bereich:

In diesem Bereich lassen sich die 4 Stufen des physiologischen Stufen-Models der Erschöpfung des Organismus infolge Stressbelastung nach Stück, Balzer (2013), Stueck, et. al. (2005b) – BRAC, Überlastungshemmung, Hypersensibilität,

Erschöpfung – auch mit dem Stress-Model nach Schröder (Abb. 132, zit. in Stueck, 1997) vergleichen. Schröder (1996) definiert Stress als eine zweckmäßige Zusatzregulation bzw. Alarmreaktion, die in kritischen Belastungssituationen eintritt, wenn Grundbedürfnisse auf physischer und psychischer Ebene bedroht sind und damit existentielle Konsequenzen möglich werden. Auf psychischer Ebene handelt es sich dabei um folgende Bedürfnisse:

- Umweltkontrolle (drohender Kontrollverlust, d. h. Einschätzung des Individuums; bestimmte Situationen nicht kontrollieren zu können);
- Selbstkontrolle (sich selbst nicht unter Kontrolle zu haben);
- Selbstentwicklung (sich selbst nicht entwickeln zu können);
- soziale Integration (nur auf sich selbst gestellt zu sein und keine Hilfe erwarten zu können, Erleben drohender Abkopplung bzw. Isolation).

Diese Definition basiert auf transaktionalen Vorstellungen, d. h. nicht nur bestimmte Situationen oder Ereignisse (Stressoren) lösen Stress und damit Veränderungen im psychophysischen System aus, sondern der Mensch setzt sich aktiv und bewertend mit den Belastungen auseinander. Die Person-Umwelt-Beziehung wird durch sein Handeln und die entsprechende Rückmeldung fortlaufend und dynamisch verändert. Hinsichtlich der Qualität und Quantität von Stress als Zusatzregulation wird zwischen akutem und chronischem Stress unterschieden. Im Rahmen transaktionaler Vorstellungen beschreibt Schröder (1996) den Vermittlungscharakter von akutem und chronischem Stress zwischen Gesundheit und Krankheit und erläutert die dabei wirkenden pathogenen Transformationsglieder. Die beiden Pole "gesund" und "krank" werden dabei wie folgt definiert (s. Tabelle 13):

Tabelle 13 Definitionen zu Gesundheit und Krankheit nach Schröder (1992, 1996)

Gesundheit (GH)	Krankheit (KH)
GH kann als ein transaktionaler Zustand (Balance) zwischen dem Individuum, seinem autonomen Potential zur Selbstorganisation und Selbsterneuerung und seiner sozialökonomischen Umwelt angenommen werden.	KH ist Ausdruck einer gestörten Wechselbeziehung zwischen Organismus und Umwelt. KH kann an verschiedenen Prozessqualitäten ansetzen, strahlt dann aber aus und bezieht die gesamte Lebenstätigkeit ein (somatische, psychische und soziale Ebene). Durch Spezifizierungsangaben werden Krankheiten terminologisch gekennzeichnet.

Der Destabilisierungsprozess von Gesundheit hin zur Krankheit verläuft unter Belastungsdruck über vier Stufen (s. Abbildung 139):

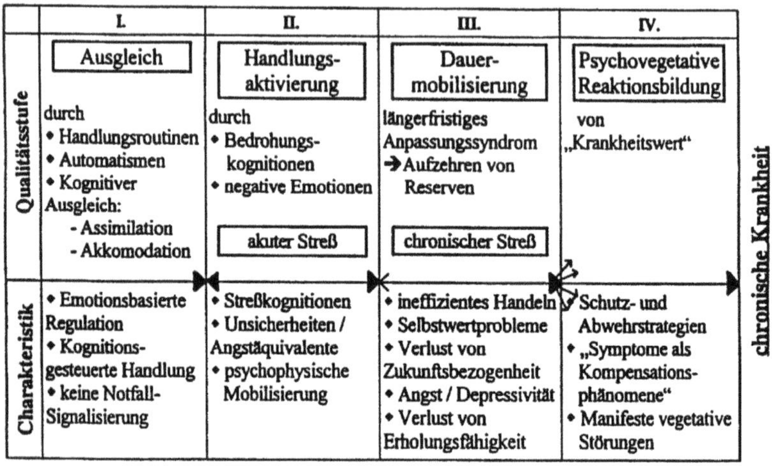

Abbildung 139 Stufen der Zusatzregulation und Destabilisierung unter Belastungsdruck nach Schröder 1996

Diese Stufen des psychologischen Modells von Schröder (1996, Abbildung 139) können wie bereits erwähnt mit dem physiologischen Stufenmodell der Erschöpfung des Organismus infolge von Stressbelastung nach Stück, Balzer (2013, Stueck, Balzer, 2005b) verglichen und ergänzt werden.

Stufe I (Normal funktionierende Autoregulation = Stufe des Ausgleichs; Vergleich mit physiologischen Stufenmodells der Erschöpfung / Abbildung 135 = Stufe 1 des normal funktionierenden BRAC)

Diese Stufe enthält Formen verhaltensmäßiger Routineregulation, d. h. Alltagsanforderungen können mit Handlungsroutinen bzw. den üblichen Aktivitätsprogrammen automatisch bewältigt werden (z. B. mit dem funktionierenden BRAC). Bei Widersprüchen bzgl. der Adaption des Gesamtsystems "Mensch" an die sich ständig ändernden System-Umgebungen werden die regulativen Operationen (emotionsbasierte Regulation, kognitionsgesteuerte Handlungen) unter zentraler Kontrolle willkürlich ausgeführt.

Stufe II (Akuter Stress = Stufe der Handlungsaktivierung; Vergleich mit physiologischen Stufenmodells der Erschöpfung / Abbildung 135 = Stufe 1 des normal funktionierenden BRAC und Stufe 2 der beginnenden Überlastungshemmung bei weiter andauernder Belastung):

Wenn die Umwelt-Person-Diskrepanz nicht bewältigt werden kann und Belastungs- bzw. Bewältigungsbewertungen zur Identifizierung einer Bedrohungssituation führen, steht das Gesamtsystem "Mensch" unter dem Druck einer zu leistenden selbstgesteuerten und organisierten Anpassung an die veränderten Außenbedingungen. Es wird ein Notfall-Programm eingeschaltet, und es kommt zur Handlungsaktivierung. So ergibt sich die akute Stressreaktion als zweckmäßige psychoenergetische Bereitstellungsreaktion, wodurch eine wichtige Lösungsvoraussetzung für die zugespitzte Lebenslage geschaffen wird. Im Rahmen der akuten Stressreaktion kommt es, gesteuert durch den Hypothalamus und das limbische System und vorwiegend vermittelt über die stressbeeinflussten Hormone (vor allem der Katecholamine: Adrenalin und Noradrenalin), zu einer Verschiebung des vegetativen Tonus zugunsten der Erregung des sympathischen Nervensystems (Sympathikotonus, ergotroper Zustand).

Tafel 2 Physiologische Abläufe während einer akuten Stressreaktion (Linneweh, Haeberlin, 1993)

Alarmsignale werden vom Auge, Ohr oder Tastsinn an das Zwischenhirn gemeldet. Über Nervenleitungen wird die Nebenniere angeregt, in erhöhtem Maße die Hormone Adrenalin und Noradrenalin auszuschütten. Sie gelangen in den Blutkreislauf und beschleunigen den Herzschlag, der Blutdruck steigt, der Blutgerinnungsfaktor wird erhöht und eine vermehrte Anzahl roter Blutkörperchen vergrößert das Sauerstoffangebot des Blutes. Es kommt zu einer verbesserten Durchblutung leistungsbezogener Organe (z. B. Muskulatur) und zu einer Erhöhung der Atemfrequenz. Die Zucker- und Fettreserven des Körpers werden mobilisiert und zusätzlich den Muskeln zugeführt

Es zeigt sich, dass die akute Stressreaktion in bestimmten Situationen sinnvoll und zweckmäßig ist, da der Organismus dadurch in einen optimalen psychophysischen Zustand versetzt wird, um die gestörte Homöostase zwischen Individuum und Umweltanforderungen wiederherzustellen. Wiederholt eintretende akute Stresszustände, die im Sinne einer Herausforderung definiert und zusätzlich noch mit positiven Gefühlen gemeistert werden, tragen zur Fähigkeitsentwicklung, Erfahrungsbildung und Selbstaufwertung bei. Schröder (persönl. Mitteilung, 11/96) betont in diesem Zusammenhang, dass die

Bewältigung von akuten Stresszuständen (z. B. mit Entspannungsmethoden) präventive Wirkungen hat. Die Beanspruchungsreaktion Stress zieht somit in diesem Stadium keine negativen Beanspruchungsfolgen nach sich, sondern hat positive Folgen. Dauert der akute Stresszustand über eine längere Zeit an, d. h. gelingt es nicht, die Belastungssituation in angemessener Zeit und mit vertretbarem Aufwand zu bewältigen, ergibt sich eine ungelöste, bedürfnisbedrohende Dauersituation. Es kommt zur Überlastungshemmung. Falls die Situation nicht gelöst werden kann, erfolgt der Übergang zu Stufe III.

Stufe III (Chronischer Stress = Stufe der Dauermobilisierung; Vergleich mit physiologischen Stufen der Erschöpfung / Abbildung 135 = Stufe 2 der Überlastungshemmungen bei andauernder Belastung und Stufe 3 der Hyper- bzw. Hyposensibilität):

Die normalerweise vorliegende vegetative Balance und das Gleichgewicht zwischen den Umweltanforderungen und der Person sind in dieser Stufe länger anhaltend gestört. Es kommt zu einer Dauermobilisierung der psychophysischen Reserven (zur Lösung der Problemlage), die als chronischer Stress bezeichnet wird. Der Versuch, die Mensch-Umwelt-Diskrepanz zu lösen, kann bei Nichtbewältigung von folgenden Phänomenen begleitet sein: verschlechtertes Selbstwerterleben, Perspektivverlust, Angst, Depressionen, Irritation der Handlungs-organisation, Zuspitzung der ungelösten Situation, Aufbrauchen der Reserven und Verlust der Erholungsfähigkeit. In dieser Stufe bauen sich bereits psychosomatische Störungen als eine pathologische Vorstufe auf. Schröder (1996) bezeichnet sie als “Makrostrategien der Widerspruchslösungen”. Chrono-Bio-Psychologisch bedeutet das, das Einsetzen der Hypersensibilität. Weitere typische Merkmale für chronischen Stress sind in Tafel 3 dargestellt.

Tafel 3 Psychologische und physiologische Merkmale bei chronischem Stress (Scheuch & Schröder, 1990)

- Als somatische Charakteristika können Störungen der Homöostase der unspezifischen Regulationssysteme des Organismus (z. B. vegetatives, hormonelles System bzw. Sympathikus/Parasympathikus, katoxische/syntoxische Hormone) auftreten.
- Das Erleben ist charakterisiert durch das Gefühl der mangelnden Beeinflussbarkeit und Durchschaubarkeit der Situation, des Ausgeliefertseins und der fehlenden Kontrolle über die Anforderung. Es treten Gefühle von Angst, Gehetztsein, Depression, Hilflosigkeit auf. Hinsichtlich der Befindlichkeit sind Beeinträchtigungen in Form psychovegetativer Störungen (Herz-Kreislauf-System, Verdauungssystem, Motorik) zu beobachten.

- Im Verhalten zeigen sich Störungen in der motorischen Koordination, der Mimik, in sozialen Beziehungen sowie in der Zunahme gesundheitsschädigender Verhaltensweisen.
- Bezüglich der Handlungsfähigkeit sind eine verminderte Effektivität des Handelns, geringere Quantität und Qualität einer Leistung bis hin zur Handlungsdestruktion zu verzeichnen.

Die Flexibilität und die Anpassungsfähigkeit sind beim chronischen Stress eingeschränkt, so dass sich die Person bei ausbleibenden interventiven Maßnahmen unweigerlich auf die Stufe IV zubewegt.

Stufe IV (Psychovegetative Reaktionsbildung mit „Krankheitswert"; Vergleich mit physiologischen Stufen der Erschöpfung / Abbildung 135 = Stufe 4 der Erschöpfung mit begleitender Stufe 3 der Hyper- bzw. Hyposensibilität):

Auf dieser Stufe erfolgt eine psychovegetative Reaktionsbildung in Form von psychischen und/oder organisch manifestierten Störungen. Diese Stufe umfasst u. a. psychopathologische Reaktionen (Depressionen, Phobien, psychotische Entwicklungen) sowie psychosomatische Krankheiten.

Schröder (1996) ermittelte spezifische persönlichkeitspsychologische und psychophysische Wirkkomponenten, die die pathogenetische Funktion von Stress ausmachen.

b) Pathogenetische Chrono-Bio-Psychologisch ungünstige Transformationsglieder zwischen Krankheit und Gesundheit

Pathogene Wirkungen infolge chronischer Stresszustände sind u. a. von der subjektiven Interpretation der Belastungssituation abhängig. Dabei lassen sich folgende Interpretationsqualitäten unterscheiden:

- günstig erweist sich die Einschätzung der Situation als Herausforderung;
- weniger günstig für Langzeitbelastungen, aber bei Kurzzeitbelastungen noch vertretbar, sind Einstellungen der gedanklichen Abwehr bzw. Ignoranz;
- ungünstig ist die feindliche Abwehr des Beanspruchungserlebens mit starken negativen Gefühlen;
- sehr schlecht sind Zustände erlebter Hilflosigkeit (Erleben des situativen Kontrollverlustes, d. h. es besteht kein Zusammenhang zwischen der Handlung und dem Ergebnis) und Hoffnungslosigkeit (es wird perspektivisch nicht besser, meine Handlung macht es nur schlimmer).

Folgende stressrelevante pathogenetische Transformationsglieder stellen Risikofaktoren für Beeinträchtigungen der psychischen und körperlichen Gesundheit dar:

- emotionale pathogenetische Transformationsglieder:
  Negative Gefühlszustände wie Depressivität, Angst/Furcht, Ärger sowie ein wiederholtes Wechseln zwischen handlungsaktivem Aufbäumen und deprimiertem Resignieren (Sisyphussyndrom);
- pathogene psychophysische Transformationsglieder:
  a) psychophysische Hyperaktivität in Stresssituationen mit Einschränkungen der autonomen, endokrinen und immunologischen Reaktion sowie fehlende bzw. verzögerte Erholungsphasen;
  b) erhöhte Vulnerabilität der durch Stress beeinträchtigten und belasteten endokrinen, immunbiologischen und physiologischen Regulationssysteme und damit geringere Widerstandsfähigkeit gegenüber Infektionen;
  c) Labilisierung von zwischenzeitlich erreichten stabilen Phasen bei bereits bestehenden Störungen; Reaktualisierung von schon überwundenen Störungen aus der Vergangenheit.

5.2.9 Diagnostik der psychischen Grundzustände an Hand physiologischer Parameter

Wenn man annimmt, dass die emotionale und nervale Reaktion der Haut oder des Herzens auch psychische Zustände widerspiegelt, kann man zumindest psychische Grundzustände an Hand der Messung physiologischer Parameter messbar machen. An dieser Stelle setzen wir voraus, dass die vegetativen Reaktionen die oben genannten Informationen über psychische Grundzustände enthalten. In Kap. 9 werden die Zusammenhänge näher erläutert. Im Zusammenhang mit Untersuchungen zur Wirkung von Musik auf den Menschen konnten grundlegende Erkenntnisse über die Zusammenhänge von vegetativen Reaktionen und psychischen Grundzuständen gewonnen werden (Balzer, 2009). Aus psychologischer Sicht gibt es unterschiedliche Auffassungen über die Art und Anzahl der Basisemotionen. Darüber hinaus unterscheidet die Psychologie zwischen Emotion, Gefühl und Stimmung. Da die, von der Psychologie definierten Emotionen auch kognitive Aspekte enthalten (s. Kap. 9), gebrauchen wir hier unter Berücksichtigung dessen, dass bei der Messung emotionale und nervale (und damit zum Teil auch kognitive) Teile getrennt erfasst werden können, den Begriff der psycho-physiologischen Grundzustände. Generell können die vier Grundzustände Wohlbefinden, Freude, Trauer und Ärger unterschieden werden. Nach Balzer (Balzer, 2009) gilt folgende Zuordnung:

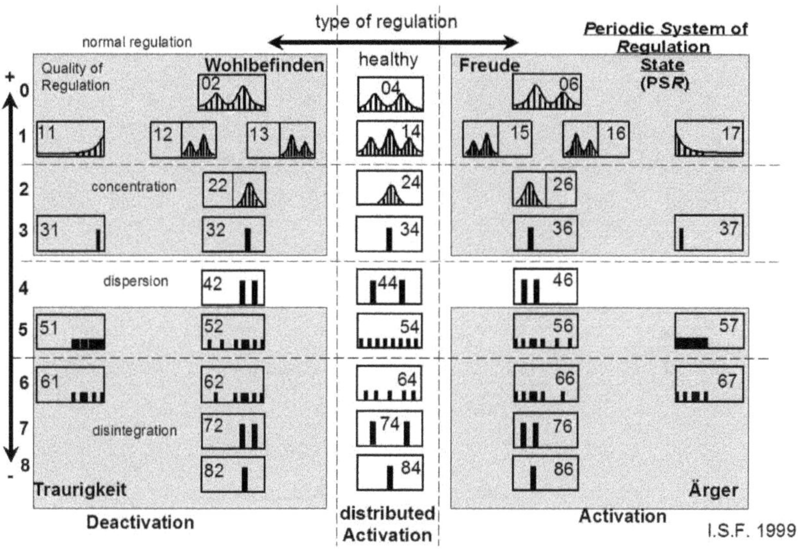

Abbildung 140 Einordnung der psycho-physiologischen Grundzustände in das PSR

Damit lassen sich die psycho-physiologischen Grundzustände an Hand der Messung der vegetativen Parameter muskuläre Reaktion (EMG), vegetativ-emotionale Reaktion (HW) und vegetativ-nervale Regulation (HP) messen.

Definition psycho-physiologischer Grundzustände:
Wohlbefinden *wird anhand der Verteilung psycho-physiologischer Regulationszustände erreicht, wenn die Mehrzahl der Regulationszustände der vegetativen Funktionen (EMG, HP, HW) im linken oberen Quadranten lokalisiert ist.*

Freude *wird an Hand der Verteilung psycho-physiologischer Regulationszustände dann erreicht, wenn die Mehrzahl der Regulationszustände der vegetativen Funktionen (EMG, HP, HW) im rechten oberen Quadranten lokalisiert ist.*

Traurigkeit *wird an Hand der Verteilung psycho-physiologischer Regulationszustände dann erreicht, wenn die Mehrzahl der Regulationszustände der vegetativen Funktionen (EMG, HP, HW) im linken unteren Quadranten lokalisiert ist.*

Ärger *wird an Hand der Verteilung psycho-physiologischer Regulationszustände erreicht, wenn die Mehrzahl der Regulationszustände der vegetativen Funktionen (EMG, HP, HW) im rechten unteren Quadranten lokalisiert ist.*

Es findet sich eine weitere prinzipielle Übereinstimmung zwischen den theoretischen Überlegungen von Bennemann (1996) zu den Verhaltensmustern

Flucht und Angriff auf der Basis der Bifurkationstheorie und Mustern den Häufigkeitsverteilung von Regulationsvorgängen, wie sie im PSR dargestellt sind

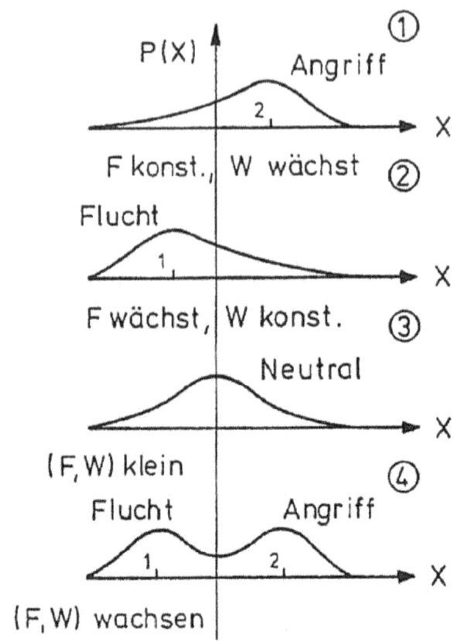

Abbildung 141 Wahrscheinlichkeit, dass ein Verhalten auftritt, nach Bennemann, 1996

Die Abbildung 141 gibt die Wahrscheinlichkeit an, dass das Verhalten X auftritt. Da X von den Kontrollparametern Wut (W) und Furcht (F) abhängt, gibt es die verschiedenen, durch F und W charakterisierten Situationen. „Die obere Figur (1) zeigt demnach, dass der Angriff am wahrscheinlichsten ist, wenn die Wut stark zunimmt, aber die Furcht sich nicht verändert. Die untere Figur (4) zeigt, dass es für größere Werte von F und W sowie für F ≈ W Flucht- und Angriffsverhalten gleich wahrscheinlich sind (Bimodalität)“, zit. nach Bennemann, 1996, S. 106. Vergleicht man die Figuren im Periodischen System mit den Regulationszuständen des PSR, so kann man beispielsweise die Figur (1) mit dem Regulationszustand 06, Figur (2) mit dem Regulationszustand 02, Figur (4) mit dem Regulationszustand 04 und Figur (3) mit dem Regulationszustand 24 vergleichen.

Es soll an dieser Stelle nicht unerwähnt bleiben, dass diese Zuordnung aus logischen Überlegungen an Hand vieler Einzeluntersuchungen erfolgte und somit derzeit einer statistischen Sicherung bedarf. Des Weiteren gibt es zu den genannten psycho-physiologischen Grundzuständen weitere Subgruppen, wie z. B. den Begriff der inneren Freude. Darüber hinaus lassen sich, ausgehend von dem Begriff der Unbestimmtheit, in der Mitte des PSR von dem Regulationszustand 44 ausgehend, Diagonalen ziehen, die je nach Quadranten verschiedene Ausprägungen der Grundzustände enthalten. So gehören zum Bereich Trauer, beginnend mit Melancholie die Kategorien Trauer, Apathie und Depression. Zum Bereich des Wohlbefindens gehören die Kategorien Wohlsein, Zufriedenheit, Entspannung und Trance, zum Bereich Freude die Kategorien positive Erregung, Freude, Ekstase und zum Bereich Ärger die Kategorien, Unzufriedenheit, Ärger, Wut und Aggressivität. Der Bereich der Angst kann inzwischen dem Regulationszustand 44 zugeordnet werden (Lindner, 2010). Der Bereich der Aggressivität wurde ebenfalls im Rahmen der Untersuchungen an Hunden (Kuhne et al., 2006) bestätigt. Der Zustand der Furcht konnte in der Arbeit von Pastor (2008) dem Regulationszustand 23 zugeordnet werden. In Zuständen tiefster Entspannung wie z. B. der Hypnose oder Meditation konnte der Regulationszustand 11 detektiert werden (Fritz, 2005). Regulationszustände, die depressives Verhalten anzeigen, konnten in der Arbeit von Scharinger (2006) nachgewiesen werden. Auch für eine Reihe anderer Regulationszustände liegen inzwischen Nachweise vor, s. auch Kap. 10.

Definierte Sprünge im Regulationsverhalten, z.B. bei Blackout-Situationen wurden in der Arbeit von Pastor (Pastor, 2008) während des Auftrittsverhaltens von Pianisten entdeckt. Diese Sprünge im regulatorischen Verhalten traten vor allem in der vegetativ-nervalen Reaktion auf, die hier zum sogenannten „Textverlust" führt. Interessant ist dabei, dass die Sprünge im deaktivierten Bereich der Desynchronose auftreten. Es kann hier vermutet werden, dass eine hohe, emotionale sowie motorische Aktivität von vegetativnervaler Deaktivierung begleitet wird. Begleitet werden solche Textverluste in der Regel von Spielfehlern.

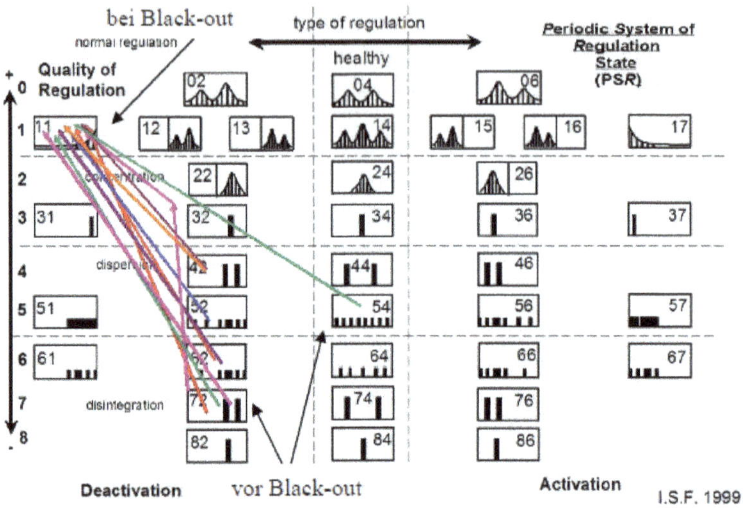

Abbildung 142 Sprünge im regulatorischen Verhalten bei Blackouts von Pianisten in einer Auftrittssituation, aus Pastor, 2008

Es ist an dieser Stelle notwendig zu bemerken, dass Regulationszustände und mehr noch psycho-physiologische Grundzustände einen Zustand über einem definierten Zeitbereich darstellen. Auch in der Realität ist der Zustand der Freude nicht ein Ereignis mit einer Dauer von Millisekunden, sondern beginnt im Sekundenbereich und kann über Minuten bis Stunden anhalten, je nach Definition des Begriffes Freude aus psychologischer Sicht und Ausprägung oder Inhalt. Aus physiologischer Sicht ist bei einer Abtastrate von mindestens einer Sekunde eine Messdauer von mindestens 30 Sekunden notwendig, um einen Regulationszustand eines Parameters zu bestimmen.

Damit würde sich bei einer gleitenden Untersuchung der Veränderung von Regulationszuständen bzw. Grundzuständen eine „Unschärfe" von +/- 15 Sekunden ergeben. Für praktische Untersuchungen im Vergleich zu Befragungen zu Grundzuständen ist dies ausreichend. Möchte man eine exaktere Zuordnung erreichen, ist die Abtastrate um den Faktor 10 zu erhöhen. Damit wird eine Unschärfe von +/- 3 Sekunden erreicht.

Weitere Beispiele, u. a. im Zusammenhang mit der Wirkung Malerei auf Menschen sind bei Hempel (2015) dargestellt.

5.2.10 Diagnostik der psychischen Grundzustände an Hand mehrerer Parameter im Zusammenhang zueinander

Um den Zusammenhang mehrerer Regulationszustände darstellen zu können, ist der Übergang zu einer dreidimensionalen Darstellung sinnvoll. Dazu wurde das Bild der möglichen Regulationszustände aus dem PSR (s. Abbildung 130) in die Ebene gekippt und die Häufigkeit des Auftretens der Regulationszustände in einem definierten Zeitintervall bestimmt.

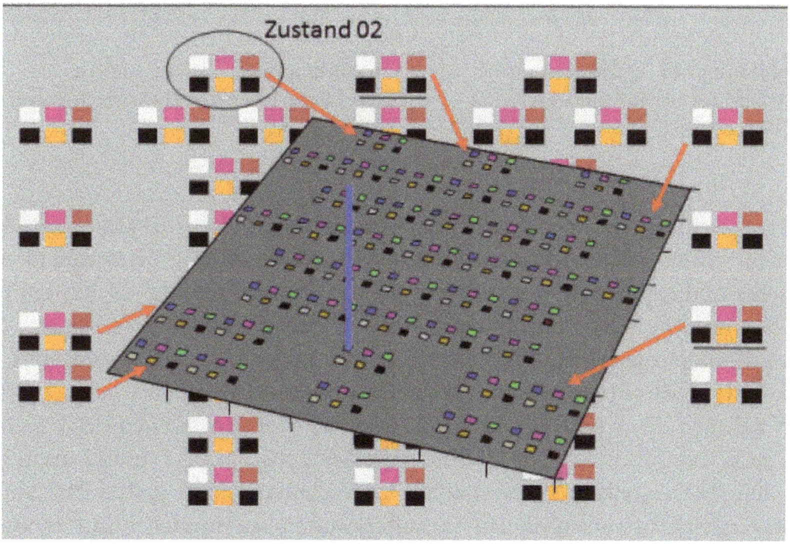

Abbildung 143 Darstellung des Übergangs von der zweidimensionalen Darstellung des PSR zur dreidimensionalen Darstellung

Die eingekreisten verschiedenen Farben in der Abbildung 143 oben links stellen den Regulationszustand 02 für sechs mögliche, verschiedene Parameter dar.

Die Abbildung 144 und Abbildung 145 zeigen deutlichen Unterschiede in den Ausprägungen verschiedener Regulationszustände der drei vegetativen Parameter vegetativ-emotionale Reaktion (Sympathikusaktivität, Sym-blau), vegetativ-nervale Reaktion (Hautpotential, HP-pink) und Elektromyogramm (EMG-grün). Beim 'Springen' kommt es in der Sympathikusreaktion und in der muskulären Reaktion zu einer wesentlich stärkeren Aktivierung gegenüber dem Zustand 'Stehen'. Dafür kommt es für die vegetativ-nervale Reaktion

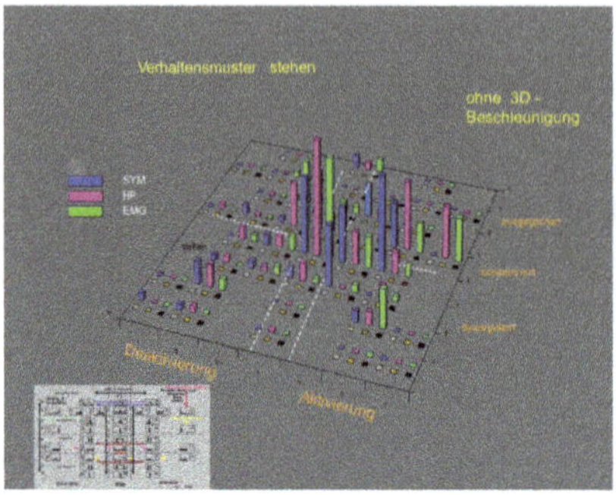

Abbildung 144 Verhaltensmuster „Stehen" bei einem Hund nach Balzer, 2005

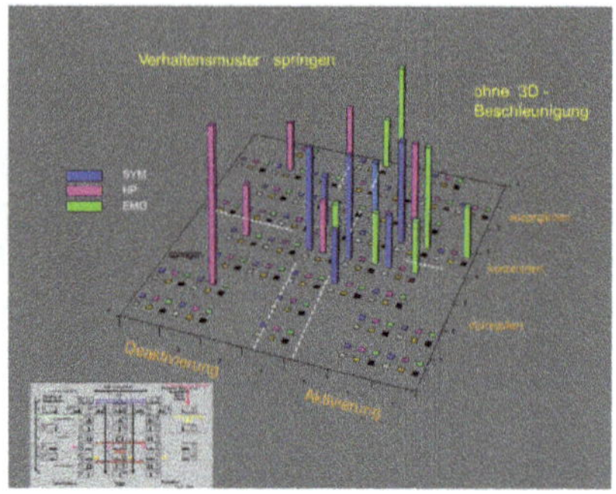

Abbildung 145 Verhaltensmuster „Springen" bei einem Hund nach Balzer, 2005

(Hautpotential) zu einer deutlichen Verschiebung in den deaktivierten, desynchronisierten Regulationszustand 62. Mit anderen Worten, bei starker motorischer und emotionaler Aktivierung werden nervale Prozesse (oder kognitive Leistungen) in ihrer Ausprägung gestört, reduziert oder sogar verhindert. So ist z. B. ein Hochspringer normalerweise nicht in der Lage, beim Springen über die Latte gleichzeitig eine mathematische Aufgabe zu lösen. Letztlich konnten, im Rahmen der Studie zur Untersuchung von Verhaltensweisen bei Hunden (s. auch Kaminski, 2015), mit Hilfe dieser Methode signifikante Unterschiede in den 3D-Darstellungen der Häufigkeitsverteilungen der o. g. drei Parameter im Vergleich zu verschiedenen Verhaltensweisen bei Hunden gefunden werden. Als Nachtrag sei hier genannt, dass die Sympathikusaktivität aus der HRV gewonnen wurde, da beim Hund auf Grund fehlenden Schwitzens über das Fell keine Messung eines Hautwiderstandes möglich war.

Die Zuordnung von vegetativen Reaktionen zu psycho-physiologischen Grundzuständen mit mehreren Parametern erfolgte erstmals in der Studie von Balzer & Pietzko 2008 und fand ihre Fortsetzung u. a. in der Studie von Kultus et al. (2009) bei Tieren. Diese zeigt auch den zeitlichen Verlauf im Rahmen einer Studie zur Brunsterkennung bei Milchrindern.

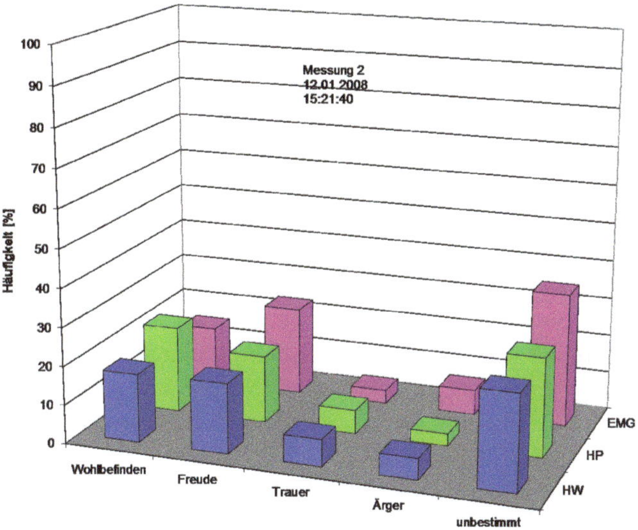

Abbildung 146 Verteilung der psycho-physiologischen Grundzustände auf die vegetativen Reaktionsmuster während eines Schachspiels (Dauer von 20 Minuten) nach Balzer & Pietzko, 2008

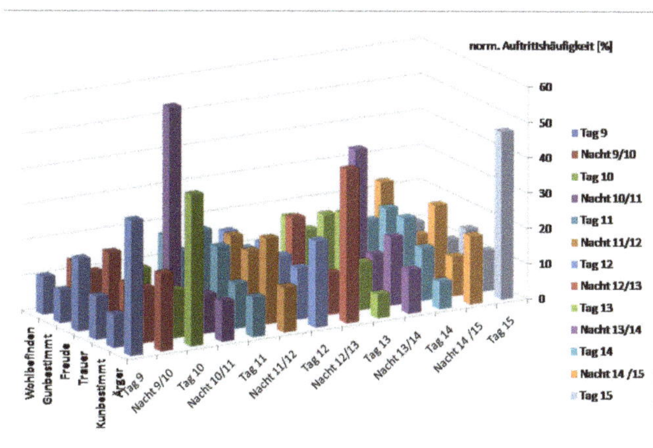

Abbildung 147 Verteilung der psycho-physiologischen Grundzustände auf die vegetativen Reaktionsmuster während des Brunstverlaufes über einen Zeitraum von 6 Tagen eines Rindes, aus Kultus et al., 2009

5.2.11 Die Veränderung der Regulations – Muster in der Therapieforschung

Für die Interpretation von Untersuchungsergebnissen, wie z. B. der Wirkung von Behandlungen oder Therapien ist die Darstellung der Häufigkeit des Auftretens von Regulationszuständen vor, während und nach Therapie gut geeignet. Dabei besteht auch die Möglichkeit die Regulationszustände verschiedener Parameter zu einem gemischten Regulationszustand zusammenzufassen. So ist es z. B. möglich, die Regulationszustände des Parameters Hautpotential, entspricht der vegetativ-nervalen Reaktion, des Parameters Hautwiderstand, der wiederum entspricht der vegetativ-emotionalen Reaktion und des Parameters Elektromyogramm, entspricht der muskulären Reaktion, zu einem Regulationszustand der vegetativen Reaktion zusammenzufassen. Dabei entstehen durch die Mittelung auch Zustände mit Zahlenwerten, die zwischen den in Abbildung 130 dargelegten Zahlenwerten des PSR liegen können. Bei Scharinger (2006) wurde zudem die zeitliche Folge berücksichtigt. Es galt folgende Festlegung: Die Zahlen 1, 2 und 3 in den Kreisen stehen für die erste, die mittlere und die letzte Sitzung. Das Dunklerwerden der Farben ermöglicht eine zusätzliche Orientierung und Auseinanderhaltung der Teilverläufe.

Die Farben kennzeichnen die Messparameter:

violett ⇒ Elektrische Muskelaktivität EMG (Muskelaktivität)
grün ⇒ Hautpotential HP (Kognition)
blau ⇒ Hautwiderstand HW (Emotion)

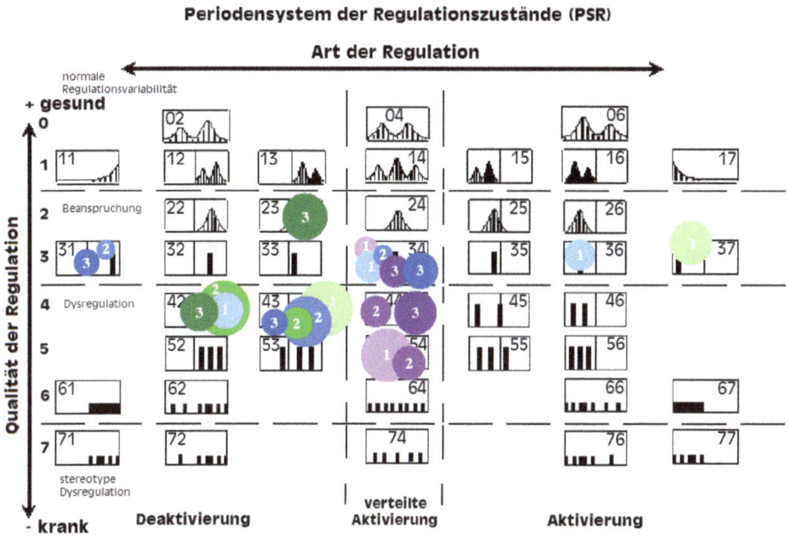

Abbildung 148 Verteilung, Intensität (Häufigkeit = Durchmesser der Kreise) und zeitlicher Verlauf der Regulationszustände des Probanden A mit AM (altorientalische Musiktherapie) aus einer Studie an der Landesnervenklinik Linz nach Scharinger, 2006

5.2.12 Das Zusammenspiel regulatorischer Prozesse zwischen Menschen (interpersonelle Synchronisation/Desynchronisation)

In der Natur werden Resonanzeffekte immer wieder beobachtet. Sie treten in der Regel im Zusammenhang mit Schwingungsvorgängen zwischen zwei Systemen auf, deren Frequenzen (Perioden) gleich sind oder sehr dicht beieinander liegen. Dabei ist entscheidend, dass auch die Phasen der Systeme gleich oder annähernd gleich sind. Während im Zustand der annähernden Gleichheit Mitzieheffekte auftreten können, kann es in anderen Fällen auch zu Eigenresonanzen des Systems kommen, nämlich dann, wenn durch äußere Einwirkung ein in sich rückgekoppeltes System in Schwingungen versetzt wird. Im Bereich der Elektronik sprechen wir von selbsterregten (Oszillatoren) oder fremderregten Systemen. Während technische – nicht lebende – Systeme zufällig oder vom Menschen gewollt in Resonanz geraten können, ist der Mensch in der Lage seine „Resonanzfähigkeit" zu steuern und zu verändern. Radio hören oder eine TV-Sendung, die über elektromagnetische Wellen ausgestrahlt werden oder digitalisiert übertragen wird, können wir nur dadurch empfangen, in dem wir den Empfänger auf den Sender abstimmen. Mit dem Senderwahlknopf verfügt damit auch das simple Radio über eine „Empathiefähigkeit".

Unter Empathie versteht man die Fähigkeit eines Menschen, sich auf einen anderen Menschen einzustellen, d. h. seine Gedanken, Emotionen und Persönlichkeitsmerkmale wahrzunehmen. Daß es Resonanzen zwischen 2 Personen gibt kann man fühlen, jedoch es ist schwerer diese zu messen. Im Abschnitt e) dieses Kapitels wurde der Begriff der Synchronisation mehrerer Parameter eines biologischen Systems (Mensch, Tier, Pflanze...) beschrieben. Als logische Konsequenz daraus ergibt sich das Verständnis von der Synchronisation zwischen zwei oder mehreren biologischen Systemen als das Zusammenspiel (Synchronisation) zwischen den Synchronisationsfunktionen der beiden oder mehrerer Einzelsysteme.

In vielen Untersuchungen, die mit dem Messsystem SMARD-Watch (oder smardwatch) durchgeführt wurden, wurden die drei Parameter Hautpotential, Hautwiderstand und Muskelaktivität als Ausdruck der vegetativen Regulation analysiert. Nach Bestimmung ihrer jeweiligen Dynamikfunktionen wurden diese partiell kreuzkorreliert (EMG-HW, EMG-HP und HP-HW) und anschließend die so entstandenen Kreuzkorrelationsverläufe gemittelt. Damit liegt die Synchronisation über die Zeit des Vegetativums in dieser vereinfachten Form vor.

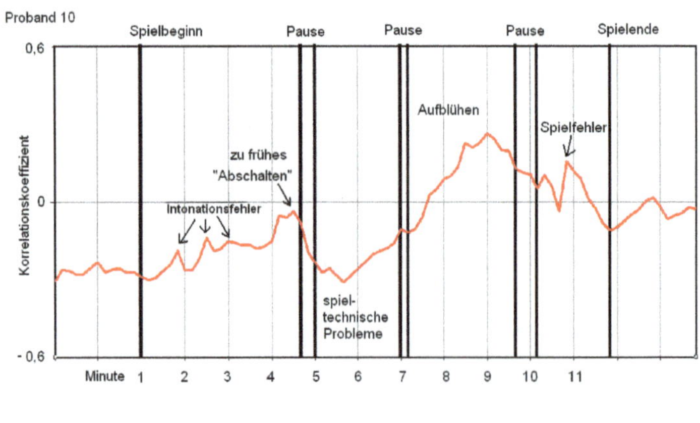

Abbildung 149 Verlauf der Synchronisation der Regulationsprozesse der Probandin 10 während der Darbietung der 3. Suite für Viola Solo von Reger, nach Ferstl 2006

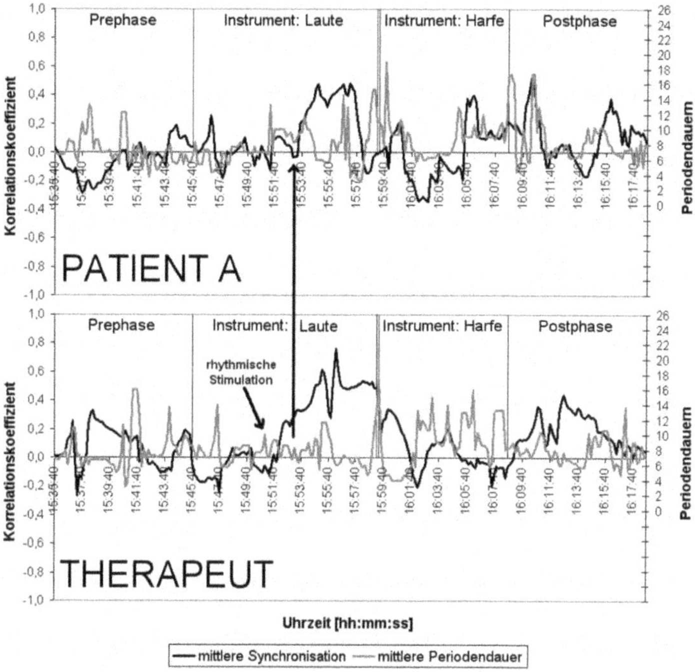

Abbildung 150 Vergleich der mittleren Korrelation der gemittelten Dynamikfunktion der drei physiologischen Parameter Hautwiderstand, Hautpotential und Elektromyogramm während einer Musiktherapiesitzung, nach Tucek et al. 2006

Ähnliche Untersuchungen fanden ebenfalls im Rahmen von Versuchen im Wundt-Labor der DPFA-Hochschule Sachsen in Zwickau unter der Leitung von Stück und Balzer im Jahre 2014 statt. Dabei wurden Untersuchungen zur Auswirkung von affektiv-motorischer Kontakt-Interventionen (Selbst- und Fremdstreicheln von Personen, die sich kennen (VG1) und Personen, die sich nicht kennen VG2) durchgeführt.

Methodik der Durchführung

Ein Test umfasste insgesamt 70 Minuten, dabei war dieser in drei Abschnitte eingeteilt. Zu Beginn wurde jedem Probanden die Vorgehensweise und der Ablauf der Untersuchung erklärt. Das Versuchsdesign zur Untersuchung des

Synchronisierungsgrades nach dem Einfluss der affektiv-motorischen Kontakt-Intervention (Streicheln) sah folgendermaßen aus:

- **im 1. Abschnitt fand kein Streicheln des Unterarms statt:**

10 min	Blutdruckentspannungstest (BET)	
1 min	Pause und Anlegen der Smardwatch	
10 min	Erwartungsphase (Messzeitpunkt 1/Mszp. 1, s. Abb. 146)	1. SET
1 min	Stressor (Mszp. 2)	1. SET
10 min	Erholungsphase (Mszp. 3)	1. SET

- **im 2. Abschnitt erfolgte das Selbststreicheln des Unterarms:**

10 min	Erwartungsphase, in der der Vpn sich selbst streichelt (Mszp. 4)	2. SET
1 min	Stressor (Mszp. 5)	2. SET
10 min	Erholungsphase (Mszp. 6)	

- **im 3. Abschnitt erfolgte das Streicheln des Unterarms durch einen Partner:**

10 min	Erwartungsphase, in der die Vpn gestreichelt wird (Mszp. 7)	3. SET
1 min	Stressor (Mszp. 8)	3. SET
10 min	Erholungsphase (Mszp. 9)	

Analysemethodik

Zur Analyse der Synchronisation der Regulationsvorgänge zwischen zwei Testpersonen wurden die Korrelationskoeffizienten der vegetativen (veg) kognitiven (HP) und emotionalen (HW) Regulation miteinander verglichen. Nachdem die interindividuelle Synchronisation zwischen der Testperson und deren unbekannter Person untersucht wurde, wurde nach einem Zusammenhang dieser Ergebnisse mit den individuellen subjektiven Aussagen zur Entspannung jeder Testperson gesucht. Die Daten der Testpersonen wurden zunächst nach aufsteigendem vegetativem Synchronisationswert geordnet und die entstandenen Verläufe der Entspannungswerte betrachtet. Im Anschluss daran wurde der Korrelationskoeffizient zwischen Synchronisations- und Entspannungswerten gebildet.

6 Mathematische Methoden der Chrono-Bio-Psychologischen Regulationsdiagnostik

Ein wesentlicher Bestandteil der Chrono-Bio-Psychologischen Regulationsdiagnostik ist die Zeitreihenanalyse. Eine Zeitreihe ist eine Folge von Werten, die als Ergebnis der Beobachtung eines bestimmten Prozesses gewonnen wurde. Die Werte können zufällig sein oder auch nicht, wobei sie jedoch mit einem zufälligen Beobachtungsfehler behaftet sind. Im Unterschied zu vielen anderen Vorgängen in der Natur sind Zeitreihen biologischer Systeme oft nicht zufällig, sondern jeder Messwert hängt vom vorhergehenden ab. Allgemein können Zeitreihen durch die Folge der Messwerte oder Beobachtungswerte bzw. durch den dazugehörigen Mittelwert oder Erwartungswert sowie die Varianz bzw. Streuung oder Standardabweichung beschrieben werden.

$$\text{Definition } \textbf{Erwartungswert}: \langle X \rangle = \frac{1}{N}\sum_{n=1}^{N} x_n \qquad \text{(Gl. 4)}$$

Mit X - Zufallsvariable
N - Zahl aller Proben
x_n - Probe
$\langle X \rangle$ - Erwartungswert

Varianz:

$$\begin{aligned} \operatorname{var}\{X\} &= \langle (x - \langle x \rangle)^2 \rangle \\ &= \langle x^2 \rangle - \langle x \rangle^2 \end{aligned} \qquad \text{(Gl.5)}$$

mit dem i-ten Moment;
Es gilt: 1. Moment - Mittelwert 2. Moment - Varianz

Diese beiden Momente werden gewöhnlich zur Beschreibung einer Datenreihe benutzt und sind hinreichend.

In diesem Zusammenhang ist es nicht unwesentlich, auf ein in der Wissenschaft immer wieder auftretendes Problem hinzuweisen. So ist es möglich einen Mittelwert aus vielen zeitlich gleichzeitig vorgenommenen Messungen an ein und demselben Messobjekt mit gleichen Messinstrumenten vorzunehmen oder dasselbe Messobjekt mit einem Messinstrument ebenso oft nacheinander zu messen. Der bestimmte Mittelwert sollte der gleiche sein. Diese Aussage gilt dann, wenn das Messobjekt zeitinvariant ist, das heißt keine Änderung über die Zeit besitzt. Was aber, wenn wie bei biologischen Systemen eine Zeitabhängigkeit vorliegt? Nimmt man an, es existieren n biologische Systeme, die x-verschiedene Zustände von Gesund bis Krank aufweisen. Falls alle n-Systeme mit n-gleichen Messinstrumenten zum Zeitpunkt t untersucht werden, können wir einen Zustand Z finden, der einem Mittelwert aller Zustände von Gesund bis Krank entspricht. Andererseits ist es aber auch möglich, das gleiche Ergebnis zu finden, in dem wir das System n_i nehmen, es alle Zustände X_i von Gesund bis Krank durchlaufen lassen und jedes Mal den Zustand bestimmen. Auch hier erhalten wir den gleichen Mittelwert Z. Während wir im ersten Fall eine entsprechend hohe Anzahl von Systemen und Messinstrumenten benötigen, sind im zweiten Fall nur ein System und ein Messinstrument notwendig. Dafür aber benötigen wir Zeit. Zeit, bis das System alle Zustände durchlaufen hat und diese bestimmt worden sind. Diese Betrachtungsweise zum Mittelwert ist der Gibbsschen Betrachtungsweise aus der statistischen Mechanik analog.

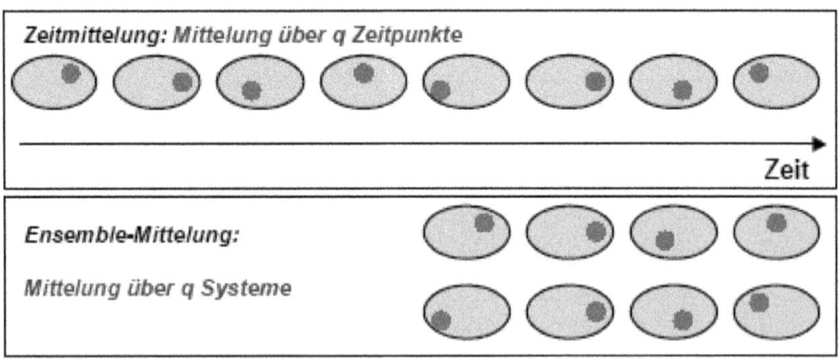

Abbildung 152 Zeitlicher Mittelwert und Scharmittelwert (oder Ensemblemittelwert), Darstellung nach Gross, 2003

Die Idee der Gleichsetzung von zeitlichem und räumlichem Mittelwert geht auf Ludwig Boltzmann (1844–1906) und Josiah Willard Gibbs (1839–1903) zurück. Das Gibbs'sche Schema ersetzt Zeitmittelwerte eines einzelnen Systems durch Ensemble-Mittelwerte, die auch Scharmittel genannt werden. Systeme, für die

die Ensemblemittelung die gleichen Resultate liefert, wie die Zeitmittelung, werden als ergodisch bezeichnet. Der Beweis der Äquivalenz von Scharmittel und Zeitmittel ist schwierig und bisher nur in einigen Fällen gelungen (Hopf, 1937).

Aus diesen Überlegungen wird oft der Schluss gezogen, dass die zeitgleiche Erfassung vieler Parameter oder eines Parameters an vielen Stellen eines Organismus zugleich, wie z. B. der Oberflächenpotentiale auf der Hirnrinde bei der Messung des EEG's, eine umso bessere Erklärung des pathologischen Verhaltens erbringt, je mehr Messpunkte (Ableitungen) registriert werden. Das Verfahren ist als brain-mapping bekannt geworden und stützt sich derzeit auf bis zu 128 Ableitpunkte. Es gestattet die Darstellung der räumlichen Verteilung von Hirnaktivitäten auch in deren zeitlichem Verlauf. Eine ähnliche Diskussion ergibt sich bei der Frage nach der Durchführung von Studien als sogenannte Längsschnitt- oder Querschnittsstudien.

Im Zusammenhang mit dem Zeitmittelwert beschreibt Wiener (1992) für zeitabhängige Funktionen noch den Aspekt des zeitlichen Mittelwerts über die Vergangenheit und die Zukunft.

$$\text{Mittelwert für die Vergangenheit} \quad \lim_{T\to\infty}\frac{1}{T}\int_{-T}^{0} f(t)dt \qquad \text{(Gl. 6)}$$

$$\text{Mittelwert für die Zukunft:} \quad \lim_{T\to\infty}\frac{1}{T}\int_{0}^{T} f(t)dt \qquad \text{(Gl. 7)}$$

Falls also der Funktionsverlauf nicht bekannt ist, lässt sich folglich immer nur der Mittelwert über die Vergangenheit bestimmen.

Problematisch im Sinne der Erkennung von Ursache und Wirkung ist jedoch der Mittelwert als Scharmittel. Bezogen auf das obige Beispiel der Ermittlung des Gesundheitszustandes ist es damit möglich, alle vorhanden Gesundheitszustände zu erfassen und den Mittelwert daraus zu ermitteln. Es gibt jedoch keine Möglichkeit zu untersuchen, ob eine Gesetzmäßigkeit oder Abhängigkeit für den Übergang von einem zu einem anderen Gesundheitszustand existiert. Die Bestimmung solcher Zusammenhänge ist nur mit Hilfe der Zeitreihenanalyse möglich. Dabei wird prinzipiell ein zeitlicher Mittelwert bestimmbar. Aber auch dieser reicht nicht aus, um die Zusammenhänge zwischen den Gesundheitszuständen zu erfassen, im Gegenteil er (der Mittelwert) verwischt diese oder macht sie sogar unerkenntlich.

Eine Zeitreihe ist aber auch eine äquidistante oder nichtäquidistante Folge von Messwerten oder Daten, die bei einer Messwerterfassung oder Datenerhebung registriert worden ist. Im Bereich der Systemtheorie wird unterschieden, ob es sich bei den in der Regel gemessenen Daten um Daten aus analog ablaufenden oder diskreten Vorgängen handelt. Als äquidistant wird der Abstand zwischen jeweils zwei aufeinander folgenden Messwerten/Daten der Zeitreihe bezeichnet, wenn diese im gleichen zeitlichen Abstand vorliegen. In diesem Fall ist es möglich eine Abtastrate (sampling rate) anzugeben. Diese bezeichnet die Zahl der Abtastungen eines analogen Signals durch eine Abtastvorrichtung (z. B. Analog-Digital-Wandler). In natürlichen sowie auch biologischen Systemen treten Daten in diskontinuierlichem Abstand auf, z. B. bei der Messung der Herzrate im Abstand der R-Zacken. Nichtäquidistante Daten können aber auch durch Wandlungsverfahren aus analog vorliegenden Daten entstehen, z. B. bei der Messung des Hautwiderstandes, wenn der Hautwiderstand mit Hilfe einer sogenannten R/f-Wandlung (Widerstands/ Frequenz-Wandlung) gemessen wird.

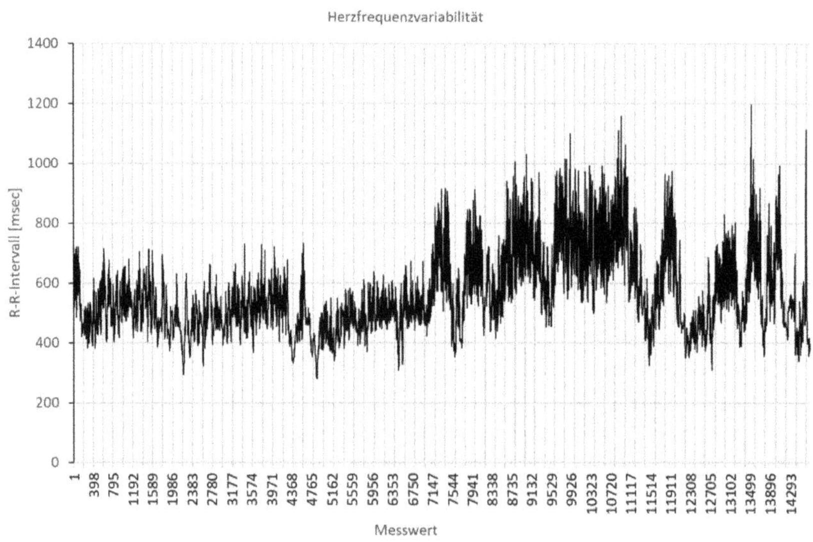

Abbildung 153 Nichtäquidistante Daten einer Zeitreihe von R-Zacken-Abständen bei der Messung an einem Hund

In dem dargestellten Datensatz (Abbildung 153) ist die reale Messzeit nicht erkennbar. Bei der weiteren Verarbeitung solcher Messreihen ist man daher oft gezwungen diese mit Hilfe mathematischer Verfahren (z. B. der Spline-Interpolation, Schrüfer, 1992) in äquidistante Zeitreihen umzurechnen. Dieses trifft vor allem dann zu, wenn korrelative Analysen mit nicht-äquidistanten Datensätzen vorgenommen werden sollen.

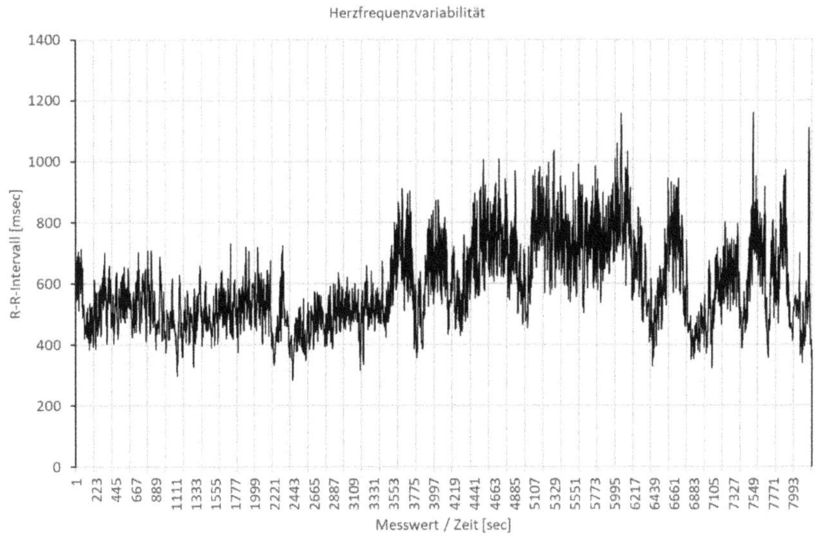

Abbildung 154 Äquidistante Daten einer Zeitreihe von R-Zacken-Abständen bei der Messung an einem Hund mit realer Zeitachse

In der Abbildung 154 ist der interpolierte Datensatz bezogen auf die Zeitbasis von 1sec. dargestellt. Inzwischen gibt es analytische Methoden, die geeignet sind die Interpolationsfehler bei der Umwandlung von nichtäquidistanten Datenstrukturen in äquidistante Datenstrukturen zu vermeiden, indem direkt mit den nichtäquidistanten Daten gearbeitet wird (Lomb, 1976).

Unabhängig davon enthält eine Zeitreihe folgende Anteile:

- *quasistationäre (langsam veränderliche) Anteile:* Änderungen der gemessenen oder beobachteten Daten, deren Trend (linear oder nichtlinear) sich im untersuchten Zeitintervall stetig und nicht periodisch ändert.

- *periodische Anteile:* Änderungen der gemessenen oder beobachteten Daten, die keinen Trend aufweisen und innerhalb eines definierten Zeitintervalls reproduzierbare Maxima oder Minima aufweisen.
- *stochastische Anteile:* Änderungen der gemessenen oder beobachteten Daten, die keinen Trend aufweisen und innerhalb eines definierten Zeitfensters keine reproduzierbaren Ereignisse enthalten.

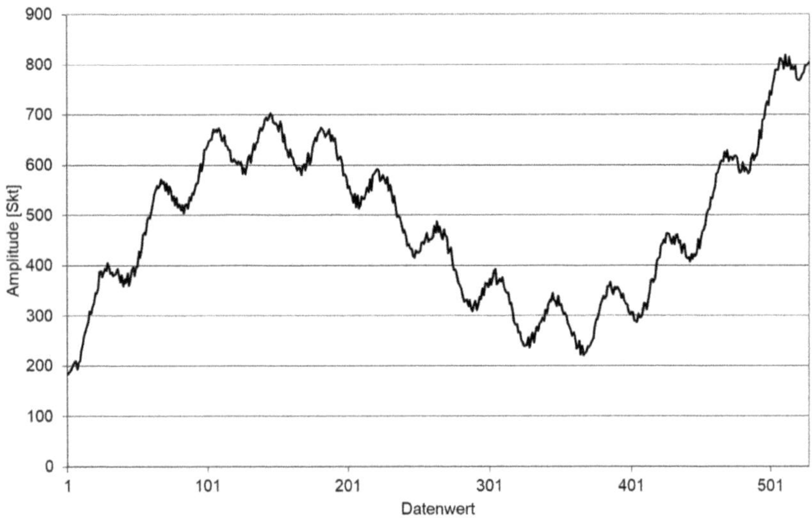

Abbildung 155 Modell einer Zeitreihe mit linearem Trend, periodischen Anteilen und stochastischen Anteilen

Die Trennung der genannten drei Anteile ist aus mehreren Gründen notwendig. Solange es sich nicht um endliche Vorgänge bzw. Zeitreihen handelt, kann man nicht sicher sein, dass der Trend selbst einen langperiodischen Anteil enthält, der nur auf Grund der kurzen Untersuchungszeit nicht als periodischer Anteil erkennbar ist.

So erschweren Trendanteile das Auffinden von Periodizität bei Anwendung der Autokorrelation oder der Fourieranalyse. Langsam veränderliche Anteile können ebenfalls periodisch sein und es hängt von der jeweiligen Aufgabenstellung ab, welche periodischen Anteile gefunden werden sollen, d. h. in welchem Frequenzbereich gesucht wird. Stochastische Anteile „verwischen" die periodischen Anteile oder machen sie unkenntlich. So ist z. B. die Signalamplitude der Erregungswelle des Herzens in den Extremitäten so gering, dass sie im Rauschen untergeht. Mit normalen Mitteln, d. h. ohne Einsatz entsprechender, mathematischer Verfahren ist sie damit nicht mehr erkennbar.

6.1 Analyse der Bestandteile einer Zeitreihe

Der Trend selbst wird mittels verschiedener Verfahren bestimmt. Filtermethoden zur Trennung des quasistationären Anteils sind u. a.:

- integrative Methoden;
- gleitende Mittelung;
- Approximation des Trends durch ein Polynom;
- nichtrekursive Filter, z. B. Tiefpass;
- rekursive Filter, z. B. Butterworth-, Potenz-, Bessel-, Tschebyschew- , Cauer-Tiefpass.

Eine einfache Methode besteht in der Anwendung der gleitenden Mittelung, mit den Originalmessdaten x_{a_n} :

$$\overline{x} = \frac{x_{a_1} + x_{a_2} + \ldots + x_{a_k}}{k} = \frac{1}{k} \cdot \sum_{i=1}^{k} x_{a_i} \ldots \qquad \text{(Gl. 8)}$$

wobei k nicht geradzahlig sein soll.

Daraus ergibt sich für den Trend:

$$x_{b_n} = \frac{1}{k} \cdot \sum_{i=n}^{n+k} x_{a_i} \qquad \text{(Gl.9)}$$

Subtrahiert man von den Originaldaten den Trend, so erhält man den Teil der Daten, der lediglich noch periodische und stochastische Anteile enthält.

Die korrigierten Daten ohne Trendanteil ergeben sich aus:

$$x_{c_n} = x_{a_n} - x_{b_n} \qquad \text{(Gl. 10)}$$

Bei Anwendung der gleitenden Mittelung zur Trendbestimmung ergibt sich ein Randwertproblem. Dies ist durch die Wahl des Mittelungsfaktors k begründet und tritt am Anfang und Ende der Zeitreihe auf. Wird beispielsweise k = 9 gewählt, so ergibt sich bei richtiger Zuordnung der erste gleitende Mittelwert an der Stelle 5 des Datenfeldes. Für die ersten und letzten vier Werte des Datenfeldes können keine gleitenden Mittelwerte berechnet werden. Im nachfolgenden Beispiel wurden diese Werte dem arithmetischen Mittelwert des gesamten Datensatzes gleich gesetzt (Programm Biokat12).

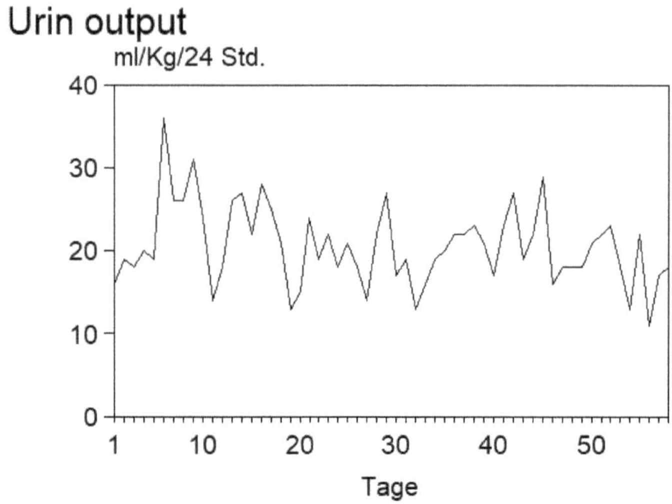

Abbildung 156 Originaldaten – Proband G – Urin Output pro Tag unter Isolationsbedingungen, nach Balzer et al., 1993

Das Randwertproblem kann umgangen werden, wenn man eine Polynomapproximation vornimmt. Der Trend kann als Polynom der Zeitreihe a_t von y_t dargestellt werden:

$$y_t = b_0 + b_1 t + \cdot + b_p tP \qquad \text{(Gl.11)}$$

Mit Hilfe der Methode der kleinsten Quadrate besteht die Möglichkeit eine Funktion y = f (x, a, b, c…) zu finden, die das mittlere Fehlerquadrat liefert:

$$\sigma^2 = \frac{1}{n} \sum [y_i - f(x_i, a, b, c \ldots)]^2 \qquad \text{(Gl.12)}$$

, wobei x_i und y_i die Menge der vorhandenen Wertepaare ist.

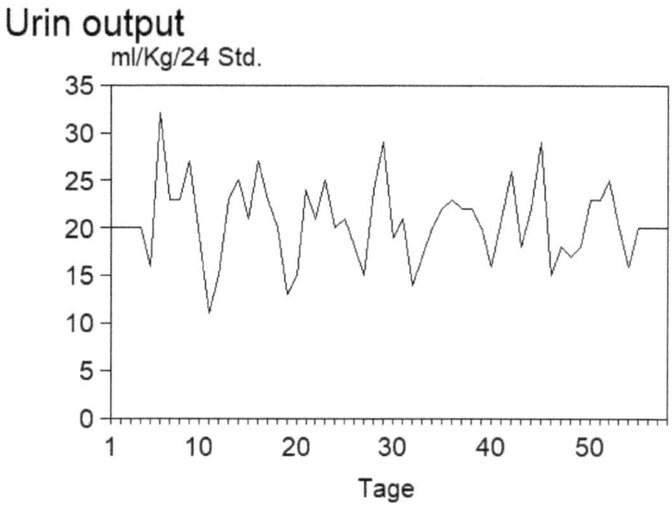

Abbildung 157 Periodischer und stochastischer Anteil (Korrigierte Originaldaten, ohne Trendanteil) – Proband G – Urin Output

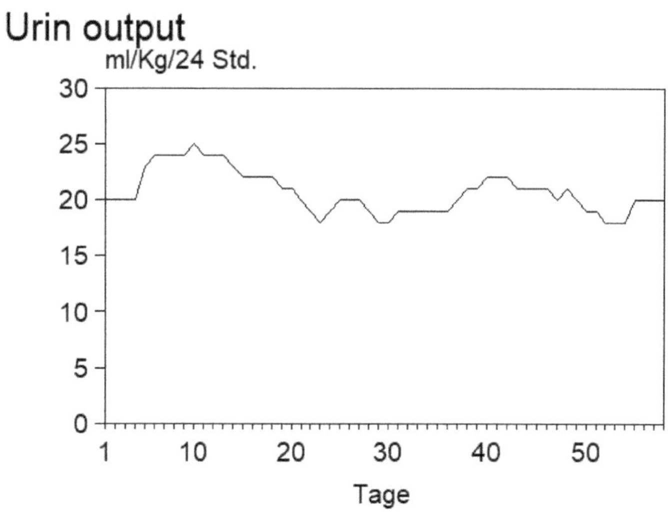

Abbildung 158 Quasistationärer Anteil (entspricht dem Trend) – Proband G – Urin Output

Dabei sollte, wenn möglich, ein möglichst hoher Polynomgrad benutzt werden. Statistikprogramme wie Excel gestatten derzeit die Berechnung von Polynomen 6. Ordnung. Dabei ist zu beachten, dass die Anzahl der Stellen hinter dem Komma der Koeffizienten, mit steigendem Grad des Polynoms ebenfalls zu erhöhen ist, um so den tatsächlich berechneten Kurvenverlauf der Trendfunktion wiedergeben zu können.

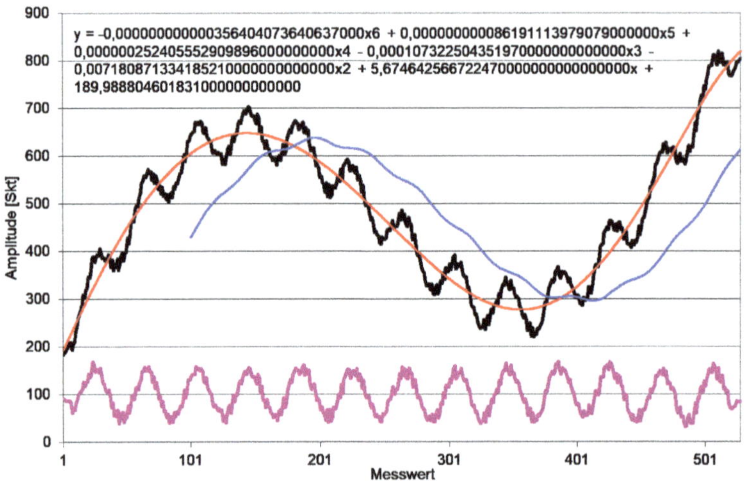

Abbildung 159 Modellzeitreihe (n =518) mit Ermittlung des Trends mittels gleitender Mittelung (blau) und Zuordnung zum letzten Wert des Fensters (Excel) (Fensterbreite 101), Polynomapproximation 6. Grades (rot) und den korrigierten Daten ohne Trendanteil (pink)

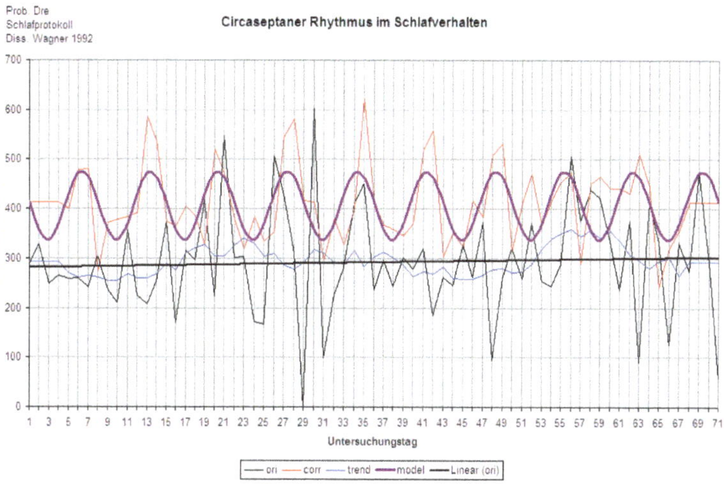

Abbildung 160 Darstellung des circaseptanen Rhythmus im Schlafverhalten eines Gesunden, ermittelt aus Daten des Schlafprotokolls (Balzer, 1988), analysiert mit Hilfe des Programms Biokat12.

In ungünstigen Fällen, z. B. bei sprungartigem Kurvenverlauf und/oder geringer Zahl der Messdaten kann die Polynomapproximation zu Randwertproblemen führen. Abhilfe bringt in einigen Fällen die recht aufwendige, zusammengesetzte Approximation mittels Polynomstücken. Es ist daher im Einzelfall zu entscheiden, zu welchem Verfahren man greift.

Eine andere Methode zur Eliminierung des Trends stellt ein Hochpass dar. Dabei muss unterschieden werden, ob die Daten noch in analoger Form oder bereits abgetastet, in diskreter Form vorliegen.

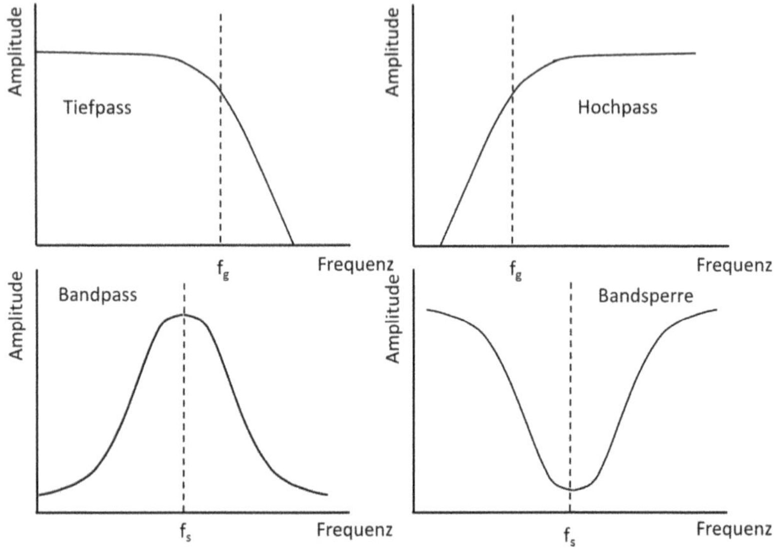

Abbildung 161 Filterarten
Legende: f_g – Grenzfrequenz, f_s – Scheitelfrequenz

Aufgabe eines Hochpasses ist es, höhere Frequenzen (kürzere Perioden) passieren zu lassen und tiefere Frequenzen (lange Perioden, Trend) zu unterdrücken.

6.2 Periodisch oder stochastisch und die Frage der Signifikanz

Nach oder manchmal auch vor der Analyse periodischer Anteile einer Zeitreihe wird die Frage aufgeworfen, ob diese überhaupt periodische Anteile enthalten kann, ohne gleich zu prüfen, welche das sind (Cox, Hinkley,1978). Die einfachste Möglichkeit besteht in der Auszählung der Maxima und Minima (Extrempunkte). Als Extrempunkt wird ein Wert verstanden, der größer als die zwei benachbarten ist. Falls zwei oder mehrere gleiche Werte existieren, die größer als die vorhergehenden oder nachfolgenden sind, werden diese als ein Wert gerechnet.

$$l = \frac{2(n-2)}{3} \qquad \text{(Gl. 10)}$$

mit l = Zahl der Extrempunkte.

Falls die Anzahl der festgestellten der Extrempunkte ≠ l ist, kann man davon sprechen, dass eine systematische oder periodische Komponente existiert. Für den o. g. Modellfall beträgt die Datenmenge n =518. Daraus berechnet sich ein Wert l = 344. Vernachlässigt man einmal die stochastischen Anteile, so zählt man, bezogen auf die großen Schwankungen drei Extrempunkte, bezogen auf die kleineren Schwankungen 26 Extrempunkte und unter Berücksichtigung der stochastischen Schwankungen 137 Extrempunkte. In allen Fällen gelangt man also zu der Aussage, dass periodische Anteile enthalten sein müssen. Kornetov (1988) gibt noch ein weiteres, genaueres Kriterium über die Bestimmung der „Phase", d. h. des Abstandes zwischen zwei Extrempunkten an, mit der Möglichkeit zur Prüfung mittels des t-Tests. Problematisch wird die Anwendung dieser statistischen Verfahren, wenn periodische Anteile vorhanden sind, deren Amplituden innerhalb des Rauschens eines Signals verborgen sind. In diesem Fall würde die Anwendung der genannten Verfahren dazu führen, dass die Zeitreihe als stochastisch interpretiert würde und nach periodischen Anteilen gar nicht erst gesucht würde. Eine endgültige Antwort darüber, ob periodische Anteile in einem Prozess enthalten sind oder nicht, gibt es nur für endliche Zeitreihen, d. h. für Untersuchungszeiten, die als abgeschlossen betrachtet werden. Die Autokorrelation liefert nur für unendlich lange Zeitreihen, die Rauschen repräsentieren, kein Maximum und damit keine Information über eine vorhandene Periodizität. Damit könnten Kritiker meinen, die Mathematik könne jederzeit Periodizität „produzieren". Der Beweis über die Existenz periodischer Prozesse liegt letztlich in der Reproduzierbarkeit dieser oder besser noch in der definierten Veränderbarkeit ihrer selbst. Chronobiologen haben lange versucht die Signifikanz rhythmischer Prozesse mit Hilfe der Methoden der Wahrscheinlichkeitsrechnung (t-Test, Test nach Fischer, χ^2-Test) zu prüfen. Das Problem in der Anwendung dieser Methoden besteht darin, dass alle genannten Verfahren in der Wahrscheinlichkeitsrechnung unter dem Aspekt entwickelt und eingesetzt wurden, dass die Einzelwerte unabhängig voneinander erhoben wurden, sozusagen nach dem Würfelprinzip. In der Regel trifft dies aber für Messdaten, die aus Messungen an biologischen Objekten stammen, nicht zu. Hier hängt der nachfolgende Messwert vom vorhergehenden ab.

6.3 Analyse periodischer Anteile

Die Analyse periodischer Anteile ist eng mit der Trennung stochastischer Anteile von den periodischen Anteilen verknüpft. Die folgende Auflistung zeigt dazu die bekanntesten Methoden.

Periodischer Anteil:

- Cosinor-Analyse,
- Korrelationsanalyse (AKF, KKF),
- Fourieranalyse (DFT, FFT),
- Leistungsdichtespektrum (PS),
- Burganalyse (BS),
- Cepsstrumanalyse,
- Waveletanalyse,
- Dynamikananalyse

Stochastischer Anteil:
- Trennung des stochastischen Anteils einer Zeitreihe (Wavelets),
- Rekursive Trennung des stochastischen Anteils

Periodische Prozesse können unterschiedliche Verläufe aufweisen. Das Merkmal eines periodischen Prozesses ist das Auftreten von Maxima und Minima in einem „festen", zeitlichen Abstand. Während bei technischen Systemen dieser zeitliche Abstand tatsächlich oft gleich ist, trifft das für biologische Systeme nicht unbedingt zu, weshalb auch oft von „circa"-Rhythmen gesprochen wird. Aus diesem Grunde ist es für biologische Systeme wichtig, nicht nur die Periode oder die Perioden zu finden, die dem Prozess innewohnen, sondern darüber hinaus auch ihre Auftrittswahrscheinlichkeiten. Im einfachsten Fall wird ein periodischer Prozess durch eine Sinusfunktion beschrieben:

$$f(x) = m + a \cdot \sin\left(\omega \cdot x + \tau\right) \qquad \text{(Gl. 13)}$$

$$\text{mit } \omega = 2 \cdot \pi \cdot f \text{, wobei } f = \frac{1}{T},$$

mit m = Mittelwert oder Gleichanteil, a = Amplitude, ω = Kreisfrequenz, τ = Phase,
f = Frequenz, T = Periode.

Nach Frühwirth (zit. in Hildebrandt, Moser, Lehhofer, 1998) gibt es verschiedene Methoden der Analyse von periodischen Anteilen in Prozessen: a) Zeitreihe der Originaldaten b) Fouriertransformation c) geglättete Fouriertransformation d) Autokorrelationsfunktion (AKF) e) Spektrum aus d) berechnet f) Cosinor-Anpassung g) Spektrum autoregressiv berechnet.

Historisch gesehen entstanden drei Formen der Spektralanalyse:

- die Autokorrelationsanalyse (Blackman & Tukey, 1959);
- die Spektralanalyse nach Fourier (Brillinger, 2002);
- und die Spektralanalyse des Maximums der Entropie (Burg, 1975 und Kirk, 1979).

6.3.1 Autokorrelationsanalyse

Der Zusammenhang zwischen zwei Datensätzen wird im einfachsten Fall mittels der **Kovarianz** bestimmt:

$$\begin{aligned}\operatorname{cov}\{X_i X_j\} &= \langle (x_i - \langle x_i \rangle)(x_j - \langle x_j \rangle) \rangle \\ &= \langle x_i x_j \rangle - \langle x_i \rangle \langle x_j \rangle\end{aligned} \qquad \text{(Gl. 14)}$$

Unter **Autokovarianz** versteht man die Anwendung der Kovarianz auf die gleiche Zeitreihe zu verschiedenen Zeiten t und t+t'

$$\operatorname{cov}\{X(t)_, X(t+t')\} = \langle [x(t) - \langle x(t) \rangle][x(t+t') - \langle x(t+t') \rangle] \rangle \qquad \text{(Gl. 15)}$$

Es wird angenommen, dass X zu einem stationären Prozess gehört. Daraus folgt[37]:

$$\langle x(t) \rangle = \langle x(t+t') \rangle \qquad \text{(Gl. 16)}$$

Mit t' = lag = Verschiebung (manchmal auch τ) und m = moment folgt:

$$\begin{aligned}\operatorname{cov}\{X(t), X(t+t')\} &= x(t)x(t+t') - \langle x(t) \rangle x(t+t') - x(t)\langle x(t+t') \rangle \\ &\quad + \langle x(t) \rangle \langle x(t+t') \rangle \\ &= \langle [\mathrm{x(t)} - \mathrm{m} \rangle][\mathrm{x(t+t')} - \mathrm{m} \rangle] \rangle\end{aligned} \qquad \text{(Gl. 17)}$$

Bei veränderlichem t' gilt:

$$\begin{aligned}\varphi(t') &= \langle [\mathrm{x(t)} - \mathrm{m} \rangle][\mathrm{x(t+t')} - \mathrm{m} \rangle] \rangle \\ &= \langle x(t)(x(t+t') - m^2 \rangle\end{aligned} \qquad \text{(Gl. 18)}$$

37 Hildebrandt et al. (1998), S. 60.

Bemerkung: die Autokovarianz wird oft ohne den Summanden -m² angegeben.

Die **Autokorrelation** (AKF) schließlich ist die Autokovarianz, normalisiert durch die Varianz.

$$C(t) = \frac{\varphi(t)}{\mathrm{var}\{X\}} \qquad \text{(Gl. 19)}$$

Bei der Autokorrelation wird die Zeitreihe mit sich selbst verglichen. Ausgegeben wird der Wert φ als Funktion des Schrittes τ.

$$\varphi_{xx}(\tau) = \lim_{T\to\infty}\frac{1}{T}\int_0^T x(t)\cdot x(t+\tau)\;dt \qquad AKF(k) = \frac{1}{N-k}\sum_{n=0}^{N-k-1} x(n)\cdot x(n+k) \qquad \text{(Gl. 20)}$$

Darstellung der AKF in integraler und numerischer Form. Das Ergebnis der Berechnung ist eine Funktion der Autokorrelationskoeffizienten in Abhängigkeit von der Schrittweite τ, die in diesem Fall der Periode entspricht.

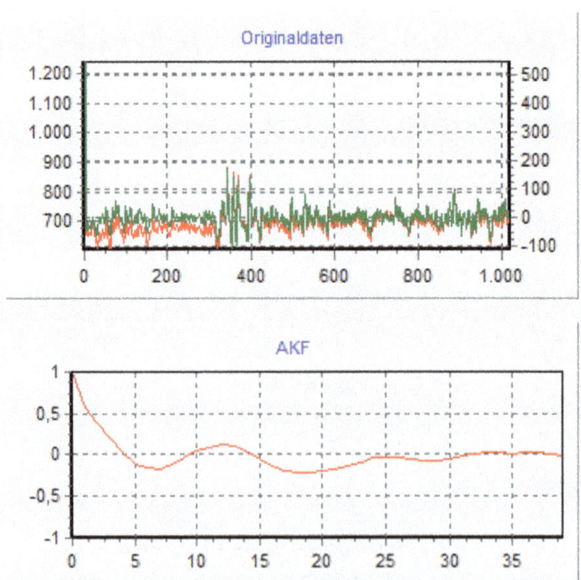

Abbildung 162 Beispiel einer Autokorrelationsfunktion von HRV-Daten

Legende: oben – y-Achse R-R Intervall [msec], x-Achse – Messwert; unten – y-Achse Korrelationskoeffizient, x-Achse Periode in Sekunden

Das Beispiel zeigt eine Autokorrelationsfunktion von HRV-Daten (rot) nach Umwandlung in äquidistante und trendkorrigierten HRV-Daten (grün). Die Trendbereinigung erfolgte mittels gleitender Mittelung in einem Datenfenster von 61 Daten. Das erste positive Maximum der AKF zeigt die Periode, die im untersuchten Datensatz vorherrscht mit P = 12 sec.

6.3.2 Dynamikanalyse

Die Dynamikanalyse nach Balzer (1988) ist eine Analyseform, in der verschiedene Formen der Analyse, der Modellbildung und des Vergleiches von Modellen kombiniert angewendet werden, um die Änderung einer Periodik über die Zeit innerhalb möglichst schmaler Datenfenster zu ermöglichen. Dabei wird mit einer minimalen Datenmenge von 20 Daten für ein Datenfenster gearbeitet. Das Datenfenster kann blockweise oder gleitend durch die Zeitreihe geschoben werden.

Die Analyse der Perioden erfolgt innerhalb eines Datenfensters von 20 Daten nach folgendem Verfahren:

1. Berechnung der normierten Autokorrelationsfunktion (ACF);
2. Bestimmung des positiven Maximums der ACF (verifizierte Periodizität T1) und des entsprechenden Korrelationskoeffizienten;
3. Berechnung des Leistungsdichtespektrums (PS, über die Autokovarianz);
4. Bestimmung des relativen Maximums des PS (verifizierte Periodizität T2);
5. Berechnung von Modellfunktionen mit den Perioden T1 und T2 (Sinusmodelle);
6. Vergleich der berechneten Modellfunktionen mit den korrigierten Originaldaten (Methode der kleinsten Quadrate);
7. Verifizierung des "besten" Modells, d. h. der für das gewählte Datenfenster wahrscheinlichsten Periode

Der Vergleich der Analysemethoden von ACF und PS ist für den Fall notwendig, falls innerhalb des Datenfensters zwei oder mehrere Periodizitäten mit ähnlicher Auftrittswahrscheinlichkeit vorkommen. Dieser Vergleich wird generell durchgeführt.

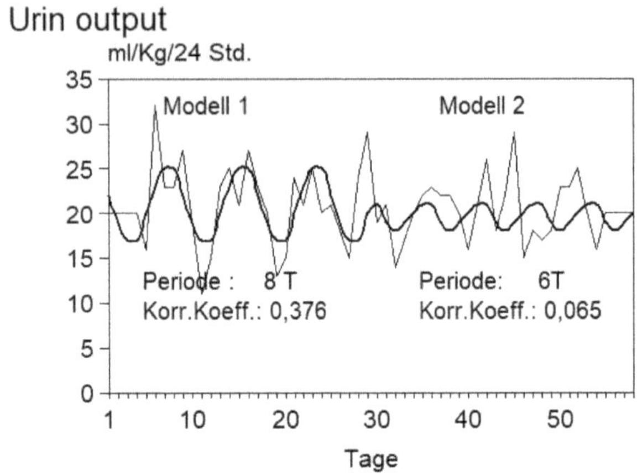

Abbildung 163 Modellfunktion für ein Datenfenster – Proband G – Urin Output, Berechnung der Dynamikfunktion blockweise, hier für zwei Blöcke

Zur Bestimmung der Änderung der Periode über die Zeit (des Experimentes) wird das gewählte Datenfenster durch die Zeitreihe geschoben (Schrittweite – ein Messpunkt, in diesem Fall 1 Tag) und die oben beschriebene Methode der Analyse von Perioden in jedem Datenfenster wiederholt. Ergebnis ist die Änderung der Periode (einer Regulationsfunktion) über die Zeit (Dynamikfunktion).

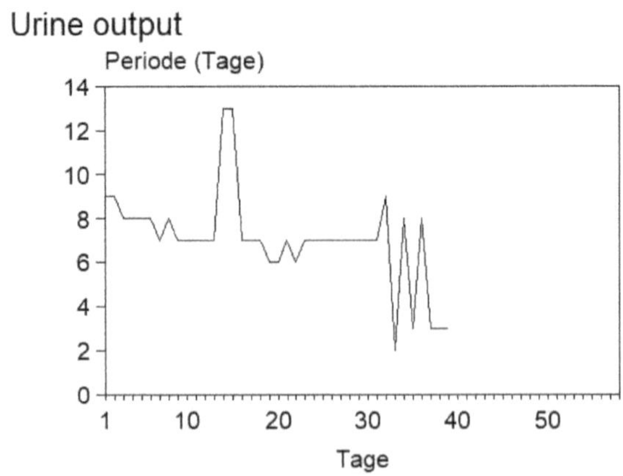

Abbildung 164 Dynamikfunktion – Proband G – Urin Output

6.3.3 Untersuchung von stabilen und instabilen Regulationsvorgängen

Zur Bestimmung von stabilen und instabilen Abschnitten der Regulation wird die Dynamikfunktion (Änderung Periode über die Zeit) nach der Zeit differenziert. Im Ergebnis gilt:

$$\frac{d\,f(P)}{d\,t} = 0 \text{ für } T = \text{const.} \quad y = 0 \qquad \text{(Gl. 21)}$$

$$\text{und } \frac{d\,f(P)}{d\,t} = 1 \text{ für } T \neq \text{const.} \quad y = 1 \qquad \text{(Gl. 22)}$$

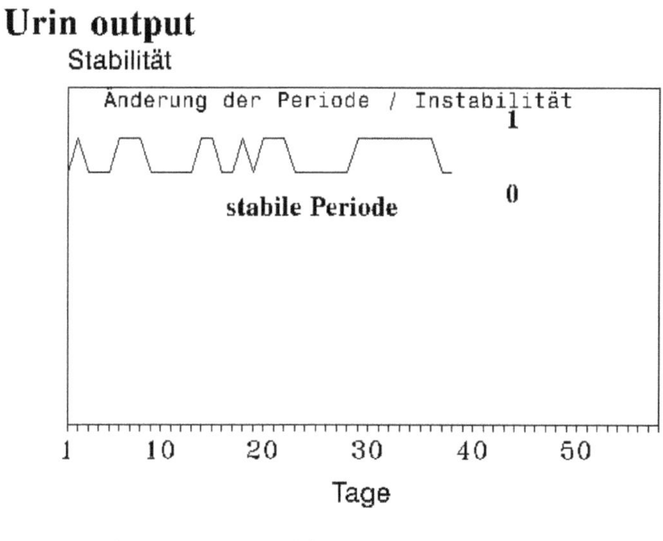

Abbildung 165 Differenzierte Dynamikfunktion – Proband G – Urin Output

Zur Untersuchung von circaseptanen Periodizitäten wird ein Datenfenster von sechs Daten (6 Tagen) durch die Zeitreihe (in diesem Fall: differenzierte Dynamikfunktion) geschoben und eine Falluntersuchung vorgenommen. Es gilt:

$f'(P)\,\big|_{\text{Datenfenster}} = 0$, falls eine Folge von Messdaten $x_i < 3$ mit $y_i = 0$ vorhanden ist.
und
$f'(P)\,\big|_{\text{Datenfenster}} = 1$, falls eine Folge von Messdaten $x_i \geq 3$ mit $y_i = 1$ vorhanden ist.

Ergebnis: Stabilitätsverhalten der Regulationsfunktion (Dynamikfunktion)

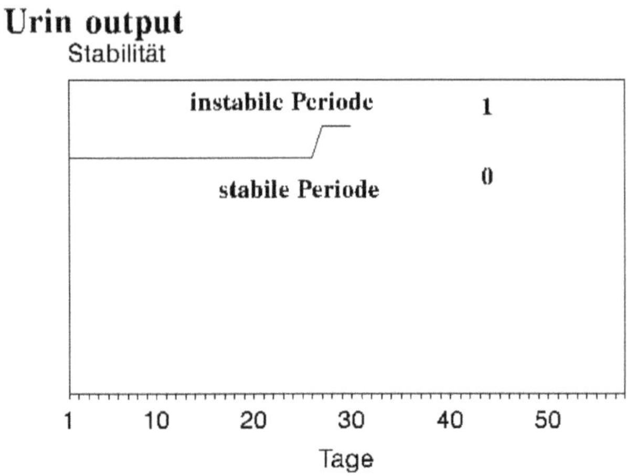

Abbildung 166 Stabilität/Instabilität – Proband G – Urin Output

6.3.4 Verteilung der Dynamikfunktion

Die Verteilung (Häufigkeitsverteilung) verifizierter Perioden der Dynamikfunktion ergibt eine "zeitunabhängige" Übersicht über die vorhandenen, periodischen Anteile.

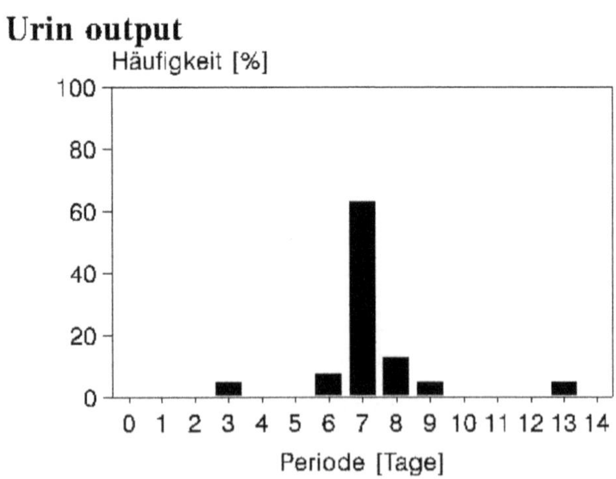

Abbildung 167 Periodizitätsverteilung – Proband G – Urin Output

Die in Abbildung 167 dargestellte Periodizitätsverteilung bildet die Grundlage für die Bestimmung von Regulationszuständen nach Balzer (2000, 2009). Zur Bestimmung von Zuständen sind u. a. Methoden der Clusteranalyse und der Nutzung neuronaler Netze geeignet. Diese Methoden gehören jedoch bereits zum Teil der Datenbewertung, der weiter unten beschrieben wird.

6.3.5 Spektralanalysen

Zu den spektralanalytischen Methoden gehören vor allem die Fourieranalyse (FFT und DFT), das Powerspektrum und Näherungsmethoden wie Berechnung nach Burg (Orfanidis, 1988). Für den Idealfall einer Zeitreihe in Form einer Sinusfunktion liefern alle verschiedenen Methoden ein und dasselbe Ergebnis. Fritz (2005) hat diesen Vergleich für den Fall einer Analyse von EMG-Daten durchgeführt.

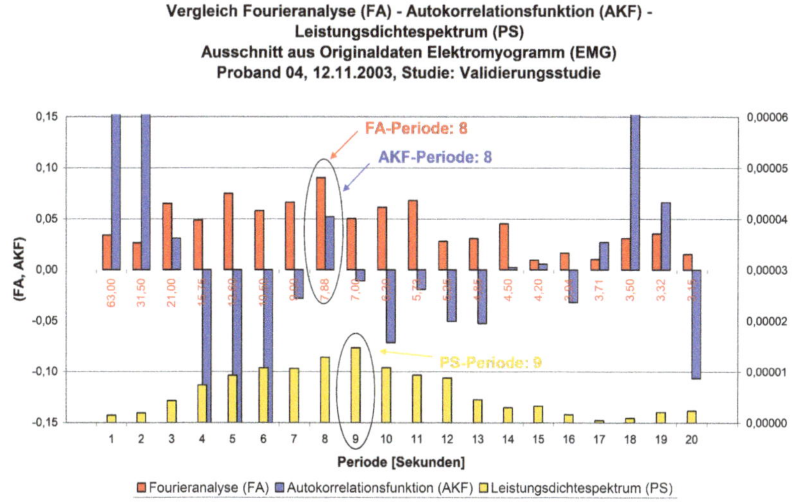

Abbildung 168 Vergleich einer FA-, AKF- und PS-nach Fritz 2005

Legende: Analyse an einem ausgewählten Beispiel innerhalb eines Datenfensters von 20 Daten – alle drei Analysearten wurden über 64 Daten berechnet. Dargestellt wurden hier nur die ersten 20 Daten, da in der angewandten Dynamikanalyse ebenso ein 20 er Datenfenster verwendet wird (rote Zahlen für FA)

Das dargestellte Analysebeispiel weist darauf hin, dass u. a. auch auf Grund der mathematischen Genauigkeit bei der Auflösung des Spektrums mit ganzzahligen Perioden durchaus „Unschärfen" zwischen den gewählten Verfahren entstehen können. Dieses war u. a. der Grund dafür, dass in der oben dargestellten Dynamikanalyse ein Modellvergleich zwischen den dort benutzten Methoden (AKF und Powerspektrum) eingeführt wurde, um eine bestmögliche Näherung zu erreichen. Einen ähnlichen Vergleich führte der Autor für die Analyse der HRV durch, bei dem das Powerspektrum und die Näherung nach Burg verglichen wurden.

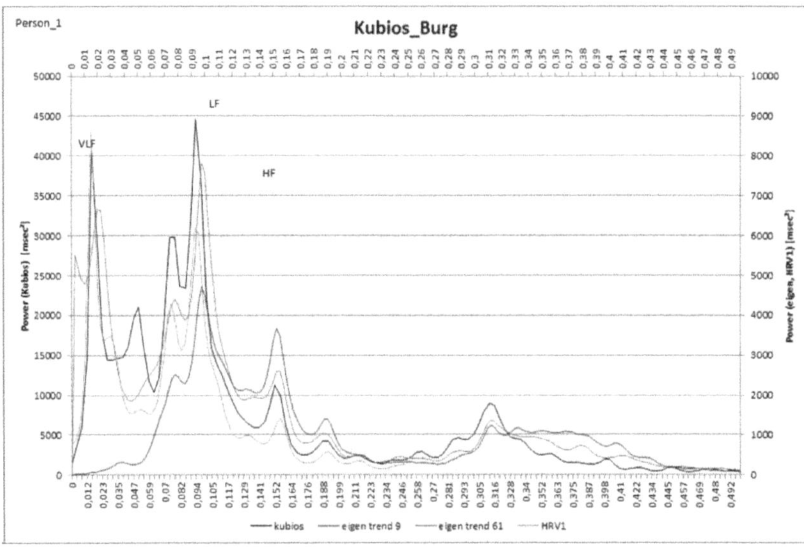

Abbildung 169 Vergleich der Spektralanalysen (Burgspektrum, 50. Ordnung) mit dem Verfahren HRV1, Kubios-HRV, Spektralanalyse v. 2.0 (Trendkorrektur mit gleitender Mittelung mit Fenstergröße 9 und 61) nach Balzer, 2012

An dieser Stelle soll nur darauf hingewiesen werden, dass inzwischen für nichtäquidistante Daten, wie z. B. die R-Zacken-Abstände bei der HRV-Analyse, weitere Verfahren existieren, die eine Wandlung der nichtäquidistanten Daten in äquidistante Daten, wie sie für konventionelle Spektralanalysen (FFT, Powerspektren u.a.) notwendig wäre, überflüssig machen. Dazu gehört auch die Methode nach Lomb (Lomb, 1976). Für Frequenzanalysen von Daten mit hohem Stör- bzw. Rauschanteil wird oft die Waveletanalysemethode (Hubbard, 1997) benutzt.

6.3.6 Datenbewertung

Auch für die Datenbewertung werden verschiedene mathematische Methoden angewendet. Auf dem am häufigsten angewendeten mathematischen Level findet man Mittelwert und Streuungsberechnungen von Original-Messdaten und/ oder analysierten Daten. Zu den Datenbewertungsmethoden auf höherem mathematischem Level gehören z. B. die Bildmustererkennung (Duda, 2001) und die Schlafstadienerkennung nach Rechtschaffen & Kales (1968). Die Datenbewertung selbst kann man daher in verschiedene Stufen einteilen, je nachdem, welche Komplexität beurteilt werden soll. Im Folgenden sollen die verschiedenen Stufen der Komplexität lediglich dargestellt werden.

1. Modelldarstellungen
   - Cosinormodell (Cornélissen, 2014)
   - Fouriersynthese
   - zusammengesetzte Funktionen
   - Zustandsbilder, z. B. autochrones Bild bei der HRV-Analyse (Moser et al., 1999)
2. Regulationszustände
   - Definition eines biologischen Zustandes (Balzer, 2009)
   - Bestandteile eines biologischen Zustandes
   - Bestimmung von Regulationszuständen
   - Arten biologischer Regulationszustände
   - Verteilungsfunktion biologischer Regulationszustände
3. Synchronisationszustände
   - Definition eines biologischen Systems
   - Bestandteile eines biologischen Systems
   - Das Prinzip der kleinsten Wechselwirkung
   - Voraussetzungen für das Entstehen von Synchronisationsvorgängen
   - Mathematische Methoden zur Bestimmung von Synchronisationsfunktionen
   - Dynamische KKF (Balzer, 2002a)
   - Arten biologischer Synchronisationszustände
   - Verteilungsfunktion biologischer Synchronisationszustände
   - Zusammenhang zwischen Regulation und Synchronisation
4. Systemzustände
   - Bestimmung der Eigenwerte eines biologischen Systems
   - Bestimmung der Sprungantwort eines biologischen Systems
   - Bestimmung der Entwicklungsfunktion eines biologischen Systems

7 Datenerfassung in der Chrono-bio-psychologischen Regulationsdiagnostik (CRD)

Die Datenerfassung zur Analyse mittels Chronobiologischer Regulationsdiagnostik (CDR) unterscheidet sich im Wesentlichen nicht von den üblichen Methoden und Verfahren zur Datenerfassung (Messung) und/oder Datenerhebung (Protokolltechniken). Eine Besonderheit besteht jedoch darin, dass es vor allem Ziel der CRD ist, periodische, biologische Prozesse zu erfassen und zu analysieren. Der gegenwärtige, technologische Stand der Datenerfassung soll an Hand der folgenden Abbildung 170 dargestellt werden.

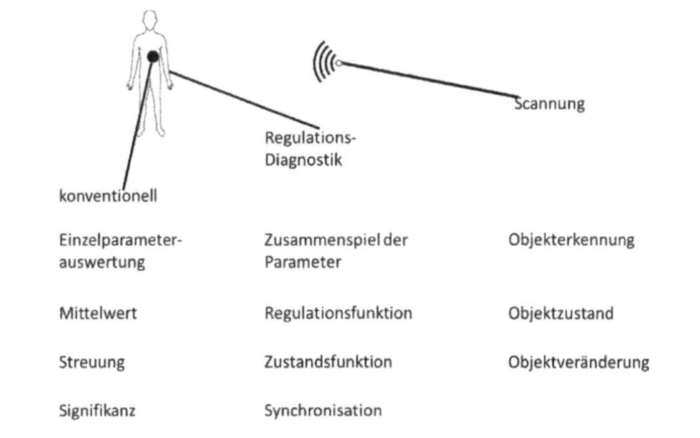

Abbildung 170 Stand der Messdatenerfassung in der Vergangenheit, Gegenwart und der Zukunft

7.1 Konventionelle Messdatenerfassung (Einpunktmessung)

Die Messdatenerfassung begann vor allem an den Körperteilen (Körperteilen, Organen, Zellen,...), wo das Verhalten als gestört wahrgenommen wurde und somit untersucht werden sollte. Das bedeutete in vielen Fällen direkt am oder oft im Körper. Bevor jedoch solche direkten Untersuchungen erfolgten, besaß der Mensch lediglich die Möglichkeit der Beobachtung oder der „Messwertaufnahme" mittels der dem Menschen eigenen Sensorik über das Fühlen des Pulses, das Fühlen der Körpertemperatur, das Fühlen von zu viel oder zu wenig Schweißabgabe usw.

Viele gegenwärtige Messverfahren benutzen nach wie vor Sensoren, die direkt mit der gestörten Funktion bzw. dem gestörten Organ verbunden sind. Auch das Thermometer liefert seine besten Werte, wenn es sich direkt im Körperinneren befindet. Grundsätzliche Überlegung ist es dabei, mit möglichst hoher Genauigkeit die Temperatur absolut zu erfassen. Zur Messung des EKG's werden die Elektroden direkt um das Herz herum platziert. Dabei werden, ähnlich wie beim EEG Ag/AgCl-Elektroden benutzt, um beste, d. h. geringste Übergangswiderstände zur Haut zu erreichen, den Aufbau zusätzlicher Potentiale zu reduzieren und damit die Störsignale möglichst gering zu halten. In der Vergangenheit erfolgten die Messungen häufig zeitlich punktuell, d. h. es wurden in der Regel keine oder nur wenige Zeitreihen erfasst. Dieses Stadium der Entwicklung der medizinischen Messtechnik kann als konventionell bezeichnet werden. Selbst Röntgenbilder, CT- oder MRT-Aufnahmen gehören dazu, wenn sie unregelmäßig, in größeren Abständen aufgezeichnet werden. Bei solchen direkten Messungen wird die Funktionalität des Organs, das gemessen werden soll, direkt oder indirekt beeinflusst oder sogar gestört. Dies kann seinerseits Messfehler verursachen.

7.2 Chronobiologische Messdatenerfassung (längerandauernde Mehrpunkt-messung)

Mit der Weiterentwicklung der Medizintechnik, insbesondere zur Erkennung von Funktionsveränderungen oder Funktionsstörungen, ergab sich die Notwendigkeit einer länger andauernden Messwerterfassung. Daraus entwickelte sich schließlich die Aufnahme einer Zeitreihe, mit den sich daraus ergebenden Möglichkeiten zur Analyse von Zeitreihen. Insbesondere bei der Analyse neuronaler Aktivitäten und kardiologischer Aktivitäten wurden mehr und mehr spektralanalytische Methoden eingesetzt und es entwickelte sich das Verständnis von periodischen Prozessen im Körper, die Chronobiologie. Das Verständnis der rhythmischen Prozesse im Körper war die Grundvoraussetzung für die Entwicklung der Chronobiologischen Regulationsdiagnostik. Dabei wird die Sensorik auf die Körperoberfläche verlagert und die Hierarchie der periodischen Prozesse auch aus dem Innern des Körpers erfasst, selbst wenn diese sich im Rauschen eines Signals befinden sollten. Für die Zuordnung und Bewertung solcher Daten ist entscheidend, dass die Änderung mit der Funktionalität der zu untersuchenden Funktion korreliert. Mit der CRD wird der Standpunkt vertreten, dass Funktionsstörungen im Organismus als Regulationsstörungen auftreten und so durch Änderung periodischer Prozesse messbar werden. Auf der Hautoberfläche selbst werden Messungen oft durch störende, langsam veränderliche Größen beeinflusst. Bekannt ist z. B. bei der Messung des Hautwiderstandes, dass bei zu festem Anliegen der Messelektroden ein Blutstau entstehen kann, der über eine relative Ausdehnung des Armumfanges zu einem festeren Anliegen der Messelektroden an der Haut führen kann. Dadurch verringert sich wiederum der Übergangswiderstand zwischen der Messelektrode und der Haut, was sich störend auf den eigentlichen Hautwiderstand auswirkt. Die regulatorischen Änderungen des Hautwiderstandes bleiben jedoch davon unberührt. Für die CRD gilt der Grundsatz: Man muss wissen, was man untersuchen will. Anders ausgedrückt: Wenn man weiß, welche regulatorischen Anteile der Atmung in der Herzfrequenzänderung enthalten sind, kann man die Atemfrequenz mittels spektralanalytischer Auswertung aus der Herzfrequenz bestimmen. Je weiter man sich vom Körper entfernt, desto höher sind die Anforderungen an die Auflösung der eingesetzten Messtechnik. Damit besteht die Möglichkeit z. B. die Atemfrequenz über eine Laufzeitmessung mittels Ultraschall aus der Entfernung zu messen, ohne dass ein Atem-Messgürtel am Körper anliegen muss. Die Wahrscheinlichkeit, dass die gemessenen Daten mit den tatsächlichen Werten im Körper übereinstimmen, sinkt jedoch, je weiter wir uns vom Körper entfernen. Das betrifft insbesondere die absoluten Werte der Messdaten. Die periodischen Änderungen bleiben jedoch korrekt erhalten, lediglich der Rauschanteil steigt mit der Entfernung.

Ein weiteres, wichtiges Augenmerk ist auf die „Zeitgleichheit" der Erfassung von Messdaten zu richten. Eine komplexe Beurteilung des Gesundheitszustandes ist nicht mit der Messung von nur einem Parameter möglich. Werden jedoch mehrere Parameter erfasst, so ist darauf zu achten, dass bei der heutigen digitalen Signalverarbeitung möglichst geringe Zeitdifferenzen zwischen den Abtastwerten der verschiedenen Kanäle auftreten. Komplizierter werden Messungen mehrerer Parameter, wenn diese mit verschiedenen Messgeräten erfolgen sollen. Um hier eine „Zeitgleichheit" zu erreichen, ist vor Beginn der Messung ein Abgleich der Zeitbasen der verschiedenen Messsysteme untereinander notwendig. Bei Langzeitmessungen ist außerdem auf ein Nachstellen der „inneren" Uhren der einzelnen Messsysteme zu achten, da ansonsten zu Ende einer Langzeitmessung erhebliche Differenzen zwischen der Messzeit und der realen Zeit auftreten können.

7.3 Komplexe Chrono-Bio-Psychologische Untersuchungen: Das Mobile Gesundheitslabor

Zur Durchführung komplexer chrono-bio psychologische Untersuchungen bei denen sowohl physiologische, psychologische als auch Verhaltensparameter untersucht werden können wurde das Konzept eines Mobilen Gesundheitslabors ("Gesundheits-Labor", Stueck, Balzer, Mueller, Utami, Sack, 2015) entwickelt und an der DPFA-Hochschule Sachsen in Leipzig aufgebaut. Hier wird es zum Check up aber auch zum Training (Biofeedback) in den Schulen und Kitas für das betriebliche Gesundheitsmanagement genutzt. Dieses Laborkonzept ist mobil einsetzbar und wurde auch an der Islamischen Universität Indonesien bzw. an der Universität Teheran umgesetzt bzw. aufgebaut. Im Rahmen des **Mobilen Gesundheitslabors©** werden u.a. folgende Untersuchungen durchgeführt (Portfolio):

a) **Verhältnis-Bewertung:** Bewertung von Risiken und Schutzfaktoren in den Verhältnissen von ArbeitnehmerInnen: Analyse-Check: "krankmachenden" Bedingungen in Institutionen (Rahmenbedingungen- und Arbeitsanforderung, Arbeitsorganisation, Soziale Bedingungen);
b) **Verhaltens-Bewertung (Ernährung, Bewegung, Stressregulation, Schlaf):** Bewertung von Risiken und Schutzfaktoren im Verhalten bezogen auf ihre eigene Gesundheit (Ernährung, Bewegung, Stressregulation, Schlaf);
   - **Leistungs-Tests:** Ausdauer und Konzentration auf Arbeitsaufgaben (Wiener Testsystem);
   - **Stressdiagnostischer Test (SDT):** bestehend aus Blutdruck-Entspannungstest (BET), Test Atmung-Herzfrequenz bzw. Herzfrequenzvariabilität (HRV); Stress-Entspannungs-Test (SET): Typentest zum Umgang mit Lärmstressoren (emotional, kognitiv, muskulär, Verhalten);
   - **Bestimmung von Hyper- Hypo – Normosensibilität:** als Parameter für chronischen Stress;
   - **Chronobiologisches Monitoring:** Verlaufskontrolle (24 Stunden-Monitoring, HRV),
   - Ermittlung Aktivitätsniveau, Schlafneigungsphasen, Schlafqualität;
   - **Psychoneuroimmunologische Diagnostik:** z.B. Cortisol-Circadian-Test, Immunparameter (Immunglobulin A);
   - **Wirbelsäulendiagnostik und Flexibility-Check (Bewegung):** Apparative Beweglichkeits-und Wirbelsäulendiagnostik;

- **Energiebilanz (Ernährung):** Grundumsatzsermittlung, Ermittlung des Stoffwechselalters, biologisches Alter, Körperfett, Makronährstoffempfehlungen;

c) **Bewertung zu Ressourcen** (Resilienz, Selbstwirksamkeit, Empathiefähigkeit), Persönlichkeit und Stressbewältigung (arbeitsbezogene Verhaltens- und Erlebensmuster, Burnout), Biographie, Ernährung und Bewegung, Schlaf (chronobiolopsychologische Schlafanalyse), Chronotyp-Bestimmung;

d) **Training im bzw. mit dem Mobilen Gesundheitslabor©:**
   - HRV-Biofeedback-Training (Bereich Stressregulation) zur Optimierung des Atem-Puls-Quotienten (optimales Verhältnis für Gesundheit =4:1);
   - Training der Ultradianen Heilreaktion (U-H-R) mittels Selbsthypnose bzw. Handy App und mit Brain-Light-Entspannungssystem;
   - Training der Muskulatur des Rückens mit Stimulatonsgerät;
   - Gefäßtraining mit Mikrozirkulationsmatte;
   - Diagnosegeleitete Bewegungs- und Ernährungsempfehlungen;
   - Beratung zu Trainings- und gesundheitsfördernden Maßnahmen in Institutionen gemäß des Masterplans Gesunde Bildung und des Gesundheitswürfels (Stück, 2010, Tabelle 5).

Das Mobile Gesundheitslabor kann z. B. auf Gesundheitstagen eingesetzt werden oder in Reha-Kliniken. Die wissenschaftlichen Grundlagen zu einer Reihe von Diagnostiken (z. B. SDT) sind in diesem Buch beschrieben.

7.4 Einführung in Messprinzipien einiger wichtiger physiologischer, psychologischer und biochemischer Parameter und Verhaltensparameter

An dieser Stelle sollen lediglich die Messprinzipien einiger wichtiger physiologischer, psychologischer und biochemischer Verhaltensparameter dargestellt werden.

7.4.1 Elektrokardiogramm

Das Elektrokardiogramm (EKG) entsteht als vektorielles Summenpotential der Stärke und Richtung der Erregungsleitung der Herzmuskel- und Nervenfasern. Die Erregung wird bipolar durch unterschiedlich angeordnete Oberflächenelektroden unmittelbar am Herzen oder weiter davon entfernt, z. B. linker Arm – rechter Arm, registriert (auch als Einthoven-Ableitung bezeichnet).

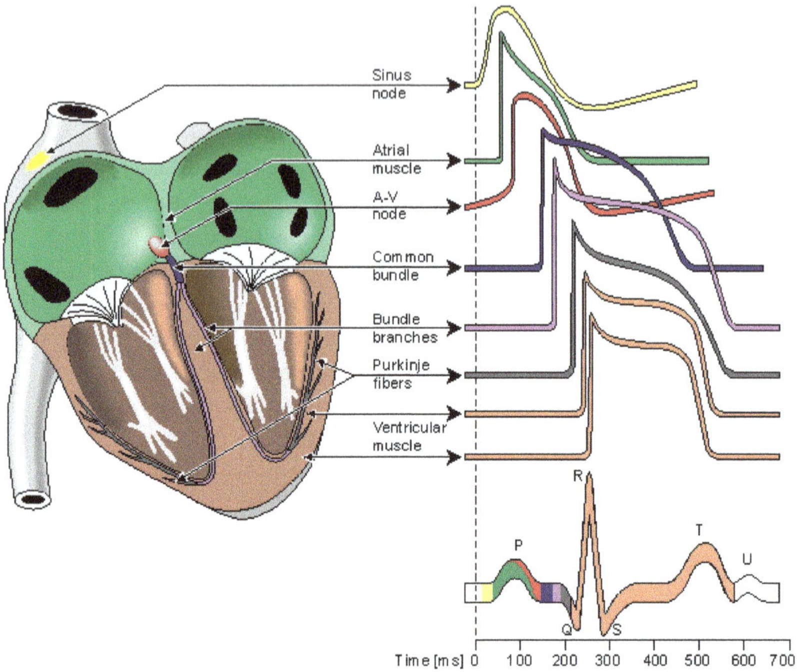

Abbildung 171 Elektrophysiologie des Herzens nach Malmivuo und Plonsey, 1995; zitiert in Kubios HRV, 2008

Eine nähere Beschreibung der einzelnen Funktionen des Herzens findet man in der einschlägigen Fachliteratur zur Kardiologie. Um alle Teile des EKG's zu erfassen, ist messtechnisch wichtig, dass die Herzfrequenz im Bereich von 0…70 Hz aufgezeichnet wird. Die elektrische Aktivität des Herzens wird auch durch weitere physikalische Größen begleitet. Dazu gehört eine akustisch-mechanische Druckwelle der Herzklappentätigkeit, die sich als Körperschallwelle ausbreitet.

7.4.2 Herzfrequenz

Die Herzfrequenz wird aus dem Abstand der R-Zacken des EKG's bestimmt. Dazu kann sowohl die Aufzeichnung eines EKG's benutzt werden. Andere Verfahren sind jedoch ebenso möglich.

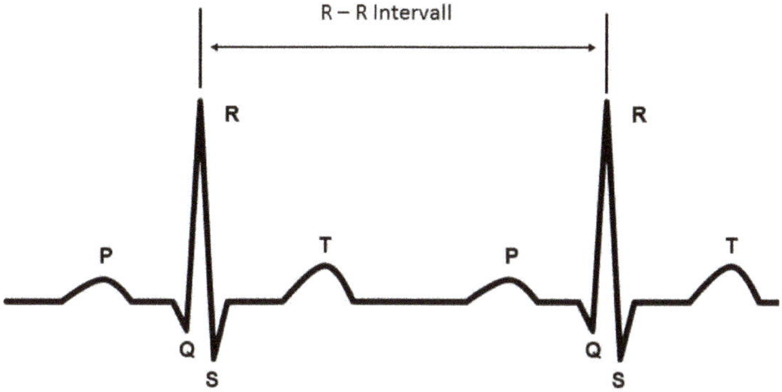

Abbildung 172 Messintervall zur Bestimmung der Herzfrequenz

Gegenwärtige Messsysteme arbeiten mit einer Abtastrate von 1 msec und kleiner, um die Änderung der Herzfrequenz und der darin enthaltenen Bestandteile, wie z. B. der sympathischen und parasympathischen Aktivität oder der Atemfrequenz darzustellen. Diese Druckwellenaktivität des Herzens wurde bei der Messung der Herzfrequenz von Fischen ausgenutzt (Sachbericht 2011). Mittels eines, in der Bauchhöhle eines Karpfens implantierten, speziellen Drucksensors wurden die Druckamplituden aufgezeichnet und spektralanalytisch ausgewertet.

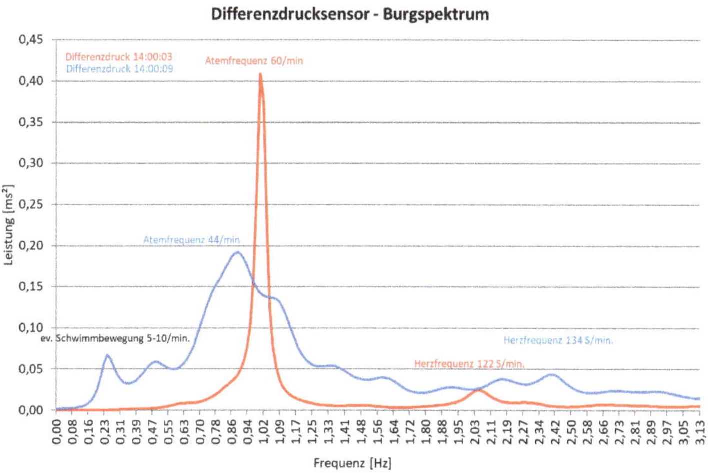

Abbildung 173 Bestimmung der Atem- und Herzfrequenz aus dem Signal eines Differenzdrucksensors nach Balzer in Sachbericht 2011, Baganz et al., 2011a, 2011b

Die HRV wird oft spektralanalytisch ausgewertet, um die sympathische und parasympathische Aktivität zu bestimmen. Dabei gilt folgende Zuordnung:

Tabelle 15 Unterteilung der Frequenzbänder der HRV (Empfehlungen der Guidelines der Task Force, zitiert in Leitlinien der DGAUM (2016))

0,0001 – 0,003 Hz:	ULF-Band	(*ultra-low-frequency* band)
0,0030 – 0,040 Hz:	VLF-Band	(*very-low-frequency* band) bzw. A-Band
0,0400 – 0,150 Hz:	LF-Band	(*low-frequency* band) bzw. B-Band
0,1500 – 0,400 Hz:	HF-Band	(*high-frequency* band) bzw. C-Band
0,4000 – 1,000 Hz:	UHF-Band	(*ultra-high-frequency* band)

Die Sympathikusaktivität ist sowohl im VLF-Anteil als auch im LF-Anteil vorhanden. Im VLF-Anteil sind zusätzlich thermoregulatorische Anteile vertreten, im LF-Anteil zusätzlich parasympathische Anteile. In den HF-Anteilen treten vorwiegend parasympathische Einflüsse auf.

7.4.3 Pulsfrequenz

Nach Elter (2001) kann der Puls bzw. die Pulsratenvariabilität (PRV), mittels eines Sensors zur Messung, Abstände der zeitlichen Maxima des Volumenpulses über eine photoplethysmografische LED-Anordnung erreichen.

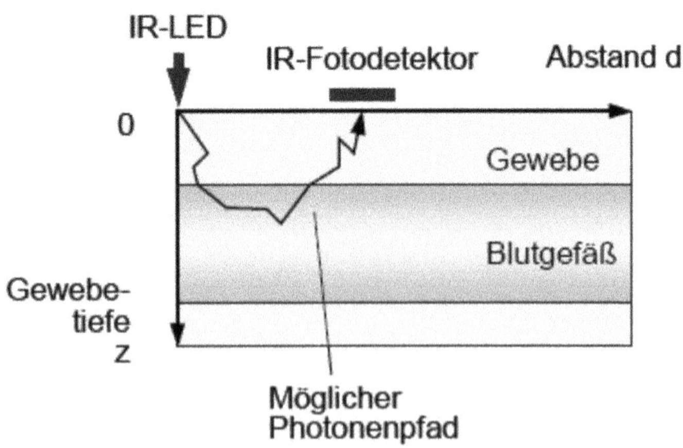

Abbildung 174 Schema der Fotoplethysmografie zur Bestimmung des Volumenpulses nach Elter (2001)

Inzwischen befindet sich eine Reihe von Geräten auf dem Markt, die nach diesem Verfahren arbeiten. Störungen des Messsignals entstehen jedoch bei Bewegung der Körperoberfläche. Ein anderes Verfahren nutzte Balzer bei der Entwicklung der SMARD-Watch. Hierbei wird die piezoelektrische Eigenschaft von Materialen genutzt. Messpunkt für die Pulsfrequenz ist in der Regel der innere Unterarm, in der Nähe des Handgelenks. Fühlbar ist der Puls über die Arteria radialis. Oftmals werden auch Messorte wie Finger und Ohrläppchen gewählt. Bei einem Vergleich zwischen Pulsfrequenz und Herzfrequenz kann in bestimmten Fällen ein Pulsdefizit nachgewiesen werden. Dieses kann u. a. bei plötzlichen physischen und psychischen Beanspruchungsänderungen bei einer unökonomischen Arbeitsweise des Herzens, z. B. bei Herzischämie, auftreten (Adaptationsstörung des Herzkreislaufsystems).

Das SMARD-Watch® System misst die Pulsfrequenz über die Änderung des Durchmessers der Arteria radialis in der Nähe des Handgelenks mittels eines druckempfindlichen Piezo-Sensors. Mit Hilfe mathematischer Verfahren wird eine mittlere Pulsfrequenz in 10 sec.-Intervallen bestimmt, angezeigt und gespeichert.

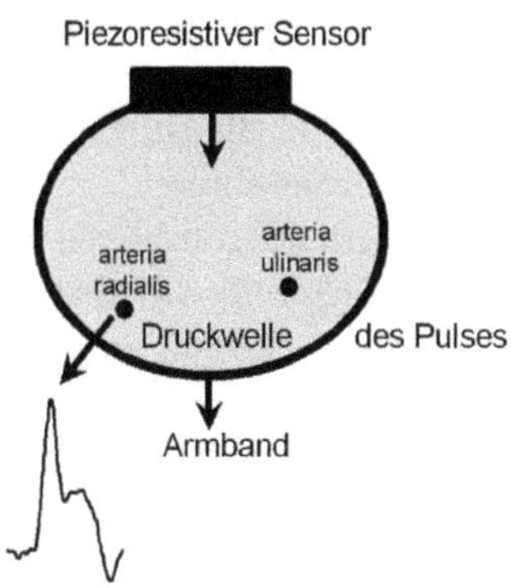

Abbildung 175 Messprinzip der Pulsfrequenz bei der SMARD-Watch

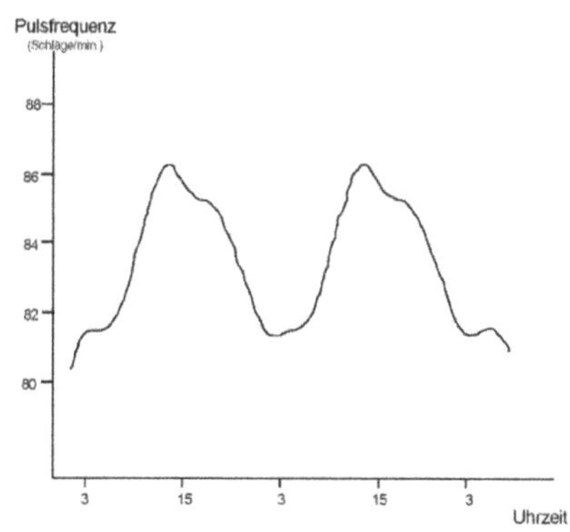

Abbildung 176 Pulsverlauf

7.4.4 Blutdruck

Der Blutdruck wird entweder intra-arteriell, nach dem Verfahren von Riva-Rocci mittels Manschetten-Drucksystem oder nach der oszillometrischen Methode gemessen.

Um den Blutdruck für das Entspannungsverhalten als validierte Bezugsgröße im Vergleich mit anderen physiologischen Daten nutzen zu können, muss die Genauigkeit von Blutdruckmessdaten, die z. B. mit dem Manschetten-Mess-System Boso-Carat gemessen wurden, mit intra-arteriellen Messungen hinterfragt werden. Dazu liegen seitens des Herstellers keine Angaben vor. Der Anzeigefehler wird mit dem Hinweis auf solche Referenzmessungen mit ±3mm Hg angegeben. Diese Messunsicherheit ist für Validierungsaufgaben relevant, da der zu validierende Parameter Hautwiderstand über ein anderes Messverfahren erfasst wird. Es sollte die Hypothese soll geprüft werden, ob zwischen der Änderung des systolischen Blutdrucks (arteriell) und dem Hautwiderstand (Sympathikusaktivität) ein Zusammenhang besteht.

Fahrenberg und Foerster (2002) berichten in ihrer Studie zum Blutdruckmonitoring am Finger im Vergleich zu Messungen am Oberarm und verglichen dies mit intra-arteriellen Messungen. Sie stellten fest, dass bisher vorliegende Methodenstudien beim Vergleich mit intra-arteriellen Messungen (Arteria brachialis, Arteria radialis) keine eindeutigen Ergebnisse geliefert haben.

Neben befriedigenden Übereinstimmungen zwischen den Methoden wurden bei einem Teil der Untersuchten erhebliche Diskrepanzen von mehr als 10 mmHg oder sogar mehr als 20 mmHg beobachtet. Es schien sich nicht um einen konstanten Fehler aufgrund des Druckgradienten, sondern um variable Effekte zu handeln, wobei die Anbringung der Manschette, die Durchblutung des Fingers und die Ruhigstellung der Hand hervorzuheben sind[26].

Die Erklärung für die Differenzen von intra-arteriellen, invasiven Blutdruckmessungen zu nicht invasiven Blutdruckmessungen zeigt die Abbildung 177. Die Messung des Blutdrucks nach Riva-Rocci[6] zeigt, dass der systolische Blutdruck mittels Manschette am Oberarm grundsätzlich immer etwas zu tief und der diastolische Blutdruck immer etwas zu hoch gemessen werden. Darüber hinaus hängt dieser Fehler davon ab, wann der Messvorgang, bezogen auf den Herzzyklus, erfolgt.

Darüber hinaus liefert das verwendete Messgerät Boso-Carat keine Informationen über den exakten Zeitpunkt der Messung des systolischen Blutdrucks. Der systolische Blutdruck wird zusammen mit dem bestimmten diastolischen Blutdruck und der Pulsfrequenz zum Ende des Messzyklus angezeigt. Im Anzeigemoment wird der diastolische Wert am genauesten wiedergegeben. Die Zeit zwischen maximalem Manschettendruck und Messzeitpunkt zur Messung des systolischen Blutdrucks hängt unter anderem von der Höhe des maximalen Manschettendrucks und damit auch von der Versuchsperson (Blutdrucktyp) ab.

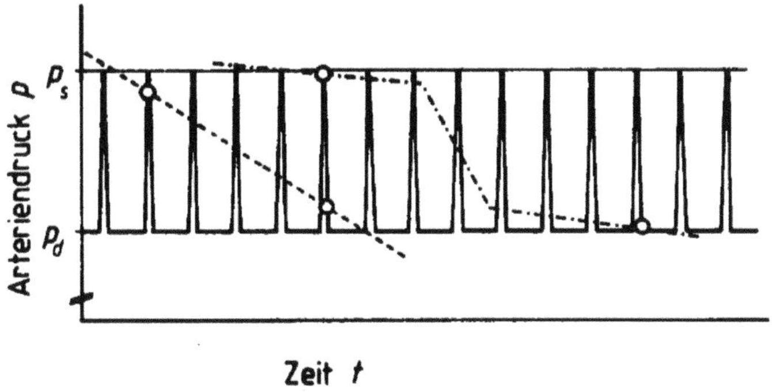

Abbildung 177 Messung des Blutdrucks nach Riva-Rocci[26]

Das oszillometrische Verfahren (Chuan & Hin 1997) nutzt die Oszillationen (kleine periodische Änderungen) des Blutdrucks in den verschiedenen Phasen der Messung. Auch dieses Verfahren arbeitet mit einer Druckmanschette. Die Oszillationen korrelieren mit dem absoluten Blutdruck, so dass eine Zuordnung möglich ist.

Die Messung am Finger wird durch das sogenannte Finapress-System realisiert. Dieses Messsystem ist für Messungen unter Laborbedingungen gut geeignet, in der Praxis ist die „Verkabelung" der Finger über das Handgelenk jedoch hinderlich.

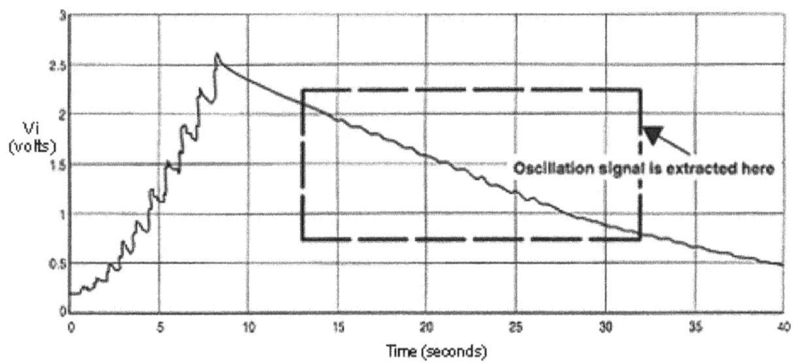

Abbildung 178 Signalverlauf am Ausgang des Drucksensors nach Chuan & Hin, 1997

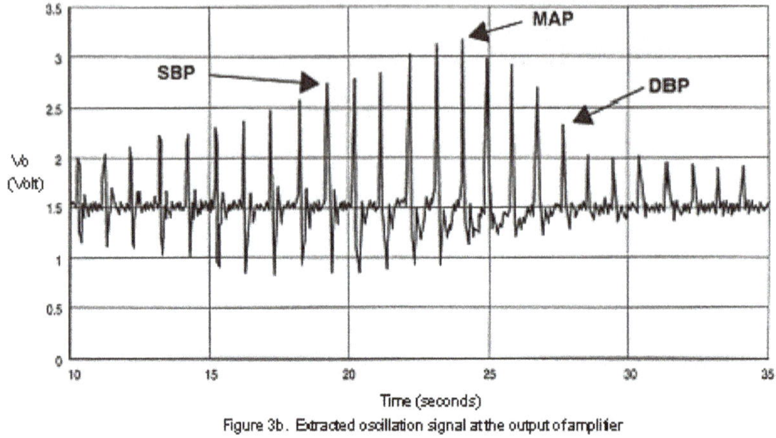

Abbildung 179 Extrahiertes Oszillationssignal am Verstärkerausgang nach Chuan & Hin, 1997

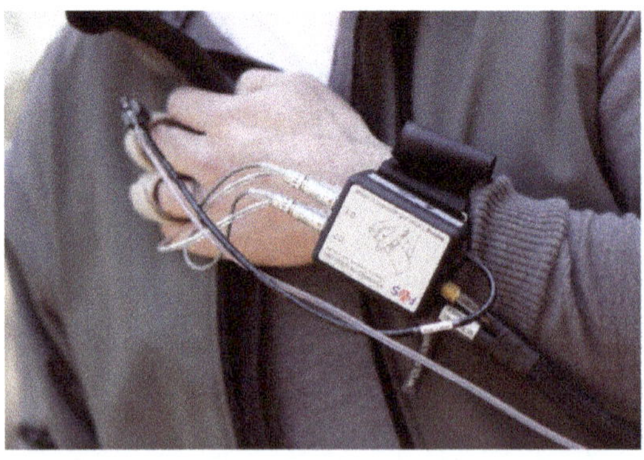

Abbildung 180 Blutdruckmesssystem Finometer-Midi, Fa. smart medical, UK, am Finger

24h-Blutdruck-Monitoringsysteme arbeiten gewöhnlich mit Abtastraten von ca. 15 Minuten. Kurzzeitig, z. B. für die Dauer von 10 Minuten, kann der Blutdruck auch im 1 Minutenintervall mittels Manschettensystem bestimmt werden.

7.4.5 Pulsform

Für die Messung der Pulsform gibt es bisher wenige technische Systeme, die mit genügender Qualität arbeiten (abgesehen von intra-arteriellen). Bei der Messung werden z. B. mit mehreren piezoelektrischen Sensoren die Signale der Pulswelle auf der Hautoberfläche erfasst und weiter- verarbeitet. Der Sensor reagiert sehr stark auf Verformungen der Haut, die Muskulatur- bzw. bewegungsbedingt hervorgerufen werden. Die Signale, die durch muskuläre Änderungen bedingt sind, können um den Faktor 10^3 höher liegen, als das eigentliche Nutzsignal.

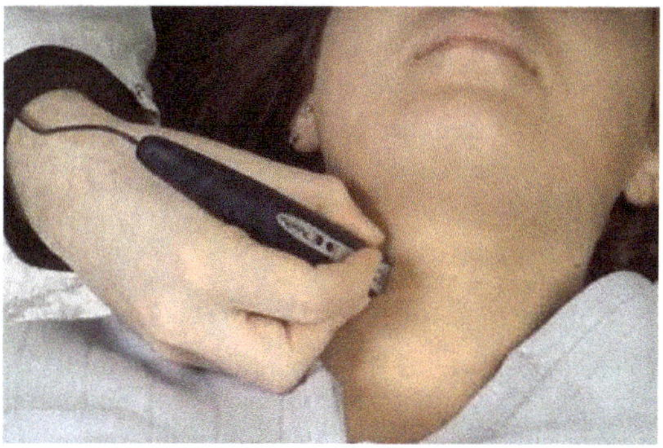

Abbildung 181 Anlegen eines piezoelektrischen Pulswellenform-Sensors, aus Humenberger, 2010

7.4.6 Blutflussgeschwindigkeit und Blutflussamplitude

Weit verbreitet ist die Dopplersonografie. Hierbei wird die Laufzeitveränderung eines Ultraschallsignals bei Änderung der Pulswellenamplitude und Laufzeit zur Messung genutzt. Es ist ein aktives Messverfahren, dessen Schwierigkeit in der Herstellung reproduzierbarer, gut akustischer Übergangswiderstände besteht und so für den Betrieb unter Bewegungsbedingungen problematisch wird. Insbesondere Lageverschiebungen des Sensors gegenüber der A. radialis wirken sich ungünstig auf das Messergebnis aus. Zur Messung der Blutflussgeschwindigkeit, insbesondere auch bei der Untersuchung der Mikrozirkulation, z. B. an der Stirn, kommt auch die Laser-Doppler-Sensorik zum Einsatz. Hierbei wird die Laufzeitveränderung eines Lichtsignals durch Laserdioden imitiert. Im Vergleich zur Ultraschallsonografie ist das Verfahren gegenüber

Lageänderungen nicht so empfindlich, reagiert aber stärker auf verschiedene Andrücke des Sensors, wie er durch Bewegungen hervorgerufen werden kann.

7.4.7 Atemfrequenz, Atemamplitude

Die Atemfrequenz wird im einfachsten Fall durch Anlegen eines oder mehrerer Atemgürtel, z. B. zur Erfassung der Brust- und Bauchatmung, realisiert. Der Atemgürtel kann einen Dehnungsmessstreifensensor enthalten, der das entsprechende Ausgangssignal liefert. Aber auch andere technische Systeme wie z. B. gekoppelte Schwingkreissysteme oder Laufzeitmesssysteme, die Ultraschall verwenden, sind im Einsatz. Die letzteren gestatten eine Messung der Atmungsparameter auf eine Distanz von ca. einem Meter vom Körper entfernt. Bereits erwähnt wurde auch die Möglichkeit, die Atemfrequenz aus der HRV zu bestimmen. Aussagen zur Atemamplitude sind jedoch hierbei nicht möglich.

7.4.8 Körperkerntemperatur

Die Körperkerntemperatur wird gewöhnlich rektal oder in der Achselhöhle zeitlich punktuell gemessen. Diese Methoden sind für die Praxis besonders tauglich, wenn Langzeitmessungen erfolgen sollen. Für Langzeitmessungen mit begrenzter Dauer wurden spezielle Kapseln entwickelt, die oral eingenommen werden und bis zur Ausscheidung im Magen verbleiben können. Hier einige technische Angaben zum System CorTemp:

Auflösung:	0,1°C
Telemetrie-Frequenz:	262kHz
Größe:	22.6 mm × 10.7 mm

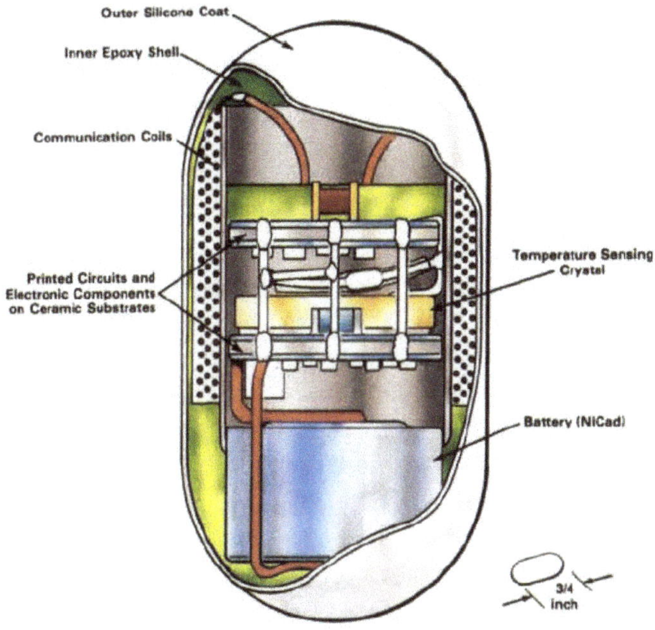

Abbildung 182 CorTemp System zur Messung der Körperkerntemperatur aus dem Mageninneren. Angaben nach http://www.hqinc.net

7.4.9 Hauttemperatur

Die Hauttemperatur ist ebenfalls ein Parameter mit hohem Informationsgehalt. Sie widerspiegelt sowohl metabolische Prozesse als auch Prozesse, die mit der Regulierung des Wärmehaushalts eines biologischen Systems gekoppelt sind.

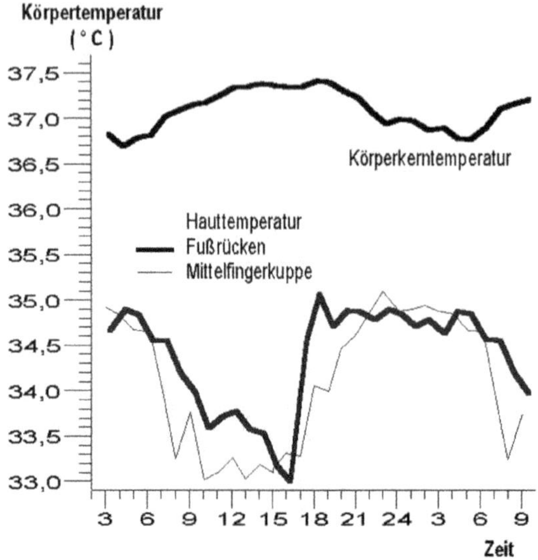

Abbildung 183 Verlauf der Körperkerntemperatur und der Hauttemperatur nach Tiedt und Zwiener, 1982

Zwischen den Temperaturverläufen der Körperkerntemperatur und der Hauttemperatur der Fingermittelkuppe besteht prinzipiell am Tage eine Gegenläufigkeit. Die Temperatur am Fußrücken verhält sich tagsüber gegenläufig zur Körperkerntemperatur und nachts gleichläufig. Nicht dargestellt sind hier die im Trend verborgenen, regulatorischen Schwankungen. Diese liegen im Bereich einiger hundertstel bis einiger zehntel Grad.

7.4.10 Ohrtemperatur

Die Bestimmung der Temperatur des Innenohres wird im humanmedizinischen Bereich gegenwärtig als äquivalentes Mittel zur Bestimmung der Körperkerntemperatur (rektal, axillar oder oral) eingesetzt. Dabei wird entweder die Hauttemperatur direkt mittels Kontakt zur Haut oder indirekt über die Infrarotstrahlung der Haut gemessen. Monitoring-Systeme zur Bestimmung der Temperatur des Innenohres sind aus Praxisgründen derzeit nur selten im Einsatz.

7.4.11 Hautwiderstand und Hautleitwert

Die Messung des Hautwiderstands bzw. Hautleitwerts kann mit verschiedenen Verfahren erfolgen (Boucsein, 1988). Der Hautwiderstand wird als Übergangswiderstand zwischen zwei Messpunkten (Messflächen) auf der Hautoberfläche bestimmt. Seine Größe hängt vor allem vom Volumen der Sekretion der ekkrinen Schweißdrüsen ab. Die Verteilung der Schweißdrüsen in der Haut ist an verschiedenen Stellen unterschiedlich.

Tabelle 16 Verteilung von Schweißdrüsen in der Haut

Palmarflächen	233
Plantarflächen	620
Stirn	360
Oberschenkel	120
Handinnenfläche	370–375
Fußsohle	360–370
Handrücken	200–205
Hals	75
Rumpf	155
Arm	150–250
Bein	80
Wange	75–80
Rücken und Po	55–60
Nase	45–50
Ohrmuschel und Ohrläppchen	30–40

Angaben in Anzahl/cm² (Angaben nach Szmelczynski & Weiland 1985)

Bei einem Elektrodendurchmesser von 12 mm (Hautwiderstandsmessgerät HIMEM) ergibt sich eine Messfläche/Elektrode von 1,13 cm², d. h. wenn man von einer Dichte von 200/ cm² ausgeht, kann man eine Beteiligung von ca. 400 Schweißdrüsen an der Hautwiderstandsmessung erkennen. Nach Nicolaidis & Sivadjian (1972) arbeiten die Schweißdrüsen impulsartig und im Normalfall mit einer Frequenz von 12–21 Hz.

Der Hautwiderstand und der Hautleitwert werden mittels Gleichstrom- oder Gleichspannungsmessung bestimmt, die Hautimpedanz mittels Wechselstrom oder Wechselspannung. Zu diesem Messverfahren kann man auch die Messung der Köper- oder Bioimpedanz zählen, wobei hier die Messstrecke den ganzen Körper erfasst. Der Hautwiderstand schwankt dabei in Abhängigkeit von den genannten Größen zwischen einigen KOhm bis zu 100MOhm.

Eine einfache Möglichkeit den Hautwiderstand zwischen zwei Punkten auf der Haut zu erfassen, stellt die Möglichkeit der Wandlung des Widerstands in eine Frequenz dar. Dies erfolgt über Ladung oder Entladung eines Kondensators über den Hautwiderstand. Die Problematik der Messung des Hautwiderstands besteht darin, dass dieser von einer Reihe von Faktoren beeinflusst wird.

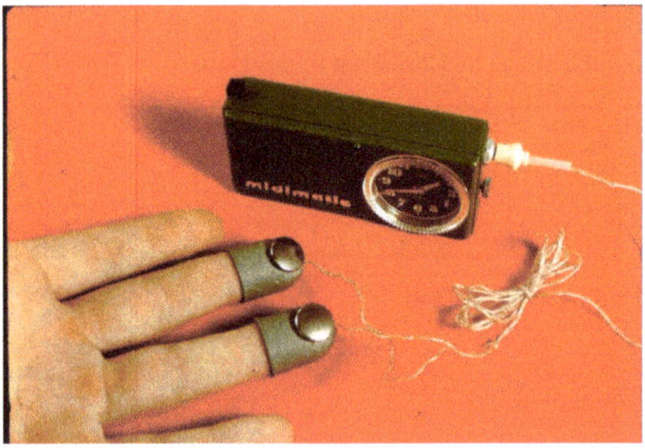

Abbildung 184 Hautwiderstandsmessung mittels Fingerhutelektroden

Eine weitere Möglichkeit zur Messung des Hautwiderstands besteht in der Messung innerhalb einer sogenannten Wheatston'schen Brücke.

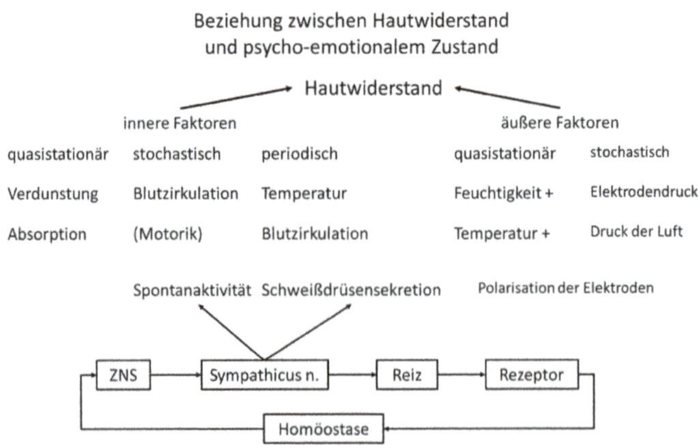

Abbildung 185 Beziehungen zwischen Hautwiderstand und psycho-emotionalem Zustand

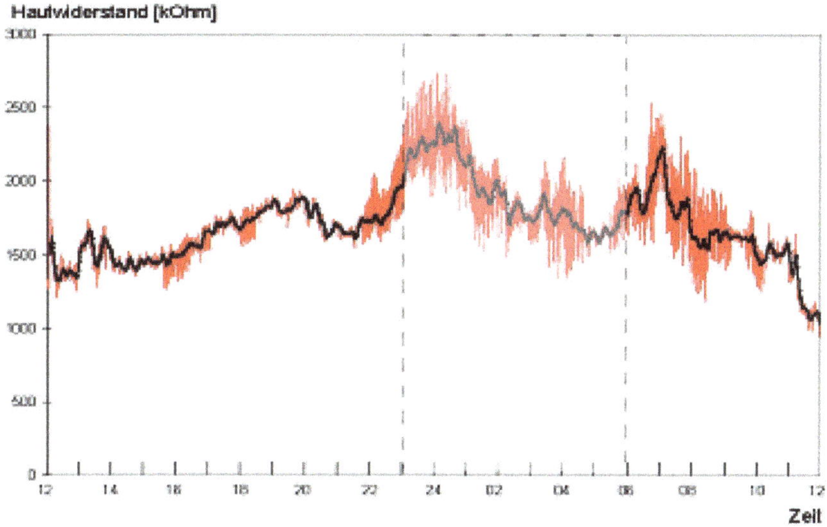

Abbildung 186 Circadianer Verlauf des Hautwiderstands (n =10)

Durch Auswertung des regulatorischen Anteils in der Änderung des Hautwiderstands werden trendhaltige Anteile eliminiert, ebenso wie stochastische. Bei entsprechender Filterung ist es möglich, die sympathisch induzierten Anteile zu analysieren.

7.4.12 Unspezifische Hyper – und Hyposensibilität

Über die elektrodermale Aktivität (EDA) der Haut kann das Auftreten der unspezifischen Hypersensibilität mittels verschiedener Messverfahren bestimmt werden. Zur elektrodermalen Aktivität der Haut gehören die Hautleitfähigkeit (oder Hautwiderstand) und langsam veränderliche Zellpotentiale. Die Größe des elektrischen Hautwiderstandes hängt vor allem von der Menge des abgesonderten Schweißes ab. Die Aktivität der Schweißdrüsen ist vor allem emotional, d. h. sympathikus-gesteuert (Boucsein, 1988). Bei starker Erregung – unspezifischer Hypersensibilität – entstehen zusätzliche Zellpotentiale, die bei Messung des Hautwiderstandes den Wert des gemessenen elektrischen Widerstandes wesentlich beeinflussen können. Beim Messsystem HIMEM wird Hypersensibilität der Haut zwischen zwei Messelektroden mittels pulsierenden Gleichstrom im μA-Bereich im Bereich von 1 kOhm bis 100 MOhm gemessen.

Dabei wird der Widerstandswert in eine Impulsfolge transformiert und die Impulsabstände gemessen. Die Impulsabstände werden bei Auftreten von Hypersensibilität verkürzt, und bei Auftreten von Hyposensibilität verlängert. In einer 24h- Pilotstudie (Balzer, 2006) wurde eine Person untersucht, die sich selbst als zeitweise hypersensibel einschätzte. In der Messung konnte gezeigt werden, dass in der Vorbereitungsphase zum Vortrag am nächsten Tag, gegen 16:45 h und mit Beginn des Vortrages, gegen 08:45 h erhöhte negative Werte im Hautpotential, d. h. < -50 mV (gemessen mit dem System SMARD-Watch) nachgewiesen werden konnten. Im Normalfall, d. h. bei Untersuchungen an Personen ohne Hinweis auf Hypersensibilität liegen die Werte des Hautpotentials zwischen +/- 50 mV.

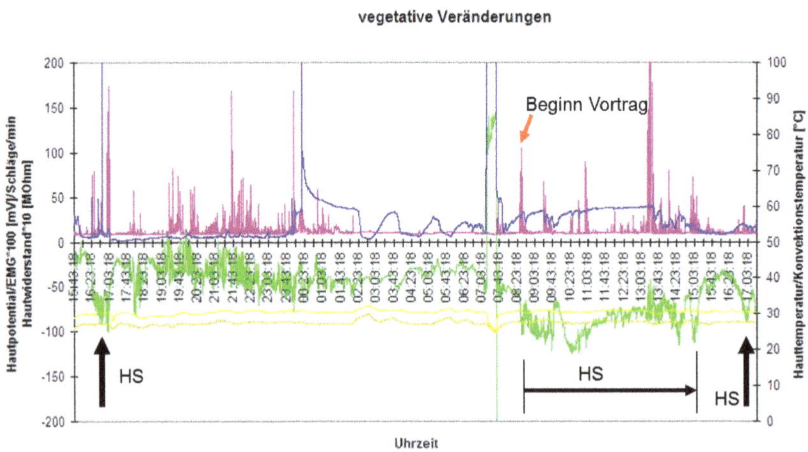

Abbildung 187 Auftreten erhöhter Hautpotentiale während eines Vortrages einer Versuchsperson nach Balzer 2006

In Untersuchungen von Stück, Rigotti und Balzer (2005) konnte Hypersensibilität im Zusammenhang mit dem Auftreten von Belastungen bei Lehrern nachgewiesen werden. Dabei wurde das Messsystem HIMEM verwendet. Die bei Hypersensibilität aufgetretene Verkürzung der Impulsabstände stellte sich im Vergleich zu einer „normalen“ Hautwiderstandsmessung wie folgt dar:

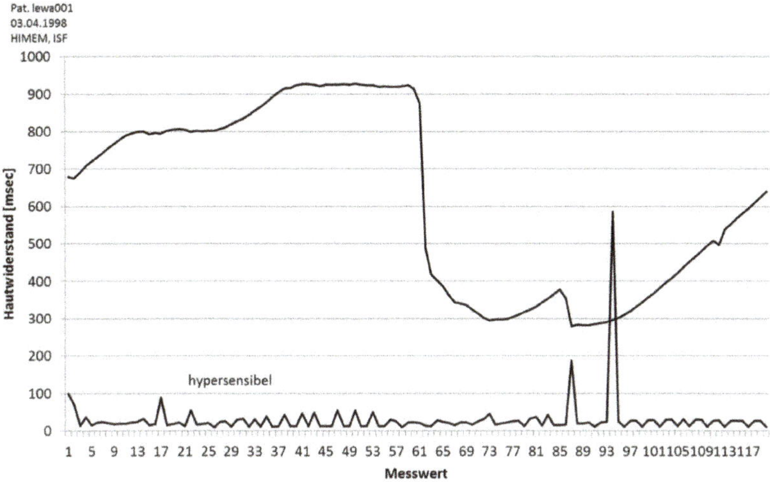

Abbildung 188 Vergleich der Impulsabstände einer Hautwiderstandsmessung im Normalfall und bei Auftreten von Hypersensibilität (Messsystem HIMEM), Messdaten blockweise gemittelt über 10 sec.

Inzwischen kann die unspezifische Sensibilität für die Bereiche hypersensibel, normosensibel und hyposensibel mit einem eigen dafür entwickelten Testsystem gemessen werden.

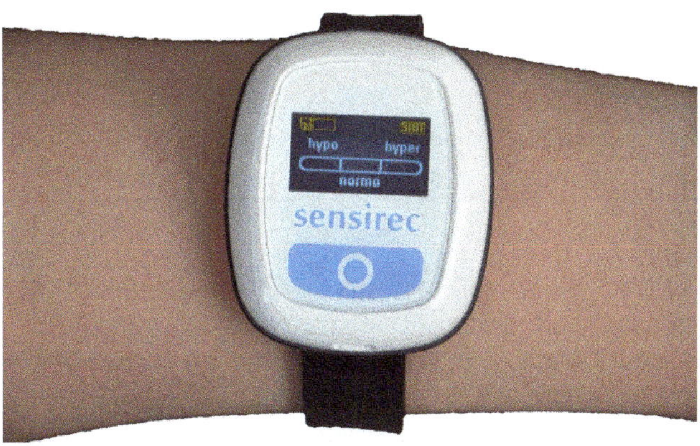

Abbildung 189 Testsystem *sensirec zur Bestimmung von unspezifischer Hypersensibilität*

7.4.13 Hautpotential

Nach Boucsein (1988) ist das Hautpotential ein Bestandteil der elektrodermalen Aktivität der Haut.

Tabelle 17 Elektrodermale Aktivität der Haut nach Boucsein (1988)

Messmethoden	**endosomatisch**	**Exosomatisch**			
angelegte Spannung	keine	Gleichspannung		Wechselspannung	
Parameter (deutsch)	Hautpotential	Haut-widerstand	Hautleit-fähigkeit	Haut-impedanz	Haut-admittanz
Parameter (englisch)	Skin potential	Skin resistance	Skin conductance	Skin impedance	Skin admittance
Abkürzungen					
Allgemein	SP	SR	SC	SZ	SY
tonisch (level)	SPL	SRL	SCL	SZL	SYL
phasisch (response)	SPR	SRR	SCR	SZR	SYR
Ergänzende Abkürzungen					
nichtspezifische Reaktion	NS.SPR	NS.SRR	NS.SCR	NS.SZR	NS.SYR
Frequenz	SPR freq.	SRR freq.	SCR freq.	SZR freq.	SYR freq.
Amplitude	SPR amp.	SRR amp.	SCR amp.	SZR amp.	SYR amp.
Latenz	SPR lat.	SRR lat.	SCR lat.	SZR lat.	SYR lat.
Anstiegszeit	SPR ris.t.	SRR ris.t.	SCR ris.t.	SZR ris.t.	SYR ris.t.
Abstiegszeit					
63 % Recovery	SPR rec.tc.	SRR rec.tc.	SCR rec.tc.	SZR rec.tc.	SYR rec.tc.
50 % Recovery	SPR rec.t/2	SRR rec.t/2	SCR rec.t/2	SZR rec.t/2	SYR recs.t/2

Es sei an dieser Stelle darauf hingewiesen, dass in der obigen Tabelle 17 die regulatorischen Anteile noch nicht enthalten sind.

Das elektrische Hautpotential charakterisiert den allgemeinen Erregungsgrad der Zellverbände auf der Hautoberfläche. Quelle für die elektrische Hautaktivität sind die Membranpotentiale im sekretorischen Teil der Schweißdrüsen, die Membranpolarisation sowie -depolarisation der glatten Muskulatur der Kapillaren und der Piloarreaktoren (Boucsein, 1988). Nach Bureš (1960) können Änderungen der Hautpotentiale durch Verschieben der Zellpotentiale zustande kommen. Das Hautpotential entsteht als Differenz der Summenpotentiale von Zellverbänden, die sich an verschiedenen Stellen der Hautoberfläche befinden. Es unterliegt einem tagesrhythmischen Verlauf. Im SMARD-Watch®-System wird das Hautpotential am Unterarm in der Nähe des Handgelenks dorsal gemessen. Die Messung erfolgt endosomatisch, d. h. passiv, ohne Zufuhr von Strom oder Anlegen einer Spannung mittels einer bipolaren Ableitung.

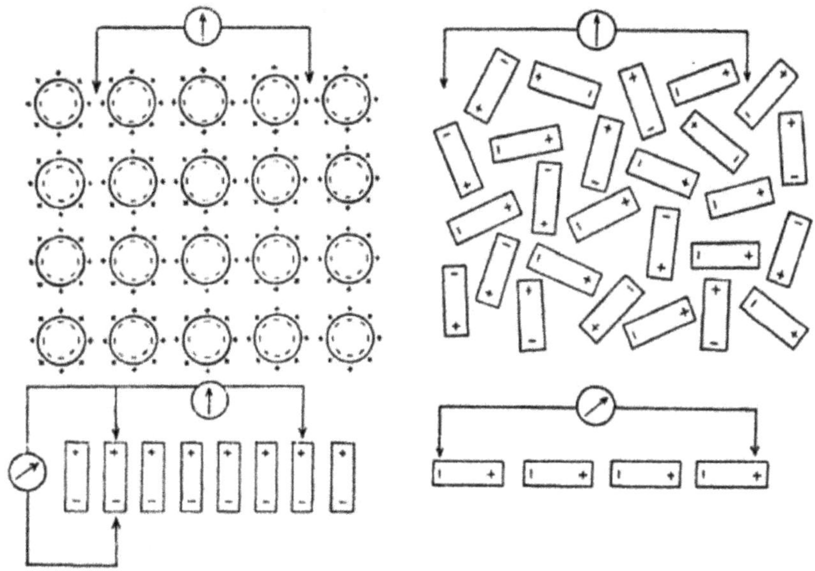

Abbildung 190 Entstehung von Hautpotentialen durch Ausrichten polarisierter Zellverbände nach Bureš (1960)

Die bisherigen Ergebnisse experimenteller Untersuchungen weisen darauf hin, dass das Hautpotential mit zentral-nervalen und parasympathisch (Balzer, 2012) innervierten Erregungsprozessen korreliert, wie sie bei kognitiven Vorgängen entstehen. Zusätzlich kann vermutet werden, dass durch die unterschiedliche Lage der Messelektroden, bezogen auf die Lage der in der Nähe liegenden Nerven, Potentialdifferenzen zwischen den Elektroden auftreten. Bei einer Messung des Hautpotentials können diese sichtbar gemacht werden.

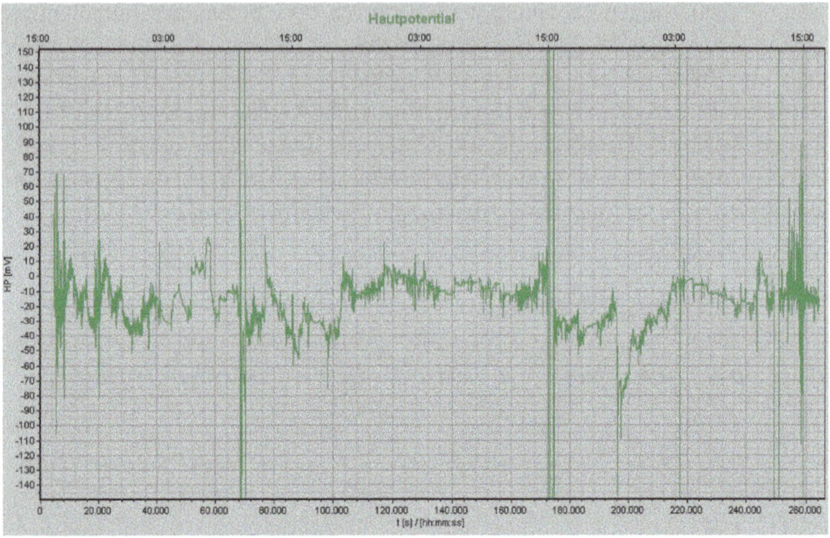

Abbildung 191 72h-Messung HP Pat. B. 27.10.-30.10.2000 mit Diagnose Fibromyalgie

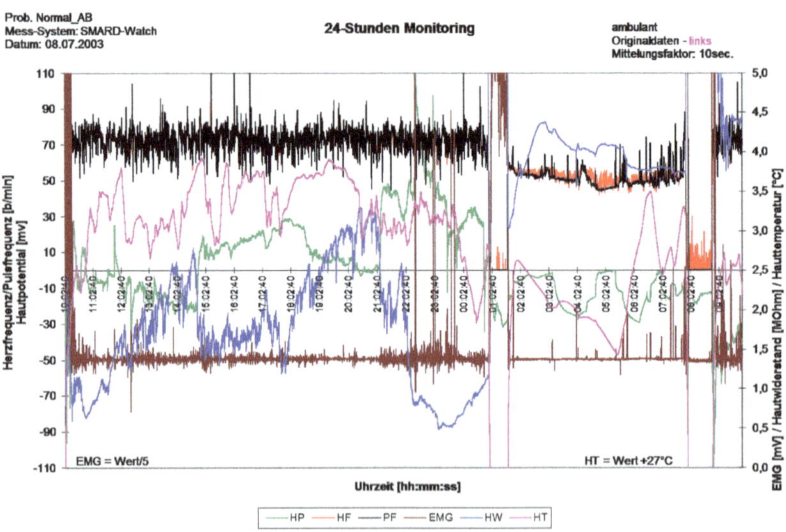

Abbildung 192 24h Stunden Messung an einem gesunden Probanden mittels SMARD-Watch (Original-Messdaten)

Die grüne Kurve zeigt den Verlauf des Hautpotentials. Die Werte liegen ähnlich dem Aktionspotential von Nervenzellen im Bereich zwischen -100 mV...+100 mV. Werte im positiven Bereich weisen auf eine vegetativ-nervale Entspannung hin (Zeit zwischen 15 Uhr ...01 Uhr). In der Zeit zwischen 01 Uhr und 07 Uhr ist ein deutlicher 2-Stunden-Rhythmus erkennbar.

7.4.14 Elektromyogramm

Mit Hilfe des Elektromyogramms wird die Aktivität von Muskelbewegungen aufgezeichnet. Dabei erfolgt die Messung der elektrischen Aktionspotentiale an der neuromuskulären Endplatte, die bei der Kontraktion von Muskelfasern entstehen. Das EMG wird gewöhnlich bipolar abgeleitet und mittels Elektroden gemessen - die auf der Hautoberfläche angebracht werden - oder mittels Nadelelektroden, die durch die Haut in den entsprechenden Muskel eingestochen werden. Zu bemerken ist, dass auch bei der Messung einzelner Muskel, z. B. am Unterarm, die sogenannte Ganzkörperverkrampfung - wie sie bei Stress auftreten kann - in einzelnen Muskeln als Trend bzw. Grundtonus enthalten ist, dem die Muskelaktivität des jeweiligen Muskels überlagert ist. Damit besteht die Möglichkeit stressbedingte Muskelaktivitäten von physisch bedingten Muskelaktivitäten zu unterscheiden.

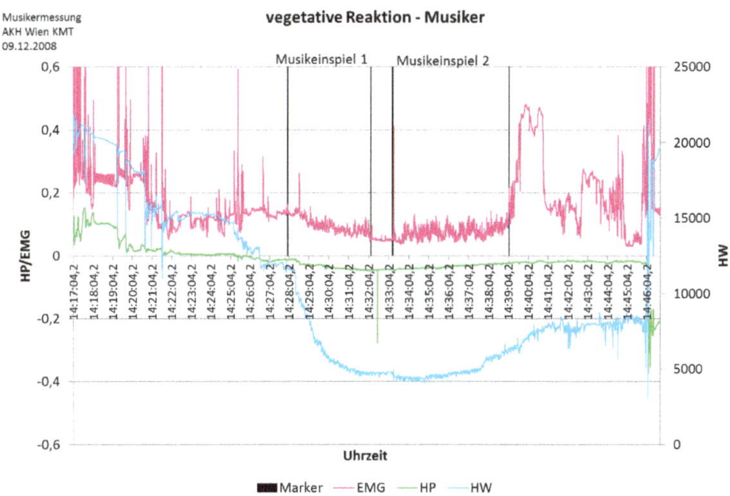

Abbildung 193 EMG (pink) der Bogenhandbewegung eines Streichers der Wiener Philharmoniker bei einem Solovortrag im Rahmen einer Studie zur aktiven Musiktherapie bei onkologischen Patienten (Messsystem smardwatch)

Die Muskelpotentiale liegen im Bereich µV bis einige mV und werden gewöhnlich im Frequenzbereich von 10...2000 Hz erfasst.

7.4.15 Schallemission

Mit Hilfe eines Mikrofons werden Körperschallwellen unter Ruhebedingungen, die z. B. durch die Herztätigkeit, die Atemtätigkeit oder durch die Druckänderungen der Pulswelle ausgelöst, erfasst und analysiert. Das Verfahren reagiert sehr empfindlich auf Lage- und Bewegungsänderungen und ist unter Bewegungsbedingungen nicht einsetzbar.

7.4.16 Elektroenzephalogramm

Das Elektroenzephalogramm (EEG) dient zur Aufnahme der elektrischen Aktivität des Hirns. Die Messung erfolgt mittels bipolarer und/oder unipolarer Ableitungen auf der Kopfoberfläche.

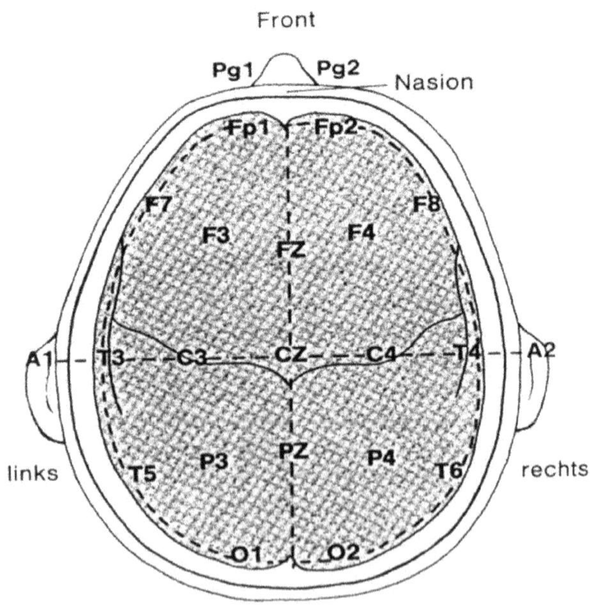

Abbildung 194 Platzierung der EEG-Elektroden nach dem internationalen 10–20-System nach Jasper; aus Birbaumer & Schmidt, 1999

Die EEG-Werte liegen im μV-Bereich und erstrecken sich über einen Frequenzbereich von 0...70 Hz. Zur Digitalisierung sind Abtastfrequenzen von 300 Hz zu empfehlen. Bei Schlafuntersuchungen wird das EEG in verschiedene Frequenzbänder aufgeteilt.

Frequenzband	**Bereich**
Delta (δ)	0,5 – < 4 Hz
Theta (δ)	4 – < 8 Hz
Alpha (α)	8 – < 13 Hz
Beta (β)	13 – < 38 Hz
Gamma (γ)	38 -70 Hz

7.4.17 Elektroneurogramm

Verwendet werden EEG-Geräte mit Nadelelektroden, die im Hirn implantiert werden.

7.4.18 Okulogramm

Verwendet werden EEG-Geräte mit Standardelektroden (Ag/AgCl). Diese werden in den Augenwinkeln auf der Haut fixiert. Die Messung erfolgt bezogen auf eine Referenz, z. B. die Stirnmitte, bipolar.

7.4.19 Glukoseniveau und Insulinniveau

Das Glucose- bzw. Insulinniveau kann aufwendig im Blut bestimmt werden. Ein Monitoring mit Abtastraten < 5 min. ist derzeit nur bedingt möglich, da entweder chemische Reaktionen, z. B. bei der Anwendung von Teststreifen oder die Auswertung über spektralanalytische Methoden abgewartet werden muss. Für die Messung des Blutzuckers werden hauptsächlich 3 verschiedene Methoden angewandt.

1. Optische Methode

Bei der optischen Messung wird das Blut im Teststreifen über eine Kapillare zu einem von außen sichtbaren Testfeld eingezogen. Im Teststreifen befinden sich verschiedene chemische Stoffe. Bei Reaktion mit dem Blut kommt es zu einer Farbänderung des Testfeldes. Diese Farbänderung wird vom Messgerät erfasst und aus der Dauer sowie der Stärke der Änderung der Blutzuckerwert bestimmt.

2. Amperometrische Messung

Bei dieser Methode wird Blut durch eine Kapillare in das Messsystem gesaugt. Dort befindet sich das Enzym GOD (auch Glukose-Oxydase), das die sauerstoff-abhängige Oxidation am C1-Kohlenstoffatom des Zuckers zu Glucose katalysiert. Mittels einer Strommessung zwischen Messelektroden wird der Blutzuckergehalt bestimmt.

3. Spektralanalytische Methoden

Dazu gehört die optische Spektralanalyse des sehr gut durchbluteten Augenhintergrundes.

4. Bestimmung des Gewebezuckers

Der Zusammenhang zwischen Gewebezucker und Blutzucker ist derzeit wissenschaftlich noch nicht abgesichert. Die Messung erfolgt ebenfalls spektralanalytisch.

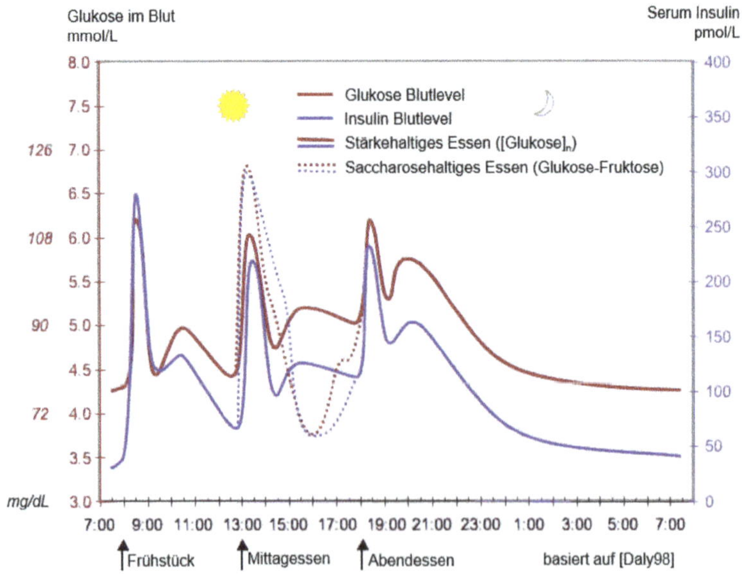

Abbildung 195 Tagesverlauf von Insulin und Glucose im Blut nach Daly, 1998

7.4.20 pH-Wert

Der pH-Wert beschreibt, ob eine wässrige Lösung sauer, neutral oder basisch reagiert.

Ein pH-Wert von 7,0 bezeichnet eine neutrale, wässrige Lösung. Es liegen gleich viele Protonen wie Hydroxidionen vor.

pH < 7 sauer
pH = 7 neutral
pH > 7 alkalisch

Eine Erhöhung des pH-Wertes um 1 bedeutet eine Verzehnfachung der H_3O^+-Ionenaktivität des Stoffes. Der pH-Wert als ein Kriterium des Säure-Basen-Haushalts des Organismus gilt gleichzeitig als Indikator der Lebensfähigkeit eines Systems. Da mehr als $^2/_3$ des menschlichen Körpers aus Wasser besteht, ist die Aufrechterhaltung seines Niveaus ein entscheidender Faktor für alle Stoffwechsel- bzw. Lebensprozesse. Der pH-Wert unterliegt verschiedensten Einflüssen:

	Nahrungsaufnahme	
Wasseraufnahme	Stoffwechsel (pH-Wert)	Wasserabgabe
	Energieverbrauch	

Alle diese Faktoren unterliegen darüber hinaus noch chronobiologischen Einflüssen.

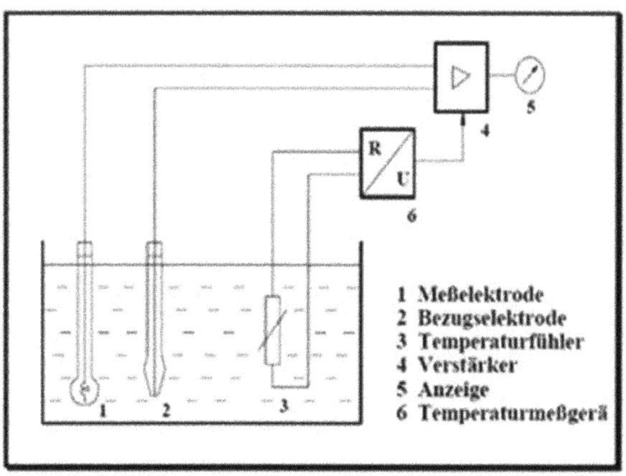

Abbildung 196 Prinzip der Messung des pH-Wertes, aus Laborpraktikum Sensorik, 2005

Folgende technische Verfahren zur pH-Wertmessung wurden entwickelt:

1. Einstabmesskette

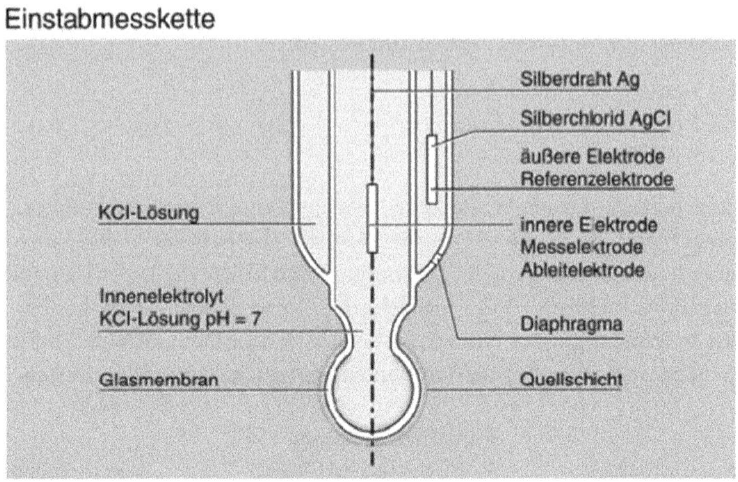

Abbildung 197 pH-Wertmessung mittels Einstabmesskette, aus Goedecke, 2013

Das in der Abbildung 197 dargestellte Prinzip der pH-Wertmessung wird derzeit in sogenannte Einstabmessketten umgesetzt. Damit wird die Anwendbarkeit der pH-Wertmessung vereinfacht. Das System ist für Labormessungen einsetzbar. Nachteile dieses Verfahrens bestehen u. a. in der Größe der Sonden und der Abhängigkeit des Ergebnisses von der Pufferlösung (Steilheit, Asymmetriespannung, Temperatur, Alterung).

2. Optische pH-Wert Sensoren
   Bei optischen Sensoren werden bestimmte pH-sensitive Indikatoren (Farb- oder Fluoreszenzindikatoren), deren spektrale Eigenschaften vom jeweiligen Protonierungsgrad abhängig sind, an eine polymere Matrix gebunden und es wird eine optische, pH-abhängige Messgröße aufgezeichnet.

3. ISFET (Ionensensitive Feldeffekttransistoren)
   Ionensensitive Feldeffekttransistoren sind chemische Sensoren auf Halbleiterbasis.

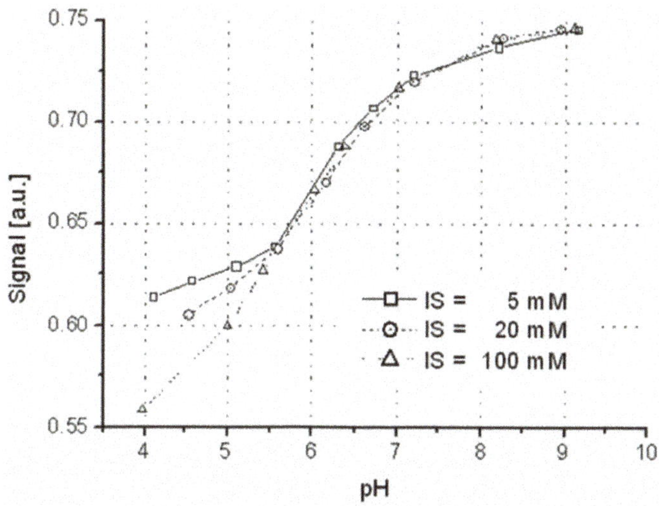

Abbildung 198 Kennlinie eines pH-Wert-Sensors auf ISFET-Basis (Angaben nach KSI Meinsberg)

Zur Messung des pH-Wertes wird die metallische Gate-Elektrode eines MOS-Feldeffekttransistors durch eine dünne pH-sensitive Schicht aus Si_3N_4, Al_2O_3 oder Ta_2O_5 ersetzt. Diese Sensoren haben sehr kurze Ansprechzeiten und lassen sich in Lab-on-Chip-Systeme integrieren.

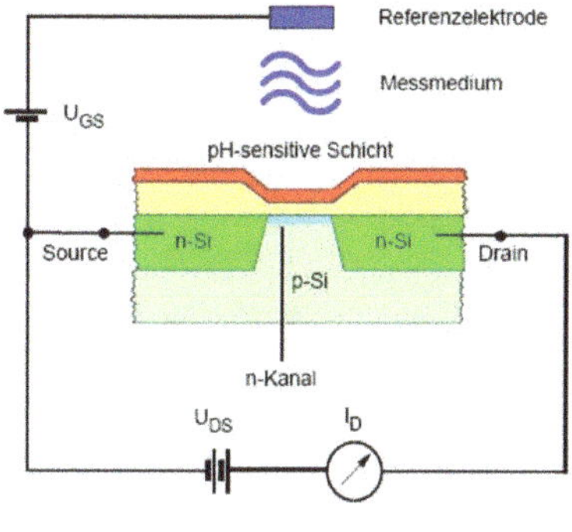

Abbildung 199 Prinzip eines ISFET pH-Wert Sensors (nach KSI, 2004)

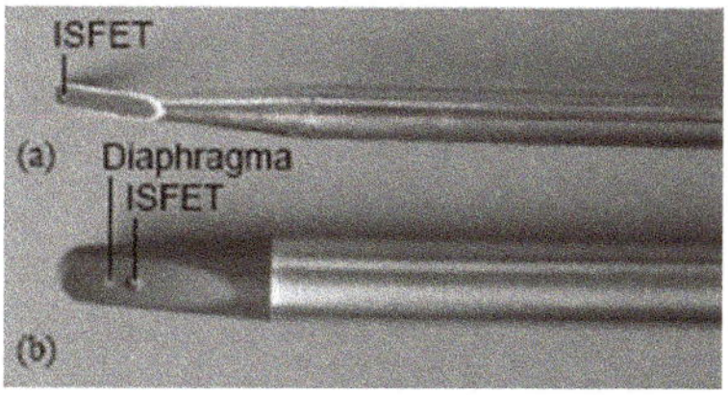

Abbildung 200 Verkapselung von ISFET- Sensorchips (nach KSI, 2004)

4. Nadelförmigen pH-Mikrosonden
   Miniaturisierbare pH-Sonden auf der Basis von Metall/ Metalloxid- und Metalloxid-Elektroden einiger Übergangsmetalle sind schon seit längerem bekannt. Einige von diesen zeigen infolge eines "Super-Nernst-Verhaltens" eine erhöhte Sensitivität und sind somit besonders zur Detektion kleiner pH-Wert-Veränderungen von großem Vorteil. Auf der Basis dieser Technologie wurden Carbonfasern mit einem Durchmesser von 7.5 μm mit Iridiumoxid beschichtet. Diese wurden durch Integration in eine ausgezogene Glaskapillare hinsichtlich der Schwingfähigkeit optimiert und im SECM mit Schwerkraft-abhängiger Höhenkontrolle eingesetzt. Eine solche pH-sensitive Elektrode ist in der folgenden Abbildung 201 dargestellt.

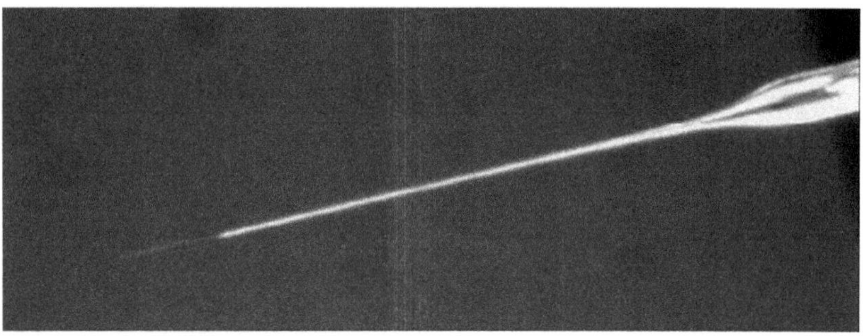

Abbildung 201 pH-Mikrosonde, Belger, 2001

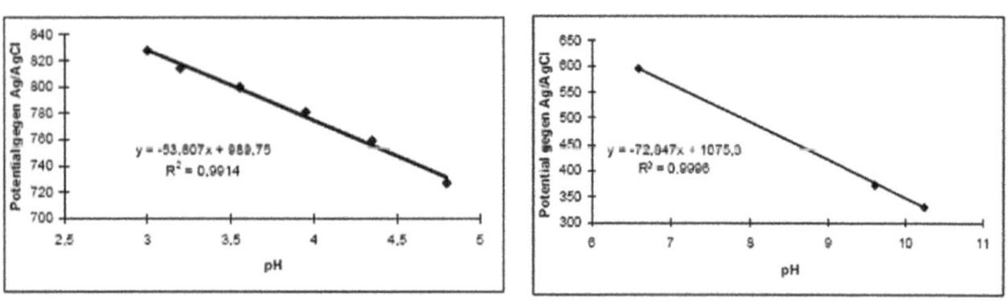

Abbildung 202 Kennlinien der pH-Mikrosonde, Belger, 2001

7.4.21 Sauerstoffsättigung

Die Sauerstoffsättigung wird entweder im Blut SpO_2 direkt oder bei der Pulsoximetrie in den Kapillaren der äußeren Gewebeschichten spektralanalytisch gemessen. Die Sauerstoffsättigung beschreibt das Verhältnis der Konzentration, des mit O_2 beladenen Hämoglobins (oxygeniertes Hämoglobin) zur Konzentration des Hämoglobins, dessen Transportplätze für O_2 noch frei sind (desoxygeniertes Hämoglobin).

$$SpO_2 = \frac{HbO_2}{Hb0_2 + Hb} \qquad \text{(Gl. 3)}$$

Der Sensor hat auf der einen Seite zwei leuchtende Lichtquellen in einem definierten (Infra-) Rot-Bereich, auf der anderen Seite einen Fotosensor. Das Licht dringt in das Gewebe ein und wird auf dem Weg zum Sensor durch das Gewebe, die Blutgefäße und das Blut teilweise absorbiert. Oxygeniertes und desoxygeniertes Hämoglobin haben unterschiedliche Farben und damit auch ein unterschiedliches Absorptionsverhalten. Gemessen werden drei Werte, die Absorption des Lichts (nach dem Gesetz von Beer-Lambert-Bouguer) bei unterschiedlichen Wellenlängen, zumeist im 660-nm-Bereich und im 940-nm-Bereich sowie zur Tarierung, ohne die Strahlung der Messlichtquellen, nur mit Umgebungslicht.

7.4.22 Körperaktivität - Beschleunigung und Raumlage

Die Körperaktivität wird gegenwärtig mit 3D-Beschleunigungssensoren erfasst. Beschleunigungssensoren können kapazitiv, induktiv oder mit Trägheitsmassen unter Ausnutzung piezoresistiver oder piezogalvanischer Effekte arbeiten. 3D- Beschleunigungssensoren messen die Beschleunigung des Körpers, an dem sie fixiert sind – in allen drei Dimensionen (x, y, z). Aus der vektoriellen Addition der drei Signale kann die von der Beschleunigungsrichtung unabhängige Körperaktivität bestimmt werden. Bei spektralanalytischer Analyse der Signale sind Aussagen zu einzelnen Bewegungsmustern (z. B. Gehen, Laufen, Springen, Ruhen) möglich. Eine Angabe der Position (des Ortes) im Raum ist nicht möglich. Einige Ausführungen mit Gyroscoptechnologie ermöglichen jedoch auch die Angabe der Lage im Raum.

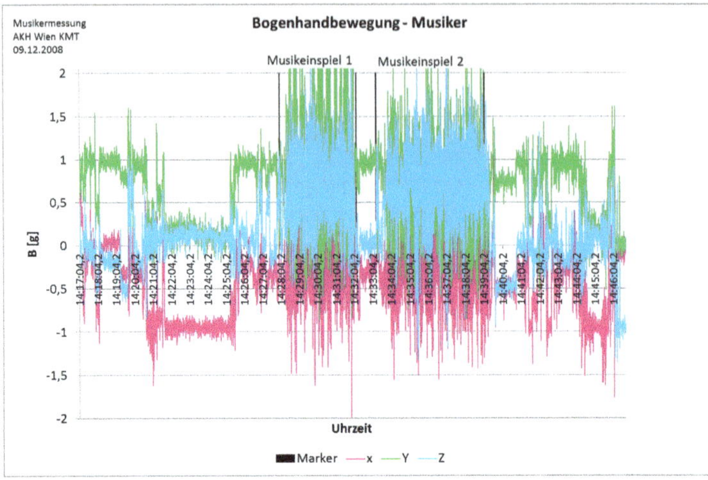

Abbildung 203 Beschleunigungsdaten der Bogenhandbewegung eines Streichers

Aus den in der Abbildung 203 dargestellten Bewegungen eines Streichers der Wiener Philharmoniker bei einem Solovortrag im Rahmen einer Studie zur aktiven Musiktherapie bei onkologischen Patienten (Messsystem smardwatch) können aber auch Rückschlüsse über die Art der Bewegung der Bogenhand und letztlich auch Schlüsse über die Qualität des Vorspiels gezogen werden.

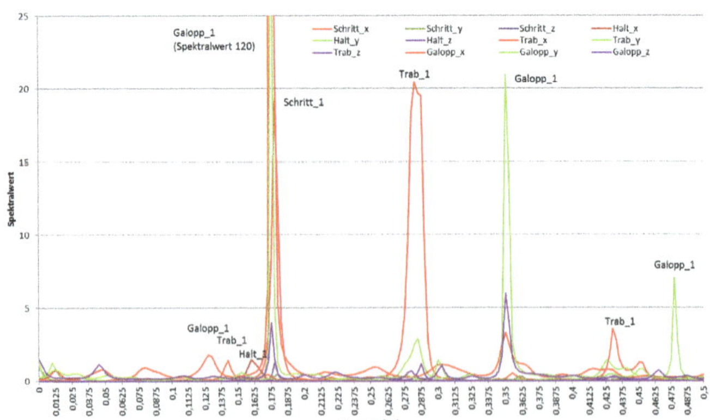

Abbildung 204 Spektralanalytische Auswertung verschiedener Bewegungsmuster eines Pferdes

Bemerkenswert an dieser analytischen Darstellung der verschiedenen Bewegungsmuster des Tieres ist die Lage des Sensors, der sich in diesem Fall am Halfter und nicht etwa an einem der Fussgelenke befand. Erkennbar ist, dass die Bewegungsmuster durch jeweils ein definiertes Spektrum dargestellt werden können.

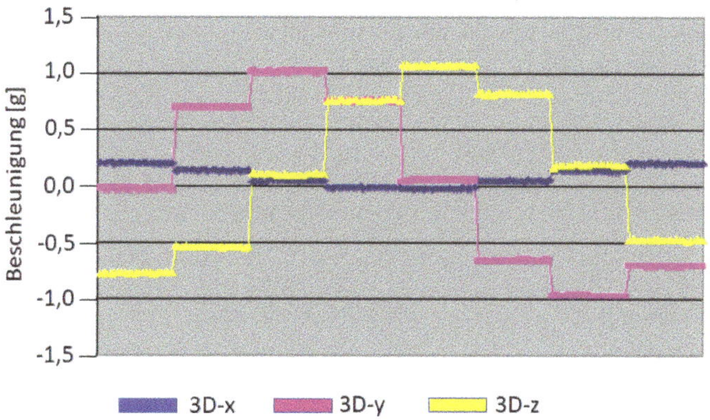

Abbildung 205 Darstellung der Lage des Sensors bei einer simulierten Drehung um sich selbst, nach Seidemann, 2010

Legende: die Drehung erfolgte langsam in in 45°-Schritten und ohne den Einfluss von schnelleren Beschleunigungen,

7.4.23 Position/Ort

Zur Positionsbestimmung eines Körpers im Raum kann derzeit das GPS (Global Positioning System) benutzt werden, soweit ein GPS-Empfang möglich ist. Eine rechnerische Bestimmung der Position ist bei anfänglicher Kalibrierung des Systems mit der Ortslage mit Hilfe von Beschleunigungsmesssystemen und gyroskopischen Sensoren und/oder Videosystemen möglich. Allerdings müssen die rechnerischen Systeme von Zeit zu Zeit mittels Navigationssystemen nachjustiert werden.

7.5 Einführung in eine Messtechnik zur Chronobiologischen Regulationsdiagnosik

Das multiparametrisches Monitoringsystem SMARD-Watch® (Handbuch SMARD-Watch, 2000) wurde Mitte der 90ziger Jahren für Messungen im Humanbereich entwickelt. Es erfuhr sowohl eine technologische als auch zahlreiche methodische Weiterentwicklungen, sowohl für den Humanbereich als auch für den Tierbereich (System smardwatch). Im Humanbereich erfolgte der Einsatz vor allem in der Forschung (Psychologie, Sonderpädagogik, Medizin, Musikwirkungsforschung, Kunstwirkungsforschung, Musikpädagogik u.v.m). In der Tierverhaltensforschung erfolgte der Einsatz bei Nutztieren (Rindern, Pferden, Schweinen) aber auch bei Gebrauchshunden, Fischen und Geflügel u.a. Tierarten. In einer Erweiterung für Messungen an Nutztieren konnten zusätzliche Umweltparameter wie Lärmpegel und Beleuchtungsstärke mit aufgenommen werden.

Tabelle 18 smardwatch® System

Messparameter	Zuordnung
3D-Beschleunigung	Verhalten
3D-Lage/3D-Drehbewegung	Verhalten
Elektromyogramm	Muskelaktivität
Hautwiderstand	vegetativ-emotionale Reaktion
Hautpotential	vegetativ-nervale Reaktion
Hauttemperatur	metabolische Reaktion
Umgebungstemperatur	Umgebungseinfluss
Beleuchtungsstärke	Umgebungseinfluss
Lärmpegel	Umgebungseinfluss

Durch eine Manschette wird der Sensor um das Handgelenk oder Fußgelenk des Probanden befestigt.

Abbildung 206 Sensorplatinen des smardwatch-Systems

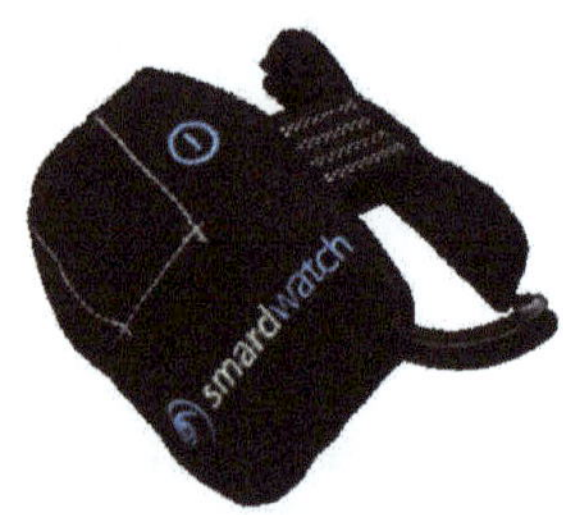

Abbildung 207 Armband des smardwatch-Systems

Mit dem System smardwatch können gegenwärtig die genannten Parameter mit einer Abtastrate von 10/sec. über eine Laufzeit von 5 Tagen (ohne Nachladung des Akkumulators) registriert werden. Eine interne Zwischenspeicherung der Messdaten von ca. 10 h sowie eine telemetrische Datenübertragung via WLAN ermöglichen eine kontinuierliche Datenaufzeichnung. Für die Datenauswertung steht eine umfangreiche Software (Programme CRD vers. 1.3 und bio. stream) zur chronobiologischen Datenauswertung (s. Kap. 6) zur Verfügung.

8 Mensch und Umwelt im Chrono-Bio-Psychologischen Kontext

Nach den Erläuterungen zur Chrono-Bio-Psychologischen Regulationsdiagnostik und seinen Anwendungen, sollen Forschungen zur Synchronisierung bzw. Desynchronisierung zwischen Menschen und Umwelt bzw. zwischen den Zeitgebern und der Umwelt vorgestellt werden. Unsere Umwelt beginnt unmittelbar mit der körperlichen oder materiellen Begrenzung unserer Körperoberfläche. Jedoch ist selbst diese Grenze nicht klar umrissen, da einerseits auch die Haut keine endgültige Begrenzung darstellt, sondern vielmehr ihre Fortsetzung im Räumlichen durch den unterschiedlichen Haarbewuchs findet. Zusätzlich zu diesen rein materiellen Gebilden finden auch in unserem Körper Prozesse statt, die Wellencharakter haben und somit über die rein geometrischen Grenzen hinausreichen. Die elektrische Erregung des Herzmuskels sorgt für das Auftreten von elektrischen und magnetischen Feldern in der Umgebung des einzelnen Menschen, aber auch die Hirntätigkeit erzeugt elektrische und magnetische Felder. (Magnetfelder des Auges – 0,1 pT, Magnetfelder des Gehirns – 1 pT, Magnetfelder des Herzens – 50 pT). Auch verdunstet der Körper Schweiß, also Wasser angereichert mit den verschiedensten Stoffen, bedingt durch den Stoffwechsel und beeinflusst durch hormonelle Prozesse. Die darin enthaltenen Duftstoffe können infolge des Transports in der umgebenden Atmosphäre auch von anderen Lebewesen bzw. Sensoren wahrgenommen werden. Durch die Atmungstätigkeit produzieren wir ständig Kohlendioxyd und geben es an unsere Umwelt ab. Wir selbst leben in einer Umwelt, die die verschiedensten Einflüsse auf unsere Lebenstätigkeit aufzeigt. Es gibt einerseits Wechselwirkungen mit den uns umgebenden physikalischen Feldern, chemischen Feldern und auch biologischen Feldern, soweit diese nicht selbst auf Grund unseres gegenwärtigen Wissens auf physikalische Felder zurückgeführt werden können. Darüber hinaus treten wir mit anderen lebenden Systemen, angefangen von Viren, Bakterien, Pflanzen und Tieren, anderen Menschen in Kontakt.

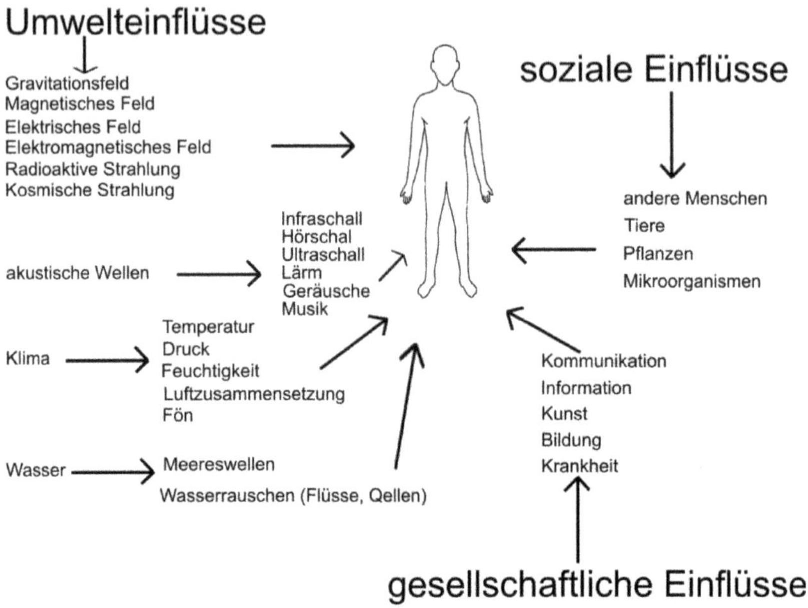

Abbildung 208 Umwelteinflüsse, soziale und gesellschaftliche Einflüsse auf den Menschen

Um den Menschen in seiner Beziehung zur Umwelt richtig einordnen zu können, sprechen wir inzwischen vom Menschen in seiner bio-psycho-sozialen Einheit. Wobei in der Teilsilbe „bio" alle inneren und äußeren Wechselwirkungen verstanden werden sollen, die nicht die psychischen oder sozialen Komponenten betreffen. In diesem Zusammenhang ist wichtig zu betonen, dass eine Wirkung, als Kraft, als Feld o. a. immer aus drei Komponenten besteht, die für sich genommen unterschiedlich stark ausgeprägt sind:

Komponenten einer Wirkung:

- Niveau (langsam veränderlicher Anteil oder "Konstante");
- periodischer Anteil;
- stochastischer Anteil.

8.1 Gravitationskräfte

So bestimmt die Erdbeschleunigung mit 9,81m/s² auf Grund unserer relativ unveränderlichen Position gegenüber dem Erdmittelpunkt unser Gewicht. Aber sollten wir den Anziehungsbereich unseres Planeten verlassen, ändert sich infolge der Änderung der Gravitationsverhältnisse auch unser Gewicht und schon im erdnahen Bereich, auf der Umlaufbahn, wirkt nur noch eine Mikrogravitation und wir werden scheinbar schwerelos.

Unter den unzähligen Himmelskörpern im Universum ist die Erde auf der wir leben einer, auf dem Leben entstanden ist, der sich jedoch auf Grund der Naturgesetze genauso wie alle anderen im Weltall bewegt. Diese Bewegungen sind inzwischen durch die bisher möglichen astronomischen Beobachtungen gut erfasst und klassifiziert. Im Universum gibt es keinen Stillstand, obwohl sogenannte Fixsterne für unsere wahrnehmbaren Zeitbegriffe an ein und derselben Stelle stehen zu scheinen. Sonnen, Planeten, Monde und andere Himmelskörper als Bestandteile von Galaxien rotieren um sich selbst, Planten rotieren um Sonnen, Monde rotieren um Planten und Asteroiden und Kometen bewegen sich durch Sternsysteme. Alle diese Bewegungen sind mit dem Auftreten von Gravitationsfeldern und elektromagnetischen Feldern verbunden, die ihrerseits periodische Schwingungsprozesse darstellen.

Tabelle 19 Physikalische Daten für Sonne und Planeten (Wissen im Überblick, 1970, zitiert in Varga, 1981)

	Masse der Erde = 1	**Mittlere Dichte g/cm³**	**Durchmesser in km**	**Abplattung**	**Rotationsdauer**	**Achsenneigung**
Sonne	333400	1,41	1392000	—	25,4 d	7°
Merkur	0,053	5,33	4750	—	59 d?	90°?
Venus	0,815	5,158	12280	—	300 d?	84°
Erde	1,0	5,52	12756	0,003	23 h 56 m	23,5°
Mars	0,107	3,95	6788	0,005	24 h 37 m	25,2°
Jupiter	318,0	1,33	142700	0,062	9 h 50 m	3,1°
Saturn	95,22	0,69	120800	0,096	10 h 15 m	6,8°
Uranus	14,55	1,56	47300	0,059	10 h 49 m	98°
Neptun	17,23	2,27	44600	0,02	15 h 40 m	29°
Pluto	0,05?	3 - 4?	5800?	?	6d 9h 17 m	?

(wird auf nächster Seite fortgeführt)

Tabelle 19 Fortsetzung

	Durchschnittstemperatur in °K	Mittlere Bahngeschwindigkeit in km/sec	Fluchtgeschwindigkeit in km/sec	Scheinbarer Durchmesser, in Bogensekunden	Albedo	Scheinbare Helligkeit bei größter Elongation oder in Opposition
Sonne	5800	—	618	1920	—	-26,8
Merkur	442	48	4	10,9	0,06	- 0,2
Venus	229	35	10	61,0	0,85	- 4,2
Erde	246	30	11	—	0,40	—
Mars	216	24	5	17,9	0,15	- 2,0
Jupiter	93	13	61	46,9	0,41	- 2,5
Saturn	68	10	37	19,5	0,42	+ 0,7
Uranus	47	6,5	22	3,6	0,93	+ 5,5
Neptun	38	5	25	2,1	0,54	+ 7,8
Pluto	43	5	?	0,2	0,13	+14,9

Varga (1981) berechnete aus diesen Daten die zwischen der Sonne, der Erde, dem Mond und dem Menschen bestehenden Gravitationskräfte.

Tabelle 20 Kräfte zwischen Mensch – Erde – Mond – Sonne bzw. ihre potentiellen und kinetischen Energien

	auf den Menschen wirkende Zentrifugalkraft		Anziehungskraft [kp]	Energievorrat		
	durch Bahngeschwindigkeit [kp]	durch Rotation der Erde [kp]		Potentielle Energie [kWs]	Kinetische Energie [kWs]	Rotationsenergie [kWs]
Erde	0,045	0,26			$2{,}65 \cdot 10^{30}$	$4 \cdot 10^{19}$
Erde – Sonne			$3{,}55 \cdot 10^{21}$	$5{,}3 \cdot 10^{30}$		
Erde – Mond			$2 \cdot 10^{19}$	$7{,}6 \cdot 10^{25}$		
Mensch – Erde	.		75	$4{,}69 \cdot 10^{6}$	$8 \cdot 10^{3}$	
Mensch-Mond			0,0026			
Mensch-Sonne			0,0456			

Je nach Stellung der Erde zur Sonne im Verlaufe einer Erdrotation ergeben sich verschieden auf den Menschen wirkende Zentrifugalkräfte. Aus dieser Tatsache ergibt sich, dass je nach Breitengrad der Mensch in der Nacht leichter wird als am Tage. Nach Varga wird der Mensch am Äquator (0°) um 0,35 %, bei 50° um 0,22 % und bei 90° um 0 % leichter. Da auch der Radius der Umlaufbahn des Mondes um die Erde nicht konstant ist ergeben sich zusätzliche Schwankungen. In diesem Zusammenhang gibt es eine Reihe von nachgewiesenen Korrelationen zwischen Mondphasen, dem Auftreten von Erkrankungen und Verhaltensänderungen.

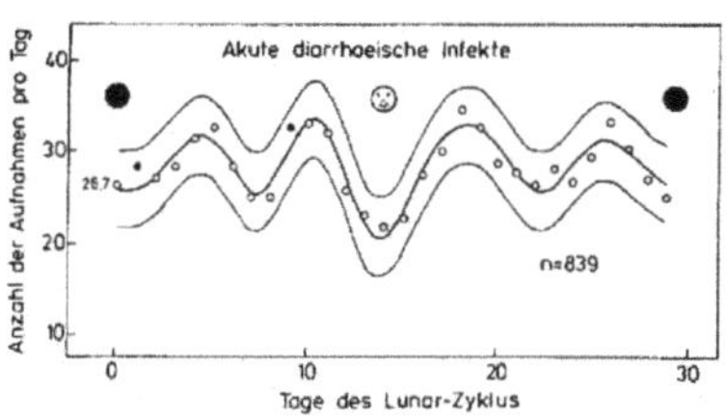

Abbildung 209 Akute diarrhöische Infekte nach Mikulecky & Ondrejka, 1993; zitiert in Hildebrandt, 1998

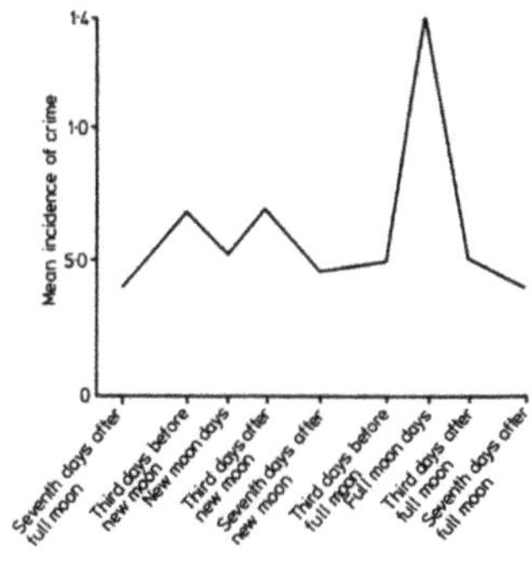

Abbildung 210 Veränderungen der mittleren Häufigkeit von Verbrechen an verschiedenen Tagen des Mondmonats, nach Thakur & Sharma, 1984

Insbesondere auch die Sonne hat nicht nur wegen ihrer für den Menschen bestimmenden Hell-Dunkel-Wirkung einen Einfluss auf die Gesundheit. So spielen auch die Sonnenfleckenaktivität und die damit ausgelösten elektromagnetischen Stürme eine nicht unwesentliche Rolle. So hat die natürliche Helligkeit durch die Sonneneinstrahlung nicht nur Auswirkungen auf die Veränderung physiologischer Parameter, sondern auch auf das psychische Verhalten, beispielsweise durch das vermehrte Auftreten von depressiven Zuständen während der Winterzeit in den skandinavischen Ländern.

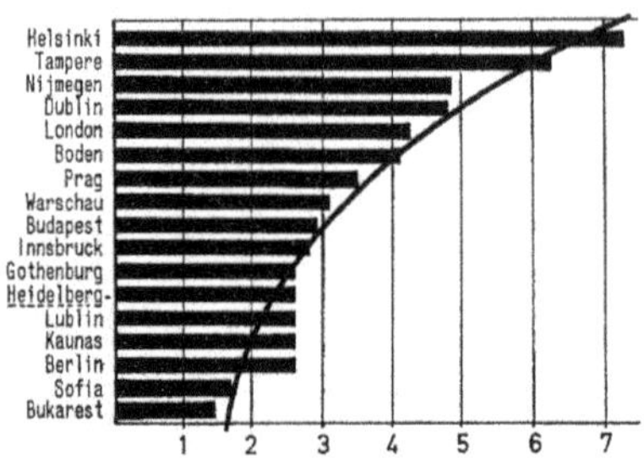

Abbildung 211 Abnahme der Herzinfarkthäufigkeit pro 1000 Einwohner zum Süden hin, aus Varga 1981

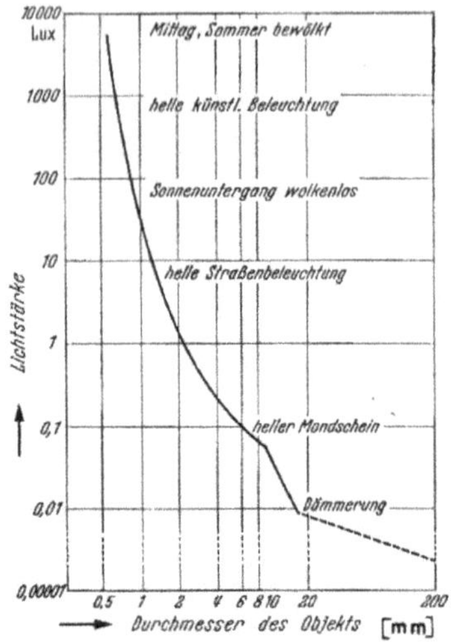

Abbildung 212 Sehschärfe als Funktion der natürlichen Beleuchtungsintensität, aus Varga 1981

Tabelle 21 Umweltrhythmen nach Kornetov (1988)

Periodenbereich	Hauptperioden	Ursprung
Mikrorhythmen	≈ 0,1 sec. (8Hz)	Grundfrequenz des Inonosphärenwelle
	≈ 30 sec. (0,02 – 0,1 Hz)	Mikropulsation des geomagnetischen Feldes Rs3, atmosphärischer Infraschall akustische Schwingungen während des
	0,03Hz	Polarlichts
	5 min.	Mikropulsation des geomagnetischen Feldes Rs5
Mesorhythmen	2h, 2h 40min. ≈ 3h	Globale Schwingung der Sonne als Stern
	24 h	Erdumdrehung
	6,8 8,9 13,5 ≈27 } Tage	Synodische Umdrehungsperiode der Sonne, Sektorengrenze des interplanetaren Magnetfeldes, Sonnenaktivität, Gezeitenwirkung (Flut) durch den Mond

Tabelle 21 Fortsetzung

Periodenbereich	Hauptperioden	Ursprung
Makrorhythmen	0,5 Jahre 1 Jahr ≈2,8 Jahre ≈3,5 Jahre ≈5,6 Jahre ≈7,1 Jahre ≈ 11 Jahre ≈22 Jahre	Drehung der Erde um die Sonne, Saisonale Sonnenaktivität, geomagnetische Anregung
Perioden langer Dauer (einige Harmonische)	≈ 600 Jahre	Sonnenaktivität
	≈ 7000 Jahre	Zyklische Änderung der Hauptkomponente des geomagnetischen Feldes der Erde
	≈ 20 tausend Jahre	Periodische Variation der Elemente des Erdorbits
	≈ 30 Mill. Jahre	Durchgang der Sonne durch die galaktische Ebene, Episoden der Bombardierung der Erde mit asteriodalen Körpern

8.2 Wellen von Meeren und Seen, Wasserrauschen und Gezeiten

Meereswellen entstehen durch Kräfte, die über die bewegte Atmosphäre auf das Meerwasser wirken. Höhe und Periode der Wellen hängen von der Windgeschwindigkeit, der Wirkungsdauer des Windes und der Strecke, auf der der Wind wirkt, ab. Auf offener See führen bestimmte Windgeschwindigkeiten nach einer bestimmten Zeit zu einem stabilen Muster der Wellenlängen und höhere Windstärken zum Seegang. Ein Schiff, das sich auf dem Wasser bewegt erzeugt durch Brechen der Wellen durch den Schiffskörper Wellen.

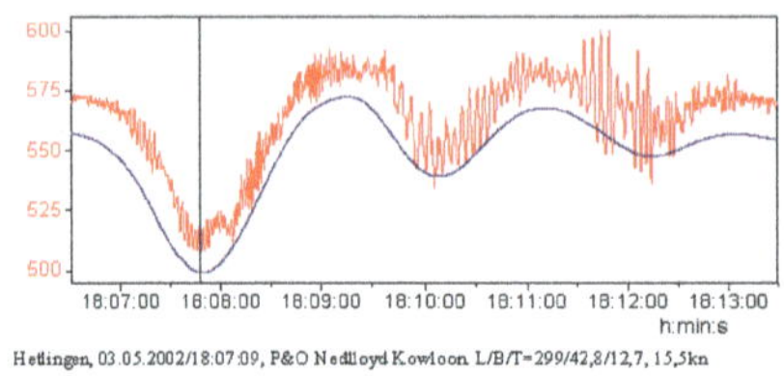

Abbildung 213 Wellenbild eines Großcontainerschiffes (Post-Panmax)

Abbildung 214 Großcontainerschiff (Post-Panmax), aus Sog und Wellenschlag, 2007

Legende: Länge – 299 m, Breite – 42,8 m, Tiefgang – 12,7 m.

Charakteristische Geräusche verursachen die Wellen in Küstennähe durch das Auftreten von Brechern. Besonders in Küstennähe treten in Abhängigkeit von den Formen der Küste typische periodische Geräusche auf. Diese typischen Geräusche entstehen z. B. durch Brechen der Wellen in der Strandbrandung flach auslaufender Küstengewässer. Bei langen energiereichen Dünungswellen können dadurch Serien von 5–6 Brecherfronten entstehen. Das Wasser läuft in Form einer steilen Front von einigen cm Höhe auf die Küste zu, erhöht kurzfristig den Ruhewasserspiegel und fließt als sogenanntes Backwash zurück bzw. versickert an den Sandküsten. Diese typische Wellenbewegung erzeugt Reibungsgeräusche, die sich periodisch wiederholen.

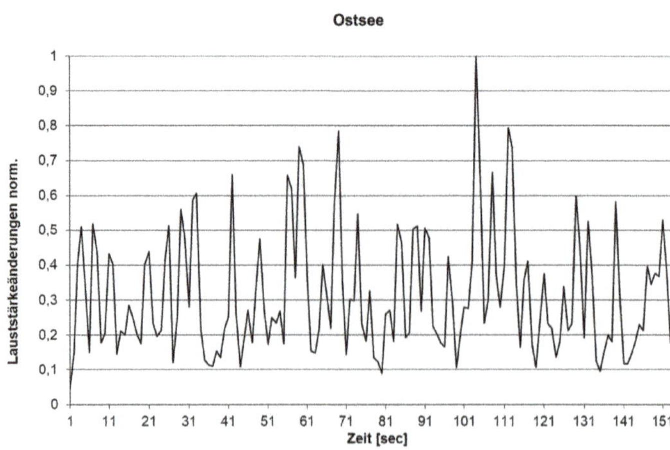

Abbildung 215 Typischer Verlauf des Geräuschpegels der Brandung an der Ostsee bei ruhigem Wind

Unterzieht man die Amplitudenschwankungen des in der Abbildung 215 dargestellten Verlaufs des Geräuschpegels einer Rhythmusanalyse so erkennt man die beiden tragenden Rhythmen im Bereich von 4 Sekunden und im Bereich um die 28 Sekunden.

Interessant ist, dass der Mensch im Idealfall im Schlaf einen Herzschlag von 60 Schlägen/min. also 1/Sekunde hat. In diesem idealen Schlafzustand sind Herzschlagfrequenz und Atemfrequenz im Verhältnis 1 zu 4 gekoppelt, d. h. 15 Atemzüge pro Minute oder je 4 Sekunden ein Atemzug.

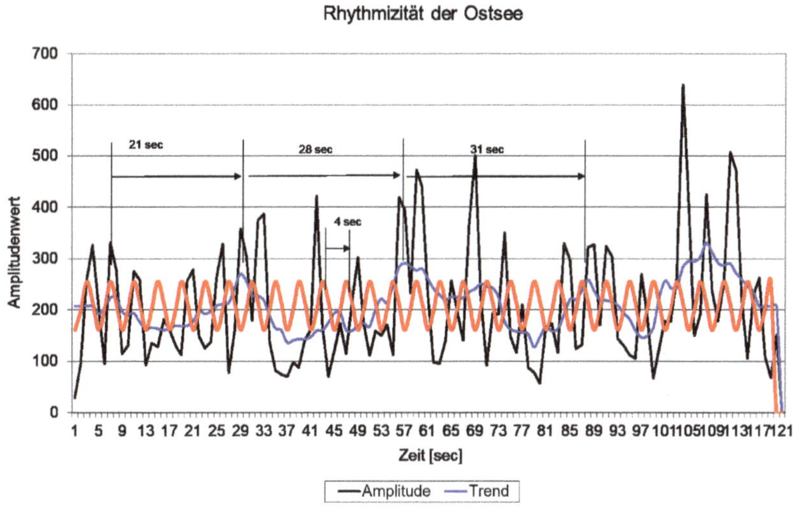

Abbildung 216 Hauptkomponenten der Rhythmizität der Ostsee

Hier besteht also die Möglichkeit, dass der Mensch sich durch die Nähe zum Meer mit dieser Rhythmik synchronisiert und dadurch der bekannte Entspannungseffekt auftritt. Die Tabelle 22 zeigt eine Übersicht über die hauptsächlichen Perioden verschiedener Meere in Küstennähe.

Tabelle 22 Übersicht über Periodizitäten verschiedener Meereswellen in verschiedenen Regionen der Erde

Küste	1. Periode	2. Periode
Ostsee	4	28
Nordsee	19	6
Mittelmeer Sizilien	7	28
Mittelmeer Sizilien	8	30
Pazifik Hawai	5	46
Atlantik Portugal	11	92

Die gefundenen Periodizitätswerte sind Mittelwerte und haben eine Auftrittswahrscheinlichkeit von 20–40 %. Betrachtet man die in den Meeren vorhandenen Perioden genauer, so fällt auf, dass multiplikative Vielfache auftreten. Bei den kurzen Perioden finden wir circa 4 und 5 Sekundenrhythmen bzw. circa 30, 45, 90 Sekundenrhythmen. Die Rhythmen an der portugiesischen Küste könnten Vielfache der 5 Sekundenrhythmik bzw. 30 Sekundenrhythmik sein. Die Perioden 7, 8 im Mittelmeer könnte man als Vielfache der Periode 4 der Ostsee verstehen. Natürlicherweise unterliegen die gefundenen Perioden Schwankungen, die durch die klimatischen Verhältnisse bedingt sind.

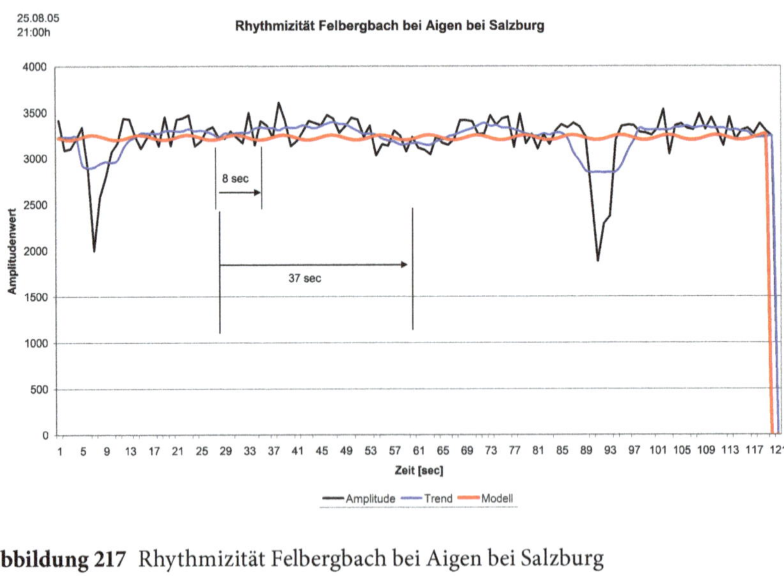

Abbildung 217 Rhythmizität Felbergbach bei Aigen bei Salzburg

Aber auch andere Gewässer, insbesondere fließende, wie Bäche, Flüsse und Ströme, können zum Teil periodische Geräusche erzeugen. Obwohl man eigentlich nur Rauschen erwartet, wurde z. B. beim Felbergbach (Aigen bei Salzburg) eine 1. Periode von 8 s (Auftrittswahrscheinlichkeit ca. 14 %) und eine 2. Periode von 37 s festgestellt. Die Amplituden dieser Rhythmen liegen dabei innerhalb der sonstigen Schwankungen der Amplituden des Geräuschs.

Der Vestibularapparat wird besonders bei Menschen, die sich auf das Meer begeben, von den Wellenbewegungen stark beeinflusst. Menschen, die sich nicht an diese Änderungen anpassen können leiden folglich unter der so genannten Seekrankheit.

Da vor allem der Fischfang seit Jahrhunderten vorrangig in der Nähe der Küsten stattfand, wurde besonders der Vestibularapparat dieser Menschen durch das ständige Auf und Ab der Wellenbewegung beeinflusst. So lässt sich zeigen, dass einerseits in Abhängigkeit von der geografischen Lage und den klimatischen Verhältnissen in dieser Region typische Wellenlängen (bzw. Perioden) vorhanden sind, die andererseits auch wesentlichen Einfluss auf die Musik und den Gesang der Küstenbewohner hatten und haben.

Gezeitenwirkungen

Mond und Sonne üben mit ihren Gravitationskräften einen großen Einfluss auf die Bewegung des Wassers, insbesondere der Meere aus. Bemerkbar macht sich diese Wirkung durch die Gezeiten, wie Ebbe und Flut. Hervorgerufen werden diese Änderungen durch die Wechselwirkungen der Gravitationsfelder von Erde, Mond und Sonne. Dabei übt die Sonne gegenüber dem Mond jedoch nur ca. die halbe Kraft auf die Erde bzw. das Meerwasser aus. Durch diese Überlagerungen der Kraftwirkungen und durch Verschiebungen der Wassermassen auf Grund von Reibungskräften mit dem Erdmantel kommt es zu typischen Gezeitenverläufen, die darüber hinaus auch von der geografischen Breite und Länge abhängen. Die Abbildung 218 zeigt einen typischen Verlauf einer Gezeitenwirkung. Der Mensch nimmt diese Gezeitenwirkungen, wenn er sich auf dem Meer befindet, nicht wahr. Lediglich in Küstennähe wird sein Leben durch die Gezeiten beeinflusst.

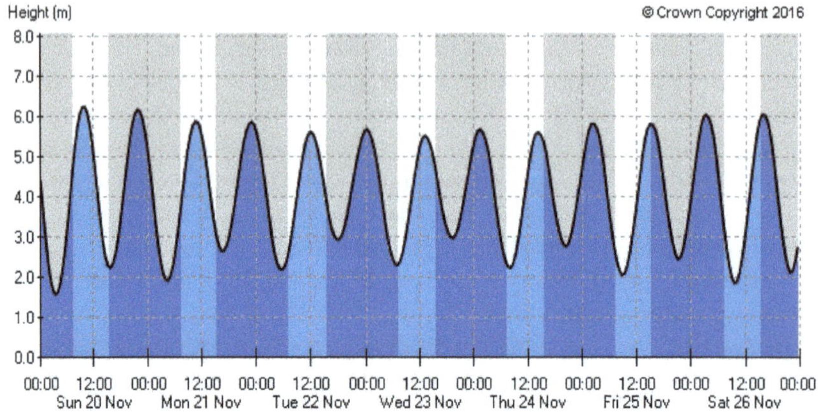

Abbildung 218 Gezeitenwirkungen in Bull Sand Fort, England[38]

8.3 Ultraschall, Infraschall und Lärm

Durch die Umwelt wirken aber auch eine weitere Vielzahl akustischer Quellen auf den Menschen, die Tiere und Pflanzen ein. Dazu gehört technisch generierter Lärm (Verkehrslärm), Lärm der durch den Menschen selbst entsteht (spielende Kinder oder laute unruhige Kinder in der Schulpause) und natürlicherweise auch Lärm durch klimatische Erscheinungen (Orkane, Sturmböen,...). Es gibt aber auch technisch generierte akustische Rhythmen (z. B. Windräder, Schienenstöße der Eisenbahnen des 20. Jahrhunderts,...) sowie technische Klänge und Töne, die z. B. als Musik ebenfalls durch den Menschen erzeugt werden. Dabei beschränkt sich der akustische Bereich durchaus nicht nur auf den für den Menschen hörbaren Bereich zwischen 20 Hz und ca. 20 kHz. Bekannt ist die unbewusste Wahrnehmung von Druckwellen oder von Infraschallwellen (< 20 Hz, s. Berglund, 1996) bzw. von Ultraschallwellen (z. B. in der Musiktherapie bei Gehörlosen, s. Stelzhammer-Reichardt, 2007). Dabei konnte nachgewiesen werden, dass der Mensch sehr wahrscheinlich über die Knochenleitung Frequenzen im Bereich von 28 kHz wahrnimmt.

38 nach http://www.ukho.gov.uk/easytide/easytide/ShowPrediction.aspx?PortID=0171A&PredictionLength=7

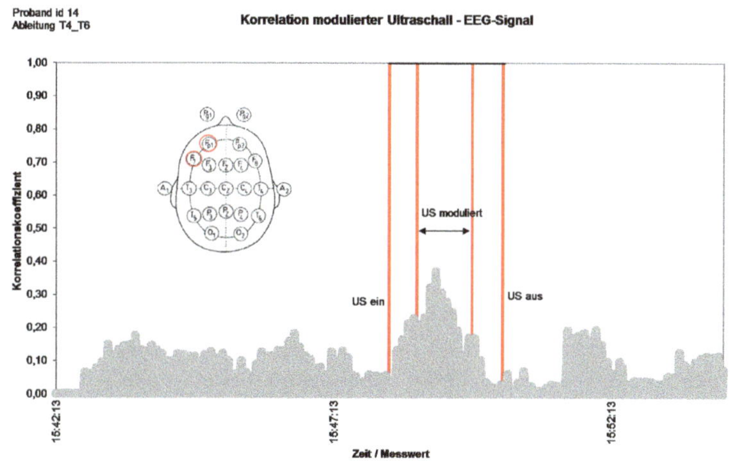

Abbildung 219 Wahrnehmung von moduliertem Ultraschall (US) durch den Menschen, Reaktion im EEG, Ableitungen F7, FP1

„Am Hörplatz erreichte das Ultraschallsignal etwas mehr als 43 dB SPL. [...] Die Ergebnisse zeigen, dass bei 15 Probanden der insgesamt 23 Probanden (davon 9 gehörlos/ hochgradig schwerhörig und 6 hörend) eine geringe bis starke Anregung auf rhythmisierte Ultraschallsignale im EEG zu verzeichnen war. Bei 8 Probanden (davon 5 hörend und 3 gehörlos/hochgradig schwerhörig) konnte keine Anregung gezeigt werden. Mehr als die Hälfte aller Probanden reagierte demnach auf die Ultraschallsignale im EEG. Die Ergebnisse zeigen eine signifikant erhöhte Sensibilität der gehörlosen Versuchsgruppe (n =11) gegenüber der hörenden Kontrollgruppe (n =12). Ultraschallsignale korrelieren in einem musikbezogenen Kontext (im vorliegenden Versuch war der Kontext der rhythmische Parameter) und via Luftleitung übertragen bei 75 % der gehörlosen und hochgradig schwerhörigen Probanden in geringem bis starken Maße mit dem EEG.“ (zitiert aus Stelzhammer-Reichardt, 2007). Unter Beachtung dessen, dass „alles, was kratzt“, Ultraschall erzeugen kann, wird verständlich, dass insbesondere Klangschalen und Streichinstrumente in der Musiktherapie für Gehörlose Anwendung finden. In diesem Zusammenhang ist jedoch wichtig zu erwähnen, dass auch Bremsvorgänge, insbesondere mit mechanischer Bremsreibung wie z. B. bei Kraftfahrzeugbremsen, Eisenbahnen, Straßenbahnen u. a. Ultraschall erzeugen, der in großem Umfang und Intensität im Straßenverkehr auftritt und der ebenfalls nicht ohne Wirkung auf den Menschen bleiben dürfte. Eine

Übersicht zur Problematik Ultraschall findet man bei Smagowska (2012). Darüber hinaus sind Infraschall und Ultraschall als potentielle Gefahrenquellen in den Gefährdungskatalog der Gesetzlichen Unfallversicherungen aufgenommen worden (Beurteilung von Gefährdungen, 2006).

Lärm ist oft als Hintergrundgeräusch vorhanden, kann aber auch sehr laut werden und letztlich krankmachend wirken. Insbesondere in der Nähe von Flughäfen spielt die Lärmbelastung eine wichtige Rolle für die Gesundheit der Bevölkerung und des Flughafenpersonals. Lärmmedizinische Gutachten dienen der Bestimmung von Gefährdungsbereichen und Gefährdungszeiten. Erstmals wurden chronobiologische Aspekte der Gefährdung der Gesundheit im Lärmmedizinischen Gutachten für den Ausbau des Flughafens Hamburg berücksichtigt (Maschke et al., 1996). Dabei konnten zwei wesentliche Erkenntnisse gewonnen werden. So wurde u. a. die Einhaltung verschiedener Pegelwerte zu verschiedenen Tageszeiten empfohlen – in Abhängigkeit von der Sensibilität bzw. Aktivierung, ein generelles Nachtflugverbot gefordert, sowie das Vermeiden von sogenannten „spontanen“ oder Einzelüberflügen, da diese eine höhere Gesundheitsgefährdung darstellen als kontinuierliche Schallwirkungen. Zu den Besonderheiten gehörte auch die Empfehlung einer Mittagsruhe für den Flugbetrieb, um der Bevölkerung Zeiten für eine Entspannung von der Lärmbelastung zu geben.

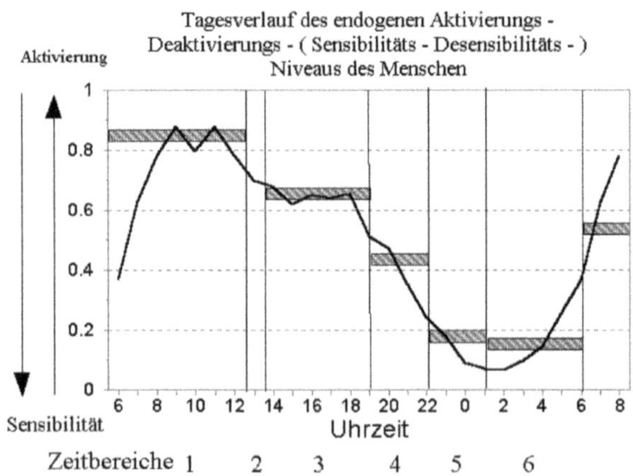

Abbildung 220 Verlauf der Sensibilisierung/Aktivierung-Deaktivierung des Menschen über 24 Stunden, Maschke, Hecht, Balzer Lärmmedizinisches Gutachten, 1996

Den direkten Zusammenhang zwischen physiologischen Veränderungen, hier der Herzfrequenz, und Lärmbeeinträchtigungen zeigt die folgende Abbildung 221:

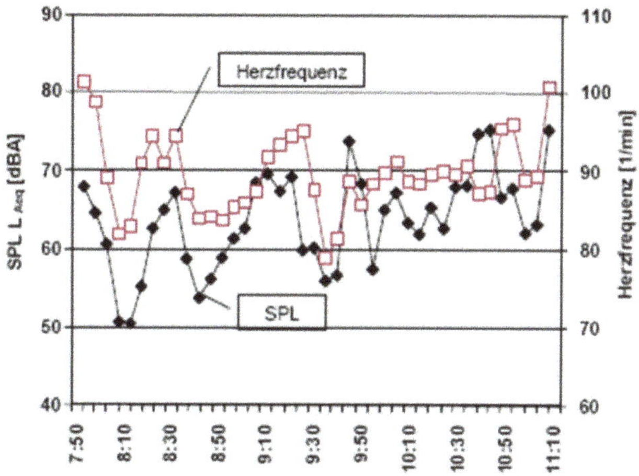

Abbildung 221 Korrelation zwischen Lärmbeanspruchung und Herzfrequenz bei Lehrkräften, SPL und HR_{5min} einer Lehrerin nach Tiesler, 2010

Im Rahmen des länderübergreifenden Projekts (Deutschland, Österreich, Schweiz) „er-hörte Stadt" (Meier, 2012, Balzer, Grabber (2012)) wurde der Einfluss innerstädtischer Lärmquellen auf die Gesundheit untersucht und vor allem für Jugendliche in Form eines Informationsrundganges zugängig gemacht. Mit Hilfe einer speziellen Untersuchungsmethode von Balzer (Balzer, 2009) wurden verschiedene Lärmquellen (Ruhe, Park, Bahnhof mit Zug, Verkehrslärm leise und Verkehrslärm laut) untersucht und sowohl mögliche Aktivierungs- und Deaktivierungsvorgänge als auch regulatorische Veränderungen untersucht. Parallel dazu wurden Versuchspersonen unter diesen Lärmbedingungen mit Hilfe des Systems smardwatch untersucht. Als Ergebnis dieser Fallstudie konnte eine prinzipielle Übereinstimmung der regulatorischen Inhalte zwischen den Lärmkomponenten als auch den vegetativen Funktionen aufgezeigt werden. So ähnelt die Verteilung der vegetativen Regulationszustände unter Parkbedingungen den Bedingungen unter Ruhe. Die Verteilung der Regulationszustände der Lärmkomponenten (Lautstärkeschwankungen – LS, Frequenzspektrumsschwankungen – FS und der Tonfolgedichte – TD) ist im Park gleichmäßiger verteilt. Unter lauten Verkehrsbedingungen nimmt die Anzahl der konzentriert ausdrückenden Regulationszustände zu und gleichzeitig verringert sich die Gleichverteilung gegenüber dem Park und der Ruhe. Während unter Parkbedingungen eine ausgeprägte Deaktivierung vorherrscht, erzeugt der laute Verkehrslärm eine vor allem emotional geprägte Aktivierung.

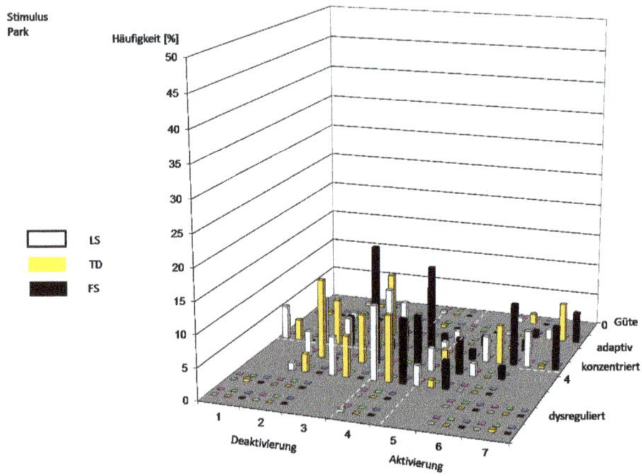

Abbildung 222 Park, Verteilung der Regulationszustände der Lärmkomponenten

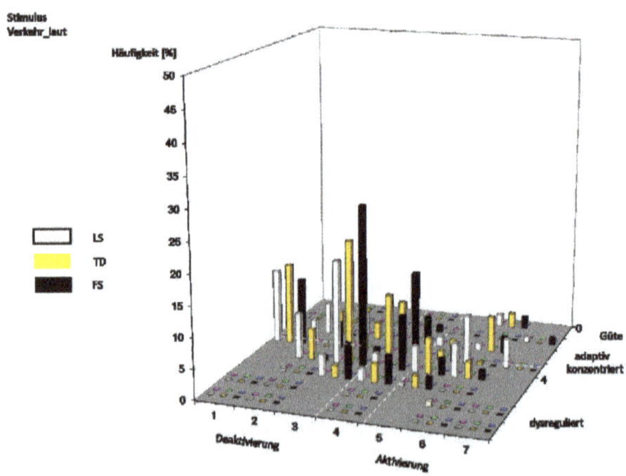

Abbildung 223 Verkehrslärm laut, Verteilung der Regulationszustände der Lärmkomponenten

8.4 Chrono-Bio-Psychologische Auswirkungen von Jet-Lag

Im Zusammenhang mit der Interaktion zwischen dem Menschen und seiner Umwelt entstehen aber auch andere Probleme, wie etwa die Zeitverschiebung bei transmeridianen Flügen, auch Jet-lag genannt. Durch Verschiebung der Hell-Dunkel-Phasen gegenüber der Ausgangsposition muss sich der Organismus des Menschen neu adaptieren. Je nach Voraussetzungen und Möglichkeiten zur Adaptierung dauert dieser Prozess 3–5 Tage. Die folgende Abbildung 224 zeigt das Monitoring der vegetativ-emotionalen Regulation über einen Zeitraum von drei Wochen eines Teilnehmers einer Hochgebirgsexpedition (des Mitautors M. Stück). Dargestellt ist der Zeitraum der Vorbereitung der Expedition in Deutschland (Leipzig), die Überflugphase nach Südamerika, die Bergbesteigung und die Nachphase nach der Bergbesteigung. Zur Orientierung wurde die Schlafphase in Europa von 22 Uhr bis 06 Uhr blockweise eingezeichnet. Die türkisfarbene Kurve zeigt die Änderung der vegetativ-emotionalen Regulation anhand der Messung des Parameters Hautwiderstand (Abtastrate: 1 pro Minute) im Bereich zwischen 2 bis 9 Minuten. Die vertikalen Linien der Verlängerung der fünften Schlafphase zeigen die gute Übereinstimmung zwischen der Erholung in der Nacht, die mit langsameren Regulationsperioden in der Nacht korreliert. In der Jet-lag Phase wird der kontinuierliche Wechsel in der vegetativ-emotionalen Regulation unterbrochen und in mehrere kürzere Wechsel aufgesplittet. Zu Beginn der Aufstiegsphase stellt sich wieder ein circadianer Rhythmus der vegetativ-emotionalen Regulation ein. Der zweite Vergleich mit der zwanzigsten Schlafphase zeigt nun ein konträres Bild im Vergleich zur fünften Schlafphase. Jetzt tritt eine schnelle Regulation in der „europäischen" Schlafphase auf. Der Organismus hat sich umgestellt. Der Aufstieg auf den Berg ruft weitere Beanspruchungen hervor.

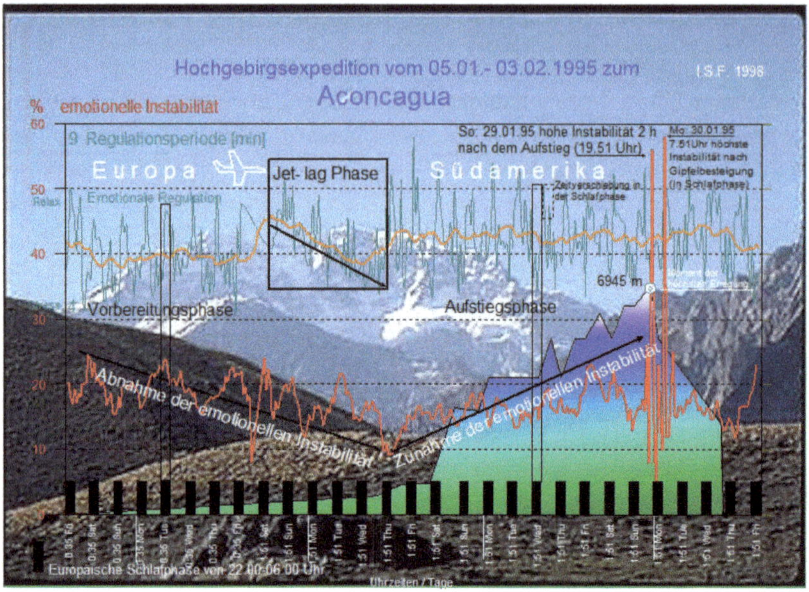

Abbildung 224 Darstellung der Änderung der vegetativ-emotionalen Regulation im Verlaufe einer Hochgebirgsexpedition

8.5 Elektromagnetische Strahlung

Auf Grund der großen Unterschiede zwischen den Grenzwerten für die für den Menschen zulässige Belastung durch elektromagnetische Quellen zwischen den USA, Europa und der damaligen Sowjetunion (zulässige Grenzwerte um den Faktor 1000 kleiner als in Westeuropa), erhielt das Institut für Stressforschung Berlin in den 90 er Jahren einen Auftrag für eine Literaturstudie (Balzer, Hecht, 1996a), die diese Unterschiede belegen sollte. Dabei konnten folgende wesentliche Ergebnisse erzielt werden.

- Die Beeinflussung ist nicht nur im thermischen Bereich durch Zellerwärmung nachzuweisen, sondern auch viel früher (zeitlich und bei geringeren Strahlungsbelastungen) im athermischen Bereich funktioneller Störungen der Organe bzw. Körperfunktionen zu finden;
- Die Beeinflussung hängt von der Frequenz, der Strahlungsleistung, der Dauer und der Art der Häufigkeit des Auftretens einer Strahlung ab;

- Besondere Körperregionen, z. B. der Schläfenbereich, sind besonders empfindlich durch die geringere Dämpfung der Strahlung durch das Körpergewebe;
- Es treten Langzeitwirkungen auf, mit z. T. umgekehrten Effekten, die erst nach mehreren Jahren (>3–5) sichtbar werden;
- Multifaktorielle Wirkungen spielen eine wichtige Rolle beim Auftreten von Gesundheitsstörungen.

Nebenbei ist zu bemerken, dass insbesondere die Langzeiteffekte oft im Rahmen von wissenschaftlichen Studien zum Elektrosmog nur über maximal zwei Jahre gehen und damit die Langzeiteffekte nicht sichtbar werden.

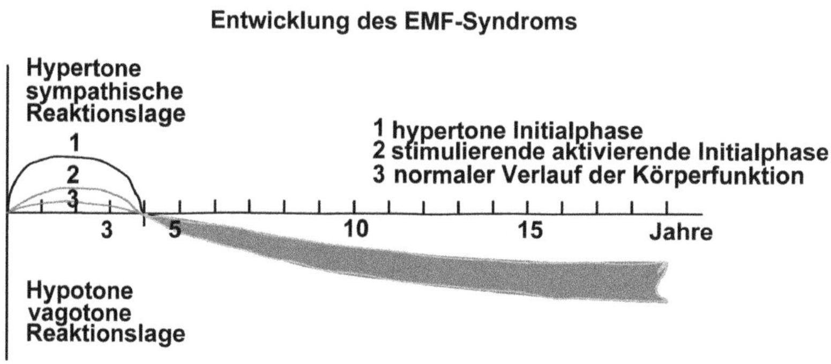

Abbildung 225 Entwicklung eines EMF-Syndroms bei Langzeitwirkung mit Wechsel von Aktivierung zu Deaktivierung nach Balzer & Hecht 1996a

8.6 Chrono-Bio-Psychologische Auswirkungen von Lichtsmog

Eine negative Beeinflussung insbesondere auf den Schlaf-Wach-Zyklus ruft der sogenannte Lichtsmog hervor (Cinzano, 2001). Dabei wird durch die erhöhte Nachtbeleuchtung, insbesondere in den Ballungsgebieten der Erde wie z. B. den Großstädten, die für einen gesunden Schlaf notwendige Dunkelheit nicht mehr erreicht.

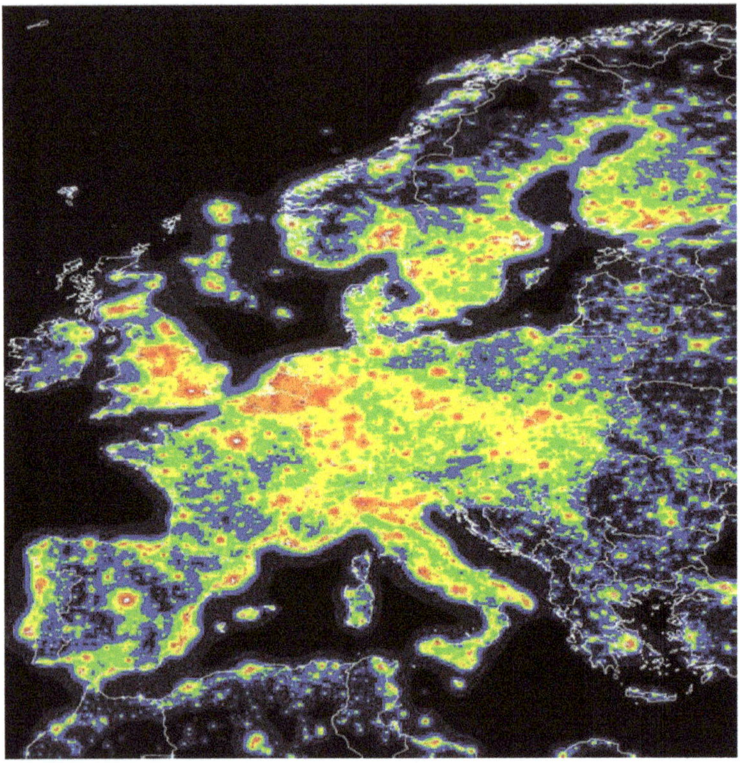

Abbildung 226 Verteilung der Nachthimmelhelligkeit für Europa im Zeitraum 1996–1997 nach Cinzano, P.; Falchi1y, F.; Elvid, C.D. (2001)

So fanden Cinzano heraus, dass 99 % der US- und EU-Bevölkerung sowie etwa $^2/_3$ der Weltbevölkerung in Gebieten leben, in denen der Nachthimmel bei 45° Elevation um 10 % künstlich heller ist als natürliche Nachthimmel ist. Inzwischen konnten negative Effekte auf die Störung der Melatoninproduktion bei Mensch und Tier, Störungen der circadianen Rhythmik und ein erhöhtes Risiko für Krebserkrankungen nachgewiesen werden (Anisimov et al., 2012). Es gibt aber auch positive Wirkungen im gegenseitigen Wechsel mit der Umwelt, beispielsweise bei der Lichttherapie von Depressionen (Nussbaumer et al., 2015), bei der Wundheilung mit Strahlungen im GHz-Bereich (Korpan & Saradeth, 1995), bei der Schmerztherapie (Radzievsky et al., 1999) oder bei der Behandlung von rheumatischer Arthritis (Usichenko et al., 2003).

Letztlich ließe sich die Wirkung der Umwelt auf die Gesundheit und das Verhalten des Menschen auch auf eine Reihe weiterer Einflussfaktoren wie Klima, die Veränderungen des Klimas, Smog, Feinstaub und andere toxische Stoffe erweitern. Aber auch extreme Veränderungen in der Atmosphäre oder der Lebensbedingungen wie beispielsweise beim Auftreten von Erdbeben, Zyklonen, Hurrikans, Dürren oder Überschwemmungen und Tsunamis beeinflussen das Leben und die Gesundheit der Menschen erheblich (näheres dazu im Kap. 8, Mensch und Umwelt.)

9 Grundlegende Zusammenhänge zwischen physiologischen, biochemischen, psychologischen Körperfunktionen und Verhalten

Für das Verständnis und die Interpretation bzw. Diskussion regulatorischer Vorgänge biologischer Systeme ist die Kenntnis des Zusammenhangs zu den Vorgängen auf psychischer Ebene und deren zeitlichen Abläufen notwendig. Die Wechselwirkung zwischen den Arten der Regulation (endokrinologisch, immunologisch, physiologisch, psychologisch) ist dabei sehr vielfältig. Bewegt man sich auf der atomaren und molekularen Ebene, werden die Wechselwirkungen zwischen den Teilchen und Molekülen durch die Gesetze der Physik beschrieben. Aber spätestens bei komplexen Molekülstrukturen, bei Bindungen spielen chemische Gesetzmäßigkeiten eine Rolle und beim Übergang zu lebenden Systemen werden die Wechselwirkungen durch molekularbiologische Merkmale bestimmt. In der Medizin werden die Wechselwirkungen in die drei übergreifenden Kategorien der Physiologie, der Biochemie und der Psychologie integriert. Die Kompliziertheit der Wechselwirkungen hat es in sich, dass Änderungen auf physiologischer Ebene zu Änderungen auf den anderen Ebenen – der Psychologie und Biochemie – führen können und umgekehrt. Von der zeitlichen Struktur her laufen in der Regel physiologische Änderungen am schnellsten ab, gefolgt von psychologischen und/oder biochemischen. Aber schon dann, wenn man den zeitlichen Zusammenhang zwischen biochemischen Änderungen und Änderungen psychologischer Merkmale betrachtet, gibt es oft Schwierigkeiten zu unterscheiden, welche der Änderungen einer Art die andere Art bedingt, s. auch Abbildung 65.

Bevor die Zusammenhänge näher erläutert werden können, noch einige Bemerkungen zu den Regulationsebenen im Zeitbereich. Hildebrandt, Moser & Lehofer (1998) haben für einige physiologische Regulationsvorgänge eine Übersicht zur Hierarchie der Rhythmen erstellt.

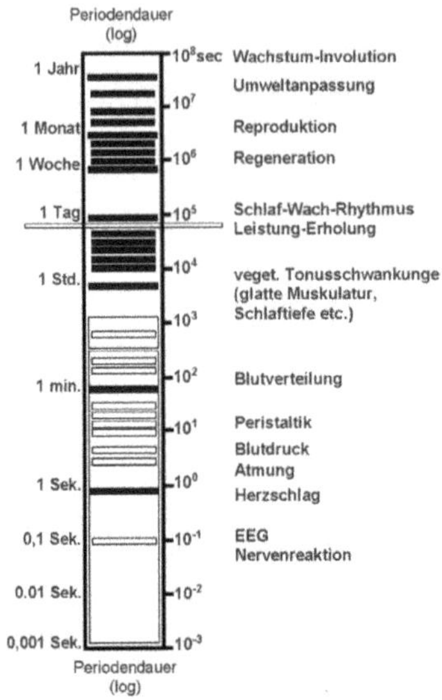

Abbildung 227 Hierarchie biologischer (physiologischer) Rhythmen nach Hildebrandt et al., 1998

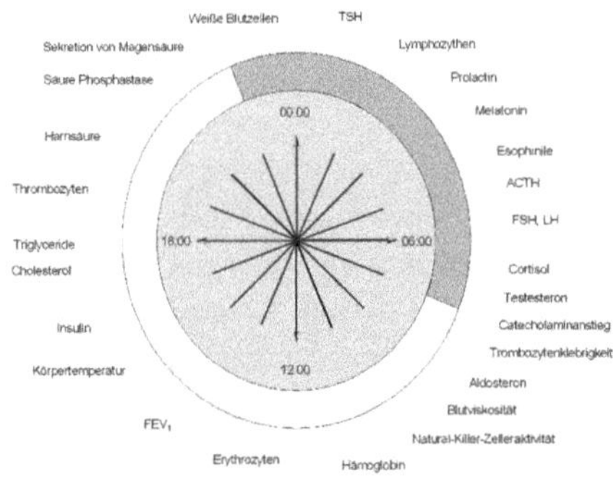

Abbildung 228 Arcophasenuhr nach Smolensky et al. 1999, zitiert in Lemmer, 2004

Aus psychologischer Sicht gibt es unterschiedliche Auffassungen über die Art und Anzahl der Basisemotionen. Darüber hinaus unterscheidet die Psychologie zwischen Emotion, Gefühl und Stimmung. Da die von der Psychologie definierten Emotionen auch kognitive Reaktionsmuster enthalten, muss man die Möglichkeiten der Physiologie genauer betrachten. So sind durchaus Trennungen zwischen emotionalen Reaktionen und nervalen bzw. kognitiven Reaktionen darstellbar und messbar. Historisch bestehen damit gewachsene, unterschiedliche Definitionen zum Begriff der Emotionen. Während Balzer auf Grund der Möglichkeit der Messung von kognitiv und emotional geprägten Reaktionen vier psycho-physiologische Grundzustände definiert, spricht man in der Psychologie generell von Emotionen – wohl wissend, dass die verschiedenen Arten von Emotionen kognitive Reaktionen enthalten können. Während aus psychologischer Sicht eine Trennung von rein emotionaler Reaktion und rein kognitiver Emotion kaum möglich ist, gestattet die Physiologie durchaus eine messtechnische Trennung dieser Reaktionen. Balzer definiert hier und im Weiteren emotionale Reaktionen als Reaktionen des Menschen, die spontan und/oder reflexartig auf einen Reiz hin auftreten, ohne dass es während der Zeit des Auftretens zu einer kognitiv geprägten Reaktion kommt. Konkret bedeutet das, dass eine rein emotional geprägte Handlung oder ein rein emotionaler Ausdruck als Reaktion auftritt, bevor eine kognitive Nachbewertung erfolgt. Somit gibt es zwei mögliche Reaktionsmuster:

1. Ein Reiz wird kognitiv verarbeitet und es folgt eine emotional geprägte Nachreaktion;
2. Ein Reiz kann kognitiv nicht schnell genug verarbeitet (zugeordnet) werden. Es gibt zuerst eine emotional geprägte Reaktion, die später von einer kognitiven Nachverarbeitung (Reizzuordnung) gefolgt wird.

Die Erfahrung zeigt, dass der Fall 2 immer dann auftritt, wenn ein Reiz (Ereignis) zum ersten Mal wahrgenommen wird. Bereits bei der ersten Wiederholung dieses Reizes tritt Fall 1 ein, da der Reiz nun bekannt (zugeordnet) ist. In vielen Fällen sind entweder die zeitlichen Abstände zwischen den rein emotionalen und den rein kognitiven Reaktionen sehr gering oder es kommt zu einer Durchmischung beider Anteile, so dass komplexe Reiz-Reaktionsmuster entstehen. Die physiologischen Aktivitäten im ZNS und autonomen Nervensystem werden durch biochemische Vorgänge begleitet.

Im Nachfolgenden wird der Zusammenhang zwischen Änderungen biochemischer Parameter und psychologischen Merkmalen unter Nutzung des Emotionsbegriffes aus psychologischer Sicht beschrieben.

9.1 Neurochemische Vorgänge bei der Emotionsentstehung

Zu den neurochemischen Vorgängen der Emotionsentstehung und Emotionsverarbeitung gibt es eine Reihe von Untersuchungen, in denen versucht wurde, die Wirkung von Botenstoffen (Transmitter und Hormone) bei der Übertragung nervöser Impulse an den Synapsen im Nervensystem und im Gehirn genauer zu analysieren. Für die Neurotransmitter Acetylcholin, Dopamin, GABA, Noradrenalin und Serotonin lassen sich eine Reihe von Beziehungen zu emotionalen Reaktionen finden:

- Noradrenalin spielt im Zusammenhang mit Angsterleben eine wesentliche Rolle (Gray, 1982);
- Dopamin steht in enger Verbindung zum Belohnungssystem, das u. a. beim Auftreten hedonistischer Gefühle und bei der Anregung des aufsuchenden Verhaltens eine wichtige Funktion besitzt (Schwarting, 1997);

- Endorphine[39] und speziell Betaendorphine sind für die Entstehung von Glücksgefühlen und euphorischen Gefühlen verantwortlich, wie in einem Experiment mit Bungee-Springern gezeigt werden konnte[40] (Hennig, Laschefski & Opper, 1994). Auch nach sportlichen Aktivitäten erhöht sich die Betaendorphin-Konzentration (Wagner & Born, 2000).

Eine zusammengefasste Übersicht zu den einschlägigen Befunden ist in Tabelle 23 dargestellt.

Tabelle 23 Neurotransmitterveränderungen und Emotion (Erdmann, Ising & Janke, 2000)

Neurotransmitter	Erhöhung (Überhöhung)	Erniedrigung (Defizit)
Acetylcholin	E: Aktiviertheit S: Depression (?)	E: Euphorie (?) S: Manische Zustände
Dopamin	E: positive Emotionalität, Annäherung S: Manie	E: reduzierte positive Emotionalität S: Anhedonie
Gammaaminobuttersäure (GABA)	E: emotionale Entspannung S: nicht bekannt	E: Emotionale Spannung S: Angst
Noradrenalin	E: Aufmerksamkeit, Angst S: Panik	E: negative Stimmung S: Depression
Serotonin	E: Verhaltenshemmung, Angst S: generalisierte Angststörung	E: Aggressivität, Depressivität S: Aggression, Depression

Anmerkung: E = Emotion, S = Emotionale Störung,?= unklare Befundlage

Diese Neurotransmitterveränderungen werden von körper- und bewegungsorientierten Interventionsmethoden angenommen (z. B. Biodanza, Yoga). Da in der vorliegenden Arbeit nicht der direkte Zusammenhang zwischen psychologischen Variablen und endokrinologischen Parametern untersucht wird, sind diese Informationen u. a. für induktive Schlussfolgerungen bedeutsam. Wenn in den, in dieser Arbeit vorliegenden, Interventionsstudien z. B. Stimmungsveränderungen gefunden werden, lässt sich vermuten, dass sie u. a. durch die oben beschriebenen Prozesse ausgelöst werden. Das entbindet jedoch nicht davon, die direkten Zusammenhänge in experimentellen Studien weiterführend zu

39 Neuropeptide, die auch als Neurotransmitter und Hormone wirksam sind.

40 Korrelation zwischen Zunahme der Betaendorphin-Konzentration im Blut und dem Grad des eingeschätzten euphorischen Gefühls beträgt r =0,7.

untersuchen. Nach diesen neurowissenschaftlichen Grundlagen der Emotionsentstehung und -verarbeitung sollen im Folgenden die pathogenen und salutogenen Wirkungen verschiedener Emotionslagen diskutiert werden.

9.2 Immunsystem und Emotionsregulation

Die Hauptaufgabe des Immunsystems besteht darin, körperfremde, gesundheitsschädigende Substanzen, insbesondere Krankheitserreger (Antigene) zu erkennen, zu bekämpfen und unschädlich zu machen (Schedlowski, 1993). Dabei wird zwischen unspezifischer und spezifischer Abwehr unterschieden. Unspezifisch bedeutet dabei, dass Abwehrmechanismen versuchen, alles was als Antigen identifiziert wird, zu bekämpfen. Als spezifische Immunabwehr hingegen werden Prozesse bezeichnet, bei denen, bei Kontakt mit einem Antigen, ein speziell diesem entgegen gerichteter, so genannter Antikörper gebildet wird. Diese werden, sobald Zellen des Immunsystems (z. B. Lymphozyten) mit Antigenen in Kontakt kommen, gebildet, um sich an die Schadstoffe zu binden und diese für den Organismus unschädlich zu machen. Die spezifischen Antikörper gehen mit dem abzuwehrenden Antigen nach dem „Schlüssel-Schloss-Prinzip" einen sogenannten Antigen-Antikörper-Komplex ein und erleichtern so anderen Substanzen oder Zellen des Immunsystems, das Antigen zu zerstören. Aufgrund ihrer molekularen Struktur lassen sich die Antikörper in fünf Immunglobulinklassen (IgG, IgM, IgA, IgD, IgE) zusammenfassen. Die Reihenfolge der Konzentrationsmengen der Antikörper, die man üblicherweise im Blutvorfindet, unterscheidet sich maßgeblich von derjenigen, die man in den externen Sekreten findet. Antikörper der Klasse A sind in weit höherem Maße konzentriert als solche der Klassen G, M, D und E. Nach Untersuchungen von Tomasi (Hennig et al., 1994) gilt folgende Reihe der Konzentrationsmenge der Antikörper, die für fast alle externen Sekrete lautet: A > M > G > E > D. Die genannten Antikörper gelten als stress-sensitive Parameter (Sapolsky, Romero & Munck, 2000). Die traditionelle Betrachtungsweise des Immunsystems als autonomes System wird seit den 70er und 80er Jahren des vorigen Jahrhunderts durch empirische Befunde aus der Psychoneuroimmunologie (PNI) verworfen. Verschiedene Studien belegen, dass die Immunantwort durch Prozesse des endokrinen Systems und des zentralen Nervensystems (ZNS) in einem biochemischen Netzwerk moduliert wird (Ader et al., 1991).

Die Abbildung 229 zeigt, dass in diesem biochemischen Netzwerk verschiedene Systeme miteinander kommunizieren. Zellen des Immunsystems verstehen nicht nur die zentral nervösen Signale, sondern greifen auch in die zentralen Prozesse ein. So verwendet z. B. das Immunsystem chemische Botenstoffe

(Neurotransmitter, Neuropeptide; z. B. ACTH bzw. Lymphokine/Zytokine) zur Signalübermittlung. Auch die Versorgung primärer (Thymus, Knochenmark) und sekundärer (Lymphknoten, Milz) lymphatischer Organe mit autonomen Nerven weist auf eine nervale Regulation immunologischer Aktivitäten hin (Felten et al., 1987). Über spezifische Membranrezeptoren können Hormone, Neurotransmitter und Neuropeptide die Funktionen immunkompetenter Zellen beeinflussen. Auch der umgekehrte Weg vom Immunsystem zum Nerven- und Hormonsystem ist beschrieben, indem z. B. aktivierte Lymphozyten Hormone in kleinen Dosen synthetisieren bzw. sezieren und Zytokine (Interleukine, Inferone) auf zentral nervöse Funktionen einwirken (Besedovsky & Sorkin, 1977; Blalock, 1989). Eine wichtige Forschungsfrage in der Psychoneuroimmunologie lautet, inwieweit das Immunsystem durch die emotionale Befindlichkeit, wie z. B. das entspannungsinduzierte Wohlbefinden beeinflusst wird. Eine bedeutsame Rolle bei derartigen Untersuchungen spielt das sekretorische Immunglobulin der Klasse A (IgA). Dieses gilt als Indikator für Immunveränderungen und als erste Verteidigungslinie gegen obere Atemwegsinfektionen (z. B. Erkältungen, Roitt et al., 1991). Calvo et al. (1988) konnte diesen Zusammenhang in einer prospektiven Studie, bei der 88 Kinder über ein Jahr beobachtet wurden, ebenfalls nachweisen. Dabei waren die IgA-Konzentrationen im Speichel bzw. in der Tränenflüssigkeit bei Kindern, die an rezidivierenden Erkrankungen der oberen Atemwege (z. B. Asthma bronchiale) litten, signifikant niedriger, als bei Kindern einer gesunden Vergleichsgruppe. Untersuchungen von McClelland, Floor, Davidson, Saron (1980) zeigten, dass Versuchspersonen (Vpn) mit hohen IgA-Konzentrationen im Speichel signifikant weniger Erkrankungen in den vorangegangenen 6 – 10 Monaten angaben, als solche mit niedrigen IgA-Konzentrationen.

Es existiert eine gemeinsame biochemische Sprache zwischen ZNS, Immun- und Hormonsystem. Zellen des Immunsystems verstehen nicht nur die zentralen Signale, sondern greifen in die Bildung von Peptidhormonen (z. B. ACTH) in zentrale Prozesse ein. Umgekehrt verstehen zentrale, neurale Strukturen immune Signale und veranlassen die Produktion und Freisetzung von Botenstoffen (z. B. Interleukine, IL-1). CRH = Corticotropin-Releasing-Hormon; ACTH = Adenocorticotropin wird im Hypophysenvorderlappen ausgeschüttet und bewirkt die Ausschüttung von Cortisol aus der Nebennierenrinde. Cortisol wirkt immunsupressiv.

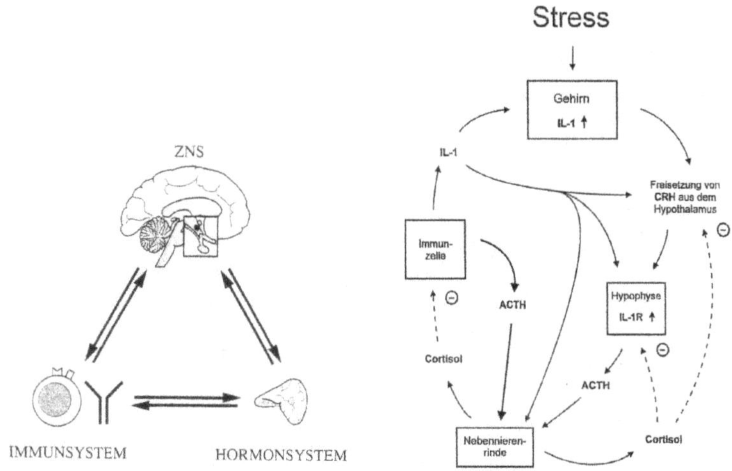

Abbildung 229 Schematische Darstellung der Interaktion zwischen Nerven-, Hormon- und _ Immunsystem (Schedlowski 1993; Schubert 1998)

Bisher konnten in verschiedenen Studien Zusammenhänge zwischen Befindlichkeit und IgA nachgewiesen werden. Kugler (1991) gibt in seiner Literaturübersicht (s. Tabelle 24) einen umfangreichen Überblick über Studien zu IgA im Speichel und emotionaler Befindlichkeit. Er unterscheidet dabei Querschnitts- von Feld- und Laborstudien.

Tabelle 24 Studien zum IgA und anderen Immunglobulinen im Zusammenhang mit emotionaler Befindlichkeit bzw. Stresserleben (nach Kugler 1991)

Art der Studie	Autoren	Parameter	Ergebnisse
Feld	**Müller-Limmroth, 1980, 1993**	Immunglobulin A	Verringerung IgA bei Arbeit in der Schulklasse (verstärktes Infektionsrisiko)
Labor	**Ursin, zitiert in Rudow, 1993**	Psychoimmunologische Studie (Immunglobuline)	Lehrer (n =40) mit anhaltenden subjektiven Belastungen weisen in experimentellen, sozialen Belastungssituationen stark verringerte IgM-Werte auf, keine Veränderungen der Immunglobuline bei Lehrern mit akut erhöhten psychischen Belastungen ("Tagesstress"), negative Korrelation zwischen Neurotizismus- und IgM-Werten.
Feld	**McClelland et al., 1985**	Stress	Studie an männlichen Studenten, die eine signifikante Verminderung der IgA-Konzentrationen im Speichel bereits nach leicht belastenden Situationen, wie der Bearbeitung von Lernaufgaben, nachwies.
Feld	**Mc Clelland et al., 1980, zit in Stueck, 2008**	Coping Persönlichkeitsmerkmal	Untersuchung an Gefangenen, in der ein hohes Maß an selbst berichteten Belastungen signifikant mit niedrigen IgA-Konzentrationen im Speichel korreliert. Diese Korrelation wurde noch deutlicher bei Gefangenen mit hohen Werten für Machtbedürfnis.
Labor	**Green und Green, 1987, 1988**	IgA	IgA-Anstieg der Konzentrationen nach Relaxation, Visualisieren und Massage, jedoch nicht nach Fingerberührungen oder Liegen.
Feld	**Jemmott et al., 1983, 1988**	Coping	Zwei Studien, die zeigen, dass Leistungsstress mit einer Senkung der Speichel-IgA-Sekretionsrate einhergeht. Dieser Zusammenhang ist bei Menschen mit engen sozialen Kontakten allerdings geringer ausgeprägt als bei anderen.

Tabelle 24 Fortsetzung

Art der Studie	Autoren	Parameter	Ergebnisse
Labor	**McClelland, Krishint, zit. in Stueck, 2008**	emotional belastendes Filmmaterial	Konzentrationsanstieg von IgA unmittelbar nach Film über karitative Einrichtung, nicht aber nach Kriegspropagandafilm
Feld	**Martin und Dobbin 1988**	Coping Persönlichkeits-merkmal	Untersuchung ergab eine hohe Korrelation zwischen einem hohen Maß an täglichem Ärger und verminderten Speichel-IgA-Konzentrationen, wobei dieser Zusammenhang bei Probanden mit viel Sinn für Humor weniger ausgeprägt war.
Labor	**Kugler, 1991**	emotional belastendes Filmmaterial	keine Effekte beobachtbar

Das sekretorische Immunglobulin A erwies sich durch die hohe Konzentration im Speichel und seine nicht invasive Messmöglichkeit als geeigneter Untersuchungs-Indikator auch für Entspannungstrainings (s. Tabelle 25).

Tabelle 25 Zusammenhang zwischen IgA und Entspannung

Autoren	Jahr	Inhalte
Simson	**1996**	Studie mit 30 Medizinstudenten zwischen 20 und 30 Jahren. IgA-Konzentrationen im Speichel waren kurz nach der Entspannung, (progressive Muskelrelaxation) signifikant größer, als nach einer psychischen Belastung.
Green, Green und Santoro	**1988**	Durch ein dreiwöchiges, täglich 20-minütiges Entspannungstraining konnten sowohl die Konzentration der Immunglobuline IgA, IgG und IgM im Serum als auch IgA im Speichel signifikant gesteigert werden.
Green und Green	**1987**	Durch ein einmaliges 20-minütiges Entspannungstraining ließ sich die Speichel-IgA-Konzentration im Blut steigern.
Jasnowski und Kugler	**1987**	Nach einer Phase progressiver Muskelrelaxation waren Speichel-IgA-Sekretionsraten signifikant höher als nach einer Konzentrationsaufgabe.
Müller	**1994**	Anstieg des IgA infolge von 5 Wochen Musiktherapie (Pilotstudie mit 6 Vpn)

Die meisten IgA-Studien wurden als Zwei-Punkt-Messung nach einer einzigen Entspannungssitzung durchgeführt. Es existieren nur wenige Studien, bei denen IgA über mehrere Messzeitpunkte hinweg vor und nach Entspannungstrainings-Sitzungen untersucht wurde (Hewson-Bower & Drummond, 2001; Reid, Mackinnon & Drummond, 2001). In diesen Untersuchungen wurde infolge einer Entspannungsinduktion bei 8–12-jährigen Kindern und Jugendlichen ein IgA-Anstieg festgestellt. Hewson-Bower und Drummond (2001) benennen Entspannungsmethoden aufgrund der IgA-Verbesserungen als wichtige Präventionsmethode bei Infektions-Problemen. Bei Erwachsenen stehen diese Mehrfachmessungen bei Stressreduktions-Interventionen noch.

9.3 Belastungsverarbeitung und -bewältigung aus psychologischer Sicht – Psychische Belastung und Beanspruchung

Kurzer historischer Abriss zur Belastungs- und Beanspruchungsforschung

Die wissenschaftliche Belastungs- und Beanspruchungsforschung entstand zu Beginn des 20. Jahrhunderts. Cannon (1914) stellte 1914 erstmals seine physiologische Theorie zu den Wirkungen von Alarmreaktionen und der besonderen Bedeutung der Katecholamine vor. 22 Jahre später begründete Selye (1936) seine Stresstheorie mit der Annahme einer unspezifischen Anpassungsreaktion auf Anforderungen. Dabei kam der Nebennierenrinde eine besondere Bedeutung zu. Lazarus (1966) begründete in den 60 er Jahren des vergangenen Jahrhunderts die psychologische Stresstheorie mit der besonderen Rolle der kognitiven Bewertung von Anforderungen. Die psychologische Live-Event-Forschung zu kritischen Lebensereignissen (Holmes & Rahe, 1967) gehört ebenso zu den grundlegenden Konzepten wie das Belastungs-Beanspruchungskonzept von Rohmert und Rutenfranz (1983). Diese Basis-Theorien haben eine weite Verbreitung gefunden und bestimmen noch heute die wissenschaftlichen Diskussionen in der Belastungsforschung (s. Tabelle 26).

Tabelle 26 Ausgewählte Konzepte zu Arbeit, Krankheit, Gesundheit, Leistungsfähigkeit (Scheuch, 2002)

Konzept	Autor/en
Belastungs-Beanspruchungs-Konzept	Rohmert und Rutenfranz (1983)
Konzept Anforderung Belastung	Oesterreich und Volpert (1999)
Demand-Control-Modell	Karasek und Theorell (1990)
Konzept der vollständigen Tätigkeiten	Hacker (1991)

Tabelle 26 Fortsetzung

Konzept	Autor/en
Psychischer Stress am Arbeitsplatz	McGrath (1981); Greif et al. (1991)
Konzept der Gratifikationskrisen	Siegrist (1996)
Soziotechnische Systemgestaltung	Ulich (1998)
Integriertes Belastungs-Beanspruchungs-Konzept	Scheuch und Schröder (1990)
Individuumsorientierte Konzepte (Typ-A-Verhalten, Neurotizismus, Sense of Coherence, Hardiness, Selbstwirksamkeit)	Friedman und Rosenman (1975); Eysenck (1967); Antonovsky (1979); Bandura (1977)

In den 80 er und 90 er Jahren gab es Erweiterungen in der Belastungsforschung, die sich u. a. auf eine interdisziplinäre Ausweitung der Theorien bezog, ohne dass jedoch eine ausreichende empirische Umsetzung abgesichert wurde. Scheuch (2002) kritisiert, dass obwohl auf die biopsychosoziale Komplexität verwiesen wird, in der psychologischen Stressforschung auch heute noch die Auffassung vorherrschend ist, dass Stress ein psychologischer Zustand sei (OSHA, 2000). Die „reine" Stressforschung wurde aufgegeben, zugunsten einer Belastungs-Wirkungs-Forschung insgesamt. D. h., es erfolgte die Vermischung mit anderen Beanspruchungsfolgen (Sättigung, Monotonie). Die Begriffe Stress und Belastung werden dabei ähnlich verwendet (Krause, 2002). Weitere theoretische Bewegungen betreffen folgende drei Aspekte:

- die Verlagerung von den Theorien der Stressentstehung zur Stressbewältigung;
- die Einordnung von Stress in die Ressourcen im Unterschied zur Risikoproblematik und
- die Anwendung der Stresstheorie in anderen Feldern (Lärmwirkungsforschung, Arbeitsmedizin, Rehabilitation, Krankheitsbewältigung).

9.4 Das Belastungs-Beanspruchungs-Konzept als theoretisches Rahmenkonzept für Interventionsforschung und -entwicklung

In der Terminologie der Stressforschung haben sich für die wissenschaftliche Untersuchung die Begriffe Belastung und Beanspruchung durchgesetzt (Rohmert & Rutenfranz, 1983; Scheuch & Schröder, 1990; Schröder, 1996; Oesterreich, 2001; Schumacher, Reschke & Schröder, 2002). Es soll im Folgenden auch näher auf die Entwicklungen und Erweiterungen des

Belastungs-Beanspruchungs-Konzeptes eingegangen werden, da es auch den theoretischen Rahmen für die vorliegende Arbeit darstellt. Das erste Belastungs-Beanspruchungs-Modell im deutschsprachigen Raum stammt von Rohmert und Rutenfranz (1975, 1983). Belastung wird bei ihnen, aber auch nach der ISO-Definition (1991; s. Tafel 4) als die Gesamtheit der erfassbaren Einflüsse definiert, die von außen auf den Menschen psychisch einwirken. Beanspruchung wird verstanden als die subjektiven Auswirkungen einer von außen einwirkenden Belastung in Abhängigkeit von seinen individuellen Voraussetzungen und seinem Zustand.

Tafel 4 Arbeitswissenschaftliche Definition zu Belastung und Beanspruchung (ISO 10075)

Nach der ISO 10075 (1991, Ergonomische Prinzipien) wird Belastung auf alle äußeren Einflussfaktoren bezogen definiert, die auf eine Person einwirken und sie psychisch beeinflussen. Psychische Beanspruchung bezieht sich auf die Reaktionen der arbeitenden Personen. Hiermit ist der unmittelbare Effekt der Belastung (kein Langzeiteffekt) gemeint, der abhängig ist von den individuellen Prädispositionen und Gewohnheiten einschließlich von den erlernten bzw. verfügbaren Bewältigungsstrategien (ISO 10075, 1991).

Die Beanspruchung wird zunächst in Form von Beanspruchungsreaktionen sichtbar. Sie sind ein Teil des Bewältigungsverhaltens einer Person. Wenn die Beanspruchungsreaktionen über längere Zeit außerhalb des psychophysischen Homöostasebereichs auftreten, kommt es zu Beanspruchungsfolgen. Es wird zwischen positiven und negativen Beanspruchungsfolgen unterschieden. Positive Beanspruchungsfolgen dienen der Erhöhung der Anpassungsfähigkeit und der Weiterentwicklung des Individuums. Negative Beanspruchungsfolgen (Ermüdung, Monotonie, Sättigung und Stress, s. Abbildung 230) werden in gesundheitlichen Störungen und Schädigungen, Einschränkungen des Wohlbefindens und der Handlungskompetenz deutlich.

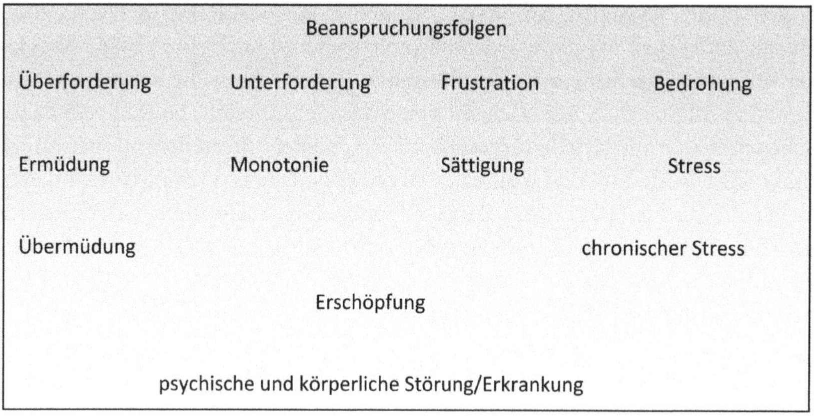

Abbildung 230 Beanspruchungsfolgen (Rohmert & Rutenfranz, 1975; Schröder, 1996)

Schröder (1996) greift dieses Konzept als Rahmenkonzept für Präventionsprogramme zur Stressreduktion auf. Er betont, dass die Beanspruchungsfolge Stress von den anderen Beanspruchungsfolgen im Sinne einer optimalen Intervention zu trennen sei. Auch in der vorliegenden Arbeit soll der Stressbegriff als Beanspruchungsfolge von den anderen genannten Beanspruchungsfolgen getrennt werden.

Beanspruchungsfolge Stress

Für den Lehrerberuf ist u. a. die Beanspruchungsfolge „Stress" relevant. Der Stressbegriff wurde durch die Arbeiten von Selye (1936, 1946) bekannt, der das allgemeine Adaptationssyndrom als biologisch orientierte Erklärungsgrundlage für Stress beschrieb. Die biologischen Stresskonzepte betrachten die neuronalen und hormonalen Vorgänge, die unter Stresseinwirkung bzw. beim Stressabbau auftreten. Langfristige, negative Folgen der Stressverarbeitung werden in psychosomatischen Ansätzen und in reizorientierten Stresskonzepten, wie z. B. dem Konzept der kritischen Lebensereignisse (Holmes & Rahe, 1967) betrachtet. Es gibt eine Vielzahl weiterer Studien, von den unterschiedlichsten Wissenschaftsrichtungen durchgeführt, die u. a. gesundheitspsychologische (u. a. Scheuch & Schröder, 1990; Schumacher et al., 2002), arbeitspsychologische (u. a. Resch, 2003; Bamberg et al., 1996), soziale (u. a. Levi & Anderson, 1975; Schwarzer & Leppin, 1989), neuropsychologische (Hoffman et al., 2003; Twamley et al., 2004), psychoneuroimmunologische (u. a. Schedlowski

& Tews, 1996; Klosterhalfen, 1996), physiologische (u. a. Balzer & Hecht, 2000; Hecht, 2001) und psychoneuroendokinologische (u. a. Henry, 1986) Aspekte der Stressverursachung und -manifestation untersuchen. Die Komplexität des Stressbegriffs wird in der Vielzahl von Stressdefinitionen deutlich. So haben Scheuch & Schröder (1990) insgesamt 40 verschiedene Stressdefinitionen aufgeführt, die jeweils andere Aspekte des Stresserlebens und -verhaltens betonen (s. auch Schumacher et al., 2002). Bei einer genauen Betrachtung der Definitionen und den dahinter liegenden Konzepten wird deutlich, dass einige anerkannte Grundpositionen bzgl. einer Stressdefinition gelten (Scheuch & Schröder, 1990; Schumacher et al., 2002; Krause, 2002):

a) Stressaktivitäten laufen auf der sozialen, psychologischen und somatischen Ebene ab (physiologisch, biochemisch, immunologisch, motorisch) und beeinflussen sich gegenseitig;
b) Es werden vier Felder der Stressforschung deutlich: Stressor, Persönlichkeit, Bewältigung und Folgen mit einem großen Realitätsbezug zum Alltag;
c) Wechselwirkungen und -beziehungen zwischen den Individuen und der Umwelt werden theoretisch beschrieben und empirisch untersucht. D. h. der Prozesscharakter von Stress und die besondere Bedeutung der kognitiven Bewertung und der emotionalen Prozesse wurden mittlerweile allseits anerkannt, auch wenn es in den meisten experimentellen Untersuchungen nicht gelingt, dies methodisch zu erfassen. Reine Anforderungs- und reaktionsorientierte Konzepte, wie z. B. das Life-Event-Konzept (Holmes & Rahe, 1967) oder das Eu- und Di-Stresskonzept entsprechen nicht mehr dem modernen wissenschaftlichen Standard.

Für den Lehrerstress wurden von verschiedenen Autoren spezifische Definitionen entwickelt. Kyriacou (1998) definiert Lehrerstress als „die Erfahrung des Lehrers von unangenehmen Emotionen wie z. B. Spannungsgefühle, Frustration, Ängste, Ärger und Depression, die von ihrer Arbeit als Lehrer herrühren“. Hier werden lediglich negative Aspekte des Erlebens betont. Ulich (1996) definiert Lehrerstress als Lehrerbelastung, wobei die individuelle Befindlichkeit und Stimmungslage, die Erlebnis-, Verarbeitungs- und Handlungsmöglichkeiten durch die erlebten Belastungen eingeschränkt werden und Leidensdruck hervorrufen. Hübner und Werle (1997) betonen im Gegensatz zu Kyriacou (1998) und Ulich (1996) mögliche positive Auswirkungen von Belastungen, die u. a. von Persönlichkeitsmerkmalen beeinflusst werden – die ein Individuum eine Belastungssituation als Herausforderung begreifen lässt und Kreativität und Bewältigungswillen freilegt. In der vorliegenden Arbeit beziehen wir uns auf die transaktionale Stressdefinition von Schröder (1996). Dieser definiert Stress als eine zweckmäßige Zusatzregulation bzw. Alarmreaktion, die in kritischen Belastungssituationen eintritt, wenn Grundbedürfnisse auf physischer und psychischer Ebene bedroht sind und damit existentielle Konsequenzen möglich werden. Auf psychischer Ebene handelt es sich dabei um die Bedürfnisse: Umweltkontrolle, Selbstkontrolle, Selbstentwicklung und soziale Integration. Es wird zwischen akutem und chronischem Stress unterschieden (Schröder, 1996). Akuter Stress ist die oben beschriebene Reaktion auf eine auftretende Belastung. Dieser Prozess beginnt mit einer Vorphase, in der Kräfte gesammelt werden, dann wird in der Alarmphase diese angesammelte Energie bereitgestellt. In der Handlungsphase werden zur Bewältigung der Situation die Kräfte freigesetzt und verbraucht. Im Rahmen der akuten Stressreaktion kommt es vorwiegend, vermittelt über Stresshormone (vor allem der Katecholamine: Adrenalin und Noradrenalin), zu einer Verschiebung des vegetativen Tonus, zugunsten der Erregung des sympathischen Nervensystems (Sympathikotonus), als Notfall-Programm zur Lösung für zugespitzte Lebenslagen. Es folgt die Erholungsphase, in der die körperlichen Vorgänge reguliert und Reserven wieder aufgefüllt werden. Fällt diese Erholungsphase aufgrund dauerhafter Belastungen weg (chronischer Stress), wird eine unablässige Anpassungsleistung notwendig, die die Reserven vollständig aufbrauchen kann. Dies führt zu ineffizientem Handeln, Selbstwertproblemen, Angst, Depressivität und schließlich, bei fehlender Intervention, zur psychovegetativen Reaktionsbildung mit Krankheitswert (Schröder, 1996).

9.5 Transaktionales Stresskonzept

Das transaktionale Stresskonzept von Lazarus und Mitarbeitern (Lazarus, 1966, 1991; Lazarus & Folkman, 1984; Lazarus & Launier, 1981) stellt innerhalb der aktuellen psychologisch orientierten Stressforschung ein zentrales Modell dar, das gleichsam als Grundlage für verschiedene Weiterentwicklungen diente. Lazarus und Folkman (1984) definieren in ihrem Modell Stress als emotionale, kognitive, physiologische und verhaltensbezogene Reaktion. Diese tritt dann ein, wenn die Person eine Diskrepanz zwischen ihren persönlichen, sozialen, instrumentellen und strukturellen Ressourcen und den Anforderungen der Umwelt erlebt. Durch kognitive Bewertungsprozesse (primäre, sekundäre Bewertung und Neubewertung, s. Tafel 5) wird Bewältigungsverhalten ausgelöst, dass abhängig ist von Coping-Ressourcen und Coping-Fähigkeiten einer Person.

Tafel 5 Bewertungsprozesse

Primäre Bewertung:
Eine stressrelevante Situation, Anforderung oder ein Ereignis wird hinsichtlich der subjektiven Bedeutsamkeit eingeschätzt (unbedeutend vs. bedrohlich, schädigend, herausfordernd).

Sekundäre Bewertung:
Im nachfolgenden Bewertungsprozess werden individuelle Bewältigungsmöglichkeiten eingeschätzt. Besitzt das Individuum die situativ notwendigen Fähigkeiten, die es ihm erlauben, mit einem spezifischen Anstrengungsgrad mit entsprechenden Bewältigungskompetenzen das jeweilige Probleme zu lösen, dann wird die Stressphase beendet und die Aufgabe adäquat erledigt. Sind die subjektiven Fähigkeiten nicht ausreichend und die jeweilige Anforderung kann aufgrund der fehlenden Kompetenz nicht gelöst werden, dann beginnt der eigentliche Bewältigungsprozess.

Die primäre und sekundäre Bewertung steht in einem interaktionalen Prozess zueinander und können in unterschiedlicher Reihenfolge durchlaufen werden. Solange die stressrelevante Bedingung aufrechterhalten wird, laufen die Prozesse wiederholt ab und determinieren summativ die Qualität des individuellen Stresserlebens in der Person-Umwelt-Transaktion.

Durch die primäre und sekundäre Bewertung werden folgende Emotionen ausgelöst:

a) Angst, Furcht, Aufgeregtheit und Besorgnis (treten auf bei einer als bedrohlich eingeschätzten Anforderung)
b) Ärger, Traurigkeit, Resignation, Hilflosigkeit bzw. Niedergeschlagenheit (bei Bewertung mit der Unausweichlichkeit von Schädigung bzw. Verlust)
c) Zuversicht, Interesse, Neugier und Hoffnung (bei Bewertung der Situation als Herausforderung und damit implizierten Möglichkeit der eigenen Kompetenzen).

Coping wird von Lazarus (1966, 1991) verstanden als die Summe aller Aktivitäten, die Menschen unternehmen, um Belastungen und kritische Lebensereignisse zu meistern. Coping besteht regelhaft aus vier Handlungs- bzw. intrapsychischen Aktivitäten:

- *Informationssuche* (Suche nach Hinweisen zur Problemmodifikation);
- direkte Aktion (Veränderung von Belastungsbedingungen (*instrumenteller Aspekt*), aber auch Emotionsregulation (*palliativer Aspekt*));

- *Aktionshemmung* (Unterlassen ineffizienter bzw. irrelevanter Verhaltensweisen);
- *intrapsychische Bewältigungsprozesse* (Emotionsregulation, Wiederherstellung des Wohlbefindens, positive Veränderung der Situationswahrnehmung (Ablenkung, Bagatellisierung, Leugnung, Intellektualisieren, Selbstermutigung)).

Aus diesen Formen des individuellen Bewältigungsverhaltens lassen sich zwei im Bewältigungsprozess relevante Coping-Strategien ableiten:

a) problemorientiertes-instrumentelles Coping als externales Coping (Beeinflussung der stresserzeugenden Bedingungen durch die Person, Analyse der Problemstruktur der eingetretenen Lage);
b) emotionszentriertes-palliatives Coping als internales Coping (Beeinflussung und Regulation des inneren Milieus, Bewältigung von Stresszuständen und negativen Beanspruchungsfolgen).

Die Bewältigung stressrelevanter Situationen sollte intrapsychisch und external erfolgen, um die vorhandene Situation unter Kontrolle zu bringen und in einen selbstkontrollierten Zustand zu gelangen, der eine psychophysische Handlungsbereitschaft bereitstellt. Dabei sollte berücksichtigt werden, dass eine bloße Emotionsregulation ohne Bearbeitung der auslösenden Ursachen nur zu einer symptomatischen Erleichterung führt, die jedoch keinen kausal orientierten Bearbeitungsprozess darstellt. Um diese Qualität der Stressregulation zu erreichen, bedarf es individuenseitig des Vorhandenseins der entsprechenden Fähigkeiten und Bereitschaft. Umweltseitig müssen protektive und fördernde Bedingungen zur Verfügung stehen, um diese Form der Stressbewältigung zu unterstützen. Lazarus (1974) betont, dass bei subjektiven Misserfolgen der Bewältigungsanstrengungen mit dem Auftreten von Stressreaktionen auf physiologischer, kognitiver, emotionaler und/oder motorischer Verhaltensebene zu rechnen ist. Langfristig ergeben sich Probleme für den Gesundheitszustand der Betroffenen. Außerdem löst das Ergebnis der Coping-Bemühungen einen Bewertungsprozess aus, der zu einer Neubewertung der ursprünglichen primären und sekundären Einschätzung führt. Dieser Neubewertungsprozess (reappraisal) ermöglicht die kontinuierliche Adaptation des Systems an die sich immer wieder verändernde Person-Umwelt-Transaktion (s. Abbildung 231).

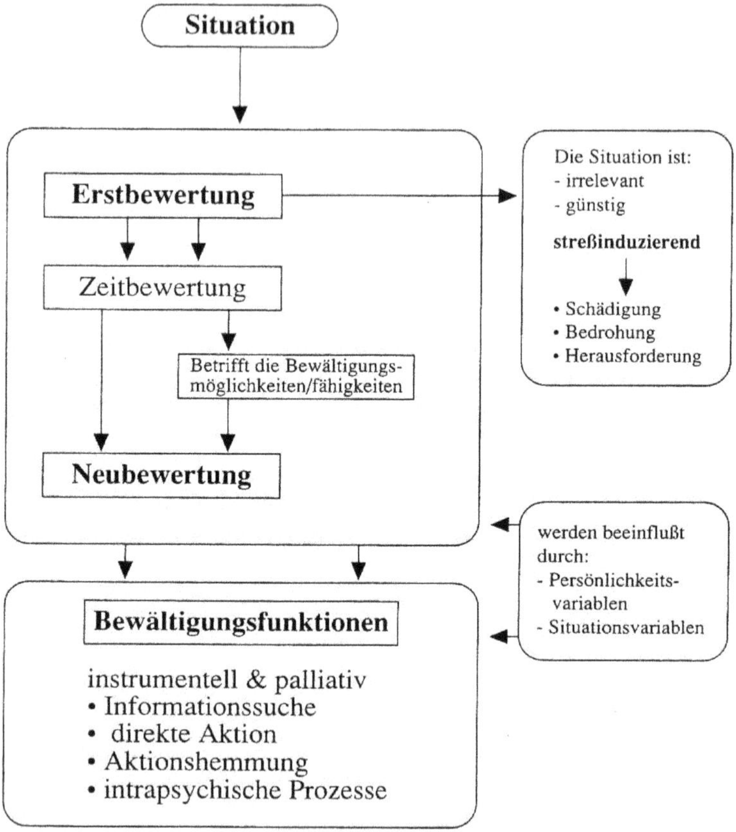

Abbildung 231 Schematische Darstellung der Stresstheorie nach Lazarus und Folkman (1984)

Stress ist zusammengefasst ein transaktionales Geschehen, bei dem Ressourcen und Anforderungen verglichen werden. Entsprechend individuell unterscheidbarer Bewertungsprozesse kann ein und derselbe Stressor bei verschiedenen Personen oder bei derselben Person zu verschiedenen Messzeitpunkten zu differenzierten Stressreaktionen (körperlich, emotional, kognitiv, verhaltensmäßig) und damit auch zu unterschiedlichen Bewältigungsverhaltensweisen führen. Auf dieser Basis erhält das Konzept seine Bedeutung als interaktionistisches Modell, das durch eine Transaktion gekennzeichnet ist, bei der die Personen aktiv ihre Stressbewertung modellieren. Als Folge der Bewertungsschritte und Rückkopplungsschleifen können sowohl Person als auch Umwelt verändert werden.

9.6 Ressourcen einer Person als Voraussetzungen zur Bewältigung von Belastungen

Sind die Ressourcen einer Person unzureichend, dann kann bei Belastungen eine Überforderung der Bewältigungskapazität eintreten, die Stressreaktionen und psychische Auffälligkeiten bzw. Krankheiten zur Folge haben kann. Diese Aussagen finden Berücksichtigung in der Diathese-Stress-Hypothese (Fiedler, 2001), in der vorhandene Bewältigungskapazitäten als Ressourcen und fehlende Ressourcen als Vulnerabilitätsfaktoren bezeichnet werden. Ressourcen können folgendermaßen klassifiziert werden:

a) Personale Ressourcen, individuelle Fähigkeiten wie Selbstwirksamkeitserwartungen (Jerusalem & Schwarzer, 1989), geringe Depressivität, Optimismus, hohe Kompetenzerwartung und geringe Ängstlichkeit (Lazarus & Folkman, 1984), Zeitmanagement (Schmitz et al., 2000);
b) Soziale Ressourcen (Verfügbarkeit von sozialer Unterstützung und sozialen Netzwerken);
c) Sachressource (Geld, da man es in alle möglichen, anderen Ressourcen umtauschen kann (Hobfoll, 1989) u. a.).

Antonovsky (1987) beschreibt in seinem salutogenetischen Modell protektive Ressourcen, die auf die Stärkung des Individuums und seiner Gesundheit abzielen, um der Herausforderung durch Stressreize besser gewachsen zu sein. Zu diesen protektiven Ressourcen, die elementar für die Herausbildung einer widerstandsfähigen Persönlichkeit ("hardiness" nach Kobasa, 1990) sind, zählt u. a. das Kohärenzerleben (Sence of Coherence nach Antonovsky, 1979) und die Beherrschung von Stressreduktionsmethoden (u. a. Entspannungsmethoden).

9.7 Handlungstheoretisches Stress-Coping-Modell

Schröder (1996) entwickelte in Anlehnung an das Coping-Konzept von Lazarus (1981) ein handlungstheoretisches Coping-Modell, welches sich als Rahmenkonzept für Interventionsforschung und -entwicklung eignet. Das Bewältigungsverhalten einer Person basiert demnach im Wesentlichen auf zwei grundlegenden menschlichen Regulationsaktivitäten – der Regulation bezüglich des Mensch-Umwelt-Systems einerseits und der inneren Regulation und Stabilisierung des Subjekts andererseits. Die Mensch-Umwelt-Regulation bezieht sich auf die soziale und sachbezogene Regulation zwischen dem Menschen und seinem sozialen Kontext (Sachprobleme, Gegenstände, Gruppen) und erfordert Kompetenzen wie Intelligenz, problembezogene Fertigkeiten und Fähigkeiten sowie Soziabilität. Dazu gehört u. a. das soziale Coping, also das Suchen nach Hilfe in seinem sozialen Umfeld. Innere Regulation bedeutet Emotionsausgleich, d. h. die Balancierung negativer Emotionen (emotionales Coping), z. B. durch Entspannung und reflexive Aktivitäten, wie das Nachdenken über sich selbst und seine Regeln. Dadurch wird die Persönlichkeit stabilisiert und Anforderungen können mit dieser internen Stabilität besser bewältigt werden. Hierin liegt einerseits eine Chance, andererseits werden auch Grenzen dieser Regulationsaktivität aufgezeigt. Denn wenn die Anforderungen inadäquat steigen, müssen auch externale Regulationsaktivitäten erkannt und genutzt werden (s. Abbildung 232).

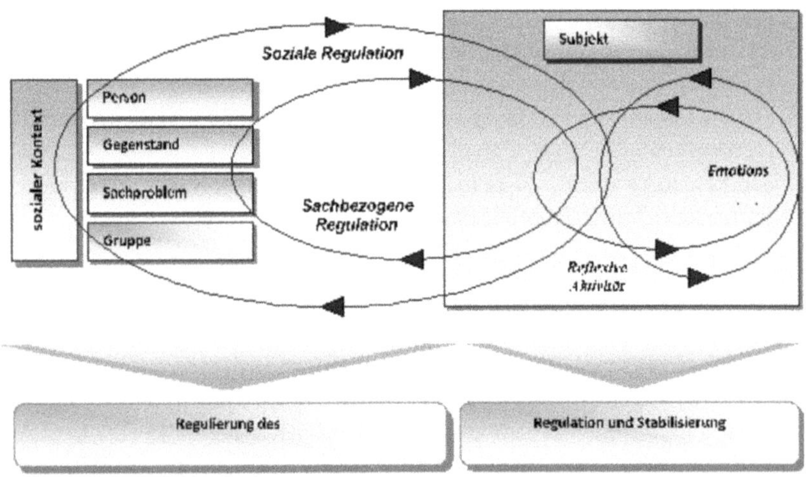

Abbildung 232 Modell menschlicher Regulationsaktivitäten (Schröder, 1996)

Aus diesem theoretischen Modell menschlicher Regulationsaktivitäten lassen sich drei konkrete praktikable Handlungsschritte zur Bewältigung von Belastungen ableiten, mit denen sich Teilnehmer eines Belastungsbewältigungstrainings reflexiv auseinandersetzen sollten:

a) Veränderung der Bedingungen auf der Anforderungsseite (z. B. bessere materielle oder personelle Ausstattung von Schulen) (Verhältnisprävention);
b) Erlernen von Fähigkeiten, um äußere Anforderungen effizient bewältigen zu können (externales Coping), z. B. Vermittlung von Techniken im Zeit- oder Konfliktmanagement (Verhaltensprävention);
c) Herstellung eines internen Regulationsausgleichs, um Stabilität der Persönlichkeit zu erreichen, der eine Voraussetzung für erfolgreiches, externales Handeln bildet (internales Coping; Selbst- bzw. Autoregulation, Verhaltensprävention).

Dieser interne Regulationsausgleich bezieht sich auf 2 Aspekte:

a) Emotionsregulation und
b) reflexive Aktivität.

Auf die Grundlagen der Emotionsregulation soll im Folgenden näher eingegangen werden.

9.8 Allgemeine Grundlagen der Emotionsregulation

Die Beeinflussung eigener Emotionen, Stimmungen und Gefühlen (emotionales Coping) gehört zur Emotionsregulation. Emotionen, Gefühle und Stimmungen können sehr schnell ausgelöst werden oder sich langsam aufbauen. Sie sind körperlich und kognitiv sowie chemisch (z. B. durch Psychopharmaka) beeinflussbar. Auch Gerüche lösen oft Erinnerungen an frühere Emotionen aus. Nach Gross (1998) ist die Emotionsregulation ein Prozess, in dem Individuen ihre Emotionen, die sie haben, beeinflussen und wie sie diese Emotionen erfahren und ausdrücken. Es geht dabei hauptsächlich um die Veränderung von Reaktionskomponenten, wobei regulativ vor der Entstehung der emotionalen Reaktionstendenzen (Reizinterpretation, „antecendent-focused") und danach an den emotionalen Reaktionen („response-focused") eingegriffen werden kann, um die emotionalen Zustände direkt zu verändern. Die Strategien bzgl. der „ancendent-focused" und „response-focused" Emotions-Regulation sind in Tabelle 27 dargestellt.

Tabelle 27 „ancendent-focused“ und „response-focused“ Emotions-Regulationsstrategien

Strategien „Antecedent-focused“ Regulation, um Emotionen zu beeinflussen	Strategien „response-focused“ Regulation, um Emotionen zu beeinflussen
Situationsauswahl: Vermeidung oder Aufsuchen best. Personen, Plätze, Objekte, Situationen (Beeinflussung der Emotion)	**Reaktionsanpassung durch Ausdrucksverhalten und Erleben der Emotion** (Intensivieren, Vermindern, Verkürzen, Verlängern der Emotion z. B. durch Ausdruckstanz)
Situationsmodifikation: Aktive Veränderung der Situation bzw. Umwelt (Veränderung der Bedeutung der Emotion)	**Reaktionsanpassung durch Beeinflussung der physiologischen Reaktion** (durch Medikamente, Übung, Biofeedback, Entspannungstechniken)
Aufmerksamkeitsverschiebung: Ablenkung von der Situation (Verminderung der Emotion), Konzentration auf ein emotionsauslösendes Ereignis (Bildung neuer Emotionen), Grübeln (Aufmerksamkeits-lenkung auf aktuelle Gefühle und Konsequenzen)	
Kognitive Umstrukturierung: Leugnen, Intellektualisieren, soziale Vergleiche, Isolieren (Neubewertung der emotionalen Bedeutung der Situation oder der Fähigkeiten)	

Gross (2002) sowie Gross und John (2003) stellten in Laborexperimenten fest, dass sich durch das Unterdrücken von Emotionen Beeinträchtigungen z. B. in Gedächtnisleistungen ergeben können. Dabei kommt es nicht auf die Intensität des Emotionsausdrucks an, sondern darauf, dass sie überhaupt gezeigt werden[41].

41 Beim Erlebnis des Hörens von emotionsauslösenden Stimuli wurde die untersuchte Gedächtnisleistung infolge der Emotionsunterdrückung (fehlender Ausdruck) beeinträchtigt. Bei visuellen emotionsauslösenden Stimuli konnte dieser Effekt nicht festgestellt werden. Zusammenfassend konnte aufgrund der verschiedenen Untersuchungen postuliert werden, dass die Art der Kontrollstrategie wesentlich

Die Emotionsregulation spielt auch im emotionalen Intelligenz-Konzept (Salovey & Mayer, 1990, 1997; Salovey, Mayer, Caruso & Lopes, 2001) eine Rolle. Ein „emotional intelligenter" Mensch benötigt dabei folgende Fähigkeiten:

- die Fähigkeit der Bewertung sowie des verbalen und nonverbalen Ausdrucks von Emotionen bei sich selbst und bei anderen (Empathie);
- die Fähigkeit zur intra -(bei sich selbst) und interpersonellen (bei anderen) Regulation von Emotionen;
- Ausnutzen der Emotionen für flexible Planung, Entscheidungsfindungen, kreatives Agieren, Motivation und Aufmerksamkeitsfokussierung.

Die zentralen Begriffe aus dem Umfeld von „Emotion" sollen im Folgenden dargestellt und definiert werden.

9.9 Meilensteine der Emotionsforschung und Begriffsdefinitionen

Die Meinungen darüber, wie der Begriff Emotion zu definieren sei, gehen zum Teil weit auseinander. Dieses Definitionsproblem beruht nach Auffassung von Krimm (2002) u. a. auf dem Leib-Seele-Problem (ontologischer Dualismus; Bieri, 1993), dem langzeitigen Vorherrschen behavioristischer Untersuchungsmodelle und auf der Kognitions-Emotions-Debatte. Zur Erläuterung des Definitionsproblems sollen folgende Meilensteine der Emotionsforschung genannt werden:

- Darwin (1872) postulierte, dass Emotionen dem Überleben dienen und fest verbunden mit dem natürlichen Selektionsprozess sind;
- James (1884) und Lange (1885): physiologische Reaktionen führen zu Emotionen;
- McDoughall (1908): evolutionstheoretischer Ansatz, d. h. Emotionen beruhen auf angeborenen Gehirnfunktionen, die einer langen evolutionären Entwicklung entstammen. Primäremotionen sind der Ausdruck von Instinkten (s. Tafel 4);
- Cannon (1927): Emotionen führen zu physiologischen Reaktionen;
- Selye (1936): Generelles Adaptationssyndrom;
- Papez (1937): Emotionaler Ausdruck ist durch subkortikale Strukturen vermittelt, die ringförmig angeordnet sind (Papez-Kreis);

---

für das Auftreten von Interferenzen im Bereich kognitiver Verarbeitungsstrukturen ist (Gross, 2002; Gross & John, 2003).

- Schachter und Singer (1962): Emotionen sind Resultat von Arousal und kognitiver Attribution des Arousals;
- Izard (1977) und Tomkins (1962): Gesichtsausdrücke triggern Emotionen z. B. bei Kleinkindern;

Ekman und Friesen (1975) sowie Izard (1977): Universelle, emotionale Gesichtsausdrücke bei Menschen unterschiedlicher Kulturen, Bedeutung von Primäremotionen bei der Verhaltensorganisation (s. Tafel 6)

Die evolutionstheoretischen Ansätze postulieren eine genetische Ausstattung mit einer gewissen Anzahl von Basisemotionen (primären Emotionen), die die Grundlage für alle weiteren Emotionsvariationen (sekundäre Emotionen) bilden. Im Folgenden sind die von McDougall (1908), Plutchik (1980), Tomkins (1962), Izard (1971) und Ekman (1982) postulierten, primären Emotionen dargestellt.

Tafel 6 Primäremotionen im Vergleich und kritische Reflexion evolutionstheoretischer Emotionsansätze

	McDougall	Plutchik	Tomkins	Izard	Ekman
Furcht	+	+	+	+	+
Ärger	+	+	+	+	+
Ekel	+	+	+	+	+
Kummer/ Traurigkeit	+	+	+	+	+
Freude	-	+	+	+	+
Überraschung	-	+	+	+	+
Verachtung	-	-	+	+	+
Interesse	-	-	+	+	+
Scham	-	-	+	+	+
Schuld	-	-	-	+	+
Schüchternheit	-	-	-	+	-
Akzeptieren	-	+	-	-	-
Erwartung	-	+	-	-	-
Unterwürfigkeit	+	-	-	-	-
Zärtlichkeit	+	-	-	-	-
Staunen	+	-	-	-	-
Hochgefühl	+	-	-	-	-

Diese evolutionären Emotionstheorien sind umstritten und es gibt viele, methodische Untersuchungsprobleme zum Nachweis einer genetisch angelegten Primäremotion. So merkt Krimm (2002) an, dass nur dann Emotionen das Prädikat „primär" zukommen kann, wenn es auf keine andere Emotion zurückgeführt werden kann. Berücksichtigt man die in vielen Versuchen bestätigte Erkenntnis, dass die meisten Emotionen auf die Dimensionen „lustvoll" (Freude, Zärtlichkeit) und „unlustvoll" (Ärger, Furcht, Wut) zurückgeführt werden können, so liegt der Schluss nahe, die genannten Basisemotionen als Varianten der Gefühle Lust und Unlust aufzufassen. Dies kann als Indiz für die mangelnde Beweislage von Primäremotionen gewertet werden. Ulich (1989) kritisiert die methodische Vorgehensweise, mit der die Vertreter der evolutionsbiologischen Forschungslinie die Überlebensfunktionalität der Emotion nachzuweisen versuchen sowie das Ausschließen subjektiver individuell-lebensgeschichtlicher Emotionsentwicklung bzw. fehlender empirischer Belege. In den evolutionsorientierten Theorien wird der subjektive Erlebensaspekt weitgehend ausgeklammert und der Fokus auf überindividuell vorfindbare Phänomene der Emotion gerichtet. Die Ergebnisse der evolutionären Emotionsforschung zeigen nach Goller (1992) aber auch die positive adaptive Funktion der Emotion durch die Entkoppelung von starren Reiz-Reaktions-Folgen. Dadurch wird eine Reaktionsanpassung in wechselnden Umwelten optimiert bzw. steigt die Verhaltensflexibilität.

Weitere historische Stationen der Emotionsforschung:

- Folkman, Lazarus (80er Jahre): Unterscheidung von Copingstrategien, die Emotionen zum Fokus haben und Problemlösestrategien;
- LeDoux, Rolls (90er Jahre): Erstellung von Modellen, zur Erklärung der Emotionsverarbeitung im Gehirn;
- Affective Neuroscience (seit 2000): Untersuchung des „emotionalen" Gehirns in Aktion (EEG, bildgebende Verfahren). Emotionen beruhen auf der Interaktion verschiedener Gehirnstrukturen, speziell dem limbischen System und dem präfrontalen Kortex.

Es gibt aufgrund der Vielzahl von Emotionstheorien auch eine große Anzahl von Emotionsdefinitionen. Nach Krimm (2002) lassen sich Emotionsprozesse ohne Berücksichtigung von Kognition und Motivation nicht konzeptualisieren und erforschen. Umgekehrt ist die Kognitionsforschung angehalten, das Emotionsgeschehen mit zu berücksichtigen (s. „embodied cognition"-Ansatz). Die psychologischen Emotionstheorien (u. a. Schachter & Singer, 1962; James, 1884) sind nach Krimm (2002) in drei grobe Bereiche gegliedert: die Körperprozesse, das Verhalten und die kognitiven Prozesse. Nach Auffassung von

Damasio (2000) sind Emotionen komplizierte Kombinationen von chemischen und neuralen Reaktionen des Gehirns. Diese spielen mit dem ursprünglichen biologischen Zweck eine regulatorische Rolle, um günstige Umstände für das Überleben des Organismus zu schaffen. Emotionen sind an Körperreaktionen (z. B. Eingeweide, Muskel-Skelett-System) gebunden und haben einen Einfluss auf diverse Gehirnfunktionen. Nach Kleinginna und Kleinginna (1981[42]) sind Emotionen komplexe Reaktionsmuster von Veränderungen, die physiologische Erregung, Gefühle, kognitive Prozesse sowie Verhaltensweisen einschließen und die in Reaktion auf eine Situation auftreten, welche ein Individuum als persönlich bedeutsam wahrgenommen hat. Individuelle Lernprozesse und kulturelle Einflüsse verändern jedoch die Emotionen hinsichtlich ihrer Auslöser und ihres Ausdrucks (Pohl, 2001). Die biologische Funktion von Emotionen ist nach Damasio (2000) und Pohl (2001), Lebewesen durch situationsangemessene Aktivierung von Handlungsimpulsen, zu Verhalten zu motivieren, das sich in der Evolution als geeignete Lösung erwiesen hat (z. B. Flucht bei Gefahr). Die Funktion der Emotionen, Stimmungen und Gefühle besteht darin, das unbewusste und bewusste Denken und Handeln zu steuern und handlungsbereit zu sein sowie das soziale Zusammenleben zu gewährleisten und die soziale Interaktion zu regulieren (z. B. Kommunikation durch Gesichts- und Körperausdruck). Die sozialen Funktionen können nach Keltner und Haidt (1999) auf vier Ebenen beschrieben werden: Auf der Ebene des Individuums (Informationscharakter, Handlungsvorbereitung), auf der Ebene der Dyade (Information für Andere, Hervorrufen von Emotionen bei anderen), auf der Ebene der Gruppe (Identität der Gruppe, Differenzierung der Gruppe, Konfliktverhalten) und auf der Ebene der Kultur (kulturelle Identität, Sozialisation, Kulturerhalt). Hinsichtlich einer sauberen Begriffsdefinition sollten Emotionen von Gefühlen, Stimmungen und Affekten deutlich voneinander abgegrenzt werden. Diese Definitionen gelten auch für die vorliegende Arbeit.

Emotionen sind von Objekt- und Handlungsbewertungen ausgelöste Erregungszustände mit bestimmter Qualität und Intensität. Sie haben eine Bedeutung hinsichtlich der Handlungsmotivierung.

---

42 Zur Lösung des Dilemmas einer Begriffsbestimmung wurden von verschiedenen Autoren eine Vielzahl von Definitionen verglichen und die Hauptaspekte des Begriffs Emotion herausgearbeitet. Bei Kleinginna und Kleinginna (1981) wurden 100 Definitionen analysiert.

(1) Eine Emotion wird üblicherweise dadurch verursacht, dass eine Person, bewusst oder unbewusst, ein Ereignis als existentiell bzw. intentional bedeutsam für ein wichtiges Anliegen (ein Ziel) bewertet.
(2) Der Kern einer Emotion ist die Handlungsbereitschaft und das Nahelegen von Handlungsplänen. Eine Emotion gibt einer oder wenigen Handlungen Vorrang, denen sie Dringlichkeit verleiht. So kann sie andere mentale Prozesse oder Handlungen unterbinden oder mit ihnen konkurrieren.
(3) Eine Emotion wird gewöhnlich als ein bestimmter mentaler Zustand beim Menschen erlebt, der von körperlichen Veränderungen, Ausdruckserscheinungen und Handlungen begleitet und gefolgt wird (Oatley & Jenkins, 1996). Einem Emotionsgeschehen liegen folgende Komponenten zugrunde (Krimm, 2002): Kognitive Komponenten, neurophysiologische Erregungskomponenten (körperliche Emotionskomponenten), interpersonale Ausdrucks- und Mitteilungskomponenten (motorisch expressive Emotionskomponenten), Erlebniskompo-nenten (Gefühlskomponenten).

Gefühle sind der bewusste Ausdruck der Emotion bzw. der phylogenetisch entstandene, bewusst gewordene Aspekt der Emotion (Lander, 1986, 1997).

Stimmungen sind im Vergleich zu Emotionen weniger intensiv, aber dafür länger andauernd. Sie sind sozusagen ein emotionaler Summeneffekt, d. h. die Mehrzahl der Erlebnisse ist im Gedächtnis abgespeichert mit einem dazugehörigen Emotionsfaktor versehen. Die Summe dieser erlebnisgebundenen Gefühle addiert sich zu einem Gesamteffekt bzw. zu einer emotionalen Qualität, die man als Stimmung bezeichnet. Emotionen werden mit der Figurkomponente und Stimmungen mit der Grundkomponente verglichen (Figur-Grund-Analogie der Gestaltpsychologie). Es wird aber aufgrund der Umkehrbarkeit des Figur-Grund-Verhältnisses für möglich gehalten, dass Stimmungen, wenn ihnen Aufmerksamkeit zuteilwird, auch zu Figurphänomenen werden können (Mandl et al., 2000). Stimmungen werden hauptsächlich mit Adjektivskalen erfasst und stellen eine Art Dauertönung des Erlebnisfeldes dar, von dem sich, mehr oder weniger scharf umrissen, andere Erlebnisgegebenheiten abheben (Ewert, 1983; Isen, 1984; Mandl et al., 2000). Ewert (1983) definiert Stimmungen als Gefühlserlebnisse von diffusem Charakter, in denen sich die Gesamtbefindlichkeit des Menschen ausdrückt. Stimmungen haben nach Ewert (1983) einen selektiven Einfluss auf Erlebnisse und Erfahrungen, indem sie als relativ überdauernder, emotionaler Hintergrund den aktuellen Erfahrungen eine bestimmte Färbung geben und eine Vorauswahl unter möglichen Verhaltensweisen nahelegen.

Affekte kennzeichnen kurzfristige und besonders intensive Emotionen, die oft mit dem Verlust der Handlungskontrolle einhergehen. Während der deutsche Begriff in der gegenwärtigen Emotionspsychologie kaum eine Rolle spielt, steht der englische Begriff „affect" als Synonym oder Oberbegriff für Emotion und verwandter, emotionaler Zustände (z. B. Stimmungen) oder wird zur Bezeichnung des Erlebnisaspekts herangezogen (Bless, 1997; Schmidt-Atzert, 1996).

9.10 Emotionsentstehung, Handlungsorganisation und -ausführung

Dieses Kapitel ist von Bedeutung, da die von uns untersuchten, körperorientierten Interventionsmethoden in ihrer Theorie vorgeben (z. B. Biodanza, Kap. 10.8), an den im Folgenden beschriebenen, neuropsychologischen und biochemischen Wirkmechanismen der Emotionsverarbeitung anzusetzen bzw. diese zu beeinflussen. Diese haben dann ihrerseits Auswirkungen auf Erlebens- und Verhaltensparameter, die in der vorliegenden Arbeit untersucht werden. Es sind verschiedene Aspekte bzgl. des emotionalen, kognitiven und genetischen Prozessierens bis zur Handlungsausführung zu diskutieren.

9.10.1 Limbisches System

Das Gehirn fand in den letzten Jahren zunehmende Berücksichtigung innerhalb der Emotionsforschung. Exemplarisch sollen hier die Arbeiten von LeDoux (1989) und Rolls (1999, 2000) genannt werden. Durch verstärkte Technologisierung konnte im Zusammenhang mit der Emotionsforschung das Gehirn nicht nur hinsichtlich seiner physiologischen und anatomischen Strukturen eingehender analysiert werden, zudem wurde durch verschiedene, bildgebende Verfahren die Möglichkeit geschaffen, die Inter-aktion verschiedener Gehirnstrukturen bei der Entstehung und Verarbeitung von Emotionen zu untersuchen (Affective Neuroscience). An der neurobiologischen Emotionsverarbeitung sind sowohl subkortikale als auch kortikale Hirnstrukturen beteiligt, in deren Zusammenhang Panksepp (1998) den Begriff Basisemotion verwendet. Er weist darauf hin, dass es Belege für eine eigene, stammesgeschichtliche Entwicklung einer jeden Basisemotion gibt, wobei für die verschiedenen Emotionen spezifische n euronale S chaltkreise e ntstanden sind. Müsseler und Prinz (2002) stellen jedoch fest, dass diese Forschungen noch in den Kinderschuhen stecken. Als gesicherte Erkenntnis gilt bisher, dass an der

Verarbeitung der Emotionen und Gefühle hauptsächlich das limbisch-hypothalamische System beteiligt ist.

Das Limbische System ist eine nicht eindeutig abgrenzbare Hirnregion, die phylogenetisch ältere neocortikale Kerne umfasst (u. a. Amygdala, Hippocampus, Fornic, Septum). Dieses System bildet eine komplexe Steuerungseinheit an der Basis der Großhirnrinde, in der evolutionär ältere und jüngere Teile des Gehirns verbunden werden. Das limbische System wird auch als eine durch Bedürfnisse modulierte Schaltstelle zwischen Umweltgegebenheiten und Verhalten mit einem Belohnungssystem angesehen (Müsseler & Prinz, 2002).

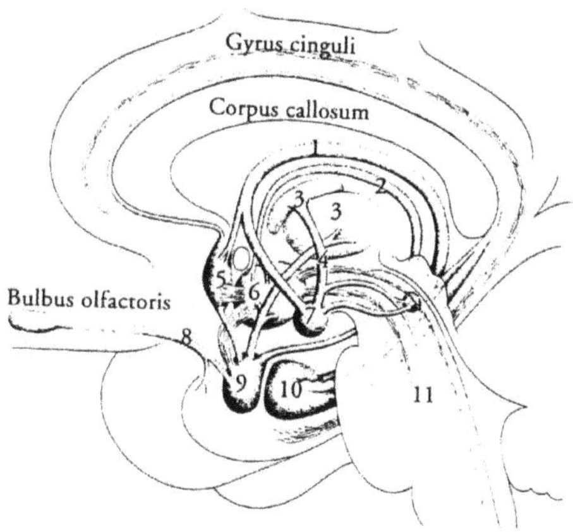

1=Fornix,
2=Striae longitudinales,
3=Thalamus,
4=Tractus mamillothalamicus,
5=Area septalis,
6=Hypothalamus,
7=Corpus mamillare,
8=Tractus olfactorius,
9=Amygdala,
10=Hippocampusformation,

Abbildung 233 Limbisches System (Müsseler & Prinz, 2002)

Nachfolgend sollen zwei Funktionen des limbischen Systems näher betrachtet werden.

a) Emotionale Einfärbung der Wahrnehmung

Eine wichtige, möglicherweise die wichtigste, Funktion des limbischen Systems ist die emotionale Einfärbung unserer Wahrnehmungen. Im limbischen System wird dabei eine primäre Emotionsbewertung[43] (u. a. in der

43 Klüver und Bucy (1937), zit in Stueck, 2008) konnten nachweisen, dass Affen, denen Teile des Limbischen Systems (u. a. die Amygdala) entfernt wurde, unfähig waren, eingehende Informationen zu bewerten. Sie konnten keine Unterscheidungen

Amygdala[44], s. auch Abbildung 233) vorgenommen sowie Erregungs- und Aktivierungsprozesse im Sinne physioendokriner Reaktionen ausgelöst, bei denen der Hypothalamus beteiligt ist. Der Hypothalamus ist das wichtigste Integrationsorgan zur Regelung des inneren Milieus des Körpers. Es grenzt in seiner anatomischen Lage an die Hypophyse (= Hirnanhangsdrüse) an und steuert die Homöostase des Körpers. Das innere Milieu umfasst Zustände wie die Körpertemperatur, den Wasser- und Elektrolythaushalt, den pH-Wert, den Kreislauf etc. In der Evolution des Gehirns ist der Hypothalamus ein früh entstandener Komplex, weshalb auch Verhaltensweisen, die von ihm determiniert werden, sehr ursprünglichen Charakter aufweisen. Sie gehören zu den sogenannten „artspezifischen Verhaltensmustern“, deren vorrangige Aufgabe die Arterhaltung darstellt. Das Erleben von Emotion ist jedoch ein komplexer Vorgang, an dem der gesamte Körper beteiligt ist.

b) Initiierung von aufsuchendem und vermeidendem Verhalten

Im limbischen System befinden sich ebenfalls die neuronalen Substrate des Aufsuchens und Meidens von Situationen und damit der einhergehenden, motivationalen Funktion von Verhalten. Olds und Milner (1954) konnten feststellen, dass die mediale Stimulation des Vorderhirnbündels[45] einen belohnenden

---

zwischen Essbarem und Nicht-Essbarem und zwischen Freunden und Feinden mehr treffen.

44 eine paarig, d. h. links und rechts in den Schläfenlappen angelegte Zellgruppe, die eine wichtige Zentrale bei der Koordination vegetativer und endokrinologischer Reaktionen bei der Emotionsentstehung haben. Informationen erreichen die Amygdala auf zwei Wegen. Der schnelle Weg führt von den Sinnesorganen, über den Thalamus direkt zur Amygdala. Dadurch wird ein schnelles Reagieren auf bedrohliche Reize möglich und Gefahrensignale werden schnell erkannt (Erhöhung von Blutdruck, Stresshormonen). Der langsamere Weg verläuft über den Thalamus durch den präfrontalen Cortex, in den Hippocampus zur Amygdala und erlaubt eine Feinbewertung der Situationen. Dabei werden Emotionen wie Ärger, Hilflosigkeit, Zufriedenheit sowie Gefühle von Schrecken, Traurigkeit, Depression, Ahnungen, Freude und Lust, Vertrautheit oder Fremdheit, Realität oder Irrealität ausgelöst. Am besten untersucht ist die Rolle der Amygdala bzgl. der Entstehung von Furcht und Angst (Davis & Shi, 1999). Aber auch Hungergefühle, Durst, Übelkeit, Erstickungsgefühle, Würgegefühle, Kälte, Wärme, das Bedürfnis, Kot oder Urin abzusetzen werden in der Amygdala ausgelöst. Die Amygdala scheint stärker auf affektive, als auf sensorische Stimuli, anzusprechen (Müsseler & Prinz, 2002).

45 Faserstrang, der vom Hirnstamm durch den Hypothalamus bis zum Frontalhirn zieht.

Effekt zur Folge hat. Im Vorderhirnbündel verlaufen Nervenfasern, deren Signale mit Hilfe der Neurotransmitter Dopamin und Noradrenalin zur nächsten Zelle weitergeleitet werden. Allein die Reizung der Dopaminfasern, die sich bis zum frontalen Cortex und Nucleus accumbens[46] ziehen, haben den genannten Belohnungscharakter. Auch Wise (1985) sieht den Ursprung für positive Affekte im zentralen Tegmentum mit dopaminergen Projektionswegen zum Nucleus accumbens. Die Wahrnehmung von Belohnungsreizen führt zu einer vermehrten Ausschüttung von Dopamin im Nucleus accumbens. Das Dopaminsystem reagiert vor allem auf ungelernte Belohnungen (z. B. Nahrung), aber auch auf neutrale Reize und Reizkomplexe wird reaktiv reagiert, wenn in der Vergangenheit Belohnungsreize in diesem Zusammenhang assoziiert worden sind. Die Beteiligung des Frontalcortex am Dopamin-Belohnungssystem führt dazu, dass mentale Repräsentationen von belohungsrelevanten Reizen eine aufsuchende Motivation anregen. Je größer die erwartete Belohnung ist, desto mehr Dopamin wird im Nucleus accumbens umgesetzt. Die dopamine Aktivierung des Nucleus acumbens durch appetive Reize (gutes Wetter, Verliebtheit, Drogen (Kokain), Abklingen einer Depression) hat folgende Wirkungen auf das Erleben und Verhalten:

- sie übernimmt eine wesentliche Rolle bei der Umsetzung von Motivation in Handlungen (Depue & Collins, 1999);
- sie initiiert zielgerichtete, motorische Aktivitäten und reguliert deren Geschwindigkeit und Intensität (Clarke & White, 1987)[47];
- sie beeinflusst, welche Reize eine Aufsuchensmotivation anregen. Bei starker Aktivität des Dopaminsystems regen viele unterschiedliche Reize (große Extensität) und ebenfalls schwache Anreize eine Aufsuchensmotivation an. Hingegen sind es bei schwacher Dopaminaktivität hauptsächlich starke Reize, die diese Motivation stimulieren. Der Zusammenhang zwischen Anreizstärke einer Belohnung und der dopaminen Aktivität ist bidirektional, d. h. einerseits führt die Wahrnehmung oder die Antizipation von attraktiven Belohnungen zu einer erhöhten Dopamin-Aktivität,

46 Teil eines physiologischen Systems, das Anreize kodiert und in dem motivational relevante Informationen aus verschiedenen limbischen Strukturen (u. a. Amygdala) einlaufen.

47 Nucleus accumbens als Motor für zielgerichtetes Verhalten. Wird dieser mit ausreichend Dopamin versorgt, energenisiert und bahnt er Verhalten, das dazu dient eine erwartete Belohnung zu bekommen.

zum anderen werden Umweltreize erst dadurch zu attraktiven Belohnungen (Depue & Collins, 1999);
- die Dopaminaktivierung führt zu weniger Selbstzweifeln und verstärkter Vitalität. Fremde Personen werden attraktiver und interessanter (Müsseler & Prinz, 2002);
- die Dopaminsteigerung ist verbunden mit optimistischer Wahrnehmung[48].

Die Anzahl der Dopaminfasern ist genetisch bedingt, kann jedoch durch Lernprozesse modifiziert werden (Depue & Collins, 1992; Depue & Collins, 1999). In Experimenten wurde gezeigt, dass Tiere mit einer höheren Anzahl von Dopaminneuronen Belohnungsanreize gezielt suchten und ein höheres Explorationsverhalten zeigen, wodurch sie mit mehr Belohnungsanreizen in Kontakt kommen. Umgekehrt führte dieses Verhalten zu einer häufigeren Aktivierung und zu einer Erhöhung der Anzahl von Dopaminfasern. Diese beschriebene Funktion des limbischen Systems spielt, so die Annahme, bei der Stimulierung durch die tanzorientierte Methode Biodanza (s. Kap. 2.5.5, Fußnote 23) eine Rolle und könnte dafür verantwortlich sein, dass die Versuchspersonen sich nach Biodanzasitzungen vitaler und stimmungsvoller fühlen.

9.10.2 Emotionsverarbeitung und Lateralität

Bezüglich der Verortung der Emotionsverarbeitung in den beiden Großhirnhälften werden zwei Theorieansätze verfolgt. Die Hypothese der funktionalen Spezifizierung propagiert für die rechte Hemisphäre eine stärkere Beteiligung am Emotionsgeschehen, während der linken Hemisphäre eine emotionshemmende und steuernde Funktion zugesprochen wird. Die Hypothese der differenziellen Valenz besagt, dass beide Hemisphären am Emotionsentstehungsprozess beteiligt sind. Diverse Untersuchungen haben eher die differenzielle Valenzhypothese bestätigt und es sind anatomisch Verbindungen zwischen Frontalkortex und limbischem System nachgewiesen worden

48 u. a. Entdeckung ungenutzter Chancen und Wahrnehmung von Ressourcen, die hilfreich bei der Verwirklichung eigener Ziele sind (Müsseler & Prinz, 2002).

9.10.3 Emotionales und kognitives Prozessieren und Handlungsorganisation und -ausführung

Es sollen zwei Modelle betrachtet werden:

a) Modell von LeDoux

Obwohl die kortikalen und subkortikalen Strukturen verschiedene Zusammenhangsstrukturen aufweisen, konnten durch neurowissenschaftliche Untersuchungen von LeDoux (1995) eine funktionelle Autonomie des limbisch-hypothalamischen Systems und eine neuroanatomische Unabhängigkeit vom Neocortex nachgewiesen werden. Sensorische Signale gehen über die Transformationsstelle des Thalamus mit nur einer Synapsenverbindung zur Amygdala, der emotionalen Primärbewertungsstelle und erst dann über mehrere Synapsen zur neocorticalen Weiterverarbeitung. Die emotionale Erstbewertung löst im Bedrohungsfall lebenserhaltende Reaktionsmuster aus (z. B Fluchtreflex), noch bevor die verzögerten und dem Bewusstsein zugänglichen Bewertungs- und Entscheidungsprozesse ablaufen. Wie diese Ausführungen aufzeigen, bedingt das Fühlen eine Aktivierung von Bereichen der Großhirnrinde, auch wenn der Gefühlsimpuls vom limbischen System ausgeht. Der Körper reagiert und liefert gleichzeitig wieder neue Informationen an das limbische System, das wiederum mit dem Neocortex verbunden ist (LeDoux, 1995; s. Abbildung 234).

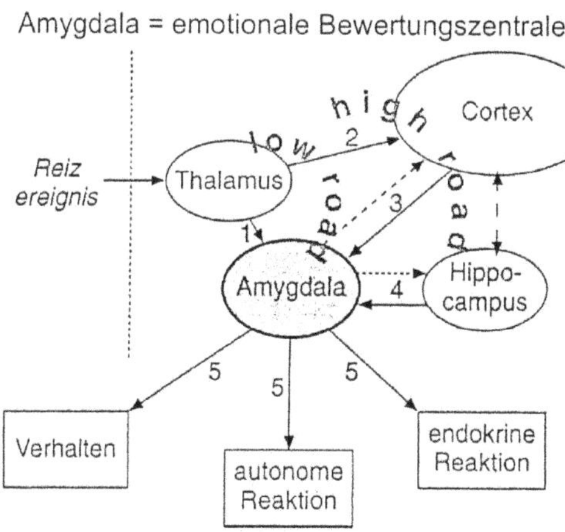

1=schnelle monosynaptische Verbindung Thalamus-Amygdala (high road)

2=thalamisch-cortikaler Weg (cognitive computation, low road), ist länger, erlaubt Feinanalyse und Bewertung, weitere Bewertung über Hippocampus (4)

5=Erhöhung von Blutdruck, Stresshormone als Folge
gestrichelt= Rückmeldung von Amygdala erlaubt emotionsgefärbte Wahrnehmung.

Abbildung 234 Modell von LeDoux (Müsseler & Prinz, 2002)

b) Emotionstheorie von Rolls (1999)

Für diese Theorie ist das beschriebene Belohnungs- und Bestrafungsmodell Ausgangspunkt[49], wobei Emotionen in diesem Zusammenhang primär eine motivationale und kommunikative Funktion besitzen. Der Ansatz von Rolls bietet Erklärungen für verschiedene Emotionen an (u. a. Wut, Traurigkeit, Frustration, Erleichterung, Freude, Furcht, Enttäuschung), ohne dass auf höhere kognitive Bewertungsprozesse im Zusammenhang mit der Entstehung dieser Emotionen zurückgegriffen werden muss. Werden die höheren, kognitiven Prozesse berücksichtigt, dann nehmen vor allem der Temporallappen und der präfrontale Cortex eine wesentliche Position ein. Das Zusammenwirken einiger Gehirnmechanismen, die an der Emotionsentstehung beteiligt sind, wird in Abbildung 235 gezeigt.

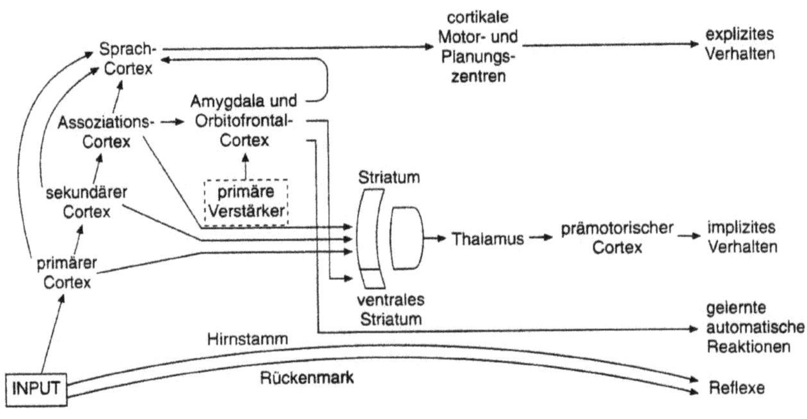

Abbildung 235 Zusammenwirken von Gehirnmechanismen bei der Emotionsentstehung (Rolls, 2000)

Rolls (2000) geht von zwei Routen der emotionalen Reaktion auf emotionale Reize (Belohnungs- und Bestrafungsreize) aus, die zum (impliziten oder expliziten) Verhalten führen. Die erste Projektionsroute verläuft von der Amygdala und dem Orbitofrontalcortex[50] direkt zum Striatum und ventralem Striatum

49 Emotionen entstehen durch das Gewahr werden von Belohnungs- und Bestrafungsreizen oder deren unerwarteten Ausbleiben und Beenden (Rolls, 2000).

50 Im weitesten Sinne ist er für die Einstellung eines Individuums, auf die sich ändernde Belohnungsqualitäten in der Umwelt und die damit verbundenen emotionalen

(Basalganglien). Vorher gelangen die Nervensignale aus unterschiedlichen Sinnesgängen in die Amygdala und in den orbitofrontalen Cortex. Sie werden dort als Belohnungs- und Bestrafungssignal bzgl. primärer, ungelernter Bekräftigungsmerkmale (Berührungs-, Geschmacks-, und Geruchsreize) und sekundärer, gelernter Bekräftigungsmerkmale (visuelle, auditorische Reize) eingestuft bzw. bewertet[51]. Von den Basalganglien verläuft die Route dann abhängig von der Bewertung und ohne zusätzliche Umwege zum Thalamus bzw. prämotorischen Cortex, wo implizites direktes Verhalten (bewusst kaum kontrollierbar) ausgelöst wird. Die zweite Projektionsroute läuft über den für die Sprache zuständigen Cortex, wo explizite (verbalisierbare) Entscheidungen, Planungen von expliziten Verhaltensabläufen ausgelöst werden.

9.10.4 Emotions-Kognitions-Kontroverse

Hinsichtlich der historischen und immer wieder aktualisierten Kontroverse der Emotionspsychologie über die Reihenfolge von Kognition und Emotionen fasst LeDoux seine Erkenntnisse wie folgt zusammen:

- Emotionen und Kognitionen als unterscheidbare prozessuale Vorgänge finden in unterschiedlichen Hirnarealen statt;
- Affektives und kognitives Prozessieren sind Abläufe, die ohne Bewusstsein stattfinden;
- Emotionale Reaktionen und bewusstes Emotionserleben sind Resultate affektiven Prozessierens.
- Die Amygdala ist das Zentrum des affektiven Prozessierungssystems;
- Über neuronale Verbindungen zwischen Amygdala und dem kognitiven Prozessierungssystem (Neokortex, Hippocampus) finden kognitiv-emotionale Interaktionen statt;
- Die Resultate von affektiven und kognitiven Prozessierungen werden durch deren Eintreten in das Arbeitsgedächtnis dem Bewusstsein zugänglich gemacht;

Reaktionen (z. B. Frustrationen) verantwortlich (Rolls, 2000). Menschen mit lokalen Schädigungen in diesem Bereich scheinen aus negativen Konsequenzen ihres Verhaltens nicht zu lernen und ihre emotionalen (autonomen) Reaktionen auf extreme Reize (z. B. Fotos von Verstümmelungen) fallen wenig intensiv aus. Sie wissen, ohne zu fühlen. (Damasio, 1994).

51 Bei visuellen Reizen gibt es eine Verbindung zum Assoziations-Cortex (inferiorer, temporaler, visueller Cortex).

- Bewusstes Emotionserleben resultiert dann, wenn Ereignis, affektive Reaktion und Selbstrepräsentation zeitgleich Inhalte des Arbeitsgedächtnisses sind;
- Gehirnaktivitäten können zum Emotionserleben führen und bedürfen nicht notwendigerweise Rückmeldungen von peripheren körperlichen Veränderungen.

9.11 Neurochemische Vorgänge bei der Emotionsentstehung

Zu den neurochemischen Vorgängen der Emotionsentstehung und Emotionsverarbeitung gibt es eine Reihe von Untersuchungen, in denen versucht wurde, die Wirkung von Botenstoffen (Transmitter und Hormone) bei der Übertragung nervöser Impulse an den Synapsen im Nervensystem und im Gehirn genauer zu analysieren. Für die Neurotransmitter Acetylcholin, Dopamin, GABA, Noradrenalin und Serotonin lassen sich eine Reihe von Beziehungen zu emotionalen Reaktionen finden:

- Noradrenalin spielt im Zusammenhang mit Angsterleben eine wesentliche Rolle (Gray, 1982);
- Dopamin steht in enger Verbindung zum Belohnungssystem, das u. a. beim Auftreten hedonistischer Gefühle und bei der Anregung des aufsuchenden Verhaltens eine wichtige Funktion besitzt (Schwarting, 1997);
- Endorphine[52] und speziell Betaendorphine sind für die Entstehung von Glücksgefühlen und euphorischen Gefühlen verantwortlich, wie in einem Experiment mit Bungee-Springern gezeigt werden konnte[53] (Hennig, Laschefski & Opper, 1994). Auch nach sportlichen Aktivitäten erhöht sich die Betaendorphin-Konzentration (Wagner & Born, 2000).

Eine zusammengefasste Übersicht zu den einschlägigen Befunden ist in Tabelle 28 dargestellt.

---

52 Neuropeptide, die auch als Neurotransmitter und Hormone wirksam sind.

53 Korrelation zwischen Zunahme der Betaendorphin-Konzentration im Blut und dem Grad des eingeschätzten euphorischen Gefühls $r = 0{,}74$

Tabelle 28 Neurotransmitterveränderungen und Emotion (Erdmann, Ising & Janke, 2000)

Neurotransmitter	Erhöhung (Überhöhung)	Erniedrigung (Defizit)
Acetylcholin	E: Aktiviertheit S: Depression (?)	E: Euphorie (?) S: Manische Zustände
Dopamin	E: positive Emotionalität, Annäherung S: Manie	E: reduzierte positive Emotionalität S: Anhedonie
Gammaaminobuttersäure (GABA)	E: emotionale Entspannung S: nicht bekannt	E: Emotionale Spannung S: Angst
Noradrenalin	E: Aufmerksamkeit, Angst S: Panik	E: negative Stimmung S: Depression
Serotonin	E: Verhaltenshemmung, Angst S: generalisierte Angststörung	E: Aggressivität, Depressivität S: Aggression, Depression

Anmerkung: E = Emotion, S = Emotionale Störung;?= unklare Befundlage

Diese Neurotransmitterveränderungen werden von körper- und bewegungsorientierten Interventionsmethoden angenommen (z. B. Biodanza, Kap. 10.8). Da in der vorliegenden Arbeit nicht der direkte Zusammenhang zwischen psychologischen Variablen und endokrinologischen Parametern untersucht wird, so sind diese Informationen u. a. für induktive Schlussfolgerungen bedeutsam. Wenn in den in dieser Arbeit vorliegenden Interventionsstudien z. B. Stimmungsveränderungen gefunden werden, so lässt sich vermuten, dass sie u. a. durch die oben beschriebenen Prozesse ausgelöst werden. Das entbindet jedoch nicht davon, die direkten Zusammenhänge in experimentellen Studien weiterführend zu untersuchen. Nach diesen neurowissenschaftlichen Grundlagen der Emotionsentstehung und -verarbeitung sollen im Folgenden die pathogenen und salutogenen Wirkungen verschiedener Emotionslagen diskutiert werden.

Seit den 90 er Jahren ist das Thema Emotion im Zusammenhang mit Musikwirkung wieder stärker in der Diskussion (z. B. Juslin & Sloboda, 2001). Blood & Zatorre (2001) untersuchten den Zusammenhang zwischen Musik und damit ausgelösten Gefühlen wie „Schauer über den Rücken laufen" und den neuronalen Reaktionen mittels PET. Dabei stellten sie u. a. fest, dass Regionen im Hirn angeregt werden, die auch im Falle von Euphorie eine Rolle spielen. Jeong et.al. (1998) untersuchte mit mathematischen Methoden (Ljapunov Exponent) das Verhältnis zwischen chaotischen und rhythmischen Strukturen im EEG von Musikhörern und kommt zu folgendem Schluss:

"We observed that brains which feel more pleased show decreased chaotic electrophysiological behavior. By observing that the nonlinear invariant measures for the 1/f distribution of the rhythm with the melody kept constant are lower than those for the 1/f distribution of melody with the rhythm kept constant, we could conclude that the rhythm variations contribute much more to a pleasing response to music than the melody variations do. These results support the assumption that chaos plays an important role in brain function, especially emotion" (zitiert aus Jeong et. al. 1998).

Als 1/f – Musik wurde Musik bezeichnet, deren Leistungsdichtespektrum umgekehrt proportional zu Frequenz in einer doppelt logarithmischen Darstellung ist. Koelsch (2003) untersuchte mit Hilfe der fMRI neuronale Korrelate bei emotionaler Verarbeitung und stellte fest, dass Musik, die als angenehm eingestuft wurde, die Larynrepresentation im Rolandischen Operculum der rechten Hemisphäre aktiviert. (Dieses entspricht im Vegetativum einer sympathikotonen Reaktionslage). Rösing (1997) zeigt den Zusammenhang zwischen musikalischen Strukturen und der Zuordnung von akustischen Komponenten zu Freude und Trauer und verweist dabei auf Scherer (1982) und Eibl-Eibesfeldt (1984).

Tabelle 29 Zuordnung akustischer Komponenten zu Freude und Trauer nach Scherer (1982) und Eibl-Eibesfeldt (1984), zitiert in Rösing (1997)

	Grundfrequenz / Tonhöhe	**Variabilität der Grund-frequenz / Melodie-variation**	**(Sprech-) Tempo**	**Lautstärke**	**Tonhöhen-verlauf**	**Klang-farbe**
Freude	hoch	stark	schnell	groß	auf und ab	viele Obertöne
Trauer/ Traurigkeit	tief	gering	langsam	gering	abwärts	weniger Obertöne

Auf die Kompliziertheit psychologischer Reaktionen verweist auch Jordan-Szymanska (1995) in ihrem Modell zur Musikwahrnehmung.

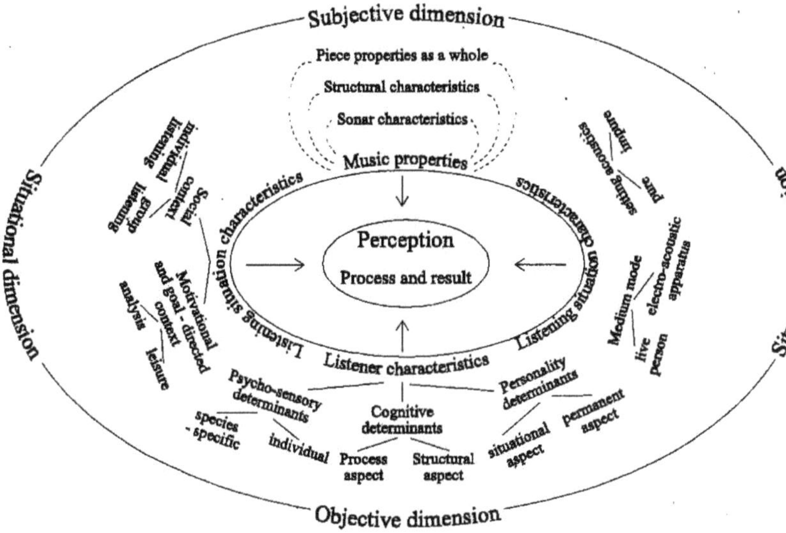

Abbildung 236 Dimensionen der Musikwahrnehmung nach Jordan-Szymanska, 1995

Nach Juslin & Sloboda (2001) gibt es derzeit noch keine klaren Antworten auf die zentralen Fragen der Definition und Funktion musikalischer Emotionen und der psycho-physiologischen Basis ihrer Vermittlung.

Gewöhnlich werden emotionale Reaktionen mittel Fragebogentechniken erfasst. Darüber hinaus werden interaktive Methoden zur Erfassung von emotionalen Reaktionen benutzt (Nagel in press). Dabei wird in einem zweidimensionalen Feld dem Hörer die Möglichkeit geboten, mittels Joystick, zwischen Anregung und Ruhe sowie negativen und positiven Reaktionslagen zu wählen.

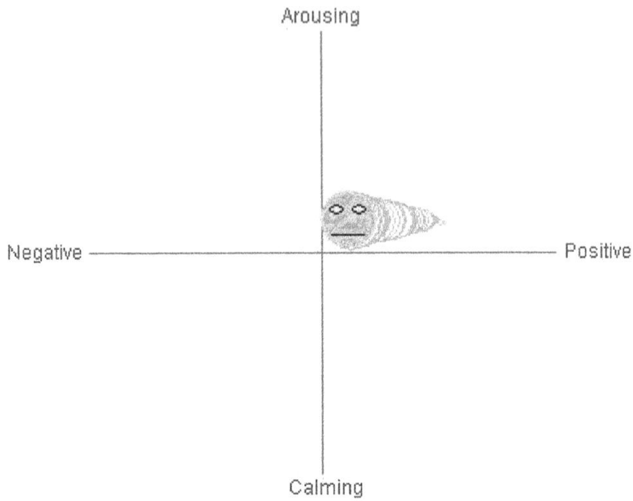

Abbildung 237 Interaktive Bestimmung der Emotionslage nach Nagel (2007)

Damit kommt man unter Beachtung chronobiologischer Erkenntnisse bezüglich der Reiz-Reaktionsbeziehung zu dem Schluss, dass die Reizantwort eines biologischen Systems von folgenden Faktoren abhängt:

- Ausgangszustand (Phasenlage – aktiviert oder deaktiviert), wobei der vorherrschende, biologische Rhythmus angibt, zu welchem Zeitpunkt ein System aktiviert oder deaktiviert ist;
- Regulationstyp (Umgang des Systems mit Beanspruchungen);
- Sensibilität, bezüglich der Art der Reizeinwirkung;
- Adaptationsfähigkeit;
- Art des Reizes -kognitiv, nicht kognitiv,
  - einfach, multifaktoriell,
  - einmalig, mehrfach;
- Stärke des Reizes.

Unter Berücksichtigung der bisherigen Darlegungen zur Wirkung der Musik scheint es nötig, eine chronobiologische Theorie der musikalischen Emotion zu entwickeln, um ein ausgeglichenes Bild der psycho-physiologischen Basis der musikalischen Emotion zu schaffen. Dabei wird von vier Grundemotionen ausgegangen: Wohlbefinden, Freude, Traurigkeit und Ärger.

Emotionen sind Bestandteil und Ausdruck von Gefühlen und werden durch ihre Polarisation (negativ, positiv) und den Grad der Erregtheit charakterisiert. Der Zusammenhang zwischen den in der Psychologie definierten Grundemotionen und physiologischen Parametern kann wie folgt hergestellt werden: Emotionale Reaktionen können vegetativ über die sympathikoton gesteuerte Schweißdrüsensekretion durch Messung des Parameters Hautwiderstand erfasst werden. Nervale (kognitive) Reaktionen können vegetativ über die vorwiegend parasympathisch gesteuerte Änderung des Hautpotentials (bipolare Ableitung der langsam veränderlichen Differenz der summarischen Zellpotentiale auf der Hautoberfläche) erfasst werden Verhaltensmuster (wie z. B. Sitzen, Liegen, Ruhen, Schlafen, Angriff, Verteidigung) lassen sich durch die drei vegetativen Basisparameter EMG, HW, HP und den Verhaltensparameter 3D-BS (dreidimensionale Beschleunigung) charakterisieren. Die Zuordnung von physiologischen Reaktionen zu psychologisch definierten Grundemotionen ist über die Bestimmung von Regulationszuständen möglich.

Einordnung der Grundemotionen in das Periodische System von Regulationszuständen

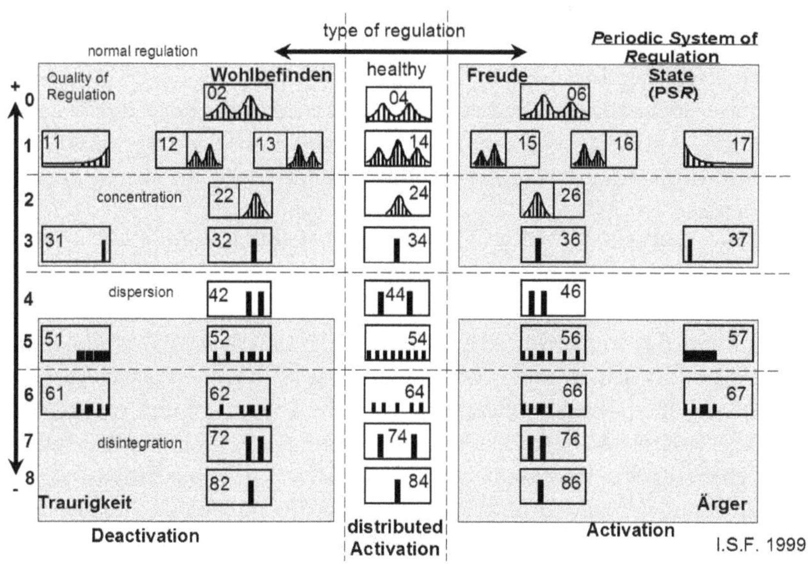

Abbildung 238 Einordnung von Grundemotionen in das System Periodischer Regulationszustände nach Balzer, 2000a

Es kann zwischen Grundzuständen, Extremzuständen und Mischzuständen unterschieden werden. Grundzustände sind in ihrer letztendlichen zeitlichen Ausprägung durch das Vorhandensein von Regulationszuständen in definierten Bereichen des Regulationsschemas gekennzeichnet. Mischzustände zeigen vor allem eine zeitlich veränderliche Zuordnung der Regulationszustände zu den Regulationsebenen. (Regulationsebenen sind die horizontalen (1..7) und vertikalen Ebenen (0..8) in Abbildung 238).

Es werden folgende Hypothesen aufgestellt:

Die **Freude** als Ausdrucksform menschlichen Verhaltens lässt sich verschieden darstellen. Prinzipiell wird unterschieden zwischen innerlich empfundener Freude und Freude, die auch nach außen gebracht wird. Diese „äußere" Freude wird dadurch charakterisiert, dass die Regulationszustände aller vier Parameter (HW, HP, EMG und BS) im rechten, oberen Quadranten liegen, im Bereich der Aktivierung bei guter Regulationsqualität. Damit kommt es zu Synchronisationseffekten der Regelfunktionen dieser Parameter bei kurzen Regulationsperioden auf hohem Stoffwechselniveau. In diesem Zustand wird damit Energie verbraucht. Diese Art der Freude wird durch motorische Aktivitäten begleitet. Die sogenannte „innere" Freude ist mit relativ wenig motorischer Aktivität verbunden. Damit können die Regulationszustände der Parameter EMG und BS auf der linken Deaktivierungseite liegen. Der Energieverbrauch ist dementsprechend geringer.

Ekstase ist der höchste Grad der Freude. Sie wird in der Regel durch starke, motorische Aktivität begleitet. Die Synchronisation der Regelfunktionen erreicht das Maximum. Alle Regulationszustände liegen im oberen, rechten Quadranten.

Das **Wohlfühlen** ist ein Deaktivierungszustand. Daraus folgt, dass im idealen Fall alle vier Parameter im linken, oberen Quadranten im Bereich der Deaktivierung sowie bei guter Regulationsqualität liegen.

Das **Zufriedensein** ist wiederum ein sich eher innerliches Wohlfühlen, das es gestattet, dass sich die motorischen Parameter (EMG und BS) auch im rechten, oberen Quadranten befinden, während die kognitiven und emotionalen Parameter im linken, oberen Quadranten vorzufinden sind. Beim Wohlfühlen treten ebenfalls Synchronisationsprozesse zwischen den Regulationsfunktionen der Parameter auf, die aber bedingt durch die Trägheit des Stoffwechselapparates in der Anfangsphase sogar Stoffwechselenergieüberschuss erzeugen. **Trance**zustände können als gesteigerte Form von Zuständen des Wohlfühlens verstanden werden. Sie sind eventuell durch zeitweiliges Auftreten von Überlastungshemmungen begleitet.

Traurigkeit ist eine introvertierte Ausdrucksform im Verhalten. In diesem Zustand herrscht vor allem körperliche, aber auch geistige (nervale) Inaktivität vor. Auch der emotionale Zustand liegt in der Regel im deaktivierten Bereich. Der höchste Grad der Traurigkeit wird bei Synchronisation der Regelprozesse der genannten Funktionen im linken unteren Quadranten erreicht. Melancholie und Traurigkeit liegen nahe beieinander und sind Bestandteile depressiver Verhaltensmuster.

Ärger ist mit Erregungsprozessen und geringer Adaptationsfähigkeit verbunden. Die motorische Komponente (EMG) bzw. die Verhaltenskomponente (BS) kann sich im Deaktivierungsbereich befinden. In der Regel liegen sich jedoch alle vier Parameter in der Aktivierung im rechten, unteren Quadranten. Im Extremfall wird Ärger durch Wut ausgedrückt und kann in aggressiven Handlungen übergehen.

10 Untersuchungsbeispiele für Rhythmen

Die nachfolgend aufgeführten Beispiele vermitteln nur einen kleinen Eindruck in die Analyse von Zeitreihen verschiedener vegetativer Funktionen. Sie sollen vor allem dem Verständnis bei der Anwendung der vorgestellten Methodik der Chronobiologischen Regulationsdiagnostik (CRD) dienen.

10.1 Pilotstudie – Monitoring Hitzewallungen während Klimakterium

H.-U. Balzer

Mess-System	SMARD-Watch
Parameter:	Abtastrate
Herzfrequenz	0,1 Hz
Pulsfrequenz	0,1 Hz
EMG	1 Hz
Hautpotential	1 Hz
Hautwiderstand	1 Hz
Hauttemperatur	1 Hz
Konvektionstemperatur	1 Hz
Messort:	linker Unterarm, oberhalb Handwurzelknochen
Messdauer:	167 h 59 min 20 sec.
Messbeginn:	19:51:25, Sonnabend, 24.01.2004
Messende:	08:09:50, Donnerstag, 29.01.2004
Messprotokoll:	liegt vor
Pat.:	B.R.

Die protokollierten Auftrittszeitpunkte von Hitzewallungen wurden mit den Datenaufzeichnungen verglichen. Besonders „gute" Übereinstimmungen und Darstellungen ergaben sich in den Nachstunden, wo die vegetativ-nervalen Funktionen des Organismus durch ZNS-Einwirkungen gewöhnlich nicht so stark beeinflusst werden. Das Auftreten einer Hitzewallung soll daher am Beispiel eines Auftretens in der Nacht charakterisiert werden.

Die Darstellung der Daten erfolgt im ersten Abschnitt mittels der Originaldaten, d. h. ohne zusätzliche mathematischen Analysen oder Bearbeitungen.

Beispiel: Hitzewallung mit Aufwachen in der Nacht als Folge, 26.01.2004, 04:58h

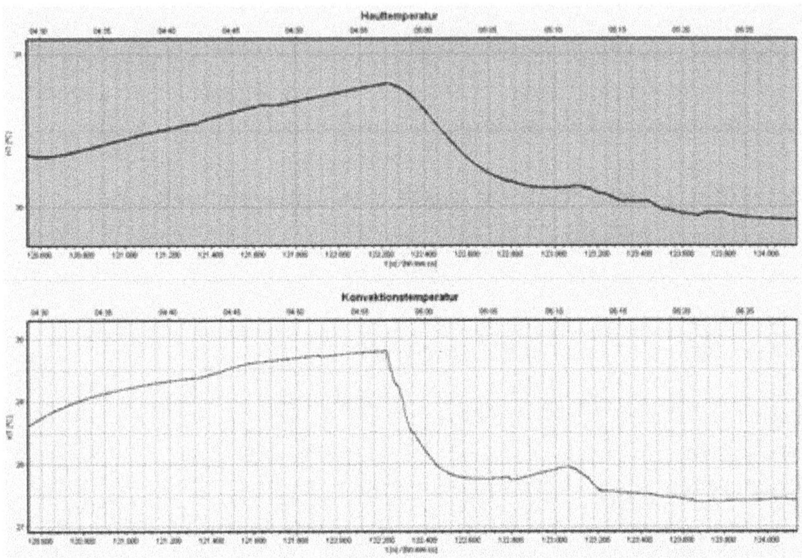

Abbildung 239 Verlauf der Haut – und Konvektionstemperatur bei einer Hitzewallung

Der Anstieg der Hauttemperatur beginnt ca. 20 min. vor dem Bemerken der Hitzewallung und erreicht 04:47 h seinen Höhepunkt. Die Temperaturdifferenz beträgt dabei ca. 1,5 °C. Um 04:57 h kommt es zu einem schnellen Abfall der Hauttemperatur auf Werte ca. 1 °C unter den Werten wie vor Beginn des Prozesses. Der Temperaturabfall erfolgt zum größten Teil innerhalb von 7–8 min. nach Erreichen des Höhepunktes. (Bemerkung: 7–8 Minuten korreliert mit der Anstiegszeit von Noradrenalin).

Die Konvektionstemperatur (Mischtemperatur zwischen Hauttemperatur und Umgebungstemperatur, Ort der Messung ca. 5 mm über der Hautoberfläche) zeigt den Abfall noch deutlicher.

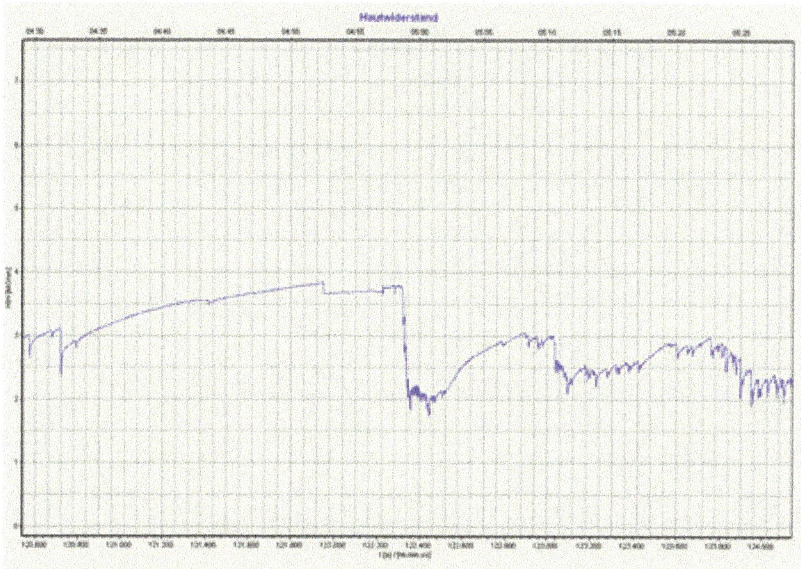

Abbildung 240 Verlauf des Hautwiderstandes bei einer Hitzewallung

Der Hautwiderstand wird über das Volumen Schweißdrüsensekretion gemessen. Dieses wird durch die beiden Komponenten thermisches Schwitzen und emotionales Schwitzen bestimmt. Um 04:58:40 h kommt es zu einer sprunghaft vermehrten Schweißdrüsensekretion von einer Dauer von ca. 3,5 Minuten.

Der Beginn des Temperaturabfalls (04:57 h) ist in den Hautwiderstandsdaten ebenfalls sichtbar, allerdings nur mit einer relativ kleinen, gegenteiligen sprunghaften Änderung.

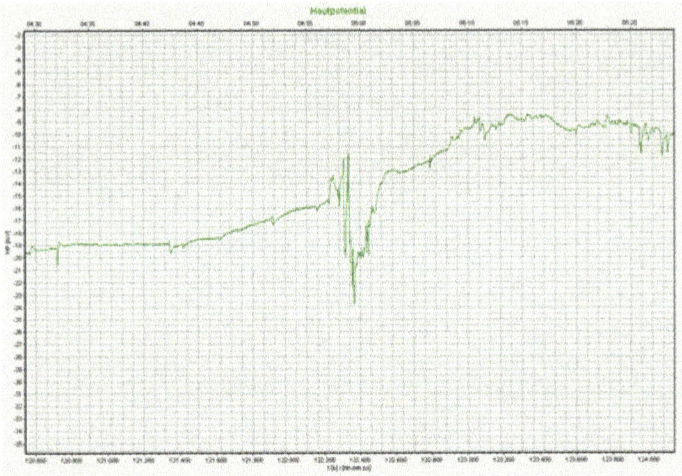

Abbildung 241 Verlauf des Hautpotentials bei einer Hitzewallung

Die vermehrte Schweißabsonderung dürfte letztendlich die Abkühlung der Haut bewirken.

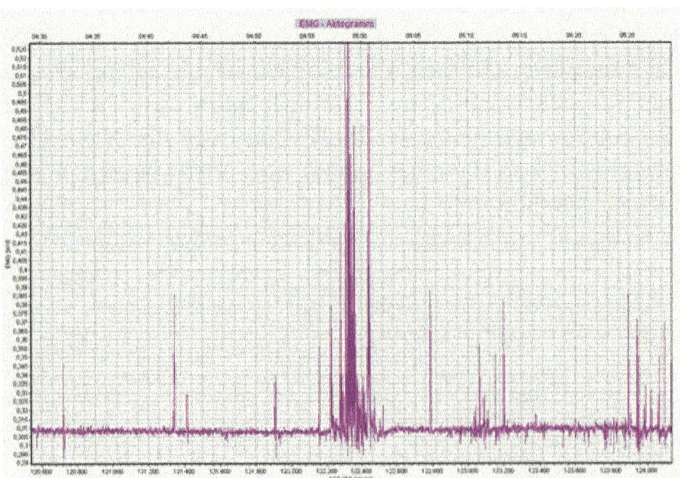

Abbildung 242 Verlauf der Muskelaktivität (Unterarmmuskel) bei einer Hitzewallung

Erwartungsgemäß führt die Hitzewallung in Folge zu einer Bewegungsaktivität, beginnend ab 04:58 h, die mit einem Aufwachen verbunden war (s. Protokoll).

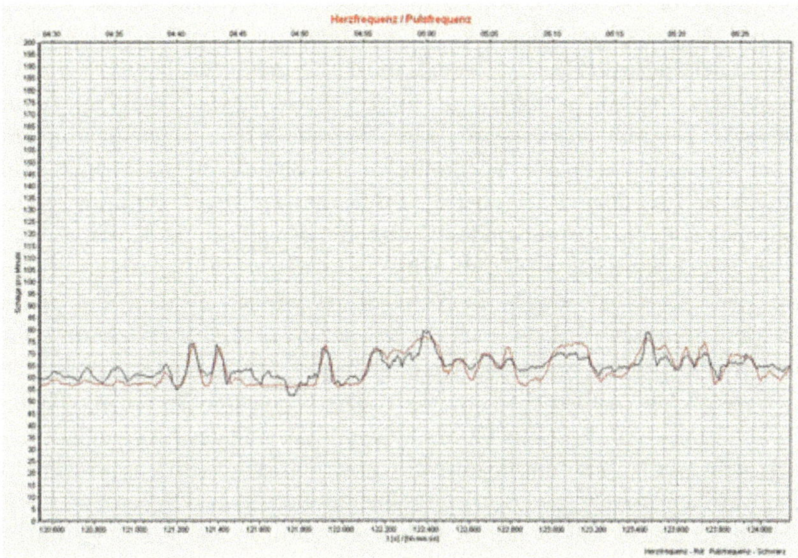

Abbildung 243 Verlauf von Puls- und Herzfrequenz während der Hitzewallung

Der Anstieg von Herz- und Pulsfrequenz erfolgt bezogen auf den Anstieg der Hauttemperatur erst in den letzten 5 Minuten der Hitzewallungsperiode von durchschnittlich 60 /min. auf maximal 80 /min.

10.2 Pilotstudie zur Untersuchung vegetativer Reaktionen beim Schachspiel

H.-U. Balzer
A. Pietzko

Einleitung

Das Schachspiel stellt einerseits eine hohe kognitive Beanspruchung für die Schachspieler dar. Andererseits kann es, je nach Spielsituation, zu starken emotionalen Reaktionen führen. Die Erfahrung der Spieler und deren Persönlichkeit, das strategische Denkvermögen und das kombinatorische Denkvermögen, eine hohe Sensibilität bezüglich der Einschätzung des eigenen Leistungsvermögens sowie die des Gegners entscheiden über Sieg oder Niederlage. Blitzschachpartien finden zudem unter einem hohen Zeitdruck statt. Dabei agiert und reagiert der Spieler vor, während und nach dem Spiel als bio-psycho-soziale Einheit. Obwohl das Schachspiel den sogenannten Denksportarten zugeordnet wird, reagiert der Spieler als Ganzes, sowohl muskulär-motorisch, kognitiv, emotional, aber auch mit Änderungen seines Stoffwechsels, des Herz-Kreislaufsystems und seines psychischen Zustandes; alles Aktivitäten, die sich letztlich integrativ im Verhalten des Spielers wiederfinden. Die Signale, die der Mensch beim Schachspiel vor allem visuell über die Sehnerven des Auges aufnimmt, gelangen von dort in die entsprechenden Verarbeitungsregionen des Hirns.

Die Muskelaktivität wird mit Hilfe des Parameters Elektromyogramm gemessen und enthält sowohl die Aktivität des Muskels, an dem oder in dessen Nähe gemessen wird, als auch die sogenannte Ganzkörperverkrampfung. Diese tritt z. B. in Stresssituationen auf und findet sich im ganzen Körper, d. h. im Wesentlichen in allen Muskeln wieder. Die Aktivitäten des Hirns reflektieren sich letztlich in der Aktivität des Sympathikus und des Parasympathikus. Allgemein werden erhöhte kognitive Reaktionen durch eine parasympathische Aktivität charakterisiert und erhöhte emotionale Reaktionen durch eine erhöhte Sympathikusaktivität. Diese beiden zentralen Nervenstränge durchdringen wiederum den ganzen Körper. Ihre Aktivität findet man sowohl bei der Regulation der Tätigkeit des Herzens als auch in einer Vielzahl anderer Körperfunktionen. Während eine Erhöhung der Aktivität die Herzfrequenz ansteigen lässt, kann die Verringerung der Herzfrequenz entweder durch Nachlassen der Sympathikusaktivität oder durch Erhöhung der Aktivität des Parasympathikus bewirkt werden. Mit Hilfe einer Spektralanalyse der Variabilität der Herzfrequenz können die unterschiedlichen Wirkungsanteile beider Nerven bestimmt werden. Der höher frequentierte Anteil solch einer Spektralanalyse (HF-Anteil) wird vor allem dem Parasympathikus bzw. seinem Hauptast, dem N . Vagus, zugeordnet. Der VLF-Anteil (very low frequency) unterliegt der Thermoregulation sowie dem N. Sympathikus und der mittlere (LF) sowohl dem N. sympathikus als auch dem N. Vagus. Vielfach wird der Quotient LF/HF als entscheidendes Rhythmusmaß für die Regelmäßigkeit des Herzschlages angesehen.

Der Sympathikus reguliert aber nach Boucsein (1988) zu mehr als 90 % auch die Tätigkeit der ekkrinen Schweißdrüsen. Bei Messung des Parameters Hautwiderstand wird der Übergangswiderstand zwischen zwei auf der Hautoberfläche angeordneten Elektroden gemessen. Prinzipiell sinkt dieser Widerstand bei erhöhter Sympathikusaktivität, d. h. es wird mehr Schweiß abgesondert. Auf Grund der unterschiedlichen Arten der Innervierung der ekkrinen Schweißdrüsen durch die Aktivität des Sympathikus bzw. durch die Thermoregulation ist eine Trennung dieser Anteile methodisch möglich. Sowohl Boucsein (1988) als auch Bureš (1960) erklären die Entstehung eines Hautpotentials auf der Oberfläche der Haut als Folge von Membranpolarisationen bzw. der Ausrichtung dieser polarisierten Zellen im Zellverband. Hautpotentiale sind im Vergleich zu Muskelpotentialen langsam veränderlich. Sie stellen nach Boucsein den exosomatischen Anteil der elektrodermalen Aktivität dar. Differenzmessungen zwischen zwei voneinander entfernten Arealen zeigen, dass die Zellpotentiale Werte zwischen -150 und +150 mV annehmen können. Dieses liegt im Bereich der üblichen Zellpotentiale. Damit unterliegen diese Zellpotentiale auch den bekannten Effekten wie der Umpolarisation, Depolarisation, Overshoot Reaktion usw. Der Autor konnte zeigen, dass negative Werte in Verbindung mit erhöhter kognitiver Beanspruchung auftreten, positive Werte hingegen bei erhöhter kognitiver Entspannung. Damit liegt die Vermutung nahe, dass vor allem parasympathische Einflüsse entsprechende Änderungen des Hautpotentials bewirken.

Durchführung

An je zwei Versuchspersonen (ME, TL) wurden in zwei Serien von Blitzschachpartien jeweils an einer der beiden Spieler vegetative Reaktionen untersucht. Mittels des Geräts SMARD-Watch wurden folgende vegetative Parameter mit einer Abtastrate von 1 Hz bei einer VP untersucht:

Elektromyogramm (EMG);
Hautwiderstand (HW);
Hautpotential (HP).

Mittels eines Polar-Gerätes (S 810) wurden die R-R-Intervalle aufgezeichnet und die Herzfrequenzvariabilität bestimmt. Parallel dazu erfolgte eine Videoaufzeichnung aller Partien. Die Spieler protokollierten einzelne markante Spielereignisse schriftlich. Alle Partien wurden zugweise schriftlich protokolliert.

Untersuchungsablauf:

	Blitzpartie 1: 3 min.	20 min. Partie	Blitzpartie 2: 3 min.
12.01.2008	TL - **ME**: 14:10h	**ME** - TL: 14:17h	**ME** - TL: 14:58h
12.01.2008	**TL** - ME: 15:46h	ME - **LT**: 16:02h	**TL** - ME: 16:45h

Der jeweils fett markierte Spieler wurde untersucht und führte Protokoll. Der je zuerst genannte Spieler spielte mit weiß, der andere mit schwarz. Die Auswertung der Daten erfolgte mittels Zeitreihenanalyse nach chronobiologischer Methode (Balzer 1988, Baler & Hecht 2000, Fritz 2005).

Analysemethodik

Zur Auswertung der gemessenen Parameter wurden die regulatorischen Veränderungen der vegetativen Funktionen (EMG, HP und HW) untersucht. Die Zeitreihen der R-R-Intervalle wurden mittels Analyse der Herzfrequenzvariabilität untersucht. Die Regulationsanalyse (Balzer, 1988) erfolgte für Regulationsvorgänge mit einer Periode zwischen 2 sec. und 13 sec. Dabei wurde ein Datenfenster mit einer Breite von 20 Daten gleitend durch die Zeitreihe geschoben und die jeweils vorherrschende Regulationsperiode berechnet. Für den Fall, dass Regulationsvorgänge im gewählten Untersuchungsbereich langsamer als 13 sec. Periodendauer werden, wurde die Periode einheitlich auf den Wert 26 gesetzt. Das „Herauslaufen" aus dem Regulationsbereich kann entweder durch weiterführende Entspannungsvorgänge erreicht werden oder durch Überlastungshemmung (Pawlow, 1955). Nach Durchführung der Regulationsanalyse wurden Regulationszustände und deren Veränderung sowie das Zusammenspiel (Synchronisation) der regulatorischen Funktionen weiter untersucht.

Regulationszustandsanalyse

Die Bestimmung der Regulationszustände erfolgte nach Balzer & Hecht (2000) und Fritz (2005) mit Hilfe eines neuronalen Netzes.

Definition:
Unter einem Regulationszustand wird ein für eine bestimmte Zeit quasistationärer Zustand eines Regulationssystems verstanden, der durch charakteristische Regulationsvorgänge gekennzeichnet ist. Ein charakteristischer Regulationsvorgang ist die Verteilung einer Regulationsfunktion über die Zeit, bei der die Verteilungsfunktion mathematisch definierbare Charakteristika enthält (Gipfligkeit, Schiefe usw.). Regulationsvorgänge werden unter anderem durch multiplikativ[54] bzw. de-multiplikative Sprünge der Regulation charakterisiert[55]

54 Darunter sind ganzzahlige vielfache der Grundperiode zu verstehen.
55 Ergänzt nach Balzer & Hecht (2000), S. 147.

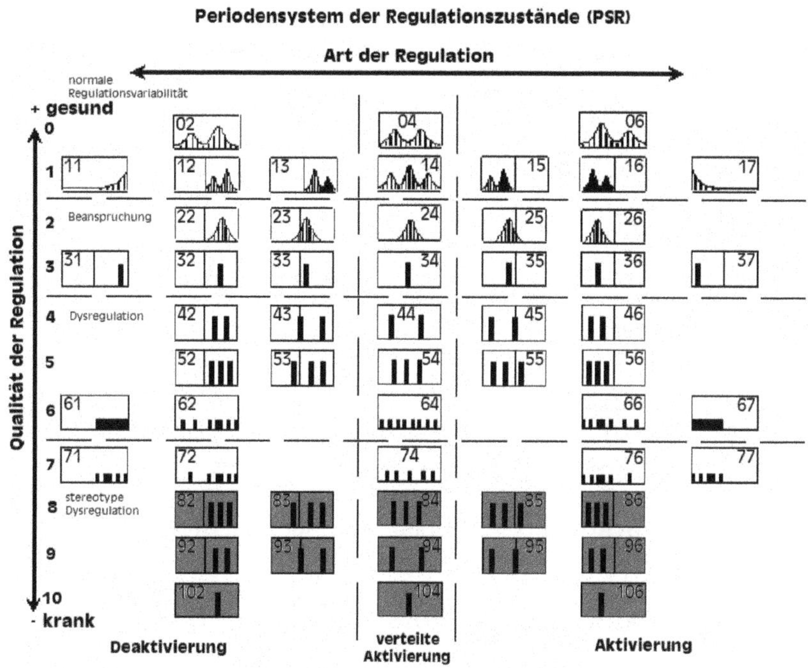

Abbildung 244 Regulationszustände nach Balzer & Hecht 2000, modifiziert nach Fritz 2005

In Tabelle 11 – Grund – und Feineinteilung des PSR – sind die zusammengestellten Grund- und Feineinteilungen in erweiterter Form aufgelistet. Bei der Feineinteilung wurde zur Vereinfachung zusätzlich für jeden Zustand eine Abkürzung eingeführt, wobei „a" für *activation*, „c" für *concentration*, „d" für *deactivation*, „h" für *hyper-* und „s" für *stereotype* steht (Fritz, 2005).

Tabelle 30 Grundeinteilung des Periodensystems der Regulationszustände (PSR)

Anfangsziffer		**Endziffer**	
0	Normale Regulation	**1, 2, 3**	Deaktivierte Regulation (dr)
1	Verteilte Regulation	**4**	Verteilte Regulation (vr)
2	Konzentrierte Regulation	**5, 6, 7**	Aktivierte Regulation (ar)
3	Stereotype Regulation		

(wird auf nächster Seite fortgeführt)

Tabelle 30 Fortsetzung

Anfangsziffer		Endziffer
4	Stereotype Dysregulation	
5	Konzentrierte Dysregulation	
6	Aufgelöste Dysregulation	
7	Sprunghafte Dysregulation	
8	Schwach konzentrierte Dysregulation	
9	Schwach stereotype Dysregulation	
10	Starre Dysregulation	

Zwecks übersichtlicherer Darstellung wurde eine Häufigkeitsverteilung von Regulations-zuständen für die vegetativen Parameter EMG, HP, HW getrennt berechnet und im 3D-Format grafisch dargestellt. Dazu wurde die Darstellung des Periodischen Systems der Regulations-zustände nach Abbildung 130 in die Ebene gekippt. Der Aktivierungsgrad ist in der X-Achse dargestellt (Werte 1–3 = Deaktivierung, 4 = verteilte Aktivierung, 5–7 = Aktivierung), die Güte der Regulation in der Y-Achse, dazu die Werte von 0–10 nach Tabelle 30.

Korrelationsanalyse

Um das Zusammenwirken der Regulationsvorgänge zu untersuchen, wurde das Verfahren der dynamischen Kreuzkorrelation nach Balzer & Pietzko (2002) angewandt. Es kann davon ausgegangen werden, dass biologische Regelsysteme nicht unabhängig von anderen biologischen Regelkreisen existieren. Je komplexer ein Organismus, desto größer der mögliche Verknüpfungsgrad der Regelsysteme untereinander. Komplexere Kopplungen treten jedoch vor allem im Verhältnis physiologischer und psychologischer Regelkomponenten auf. So entspannt man gewöhnlich psychisch bei physischer Beanspruchung und umgekehrt. Eine vorhandene psychische Anspannung kann sich mit Beginn des Sprechens lösen. Beim Laufen oder Joggen entspannt man in der Regel auch psychisch. In bestimmten Fällen jedoch ist körperliche Leistung mit höchster psychischer Anspannung verbunden, in extremen Belastungssituationen wie im Leistungssport oder bei Piloten, die in außergewöhnlichen Flugmanövern mit hohen Beschleunigungswerten beansprucht werden. In diesen Situationen ist gleichzeitig ein sehr hoher Stoffwechselverbrauch zu verzeichnen. Ein erhöhter Stoffwechsel geht mit einem schnelleren Ablauf metabolischer Regelprozesse einher. Schnellere Regelprozesse weisen kürzere Periodendauern gegenüber dem normalen Regelzustand auf. Im Idealfall erfolgt die Entspannung für alle Teilprozesse des komplexen Regulationssystems. Wenn man annimmt, dass ein biologisches System vorliegt, das im Normalzustand durch zwei antagonistische Regelprozesse (z. B. sympathische und parasympathische Regelung) im Gleichgewicht gehalten wird, so wird dieser Zustand dadurch charakterisiert, dass die Regelungen gegenphasig verlaufen. Im ausgeglichenen, normalen Zustand entspannt z. B. der Mensch psychisch, wenn er physisch belastet wird und umgekehrt. Bei ausgeglichenem Zustand (Punkt ‚0' der Abbildung 245) liegt also Gegenphasigkeit bzw. eine Phasenverschiebung von 180° zweier Regelprozesse vor. Der Korrelationskoeffizient zwischen diesen beiden Regelprozessen erreicht den Wert -1. Allgemein wird davon gesprochen, dass man sich zusammenreißen muss, um eine erforderliche Leistung zu vollbringen. Dies ist nach der Arbeitsweise biologischer Systeme nur durch erhöhten Aufwand an Stoffwechselenergie in Verbindung mit schneller ablaufenden Regulationsvorgängen (linke Seite der Abbildung 245 – short periods) möglich.

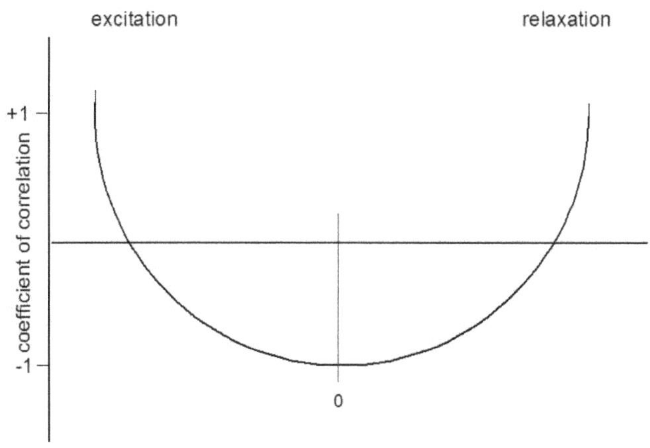

Abbildung 245 Prinzip der Synchronisation von Regelvorgängen

Dabei werden in der Regel ablaufende Regelprozesse synchronisiert. Nur in einem hoch synchronisierten System ist die Erbringung maximaler Leistung möglich. Das Anhören von Musik führt uns oft in einen Zustand der tiefsten Entspannung und des Wohlbefindens, den wir auch mit dem Begriff körperlicher Harmonie bezeichnen. Mit anderen Worten, ein biologisches System kann auch dadurch gekennzeichnet sein, dass die Regelprozesse sehr langsam (rechte Seite der Abbildung 245 – long periods) und synchron verlaufen. In vielen Fällen steht dadurch sogar mehr Stoffwechselenergie zur Verfügung, als benötigt wird. Ein biologisches System, das sich in einem chaotischen Regulations- bzw. Synchronisationszustand befindet, verbraucht entweder entsprechend viel Stoffwechselenergie, ohne dass eine adäquate Leistung erreicht wird oder befindet sich in einem chaotischen Regulationszustand, da nicht genug Stoffwechselenergie vorhanden ist.

Herzfrequenzvariabilität

Die Analyse von EKG-Daten bzw. den darin messbaren Abständen der R-Zacken (R-R-Intervall) zur HRV-Messung erfolgt mittels Fourieranalyse bzw. Leistungsdichtespektrum mit Hilfe der HRV-Analysis Software Version 1.1. SP1 der Universität Kuopio Finnland. Für die Bewertung der Rhythmizität ist nach erfolgter Spektralanalyse sowohl der Flächeninhalt des gesamten Leistungsdichtespektrums LSP_{ges} (Maßeinheit ms^2) als auch der in üblichen Frequenzbereichen (Bändern) bedeutsam. Die Spektraldichte selbst hat die Dimension ms^2/Hz.

Nach den Empfehlungen der Guidelines der Task Force, 1996 werden unterteilt:

Tabelle 31 HRV-Frequenzbänder nach Guidelines der Task Force 1996

0,0001 – 0,003 Hz:	ULF-Band	(ultra-low-frequency band)
0,0030 – 0,040 Hz:	VLF-Band	(very low frequency band) bzw. A-Band
0,0400 – 0,150 Hz:	LF-Band	(low frequency band) bzw. B-Band
0,1500 – 0,400 Hz:	HF-Band	(high frequency band) bzw. C-Band
0,4000 – 1,000 Hz:	UHF-Band	(ultra high frequency band)

Ergebnisse

Tabelle 32 Partie 1 Blitzschach

Partie	TL-ME	Spieler	Spieler
Blitz 1		TL	ME
		Zug-Nr.	Zug.-Nr.

Tabelle 32 Fortsetzung

Partie	**TL-ME**	**Spieler**		**Spieler**	
Uhrzeit	Lfd.-Sekunde	weiß	weiß	Schwarz	schwarz
14:10:00	0	1	d4		
14:10:01	1			1	c5
14:10:06	6	2	e3		
14:10:10	10			2	e6
14:10:12	12	3	Sf3		
14:10:13	13			3	Sf6
14:10:16	16	4	Ld3		
14:10:21	21			4	d5
14:10:25	25	5	b3		
14:10:38	38			7	O-O
14:10:45	45	8	a3		
14:10:47	47			8	b6
Partie	TL-ME	Spieler		Spieler	
Blitz 1		TL		ME	
		Zug-Nr.		Zug.-Nr.	
Uhrzeit	Lfd.-Sekunde	weiß	weiß	Schwarz	schwarz
14:11:41	101	11	Se5		
14:12:04	124			11	Sxe5
14:12:05	125	12	dxe5		
14:12:13	133			12	Se4
14:12:17	137	13	Sxe4		
14:12:18	138			13	dxe4
14:12:20	140	14	Lb5		
14:12:22	142			14	Tf8
14:12:27	147	15	Tfd1		
14:12:43	163			15	Dc8
14:13:02	182	16	Dh5		
14:13:05	185			16	Lc6
14:13:13	193	17	Lf1		
14:13:14	194			17	Dc7
14:13:25	205	18	Dg4		
14:13:26	206			18	Tfd8
14:13:30	210	19	Td6		
14:13:43	223			19	f5

(*wird auf nächster Seite fortgeführt*)

Tabelle 32 Fortsetzung

Partie	TL-ME	Spieler		Spieler	
14:14:00	240	20	Dg3		
14:14:12	252			20	Txd6
14:14:16	256	21	Dxg7+		
14:14:17	257			21	Kxg7
14:14:18	258	22	exd6+		
14:14:25	265			22	Lf6
14:14:26	266	23	Lxf6+		
14:14:28	268			23	Kxf6
14:14:29	269	24	dxc7		
14:14:30	270			24	Tc8
14:14:31	271	25	Td1		
14:14:32	272			25	Txc7
14:14:33	273	26	Td8		
14:14:36	276			26	Td7
14:14:38	278	27	Tf8+		
14:14:39	279			27	Kg7
14:14:40	280	28	Te8		
14:14:41	281			28	Kf7
14:14:43	283	29	Th8		

Einschätzung der Partie

Die Untersuchungen physiologischer Parameter (EMG, HW, HP) erfolgten an Spieler ME.

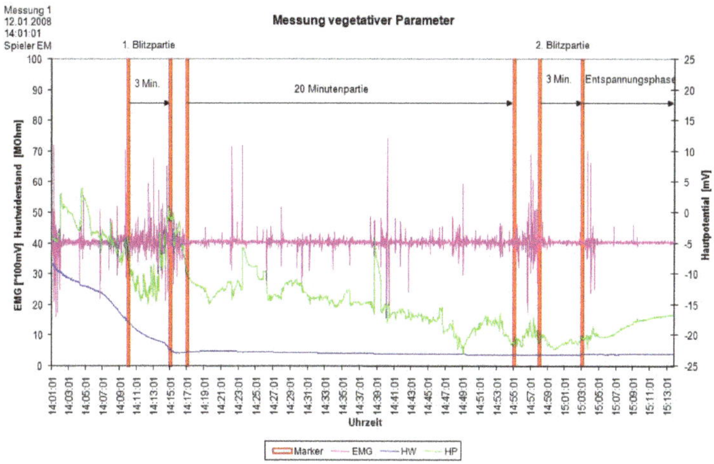

Abbildung 246 Verlauf der Originaldaten der Parameter EMG, HP und HW vor, während und nach den Schachpartien

Die wesentlich verringerte Muskelaktivität in der 2. Blitzpartie gegenüber der 1. Blitzpartie weist auf eine verkrampfte Körperhaltung hin. Die kognitive Beanspruchung (vegetativ-nervale Reaktion – Parameter HP) nimmt während der Untersuchungsdauer kontinuierlich zu.

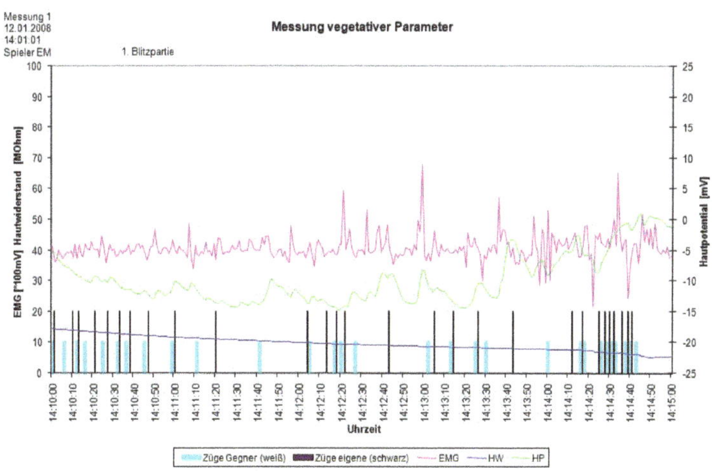

Abbildung 247 Verlauf der vegetativen Reaktionen des Spielers ME während der 1. Blitzpartie im Zusammenhang mit den durchgeführten Spielzügen

Während die muskulären Reaktionen zum Ende der Partie an Heftigkeit zunehmen, scheint die maximale vegetativ-nervale Beanspruchung kurz nach der zeitlichen Mitte der Partie zu liegen (höchste negative HP-Werte).

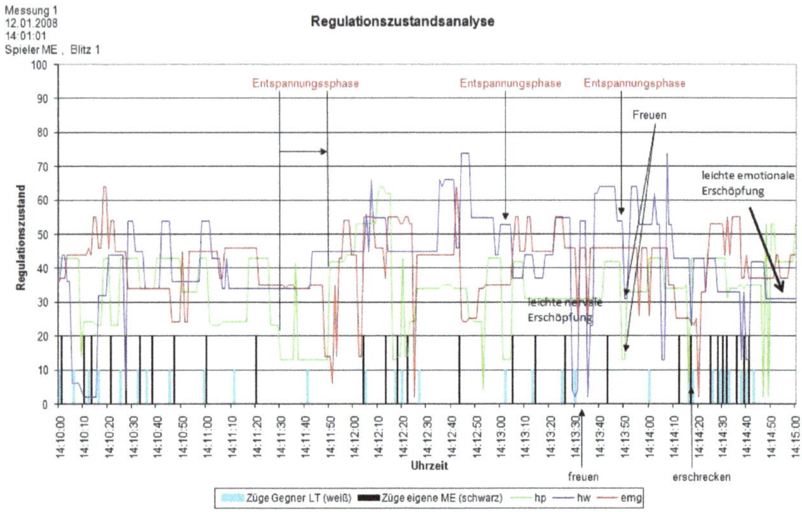

Abbildung 248 Veränderung der Regulationszustände im Verlauf der Blitzschachpartie 1 für die vegetativ-nervale Reaktion, die vegetativ-emotionale Reaktion und die muskuläre Reaktion

Legende: HP – hellgrün, HW – blau, EMG – rot, Züge ME – schwarz, Züge TL – türkis,

Die Einträge „freuen“ und „erschrecken“ sind zeitlich zugeordnete Bemerkungen des Spielers ME aus dem geführten Protokoll. Die rot markierten Einträge ergeben sich aus der Analyse. Auffallend ist weiterhin eine circa 30 Sekunden dauernde vegetativ-nervale Entspannnungssphase, die ca. 14:13:00 h beginnt und durch das Auftreten eines stabilen Regulationszustandes über diese Zeit bei dem Zustand 31 entsprechend der Abbildung 248 charakterisiert wird sowie die vegetativ-emotionale Erschöpfung am Ende der Partie, ebenfalls bei diesem Zustand. Während der genannten Phase der vegetativ-nervalen Erschöpfung wird vom Spieler ME ein kurzer Moment des „sich freuen“ registriert, der durch das Auftreten von emotionalen Spitzen im Zustand 02 begleitet wird. Da gleichzeitig muskuläre Regulationsspitzen mit leichter Aktivierung im Zustand 26 zu verzeichnen sind, kann man diesen Zustand als kurzzeitige „innere Freude“ charakterisieren.

Noch deutlicher wird der Zustand des „sich freuen“ gegen 14:13:50 h durch die Regulationsanalyse repräsentiert. Während die vegetativ-nervale Reaktion den Zustand 13 erreicht und die vegetativ-emotionale wiederum beim Zustand 31 angelangt ist, befindet sich die muskuläre Reaktion in der ausgeprägten Aktivierung im Zustand 46. Auf Grund der relativ geringen Abtastrate von 1 Sekunde konnte diese Reaktion mit einer Dauer von 1 Sekunde gerade noch erfasst werden. Auch in diesem Fall liegt eine sogenannte innere Freude vor. Das durch den Spieler ME registrierte „Erschrecken“ tritt in dem Moment auf, wo ihm durch den Gegner im 16. Zug zum ersten Mal Schach geboten wird (14:14:16h).

Tabelle 33 Veränderung der Regulationszustände in einer Schrecksituation

Uhrzeit	EMG	HP	HW
14:14:15	25	35	43
14:14:16	25	6	43
14:14:17	24	43	23

Die Tabelle 33 zeigt die Veränderungen der Regulationszustände in der Schrecksituation. Auffällig ist dabei vor allem die starke sprunghafte Veränderung des Regulationszustandes des Parameters HP (kognitive Reaktion) vom relativ starren angespannten Verhalten über eine adaptive Regulation zu einem deaktivierten, leicht desynchronisiertem Regulationszustand. Über das Zusammenspiel der verschiedenen Regulationsfunktionen gibt die Synchronisation zwischen den regulatorischen Anteilen der untersuchten Parameter Auskunft. Methodisch wird der zeitliche Verlauf der Korrelation berechnet und im Zusammenhang mit der gemittelten Regulationsperiode bzw. ihrer zeitlichen Änderung dargestellt.

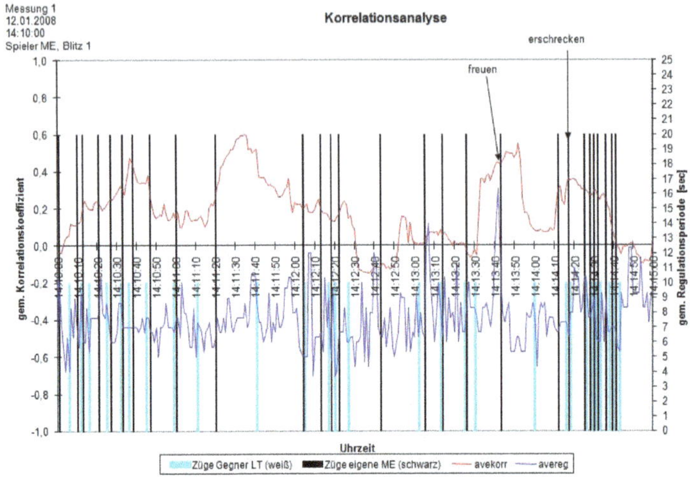

Abbildung 249 Verlauf der gemittelten Synchronisation (rot) und gemittelten Regulation (blau) während der Blitzpartie 1 (TL – ME)

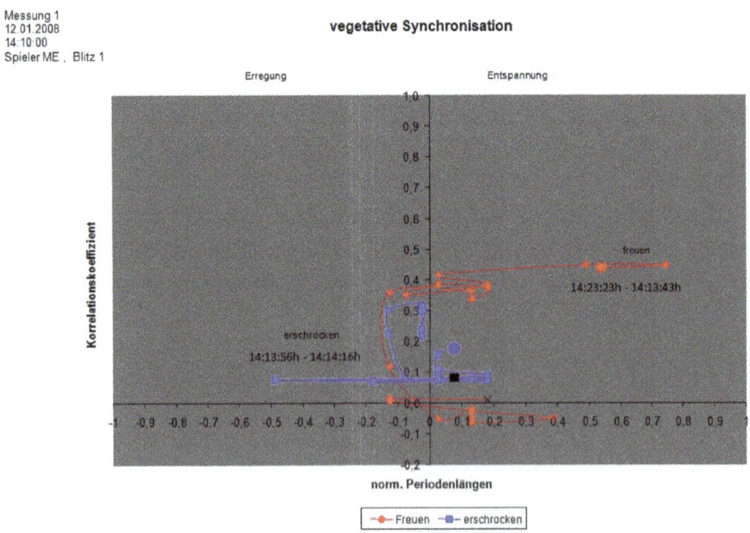

Abbildung 250 Synchronisationsvorgänge für die Ereignisse „freuen“ und „erschrecken“ während der Blitzpartie 1 (TL – ME)

Sowohl das „sich freuen" als auch das „sich erschrecken" wird durch relative Maxima der Korrelation begleitet. Für das „sich freuen" wird ein kurzer heftiger Sprung des Systems in einen entspannten Zustand dargestellt. Noch deutlicher wird der Unterschied zwischen diesen beiden Reaktionsweisen anhand der zweidimensionalen genormten Darstellung für die Synchronisation entsprechend dem Modell in der Abbildung 250 sichtbar. Während die Schreckreaktion durch einen schnellen Regelvorgang, der gewöhnlich mit einem erhöhten Aufwand an Stoffwechselenergie und niedrigen Werten der Synchronisation zwischen 0 und 0,1 verbunden ist, eher nicht synchronisiert verläuft, zeigt das Reaktionsmuster im Zustand des „sich freuen" das gegenteilige Bild. Gleichzeitig wird bei mittleren positiven Korrelationswerten um 0,5 kurzzeitig ein ausgeprägter Entspannungszustand erreicht.

10.3 Enhancing Quality of Life: Laboratory as a Center of Chrono-Bio-Psychology Measurement

Libbie Annatagia[1]
Universitas Islam Indonesia, Indonesia[1]

Abstract. Universitas Islam Indonesia (UII) concerns to enhance people's quality of life. The Department of Psychology UII has designed a research roadmap focusing on quality of life enhancement based on Islamic value. Many researches have been conducted to support the roadmap. However, research results that describe both physical and psychological health condition are very limited. In fact, physical and psychological health can be measured using several tools, one of which is Chrono-Bio-Psychology measurement. Laboratory, which is one of the research support systems in the Department of Psychology UII, plays the role of a center for Chrono-Bio-Psychology measurement. This article aims to describe the efforts of UII to enhance the quality of life and the role of the laboratory in the Department of Psychology as a center for Chrono-Bio-Psychology measurement. Some activities are attempted by the Laboratory, including initiating researches, cooperating with the Laboratory of DPFA Hochschule Sachsen University of Applied Sciences, Germany, and holding workshops that focus on how to use such Chrono-Bio-Psychology tools as smardwatch and stress pilot.

Problem/Introduction/Objectives

World Health Organization defines Quality of Life as individuals' perception of their position in life in the context of culture and value systems in which they live and in relation to their goal, expectations, standards, and concerns. It is a broad ranging concept affected in a complex way by the person's physical health, psychological state, level of independence, social relationship, personal beliefs, and their relationship to salient features of their environment (WHOQOL-WHO, 1997). Therefore, many institutions are trying to enhance quality of life since it plays an important role in human life. As an educational institution, Universitas Islam Indonesia (UII) concerns to enhance people's quality of life. The Department of Psychology UII has designed a research roadmap focusing on quality of life enhancement based on Islamic value. Many studies have been conducted to support the roadmap, including Cognitive Behavioral Religious Therapy to Overcome Depression (Trimulyaningsih, 2010), Parenting Skill: Necessary but not Sufficient for Parents and Children's Well-Being (Kurniawan, 2010), Community Empowerment Initiatives through Synergy between "Posyandu" Cadres and Community Health Center Psychologists (Puspitasari, 2010), Relaxation Training to Decrease Blood Pressure and Enhance the Quality of Life in Hypertension Patients (Sulistyarini, 2013), Bumil Sehat Relaxation to Decrease the Anxiety of High-Risk Pregnant Women (Annatagia & Retnowati, 2011), Shabr and Salah as a Model to Enhance Resilience in Disaster Area, Yogyakarta (Uyun & Rumiani, 2012), and Self Trauma Healing with S.E.F.T: Empowering Survivor in Dealing with Disaster (Rumiani, 2012). However, most of these studies used self-report questionnaires to assess the quality of life through exploration of the psychological aspect of human being, while research results that describe both physical and psychological health condition are very limited. In fact, physical and psychological health can be measured using several tools, and one of which is Chrono-Bio-Psychology measurement. This article aims to describe the efforts of UII to enhance the quality of life and the role of the laboratory in the Department of Psychology as a center for Chronobiology measurement.

Literature/Theory

Chronos, originally a Greek word, means time, and Chronobiology is the science of temporal processes in the various bodily functions of biological systems, which can be measured in terms of periodical phenomena of varying duration (Balzer, 2009). It objectively explores and quantifies mechanisms of biological time structure including important rhythmic manifestations of life right from molecular level of living being, from unicellular organism to complex organism such as human being (Singh, 2009). The sub-disciplines of chronobiology include chronomedicine, chronophysiology, chronopharmacology, chronotherapy, chronodiagnosis, and chronoprevention. Each of which describes certain areas of application of chronobiology (Balzer, 2009). Singh (2009) stated that chronobiology consists of rhythms' multi frequency spectrum that allows us to approach risks, diagnosis, and treatment dependent on appointment time, especially of the dynamics of time, gender, age, ethnicity and geographical location. The rhythm structure of living organism is partly endogenous, genetically programmed and thus differentially and rhythmically responsive to environmental cycles. A deviation from the physiologic range serves mainly to diagnose overt disease. The body rhythms affect not only daily, weekly, monthly, yearly functions but also the prevalence of disease symptoms, medical test results, and even the way the body responds to drug therapies.

Disscussion/Conclusion

The Department of Psychology UII worked on some strategies to promote and enhance the quality of life. Besides conducting many studies that explore the quality of life, the Department of Psychology UII cooperated with some institutes and universities, and one of which is DPFA Hochschule Sachsen University of Applied Sciences, Germany. The cooperation between UII and DPFA was initiated by the research of School of Empathy. School of empathy is a program including Tanzpro Biodanza and Non-Violance Communication, developed by Marcus Stueck. In Indonesia, the first School of Empathy research only used observations and interviews as a measurement tool, but the upcoming research will use the Chrono-Bio-Psychology measurement to gain comprehensive results. Laboratory, which is one of the research support systems in the Department of Psychology UII, plays the role of a center for Chrono-Bio-Psychology measurement. Some activities are attempted to achieve this aim, including initiating researches, cooperating with the Laboratory of DPFA Germany, and holding workshops that focus on how to use such Chrono-Bio-Psychology tools as smardwatch and stress pilot. Annatagia, Trimulyaningsih, Puspitasari & Balzer (2015) examined the psychophysiological aspects of a 22-year-old male student who performs the compulsory daily prayers (*shalat*). The data were obtained from Chrono-Bio-Psychology devices named Stress Pilot and smardwatch. In this study, the subject was observed using stress pilot twice: 2 hours after the first shalat and 20 minutes after the second *shalat*. The subject was also examined using smardwatch within 24 hours. This study found that the subject's quality of regulation was at level 31: concentration-relaxation. Subject's RSA were: 34 (after the first *shalat*) & 35 (after the second *shalat*), age comparison were: 61 % – 70 % (after the first *shalat*) and 71 % – 80 % (after the second *shalat*). Novitasari, Qudsyi, Widiasmara (2015) conducted a single case study using smardwatch to examine the biopsychological rhythm during a dhikr. This study found that there were different results from two times of dhikr. The distribution of regulation state was more active in the dhikr after Isya'. Some ongoing researches also use the Chrono-Bio-Psychology measurement to examine the dynamics of tawakal (resignation) (written by Irwan Nuryana Kurniawan), reciting the Qur'an (written by Hariz Enggar Wijaya), teachers' stress (written by Hazhira Qudsyi), and psychotherapy session (written by Muhammad Novvaliant Filsuf Tasaufi). Furthermore, we hope that more studies will use the Chrono-Bio-Psychology measurement, especially to support the quality of life enhancement.

Affiliations Libbie Annatagia Departement of Psychology, Universitas Islam Indonesia Jalan Kaliurang Km.14,5 Yogyakarta, Indonesia libbie.annatagia@gmail.com

10.4 Religious Involvement, Subjective Well-Being and Blood Pressure

Nita Trimulyaningsih[1], Endah Puspita Sari[2]
Universitas Islam Indonesia, Indonesia[1,2]

Abstract. This research aims to examine the relationship between religious involvement (RI), subjective well-being (SWB) and blood pressure. The subjects of this research were students of Universitas Islam Indonesia (N =24). The results of Spearman's Rank analysis showed that there were no significant relationship between RI and SWB, and neither was it with RI and cystolic blood pressure. RI had significant relationship with dyastolic blood pressure (R^2 = 0,1436). Religious attendance also had a significant relationship with both systolic (R^2 = 0,1413) and dyastolic blood pressure (R^2 = 0,2787).

Problem/Introduction/Objectives

People's global evaluation of affect and life quality is called subjective well-being (SWB). SWB includes not only affective indicator of happiness but also cognitive assessment of life satisfaction (Keyes, Shmotkin, & Ryff, 2002). High SWB means that people judge that their life is satisfied (Diener cited in Eid & Larsen, 2008). In fact, we found some students in our university who judge their life to be not satisfied yet. Based on the counseling request data during 2013–2014 from the center of guidance and counseling UII (DPBMKM UII), the major complaint is intrapersonal problems (such as low self- confidence, low self-esteem, seeking for self-identity), interpersonal problems (such as problem with peers), family problem (such as lack of attention from parents, bad communication between family member), academic problem (such as low academic achievement, low motivation, and difficulties in concentration), and psychological problem (such as anxiety, depression, stress, personality disorder). Those complaints are in line with a survey conducted by DPBMKM 2014 which shows that some UII students have to face problems such as being moody, lack of motivation, low self-concept, procrastination, being a pessimist, religious problem (had no meaning in life, bad relation with God). Based on those data, we conclude that students in our university still have low SWB. It is necessary to promote SWB among university students in order to prevent, mitigate, or reduce pathology. We take the data at a private Islamic university in Indonesia. Thereby, almost all of the students are Moslem. Moslem has many dogmas and values that could raise SWB. A research conducted by Jaafar, Muhammad, Hanapiah Afiatin, & Sugandi (cited in Afiatin, 2009) finds there are 12 indicators which contribute to happiness of Indonesians and Malaysians, e. g. family interpersonal relationship, richness, health, emotional stability, career and work achievement, education, religion/spiritual needs, freedom/self-control, recreation, security, and basic/physical needs. Religion as an explanatory system has a positive relation with well-being (Diener, Oishi, & Lucas, 2009; Nonnemaker et al cited in Scott Jr., Munson, McMillen, & Ollie, 2006). A study conducted by Meshreki (2007) shows that blood pressure has relation with religious attendance among older adults. Religious attendance and private religious practices are implicated in reduced blood pressure. Religious involvement and lower mortality have significant relationship, with small effect size. Religious involvement might be more of a protective factor for women (Meshreki, 2007). Another research reveals that religious attitudes and involvement may interact favorably in their effects on cardiovascular hemodynamics, specifically blood pressure (Larson, Koenig, Kaplan, Greenberg, Logue, & Tyroler, 1989). This research aims to find the relationships between religious involvement, subjective well being, and blood pressure.

Literature/Theory

Ryan and Decy (2001) organized the field of well-being into two broad traditions: one tradition dealing with happiness (hedonic well-being) and the other one dealing with human potential. Meanwhile, SWB researchers divide SWB into narrower domain classes of construct that tap into distinct ways in which one's life could be evaluated (Schimmack cited in Diener, Oishi, & Lucas, 2009). One feature is the feeling that people can tell whether they are pleasant or unpleasant. In other feature, people consider their life is good if they experience more pleasant experiences over period of time. Thus, reflective judgments and affective experiences provide two distinct ways in which people's life could be evaluated (Lucas & Diener, 2008). The word 'religion' is from Latin 'religare', which means to bind together. A religion organizes the collective spiritual experiences of a group of people into a system of beliefs and practices. Religious involvement refers to the degree of participation in or adherence to the beliefs and practices of an organized religion (Mueller, Plevak, & Rummans, 2001).

Method/Sample

This research used a survey model whose sample set of the research was taken from master and professional of Psychological students at Universitas Islam Indonesia (N = 17) whose normal blood pressure (between 100/60–140/90 mmHg) (Werner, Thuman, & Maxwell, 2010).

Measurement Tools

The Subjective Well Being Scale (SWS).

SWS was developed based on Positive Affect (PA) and Negative Affect (NA) Scale (PANAS) (**Watson, Clark, & Tellegen, 1988**) to assess affective dimentions of SWB and Satisfaction with Life Scale (SWLs) (**Diener, Lucas, & Richard, 1999**) to assess cognitive evaluation of SWB. We translated all scales into Bahasa, did the content validity, and tried out the scale to find out the reliability (Cronbach's alpha). The last version of SWS scale consist of PA scale (8 items, $\alpha = 0{,}765$), NA scale (8 items, $\alpha = 0{,}785$), SWLs (3 items, $\alpha = 0{,}556$). The balance (BAL) between these two variables of affective factor is obtained with the equation: positive affect minus negative affect (BAL = PA – NA). The variables of SWB were determined by combining both SWB dimensions: the affective dimension and the cognitive dimension. Thus, subjective well-being was calculated with the formula: SWB = SWLS + (PA – NA).

The Religious Involvement Scale (RIS)

RIS was developed based on Scott, Munsen, McMillen and Ollie (2006) which assesses 3 aspects of religious involvement: Religious Service Attendance, Religious Practice, and Religous Belief. After the process of translation, validated throuh content validity and reliability tes, the Cronbach's alpha for 13 items of RIS was 0,716.

Procedure and Statistical Analysis

The tests were administered collectively to groups of 25 participants. From 25 inventory, there were rejected data that had no blood pressure's measurement and higher or lower blood pressure score. All of variables (Subjective Well Being, Religious Involvement, 3 dimentions of SWB, 3 aspects of RI, systolic and diastolic blood pressure) were transformed into standardized scores or z scores before calculating because the various scales have different numbers of items and are scored in different ways. The data then analyzed with Spearman Ranks by SPSS because of little sample size.

Results

The result showed that there were no significant results between variables inputed at analysis, except Religious Belief and Subjective Well Being ($p = 0,18$, $r = 0,564$). It might be caused by little sample size ($N = 17$), as Gravetter and Walinau (2008) said that sample size affects the hypothesis test, but has little or no impact on measures of effect size. Cohen (Gravetter and Walinau, 2008) also stated that another criteria to evaluate the size of a correlation was r2. Based on this condition, we decided to use effect size (r2) to evaluate the correlation. Based on Cohen standard of effect size (Gravetter and Walinau, 2008), there were variables that have large effect size (r2 >0,25), including religious belief and subjective well-being (r = 0,56, r2 = 0,3136), also positive affect and religious belief (r = 0,51, r2 = 0,26). There were also some variables that had medium effect (r2 > 0,09), including SWB and Diastole (r = 0,3, r2 = 0,09), also satisfaction with life and diastole (r =0,32, r2 = 0,10).

Disscussion/Conclusion

Based on the statistical analysis, there is significance of religious involvement and SWB. This result favor with prior research, which is found that stronger religious beliefs are positively correlated with SWB (Colờn-Bacờ, 2010). In another reseach, we found that lower positive affect associated with diastolic hypotension (Jorm, 2001).

Affiliations

Nita, Trimulyaningsih Universitas Islam Indonesia Jl. Kaliurang km.14,5 Yogyakarta, Indonesia nita3life@uii.ac.id

Endah, Puspita Sari Universitas Islam Indonesia Jl. Kaliurang km.14,5 Yogyakarta, Indonesiaendahlintang@gmail.com

10.5 Looking for Psychophysiological Evidence for the Scale of Tawakal to Allah Ta'ala: An Initial Validation Study

Irwan Nuryana Kurniawan[1]
Islamic University of Indonesia, Yogyakarta, Indonesia[1]

Abstract. Although some previous studies have indicated a preliminary evidence for the reliability, convergent and concurrent validity of the Scale Tawakal to Allah Ta'ala (STAT)—surrender to God measure on Islamic perspective, the availability of psychophysiological evidence will increasingly support the usefulness of such scale. In the current research 30 undergraduate students would be studied to examine the relationship between surrender to God on Islamic faith and psychophysiological response to stress. They would be asked to complete the STAT (Sartika & Kurniawan, 2014), the Surrender Scale (SS; Wong-Donald & Gorsuch, 2000), and to perform smardwatch measurements (Balzer & Hecht, 1995).

Problem/Introduction/Objectives

The Scale of *Tawakal* Allah Ta'ala (STAT; Sartika & Kurniawan, 2014) was developed to provide a valid and reliable measure of surrender to God on Islamic faith. The reliability estimate for STAT was greater than 0,8 (Cronbach's alpha = 0,92 for Sartika & Kurniawan (2014)'s study, 0,91 for Sari & Kurniawan (2015)'s study, 0,93 for Prihantini & Kurniawan (2015)'s study, and 0,89 for Yudhantara & Kurniawan (2016)'s study). As a rough guide, Field and Hole (2008) suggested a value of 0,8 seen as an acceptable value for Cronbach's alpha; substantially lower values indicate an unreliable scale. By controlling social desirability, a positive relationship between surrender to God on Islamic faith's scale scores and surrender to God's scale (**Wong-McDonald & Gorsuch, 2000**) scores (*rxy-z = +0,78, n =224, p <0,05* for Sartika & Kurniawan's study (2014), and rxy-z = +0,60, n =244, p <0,05 for Kurniawan (2015)'s study) provides convergent validity evidence. Surrender to God on Islamic faith is correlated positively with life satisfaction (Sartika & Kurniawan, 2014), flourishing (Kurniawan, 2015), and marital satisfaction (Prihantini & Kurniawan, 2015). These results provide an initial support for concurrent validity evidence of STAT. By examining the significant correlation between surrender to God on Islamic faith and parenting stress (Yudhantara & Kurniawan, 2016), evidence suggests that parents who utilize the surrender to God approach tend to have lower parenting stress. This early finding is in line with a previous research, which showed that physiological stress response may be less pronounced in some religious individuals. Clements and Ermakova (2012) found that surrender to God was consistently inversely related to stress. Pollard and Bates (2004) found intrinsic religious orientations (IR) was highly negative correlation with perceived stress. Dedert, Studts, Weissbecker, Salmon, Banis, and Sephton (2004) found cortisol concentration—a common indicator of stress—to be more rhythmic (i.e. healthier) in women who were high in IR, while women low in IR had flattened cortisol rhythms. Although some previous studies (Sartika & Kurniawan, 2014; Kurniawan, 2015; Prihantini & Kurniawan, 2015; Sari & Kurniawan, 2015) have indicated a preliminary evidence for reliability, convergent and concurrent validity of the STAT and various aspects of religiosity have been found to be negatively related to psychophysiological responses to stress (Masters, 2008), surrender to God on Islamic faith has not been specifically studied as a potential predictor of stress. The availability of psychophysiological evidence will increasingly support the usefulness of such scale. The current studies aim to examine a relationship between surrender to God on Islamic faith and psychophysiological response to stress.

Literature/Theory

Surrender to God is a submission to the provisions and decisions of God, with a fixed implementation of all His commands and submits to Him in every circumstance, accompanied with the effort to deciding all relationships to other than God (At-Tuwaijiri, 2014). The core of surrender to God is an oath in the resting heart to God in bringing benefits and denying the dangers in a variety of world things and the hereafter (Buhairi, 2012). Those who surrender to God would feel sure that it is sufficient to God as a helper (Holy Qur'an, Chapter 3, verse 173) and as a protector (Holy Qur'an, Chapter 4, verse 81), plead and submit the best decision for himself to God (Holy Qur'an, Chapter 7, verse 89). They do not feel concerned tricked because God will protect them (Holy Qur'an, Chapter 8, verse 62) and believe that everything that happens in their life, both positive and negative, which bring benefits or loses will not occur unless with the permission of Allah Ta'ala (Holy Qur'an, Chapter 9, verse 51). Those who surrender to God also will be satisfied with what is given by God and His Messenger (Holy Qur'an, Chapter 9, verse 59) and feel quite with what God has given to him. They believe that Allah Almighty one who holds a full control and has set a measure for all things (Holy Qur'an, Chapter 65, verse 3).

They do not feel uneasy with the sustenance they get (Holy Qur'an, Chapter 29, verse 60) because it is convinced that everything that is in the heavens and on earth belongs to God and they return all their affairs only to God (Holy Qur'an, Chapter 11, verse 123). Those who surrender to God supposedly will have a high life satisfaction and positive affects, and low negative affects and stress because according to At-Tuwaijiri (2014) their hearts will not be shaken and restless when because they love has been lost and something they do not like about thus coming. They have a positive prejudice to God because the sequence of world events is subject to His will. God does in accordance with His will. Something good could be suspected of bringing the ugliness, and otherwise something bad could be presumed good. They believe all the Affairs of the return to God and they hand over their whole affair to Him.

Method and Sample

The current study will be conducted with involving 30 undergaduate university students from Department of Psychology, Universitas Islam Indonesia. After receiving study approval from the university's institusional review board, they would be asked to complete some research instruments during the Even Semester 2015/2016

Measurement Tools

Research instruments completed by participants in this study were the Scale of *Tawakal* to Allah Ta'ala (Sartika & Kurniawan, 2014), the *Surrender Scale* (Wong-McDonald & Gorsuch, 2000), and the smardwatch (Ferstl 2005).

Scale of Tawakal to Allah Ta'ala

The Scale of *Tawakal* to Allah Ta'ala (Sartika & Kurniawan, 2014), has 25 items to evaluate surrender to God level on Islamic faith, such as "How often are you not worried about being cheated by other people because you believe that Allah Ta'ala will always protect you?." Response choices for all items are in the range from 1 (never true of me) to 5 (always true of me).

The Surrender Scale

The Surrender Scale (Wong-McDonald & Gorsuch, 2000), has 12 items to evaluate to which degree the people are willing to surrender to God, such as "When your solutions to *problems are in conflict with God's alternatives, will you submit* *to God's way?" Response choices for all items are in the range from 1 (*never true of me*) to 5 (*always true of me*).*

The SMARD-Watch

SMARD-Watch, developed by Balzer and Hecht in 1997 (Novitasari, Puspitasari, Qudsy, Annatagia, & Trimulyaningsih, 2014), is a system for non-invasive measurement and analysis in the scope of regulation diagnosis and therapy. The smardwatch (followed development step of the SMARD-Watch) measurements during the sessions were conducted with two sensors attached directly behind the wrists of both hands. The conditions prevailing measurement were either at rest or in movement. The following parameters were recorded: heart frequency, pulse frequency, electromyogram, skin potential, skin resistance, skin temperature, and convection temperature. In the current study, the parameters that provide directly relevant information about stress will be applied.

Discussion/ Conclusion

This study would examine a relationship between surrender to God on Islamic faith and psychophysiological response to stress. This article described the ongoing study. Until this paper has been written, this research has reached the stage of determining the participants and questionnaire study.

Affiliations

Irwan Nuryana Kurniawan Child and Family Study Center, Dept of Psychology, Universitas Islam Indonesia
Jalan Kaliurang Km 14,5 Yogyakarta kurniawan-in@uii.ac.id

10.6 Auswertung des Beanspruchungsverhaltens (Konzentrationsphasen und Wechselwirkungen) im Verlaufe eines Schulunterrichts zwischen einer Lehrerin und Schülern

H.-U. Balzer

Im Rahmen des Forschungsprojektes „Musikpädagogik als Prävention" (Berka-Schmidt et al, 2004) wurden die Beanspruchungssituationen und die Wechselwirkung zwischen einer Lehrerin (L) und den Schülern (S und C) im Verlaufe eines Deutschunterrichts mittels des Mess-Systems SMARD-Watch registriert und mittels Zeitreihenanalyse (Balzer, 1988, Balzer & Hecht, 2000) analysiert. Registriert wurden u. a. die Parameter Elektromyogramm (EMG), Hautpotential (HP) und Hautwiderstand (HW). Bei einer Abtastrate von 1 Sekunde lag der Analysebereich von Regulationsvorgängen der vegetativ-emotionalen Reaktion (Parameter HW), der vegetativ-nervalen Reaktion (Parameter HP) und der muskulär-motorischen Reaktion (Parameter EMG) im Bereich von 2–13 Sekunden. Während des Unterrichts wurde ein Verhaltensprotokoll geführt. Unter „Konzentration“ wird ein Zeitintervall verstanden, in dem die Korrelationswerte bei gleichzeitig auftretenden Regulationsperioden von >8 Sekunden, positiv sind. Diese Einteilung wurde willkürlich vorgenommen und entspricht den Vermerken im Protokoll über „konzentriert“ bzw. „unkonzentriert“.

In Abbildung 251 sind die Verläufe der gemittelten Korrelationen zwischen den Regulationsfunktionen und die gemittelte Regulationsfunktion im Zusammenhang mit protokollierten Aktivitäten dargestellt. Die grünen Eintragungen gelten für die Schülerin S, die blauen für den Schüler C und die roten für die Lehrerin L.

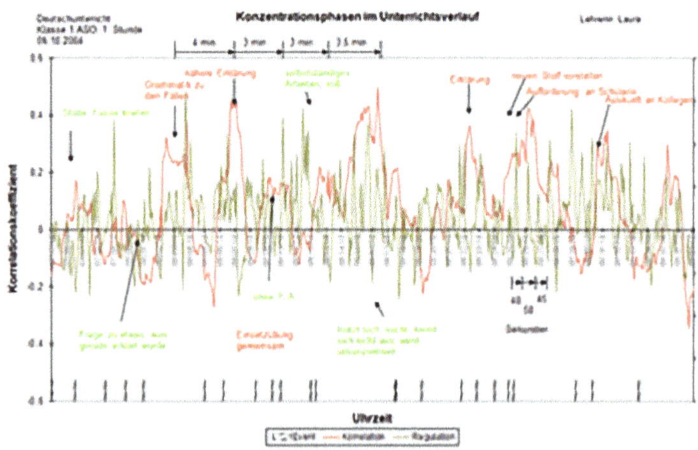

Abbildung 251 Konzentrationsphasen im Unterricht – Lehrerin

Die Korrelationsmaxima der Lehrerin (rote Kurve) haben einen Abstand von ca. 3,5 min. Das deutet auf einen unbewusst zugrunde liegenden Rhythmus hin, der der Hälfte des Rhythmus des Stresshormons Noradrenalin (Periode 7–8 min.) entspricht. Eine Halbierung von Periodendauern tritt gewöhnlich in Beanspruchungssituationen auf. Die gemittelte Regulationsfunktion (blau) zeigt dagegen einen ca. 45 sekündigen Rhythmus im Hintergrund. Dieser entspricht einem verkürzten Grundrhythmus des Adrenalins (ca. 1 min.). Die Eintragungen der Tätigkeiten erfolgten nach dem Unterrichtsprotokoll (rot – Tätigkeiten der Lehrerin, grün – Tätigkeiten der Schülerin S). Der Unterricht beginnt mit körperlicher Aktivität. Im Normalfall sollte, ohne zusätzliche kognitive Beanspruchung, eine leichte positive Korrelation vorherrschen. Dies ist dadurch begründet, dass im Normalfall das physiologische Prinzip der Regulation und Gegenregulation gilt, d. h. bei emotionaler und kognitiver Aktivierung ist motorisch-muskuläre Deaktivierung vorhanden und umgekehrt. Da die Korrelationswerte aus den drei paarweisen Korrelationen EMG-HP, EMG-HW und HP-HP berechnet werden bzw. HP und HW bis auf eine Phasendifferenz im Normalfall gleichsinnig bzw. parallel verlaufen, ergeben sich für den Normalfall leicht positive Korrelationswerte. Höhere positive Korrelationswerte werden bei gleichsinnigem Verlauf der Regulationsfunktionen erreicht, höhere negative Korrelationswerte bei ausgeprägtem gegensinnigem Verlauf der Regulationsfunktionen. Hohe positive Korrelationswerte können daher sowohl bei schnellen Regulationsprozessen (im Falle einer Beanspruchung) als auch bei langsamen Regulationsprozessen (im Falle einer Entspannung) entstehen. Eine Zuordnung der berechneten Korrelationswerte zu den beiden Richtungen Erregung – Entspannung ist über die gemittelte Regulationsfunktion möglich. Nur für den Fall, dass die gemittelte Regulationsfunktion niedrige Werte (kurze Regulationsperioden (hier < 7–8 Sekunden)) beträgt, kann von echten Konzentrationsphasen ausgegangen werden. Dieses trifft zu Beginn des Unterrichts für die Lehrerin zu sowie zu Beginn und Ende der Erklärung der Grammatik. Am Ende der „näheren Erklärung" tritt ebenfalls erhöhte Konzentration auf. In der Zeit von 08:14 h – 08:16 h geht die Lehrerin durch die Klasse. Die dabei auftretende Synchronisation (Korrelation) wird von vorwiegend langsamen Regulationsvorgängen begleitet, was von Ruhe und Ausgeglichenheit in dieser Phase spricht. Der protokollarische Bezug zu dieser Phase ist in Abbildung 252 gezeigt. Die Erklärungsphase um 08:23 h ist mit einer klaren Konzentrationsleistung verbunden. Auch die Phase „Vorstellung des neuen Stoffes" von 08:24 h – 08:28 h ist unter Berücksichtigung der rhythmischen Unterbrechungen im ca. 30 sec. Takt eine Konzentrationsphase mit kurzen Perioden. Die Auskunft an einen Kollegen gegen 08:30 h führt zu keiner Beanspruchung.

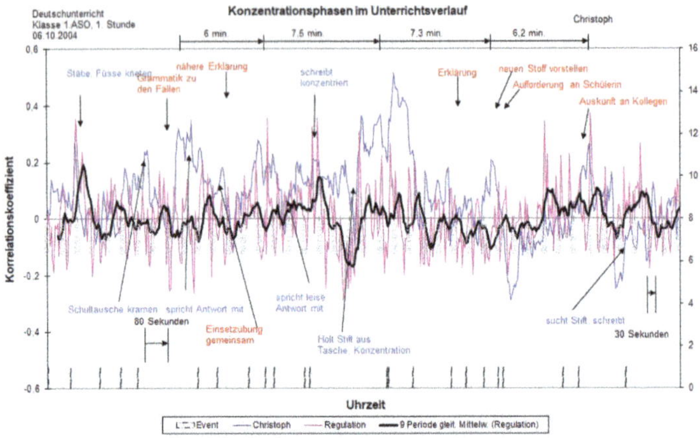

Abbildung 252 Beanspruchungsverhalten des Schülers C

Der Schüler C (Abbildung 252) zeigt, bezogen auf die Korrelation, im Hintergrund einen ca. 7 Minutenrhythmus. Im Regulationsverhalten beginnt er mit einem ca. 1 minütigen Rhythmus, der sich zum Unterrichtsende hin auf einen ca. 30 Sekundenrhythmus verkürzt. Insgesamt ist die Regulation durch eine Verkürzung der Rhythmik geprägt. Die Korrelationswerte weisen einen Trend in Richtung Null auf. Die Synchronisation geht zum Unterrichtsende mehr und mehr verloren. Dies alles deutet auf eine zunehmende Beanspruchung durch den Unterrichtsverlauf hin. Die Aktion „Stäbe, Füße kneten" zeigt eine Entspannung während dieser Zeit, charakterisiert durch eine relativ hohe Synchronisation bei gleichzeitiger langsamer Regulation. Eine hohe Konzentration, dargestellt durch mehrere Teilphasen der Konzentration, ergibt sich für die Phase „spricht Antwort mit". Es fällt auf, dass es keine geschlossenen Konzentrationsphasen gibt, sondern die prägende, kurze ca. 1 min.-Rhythmik diese im 1 Minutentakt unterbricht. Diese Phase beginnt ca. 08:03 h und endet ca. 8:05 h. Danach kommt es wieder zu einer Erholungsphase. Die unmittelbar darauffolgende Übung „Einsetzen gemeinsam" führt folgerichtig wieder zur Zunahme der Konzentration, erreicht aber nicht die Korrelationswerte der davor liegenden Konzentrationsphase. Während das „spricht leise Antwort mit" keine besondere Beanspruchung darstellt, scheint es in der Phase „schreibt konzentriert" einen Widerspruch zu den analysierten Daten zu geben. Hier überwiegt die langsame Regulation. Eine Überprüfung der analysierten Regulationswerte ergibt tatsächlich zu diesem Zeitpunkt eine Müdigkeitsphase, beginnend mit einer Überlastungshemmung im Parameter HW. Im Nachfolgenden wird wiederum eine Konzentrationsphase beschrieben, „Holt Stift aus der Tasche, Konzentration". In diesem Falle werden bei ähnlichen Korrelationswerten wie in der Phase davor jedoch wesentlich kürzere Regulationsperioden erreicht, die für eine Konzentrationsphase charakteristisch sind. Offensichtlich wurde die vorhergehende Phase „schreibt konzentriert" subjektiv falsch bewertet. Die Phase 08:16 h-08:20 h wird bei hohen Korrelationskoeffizienten durch eine zunehmende Verkürzung der Regulation beschrieben. Eine Beschreibung dieser Phase wird erst im Zusammenhang mit der Aktivität der Lehrerin möglich (s. unten). Die folgenden Phasen „Erklärung" und „neuen Stoff vorstellen" sind durch eine mittlere Beanspruchung gekennzeichnet. In der Bewegungsphase „sucht Stift" (08:13 h) kommt es zu „schlechten" Korrelationen zwischen den Regulationsfunktionen. Eine Überprüfung der Regulation der Muskelaktivität zeigt in dieser Phase eine auffallend starre Regulation, im Sinne einer Muskelanspannung (Periode: 7 Sekunden).

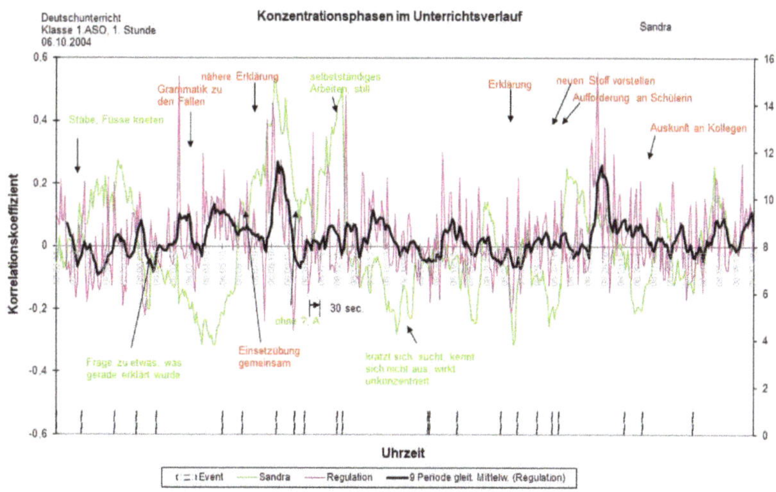

Abbildung 253 Beanspruchungsverhalten der Schülerin S

Bei der Analyse des Beanspruchungsverhaltens der Schülerin S ist auffallend, dass im Korrelationsverlauf ein ausgeprägter 3–4 Minuten- oder 7–8 Minutenrhythmus nicht vorhanden ist und im Regulationsverhalten ein ca. 30 Sekundenrhythmus überwiegt. Im Vergleich zur Lehrerin und zum Schüler

C ist darüber hinaus festzustellen, dass auffallend viele negative Korrelationen vorhanden sind. Im Verhaltensprotokoll wird zudem auch Unkonzentriertheit vermerkt. Ein gestörter oder nicht vorhandener 7–8 Minutenrhythmus ist aus chronobiologischen Kenntnissen heraus als Desynchronisation eines Prozesses zu werten. Die Regulation zeigt über die Unterrichtsstunde einen leichten Trend zur Verlangsamung, bei geringen positiven Korrelationswerten. Aus diesem Verhalten kann auf eine leichte Überforderung zum Unterrichtsende geschlossen werden. Das Verhaltensprotokoll gibt dazu keine Auskunft. Die Aktion „Stäbe, Füße kneten“ ruft ähnlich wie bei dem Schüler C eine kurzzeitige Entspannungsreaktion hervor. Die „Frage, zu etwas, was gerade erklärt wurde“ wird unmittelbar davor von einer gegenphasigen Korrelation und schnellen Regulationsvorgängen begleitet. Eine genauere Analyse der Regulationsvorgänge zeigt eine starre Regelung im Parameter EMG mit sehr kurzen Perioden von 2 Sekunden. Diese zeigt ein angespanntes muskuläres Verhalten, wie es typischerweise oft vor Beginn einer Fragestellung bemerkt werden kann. In der nachfolgenden Phase kommt es zu einer leichten Entspannung mit gegenphasiger Korrelation, wie sie bei motorischen Aktivitäten zu verzeichnen ist. Um 08:07:30 h kommt es bei der „näheren Erklärung“ durch die Lehrerin zu einer kurzen Konzentrationsreaktion. Dieser folgt eine ausgeprägte Entspannungsreaktion mit der höchsten positiven Korrelation von ca. +0,55. Unmittelbar nach dem Registrieren des Beginns der selbständigen Arbeit kommt es zu einer abrupten „Verschlechterung“ der bis dahin guten Korrelation. In dieser Phase werden auch die Regulationsprozesse immer schneller. Protokollarisch wird am Schluss „kratzt sich, sucht, kennt sich nicht aus, wirkt unkonzentriert“ vermerkt. Bei den nachfolgenden Abschnitten „Erklärung“ und „neuen Stoff vorstellen“, sind ähnliche Vorgänge zu bemerken. Die nächstfolgenden Vorgänge sind nicht protokolliert und lassen keine Besonderheiten erkennen.

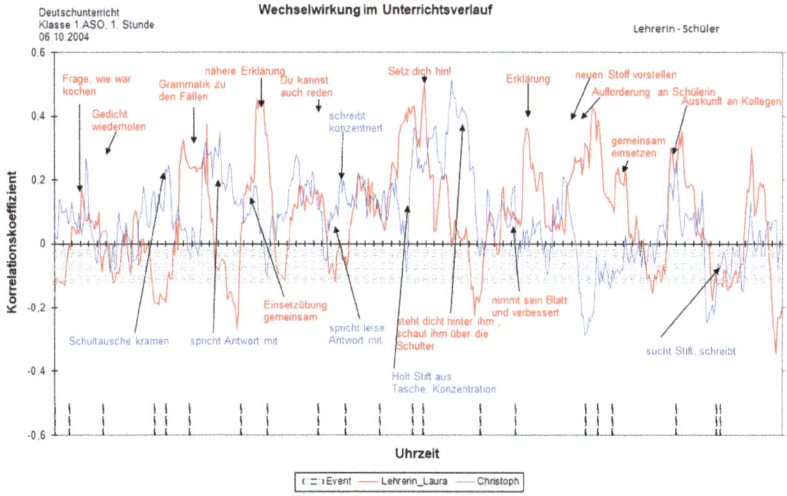

Abbildung 254 Wechselwirkung zwischen Lehrerin und Schüler

In der Wechselbeziehung zwischen der Lehrerin und dem Schüler sind drei typische Verläufe erkennbar. Die Korrelationswerte der Lehrerin erreichen vor den Korrelationswerten des Schülers ein Maximum. Die Korrelationswerte der Lehrerin verhalten sich phasenverkehrt zu denen des Schülers oder die Korrelationswerte beider Personen sind annähernd phasensynchron. Besonders deutlich wird dieses Wechselverhältnis gegen 08:03 h-08:04 h. Während zuerst die Korrelationswerte der Lehrerin bei der Vermittlung der Aufgabenstellung ihr Maximum erreichen, erlangt der Schüler beim Nachsprechen der Antwort seine Maximalwerte in der Korrelation. Dagegen erreicht der Schüler in der Phase „nähere Erklärungen" Korrelationswerte < 0 bei relativ schnellen Regelvorgängen mit Periode < 6 Sekunden, was von „Unkonzentriertheit" in dieser Phase zeugt. Die Aufforderung der Lehrerin „Setz Dich hin!" erzeugt beim Schüler eine sprungartige Erhöhung der Korrelationswerte. Die höchsten Korrelationswerte werden beim Schüler in der Phase erreicht, wo die Lehrerin durch die Klasse geht und ihm über die Schulter schaut. In der Mitte dieser Phase (gegen 08:17 h) wird dabei ein Maximum an Konzentration erreicht. Während der nachfolgenden Erklärungsphase ist die Korrelation des Schülers gering positiv und erst nach Beendigung steigt sie wieder an, was offensichtlich wieder dem bereits genannten, wechselnden Ablauf der Korrelationsphasen zwischen Lehrerin und Schüler entspricht. In der Phase „Auskunft an den

Kollegen" reagieren beide synchron mit einer Erhöhung der Korrelation. Hierbei ist kein Wechselspiel der Korrelationswerte vorhanden.

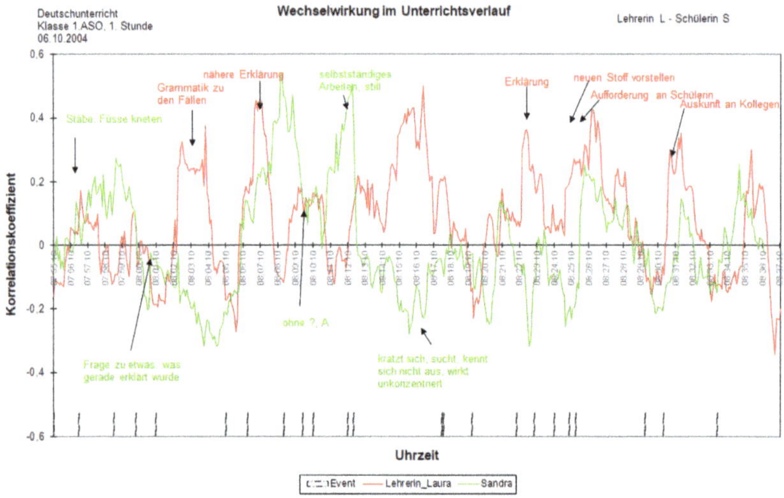

Abbildung 255 Wechselwirkung zwischen Lehrerin und Schülerin

Die Wechselwirkungen zwischen der Lehrerin und der Schülerin sind ähnlich gestaltet wie zwischen der Lehrerin und dem Schüler. In der Phase „Grammatik zu den Fällen" scheint die Schülerin „unkonzentriert", es herrschen negative Korrelationen vor. Da die Regulationsvorgänge in dieser Zeit eher langsamer ablaufen, scheint die Schülerin eher „nicht dabei zu sein". Nach der Phase „nähere Erklärung" folgt, wie beim Schüler, eine Phase hoher Korrelationen. Vor dem „selbständigen Arbeiten" gibt es eine Phase mittlerer „Konzentration" bei der Lehrerin, die mit „ohne? A" (ohne Frage, Antwort) im Protokoll kommentiert wurde. Klare Gegenphasigkeit liegt in der Zeit zwischen 08:15 h – 08:17 h vor. Hier wird für die Schülerin „unkonzentriert" vermerkt. In der Phase „Aufforderung an die Schülerin" kommt es dagegen zu einer guten Synchronisation zwischen der Lehrerin und der Schülerin bezüglich der Korrelationsverläufe. Ähnlich wiederholt es sich auch in den beiden nachfolgenden Abschnitten.

Mathematisch lassen sich die Synchronisationsverhältnisse mittels dynamischer Kreuzkorrelation darstellen (Balzer & Pietzko 2002).

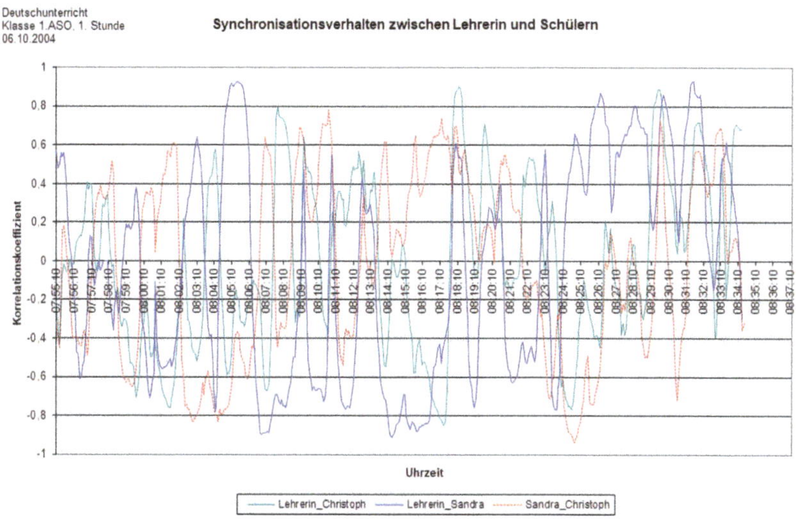

Abbildung 256 Synchronisation zwischen Lehrerin und Schülern im Unterricht

Die dargestellten Wechselwirkungen zwischen der Lehrerin und den beiden Schülern zeigen ein differenziertes Verhalten. So gibt es Phasen, wo die Wechselwirkungen zwischen der Lehrerin und dem Schüler mit der Wechselwirkung Lehrerin – Schülerin abwechseln (08:03 h – 08:04 h – 08:05 h). Es gibt aber auch Phasen gleicher Aktivierung, z. B. gegen 08:18 h. Auffallend ist außerdem die gleichphasige Aktivierung (positive Korrelationen) zwischen den Schülern, die jeweils nach Korrelationen zwischen der Lehrerin und einem Schüler auftreten und vom parallelen Arbeiten der Schüler an den von der Lehrerin gestellten Aufgaben zeugen.

In den dargestellten Wechselwirkungsverläufen ergeben sich die Korrelationen zwischen jeweils zwei Personen durch die parallele Messung vegetativer Funktionen.

10.7 Beispiel für die Auswertung eines Stress-Entspannungs-Tests (SET)

H. U. Balzer

Der SET (s. Kap. 5.2, Abbildung 110) wurde für die vegetativ-muskuläre Reaktion (Parameter EMG – Elektromyogramm), die vegetativ-nervale Reaktion

(Parameter HP – Hautpotential) und die vegetativ – emotionale Reaktion (Parameter HW – Hautwiderstand) durchgeführt (Proband XY, am 14.04.2009). In diesem Artikel soll die Auswerteprozedur dargestellt werden.

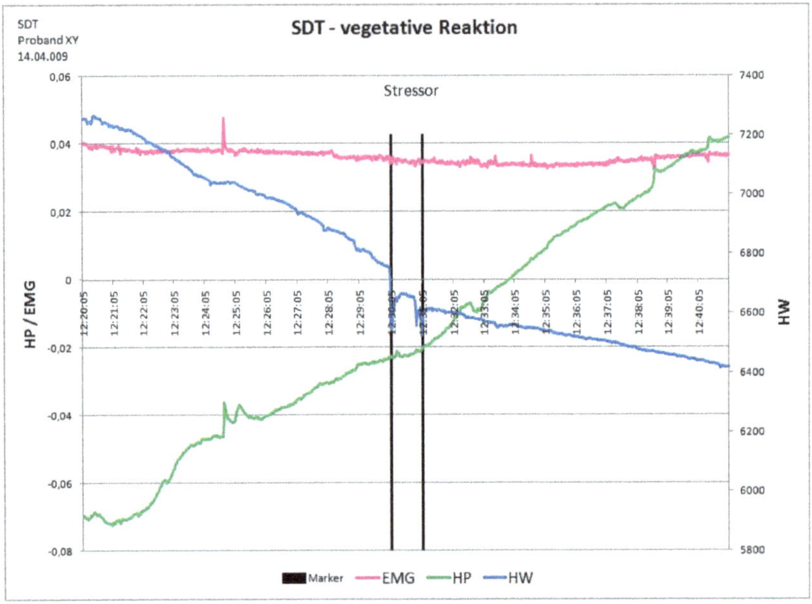

Abbildung 257 Stressdiagnostischer Test – vegetative Reaktion

Die Abbildung 257 zeigt den Verlauf der Originalmessdaten. Der durch die Versuchsbedingungen gezeigte Trend in den Kurvenverläufen wird nicht ausgewertet. Ausgewertet werden die relativen Änderungen. Der Einfluss des Stressors (Lärm) ist am Beginn und Ende mit Markern dargestellt. Während die muskuläre Reaktion kaum Änderungen zeigt, ist im vegetativ-emotionalen Verhalten eine deutliche Stressreaktion bei Beginn und bei Ende der Stressorwirkung, durch vermehrte Schweißabsonderung (Verringerung des Hautwiderstandes), sichtbar. Die vegetativ-nervale Reaktion zeigt nach Beginn des Stressors eine leichte Entspannung, die aber insgesamt von einer anhaltend relativen Verringerung des Hautpotentials während und unmittelbar nach Stressorwirkung begleitet wird.

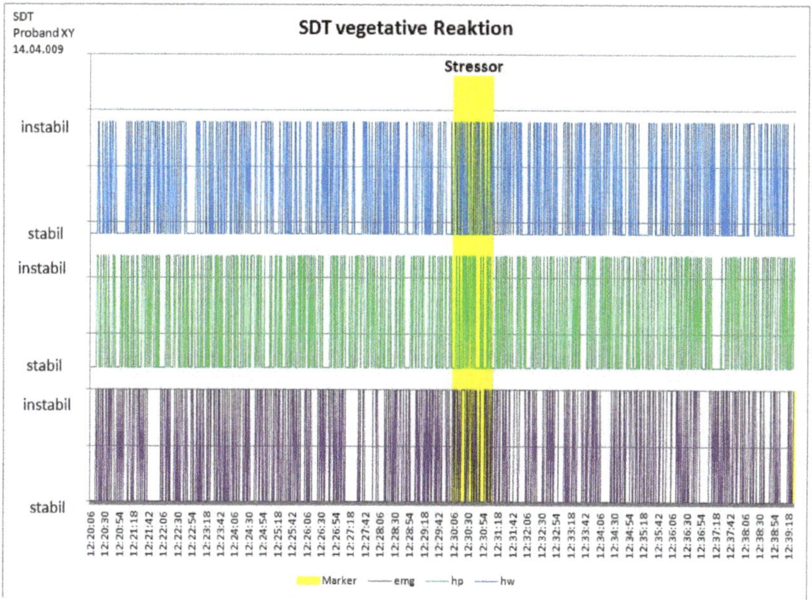

Abbildung 258 SDT Stabilitätsverhältnisse

Die Abbildung 258 zeigt den Wechsel von stabilen und instabilen Regulationsphasen der vegetativen Reaktion.

Die Auswertung ergibt folgendes Bild:

Tabelle 34 Anzahl der Periodenwechsel (Instabilitäten)

SDT		Stressor	
	Phase1	Phase2	Phase3
EMG	239	28	240
HP	222	19	225
HW	214	23	223
Datenanzahl	589	60	580

Tabelle 35 Anzahl der Instabilitäten in Prozent

SDT		Stressor	
	Phase1	Phase2	Phase3
EMG	40,58	46,67	41,38
HP	37,69	31,67	38,79
HW	36,33	38,33	38,45

Die Bewertung der Stressregulationstypen erfolgt nach folgendem Schema:

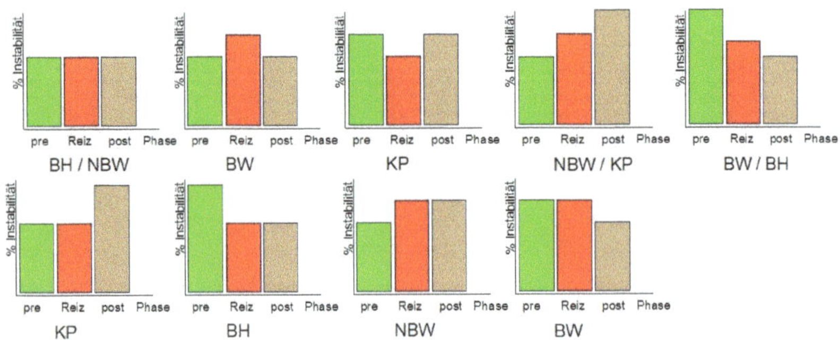

Abbildung 259 Bestimmung der Stressregulationstypen

Die prozentualen Verhältnisse nach Tabelle 35 der bestimmten Instabilitäten zwischen den drei Phasen des Tests charakterisieren den Stressregulationstyp (BH, BW, KP oder NBW). Die Phasen werden als unterschiedlich bewertet, wenn die prozentualen Werte zweier Phasen sich um min. 5 % voneinander unterscheiden.

Ergebnis des Stressdiagnostischen Test:

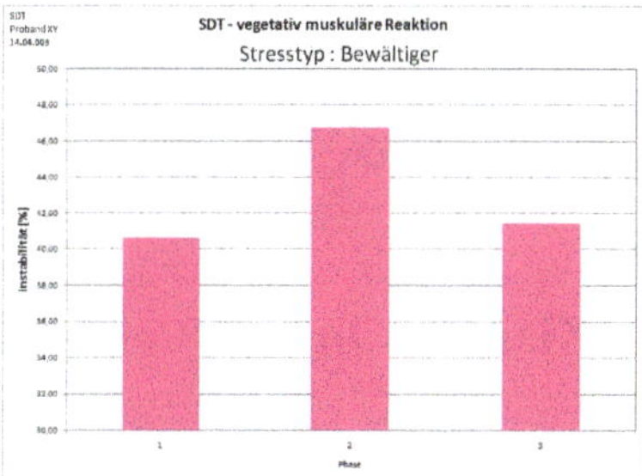

Abbildung 260 EMG-Typ

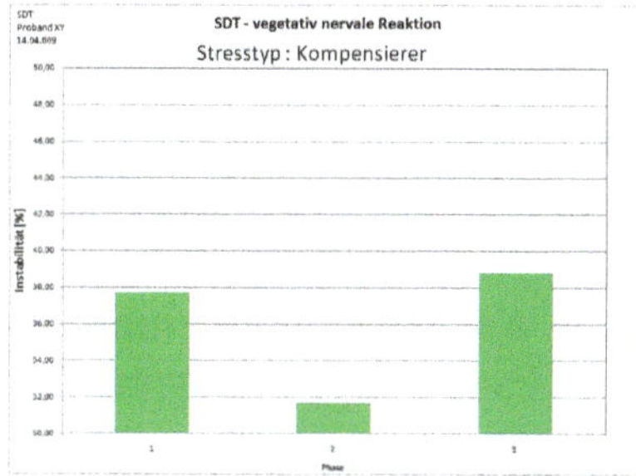

Abbildung 261 HP-Typ

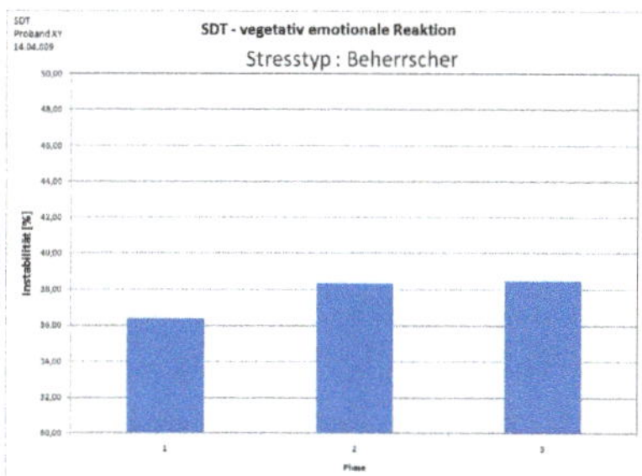

Abbildung 262 HW-Typ

vegetativ- muskulärer Stresstyp:	BW (Bewältiger)
vegetativ-nervaler Stresstyp:	KP (Kompensierer)
vegetativ-emotionaler Typ:	BH (Beherrscher)
vegetativer Gesamttyp:	Bewältiger

Einschätzung:

Die Schreckreaktion bei Beginn und Ende des Stressors wurde emotional sehr gut verkraftet, so dass der Stressor emotional beherrscht wurde. Kognitiv wurde die Stressoreinwirkung kompensiert. In der Muskelreaktion zeigten sich leichte Instabilitäten während der Stressorwirkung, die aber danach wieder abklingen.

Empfehlung:

Die kompensatorische, nervale Reaktion auf den Stressor zeigt, dass hier Reserven bei der Stressbewältigung bestehen, die durch chronobiologisch orientierte Entspannungsübungen und durch entsprechende kognitive Vorbereitung auf Stressorenwirkung (präventiver Abbau der Stressorwirkung) erreicht werden können.

10.8 Was passiert in einer Biodanza-Klasse?- Chrono-Bio-Psychologische Analysen

Marcus Stueck, H-U. Balzer

Einleitung

Biodanza ist eine körperorientierte Interventionsmethode, die autoregulative Prozesse anregt und ausgerichtet ist auf personale und interpersonale Integration bzw. organische Erneuerung (Toro 2010). Die methodische Biodanzakurve (s. Kap. 2.5.5) führt den Teilnehmer sehr progressiv mit anregenden Tänzen in die Aktivierung und danach in Deaktivierungsprozesse (der sog. Regression) und danach wieder zurück in die Aktivierung. Dies ist in Abbildung verdeutlicht (die gestrichelten Linien kennzeichnen den vorzeitigen Abbruch des Vordringens in immer tiefere Zustände der Regression). Dies ist darauf zurückzuführen, dass die entsprechenden Personen durch die Biodanza-Übungen offensichtlich überfordert sind und aus diesem Grund in emotionale Stresszustände (= Zunahme symphatischer Aktivierung) geraten. Man muss beachten, dass es sich bei den Versuchspersonen um Biodanza-Anfänger handelt.

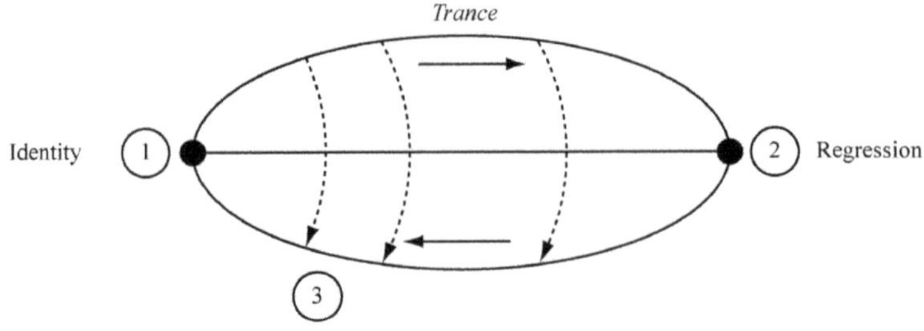

Abbildung 263 Abruch der Hinbewegung zum regressiven Pol aufgrund von Überforderung (u. a. Angst vor Kontakt)

Bisher sind mehrere Studien zu physiologischen Parametern bzw. chronobiologische analysen während des Biodanzaübens durchgeführt worden. Im Folgenden sollen einige der Ergebnisse der Studien von 2015 und 2003 und 1998 vorgestellt werden.

1) Biodanzastudie 2015 (Backhaus, Balzer, Stueck)

In einer Untersuchung von Backhaus, Balzer und Stueck im Jahr 2015 in einer Biodanzaklasse Weimar wurden psycho-physiologische Synchronisierungsprozesse in einer Versuchsperson (Fragestellung 1), aber auch zwischen 2 Versuchspersonen (Fragestellung 2) untersucht.

Methodik und Ergebnisse

Es wurde in der Fragestellung 1 eine Vpn (Vpn 1, Name: "EB", weiblich, 52 Jahre) mit der smardwatch untersucht. Analysiert wurde das vegetativ-emotionale Verhalten (Parameter Hautwiderstand), das vegetativ-nervale Verhalten (Parameter Hautpotential) und das muskuläre Verhalten (Parameter Elektromyogramm). Für die Fragestellung 2 wurde Vpn 1 in Interaktion mit ihrem Partner untersucht (Vpn 2, männlich 59 Jahre).

Die untersuchte Biodanza-Klasse hatte folgende Struktur (s. Tabelle 36).

Tabelle 36 Übungen und Zeitpunkte der Übungen der Biodanza-Klasse

BSL-Anfänger-Vivencia No. 9, 12.04.2015

Uhrzeit	Programm/ Tanz	Lied-Titel	Smardwatch 8A	Smardwatch 8C
			Elke Bansemer	Harms Achtgarde
19:16	Sensormodule angelegt		angelegt	angelegt
	Frau [illegible] spricht mit Leute – 19:20		Temp. E: 23,59° Temp. L: 25,01° HW ca.: 1,002	Temp. E: 27,35° Temp. L: 27,1° HW ca.: 5,731
19:20	Beginn	Reden Biodanza		
19:43	1 -Anfangskreis Kreis in Mitte	3:40, Preciso me encontrar BSL 01-13		
19:48 19:52	2 -Gehen individuell Einzel Tanzen	4:18, Reflexus, Canto para Senegal,BSL2-22		
19:52 19:55	3 -Rhythmische Koordination, Gehen zu zweit mit Wechsel	3:29, Como una onda, Ale	1 19:53 2 19:54 3 4	
19:57 20:01:35	4.1 -Rhythmische Synchro, Tanz zu zweit mit Wechsel	4:48, Ta tudo errado, Emilo Santiago, Ale	1 19:57:50 2 19:58:55 3 20:00:45 4	
20:03:45 20:05	4.2- Periphere Bewegung „Batucada", indiv.	1:46, Samba quente, Ale		
20:05:35 20:07:55	5- zentrale Bewegung „Batucada" indiv.	2:34, E. Geral, Os ritmistas brasileros, IBF 07-15	20:07 - Musik geht schneller	
20:09:15 20:12:55	6- Getanzte Atmung, indiv.	3:51, Rosa, Poyares, BSL 7-18	20:09:30 - Licht aus	
20:14:30 20:18:25	7-Melodische Sychro zu 2	3:21,When I fall in love,Helen Merril,IBF13-2		
20:18:55 20:21:45	8-Wiegekreis Zusammenkreis	3:00, Tamba Taja, BSL CD 07-17		
20:23:40 20:27:15	9- Segment Becken Einzel	3:50, Dom de iludir, Maria Creuza		
20:31:25 20:35:40	10.1- Regen der Zärtlichkeit, Zu dritt	4:21, J'attendais, Celline Dion, Ale	Frau (Elke in d. Mitte) (Harms [illegible])	
20:36:55 20:40:40	10.2- Regen der Zärtlichkeit, Zu dritt	3:48, La memoire d'Abraham, Celline Dion,A.	Mann (Harms in d. Mitte) (Elke [illegible])	
20:41:45 20:45:10	10.3- Regen der Zärtlichkeit, Zu dritt	4:03, The first time, Celline Dion, Ale		
20:46:30 20:49:55	11 –Tanz Herz zu Herz zu zweit	3:32, Unforgetable, Natalie Cole, IBF 08-09		
20:50:20 20:52:45	12 - Aktivierung I Zusammenkreis	2:33 Bem Leve, Marisa Monte IBF 02-17		
20:53:05 20:55:35	13 -Abschlusskreis	2:42, Pais tropical, BSL 09-19	Ca. …….. 20:56	Uhr beide Sensoren aus

Ergebnisse zu Fragestellung 1: Es wurden in der Fragestellung 1 zunächst eine Gesamt-übersicht zur intrapersonellen Synchronisierung der 3 Parameter erstellt. Dabei treten die höchsten (gemittelten) Werte (rote Kurve, Abbildung 264) gegen 19:55 h – Rhythmische Koordination, Gehen zu Zweit; 20:21 h – Wiegekreis und gegen 20:33 h – Regen der Zärtlichkeit, zu Dritt, auf. Darüber hinaus fällt eine in sich veränderliche Periodizität der vegetativen Synchronisation zwischen 3 Minuten gegen 19:54 h und bei ca. 1,5 Minuten gegen 20:05 h auf.

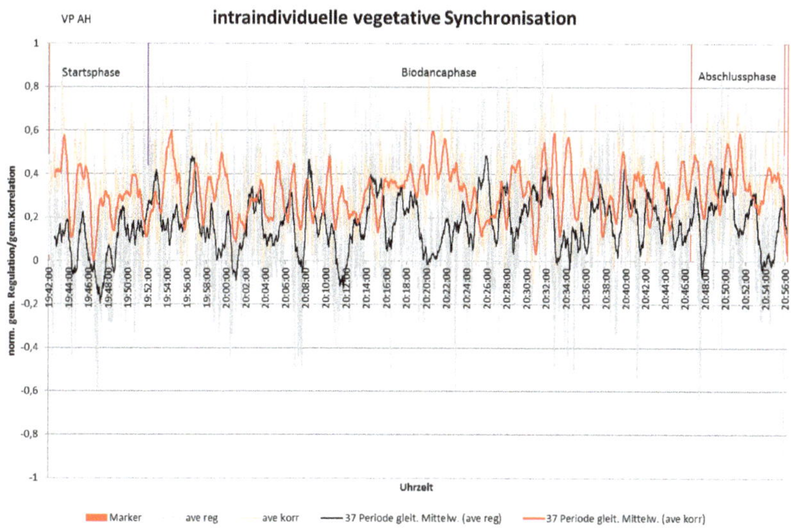

Abbildung 264 Intrapersonelle vegetative Synchronisation der VP AH

Um die Auswirkungen von Biodanza weiterführend zu untersuchen wurden danach die Verteilung der Regulationszustände (s. Abbildung 130, Kap. 5.1) für aufeinander folgende 3 Phasen untersucht. Die 1. und 3. Phase dauerte je 10 Minuten, die 2. Phase dauerte 54 Minuten.

a) **die Startphase** (Aktivierungskreis/"Preciso me encontrar", Gehen/"Senegal")

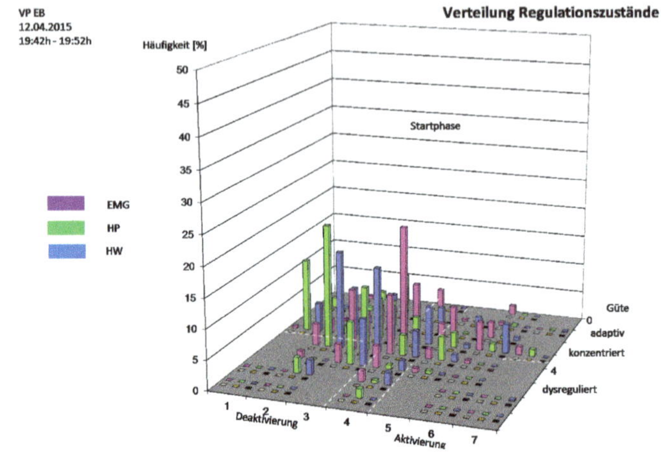

Abbildung 265 Verteilung vegetativer Regulationszustände vor Beginn von Biodanca

b) **eine affektiv-motorische Stimulierungsphase** (54 Minuten) mit folgenden Übungen: rhythmische Koordination zu zweit, rhythmische Synchronisierung zu zweit; periphere Bewegung-Batucada allein, zentrale Bewegung-Batucada allein, atmender Tanz, melodische Synchronisierung, Wiegekreis, Segmentübung Becken, Regen der Zärtlichkeit.

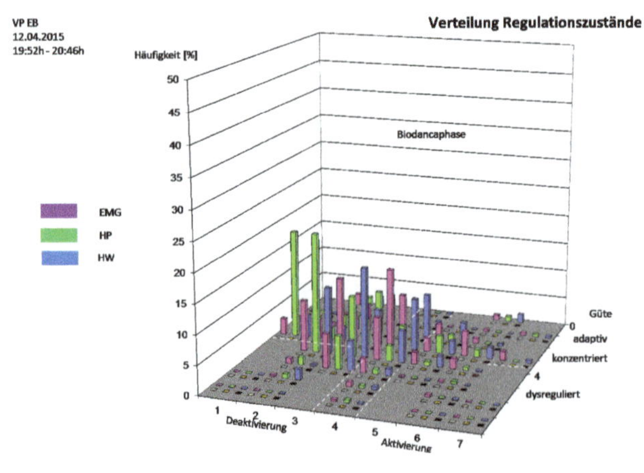

Abbildung 266 Verteilung vegetativer Regulationszustände während Biodanca

c) **die Endphase** (Tanz Herz zu Herz/"Unforgetable", Aktivierung 1/"Bern Love", Aktivierung 2/"Pais Tropical"):

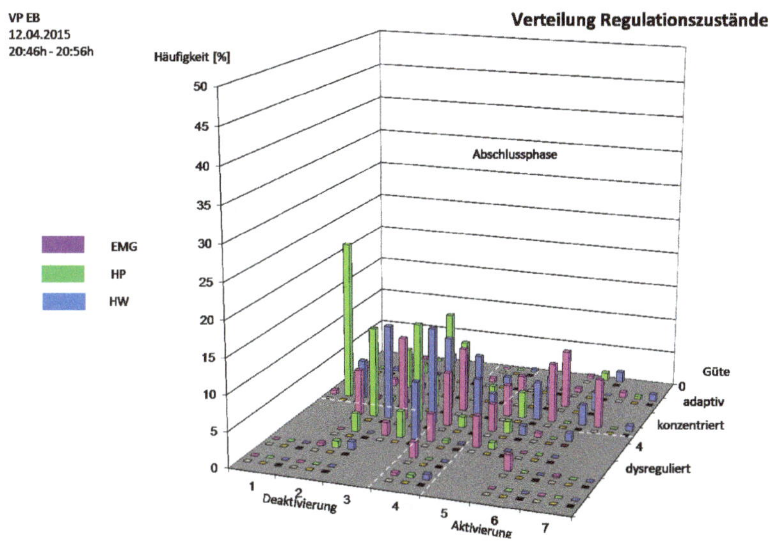

Abbildung 267 Verteilung vegetativer Regulationszustände nach Biodanca

In der zusammenfassenden Interpretation der 3 Phasen läßt sich folgendes feststellen: Bezüglich der intrapersonellen Synchronisierung zeigt sich bei der Vpn eine Zunahme der emotionalen und kognitiven Prozesse im Bereich Wohlbefinden, sowie eine Verschiebung der motorischen, emotional-vegetativen und kognitiven Prozessen zum Ende der Biodanzaklasse. Besonders ausgeprägt ist bei der Versuchsperson EB die Zunahme der vegetativ-nervalen Tiefenentspannung (Regulationszustand 31, äußerste linke grüne Säule). Interessant wäre es dieselbe Studie mit Fortgeschrittenen durchzuführen.

Ergebnisse zu Fragestellung 2: Für die Fragestellung 2 wurde Vpn 1 (Vpn 1, Name: "EB", weiblich, 52 Jahre) in Interaktion mit ihrem Partner untersucht (Vpn 2, männlich 59 Jahre). Die blauen und grünen Linien zeigen die Korrelationen zwischen den beiden Tänzern hinsichtlich ihrer emotionalen interpersonalen Synchronisierung (Hautwiderstand) und kognitiv-nervalen Synchronisierung (grüne Linie). Auf der x-Achse ist der Korrelationskoeffizient und auf der y-Achse sind die Zeitpunkte angegeben.

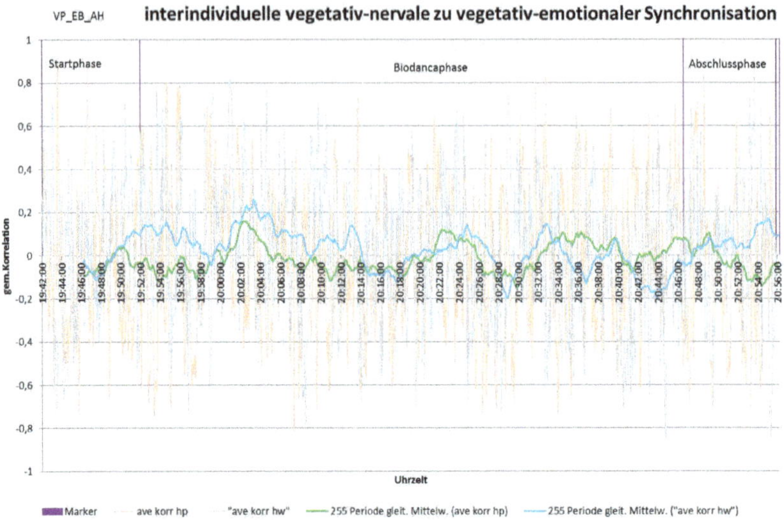

Abbildung 268 interindividuelle emotionale (blau) und nervale (grün) Synchronisation zwischen zwei Versuchspersonen.

In der zusammenfassenden Interpretation der 3 Phasen läßt sich folgendes feststellen: Hinsichtlich der (gemittelten) emotionalen Synchronisation zwischen den beiden Versuchspersonen zeigen sich gegen 20:03h – Periphere Bewegung, Batacuda – die höchsten Zusammenhangs-Werte im Hautwiderstand, d.h. im emotionalen Bereich (r =0,2). Diese Synchronisierung klingt dann in Wellen von ca. 20 Minuten Länge ab. Zum Ende während des Abschlusskreises, steigt diese interpersonelle Synchronisierung wieder an (r =0,18). Ähnlich verhält sich die vegetativ-nervale Synchronisation. Zwischen der emotionalen und nervalen Synchronisation gibt es zeitweise gleichlaufendes Verhalten (v. a. Segment Becken, Regen der Zärtlichkeit) aber auch gegenläufiges Verhalten zwischen den Personen, z. B. in der Anfangsphase von Biodanza gegen 19:54 h, aber auch während der Phase des Betucadas mit anschließender Autoregulation (Tanzender Atmung, 20:02 h – 20:14 h) und der letzten Übung zum Regen der Zärtlichkeit und der anschließenden Begegnungsphase mit Abschlussaktivierung (20:40 h – 20:54 h).

2) Biodanzastudie 2003 (Stueck, Villegas, Balzer)

In einer weiteren Untersuchung von Stueck, Villegas und Balzer (Stueck, Villegas, 2008) mit Biodanza an der Universität Leipzig wurde mit dem Vorgänger der SMARD-Watch, dem HIMEM-Messgerät, die vegetativ-sympathische Reaktion mittels Messung des Parameters Hautwiderstand der Teilnehmer vor, während und nach den Biodanza-Sitzungen gemessen. Die durchgeführten Klassen mit den Übungen sind in Tabelle 38 (ff. Artikel) dargestellt.

Methodik und Ergebnisse:

In einer Einzelfall-Studie mit einem depressiven Patienten (männlich: 40 Jahre) zeigte sich, dass der Hauptteil der sympathischen Aktivierung (emotional, Hautwiderstand), nach der Klasse stattfindet. Das war höchstwahrscheinlich auch der Grund des Drop Outs dieser Vpn.

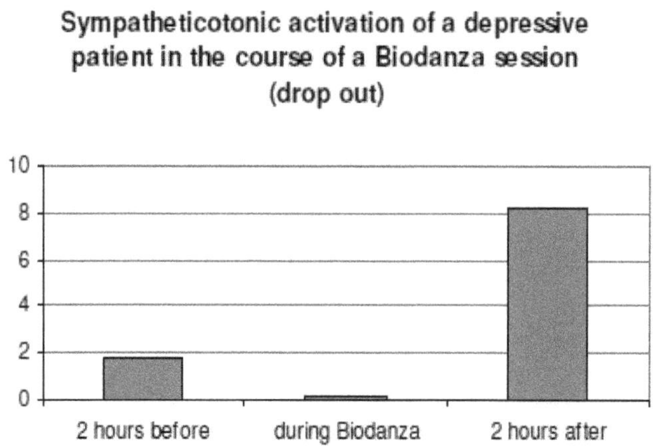

Abbildung 269 Sympathische Aktivierung vor, während und nach Biodanza eines depressiven Patienten, 10- höchster Aktivierungsgrad

Weitere Untersuchungen mit einer Versuchsgruppe mit 16 Vpn in Leipzig (6 Männer, 10 Frauen, Durchschnittsalter: 30,1 Jahre) zeigten, dass während der Biodanza-Intervention eine ähnliche Aktivierung zwischen den am linken und rechten Arm gemessenen Hautwiderstandsparametern zu verzeichnen war (s. Abbildung 270).

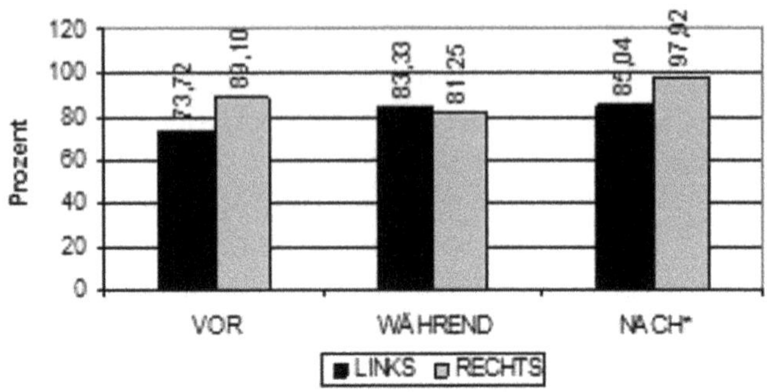

Abbildung 270 Aktivierung LINKS vs. RECHTS gemittelt über alle Sitzungen und Erhebungstage zu den 3 Messzeitpunkten „2 Stunden VOR", „2 Stunden WÄHREND" und „2 Stunden NACH" der BIODANZA – Sitzung

Tabelle 37 Statistische Auswertung der Aktivierungsverhältnisse vor, während und nach Biodanza der vegetativ-emotionalen Aktivierung

	Aktivierung VOR	Aktivierung WÄHREND	Aktivierung NACH
N	5	4	4
	$\bar{x}$*(sd)*	$\bar{x}$*(sd)*	$\bar{x}$ *(sd)*
LINKS	73,72 (16,10)	83,33 (18,00)	85,04 (10,61)
RECHTS	89,10 (15,92)	81,25 (18,48)	97,92 (4,17)
Signifikanz	.167	.877	.065*
d'	0,961	0,114	1,598
t	-1,519	0,161	-2,259
Korrelation	*r (p)*	*r (p)*	*r (p)*
	-0,260 (.673)	-0,209 (.791)	0,631 (.369)

Es fällt auf, dass hier ein Nachwirkungseffekt bezüglich der Korrelation der emotionalen Aktivierung zwischen der Messung links und rechts nach Biodanza auftritt.

3) Biodanzastudie 1998 (Stueck, Villegas, Balzer)

Es nahmen 13 Versuchspersonen an einem zehnwöchigen Biodanzakurs (eine Sitzung pro Woche) teil, der von Oktober bis Dezember 1998 in Buenos Aires durchgeführt wurde (s. Tabelle 38). Dabei sollten 5 Fragestellungen beantwortet werden (s. Methodik und Ergebnisse).

Methodik und Ergebnisse:

Mittels der Befindlichkeitsskala (v. Zerssen, 1976) und der Kurz-Skala Stimmung/Aktivierung (Binz & Wendt, 1986) wurden jeweils vor und nach jeder Biodanzasitzung die Befindlichkeit bzw. der Stimmungs-, Aktivitäts- und Entspannungszustand der Versuchspersonen erfasst. Während der Sitzungen wurde der Hautwiderstand der Versuchspersonen gemessen.

Tabelle 38 Versuchszeitplan

Messzeitpunkte Versuchsgruppe	vor der Sitzung (PRÄ)	während der Sitzungen	nach der Sitzung (POST)
VG	13 Bf-S, Kusta	13 Hautwiderstandsmessungen	13 Bf-S, Kusta

Untersuchungsinstrumente

Kurz-Skala Stimmung/Aktivierung (KUSTA)

Die Kurz-Skala Stimmung/Aktivierung (Binz und Wendt, 1986) ist ein Selbstbeurteilungsverfahren und dient u.a. der Erfassung des Stimmungs-, Aktivitäts- und Entspannungszustandes eines Probanden. Erhoben wird die Selbsteinschätzung mittels der in Abbildung 271 dargestellten Ratingsskala.

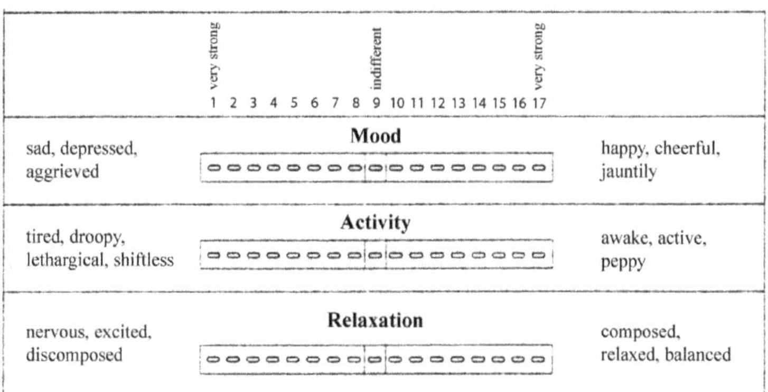

Abbildung 271 Ratingskala des Kusta zur Selbsteinschätzung durch den Probanden

Analyse des Hautwiderstandes

Die Erfassung des Hautwiderstandes erfolgte mit Hilfe des von Hecht und Balzer (Hecht et.al, 2001) zur Objektivierung des Erregungszustandes

(Aktivierung) entwickelten Geräts HIMEM. Mit Hilfe einer computergestützten chronopsychobiologischen Regulationsdiagnostik bzw. Biorhythmometrischen Zeitreihenanalyse (Balzer und Hecht 2000, Hecht, 2001) wurden die periodischen Anteile aus der Zeitreihe analysiert. Im abschließenden Ergebnis der Biorhythmometrische Zeitreihenanalyse erhält man Informationen über die prozentuale Häufigkeit von symphatischen Aktivierungs- bzw. Erregungszuständen, Zuständen der Überlastungshemmung und Hypersensibilitätszuständen in einem definierten Zeitabschnitt. Durch diese Analysemethode werden Messfehler reduziert, wodurch die Anwendung der Hautwiderstandsmessung bei der Felduntersuchung von Versuchspersonen, die sich in Bewegung befinden, ermöglicht ist (Balzer und Hecht, 1989b, 2000; Fietze et al., 1989; Balzer, 1988, Hecht, 2001). Im Rahmen der vorliegenden Untersuchung, beschränkten wir uns auf die Analyse der Perioden, die auf einem Kontinuum zwischen 20 Sekunden bis 130 Sekunden Periodenlängen liegen. Dieser gewählte Zeitbereich ist deshalb für die Untersuchung von Entspannungs- und Stresszuständen interessant, da er mit der Anstiegszeit des Stresshormons Adrenalin (60 Sekunden) korreliert und somit sehr sensibel auf Veränderungen reagiert (Hecht und Balzer, 1989b). In einem nächsten Auswertungsschritt wurden die Verläufe der symphatischen Aktivierung und der Überlastungshemmung bei den einzelnen Versuchspersonen analysiert und verschiedenen Verlaufskategorien zugeordnet. Um die Angemessenheit dieser Zuordnung zu gewährleisten, wurden die Einschätzungen von zwei Personen unabhängig voneinander vorgenommen (Glöckner, 2003; Zschernitz, 2004) und der Beurteiler-Übereinstimmungskoeffizient berechnet. Die Auftretenshäufigkeit der einzelnen Verlaufskategorien wurde ermittelt und die entsprechenden Prozentwahrscheinlichkeiten errechnet.

Analyse der psychologischen Variablen

Um Aussagen über den Zusammenhang zwischen den psychologischen Variablen (erhoben mit Kusta und Bf-S) und dem Verlauf der Aktivierung der Versuchspersonen in der Biodanzastunde machen zu können, wurden zunächst die Versuchspersonen, deren Verlauf der Aktivierung in der Biodanzastunde der gleichen Kategorie zugeordnet wurde, zu Gruppen zusammengefasst. Für die so gebildeten Gruppen[56] wurden nun die jeweiligen Mittelwerte der Prä- und Postmessung (mit Kusta und Bf-S) errechnet. Zur Prüfung der Unterschiede zwischen den Mittelwerten der einzelnen Gruppen im Prätest wurde

56 Bei dieser Analyse wurden nur Gruppen mit einer Mindestgröße von 10 Versuchspersonen berücksichtigt

der U-Test von Mann & Whitney (nichtparametrischer Test für zwei unabhängige Stichproben) durchgeführt. Der Prä – Post – Vergleich der Mittelwerte der einzelnen Gruppen wurde mittels des Wilcoxon – Tests (nichtparametrischer Test für zwei verbundene Stichproben) durchgeführt. Weitere statistische Tests werden im Text angegeben. Die innerhalb der Datenanalyse angeführten Beurteilungen erfolgten auf dem Signifikanzniveau von $\alpha = 10$ % (statistischer Trend), $\alpha = 5$ % (signifikant) und $\alpha = 1$ % (hochsignifikant).

Ergebnisse:

Fragestellung 1: Symphatische Aktivierung in der gesamten Biodanzasitzung

Tafel 7 Verlaufsmuster der sympathischen Aktivierung in der Biodanzastunde und deren Auftretenshäufigkeit

Kategorie	Abbildung	Beschreibung	Auftretens-häufigkeit	
			Σ n	Σ P%
1	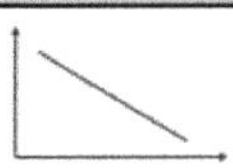	– symphatische Aktivierung nimmt im Laufe der Sitzung ab	4	4 %
2	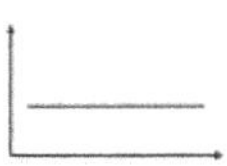	– symphatische Aktivierung bleibt über gesamte Sitzung hinweg stabil	1	1 %
3	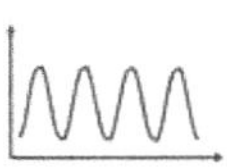	– chaotischer Wechsel zwischen Zu – und Abnahme der symphatischen Aktivierung	18	16 %
4	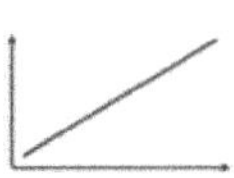	– symphatische Aktivierung nimmt im Laufe der Sitzung zu	1	1 %
5	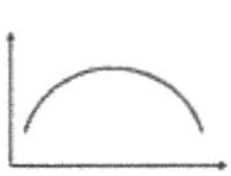	– symphatische Aktivierung nimmt zu und dann wieder ab	13	12 %
6	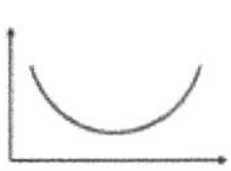	– symphatische Aktivierung nimmt ab und dann wieder zu	16	14 %
7	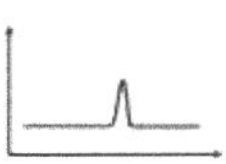	– kurzzeitig starke Zunahme der symphatischen Aktivierun	12	11 %

(*wird auf nächster Seite fortgeführt*)

Tafel 7 Fortsetzung

Kategorie	Abbildung	Beschreibung	Auftretens-häufigkeit	
			Σ n	Σ P%
8	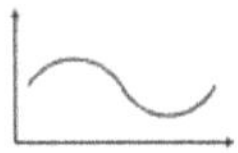	– symphatische Aktivierung nimmt zu, dann ab und wieder zu	23	20 %
9	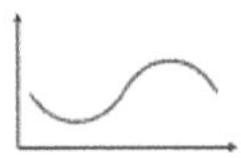	– symphatische Aktivierung nimmt ab, dann zu und wieder ab	22	20 %
10	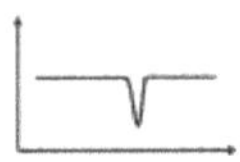	– kurzzeitig starke Abnahme der symphatischen Aktivierung	2	2 %
gesamt			112	100 %

Für die jeweiligen Verläufe der symphatischen Aktivierung jeder Vpn in den einzelnen Biodanzasitzungen wurden 10 Verlaufsmuster gefunden (Tafel 7) und deren Häufigkeiten ermittelt[57]. Die Beurteilungs-Übereinstimmungskoeffizienten lagen zwischen 0,8 – 1,0, dass heißt es bestand bezüglich der Kurvenratings eine hohe Übereinstimmung zwischen den beiden unabhängigen Beurteilern (Glöckner, 2003; Zschernitz, 2004).

Wie aus Tafel 7 hervorgeht, tritt der der typische Verlauf der symphatischen Aktivierung in einer Biodanzastunde (Biodanzamodellkurve = Kategorie 8) bei 20 % der Versuchspersonen auf. Genauso häufig verläuft die symphatische Aktivierung in der Session genau entgegengesetzt (Kategorie 9). Auch die chaotische Ab- und Zunahme der symphatischen Aktivierung (Kategorie 3) tritt mit 16 % insgesamt relativ häufig auf. Die Auftretenshäufigkeiten dieser Kategorien (3, 8 und 9) in den einzelnen Sitzungen sind in den Abbildung 272 und Abbildung 274 graphisch dargestellt. Verläufe der übrigen Kategorien treten insgesamt und in den einzelnen Sitzungen eher selten auf (s. Tafel 7).

Beispiele für Kategorien der sympathischen Aktivierungsverläufe:

57 Nachfolgend wird sich in diesem Abschnitt zur besseren Übersichtlichkeit lediglich auf die Aktivierung bezogen, da Deaktivierung und Verteilte Aktivierung komplementär zur Aktivierung sind (s. auch Abschnitt Auswertungsverfahren).

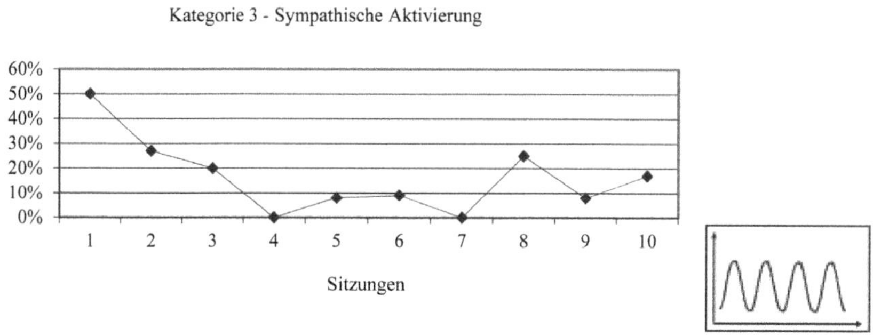

Abbildung 272 Prozentwahrscheinlichkeiten der Kategorie 3 in Sitzung 1–10

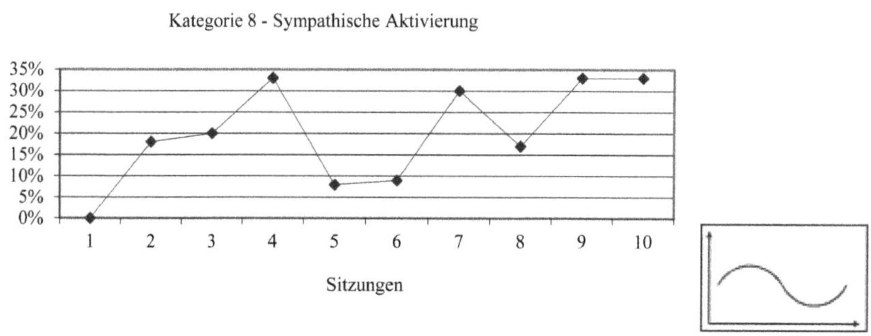

Abbildung 273 Prozentwahrscheinlichkeiten der Kategorie 8 in Sitzung 1–10

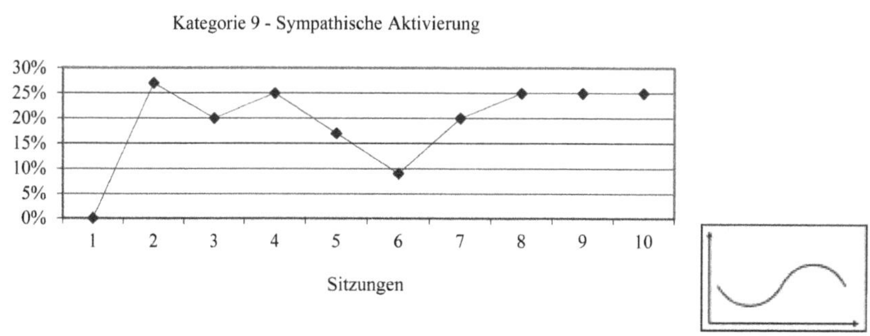

Abbildung 274 Prozentwahrscheinlichkeiten der Kategorie 9 in Sitzung 1–10

Wie aus Abbildung 272 hervorgeht, nimmt die Auftretenshäufigkeit von chaotischen Verlaufsmustern der symphatischen Aktivität im Laufe des Kurses ab. Die Auftretenshäufigkeiten der Biodanzakurve und auch des gegenteiligen Verlaufsmusters zeigen im Laufe des Kurses einen zunehmenden Trend (s. Abbildung 273 und Abbildung 274).

Fragestellung 2: Wirkung von Biodanza auf den Stimmungs-, Aktivitäts-, bzw. Entspannungszustand[58] der Teilnehmer

Der Prä-Post-Vergleich ergab, dass sich Stimmungs-, Aktivitäts- und Entspannungszustand der Versuchspersonen im Gruppenmittel über alle 10 Sitzungen hinweg durch Biodanza hochsignifikant (p<0,01) verbesserten (s. Abbildung 275).

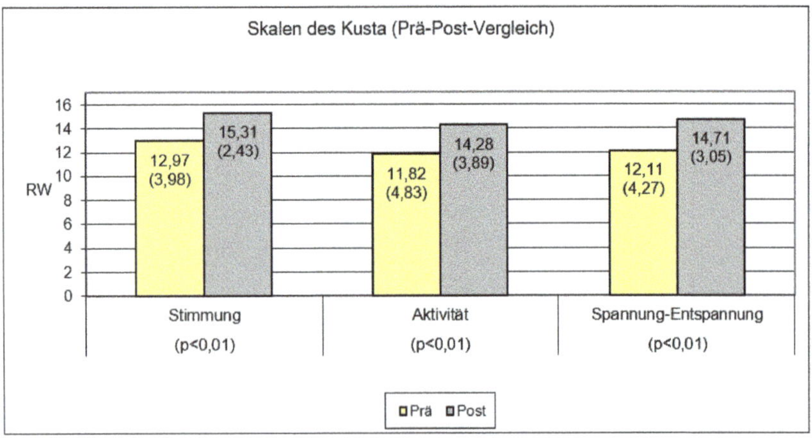

Abbildung 275 Skalen des Kusta im Prä-Post-Vergleich

Fragestellung 3: Zusammenhang zwischen Stimmungs-, Aktivitäts- und Entspannungs-zustand der Teilnehmer und dem Verlauf der symphatischen Aktivierung in der Biodanzasitzung

Die Versuchspersonen, deren Verlauf der symphatischen Aktivierung der Biodanzamodellkurve folgte (Kategorie 8) schätzten sich vor der Biodanzastunde

58 Stimmung, Aktivität, Spannung/Entspannung wurden mittels der Kurz-Skala Stimmung/Aktivität von Binz & Wendt (1986) erhoben

als aktiver (frischer, wacher) ein, als die übrigen Teilnehmer. Dieser Unterschied ist statistisch abgesichert ($p<0{,}01$). Versuchspersonen, bei denen die symphatische Aktivierung chaotisch zu- und abnahm, (Kategorie 3) schätzten sich selbst als angespannter bzw. weniger entspannt ein, als Versuchspersonen, die Verlaufskategorie 8 (Biodanzamodellkurve) oder Verlaufskategorie 9 (Gegenteil von Kategorie 8) zeigten. Auch dieser Unterschied ist statistisch signifkant ($p<0{,}05$). Der Prä-Post-Vergleich der Variablen Stimmung, Aktivität und Entspannungsempfinden vor und nach den Biodanza-Sitzungen ergab nur für die Stimmungsvariable interessante Ergebnisse: Nach der Sitzung schätzten alle Teilnehmer ihre Stimmung als besser ein als vor der Sitzung. Die weiterführende statistische Analyse ergab, dass Teilnehmer, die Verlaufsmuster 3 (chaotischer Verlauf) zeigten, jedoch von geringeren Stimmungsverbesserungen berichteten ($p<0{,}10$) als alle übrigen Teilnehmer ($p<0{,}01$). Hinsichtlich ihres Aktivitäts-, bzw. Entspannungszustandes wurden von allen Teilnehmern nach der Stunde im Vergleich zu vor der Sitzung Verbesserungen berichtet. Diese Unterschiede sind bei allen Gruppen statistisch abgesichert ($p<0{,}05$).

Fragestellung 4: Schutzmechanismen der emotionell-vegetativen Regulation:

Schutzmechanismus 1: Überlastungshemmung

Für die jeweiligen Verläufe der Überlastungshemmung (ÜH) bei jeder Vpn in den einzelnen Biodanzasitzungen wurden 10 Kategorien abgeleitet und deren Häufigkeiten ermittelt (s. Tafel 8). Die Beurteilungs-Übereinstimmungskoeffizienten lagen zwischen 0,8 – 1,0, das heißt es bestand bezüglich der Kurvenratings eine hohe Übereinstimmung zwischen den beiden unabhängigen Beurteilern (Glöckner, 2003; Zschernitz, 2004).

Tafel 8 Verlaufsmuster der Schutzmechanismen der emotionell-vegetativen Regulation in der Biodanzasitzung und deren Auftretenshäufigkeit

Kategorie	Abbildung	Beschreibung	Auftretenshäufigkeit	
			Σ n	Σ P%
1	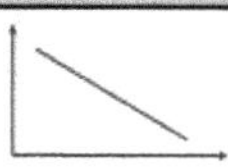	– die Anzahl ÜH wird im Laufe der Sitzung geringer	4	4 %
2	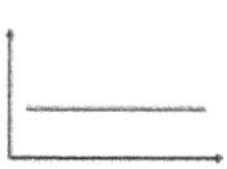	– die Anzahl ÜH bleibt über gesamte Sitzung stabil	11	10 %

(wird auf nächster Seite fortgeführt)

Tafel 8 Fortsetzung

Kategorie	Abbildung	Beschreibung	Auftretenshäufigkeit	
			Σ n	Σ P%
3	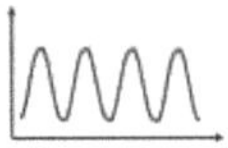	– chaotischer Anstieg und Absinken der Anzahl ÜH	24	21 %
4	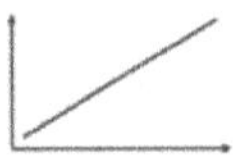	– die Anzahl ÜH wird im Laufe der Sitzung größer	6	5 %
5	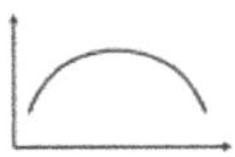	– die Anzahl ÜH nimmt zu und dann wieder ab	18	16 %
6	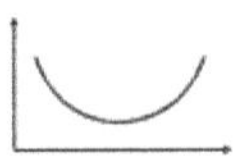	– die Anzahl ÜH nimmt ab und dann wieder zu	21	19 %
7	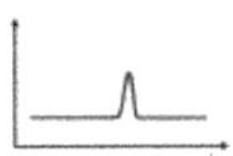	– kurzzeitig wird die Anzahl ÜH stark erhöht	5	4 %
8	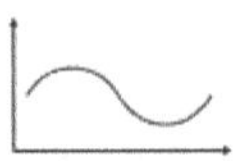	– die Anzahl ÜH steigt, fällt dann und steigt wieder	15	13 %
9	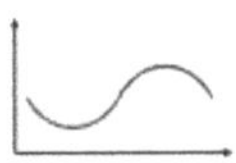	– die Anzahl ÜH fällt, steigt dann und fällt wieder	8	7 %
10	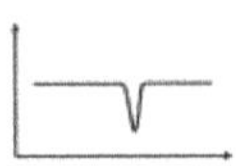	– kurzzeitig sinkt die Anzahl ÜH stark ab	0	0 %
gesamt			112	100 %

Wie aus Tafel 8 hervorgeht, treten Verläufe der Kategorie 3 mit einer Prozentwahrscheinlichkeit von 21 % insgesamt am häufigsten auf. Verläufe der Kategorien 6, 5, 8 und 11 sind mit Prozentwahrscheinlichkeiten von 19 %, 16 %, 13 % bzw. 10 % vertreten. Die übrigen Kategorien spielen bei der Gesamthäufigkeit und in den einzelnen Sitzungen eine untergeordnete Rolle.

Fragestellung 5: Schutzmechanismus 2: Hypersensibilität

Bei der Analyse der Original-Datenkurven konnten bei 6 Personen (5 %) der Versuchsgruppe Buenos Aires hypersensible Zustände festgestellt werden. In drei Fällen trat Hypersensibilität über die gesamte Sitzung hinweg auf, bei zwei Teilnehmern am Anfang und am Ende der Sitzung und bei einer Versuchsperson nur am Anfang der Sitzung. Bei einer Untersuchung zu Biodanza, die in Leipzig durchgeführt wurde, bestand die Untersuchungsgruppe aus deutschen Lehrern (n =41 Messungen). Hierbei wurde bei 51 % der Stichprobe das Auftreten hypersensibler Zustände während der Biodanzasitzung festgestellt. Bei 67 % der hypersensiblen Versuchspersonen nahm die Auftretenshäufigkeit hypersensibler Zustände im Laufe der Biodanzasitzung ab (Horn, 2002).

Diskussion:

Mit der Studie konnte erstmals die Wirkung von Biodanza auf das vegetativ-emotionelle System wissenschaftlich nachgewiesen werden. Wie die Ergebnisse zeigen, verläuft bei 20 % der Versuchspersonen die symphatische Aktivierung in Form der Biodanzamodellkurve.

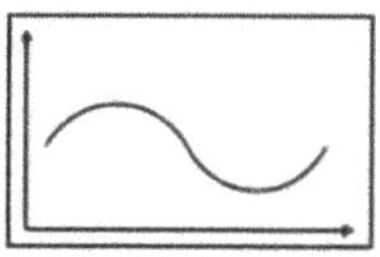

Abbildung 276 Biodanza-Modell-Kurve (schematisch) (20 % der Vpn)

Diesen Teilnehmern gelingt es also sehr gut, sich auf Biodanza einzulassen und in regressive Zustände im zweiten Teil der Stunde einzutreten. Die übrigen Teilnehmer zeigen andere Verlaufsmuster der symphatischen Aktivierung. Das bedeutet, dass sie das Vordringen in immer tiefere Regressionszustände vorzeitig abbrechen.

Für den Biodanzalehrer lässt sich daraus ableiten, dass er den Entwicklungsgrad seiner Gruppe genau einschätzen muss und dass er auf Grundlage dieser Einschätzung sehr langsam, progressiv und behutsam vorgehen sollte, um die Teilnehmer zum Zustand der Regression zu führen. Ein zu schnelles Vorgehen kann zur Überforderung und damit zu emotionellem Stress bei den Teilnehmern führen, was wiederum ein tieferes Eindringen in den Zustand der Regression, der heilende Wirkung hat, unmöglich macht.

Die Ergebnisse zeigen, dass die Teilnehmer, deren Verlauf der sympathischen Aktivierung der Biodanzamodellkurve (s. Abbildung 276) folgt, sich zu Beginn der Stunde als aktiver (frisch, wach, arbeitslustig) einschätzen als die Teilnehmer mit den übrigen Verlaufsmustern (Mittelwert: 14,58, Standardabweichung: 2,91). Ein relativ hoher Aktivitätszustand scheint also eine der Vorrausetzungen für das Auftreten der Biodanzamodellkurve zu sein.

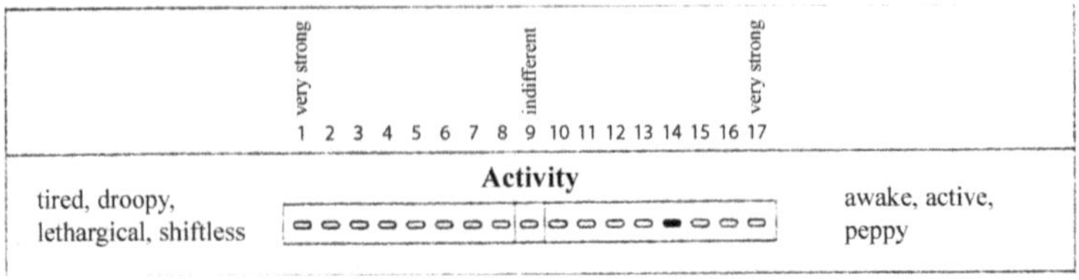

Abbildung 277 Einschätzung (Mittelwert) vor der Biodanza-Klasse in der KUSTA-Skala „Aktivität", durch die Vpn die die Biodanza-Modell-Kurve (8) erreichten

Teilnehmer, die während der Stunde eine chaotische Ab- und Zunahme der symphatischen Aktivierung zeigten (Verlaufskategorie 3, s. Tafel 8), schätzten sich vor der Sitzung als weniger entspannt (gestresster) ein (Mittelwert: 10,50, Standardabweichung: 4,22), als die Versuchspersonen, die die übrigen Verlaufsmuster zeigen. Außerdem zeigten sich bei diesen Versuchspersonen im Pre-Post-Vergleich geringere Stimmungsverbesserungen als bei allen anderen Mustern. Offensichtlich gelingt diesen Versuchspersonen keine angemessene Autoregulation während der Sitzungen.

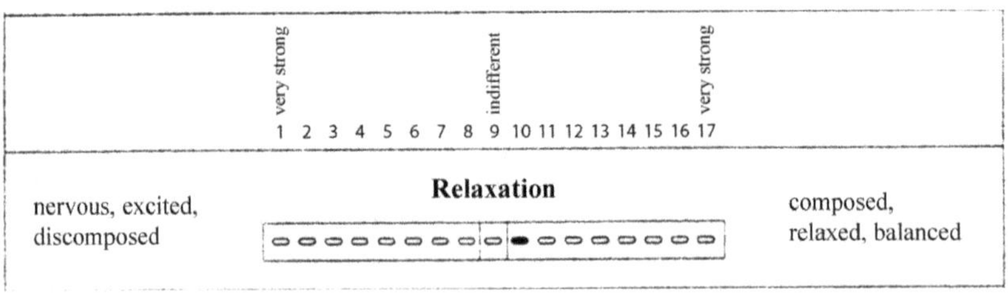

Abbildung 278 Einschätzung (Mittelwert) vor der Biodanza-Klasse in der KUSTA-Skala „Spannung-Entspannung", durch die Vpn die die Chaotische Kurve (3) erreichten.

Wie die Ergebnisse zeigen ist es für die Teilnehmer mit Muster 3 wichtig, vor der Sitzung Stress abzubauen. Hier wird die Bedeutung des Vorgesprächs deutlich, in welchem der Biodanzalehrer versuchen sollte eine entspannte Atmosphäre in der Gruppe zu schaffen und den Teilnehmern die Möglichkeit geben sollte durch Gespräche Erregung abzubauen.

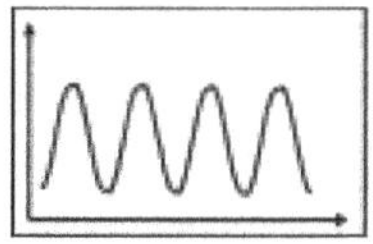

Abbildung 279 Verlaufskategorie 3 (16 % der Vpn)

Wie außerdem festgestellt wurde, aktivieren die Übungen des Biodanza bei den Teilnehmern den Schutzmechanismus Überlastungshemmung. Die Überlastungshemmung tritt auf, um das emotionell – vegetative System vor Überbeanspruchung zu schützen und zeigt an, dass Biodanza bei den Teilnehmern stressrelevante Krisen auslöst. Krisen und deren Bewältigung sind für die Entwicklung einer Person von großer Bedeutung. Trotz des krisenhaften Stressgeschehens, dass infolge von Biodanza bei den Versuchspersonen auftritt, schätzen diese ihr Befinden nach der Sitzung, im Vergleich zum Zeitpunkt des Sitzungsbeginns, als besser ein. (verbesserter Stimmungs-, Aktivitäts- und Entspannungszustand). Das heißt, dass die Teilnehmer offensichtlich gelernt haben, biologisch krisenhaftes Geschehen positiv zu bewerten: Sie fühlen sich lebendiger.

Der Schutzmechanismus Hypersensibilität, der durch ein sehr hohes Niveau symphatischer Aktivierung gekennzeichnet ist, trat nur bei einem geringen Anteil (5 %) der Versuchsgruppe Buenos Aires auf. In unserer Versuchsgruppe gerieten also nur sehr wenige Teilnehmer durch Biodanza in Zustände sehr hoher Erregung. Wir haben diesen Schutzmechanismus in Leipzig an einer Gruppe von Lehrern weiter untersucht und konnten dabei eine wesentlich höhere Auftretenshäufigkeit von Hypersensibilitätszuständen (nämlich 51 %) feststellen. Bei der Untersuchung des ersten Schutzmechanismus des emotionell-vegetativen Systems ergab sich ein anderes Bild: Überlastungshemmung trat in der VG Buenos Aires signifikant häufiger auf als in der VG Leipzig (VG Buenos Aires: 16 %, VG Leipzig:10 %, x^2 (Chi^2)-Test zum Vergleich zweier Wahrscheinlichkeiten von van der Waerden: $p<0,05$). Die Tatsache, dass in der VG Buenos Aires mehr Überlastungshemmungen und weniger Hypersensibilitätszustände auftreten als in der VG Leipzig, weist auf eine größere Beanspruchung der emotionell-vegetativen Regulation bei den Leipziger Versuchspersonen hin. Dies ist nicht verwunderlich, da sich die VG Leipzig schon vor Beginn der Sitzung als weniger entspannt (gestresster) einschätzte, als die VG Buenos Aires (Ergebnisse des Prätests mit der Skala Spannung/Entspannung des Kusta: VG Leipzig: Mittelwert: 10,51; Standardabweichung: 4,03; VG Buenos Aires: Mittelwert: 12,27; Standardabweichung: 4,34; $p<0,05$). In der

Leipziger Untersuchung bzgl. Hypersensibilität konnte außerdem nachgewiesen werden, dass im Laufe einer Biodanzasitzung die Auftretenshäufigkeit hypersensibler Zustände abnimmt. Dies ist auf die autoregulierende Wirkung von Biodanza zurückzuführen. Dieser autoregulative Wirkmechanismus ist neben der Integration ein wichtiger Bestandteil der „Medizin" Biodanza. Ähnliche autoregulierende Wirkungen auf die Hypersensibilität konnten auch infolge von Meditation nachgewiesen werden (Schneider, Stück, Hecht, 2001).

Die weiterführende Forschung zu Biodanza hat viele noch offene Fragen zu beantworten. Zu prüfen wäre beispielsweise, ob ein Zusammenhang zwischen dem Verlauf der symphatischen Aktivierung einer Person in der Biodanzastunde und deren Persönlichkeitseigenschaften besteht. Des Weiteren ist die Wirkungsweise von Biodanza näher zu untersuchen. Nach der Theorie wirkt Biodanza, indem erstarrte Strukturen in jedem Einzelnen aufgebrochen und in ein Chaos versetzt werden, damit sie sich wieder in einer neuen Ordnung zusammensetzen können und so zu einer gesünderen Entwicklung und Entfaltung der Teilnehmer beitragen. Zu prüfen wäre also, ob Biodanza bei den Teilnehmern krisenhaftes Stressgeschehen (Chaos) auslöst und wie sich dieses auf das Erleben und Verhalten der Versuchspersonen auswirkt.

10.9 Hypersensibilitätszustände vor und nach Biodanza Interventionen in Abhängigkeit von arbeitspsychologischen Parametern

Marcus Stueck

Einleitung:

Seit 1998 finden Untersuchungen zu Hypersensibilitätszuständen in Abhängigkeit zu arbeitspsychologischen Parametern und Biodanza, einer tanzorientierten Autoregulationsmethode (s. Kap. 2.5.5), statt. Dabei sollten 3 Fragen geklärt werden:

a) ob Biodanza in der Lage ist Hypersensibilität abzubauen? (Fragestellung 1) bzw.
b) welche arbeitspsychologischen Besonderheiten Personen aufweisen, die hypersensibel sind? (Fragestellung 2) und
c) wie die arbeitspsychologischen Besonderheiten sich im Verlauf eines Biodanzakurses verändern? (Fragestellung 3).

Die Hypersensibilität der Haut, als Vorstufe zum Burnout-Zustand wurde in diesem Band hinreichend erläutert (s. Kap. 5.2, Abbildung 135). Zur

Fragestellung 1–3 wurden in der Vergangenheit zu diesem Thema bereits Studien durchgeführt, deren Ergebnisse im Folgenden dargestellt und zusammenfassend diskutiert werden sollen.

1) Studie zur Methodik und Ergebnisse der argentinischen und deutschen Studie (Villegas et. al. 1999):

So wurden u. a. in der ersten Biodanza-Studie weltweit in B. Aires 13 Vpn (Studenten) während eines Anfängerkurses Biodanza (10 Sitzungen) untersucht. Die Sitzungsinhalte sind in Tabelle 39 aufgeführt.

Tabelle 39 Hauptübungen in der Biodanza-Intervention je Klasse

Sitzung	Hauptübungen
1	u. a. synergisches Gehen, Rhythmische Variationen, synergisches Springen, Tänze des Fließens, Streicheln der Hände zu Fünft, Begegnung Hände und Blicke, Aktivierungs-Kreise
2	u. a. physiologisches Gehen, Gehen zu zweit, Tanz der Leichtigkeit, Harmonisierungskreis, Segmenttänze des Kopfes, der Schultern-Arme, Selbststreicheln des Gesichts, Streicheln der Haare zu zweit, Begegnungen, Öffnung zum anderen, Aktivierungs-Kreise
3	u .a. Laufen mit Musik, Verbindung mit zirkularen Rhythmus, Befreiung der Bewegung, tropische Tänze, Harmonisierungskreis, Tänze des Fließens zu zweit, Wiegekreis, Wiegen des anderen, Kreis der Blicke, Aktivierungs-Kreise
4	u .a. Kreis mit Singen, Gehen zu zweit, Befreiung der Stimme und Bewegung, Yin- Yangtanz, Kommunikationskreis, Begegnungen, Aktivierungskreise
5	u. a. Kreis des Willkommens, Gehen ohne Sorgen, Spiel der Hände, Rhythmische Variationen, Samba, Harmonisierungskreis, Tanz der Sensibilität, Streicheln des Gesichts zu zweit, Aktivierungskreise
6	u. a. Gehen zu zweit, Melodische Synchronisierung, Kaskade der Segmente, Tänze der Erde, Wasser, Feuer, Luft, Harmonisierungskreis, Streicheln der Hände zu zweit, Konzentrische Augenkreise, Begegnungen, Aktivierungskreise
7	u. a. Kreis des Willkommens, rhythmisch-sinnliches Gehen, Tanz des Pferdes, Atmender Tanz, Segmenttanz Hüfte, Integration der 3 Zentren, Begegnungen, Aktivierungskreise

(wird auf nächster Seite fortgeführt)

Tabelle 40 Fortsetzung

Sitzung	Hauptübungen
8	u. a. Rhythmischer Kreis mit Singen, Laufen mit Bestimmung, Begegnung der Krieger, Vorbereitung Tiger, Tigertanz, Rhythmische Entspannung „Batucada", Harmonisierungskreis, Wiegen des anderen, Minute der Ewigkeit, Begegnungen mit Händen und Blicken, Kreis mit Singen
9	Kreis des Willkommens, Gehen mit Musik, Differente Rhythmen, zentrale und periphere Bewegungen „Batucada", Führen des anderen mit geschlossenen Augen, synästhetischer Genuss, Regen der Zärtlichkeit, Begegnungen, Aktivierungskreise
10	Kreis, Gehen zu zweit, Rhythmische Synchronisation, Expressiver Tanz, Für einen anderen tanzen, Wiegekreis, Tanz der Sensibilität, Tanz des Erblühens, Begegnung, Zeremonie des Triumphes

Es zeigte sich, dass in den ersten 4 Sitzungen in 6 von 8 Fällen (75 %) Hypersensibilität auftrat, danach zunehmend weniger (s. Tabelle 40).

Tabelle 40 Hypersensibilität im Verlauf von 10 Biodanzasitzungen

Vpn	1	2	3	4	5	6	7	8	9	10
1				+++++						
2										
4										
8			+++++							
12										+++++
15										
17		+++++								
19				+++++						
20			+++++							
21		+++++								
22									+++++	
24										
25										

In einer nachfolgenden Studie in Leipzig ergaben sich bei 8 Versuchspersonen (ebenfalls Studenten), die an 10 Biodanzasitzungen teilnahmen und bei denen 41 Hautwiderstandsmessungen vorgenommen wurden, in 21 Fällen (51 %) Hypersensibilitätszustände. Mit 2 unabhängigen Beurteilern wurde der Verlauf dieser 21 Hypersensibilitätszustände in den 90 minütigen Biodanzasitzungen bewertet. In den meisten Fällen (n =14; 1.Beurteiler/n =12; 2.Beurteiler) wurden die Hypersensibilitätszustände langsam reduziert (Beurteiler-Übereinstimmung= 86 %). In 3 bzw. 4 Fällen wechselte die Hypersensibilität während der Sitzungen (Beurteiler-Übereinstimmung= 75 %). Keine Veränderung der Hypersensibilität ergab sich in 4 bzw. 5 Fällen (Beurteiler-Übereinstimmung= 75 %).

2) Studie zu arbeitspsychologischen Besonderheiten in Zusammenhang mit Hypersensibilität in Leipzig (Stueck, Balzer, 2005)

In dieser Studie wurden arbeitspsychologische Besonderheiten in Zusammenhang mit den Hypersensibilitätszuständen bzw. weiteren Indikatoren des Hautwiderstandes (Aktivierung, Deaktivierung, verteilte Aktivierung, Überlastungshemmung, s. Kap. 5.2) gemessen (Fragestellung 2). Es wurde bei 20 Versuchspersonen (LehrerInnen, Durchschnittsalter: 43,9 Jahre) ein 24-Stundenmonitoring durchgeführt. Die arbeitspsychologischen Besonderheiten wurden mittels Selbsteinschätzungen auf elf theoretisch begründeten und faktorenanalytisch untermauerten Dimensionen des AVEMS (Schaarschmidt 2005) erhoben. Das Zueinander dieser Dimensionen wird im Weiteren in vier arbeitsbezogenen Verhaltens- und Erlebensmustern ausgedrückt: G (Gesundheit), S (Schonung), A (Risiko i. S. der Selbstüberforderung) und B (Risiko i. S. von chronischem Erschöpfungserleben und Resignation). Für jede Person wird die Ähnlichkeit ihres Profils mit diesen vier Referenzmustern ermittelt:

- Muster G („Gesundheit"): Hohes berufliches Engagement, ausgeprägte Widerstandsfähigkeit gegenüber Belastungen, positives Lebensgefühl („Gesundheitsideal")
- Muster S („Schonung"): Ausgeprägte Schonungstendenz bzw. Schutzhaltung gegenüber beruflichen Anforderungen
- Risikomuster A („Typ-A-Verhaltenskonzept"): Überhöhtes Engagement, das keine gleichermaßen hohe Entsprechung im (eher negativen) Lebensgefühl findet; geringe Distanzierung von der Arbeit; verminderte Widerstandsfähigkeit gegen Belastung
- Risikomuster B („Burnout"): Reduziertes Arbeitsengagement, einhergehend mit verminderter Belastbarkeit und negativem Lebensgefühl sowie geringer Distanzierungsfähigkeit von der Arbeit. Zufriedenheit und Wohlbefinden niedrig.

In Tabelle 41 sind die Ergebnisse der 20 Versuchspersonen der Leipziger Studie zu finden bzgl. des Zusammenhangs der AVEM-Muster mit den Messergebnissen der chronobiologischen Messparameter.

Tabelle 41 Chronobiologische Messparameter im Zusammenhang mit den AVEM-Mustern

	Aktivierung	Deaktivierung	Verteilte Aktivierung	Überlastungs-hemmung	Hyper-sensibilität
Typ S	.38*	-.41*	-.34'*	-.27	.52**
Typ A	-.27	.20	.29	.36	-.36
Typ G	-.10	-.05	.16	.21	-.10
Typ B	.12	.02	-.17	-.28	.14

* $p<.10$, ** $p<.05$ (einseitig), $N = 20$

Es zeigten sich signifikante lineare Zusammenhänge zwischen der Zugehörigkeit zu Typ S und den Indikatoren des Hautwiderstands. Je höher die Wahrscheinlichkeit, dem Bewältigungsstil des Typ S (Schonung) zu entsprechen desto mehr Aktivierungszustände ($r = .38$, $p < .10$), respektive weniger Entspannungszustände ($r = -.41$, $p < .10$) konnten im 24-Stunden Monitoring beobachtet werden. Es zeigte sich zu dem ein Zusammenhang des Typs S mit einem geringeren Auftreten von Wechseln zwischen Entspannungs- und Erregungszuständen ($r = -.34$, $p<.10$) sowie ein häufigeres Auftreten von Hypersensibilität als Schutzmechanismus ($r = .52$, $p < .05$). Zu den anderen 3 Typen (A, G, B) ergeben sich keine interpretierbaren linearen Zusammenhänge zum Hautwiderstand.

Teilt man die Gruppe der Risikomuster A, B von der Gruppe G, S (s. Tabelle 42), so ergibt sich eine signifikante Untererregung in der Gruppe der Risikomuster A, B, was als Bestätigung der Underarousaltheorie angesehen werden kann, wonach überengagiertes Verhalten durch Untererregung verursacht ist. Dieser Zusammenhang konnte auch regressionsanalytisch nachgewiesen werden (Stueck, Rigotti, Balzer, 2005).

Tabelle 42 Risikomuster A,B im Vergleich zu AVEM-Muster G,S bzgl. Hautwiderstand

	TYP A + TYP B (N = 9)		Andere (N = 11)		Mittelwertunterschied			
	M	SD	M	SD	T	df	p	d'
1 Aktivierung	66.55	16.99	84.70	14.73	2.56	18	.02*	1.14
2 Verteilte Aktivierung	11.04	6.07	5.02	5.33	-2.36	18	.03*	1.05
3 Deaktivierung	22.40	11.90	10.25	10.24	-2.46	18	.02*	1.09
4 Überlastungshemmung	90.47	12.68	75.60	15.25	-2.34	18	.03*	1.06
5 Hypersensibilität	23.67	37.10	45.18	44.72	1.15	18	.26	0.52

Anmerkung: Signifikanz (zweiseitig). + $p < .10$, * $p < .05$, d' = Effektgrößen

3) *Studie zur Veränderung der arbeitspsychologischen Besonderheiten in Leipzig 2007 (Stueck, 2007)*

In Leipzig wurden 29 Versuchspersonen der VG im Unterschied zu einer Kontrollgruppe (38 Vpn) zur Fragestellung 3 untersucht, d. h. zu den Wirkungen von Biodanza auf arbeitspsychologische Besonderheiten im AVEM. Hinsichtlich der Variablen der Belastungsverarbeitung im arbeitsbezogenen Alltag ergab sich in einem der vier komplexen berufsbezogenen Erlebens- und Verhaltensmuster ein Gesamteffekt bzw. eine signifikante nachwirkende Zunahme im Typ "Schonung". Durch diese signifikante nachwirkende Zunahme des Schonverhaltens ergab sich auch ein langfristiger Anstieg des Schonverhaltens (s. Abbildung 280). Der praktisch relevante Effekt von Biodanza besteht v. a. im Nachwirkungseffekt zugunsten der VG im Vergleich zur KG. Die KG verschlechtert sich im Post1-Post2-Zeitraum gegenläufig zur Biodanza-Gruppe. Es wird dabei die Kompetenz entwickelt, sich im Umfeld belastender Rahmen- und organisationaler Bedingungen zu schützen und Rücksicht auf die eigene Gesundheit zu nehmen.

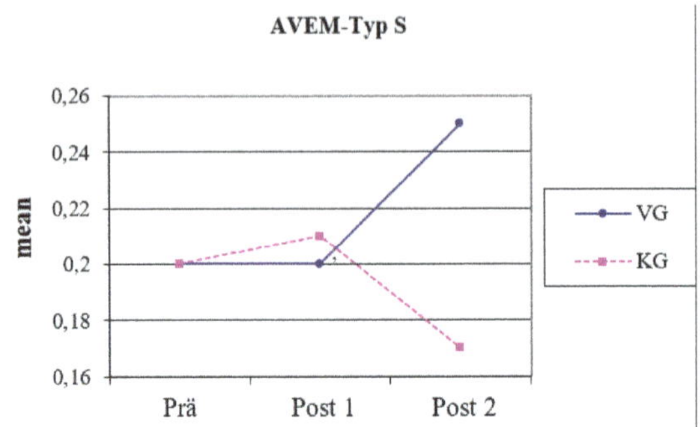

Abbildung 280 Risikomuster A, B im Vergleich zu AVEM-Muster G,S bzgl. Hautwiderstand

Dieses Ergebnis zeigt die Bedeutung der Integration und der Verarbeitung des in Biodanza Erlebten in der Nachwirkungsphase auf. Die kognitive Reflexion über die nonverbalen Erlebnisse und die Integration des Erlebten in den Alltag geschieht möglicherweise nach der Trainingsphase, in der keine Intervention stattfindet. Aus Praxiserfahrungen mit Biodanza ist bekannt, dass sich Teilnehmer immer wieder „Auszeiten" nehmen, um das Erlebte zu verarbeiten und zu integrieren. Während des intensiven Biodanza-Stimulus ist dafür möglicherweise zu wenig Raum.

4) *Studie zur Veränderung von AVEM Mustern und Hypersesnsibilität infolge von Biodanza 2016 (Anette Reikova, Vineta Grieves, Hans-Ullrich Balzer, Marcus Stueck, 2017)*

Im Jahr 2016 fand in Riga ein Forschungsprojekt mit Lehrern und Biodanza statt (A. Reikova, V. Grieves, M. Stueck). In Riga wurden in der vorliegenden Studie 8 Versuchspersonen zu Fragestellung 1 und 2 untersucht, d. h. zu Wirkungen von Biodanza auf die Hypersensibilität und der Verbindung zu Arbeitsbezogenen Erlebens- und Verhaltensmustern. Die 8 Versuchspersonen waren LehrerInnen, die an 10 Biodanza-Sitzungen teilnahmen. Während der Biodanza-Sitzungen wurde mit dem Vorgänger-Modell des aktuellem Hypersensibilitätsmessinstruments sensirec (s. Kap. 7, Abbildung 189) 54 Messungen vor und unmittelbar danach gemessen. Die Messergebnisse konnten in hypersensible Tendenz und Hypersensibilität differenziert werden. Desweiteren wurde vor und nach den 10 Wochen das Arbeitsbezogenes Verhaltens- und Erlebensmuster (AVEM, Schaarschmidt, 2005) eingesetzt. Die Ergebnisse wurden deskriptiv-statistisch ausgewertet und dargestellt (Tabelle 43).

Tabelle 43 Hypersensibilitätsmessungen bei Lehrern, die an Biodanza-Intervention teilnahmen (vor und nach dem Training)

AVEM-Muster Prä	1. Sitzung		2. Sitzung		3. Sitzung		4. Sitzung		5. Sitzung		6. Sitzung		7. Sitzung		8. Sitzung		9. Sitzung		10. Sitzung		AVEM Muster Post
	Vor	*nach*	*Vor*	*Nach*	*vor*	*nach*	*vor*	*nach*	*vor*	*nach*	*Vor*	*nach*	*vor*	*nach*	*vor*	*nach*	*vor*	*Nach*	*Vor*	*Nach*	
B/A	115	199	97	294					1309	111	554	1534	1651	924	58	406	70	86			A/B
S	278	101	128	35	56	646					1042	207	401	47	44	831	173	45	262	1244	S
B	241	60	466	132	210	55															G/A
G	1248	975	115	2482	113	606	770	228	722	991			93	62	198	75	538	423	43	215	G
A	1995	64	71	476	489	1631	445	466													S
A/B	703	642	1080	414					736	706			244	124			217	72	382	666	A
G			74	80	264	614	177	102	701	92	720	251	111	366	552	1313	1032	47	110	194	S
A	224	218	109	63			132	1197	832	1209	411	115	88	781			625	76	268	82	A

Hinweis — Hypersensibilität Tendenz 50 < h > 100 — Hypersensibilität h < 50

Aus Tabelle 43 können folgende Ableitungen vorgenommen werden:

a) **bzgl. Häufigkeit der AVEM-Typen:**
Die Interpretation der Daten erfolgt aufgrund der Häufigkeiten der POST-Erhebungen. Es fällt auf, dass Typ A (mit Mischtypen BA, GA) und Typ S mit jeweils 3 Vpn am häufigsten vorkommen. Typ G (mit Mischtyp GA) liegt bei 2 Vpn vor.

b) **bzgl. Prä-Post Veränderung der AVEM Typen:**
Folgende Zusammenfassungen zu den Prä-Post-Bewegungen der AVEM-Typen können aus Tabelle 41 abgeleitet werden:
- 3 von 8 Versuchspersonen (37,5 %) werden nach Beendigung des Biodanza-Kurses AVEM-Typ Schonung.
- Der Risikotyp A scheint für 4 Vpn (50 %) nach dem Biodanzakurs eine bedeutsame Rolle zu spielen, denn die Prä-Post-Bewegung bleibt entweder bei Typ A oder bei Mischtyp BA zum Post-Messzeitpunkt oder aus einem Mischtyp AB wird ein reiner Typ A bzw. aus einem Burnout-Typ B wird ein Gesundheitstyp (Typ G) mit Typ A-Anteilen.
- Eine Vpn verbleibt bei Typ-Gesundheit bzw. eine Vpn ist Typ G mit Typ A-Anteilen.

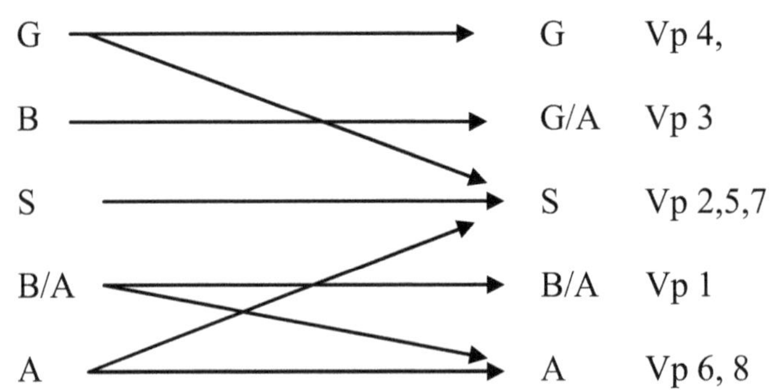

Abbildung 281 Prä-Post Veränderung der AVEM Typen

c) **bzgl. Prä-Post-Veränderungen in den AVEM im Zusammenhang mit Hypersensibilität:** Es zeigt sich, dass
- die 4 Vpn mit Typ A-Anteilen nach dem Biodanza-Kurs keine Hypersensibilität aufweisen, dafür aber 11 hypersensible Tendenzen (mean: 2,75).
- Die 3 Vpn mit Typ S nach Biodanza weisen 5mal Hypersensibilität auf (mean 1,66) und 4 Tendenzen (mean: 1,33)

- Die 2 Vpn mit Typ G Anteilen nach Biodanza weisen 1mal Hypersensibilität auf (mean 0,5) und 7 Tendenzen (mean 3,5)

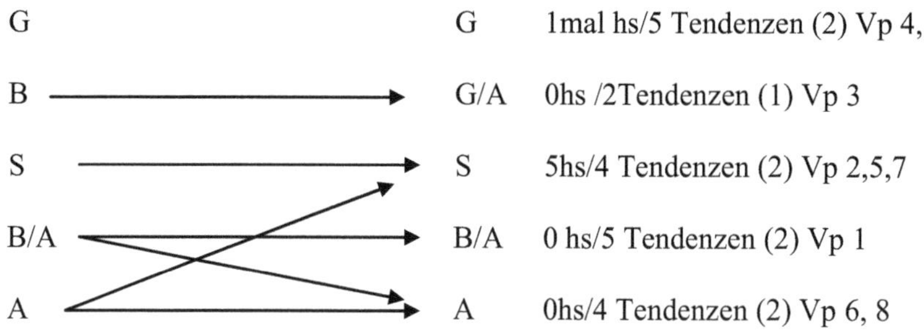

Abbildung 282 Prä-Post-Veränderungen in den AVEM im Zusammenhang mit Hypersensibilität

d) bzgl. Prä-Post-Veränderungen bzgl. Hypersensibilität

Zur Interpretation dieser Fragestellung wurde der Kurs in 3 Teile geteilt. Trainingsphase 1 (Sitzungen 1–3), Trainingsphase 2 (Sitzungen 4–7) und Trainingsphase 3 (Sitzungen 8–10).

Tabelle 44 Kurseinteilung

Häufigkeit Parameter	**Sitzung 1–3 3 Sitzungen**	**Sitzungen 4–7 4 Sitzungen**	**Sitzungen 8–10 3 Sitzungen**
Hypersensibilität nach der Sitzung	1	1	5
Hypersensible Tendenz nach der Sitzung	5	3	2

Aus der Tabelle 43 geht hervor, dass es weniger hypersensible Tendenzen nach der Sitzung zwischen Sitzung 4–7 (Summe 4) im Vergleich zum Beginn des Kurses (Summe 6) gibt. Am Ende des Kurses stieg die Anzahl Hypersensibler bzw. tendenziell-hypersensibler Zustände jedoch wieder an (Summe 7). D. h., Biodanza hat die Möglichkeit des Abbaus von Hypersensibilität, jedoch ist es auch abhängig von Umgebungsbelastungen. Der Kurs endete in der Weihnachtszeit, wo bekanntlich der Stress grösser wird.

Tabelle 45 Veränderungen der Hypersensibilität in Bezug auf die Trainingsphase

Häufigkeit Parameter	**Sitzung 1–3 3 Sitzungen**	**Sitzungen 4–7 4 Sitzungen**	**Sitzungen 8–10 3 Sitzungen**
Zunahme	4 (1hs)	2	6 (2 hs)
Abnahme	3	1	3 (2 hs)
Gleich	1	1	1
Keine HS	22	30	10

e) bzgl. Zusammenhang zwischen Hypersensibilität bzw. Hypersensibler Tendenz und AVEM-Typen:

Wenn die Auftretenshäufigkeit von Hypersensibilität und hypersensibler Tendenz über alle 10 Sitzungen hinweg zusammengefasst wird, so ergibt sich ein gleichverteiltes Bild zwischen den Mustern:

- Typ A = 47,6 % (10mal bei 21 Teilnahmen),
- Typ S = 52,4 % (11mal bei 21 Teilnahmen) und
- Typ G = 50 % (6mal bei 12 Teilnahmen).

Wenn man die Häufigkeit der Hypersensibilitätszustände (ohne hypersensible Tendenz) auswertet, zeigt sich ein klareres Bild, wonach

- 23,1 % aller Messungen bei den drei TypS-Personen reine Hypersensibilitätszustände darstellen (5mal HS bei 21 Teilnahmen, 6mal Tendenz, 28,6 %).
- Keine der Messungen bei den 3 TypA-Personen hypersensibel (0 %, 10mal Tendenzen bei 21 Teilnahmen, 47,61 %) und
- 8,33 % der 2 TypG-Personen sind hypersensibel (1mal hypersensibel, 5mal Tendenz bei 12 Teilnahmen, 41,66 %).

Das heißt, dass die Typ G-Personen am wenigsten von Hypersensibilität (Überempfindlichkeit) betroffen sind und die Typ S-Personen am meisten (23,1 %). Es ist jedoch zu beachten, dass beide Muster Typ G und A ebenfalls gefährdet sind, da beide 47,6 % hypersensible Tendenzen aufweisen. Zu beachten ist ebenfalls, dass 2 von 3 Typ A-Personen entweder vor oder nach dem Training Anteile von Burnoutgefährdung auswiesen (Typ A/B), d. h. Erschöpfungstendenzen haben (Typ B). 1 von 2 Typ G-Personen hat Anteile von Typ A und kommt aus dem Burnout (Typ B, vor dem Training).

Zusammenfassende Diskussion

Die erste Frage war, ob Biodanza in der Lage ist Hypersensibilität abzubauen (Fragestellung 1): Diese Frage kann mit ‚Ja' beantwortet werden. Biodanza eignet sich dazu Hypersensibilitationszustände abzubauen. Es muss jedoch weiterführend untersucht werden, inwieweit auch Yoga, Meditation und Entspannungsmethoden dafür geeignet sind. Erste Einzelfallstudien (s. Abbildung 278) bzw. ‚Vergleichende Analysen' (Stueck, Tofts, 2016) deuten darauf hin, dass auch Yoga dieses Potenzial besitzt.

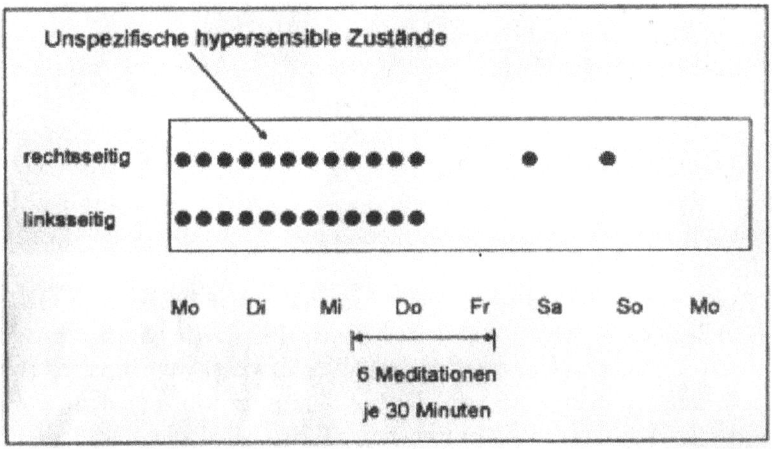

Abbildung 283 Risikomuster A,B im Vergleich zu AVEM-Muster S,G bzgl. Hautwiderstand

Interessant ist der Vergleich zwischen der argentinischen und der deutschen Stichprobe bzgl. der Häufigkeit hypersensibler Zustände: In der argentinischen Stichprobe wurden 8 Hypersensibilitätszustände (bei 112 Messungen) festgestellt. In der deutschen Stichprobe 21 Hypersensibilitätszustände bei 41 Messungen. D. h. nur 7 % gegenüber 51 % aller Messungen waren in Argentinien hypersensibel. Die Messungen fanden in Argentinien 1999 und in Deutschland 2003 mit demselben Messgerät (HIMEM) statt. Mit dem speziell entwickelten Modell *sensirec* wurden in Lettland 6 Fälle mit Hypersensibilität (bei 54 Messungen) diagnostiziert (11 %)[59]. Das könnte als interkultureller Unterschied hinsichtlich eines größeren Belastungspotenzials bei der deutschen Stichprobe interpretiert werden, die weiterführend untersucht werden sollten.

Die Frage nach den arbeitspsychologischen Besonderheiten von Personen, die hypersensibel sind (Fragestellung 2) kann festgestellt werden, dass Hypersensibilität mit dem Verhaltenstyp "Schonung" zusammenhängt. Dieser

59 Der Parameter hypersensible Tendenz trat bei insgesamt 17 Messungen auf (31 %).

Zusammenhang wurde Studie 2 bestätigt. Der Anstieg des AVEM-Typ S hängt nach Untersuchungen von Stück et al., 2005 (s. Studie 2) mit einer zunehmenden sympathikotonen Erregung zusammen.

Die dritte Frage befasste sich damit, wie die arbeitspsychologischen Besonderheiten sich im Verlauf eines Biodanzakurses verändern.

Es kann in 2 Studien ein Anstieg des Verhaltenstyps "Schonung" festgestellt werden. Möglicherweise lösten die verbesserten Fähigkeiten bzgl. einer zunehmenden Körperwahrnehmung infolge der körperorientierten Biodanza-Methode diesen Schutzmechanismus aus. Das gesteigerte Schonverhalten führt nach Schaarschmidt (2005) zu einem positiven Lebensgefühl und relativ guter Lebenszufriedenheit, deren Quelle jedoch vorwiegend außerhalb der Arbeit zu finden ist. Die wachsende Distanzierungsfähigkeit zur Arbeit zeigt, dass die Vpn nach der Biodanza-Intervention offensichtlich eher an einem positiven Lebensgefühl und an einer besseren Lebensqualität interessiert sind. Es stehen in diesem Bewältigungsmuster eher motivationale Aspekte im Vordergrund, die u. a. etwas mit ungünstigen Arbeitsbedingungen und Arbeitsorganisation zu tun haben. Es zeigt sich, dass die verhaltenspräventive Maßnahme Biodanza zu dieser Schonhaltung beiträgt, wenn nicht gleichzeitig verhältnispräventive Interventionen durchgeführt werden. Hierzu gehören u. a. Veränderungen der Organisationsstruktur eines Unternehmens. Hier werden auch die Grenzen verhaltenspräventiver Interventionen deutlich, wenn keine parallele Verhältnisprävention stattfindet.

10.10 Chrono-Bio-Psychological Aspects of Biodanza Aquatica

Marcus Stueck, Alejandra Villegas, Hans-Ullrich Balzer, Dian Utami, Kathrin Bauer, Ulrich Sack

Introduction

The objective of 'Aquatic Biodanza' in the view of Rolando Toro and Eliane Matuk, who developed it in the 80`s, is to evoke an experience which Rolando Toro has defined as 'regression to the origin' or also regression to the primordial, by the induction of the State of trance in body warm water (36,6 degree). In the 70's, with the advent of echography of the fetus in the womb prenatal psychology was born and its research constitutes important antecedents for the development of Aquatic Biodanza. From 2007 onwards Marcus Stueck, Alejandra Villegas and colleaques investigated Biodanza scientifically and published the results ("Dance towards health, Stueck, Villegas, 2008").

The word trance comes from the Greek *transire* (transit/passage); therefore, Rolando Toro has defined this concept as "the passage from one state of consciousness to another". Inducing a regression to the perinatal states represents a true biological and emotional 'rebirth'; such a *vivencia* has an effect of regeneration of all organic functions, which happens through the restoration of the equilibrium of the neurovegetative system.

One main exercise of Biodanza Aquatica is called trance suspension, where the person is turned clockwise from group members and he receives embraces and celebrate his "birth". This experience of "reparentalisation" is a state of expansion of consciousness and allows an access to unconscious psychic levels. The experience (Span. *vivencia*) of regression to the origin of our life in Biodanza alludes to the following phases: intra-uterine life, prenatal states, and the first seven months of life (or in any case up until the third year of life). The importance of regression consists in the possibility to return to the primordial state, preceding learning and cultural conditioning and to cope with early child traumata. The *vivencia* of regression is carried out in Biodanza through the induction of the states of trance in body warm water (36 degree), which guarantees the integrating quality of the induced regressive states. The experiences of warmth is, in all, the most important. Warmth expresses love, acceptance, protection, nourishment, and life. Coldness, on the other hand, is reconnected to fear, refusal, hostility, uncomfortable, and inhibition. Trance is characterized by an extreme receptivity (in the state of trance the individual abandons him/herself to the perception of the internal and external stimuli and by the diminishing and, at times, successive interruptions of thoughts). The regressive action of immersion in warm water is supposed to reduce the secretion of the hormones produced at a high rate when we are cold or are scared (e. g., adrenalin, cortisol).

In 2007 Marcus Stueck and Alejandra Villegas developed the programme "Biodanza-Aquatica" as an evidence based Biodanza Programme. It means that the exercises are integrated in a structured intervention programme out of 10 sessions. The concept was developed after a long-term research at the University of Leipzig and now at the University of Applied Science Saxony (DPFA). It is based on the theoretical work of Rolando Toro and Eliane Matuk. The theme of the "Biodanza Aquatica"-programme is: "Reparentalization", what means to get a peaceful relationship to your parents, based on acceptance and forgiveness and thanksfulness.

We conducted 14 sessions with three parts structure:

1) The first part is the verbal Beginning Part: Here takes place psycho-education and reflection of the experiences of the last session and reflexive exercises (e. g, trees of the family or questionnaires, this is optional and the decision of the instructor).
2) Biodanza Aquatica:
   a) Here there is a part out of the pool
   b) Part in the pool
3) FINAL – Part: in this part the relaxing and chill out takes place, it can be in the pool or outside. No analyse or interpretation takes place and not drinking of alcohol or other substances.

LATER there is the possibility of writing or painting

1. Pre-Session (optional, dancing myself, father and mother):
2. Session: **Trusting in the Uterus**
3. Session: **Fluidity in the uterus (Father and mother)**
4. Session: **Unfolding and being received**
5. Session: **Being hold**
6. Session: **Regression in the origin (Trance suspencion)**
7. Session: **Voice and expression**
8. Session: **Regression in the origin (Trance suspencion)**
9. Session: Caress and **Compact group**
10. Session: **Regression in the origin (Trance suspencion)**
11. Session: **Regression in the origin (Caress)**
12. Session: **Regression in the origin (Trance suspencion)**
13. Session: **Saying thankyou to father and mother)**
14. Post-Session (optional, myself, father and mother)

1. Pre-Session (optional, dancing myself, father and mother):
2. Session: **Trusting in the Uterus**
3. Session: **Fluidity in the uterus (Father and mother)**
4. Session: **Unfolding and being received**
5. Session: **Being hold**
6. Session: **Regression in the origin (Trance suspencion)**
7. Session: **Voice and expression**
8. Session: **Regression in the origin (Trance suspencion)**
9. Session: Caress and **Compact group**
10. Session: **Regression in the origin (Trance suspencion)**
11. Session: **Regression in the origin (Caress)**
12. Session: **Regression in the origin (Trance suspencion)**
13. Session: **Saying thankyou to father and mother)**
14. Post-Session (optional, myself, father and mother)

Abbildung 284 Structuriezed sessions themes in BIODANZA AQUATICA

There is a handbook and the music given in the education to "Biodanza-Aquatica"-Instructors. There is an agreement between the instructors and the educators (M. Stueck, A. Villegas).

In 2010, Stueck (2010); water based self-regulation) was developed a concept to work with Biodanza Aquatica with traumatised children in an orphan home.

Effects of the Biodanza Aquatica Programme

Up to now there where 3 studies done: the first was a interviewbased study by Toro and Matuk in the 1980`s, the second and third where experimental studies at Leipzig university and University of Applied Sciences Saxony (DPFA) by Stueck and colleaques.

1) Qualitative studies Rolando Toro, Eliane Matuk since the 80`s:

According to the experiences with Aquatic Biodanza and the written testimony of the participants in the extension of the training course, there is verified that 'trance and regression' by suspension in the water evoke: (1) *vivencias* predominantly connected to a primordial experience of fusion with the whole and (2) an experience of unity characterized by the lack of duality between subject and object and by the absence of boundaries in which there is no difference between us and the maternal organism (or between us and the exterior world). In this experience, one loose the sensation of the body's boundaries. Our body's boundary is represented by the skin's surface: the impression of having no boundary can induce the sensation of being 'one with the other or with the cosmos'. This happens, probably, because of being immersed in warm water at body temperature and in these conditions (in and of themselves regressive), induces us to further regressive states. Thus, in resume, the experience of beatitude comes from a vivencia of fusion, which is characterized by the return to the state in which we do not have consciousness of our physical boundaries and limits. The effects of the experience of beatitude are (a) feeling of safety, (b) dilated perception of time, and (c) tendency to sleep. From Toro's and Matuk's experiences with Aquatic Biodanza and from the written testimony of the participants of the training courses the vivencia of regression to the origin in Aquatic Biodanza is frequently described as follows: (1) a deep sense of cosmic unity often associated to the sentiment of peace, serenity, joy, and beatitude; (2) the daily perceptions of space and time seem to disappear and one perceives one self as 'pure being'; and (3) language is not capable of communicating the essence of this state, mainly limiting itself in underlining the fact that it is 'indescribable'.

2) *Quasi-Experimental Biodanza Aquatica study 2007 (Stueck, Matuk, Balzer, Sack):*

The first experimental research concerning Biodanza Aquatica took place 2007 in Lugano (Switzerland), conducted by Marcus Stueck together with Eliane Matuk (Biodanza-Model-School of Biodanza), H.-U. Balzer (2007: University of Vienna) and Prof. Sack (Institute of Immunology, University of Leipzig). A South African subject (male, 44 years old) has been researched in 4 different situations with different stimuli:

1. measurement	October 23 2007	15:53:42h	Trance through Suspension
2. measurement	October 24 2007	16:23:27h	Listening to music
3. measurement	October 25 2007	11:20:31h	Trance through voice
4. measurement	October 25 2007	15:08:45h	Without manipulation

The third situation called Trance through Voice was researched with 5 subjects. In this analysis was found a great increase of relaxation (Mean-Pre: 9,8; Mean-Post: 15,4 in KUSTA, Binz & Wend, 1986) and changes in the feeling of time duration (subjective shortening of the time in 4 out of 5 cases) were found. Also a change of experienced time duration (shortening of experienced duration of time) about mean = 45.45 % in Suspension. Trance were detected (see Tabelle (table 1) 46).

Tabelle 46 Subjective experience of time during trance by voice

Subject	Real time in hours (*Vivencia*)	Estimated time in hours (in retrospect)	Percent deviation
1 (female)	2	2.5	+ 25 %
2 (female)	2	1	- 50 %
3 (male)	2	1	- 50 %
4 (female)	2	1.5	- 25 %
5 (male)	2	1.15	- 42,5 %
Mean	2	1.43	- 28,5 %

Those changes in the experience of time can be seen as a characteristic of changed states of consciousness (Stueck, 2008).

During sessions the change of vegetative parameters by use of smardwatch were registrated and analysed. The analyses of regulation states of vegetative parameters in all four situations shows (Abbildung (figure 2) 285....Abbildung (figure 5) 288), that the active motor reaction is reduced clearly by trance suspension. The amount and frequency of bad regulated states during trance suspension reduces compared to the situation without stimuli too. During the measurement, Listening to Music there is even a slight activation in the entire vegetative system to be observed compared to the situation without stimuli.

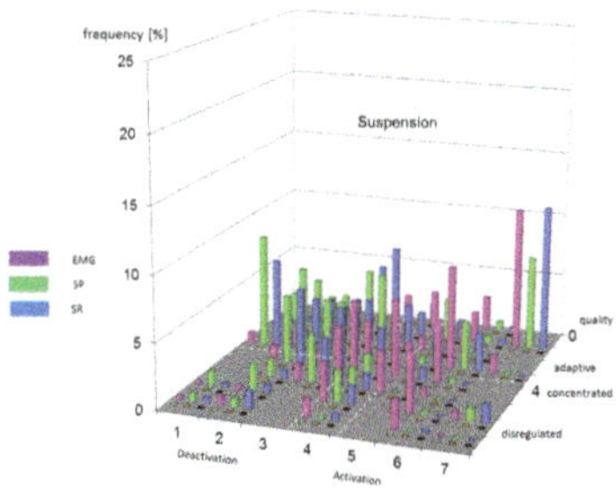

Abbildung 285 Measurement 1 Trance Suspension

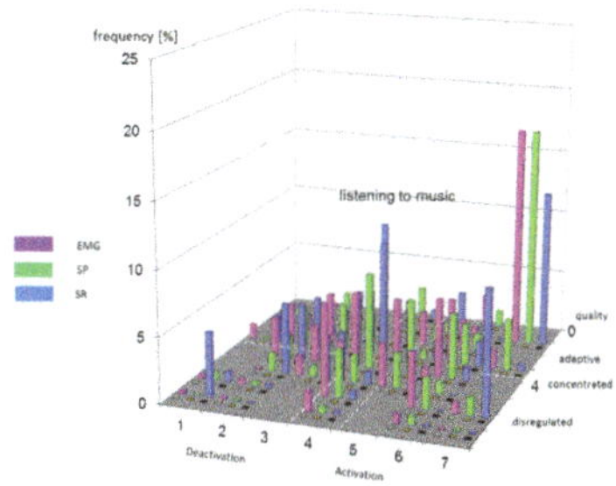

Abbildung 286 Measurement 2 Listening to music

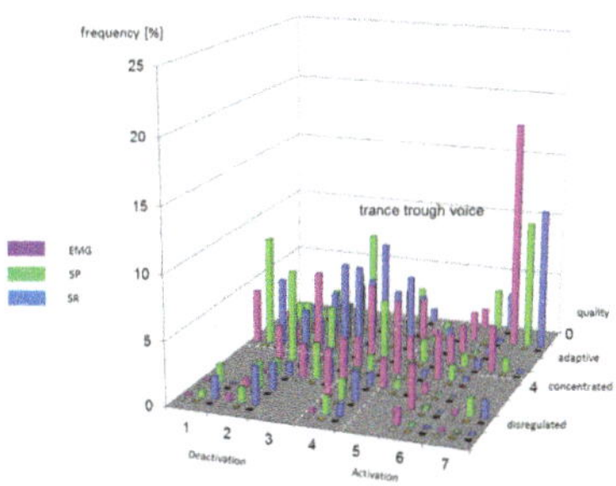

Abbildung 287 Measurement 3 Trance through voice

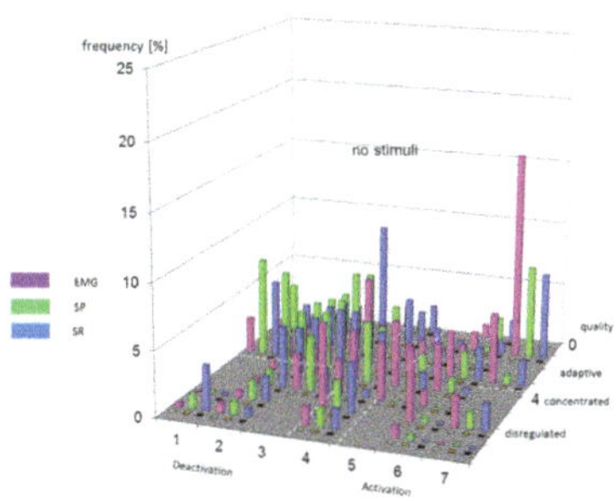

Abbildung 288 Measurement 4 no stimuli

The strongest impact has the Trance Suspension on motoric, emotional and cognitive autoregulation and synchronisation Abbildung (figure 2) 285.

Further results of the single case study where (Tafel (panel 1) 9):

- increase of ability to relax after Biodanza Aquatica (results from blood pressure relaxation test);

- endocrinological and immunological changes towards decrease of cortisol, testosterone and increase of Immunglobuline A;
- psychological change in increasing mood, vitality and feeling of relaxation;
- state description after Trance suspension: A bit dreamy – very relaxed, content held – comfortable – very together – a bit sad not to be now in the water with Lida (a woman from the group) – happy for her, the other people;
- shortening of time perception in the exercise trance suspension: the real time was 22 minutes, the estimated time was 10 minutes.

Tafel 9 Results of a case history

parameter	part 1(pre-phase)	part 2 16:05h turning in water 16:13h embracements 16:27h leaving the water	part 3 (post-phase)
real time	10 minutes 15:55h – 16:05h	22 minutes	10 minutes 16:31h – 16:41h
blood pressure relaxation test (BRT)	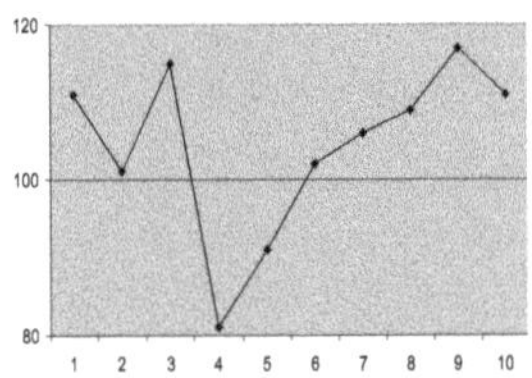	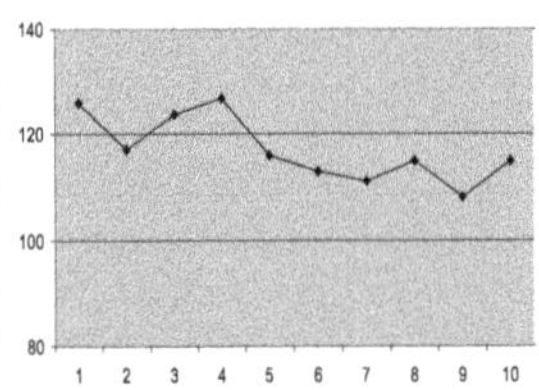	
estimated time	10 minutes (each minute one measurement, systolischer Blutdruck)	10 minutes	10 minutes (each minute one measurement, systolischer Blutdruck)
Kusta:			
Mood	14	15	16
Activity	9	13	16
Relaxation	14	17	17
Bio-chemical Analysis:			
IgA	141.8 µg/ml		362.8 µg/ml
Cortisol	0.4 µg/dl		0.18 µg/dl
Testos-teron	203.4 pg/ml		72.9 pg/ml

The single case study showed the further results of a decrease in pulse rate in trance suspencion especially through embracements. During the first embracement a significant decrease in arousal (heart frequency, pulse frequency) can be noticed. The consequences of embracement on physiological arousal can be found in Abbildung (figure 6) 289.

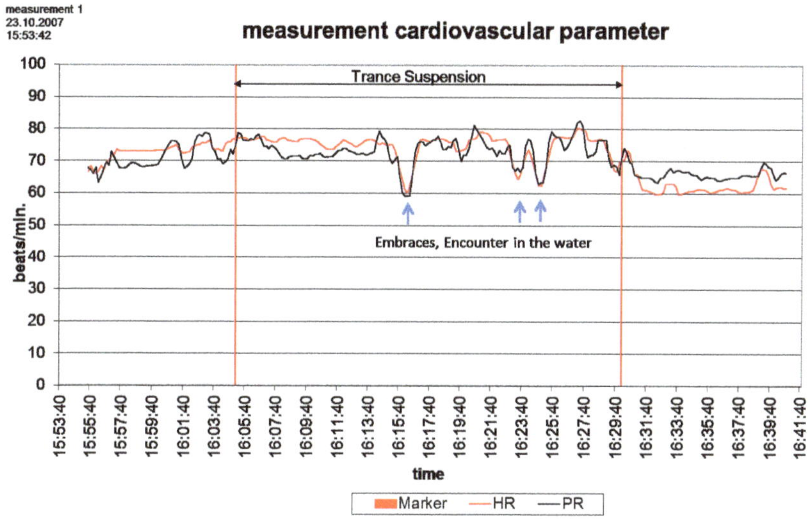

Abbildung 289 Physiological arousal

3) Quasiexperimental Biodanza Aquatica study 2016 (Stueck, Balzer, Sack, Utami, Vergueiro)

In March 2016, the second study took place in Cornwall (England). Marcus Stueck was guiding a 4-day-education in Biodanza Aquatica. Next to physiological and immunological studies, the interest was to investigate at first the effects of Biodanza Aquatica on Sense of Coherence and on paternal attachment patterns. It could be shown (Abbildung (figure 7) 290), that the Sense of Coherence[60]

60 Sence of Coherence (SOC) is a factor in the concept of Salutogenesis developed by Antonovsky. The term salutogenesis describes an approach focusing on factors that support human health and well-being, rather than on factors that cause disease (pathogenesis). SOC is a global orientation that expresses the extent to which one has a pervasive, enduring though dynamic feeling of confidence that (1) the stimuli

increased significantly (group+time; $p = .041$; group $p = .40$) in the experimental group (Biodanza Aquatica, $n = 9$) in comparison to a control group (3 days Affectivity-Biodanza Workshop, Biodanza school Vienna, $n = 10$).

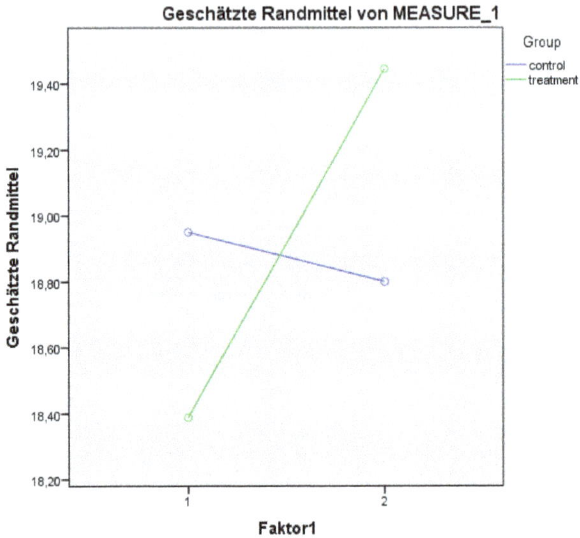

Abbildung 290 Sence of Coherence

Legend: (Sinnerleben – Salutogenese, Verstehbarkeit der Welt) vor und nach Biodanza Aquatica (4 Tage VG grün) und Biodanza im Raum (KG blau), 1 =Prä-Messung, 2= Post-Messung, X-Achse = Mittelwerte im SOC-Test

The paternal attachment patterns showed an increase towards an increased connection with mother and father (measured with the Repertory-Grid-Technique of George Kelly[61]). In a Q- Sort Methodical Interview before and

---

deriving from one's internal and external environments in the course of living are structured, predictable and explicable; (2) the resources are available to one to meet the demands posed by these stimuli and (3) these demands are challenges, worthy of investment and engagement." (Antonovsky, 1987).

61 The Repertory Grid Interview (RGI) is an interview-based method originally developed by George Kelly (1955) to explore personal constructs about interpersonal relationships in a clinical context, i.e., (psychotherapy). The technique is based on Personal Construct Theory (PCT), which assumes that people make mental

after the Biodanza Aquatica, parents where described much more positive: tender, loving, and connected. This result showed the potential of Biodanza Aquatica for health resources (Sense of Coherence) and for the reparentalisation (increased emotional parental warmth).

A single study with an English subject (male, 57 years old) concerning physiological consequences of one Biodanza-Aquatica session (6th session: Trance suspension) was conducted. The measurement with the help of smardwatch-System was conducted.

The original data curve shows an increase of skin temperature (ST) during Trance suspencion and an increase of skin potential by decreasing of the skin resistance (see Abbildung (figure 8) 291).

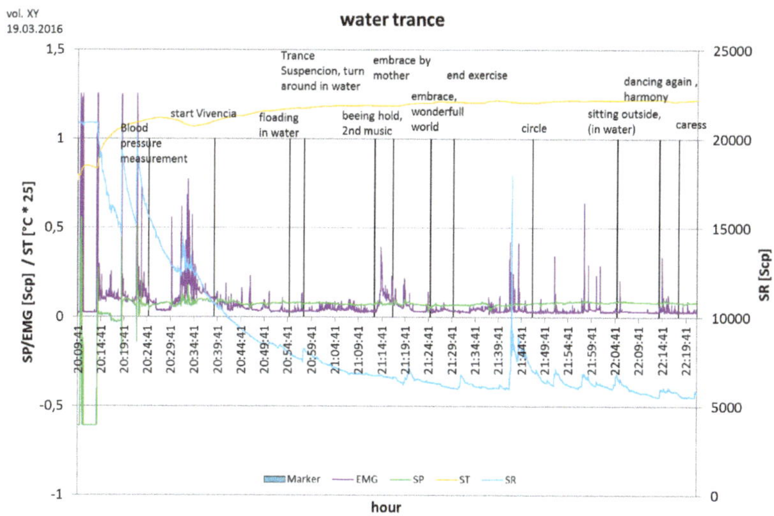

Abbildung 291 original data of water trance measurement

---

representations of the world and use these representations to make and test hypotheses about reality and the environment. The underlying idea is that people represent their experiences by placing alternative constructs upon them (Kelly, 1955). That is, people interpret reality and their environments based on how they perceived the world around them.

Afterwards the regulation states (concerning Abbildung 130, Kap. 5.2) were analyzed. The data curve of the change of regulation states shows 2 partial synchronization phases between the vegetative-nervous regulation and the vegetative-emotional regulation in trance suspension and after the exercise.

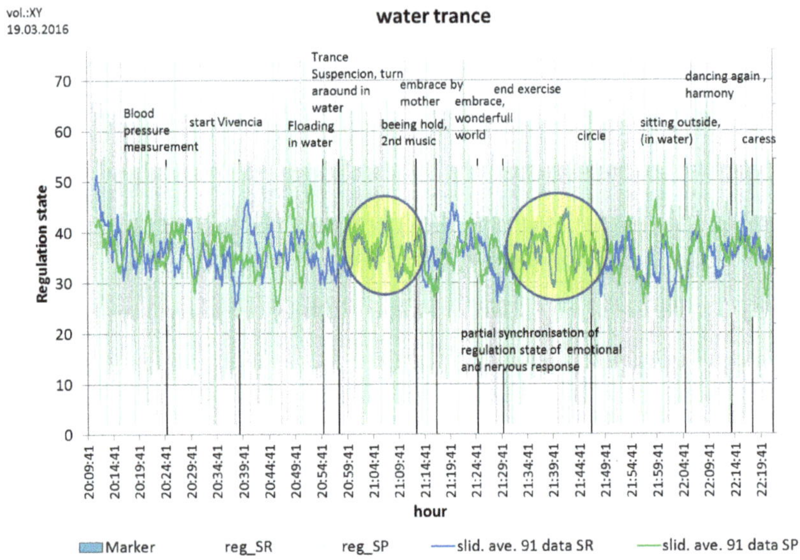

Abbildung 292 change of regulation state during water trance

The analysis of the regulation states showed two trance periods during the end of the class in the final circle. In former studies concerning relaxation, meditation or hypnosis the regulation state 11 (concerning Abbildung 130, Kap. 5.2, Einphasische hyperdeaktivierte Regulation, Tabelle 11) was identified as typical for trance states. Comparing different phases taken from this experiment it's shown, that there is an increase of such trance states. Comparing all phases there is a tendency for the more frequent occurrence of trance states during the water trance study.

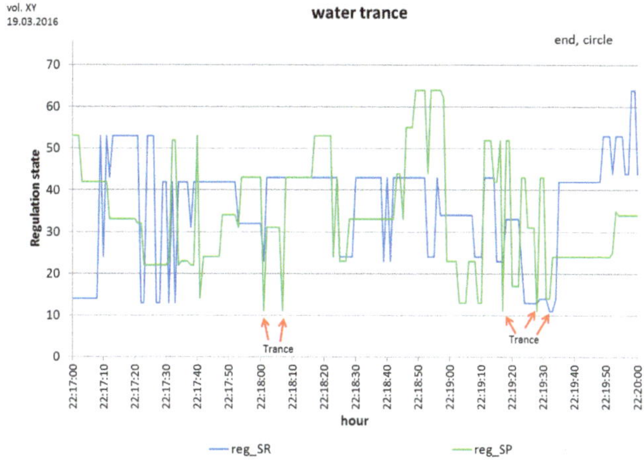

Abbildung 293 occurance of trance state during circle phase

The pre-phase is characterized by highly strong emotional excitation (blue column at regulation state 37). The temperature regulation is slowly and stable, which is correlated to a low skin temperature at 19 °C.

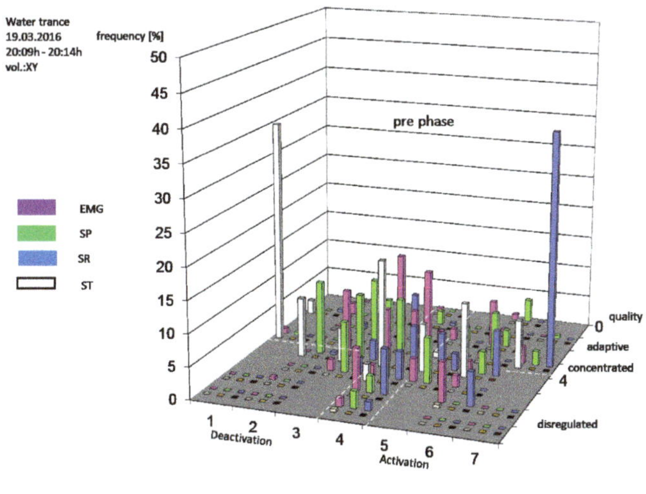

Abbildung 294 distribution of regulation states during pre-phase

During the phase trance suspencion – turn around in water – the highly emotional excitation is absent, in contrary a small muscularly excitation is present. In addition a nervous concentrated state increases together with a part of deep nervous relaxation. The skin temperature changes to higher skin temperature values of about 28°C which is correlated to fast regulation periods inside.

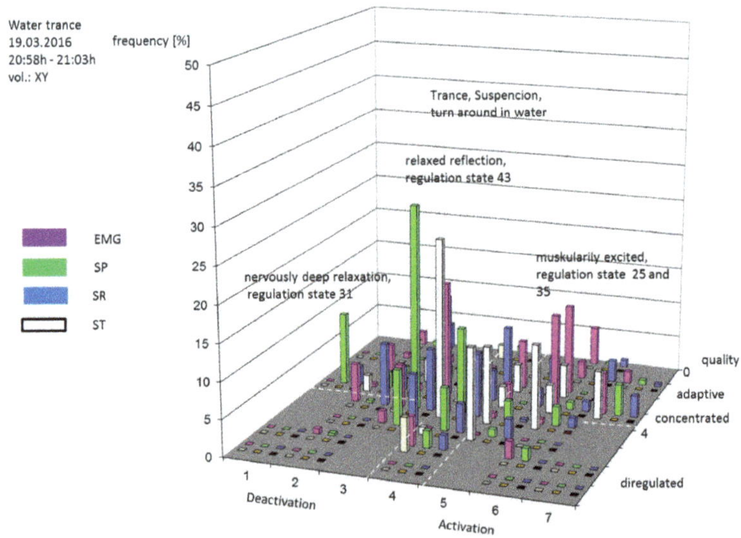

Abbildung 295 distribution of regulation states during Trance suspension

The phase "being holded by the mother" is characterized by emotional deep regulation state as well a part of emotional uncertainty (regulation state 24). This we interpretate as the "reparentalisation". There are almost no states of high excitement. The nervous regulation shows only small changes in states of deactivation.

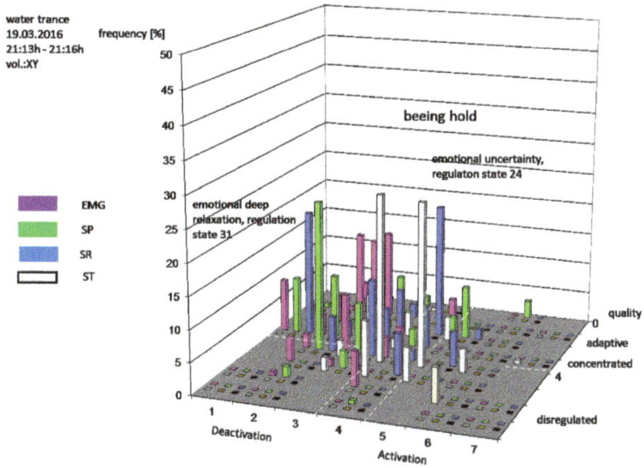

Abbildung 296 distribution of regulation states during phase – being hold

During embrace phase the deep relaxation is changed to concentrated relaxation, additionally emotional uncertainty exists. The temperature regulation is changed to higher activation with shorter regulation periods, this is also correlated to higher skin temperatures of about 30 °C.

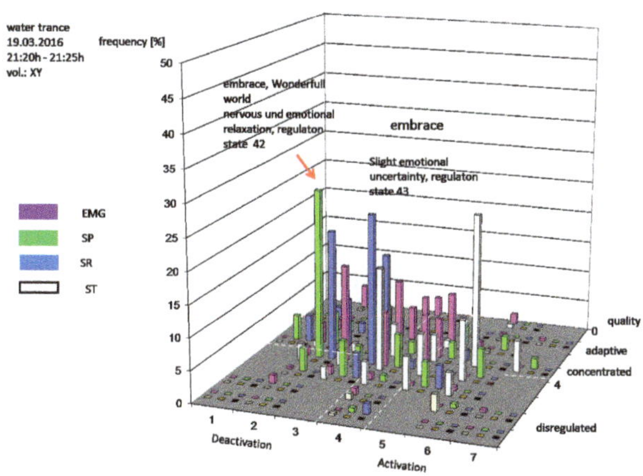

Abbildung 297 distribution of regulation states during embrace phase

To the end of water trance study – circle phase – a nervous uncertainty increases together with emotional uncertainty. Only a few activation states are present.

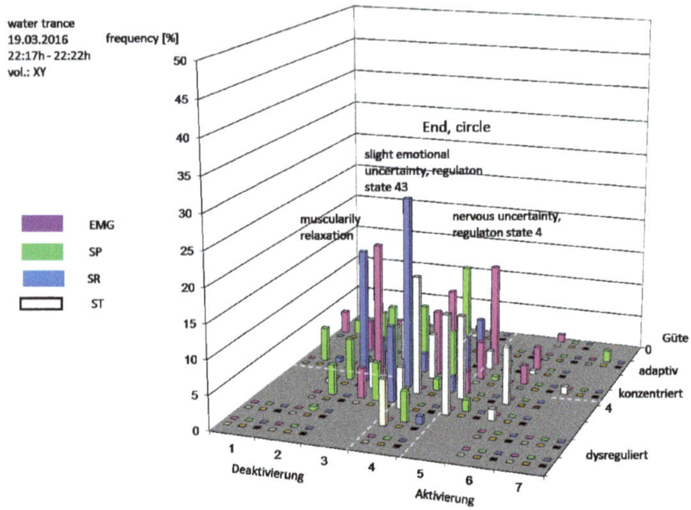

Abbildung 298 distribution of regulation states during activation

Discussion

In the 3 studies there could be shown the effects of Biodanza Aquatica on the psychological level in terms of Introduction and effects of trance. As qualitative interviews showed 'trance and regression' by suspension in the water evoke: (1) *vivencias* predominantly connected to a primordial experience of fusion with the whole and (2) an experience of unity characterized by the lack of duality between subject and object and by the absence of boundaries in which there is no difference between us and the maternal organism (or between us and the exterior world). This process of reparentalisation could be shown in study 3, where the phase "being holded by the mother" is characterized by emotional deep regulation state as well a part of emotional uncertainty (regulation state 24= concentrated regulation, with emotional uncertainty). This emotional uncertainty gets reduced because of embraces and protected group activation. During the trance suspension exercise was found a synchronization phases between the vegetative-nervous regulation and the vegetative-emotional regulation. This synchronisation is a sign of a trance state. As well in the trance suspension exercise as well as in the end of the class where reached trance states 11, which means a strong hyperdeactivated regulation, where the time perception gets reduced (study 2) and endocrinological and immunological changes takes place. This changing perception on the world, which is very protected and affective and trustful, engage a process of salutogenesis that support human health, well-being and an increased sence of coherence.

10.11 Möglichkeiten zur Prävention und Therapie von Störungen der ultradianen Rhythmik – eine Fallstudie am Beispiel des Minischlafs

Balzer, H.-U., 2022

Die diane und ultradiane Rhythmik besteht aus einem Anteil von Aktivierungsvorgängen, gefolgt von einem Anteil von Deaktivierungsvorgängen. So wie der Schlaf – als Teil der circadianen Rhythmik – ein notwendiger Bestandteil der Regeneration unserer Lebensfunktionen darstellt, sind die Schlafneigungszeitpunkte der ultradianen 4-Stunden-Rhytmik notwendige Erholungsphasen. Das Gleiche gilt für die Deaktivierungsphasen innerhalb des BRAC. Dieser besteht aus ca. 1,5 Stunden Aktivierung unserer Lebensprozesse, wie z.B. Konzentration und Aufmerksamkeit, gefolgt von einer ca. 20 – 30minütigen Deaktivierungsphase.

Die Regenerationsprozesse betreffen alle wichtigen Funktionen unseres Organismus und damit sowohl physiologische, biochemische incl. immunologischer Vorgänge und auch psychologische Vorgänge.

Der Minischlaf (im englisch-sprachigen Raum auch als power nap bezeichnet) ist ein sehr effektives Mittel zur Restaurierung eines gestörter BRAC. Von „1965 bis 1967 führten Prof. Dr. Hecht und Dr. Gertner an 60 Arbeiterinnen (Alter 45 bis 60 Jahre) in einer lärmintensiven Weberei in der Gegend von Zittau Untersuchungen zum Minischlaf durch. Den Frauen wurde gestattet, unmittelbar nach der Mittagspause einen 15 Minuten langen Minischlaf durchzuführen.

Im Verlauf der zweijährigen Praktizierung eines 15 Minuten dauernden Minischlafes am Arbeitsplatz ergaben sich folgende Ergebnisse:

- die Arbeitsproduktivität erhöhte sich dauerhaft um 15 bis 25 %. (Die Nachmittagssenke
- wurde beseitigt gegenüber der "Vorminischlafära");
- der Krankenstand sank von ca. 9 % auf ca. 3 %;

- Erhöhung der Arbeitszufriedenheit;
- die Fehlerquote wurde geringer;
- das allgemeine Wohlbefinden der Arbeiterinnen erfuhr eine Steigerung;
- Sie kamen weniger abgespannt als früher in die Familie und waren dort psychisch ausgeglichener.
- Die Qualität des Nachtschlafes verbesserte sich bei ihnen."

„Ein Minischlaf ist ein kurzer Schlaf am Tage von einer Dauer von 10 bis 20 Minuten. Synonyme: Nickerchen, Nap (engl.). Ein über diese Zeit hinausgehender Schlaf führt gewöhnlich zu einem Trancezustand, aus dem der Betreffende Mühe hat, wieder herauszukommen." (zitiert aus Hecht, K. (2000): GESUNDHEITSINFORMATION NR. 7, Gesundbrunnen MINISCHLAF am Tage, Hecht (1992)). Hecht verweist außerdem darauf, dass auch sehr bekannte Persönlichkeiten der Geschichte den Minischlaf als leistungsfördernde Methode benutzt haben. So soll Leonardo da Vinci alle vier Stunden nur 15 Minuten geschlafen haben und keinen zusammenhängenden Nachtschlaf benötigt haben. Ähnliches wird von Napoleon berichtet, der ebenfalls nur vier Stunden pro Nacht schlief, pflegte aber mehrmals am Tage den Minischlaf.

Die Kontrolle darüber, ob ein Minischlaf erfolgt ist und wie gut die dabei erzielte Entspannung war ermöglicht eine biorhythmometrische Analyse der vegetativen Parameter HW, HP und EMG. Dabei wird die Tatsache (Balzer u.a. 2004, Validierungsstudie zum System SMARD-Watch) ausgenutzt, dass eine Entspannung mit einer Verlangsamung regulatorischer Vorgänge einhergeht. Dabei ist außerdem zu unterscheiden, ob eine Entspannung im muskulären Bereich, im emotionalen Bereich oder im nervalen Bereich erreicht wird. Im Idealfall kann Entspannung in allen drei vegetativen Funktionen zeitgleich erreicht werden. Das System smard-watch (in den verschiedenen Versionen seit 2000) gestattet die Messung der vegetativen Parameter HW, HP und EMG mit einer Abtastrate von 10/s. Die Messung erfolgt am Unterarm links (bei Rechtshändern und rechts bei Linkshändern) auf der Oberseite des Armes in Nähe der Handwurzel. Zusätzlich sind Informationen über die 3D-Beschleunigung und Drehbewegungen am Messort vorhanden, die eine Zuordnung zu den Bewegungsarten Stehen und Liegen ermöglichen. Die folgende Abbildung 299 zeigt den Datensatz einer Beispielmessung während des Minischlafes.

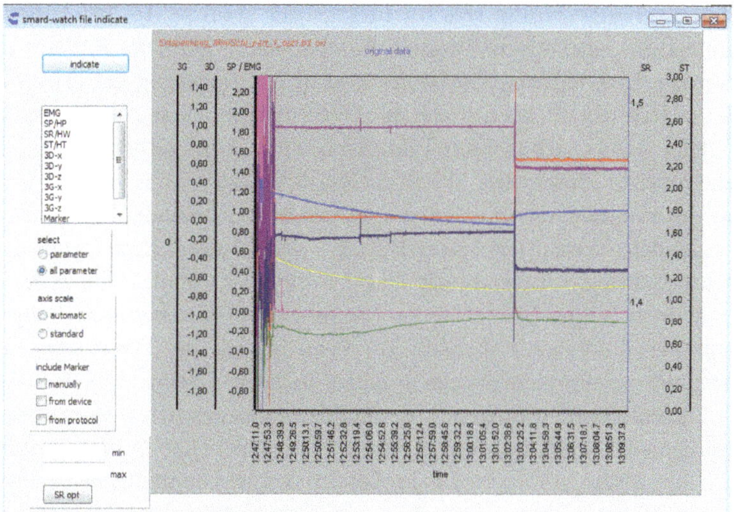

Abbildung 299 Originaldaten einer 20-minütigen Aufzeichnung während des Minischlafes

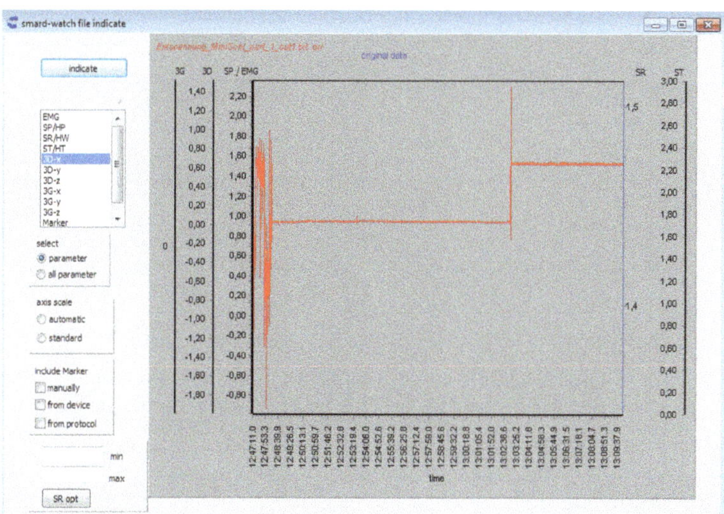

Abbildung 300 Bestimmung von Hinlegen und Aufstehen aus den Beschleunigungsdaten

ca. 12:48h – Hinlegen, ca. 13:02:30 – Aufstehen

Der Entspannungsvorgang soll am Beispiel der Analyse des regulatorischen Verhaltens der vegetativ-emotionalen Komponente (Parameter HW/SR) erläutert werden. In Abbildung 299 ist der Verlauf der Änderung des HW – blaue Kurve – dargestellt. Dabei nehmen die HW-Werte ab. Diese Abnahme (Trend) wird in der Regel durch mehrere Faktoren bewirkt. Einerseits steigt beim „Zur-Ruhekommen – Einschlafen" die Körperkerntemperatur, was zu einer Erniedrigung der Hauttemperatur (Tiedt & Zwiener 1982, Abbildung 183) führt. Dies entspricht dem Verlauf der Kurve HT/ST – gelbe Kurve. Hintergrund ist die vermehrte Schweißdrüsenaktivität. Darüber hinaus kann die Bildung des Mikroklimas unter der den Elektroden zur Messung des HW zu besseren Übergangswiderständen und damit ebenfalls zur Erniedrigung des HW-wertes führen (Darstellung der Einflussfaktoren s. Balzer in Ferstl (2005), Abb. 4, Boucsein 1988). Die emotional bedingten – sympathikus innervierten – regulatorischen Änderungen der Schweißdrüsensekretion wurden hier (Abb. 3, Ferstl (2005)) im Bereich von 20sec. … 130sec., d.h. im Bereich der Minutenrhythmen analysiert. Nach ca. 7 Minuten kommt es zu einer „sprungartigen" Änderung des regulatorischen Verhaltens von einem ca. 5 min. Rhythmus zu einem ca. 8–9 min. Rhythmus. Die gelben Linien in Abbildung 301 stellen diesen Sprung dar, während die dicke blaue Kurve die Approximationsfunktion über den Verlauf zeigt.

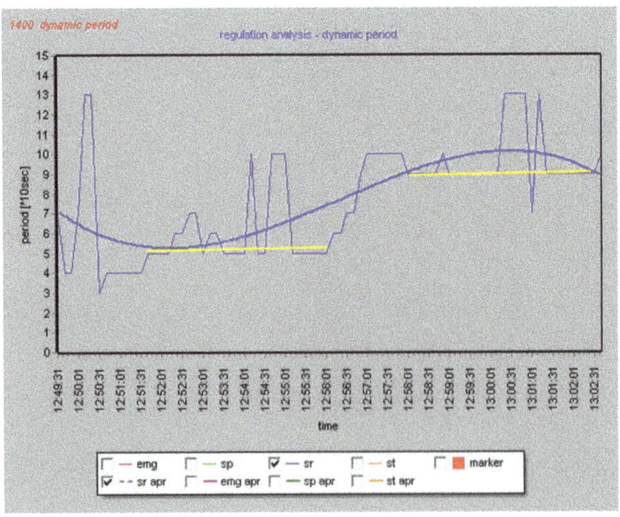

Abbildung 301 Stufenförmiges Umschalten in den entspannten Zustand in der 2. Phase ab ca. 12:56 für die vegetativ – emotionale Komponente – Parameter Hautwiderstand – gelb markierte Phasen, dick blau – Näherungsfunktion.

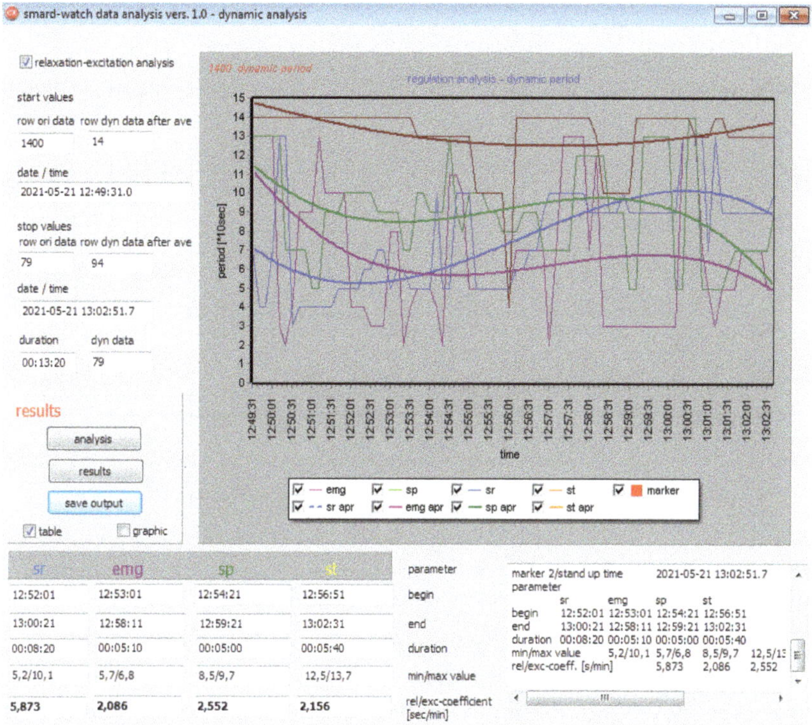

Abbildung 302 Auswertungsergebnisse des Minischlafes

Die Tabelle links unten in Abbildung 302 zeigt Beginn (Zeile 1), Ende (Zeile 2) und Dauer (Zeile 3) der Entspannungsphasen an Hand der Approximationskurve für die muskuläre Entspannung (dick lila), die emotionale Entspannung (dick blau) und die nervale Entspannung (dick grün). In der unteren Zeile der Tabelle sind die Entspannungskoeffizienten dargestellt. Die beste Entspannung wird damit mit dem Wert 5,83 für die emotionale Komponente erreicht.

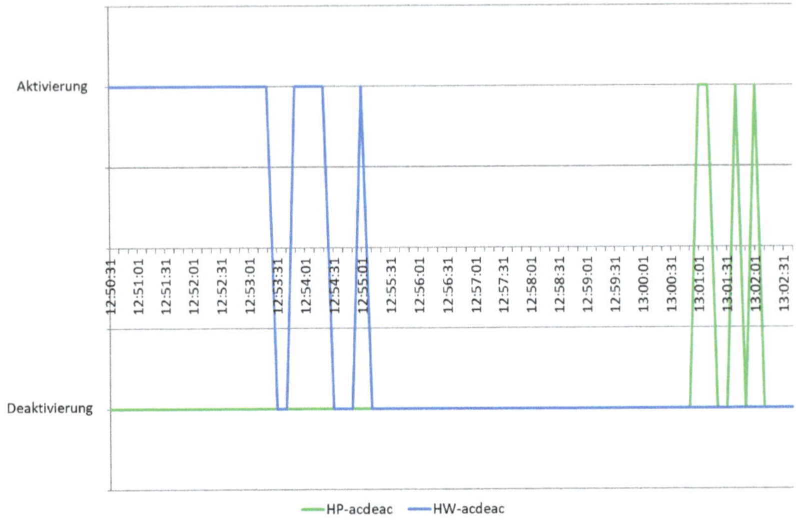

Abbildung 303 Aktivierungs-Deaktivierungs-Verhalten der vegetativ-emotionalen und vegetativ-nervalen Reaktion während des Minischlafes

Aus der Bestimmung des Verlaufs der Regulationszustände nach Balzer (2009), lassen sich die die Aktivierungs-Deaktivierungsverhältnisse entsprechend des PSR (Abbildung 130) selektieren. Während die vegetativ-emotionale Reaktion vor Beginn des Minischlafes sich im aktivierten Zustand befindet, geht sie mit Beginn des Minischlafes in einen deaktivierten Zustand über. Die vegetativ-nervale Reaktion startet vor Beginn des Minischlafes im deaktivierten Zustand und geht bei Ende des Minischlafes in einen aktivierten Zustand über. Bei Beginn und zum Ende des Minischlafes sind instabile Aktivierungsverhältnisse erkennbar.

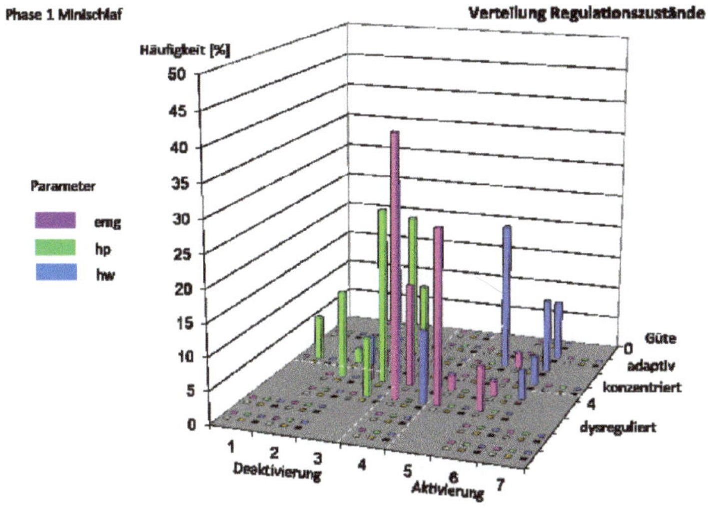

Abbildung 304 Verteilung der Regulationszustände für die 1. Hälfte des Minischlafes

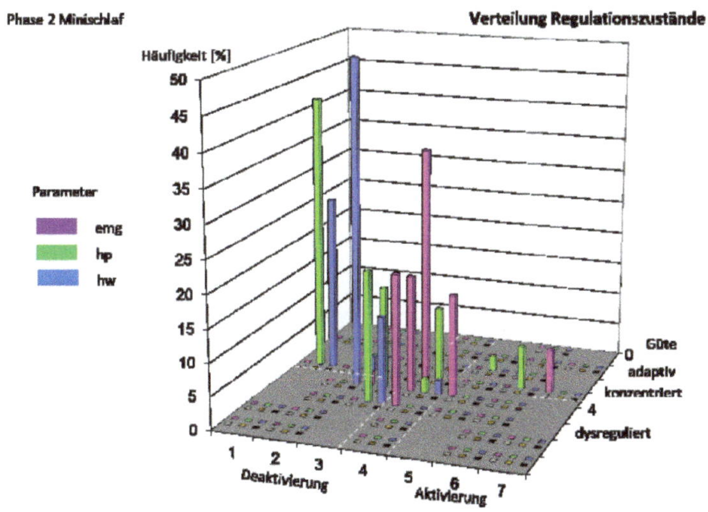

Abbildung 305 Verteilung der Regulationszustände für die 2. Hälfte des Minischlafes

Die Analyse der Verteilung der Regulationszustände der vegetativen Parameter EMG, HW und HP zeigt eine deutliche Verschiebung vom aktivierten Bereich in den deaktivierten Bereich. Bemerkenswert ist das Auftreten der Regulationszustände 31 sowohl in der vegetativ-emotionalen Reaktion als auch in der vegetativ-nervalen Reaktion. Diese Zustände treten gewöhnlich in Phasen tiefer Entspannung bzw. während des Schlafes auf und sind nachweislich vor allem zum Ende des Minischlafes vorhanden.

Die intraindividuelle (innere) Synchronisation der untersuchten vegetativen Parameter gibt Auskunft über das Zusammenspiel der regulativen Vorgänge im Körper. Es wird davon ausgegangen, dass diese bei Entspannung zunimmt und der Körper in einen Zustand der „Harmonie“ gerät. Bestimmt wird die Synchronisation mathematisch aus den Veränderungen der Regulationsperioden mittel gleitender Kreuzkorrelation und anschließender Mittelung über die jeweiligen partiellen Kreuzkorrelationen. Parallel dazu wird aus der Veränderung der Regulationsperioden die gemittelte und normierte Änderung der vegetativen Regulation bestimmt.

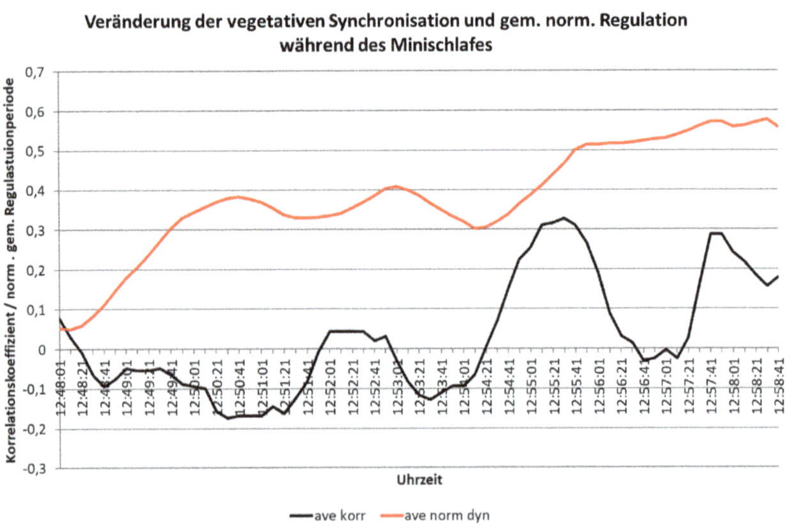

Abbildung 306 Veränderung der intraindividuellen Synchronisation und der gemittelten normierten Regulation der vegetativen regulatorischen Änderungen der Parameter EMG, HP und HW währen des Minischlafes

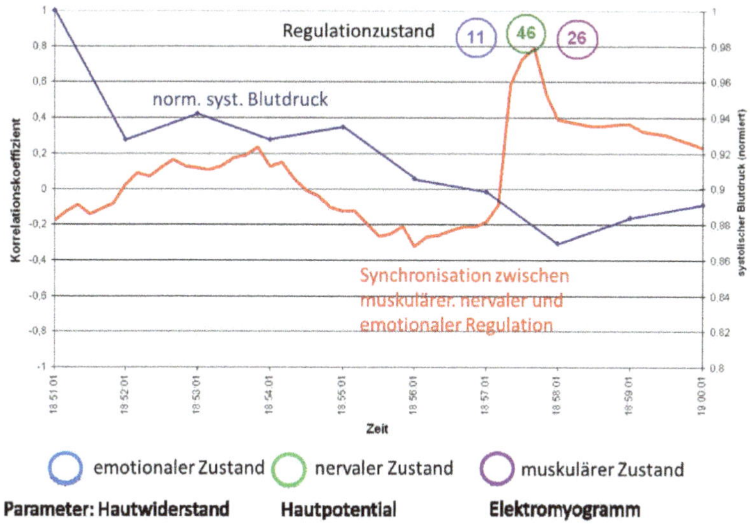

Abbildung 307 Zusammenhang zwischen intraindividueller Synchronisation und dem normierten systolischen Blutdruck (Ferstl, 2005) während einer Entspannungsübung

In der Studie von Ferstl (2005) konnte der Zusammenhang zwischen intraindividueller Synchronisation der vegetativen Parameter EMG, HP und HW und dem normierten systolischen Blutdruck während einer Entspannungsübung nachgewiesen werden. Der systolische Blutdruck zu Beginn der Messung wurde zur Analyse auf den Wert 1 gesetzt und die nachfolgenden Werte entsprechend umgerechnet. Es zeigte sich eine Übereinstimmung zwischen dem Erreichen einer hohen inneren Synchronisation von 0,8 bei gleichzeitigem Erreichen des tiefsten während der Entspannungsübung gemessenen systolischen Blutdrucks.

Ausgehend von dem zweidimensionalen Modell des Zusammenhangs zwischen intraindividueller Synchronisation und der gemittelten normierten Regulation (s. Abbildung 117) konnte dieser Zusammenhang für den Minischlaf wie folgt dargestellt werden:

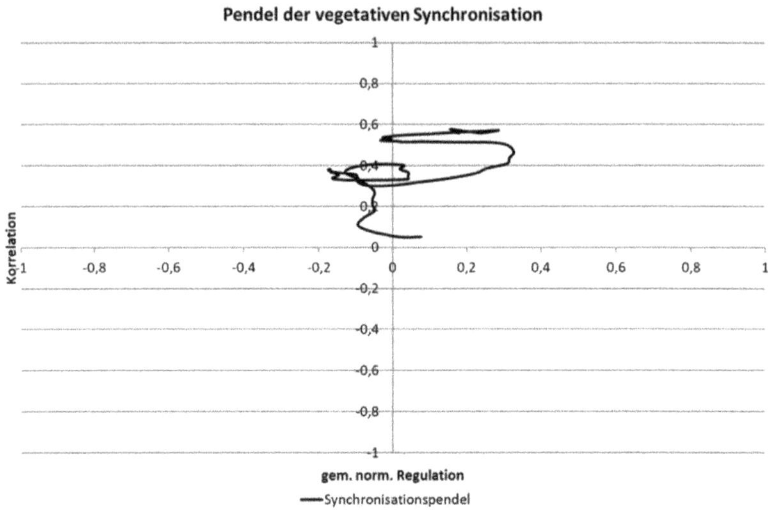

Abbildung 308 Pendelvorgang der intraindividuellen Synchronisation im zweidimensionalen Raum

Der Entspannungsvorgang beginnt links nahe Null und endet rechts oben bei einem Synchronisationswert von ca. 0,5. An Hand des Bildes ist ein die Funktion eines nichtlinearen Pendels mit parametrischer Anregung erkennbar. Wenn das Modell eines Fadenpendels jeweils im rechten Umkehrpunkt angehoben wird, entsteht ein ähnliches Schwingungsbild. Dies bestätigt, dass eine Anregung jeweils im linken oder rechten Umkehrpunkt zu einer Vergrößerung der Schwingungsweite führen kann. Für den Organismus ergeben sich daraus weiterreichende Folgen für ein Training von Entspannungszuständen.

Die Anwendung dieser Methode ist damit nicht nur für Entspannungsübungen während des Minischlafes sondern auch anderer Formen wie Meditation, Yoga, Muskelentspannung usw. geeignet. Insbesondere auch um den Grad der erreichten Entspannung im Training qualitativ vergleichbar zu machen. Eine weitere statistische Validierung sowie der Nachweis der Schlafzustände mittels EEG sind notwendig.

11 Abkürzungsverzeichnis

%	Prozent
*	geboren
°	Grad
°C	Grad Celsius
°K	Grad Kelvin (veraltet, heute nur noch Kelvin)
†	gestorben
3D-BS	3-dimensionale Beschleunigung
Abb.	Abbildung
ACTH	Adenocorticotropin
ADW	Akademie der Wissenschaften
Ag/AgCl	Silber/SilberChlorid
AKF	Autokorrelationsfunktion
Akt.	Aktivierung
Al_2O_3	Aluminiumoxid
AM	altorientalische Musiktherapie
ApEN	approximierten Entropie
AVEM	Arbeitsbezogenes Verhaltens- und Erlebensmuster
ax.	axillar
BET	Blutdruckentspannungstest
BGM	Betrieblichen Gesundheitsmanagement
BH, BW, KP, NBW	Stressregulationstypen
BRAC	Basis-Ruhe-Aktivitätszyklus
BSE	Bovine spongiforme Enzephalopathie (Rinderwahn)
bzw.	beziehungsweise
ca.	circa
CBP	Chrono-Bio-Psychologie
circRNA	circular ribonucleic acid
cm	Centimeter
CMS	Composite Morningness Scale
CRD	Chronobiologische Regulationsdiagnostik
CRH	Corticotropin-Releasing-Hormon
CT	Computertomographie
D	Tage
d.h.	das heißt
dB	Dezibel

dB SPL	Dezibel Sound Pressure Level
Dbt/CK1	Doubletime/Casein KInase 1
Deak.	Deaktivierung
DFA	Detrended Fluctuated Analysis
DNS (DNA)	Desoxyribonukleinsäure (deoxyribonucleic acid)
DSIP	Delta-Sleep-Inducing Peptide
EEG	Elektroenzephalografie
EEQ	Eveningness Questionaire
EKG	Elektrokardiogramm
EMF	Elektromagnetische Felder
EMG	Elektromyografie
EMYK	Entwicklung und Evaluation eines chrono-bio-psychologisch fundierten Entspannungsstrainings mit Yogaelementen
EOG	Elektrookulografie
et al.	lateinisch – und andere
EXEMSI	Experimental Campaign for European Manned Space Infrastructure
F	Frequenz
F7, FP1	Ableitpunkte beim EEG
FA	Fourieranalyse
FEE	Erinnerte Elterliche Erziehungsstile
fMRT	Funktionelle Magnetresonanztomographie
g/cm^3	Gramm pro Kubikzentimeter
GABA	Gamma-Amino-Buttersäure
geb.	geboren
gest.	gestorben
GH	Gesundheit
GHz	Giga-Hertz
GOD	Glukose-Oxydase
H	Stunde(n)
h	Stunde(n)
HCN	Hyperpolarisation activated cyclic nucleotide gates
HF	high frequency
HF	hochfrequenter Anteil der HRV
HP	Hautpotential
HR	Heartrate
HRV	Herzfrequenzvariabilität
HS	Hypersensibilität
hs	hypersensibel

HT	Hauttemperatur
HW	Hautwiderstand
Hz	Hertz
IgG, IgM, IgA, IgD, IgE	Immunglobulinklassen
ISFET	ionensensitiver Feldeffekttransistor.
ISO	Internationale Organisation für Normung
K	Kind
KH	Krankheit
km	Kilometer
km/s	Kilometer pro Sekunde
Kp Kilopond	(veraltet, heute Newton [1kp=1N])
KV	Elternteil
kWs	Kilowattsekunde
LED	Light-emitting diode
LF	low frequency
lt.	laut
M	Mean
m/s^2	Meter pro Quadratsekunde
mean	Mittelwert
MEQ	Morningness Questionaire
Mill.	Milliarden
min	Minute(n)
MOS	metal oxide semiconductor
MPI	Max-Plank-Institut
MRT	Magnetresonanztomographie
ms	Millisekunden
mV	Millivolt
n	Anzahl
ng/m	Nanogramm/Milliliter
NHPS	nucleotides-histone protosystem
NLP	Neurolinguistisches Programmieren
o.a.	oder andere
o.g.	oben genannt
PARS	Parameter für die Aktivität der Regulationssysteme
Per1, Per2, Per3, Cry1, Cry2	Clock-Gene
PET	Personal Electronic Transacto
PF	Pulsefrequenz
PNI	Psychoneuroimmunologie

PRV	Pulsratenvariabilität
PS	Leistungsdichtespektrum
PSR	Periodisches System der Regulationszustände
pT	picoTesla
QRS	Kammerkomplex (EKG)
R	Widerstand
RAS	Respiratorische Sinusarhythmie
REM	rapid eye movement
RI	religious involvement
RMSSD	Aktivitätsparameter des parasympathischen Anteils der HRV-Analyse
RNS (RNA)	Ribonukleinsäure (ribonucleic acid)
RPC	RNA-Protein-Komplex
ru	russisch
S	Sekunde
s.	siehe
s.a.	siehe auch
SCN	Nucleus suprachiasmaticus
sd	standard deviation
SDT	Stressdiagnostischer Test
SET	Stressentspannungstest
SI	Stressindex
SI_3N_4	Siliziumnitrid
SNNN	Mittlere Quadratische Abweichung der HRV-Analyse
SNZ	Schlafneigungszeitpunkt
SOC	Sence of Coherence
sog.	sogenannt
SPL	Schalldruckpegel
SR	Skin resistance
STED	Stimulated Emission Depletion
STH	Somatropin
SWB	subjective well-being
SYSRED	**Sys**temischer chrono-bio-psychologischer Stress**red**uktionsansatz
T	Betreuer
TÄ	Verhältnis von Trauer zu Ärger
Ta_2O_5	Tantaloxid
Tab.	Tabelle

TP	Flächeninhalt des Gesamtleistungsdichtespektrums der HRV-Analyse
u.a.	unter/und anderem
UHF	ultra high frequency
U-H-R	Ultradiane Heilreaktion
UK	United Kingdom
ULF	ultra low frequency
usw.	und so weiter
v. Chr.	vor Christi
v.a.	vor allem
VLF	Very low frequency
VLF	tiefstfrequenter Anteil der HRV
VP(n)	Versuchsperson(en)
WF	Verhältnis von Wohlbefinden zu Freude
z.B.	zum Beispiel
z.T.	Zum Teil
zit.	zitiert
ZNS	Zentralnervensystem

12 Abbildungsverzeichnis

13 Tabellenverzeichnis

14 Tafelverzeichnis

15 Literatur

Abu Ali Ibn Sina: Kanon vračebnoj nauki. vollst. Werk, 10 Bände, ENIO, 2003. ISBN 966-7970-13-2 (ru).

Achermann P., Borbely AA.: Konzepte und Modelle der Schlafregulation. Wien-Med-Wochenschr 145: 1995, S. 402–406.

Ader, R., Felten, N., Cohen, N. (Eds.): Psycho-neuroimmunology. New York, Academic Press., 1991

Adrian, E. D.: Potential changes in isolated nervous system of Dytiscus marginakis. J.Physiol. 72, 1931, S. 132

Afiatin, T.: Subjective well-being of Aceh adolescents after tsunami: the meaning of disaster and adolescent happiness, Anima, 25, 11–29, 2009

Alâkrinskij, B. S.: Problemy vremennoj organizacii živyh system. M. Nauka, 1979, S. 8–36 (ru).

Alâkrinskij, B. S.: Biologičeskie ritmy i organizaciâ žizni čeloveka v kosmose. Nauka, 1983 (ru).

Analysesoftware – CRD vers. 1.1.: Chronomar GmbH, Produktinformation August 2013

Annatagia, L., Retnowati, S.: Relaksasi bumil sehat untuk menurunkan kecemasan ibu hamil risiko tinggi. Jurnal Intervensi Psikologi, 3, 2003, S. 125–148.

Annatagia, L. et al.: Psychophysiological aspects of shalat – A chronobiopsychology measurement. Book of Abstract: The 2nd International Conference on Islamic Psychology, 2015.

Annatagia, L., Retnowati, S.: Relaksasi bumil sehat untuk menurunkan kecemasan ibu hamil risiko tinggi, Jurnal Intervensi Psikologi, 3, 125–148; 2011

Annatagia, L., Trimulyaningsih, N., Puspitasari, E., Balzer, H.U.: Psychophysiogical aspects of shalat: A Chrono-Bio-Psychology measurement. Book of Abstract: The 2nd International Conference on Islamic Psychology, 2015.

Anisimov V. N. et al.: Light-at-night-induced circadian disruption, cancer and aging. Cur Aging Sci. 2012 Dec; 5 (3): p 170–177.

Antonovsky, A.: Health, stress, and coping: New perspectives on mental and physical well-being. Jossey-Bass: San Francisco 1979.

Antonovsky, A.: Unraveling the mystery of health – How people manage stress and stay well. Jossey-Bass: San Francisco 1987.

Aschoff, J., Wever, R.: Spontanperiodik des Menschen bei Ausschluss aller Zeitgeber. Naturwiss. 49: 337–342, 1962.

Aschoff, J.: Physiologische biologische Rhythmen. Ärztl. Praxis 18, 1966, S. 1569–1593.

Aschoff, J., Klotter, K., Wever, R.: Circadianer Wortschatz. In: Circadian Clocks. Nord Holland Publ. Co: Amsterdam 1965.

Aschoff, J., Knauth, D., Rutenfranz, J.: Biologische Rhythmen. In: Funkkolleg Psychobiologie. Studienbegleitbrief 6, Beltz: Weinheim 1987, S. 19–56.

At-Tuwaijiri, M. I. A.: Ensiklopedia manajemen hati: Fikih ibadah. Jakarta: Darus Sunnah, 2014

Avery D. H. et al.: REM latency and core temperature relationship in primary depression. Acta psychiatr. scand. 74:p. 269–280, 1986

Azzaqui, N. et al.: Classifying heart rate by change detection and wavelet methods for emergency physicians. ESAIM, Proceedings, Vol. 45, 2013, S. 1–10. DOI: http://dx.doi.org/10.1051/proc/201445005

Bachmann, K.: Time Series Analysis as a Method to characterize musical structures. Proceedings of the 9th International Conference on Music Perception & Cognition, 2006, p. 1338–1346.

Baevsky, R. M., Berseneva, A. P.: Einführung in die pränosologische Diagnostik. Verlag „Slovo": Moskau 2011.

Baganz, D. et al.: From fishy signals to fish behaviour pattern – the next step. Vortrag: 7th International Conference on Behavior, Physiology and Genetics of Wildlife, IZW, Berlin 2011a.

Baganz, D. et al.: FischFIT-Monitoring. Abschlussbericht zum Projekt, ProFIT-Programm der Investitionsbank, Berlin 2011b.

Balzer, H.-U.: Dynamics of Processes – A Possibility to Analyse Physiologic Parameters. In: The Physiologist 31/1 Suppl., 1988, S. 124–125.

Balzer, H.-U. et al.: Biorhythmometrische Analyse des Schlaf-EEGs von Primaten im Biopsputnik. "Kosmos 2044". Abstrakts, Berichtssymposium, Biosputnik 91, 12.-16.8.91. Leningrad 1991, S. 16–17.

Balzer, H.-U.: Musik und biologischer Rhythmus. Satzlängenanalyse. Studienergebnisse,2001.

Balzer, H.-U.: Auswertungen von 24h-Stundenmessungen der vegetativen Regulation von Paaren. i.A. des Instituts für Sexualwissenschaften und Sexualmedizin. Humboldt Universität Berlin 2002a, nicht publiziert.

Balzer, H.-U.: „Entwicklung eines innovativen Verfahrens zur Früherkennung von psycho-physiologischen Funktionsstörungen als Beitrag für den Tier- und Verbraucherschutz". Teilthema: „Entwicklung eines telemedizinischen Verfahrens zur Differentialdiagnostik für die Früherkennung und Objektivierung von vegetativ-nervalen Verhaltensstörungen bei Tieren".

Förderkennzeichen: KF 0025610 KRF1, Institut für Agrar- und Stadtökologische Projekte an der Humboldt-Universität zu Berlin 2003.

Balzer, H.-U.: Entwicklung eines Messverfahrens zur Charakterisierung typischer Verhaltensweisen von Hunden. Abschlussbericht IASP, Reg.-Nr.: IW 041260, Euronorm, 2005.

Balzer, H.-U.: Pilotstudie zur Hypersensibilität. 2006, nicht publiziert

Balzer, H.-U.: Vorlesung Emotion und Kunst. Aus der Reihe: Wahrnehmung und Chronobiologie. Akademie der Künste: Wien 2007.

Balzer, H.-U.: Die Haut als Spiegel kognitiver und emotionaler Vorgänge. Vortrag, Plattform für Chronobiologische Forschung der Universität für Musik und Darstellende Kunst Wien, 2008

Balzer, H.-U.: Chronobiology – as a foundation for and an approach to a new understanding of the influence of music. In: R. Haas, V. Brandes (eds.): Music that works, Contributions of biology, neurophysiology, psychology, sociology, medicine and musicology. Springer: Wien u. a. 2009, ISBN 978-3-211-75120-6, 25-81.

Balzer, H.-U.: Pilotstudie zum Vergleich der HRV – System HeartMan mit den Parametern Hautwiderstand (HW) und Hautpotential (HP) – System Smart-Watch. 2012, nicht publiziert

Balzer, H.-U., Bachmann, K., Ferstl, E., Fritz, F., Glöckner, N., Grebosz, K.: Zwischenbericht – Musikwirkung, Grundlagenstudie, Forschungsnetz Mensch und Musik, Universität Mozarteum Salzburg, 2005, nicht publiziert

Balzer, H.-U. et al.: Pattern of urine output variability during long time isolation. Book of Abstracts, Symposium on human behaviour in space simulation studies. EXEMSI 92: Paris 1.-2. Dec. 1993.

Balzer, H.-U et al.: Zwischenbericht – Musikwirkung. Grundlagenstudie, Forschungsnetz Mensch und Musik: Universität Mozarteum Salzburg 2004, nicht publiziert.

Balzer, H.-U. et al.: Ermittlung individueller Faktoren zur Optimierung rezeptiv-musiktherapeutischer Interventionen in der Akut- und Rehabilitationsmedizin. Forschungsbericht, Paracelsus Medizinische Privatuniversität Salzburg, Förderung durch die ÖNB, 2006.

Balzer, H.-U., Hecht, K.: Chronobiologische Aspekte des Schlafverhaltens. In: K. Hecht, A. Engfer, J.-H. Peter, M. Poppei: Schlaf, Gesundheit, Leistungsfähigkeit.Springer-Verlag: 1989a, S . 49–56 .

Balzer, H.-U., Hecht, K.: Ist Streß noninvasiv zu messen? Wissenschaftl. Zeitschr. d. Humboldt-Universität Berlin, R. Med., 38/4, 1989b, S. 456–460.

Balzer, H.-U., Hecht, K.: Konzeption zur Entwicklung eines diagnostischen Stufenprogramms zur objektiven Beurteilung der Schlafqualität in

Beziehung zur Leistungsfähigkeit und Stress am Tage. Wissenschaftl. Zeitschr. d. Humboldt-Universität Berlin, Reihe Medizin 38/4, 1989c, S. 441–445.

Balzer, H.-U., Hecht, K.: Chronobiologische Aspekte des Schlafverhaltens. In: K. Hecht, A. Engfer, J. H. Peter, M. Poppei (Hrsg.): Schlaf, Gesundheit, Leistungsfähigkeit, Springer-Verlag: 1992, S. 49–55.

Balzer, H.-U., Hecht, K.: Regulationsverhalten bei einer Erkennungsleistung unter verschiedenen Anstellwinkeln der Windschutzscheibe. Forschungsbericht, Institut für Stressforschung GmbH, i. A. der Daimler Benz AG: 1995, nicht publiziert.

Balzer, H.-U., Hecht, K.: Biologische Wirkungen elektromagnetischer Felder im Frequenzbereich 0 bis 3 GHz auf den Menschen. Berlin 1997, Auftr.-Nr.: 423/630 402, 1996, Institut für Stressforschung GmbH, i.A. des Bundesamtes für Post u. Telekommunikation, Regulierungsbehörde, 1996a.

Balzer, H.-U., Hecht, K.: Categorization of different Personality Typs with respect to susceptibility to stress and coping skills. Eigth International Montreaux Congress on Stress, Abstracts, 1996b, p. 1.

Balzer, H.-U., Hecht, K.: Chronopsychobiologische Regulationsdiagnostik (CRD) – Ein neuer Weg zur objektiven Bestimmung von Gesundheit und Krankheit. In: K. Hecht, H.-U. Balzer: Stressmanagement, Katastrophenmedizin, Regulationsmedizin, Prävention. Papst Science Publishers: Lengerich u. a. 2000, S. 134 – 154 .

Balzer, H.-U., Hecht, K, Stueck, M.: Stressdiagnostical control of efficiency during Yoga Training on stressed school children. 9th International Montreux Congress on stress. Abstrakt-Band, 1997.

Balzer, H.-U., Grabber, O.: Zuarbeit zum Projekt „er-hörte-Stadt", Posterpräsentation,Musikuniversität Wien. Online: www.culturprospectiv.ch/_media/leitfaden_-_text_wien.pdf., Sept. 2012.

Balzer, H.-U., Kultus, K.: FAIR – Forschung zur Analyse und Bewertung der Tiergerechtheit von Haltungssystemen für Rinder und Pferde. Abschlussbericht, IASP, Humboldt Universität zu Berlin 2013.

Balzer, H.-U., Pietzko, A.: Pilotstudie zur Untersuchung vegetativer Reaktionen beim Schachspiel. 2008, unveröffentlicht.

Balzer, H.-U., Stück, M.: Auswirkungen von sozialer Isolation – Chronobiologische Isolationsexperimente zur Vorbereitung internationaler Raumflüge. In: E. Witruk, (Hrsg.): Beiträge zur Pädagogischen und Rehabilitationspsychologie, Bd. 1, ISBN 978-3-631-57776-9. Peter Lang: 2010, S. 279–295.

Balzer, H.-U., Wachtel, E., Hecht, K.: Correlation between Skin Resistance and Psychological physiological State of Monkeys. 41. Int. Astronaut. Congress, Dresden Okt. 1990, Sonderdruck .

Bamberg, E., Busch, C.: Betriebliche Gesundheitsförderung durch Stressmanagementtraining: Eine Metaanalyse (quasi-)experimenteller Studien. Zeitschrift für Arbeits- und Organisationspsychologie, 40. Jg. (N.F.14) 2, 1996, p. 127–137.

Bandura, A.: Self-efficacy: Toward a unifying theory of behavioral change. Psychological Review, 84, 1977, p. 191–215.

Beier, K. M.: Verwendung eines Oxcytocin und Testeron oder Estradiol enthaltenden Gemisches zur Behandlung von Störungen des psychosozialen Erlebens und Verhaltens. EU Patent, EP 1 658 093 B1, 2004

Belger, S., Schulte, A., Schuhmann, W.: pH-Messung mit hoher lateraler Auflösung zur Visualisierung von pH-Modulationen auf Sensoroberflächen mittels SECM. Vortrag 2. Biosensor Symposium Tübingen, 2001 http://barolo.ipc.uni-tuebingen.de/biosensor2001/abstracts/poster/145.pdf

Bennemann, K. H.: Theoretische Verhaltensbiologie. Teil 1, Teil 2, Shaker Verlag: Aachen 1996.

Berger, H.: Über das Elektroenzephalogramm des Menschen. Arch Psychiatr Mervenkr, 1929, 87: 527–570.

Berglund, B., Hassmen, P., Soames-Job, R. F.: Sources and effects of low-frequency noise. In: J. Acoust: Soc. Am. (JASA) 99 (5). 1996, S. 2985–3002.

Berka-Schmid, G. et al.: Musikpädagogik als Prävention, in Forschungsaufgaben im Diskurs, Hrsg. Oebelsberger, M, Reihe MFÖ, Innsbruck, Salzburg, 2004

Besedovsky, H. O., Sorkin, E.: Network of immune-neuroendocrine interactions. Clinical and Experimental Immunology, 27, 1977, S. 1–12.

Beurteilung von Gefährdungen und Belastungen am Arbeitsplatz. Ausgabe Mai 2006. Online: https://www.verdi.de/.../Erkennungsleitfaden-physische-Belastungen.pdf.

Binz, W., Wendt, G.: KUSTA – Kurz-Skala Stimmung/Aktivierung. Manual. Weinheim: Beltz, 1986

Birbaumer, N., Schmidt, R.: Biologische Psychologie. 4. Aufl., Springer: Berlin 1999.

Bieri, P.: Generelle Einführung. In: P. Bieri (Hrsg.): Analytische Philosophie des Geistes. 2., verb. Aufl. Bodenheim 1993, S. 1–28.

Blackman, R.B., Tuckey, J.W.:The measurement of power spectra. Dover Publication Inc., New York, 1959

Blalock, J. E.: A molecular basis for bidirectional communication between the immune and neuroendocrine systems. Physiological Reviews, 69, 1989, S. 1–32.

Bless, H.: Stimmung und Denken. Huber: Bern 1997.

Blood, A. J., Zatorre, R. J.: Intensely pleasurable responses to music correlate with activity in brain regions implicated in reward and emotion. Proc. Natl. Acad. Sci. U.S.A. 2001 Sep 25; 98(20): 11818–23.

Boehlig, A.: Einfluss des Hörens von Musik auf Emotionen, die aktuelle Stimmung sowie Stress- und Immunparameter nach Inhalation eines Gasgemisches aus 35 % CO2 und 65 % O2. Promotion, Medizinische Fakultät der Universität Leipzig, 2011

Bolezni civilizazii v aspekte učenija V. I. Vernadskogo: Materialy tret'ej meždunarodnoj konferencii, Moskva 2005 (ru), (Zivilisationskrankheiten unter dem Aspekt der Lehre von V.I.Vernadskij).

Borbely, A. A. et al.: Sleep deprivation effect on sleep stages and EEG power density in Man. Electroencephalography and Clinical Neurophysiology, 51, 1981, p. 483–498.

Boucsein, W.: Elektrodermale Aktivität. Springer-Verlag: Berlin 1988.

Brillinger, D. R.: John W. Tukey's work on time series and spectrum analysis. The annals of statistics, 30 / No. 6, 2002, S. 1595–1618.

Brockmann, K. et al.: Miniaturized Implantable Wireless Sensor System for Realtime Measurement of Well-Being of Fishes. 2010. Online: http://www.computer.org/csdl/proceedings/sensorcomm/2010/4096/00/4096a453.pdf.

Buhairi, M. A. A.: Tafsir ayat-ayat ya ayyuhal-ladzina aamanu. Jakarta: Pustaka Al-Kautsar, 2012

Bunk, B., Tausch, J.: Menschsein wider seine Natur? Grundlagen der Verhaltensbiologie. Bd. II: Bedingungen des Lernens. Hahner Verlagsgesellschaft: Aachen-Hahn 2004 .

Bureš, J.: Electrophysiological methods in biological research, Československe akademie věd, Sekce biologicke lékařská, 1960, S. 175.

Burg, J. P.: Maximum Entropy Spectral analysis, Stanford University, Diss., University Microfilms, 1975

Bünning, E.:Zur Kenntnis der erblichen Tagesperiodizität bei den Primärblättern von Phaseolus multiflorus. Jarhb Wiss Bot 81, 1935 S. 411–418

Bünning, E.: Die physiologische Uhr. Springer Verlag: Berlin u.a. 1958.

Calvo, M. et al.: Evaluation of secretory IgA childhood respiratory diseases. Allergologia et Immunopathologia, 16, 1988, S. 157–161.

Cannon, W. B.: The interrelations of emotions as suggested by recent physiological researches. American Journal of Psychology, 25, 1914, S. 256–282.

Cannon, W. B.: The James-Lange theory of emotions – A critical examination and an alternative. American Journal of Psychology, 39, 1927, S. 106–124.

Caslavskaâ, R. M.: Chronodiagnostika i chronoterapiâ zabolevanij serdečnoj-sosudistoj sistemy. Medizina 1991.

Chetagurova, N. K., Rapoport, S. I., Botoeva, N. K.: Etapy stanovleniâ chronobiologii I chronomediciny v rossii (istoričeskij očerk), Journ. Prostranstvo i Vremâ, Nr. 2, (12), 2013.

Chizhevsky A.L. (1934): Action de l'ionisation de l'atmosphère et de l'ionisation artificielle de l'air sur les organismes sains et les organismes malades. In: Piéry M, ed. Traité de Climatologie: Biologique et médicale. Tome premier. Paris: Masson et Cie; 1934. p. 662–673.

Chuan, CS, Hin, Mun: Developing a Digital Blood Pressure Meter, Med Device online, October 14, 1997. Online: http://www.meddeviceonline.com/doc/developing-a-digital-blood-pressure-meter-0001.

Cinzano, P., Falchi1y, F., Elvid, C.D.: The first world atlas of the artificial night sky brightness, Mon. Not. R. Astron. Soc. 000, 2001, S. 1–16.

Čiževskij, A. L.: Zemnoe echo solnečnyh bur, Moskva 1976.

Clark D, White F.J.: D1 dopamine receptor—the search for a function: a critical evaluation of the D1/D2 dopamine receptor classification and its functional implications. Synapse. 1987; 1: 347–388, 1987

Clements, A.D., Ermakova, A.V.: Surrender to good Stress: A possible link between religiosity and health, Psychology of Religion and Spirituality, 4(2), 93–107, 2012, http://doi.org/10.1037/a0025109

Clough, S., Beaumont, W. R. C.: Use of miniature radio-transmitters to track the movements of dace, Leuciscus leuciscus (L.) in the River Frome, Dorset, Hydrobiologia 371/372: 89 – 97, 1998 . In: J.-P. Lagard`ere, M.-L. B ´egout Anras, G. Claireaux (eds.): Advances in Invertebrates and Fish Telemetry. ©1998 Kluwer Academic Publishers, printed in Belgium.

Colòn-Bacò, E.: The strength of religious beliefs is important for subjective well-being." *Undergraduate Economis Review, 6,* 1. Retrieved at February 2016 from http://digitalcommons.iwu.edu/uer/vol6/iss1/11, 2010.

Cornélissen, G. et al.: Schwabe's ~10.5- and Hale's ~21-year cycles in human pathology and physiology. In: W. Schröder (ed.): Long- and Short-Term Variability in Sun's History and Global Change. Science Edition: Bremen 2000, p. 79–88.

Cornélissen, G. et al.: Transdisciplinary transyears and some of their uncertainties in cosmic rays. In: N. A. Agadžanân (ed.): Materialy XII. Meždunarodnogo simpoziâ "Ekologo-fisiologičeskis problem adaptacii", Izdatel'stvo Rossijskogo universiteta družby narodov. Moskva 2007.

Cornélissen, G.: Cosinor-based rhythmometry, Theoretical Biology and Medical Modelling 2014. Online: http://www.tbiomed.com/content/11/1/16.

Cox, D. R., Hinkley, D. V.: Teoretičeskaâ statistika, Mir 1978, S. 364.

Crawford, J. P.: Endogenous anxiety and circadian rhythms. British Medical Journal: March 1979, S. 662.

Daly, M. E.: Acute effects on insulin sensitivity and diurnal metabolic profiles of a high-sucrose compared with a high starch diet. In: Am J Clin Nutr (ed.): American Society for Clinical Nutrition. No. 67, 1998, S. 1186–1196.

Damasio, A. R.: Descartes′ error. Grosset/ Putnam 1994.

Damasio, A. R.: Ich fühle, also bin ich – Die Entschlüsselung des Bewusstseins. Paul List Verlag: München 2000.

Darwin, C.: On the Origin of Species. 6. ed. John Murray: London 1872.

Daubert, K. : Das kausale Problem der Wetterfühligkeit, Heilkunst ; 1968, 81 :2–10

Davis, M. and Shi, C. : The Extended Amygdala: Are the Central Nucleus of the Amygdala and the Bed Nucleus of the Stria Terminalis Differentially Involved in Fear versus Anxiety? Annals of the New York Academy of Sciences, 877, 281–291, 1999 http://dx.doi.org/10.1111/j.1749-6632.1999.tb09273.x

Dedert, E. A., Studts, J. L., Weissbecker, I., Salmon, P. G., Banis, P. L., Septhon, S. E.: Religiosity may help preserve the cortisol rhythm in women with stress-related ilness. International Journal of Psychiatry in Medicine, 34, 61–77. Doi:10.2190/2Y72–6H80-BW93-U0T6, 2004

De Mairan, J. J.: Observation Botanique. Histoire de l'Académie Royale des Science. 1729, S. 35–36,

De Montigny, C., Lammare, Y.: Rhythmic activity induced by harmaline in the olivo-cerebello-bulbar system of the cat, Brain RFesearch, Vol. 53(1), 81..95, 1973

Depue, R.A., Collins, P.F.: A neurobehavioral system appraoch to developmental psychopathology: Implications for disorders of affect. In: Cicchetti D, Toth SL, editors: Rochester symposium on developmental psychopathology, volume four: Developmental perspectives on depression, Rochester, New York: University of Rochester Press; 1992. pp. 29–101, 1992

Depue, R.A., Collins, P. F.: Neurobiology of the structure of personality: Dopamine, facilitation of incentive motivation, and extraversion. Behavioral and Brain Sciences 22 (3):491–517 (1999)

DGAUM: Herzrhythmusanalyse in der Arbeitsmedizin. Deutsche Gesellschaft für Arbeitsmedizin und Umweltmedizin e. V. (DGAUM), Leitlinien. 2016. Online: http://www.dgaum.de/index.php/publikationen/leitlinien/leitlinienarbeitsmedizin/104-herzrhythmusanalyse.html.

Diedrich, A., Hecht, K., Balzer, H.-U., Siems, R.: Psychotest – ein computergestützter medizinisch-psychologischer Messplatz, Wissenschaftliche Zeitschrift der Humboldt-Universität Berlin, R. Med. 1989, 38/4, S. 463–465

Diener, E., Oishi, S., Lucas, R.: Subjective Well-Being: The Science of Happiness and Life Satisfaction. In Lopez, S. J., & Snyder, C. R. (Ed.): The Oxford Handbook of Positive Psychology (2nd Ed.), 63–73. Oxford: Oxford University Press, 2009

Dierlich, G. et al.: Temporal coordination of rest-activity cycle, body temperature, urinary free cortisol, and mood in a patient with 48 hour amipolar cycles in clinical and time-cue-free environments. Biological Psychiat. 16:163–179. 1981

Dreßler, T., Huhn, B. Stueck, M.: Untersuchungen zum Stresserleben von Patienten mit dem Stress-Entspannungstest (SET). In: S. Dauer & H. Hennig (Hrsg.), Arbeitslosigkeit und Gesundheit. Halle (Saale): Mitteldeutscher Verlag, S. 176–193. 1999

Donhofer, Sz., Farkas, M., Haug-Lászlő, Á., Járai, I., Szegvári, G.: Das Verhalten der Wärmeproduktion und der Körpertemperatur der Ratte bei lokaler Erwärmung und Kühlung des Gehirnes. Pflügers Arch. ges. Physiol. 268, 273 (1959).

Döcke, F. (Hrsg.): Veterinärmedizinische Endokrinologie. 3. Völlig überarbeitete u. erweiterte Auflage, Stuttgart, Gustav Fischer Verlag, 1994

Duda, R.O., Hart, P.R., Stork, D.G.: Pattern Classification, 2nd Edition, ISBN: 978-0-471-05669-0, New York [u.a.]: Wiley, 2001. - XX, 654 S. - (A Wiley Interscience publication)

Dudel, J., Menzel, R., Schmidt, R. F.: Neurowissenschaft – Vom Molekül zur Kognition. Springer: 2001.

Eagon, R. G.: Pseudomonas natriegens, a marine bacterium with a generation time of less than 10 minutes. J. Bacteriol. 83, 1962, p. 736–737

Ehrenstein, W. H.: Lexikon der Psychologie. 2015. Online: http://www.spektrum.de/lexikon/psychologie/psychophysik/12147.

Eibl-Eiesfeldt, I.: Die Biologie des menschlichen Verhaltens, Grundriß der Humanethologie. Piper Verlag, München, 1984

Eid, M., Larsen, R. J.: The Science of Subjective Well-being, New York: The Guilford Press, 2008

Elter, P.: Methoden und Systeme zur nichtinvasiven, kontinuierlichen und belastungsfreien Blutdruckmessung. Diss. Universität Karlsruhe 2001.

Engelmannn, W.: Wie Pflanzen wachsen und sich bewegen. 2004. Online: www.zum.de/Faecher/Bio/.../pflanzen-wachsen-bewegen-engelmann.pdf.

Ekman, P., Friesen, W. V.: Unmasking the face. A guide to recognizing emotions from facial clues. Englewood Cliffs, NJ, Prentice-Hall 1975.

Ekman, P.: Emotion in the human face. Cambridge University Press: New York 1982.

Erdmann, G., Ising, M., Janke, W.: Chemopsychologische Methoden. In J. H. Otto, H. A. Euler & H. Mandl (Hrsg.), Emotionspsychologie. Ein Handbuch. Weinheim: PVU, 2000

Erickson, M., Rossi, E.: Experiencing Hypnosis: Therapeutic Approaches to Altered States. New York: Irvington, 1981

Esperer, H. D.: Neue Methode zur Detektion und Differenzierung von kardialen Arrhythmien. Habilitationsschrift, Otto-von-Guericke-Universität Magdeburg, Dissertation, 2001

Esperer, H. D.: Nichtlineare HRV-Analyse im Sport: Grundlagen, Anwendungen und Limitationen. In: Hottenrott, K. (Hrsg) Herzfrequenzvariabilität: Methoden und Anwendungen in Sport und Medizin. Schriften der Deutschen Vereinigung für Sportwissenschaften, Bd. 162. Feldhaus, Ed. Czwalina, Hamburg, 2006, S. 64–97

Ewert, O.: Ergebnisse und Probleme der Emotionsforschung. In: H. Thomae (Hrsg.): Enzyklopädie der Psychologie. Serie IV, Bd. 1: Theorien und Formen der Motivation. Göttingen, 1983, S. 397–451.

Eysenck, H. J.: The biological basis of personality. Charles C Thomas: Springfield, IL 1967.

Fahrenberg, J., Foerster, F.: Kontrolliertes und interaktives Blutdruck-Monitoring: Neue Strategien und Ergebnisse, Forschungsberichte des Psychologischen Instituts der Albert-Ludwigs-Universität Freiburg Nr. 155. 2002 http://www.psychologie.uni-freiburg.de/forschung/fobe-files/155.pdf

Fechner, G. T.: Elemente der Psychophysik. Bd. I & II. Breitkopf & Härtel: Leipzig 1860.

Felten, D.L., Felten, S.Y., Bellinger, D.L., Carlson, S.L., Ackerman, K.D., Madden, K.S. et al.: Noradrenergic sympathetic neural interaction with the immune system: structure and function. Immunological Reviews 100, 225–260, 1987

Ferstl, E.: Die Relevanz psychophysiologischer Reaktionen und Prozesse für das Erbringen von Höchstleistungen am Beispiel des konzertierenden Musikers, Musik-, Tanz- und Kunsttherapie, 17 (2), 68–75, Hogrefe Verlag Göttingen 2006

Ferstl, E., Fritz, F. M.: Physiologische Messungen mittels SMARD-Watch während einer islamischen Meditation. Vortrag Karajanzentrum, Wien 2005.

Fiedler, P.: Persönlichkeitsstörungen. 5. Aufl. Beltz PVU: Weinheim 2001.

Field, A., Hole, G.: How to design and report experiments, London: SAGE Publications Ltd, 2008

Frank, D.: Der subjektive Verlauf einer aktivierenden Kneipp-Kurbehandlung in Abhängigkeit von reaktiv-periodischen Einflüssen, Med.-Inaug-Diss, Marburg/Lahn, 1974

Friedman, M., Rosenman, R. H.: Der A-Typ und der B-Typ. Rowohlt: Reinbek 1975.

Fietze, I., Balzer, H.-U., Hecht, K.: Minutenrhythmen im Tages EEG von gesunden Probanden und Patienten mit Schlafstörungen, Wissenschaftliche Zeitschrift der Humboldt-Universität Berlin, R. Med., 1989, 38/4, S. 478–482

Fiser, B. et. al.: Neonatal blood pressure and heart rate rhythms: multiseptan over circadian prominence, in Sponanous Motor Activity as A Diagnostic Tool. Assesment of a Young Nervous System. Graz, 1996

Fritz, F. M.: Eine Methode zur Klassifizierung von Regelvorgängen biologischer und musikalischer Prozesse mit Hilfe eines künstlichen neuronalen Netzes, Diss., Universität Mozarteum, Salzburg 2005.

Folkard, S., Monk, T. H.: Chronopsychology. Dian rhythms and human performance. In: Gale, A., Edwards, J. (eds.): Psychological Correlates of Human Behavior. 1983, 57–78. London. Academic Press

Forsgreen, E.: Über die Beziehungen zwischen Schlaf und Leberfunktion, 1931, https://onlinelibrary.wiley.com/doi/pdf/10.1111/j.1748-1716.1930.tb01437.x

Gaddameedhi, S. et al.: The circadian clock controls sunburn apoptosis and erythema in mouse skin. J Invest Dermatol. 2015 Apr; 135(4): p. 1119–27, (letzte Publikation zu Per 1).

Geue, K.: Einfluss der Antizipation der Schlafdauer auf die Sekretion von ACTH und Cortisol und die Schlafstruktur. Diss. Universität Lübeck 2003.

Glöckner, N.: Psychophysiologie und Biodanza-Sitzungen. Unveröffentlichte Diplomarbeit Universität Leipzig, 2003

Goedecke, J.: Elektroanalytik Handbuch Teil2, 2013 https://www.sartorius.de/...pH.../BRO-ElektroAnalytik_Handbuch_Teil_2-d.pdf

Goetz, U., Tölle, R.: Circadian rhythm of free urinary cortisol, temperature and heart rate in endogenous depressives and under antidepressant therapy. Neuropsychobiology 18: 1987, p. 175–184.

Golenhofen, K., Hildebrandt, G.: Die Beziehungen des Blutdruckrhythmus zu Atmung und peripherer Durchblutung, Pflügers Arch. Ges. Physiol., 1958, 267:27–45

Goller, H.: Emotionspsychologie und das Leib-Seele-Problem. Münchner Philosophische Schriften Bd. 8. Stuttgart, Berlin, Köln 1992.

Granet, M.: La pensée chinoise, Reihe: L'évolution de l'humanité. Paris, seit 1936 im Verlag Albin Michel: Paris 1934. Dt. Taschenbuchverlag München, dt. Übersetzung 1980.

Greaves, V., Stueck, M., Svence, G.:. Changes of 1st Grade school children`s emotional and social competences in TANZPRO-Biodanza intervention group for children. Proceedings of the International Scientific Conference, Vol 1 (2016)

Gravetter, F. J., Walinau, L. B.: Essentials of Statistics for the Behavioral Sciences, Sixth Edition, Belmont: Thomson Wadsworth, 2008

Gray, J. A.: The neuropsychology of anxiety. Oxford University Press: Oxford 1982.

Green, R. G., Green, M. L.: Relaxation increases salivary immunoglobulin A. Psychological Reports, 61, 1987, p. 623–629.

Green, M. L., Green, R. G., Santoro, W.: Daily relaxation modifies serum and salivary immunoglobulins and psychophysiologic symptom severity. Biofeedback and Self- Regulation, 13, 1988, S. 187–199.

Greif, S., Bamberg, E., Semmer, N. (Hrsg.): Psychischer Stress am Arbeitsplatz, Göttingen: Hogrefe, 1991

Gross, J. J.: Emotion regulation – Affective, cognitive, and social consequences. Psychophysiology. 39, 2002, S. 281–291.

Gross, J. J.: The emerging field of emotion regulation – An integrative review. Review of General Psychology, 2, 1998, S. 271–299.

Gross, J. J., John, O. P.: Individual differences in two emotion regulation processes, Implications for affect, relationships, and well-being. Journal of Personality and Social Psychology, 85(2), 2003, S. 348–362.

Gross, R.: Vorlesungsskript Physik IV, Atome, Moleküle, Wärmestatistik, SS 2003. Online: www.wmi.badw.de/E23/lehre/skript/Physik4/Physik4_Kapitel11.pdf.

Grünwidl, A: unveröffentlichtes Manuskript, Graz, Physiologisches Institut, Arbeitsgruppe für Adaptationsphysiologie, 1996.

Guidelines Heart rate variability, European Heart Journal 17, 1996, p. 354–381

Gundel, A, Wegmann, H. M.: Resynchronization of the circadian system following a 9-hour advance or a delay zeitgeber shift: real flight and simulations by a van der Pool oscillator, in Pauli, J.E.P., Scheving, K.E. eds. Advances in chronobiology, Part B, New York, Liss., 1987, 391–401

Gushin V.I., Zaprisa N.S., Pustynnikova Y.M.,Smirnova T.M.: The study of the communication of the small group with the external world with the longtime isolation. SLOVO, Moscow, 2000, 26–28.

Hacker, W.: Aspekte einer gesundheitsstabilisierenden und -fördernden Arbeitsgestaltung, Zeitschrift für Arbeits-und Organisationspsychologie, 1991 S. 35,48–58.

Halberg, F., Tong YL, Johnson, E. A.: Circadian System Phase – An Aspect of Temporal Morphology; Procedures and Illustrative Examples. In: H. V. Mayersbach (ed.): Proc. International Congress of Anatomists. The Cellular Aspects of Biorhythms, Symposium on Biorhythms. Springer-Verlag: New York 1967, S. 20–48.

Halberg, F. et al.: Klinische Aspekte der Chronobiologie, in: J. H. Scharf/ H. v. Mayersbach (Hrsg.): Nova Acta Leopoldina. 1977, S. 307–350.

Handbuch SMARD-Watch: Institut für Stressforschung GmbH. auf CD-ROM, 2000.

Hardin, P. E.: From biological clock to biological rhythms, Genome Biology, 1(4), 2000. Online: http://genomebiology.com/2000/1/4/reviews/1023.1.

Hasan, J.: Differentation of normal and disturbed sleep by automatic analysis, Acta Physiol. Scand. Suppl. 526, 1983, p. 1–103.

Haus, E. et al.: Reference values for chronopharmacology. In: A. Reinberg/ M. Smolensky/ G. Labrecque: Annual Review of Chronopharmacology 4. 1997, S. 333–424.

Haus, E. et al.: Interaction of circadian ultradian and infradian rhythmus, in: Y Touitou (ed.): Biological clocks. Mechanism and applications, Elsever Science B.V., 1998, S. 141–150.

Haus, E., Toutitou, Y.: Chronobiology of development and aging. In: P. H. Redfern/ B. Lemmer (eds.): Physiology and pharmacology of biological rhythm. Springer Verlag: Berlin u. a. 1997.

Hecht, K.: Besser Schlafen, schöner Träumen. Südwest Verlag: München 1992.

Hecht, K.: Gesundheitsinformation Nr. 9. Gesellschaft für Regulationsmedizin, internes Material, 2000, S. 11

Hecht, K.: Chronopsychobiologische Regulationsdiagnostik (CRD) zur Verifizierung von funktionellen Zuständen und Dysregulationen. In: K. Hecht, H. P. Scherf, O. König (Eds.): Emotioneller Stress durch Überforderung und Unterforderung. Schibri-Verlag: Berlin 2001, S. 193–254.

Hecht, K., Balzer, H.-U., Rosenkranz, J.: Somatoforme Störungen, Chronisches Erschöpfungssyndrom, Burnout-Stress-Syndrom. Neue Regulationsdiagnostik zum objektiven Nachweis psychosomatischer Prämorbidität und Morbidität. Ärzteblatt Thüringen 9/8, 1998, S. 385 - 389.

Hecht, K., Balzer, H.-U.: Biorhythmus in sleep-wake-cycles in the health-disease-relation, International Symposium: Relations of biological and physiochemical processes with solar activity and other enviromental factors. Abstracts Pushchino Russia, 1993.

Hecht, K., Balzer, H.-U.: Entspannungsverhalten als Kriterium für den Wettkampferfolg, 31. Tagung der Arbeitsgemeinschaft Sportpsychologie (asp), Abstrakts, Kiel, 1999

Hecht, K., R. Baumann: Stress-Sensibilität und Adaptation. Ber. Ges. inn. Med. 8, 1974, S. 673.

Hecht, K. et al.: Schlafregulierende Peptide, Beiträge zur Wirkstoffforschung. Heft 37, Kongress- u. Werbeverlag: Oberlungwitz 1990.

Hecht, K. et al.: Schlaf, Gesundheit, Leistungsfähigkeit, Springer-Verlag: 1992.

Heckmann, C.: Chronobiologische Bausteine zur pathologischen und therapeutischen Physiologie Habil-Schrift, Univ. Witten-Herdecke, 1994

Heidig, K.: Untersuchungen zu Milchejektionsstörungen bei erstlaktierenden Kühen. Diss. Humboldt Universität zu Berlin 2007.

Helmstetter, C.E. et. al.: On the bacterial life sequence. Cold Spr. Harb. Symp. quant. Biol. 1968, p. 33, 809

Hempel, A.: Untersuchung physiologischer und didaktischer Aspekte des Malspiels nach Stern. Bachelorarbeit, DPFA Hochschule Sachsen 2015.

Hennig, J., Laschefski, U., Opper, W.: Biopsychological changes after bungee jumping: Beta-endorphin immunoreactivity as a mediator of euphoria? Neuropsychobiologie. 29, 1994, p. 28–32.

Henry, J. P.: Mechanismus by which stress can lead to coronary heart disease. Postgraduate Med.J., 62, 1986, S. 687–693.

Hernande, R.: Nocturnal Panic on a depressed Patient, Pathophysiological Implantation, Biol. Psychiatry 24:p 432–436. 1988

Hewson-Bower, B., Drummond, P. D.: Psychological treatment for recurrent symptoms of colds and flu in children. Journal of Psychosomatic Research, 2001, 51 (1): 369–377.

Hildebrandt, G.: Zur Frage der rhythmischen Funktionsordnung beim Menschen. in: L. Delius, H. P. Koepchen, E. Witzleb (Hrsg.): Probleme der zentralnervösen Regulation. Springer Verlag: Berlin 1962, S. 22–28.

Hildebrandt, G.: Tagesrhythmische Schwankungen der vegetativen Lichtreaktionen beim Menschen. J. Interdiscipl. Cycle Res. 3, 1972, S. 289–301.

Hildebrandt, G.:Renctive modifications of the autonomous time structure of biological functions in man. Ann. Ist. Super. Sanit.;29:545–557,1993

Hildebrandt, G.. Moser, M., Lehofer, M.: Chronobiologie und Chronomedizin. Hippokrates: Stuttgart 1998.

Hirtsch, M.: Körper und Nahrung als Objekte bei Anorexie und Bulimie, Praxis der Kinderpsychologie und Kinderpsychiatrie 38 (1989) 3, S. 79–82,

Hobfoll, S. E.: Conservation of resources – A new attempt at conceptualizing stress. American Psychologist, 44, No. 3, 1989, S. 512–524.

Hoffman, R., Al'Absi, M.: The effect of acute stress on subsequent neuropsychological test performance. Archives of clinical neuropsychology, 19, 2003, S. 497–506.

Hoffmann, S. O.: Somatisierungsstörung und somatoforme Störungen – Herkunft der Konzepte und ihre Abbildung in den neuen diagnostischen Stressoren. In: Rudolf, G.,. Hennigsen, P.,: Somatoforme Störungen. Schattauer Stuttgart, New York, S. 3–12. 1998

Holmes, T. H., Rahe, R. H.: The social readjustment rating scale. Journal of Psychosomatic Research, 11, 1967, S. 213–218.

Hopf, E.: Ergodentheorie, Ergeb.Math. 5, Nr. 2, Springer: Berlin 1937. Zitiert in: Wiener, 1992.

Horn: Psychophysiologische Schutzmechanismen und Biodanza. Unveröffentlichte Diplomarbeit Universität Leipzig, 2002

Hubbard, B. B.: Wavelets – Die Mathematik der kleinen Wellen. Birkhäuser Verlag: 1997.

Hufeland, Ch. W.: Makrobiolik oder die Kunst das Leben zu verlängern. Verlag Georg Reimer: Berlin 1860, S. 320–321.

Hübner, P., Werle, M.: Arbeitszeit und Arbeitsbelastung Berliner Lehrerinnen und Lehrer. In: S. Buchen et al. (Hrsg.): Jahrbuch für Lehrerforschung. Bd. 1 Juventa: Weinheim 1997, S. 203–226.

Humenberger, M.: Medizintechnische Objektivierung der chinesischen Pulsdiagnostik, Diplomarbeit, Medizinische Universität Graz, 2010 https://forschung.medunigraz.at/fodok/suchen.publikationen_mug_autoren?sprache_in=de&menue_id_in=106&id_in=&publikation_id_in=106692

IASP: Institutsbericht des Instituts für Agrar- und Stadtökölogische Projekte an der Humboldt Universität zu Berlin 2008.

Ishida, N. et al.: Mouse hexamer repeat sequences homologous to the Drosophila 'period' gene. Nucleic Acids Res. 1988 Apr 25; 16(8):3581(erste Publikation zu Perl).

Isen, A. M.: Toward understanding the role of affect in cognition. In: R. S. Wyer & T. K. Srull (eds.): Handbook of social cognition. Vol. 3. L. Erlbaum: Hillsdale, NJ 1984. S. 179–236.

ISO 10075: Ergonomic principles related to mental work-load – General Terms and Definitions, ISO: Genf 1991.

Izard, C. E.: The face of emotion. Appleton: New York 1971.

Izard, C. E.: Human emotions. Plenum Press: New York 1977.

Janovske, F.: Entwicklung und Evaluation eines chronopsychotherapeutischen Gesundheitstrainings für PatientInnen mit somatoformen Störungen mittels chronopsychobiologischer Regulationsdiagnostik, Dissertation, Humboldt Universität Berlin, 2003

James, W.: What is an emotion? First published in Mind 9, 1884, S. 188–205. Online: http://www.psychclassics.yorku.ca/James/emotion.htm. 09.02.2002.

Jasnowski, M., Kugler, J.: Relaxation, imagery, and neuro-immunomodulation. Annals of the New York Academy of Sciences. Thieme-Verlag: 1987, S. 496, 722–730.

Jemmott, J. B. et al.: Academic stress, power motivation and decrease in secretion rate of salivary secretory immunoglobulin A. Lancet 1983, S. 101, 1400–1402.

Jemmott, J. B., Magloire, K.: Academic stress, social support and secretory immunoglobulin A. Journal of Personality and Social Psychology, 1988, S. 55, 803–810.

Jeong J., Joung, M. K., Kim, S. Y.: Quantification of emotion by nonlinear analysis of the chaotic dynamics of electroencephalograms during perception of 1/f music. Biol. Cybern. 1998 Mar; 78(3): 217–25.

Jerusalem, M., Schwarzer, R.: Selbstkonzept und Ängstlichkeit als Einflußgrößen für Streßerleben und Bewältigungstendenzen. Zeitschrift für Entwicklungspsychologie und Pädagogische Psychologie, 21, (4), 1989, S. 307–324.

Jingqiu, Li et al.: Circular RNAs in cancer: novel insights into origins, properties, functions and implications, Am J Cancer Res. 2015; 5(2): 472–480.

Jordan-Szymanska, A.: A model of determinants of music perception. In: M. Manturzewska, K. Miklaszewski, A. Bialkowski (Hrsg.): Psychology of music today. Frederyk Chopin Academy of Music: Warsaw 1995, S. 157–161.

Jorm, A.F.: Association of hypotension with positive and negative affect and depression symptoms in the elderly, The British Journal of psychiatry, 178 (6), 553–555, 2001

Juslin, P. N., Sloboda, J. A.: Music and emotion – Theory and research. University Press: New York u. a. 2001.

Kaminski, M.: Verhaltensbeobachtungen und elektrophysiologische Untersuchungen an Hunden in einer Ruhesituation, Diss. Freie Universität Berlin, 2015.

Karasek, R. A., Theorell, T.: Healthy work. Stress, productivity, and the reconstruction of working life. Basic Books: New York 1990.

Keller, M., Mazuch, J., Abraham, U., Eom, G.D., Herzog, E.D., Volk, H.D., Kramer, A., Maier, B.: A circadian clock in macrophages controls inflammatory immune responses. Proc Natl Acad Sci U S A. 106 (2009):21407–12.

Kelly, G. A.: The psychology of personal constructs. Norton, New York, 1955 Neuauflage 1991, deutsch 1986

Keltner, D., Haidt, J.: Social functions of emotions at multiple levels of analysis, Cognition and Emotion, 13, 1999, S. 505–522.

Keyes, C. L., Shmotkin, D., Ryff, C. D.: Optimizing well-being: The empirical encounter of two traditions, Journal of Personality and Social Psychology, vol.82, no.6, 1007–1022, 2002

Khalfa, S., Bella, S.D., Roy, M., Peretz, I., Lupien, S.J.: Effects of relaxing music on salivary cortisol level after psychological stress. Ann N Y Acad Sci. 999 (2003):374–6.

Khurs, E. M. et al.: Vegetative disbalance in pathogenesis of metabolic syndrome. Klin. Med. Mosk. 2010, 88(6):39–42.

Kirk, B.L. Rust, B. W., Van Winklle, W.: Time Seriers Analysis by the Maximum Entropy, Oak Ridge: National.Lab. No. 1220, 206, 1979

Kirsch, K. et al.: ISEMSI '90 – Circaseptan Rhythms of Waterbalance parameters in Man during a 28 – Day isolation and confinement. Booklet of Abstrakts, Symposium on the isolation experiment for the European manned space infrastructure, Paris 25/26 November 1991.

Klar, T. A., Hell, S. W.: Sub diffraction resolution in far-field fluorescence microscopy Optics Letters. Vol. 24, Issue 14, 1999, p. 954–956. Doi: 10.1364/OL.24.000954.

Kleinginna, P. R., Kleinginna, A. M.: A categorized list of emotion definitions, with suggestions for a consensual definition, Motivation and Emotion. 5. 1981, S. 345–379.

Kleitman, N.: Sleep and Wakefulness as Alternating Phases in the Cycle of Existence. Chicago University of Chicago Press 1963.

Kleitman, N.: Basic-rest-activity cycle, in relation to sleep and wakefulness. In: A. Kales (ed.): Sleep, Physiology and Pathology. Philadelphia Lippincott 1969, p. 33–38.

Kleitman, N.: Implications of the rest-activity cycle: Implications for organizing activity. In: E . Hartman (ed.): Sleep and dreaming. Boston: Little, Brown 1970 .

Klosterhalfen, W., Klosterhalfen, S.: Psycho-Immunology. In: R. H. Adler et al.(Hrsg.): Psychosomatische Medizin. München u. a. 1996, S. 145–160.

Klüver, H., Bucy, P.C.: "Psychic blindness" and other symptoms following bilateral temporal lobectomy in rhesus monkeys. In: American Journal of Physiology. 1937, 119, S. 352–353.

Kobasa, S. C.: Stress resistant personality. In: R. E. Ornstein, C. Swencionis (Eds.): The healing brain: a scientific reader. Pergamon Press: Oxford 1990.

Koelsch, S., Fritz, T.: Untersuchung von Emotion mit Musik – eine funktionell bildgebende Studie. Sprache Stimme Gehör: 2003, S. 27, 62–65 .

Koelsch, S., Boehlig, A., Hohenadel, M., Nitsche, I.: The impact of acute stress on hormones and cytokines and how their recovery is affected by music-evoked positive mood, Scientific reports, 2016 – nature.com

Komarov, F. I., Sacharov, L. V., Lisovskij, V. A.: Sutočnyj ritm fisiologičeskich funkzii u zdorovogo i bol'nogo čeloveka, L. Medizina, 166, 1966, p. 86–101.

Kondratieff, N.: Die langen Wellen der Konjunktur. Archiv für Sozialwissenschaft und Sozialpolitik, Bd. 60, 1926, 573–609.

Kornetov, A.N., Samochvalov, V. P., Kornetov, N. A.: Ritmologičeskie i ekologičeskie issledovania pri psichičeskich sabolevaniâch. Kiev, Sdorovia, 1988 (ru). (Rhythmologische und ökologische Untersuchungen bei psychischen Erkrankungen).

Korpan N. N., Saradeth T.: Clinical effects of continuous microwave for post-operative septic wound treatment: a double-blind controlled trial. Am J Surg: 1995, 170(3):271–6.

Korzeniewski, B.: Cybernetic formulation of the definition of life. J Theor Biol. 2001 Apr 7, 209(3):275–86.

Kratky, K. W.: Komplementäre Medizinsysteme. Ibera Verlag: Wien 2003.

Krause, A.: Psychische Belastungen im Unterricht – ein aufgabenbezogener Untersuchungsansatz. Analyse der Tätigkeit von Lehrerinnen und Lehrern. Diss. Universität Flensburg 2002.

Krimm, B.: Erziehung und die "Vernunft der Gefühle". Gefühlserziehung – Möglichkeit, Notwendigkeit, Relevanz, Diss. Gerhard-Mercator-Universität-Gesamthochschule Duisburg 2002.

KSI: ISFET-pH-Sensoren, 2004, ksi-meinsberg.de/kompetenzen/ISFETpH.pdf,

Kubios HRV version 2.0: Biosignal Analysis and Medical Imaging Group (BSAMIG) Department of Physics, University of Kuopio, Finland 2008. Online: http://kubios.uku.fi.

Kugler, J.: Befindlichkeit und Immunglobulin A im Speichel – Eine Literaturübersicht. Zeitschrift für Psychotherapie, Psychosomatik und Medizinische Psychologie. 1991, 41(6), 232–242.

Kuhne, F. et al.: Zur Charakterisierung von Belastungszuständen bei Hunden mittels Chronobiologischer Regulationsdiagnostik. KTBL Schrift 448, Aktuelle Arbeiten zur artgemäßen Tierhaltung, 2006, S. 31–40.

Kultus, K. et al.: Monitoring-System zur Optimierung der Reproduktion von Milchrindern, Abschlussbericht, IASP, Förderung durch Euronorm GmbH, 2009.

Kultus, K. et al.: FAIR – Forschung zur Analyse und Bewertung der Tiergerechtheit von Haltungssystemen, Abschlussbericht IASP, Förderkennzeichen VF 10001, Euronorm GmbH., 2013.

Kurniawan, I. N.: Parenting Skill – Necessary but not Sufficient for Parents and Children's Well-Being. Unpublished research report, Universitas Islam Indonesia: Indonesia 2010.

Kurniawan, I. N.: Eksplorasi struktur faktor Skala Tawakal kepada Allah: Studi validasi lanjutan, Unpublished research report, Research Centre for Developing Psychological Measures on Islamic Perspective, Indonesia, 2015

Kyriacou, C.: Teacher stress – past and present. In: J. Dunham & V. Varma (eds.): Stress in teachers – Past, present, a future. Whurr Publishers: London 1998, p. 1–13.

Laborpraktikum Sensorik,: Versuch pH-Wert Sensoren S 5 – Otto-von. … .de/imos/mea_sen/training/Praktikumsanleitungen/S 5_phWertsensoren.pdf. 2005 http://www.uni-magdeburg.de/imos/mea_sen/training/Praktikums anleitungen/S 5_phWertsensoren.pdf

Lander, H.-J.: Über das Verhältnis von Kognition, Emotion und Motivation aus allgemeinpsychologischer Sicht (Teil 2), Theorie und Praxis der Körperkultur,1986, 35 (6), S. 36–40.

Lander, H.-J.: Über das Verhältnis von Kognition, Emotion und Motivation aus allgemeinpsychologischer Sicht. In: H. Ilg (Hrsg.): Gesundheitsförderung, Konzepte, Erfahrungen, Ergebnisse aus sportpsychologischer und sportpädagogischer Sicht. Köln, bps. 1997, S. 374–378.

Langbein, J., Scheibe, K. M.: Wenn die Uhr falsch geht – Die biorhythmische Verhaltensanalyse als Instrument zur Beurteilung von Tier-Umwelt-Beziehungen. Tagungsband DVG Fachtagung "Tierschutz und Nutztierhaltung", Nürtingen 5.-7.3., 1998, S. 98–106.

Lange, C.: The mechanism of the emotions. 1885. Online: http://www.psychc lassics.yorku.ca/Lange, 09.02.2002.

Larina, I. M., Smirnova, T. I., Lakota, N. G., Bystritskaia: Parameters of thermohomeostasis and psychophysiological monitoring in the evaluation of the phasic structure of adaptation during 240-day isolation, The Journal of Allergy an Clinical Immunology, 2005, Vol 31, 69–76.

Larson, D. B., Koenig, H. G., Kaplan, B. H,, Greenberg, R. S,Logue, E, Tyroler, H. A.: The impacts of religion on men's blood pressure, Journal of Religion and Health, 1989 Dec; 28(4):265–78. doi: 10.1007/BF00986065, 1989

Latenkov, V. P., Gubin, G. D.: Bioritmy i alkogol', Nowosibirsk, Nauka, 1987.

Lauterbach, R.: Geophysikalische Einflüsse auf die Zeitwahrnehmung des Menschen. In: J. Schuh, K. Hecht,J. A. Romanow (Hrsg.): Vortr äge des Deutsch-Sowjetischen Symposiums Chronobiologie – Chronomedizin. Abhandlungen der Akademie der Wissenschaften der DDR, Jahrg. 1970, Nr. 1 N, 1981, S. 637–653.

Lazarus, R. S.: Psychological stress and the coping process, McGraw-Hill: New York 1966.

Lazarus, R. S.: Cognitive and coping processes in emotion. In: B. Weiner (ed.): Cognitive views of human motivation, Academic press: New York 1974.

Lazarus, R., Launier, R.: Stressbezogene Transaktionen zwischen Person und Umwelt. In: J. R. Nitsch (Hrsg.): Stress, Theorien, Untersuchungen, Maßnahmen. Huber-Verlag: Bern 1981, S. 213–260.

Lazarus, R. S., Folkman S.: Stress, Appraisal and Coping. Springer: New York 1984.

Lazarus, R. S.: Emotion and Adaptation. Oxford University Press: London 1991.

Le Blanc, C.: Huai-nan Tzu – Philosophical Synthesis in Early Han Thought. Hong Kong University Press HKU: Hong Kong 1985.

Leder, A.: Komfortgewinn für Passagiere auf Langstreckenflügen, Springer, 2016, ISBN 978-3-658-14168-4

LeDoux, J. E.: Cognitive-motional interactions in the brain. Cognition and Emotion, 3(4), 267–289, 1989, https://doi.org/10.1080/02699938908412709

LeDoux, J. E.: Emotion: Clues from the brain. Annual Review of Psychology, 46, 209–235. 1995, https://doi.org/10.1146/annurev.ps.46.020195.001233

Lemmer, B.: Chronopharmakologie – Tagesrhythmus und Arzneimittelwirkung. Wissenschaftl. Verlagsgesellschaft: Stuttgart, 2004. ISBN 3-8047-1304-1.

Lemmer, B.: Discoveries of Rhythms in Human Biological Functions – A Historical Review. Chronobiology International, 26:6, 2009, p. 1019–1068. Online: http://dx.doi.org/10.1080/07420520903237984.

Levi, L., Anderson, L.: Psychosocial stress. Population, environment and quality of life. New York 1975.

Lindner, N.: Verhaltensbeobachtungen und elektrophysiologische Untersuchungen an Hunden in Beanspruchungssituationen. Diss. Freie Universität Berlin 2010.

Linneweh, K., Haeberlin, P.: Stress. DAK Öffentlichkeitsarbeit. Hamburg, 1993

Lloyd, D.: Biochemistry of the cell cycle – Review Article, Biochem. J. 1987, p. 242, 313–321.

Lloyd, D., Kippert, F.: Intracellular coordination by the ultradian clock, Cell Biology International. Vol. 17, No. 12, 1993, p. 1047 – 1052

Lloyd, D. Rossi, E. (Eds.):.Ultradian Rhythms in Life Processes: An Inquiry into Fundamental Principles of Chronobiology and Psychobiology. New York: Springer-Verlag, 1992.

Lloyd, D., Rossi, E.: Ultradian Rhythms from Molecules to Mind: A New Vision of Life. Springer: Netherlands 2008.

Lomb, N. R.: Least-squares frequency analysis of unequally spaced data, Astrophysical and Space Science, 39, 1976, p. 447–462.

Lucas, R. E., Diener, E.: Handbook of Emotions, New York: The Guilford Press, 2008

Majtanik, M.: Effekte von sensorischer Stimulation auf Hirnrhythmen: Modellbasierte Simulationen und magnetoenzephalographische (MEG) Studien. Diss. Universität Düsseldorf 2007.

Malmivuo, J., Plonsey, R.: Bioelectromagnetism: Principles and Applications of Bioelectric and Biomagnetic Fields. Oxford University Press (Web Edition): 1995.

Mandl, H., Euler, H. A, Otto, J. H.: Emotionspsychologie. Ein Handbuch, Beltz: Weinheim 2000.

Mann, K.: Charakterisierung psychophysiologischer Regulation der Zirkaminutenrhythmen des EEG und des Hautwiderstandes bei Lernbehinderten und Grundschülern, Dissertation, Medizinische Fakultät Charitè der Humboldt-Universität Berlin, 2000

Martin, R. A, Dobbin, J. P.: Sense of humor, hassles and immunoglobulin A – Evidence for a stress-moderating effect of humor. International Journal of Psychiatry in Medicine, 1988, 18 (2) 93–105.

Maschke, C., Hecht, K., Balzer, H.-U.: Lärmmedizinisches Gutachten für den Flughafen Hamburg Vorfeld II. (Medical expertise of noise for Hamburg airport, per flight area II, 1996), auf CD-ROM, 1996.

Masters, K. S.: Mechanisms in the relations between religion and health with emphasis on cardiovascular reactivity to stress. Research in the Social Scientific Study of Religion, 19,91–115. Doi:10.1163/ej.9789004166462.i-299.29, 2008

Mäkikallio, T. H, Perkiömäki, J. S., Huikuri, H.: Nonlinear dynamics of RR intervals. In: Malik M, Camm AJ, (eds) Dynamic electrocardiography. Blackwell, Oxford, 2004, S. 23–30

McClelland, D. C. et al.: Stressed power motivation, sympathetic activation, immune function, and illness. Journal of Human Stress 6, 1980, p. 11–19.

McClelland, D. C., Ross, G., Patel, V.: The effect of an academic examination on salivary norepinephrine and immunoglobulin levels. Journal of Human Stress 11, 1985, p. 52–59.

McClung, R.C.: Plant circadian rhythms – Historical perspective essay, The plant cell. Vol. 18, 2006, p. 792–803.

McDougall, W.: An introduction to social psychology. Methuen: London 1908.

McGrath, J. E.: Stress und Verhalten in Organisationen. In: J. R. Nitsch (Hrsg.): Stress. Huber: Bern 1981, S. 441–500.

Meichenbaum, D.: Why does using imagery in psychotherapy lead to change? In: Singer, J.L., Pope, K.S. (eds.): The power of human imagination: New methods in psychotherapy. New York: Plenum Press, 1978

Meier, H. P.: er-hörte Stadt. 2012. Online: www.culturprospectiv.ch/_media/leitfaden_-_text_wien.pdf.

Meier-Ewert, K: Tagesschläfrigkeit: Ursachen, Differentialdiagnose, Therapie. VCH, Weinheim, Basel Cambridge New York, 1989

Memczak, S. et al.: Circular RNAs are a large class of animal RNAs with regulatory potency, Nature, Bd. 495, Nr. 7441, March 2013, p. 333–338.

Menet, J. S., Pescatore, S., Rosbash, M.: CLOCK:BMAL1 is a pioneer-like transcription factor, © 2014 Menet et al.; Cold Spring Harbor Laboratory Press: 2013.

Menninger-Lerchenthal, E: Arbeitshypothese für das Studium des 24-stündigen Phasenwechsel bei Psychosen, Allg. Psychiatrie 95/2. . 1951a

Menninger-Lerchenthal, E: Rhythmik und Periodik in der Psychopathologie, Wiener Z. Nervenh. 3. 1951b

Menninger-Lerchenthal, E.: Kurze Rhythmen und Perioden in der Neuropathologie. Wiener Z.Nervenh. 10. 1954

Menniger-Lerchenthal, E.: Periodische Schwankungen der Körpertemperatur. Acta Neuroveg. 11. 1955a

Menninger-Lerchental, E.: Pathologische Rhythmen und Perioden des Trieblebens. Acta Neuroveg. 12. 1955b

Menninger-Lerchenthal, E: Periodizität in der Psychogpathologie, Maudrich, Wien. 1960

Meshreki, L. M.: Religiosity, health, and well being among Middle Eastern/Arab muslims and christians in the USA: a study of positive emotion as a mediator, Unpublished doctoral dissertation, University of Rhode Island, USA, 2007

Mikulecky, M., Ondrejka, P.: Moon cycle and acute diarrheal infections in Bratislava 1988–1990, In: C. Gutenbrunner, G. Hildebrandt, E. Moog (eds.): Chronobiology & Chronomedicine. Basic Research and Applications, Peter Lang: Frankfurt a. Main u. a . 1993, p. 356–360 .

Mletzko, I, Mletzko, H.G.: Biorhythmik, (Elementareinführung in die Chronobiologie), Wiitenberg, Lutherstadt, A.Ziemsen, 1985

Montigny, C. DE., Lamarre, Y.: Rhythmic activity inclused by harmaline in the olivo-cerebello-bulbar oft he cat. Brain Res. 53, 1973, p. 81–95.

Moog, R.: Die individuelle circa-diane Phasenlage – Ein Prädiktor der Nacht– u. Schichtarbeitstoleranz, Marburg/Lahn, Naturwiss. Inaug.-Diss., 1988

Moore-Ede, M.: The twenty-four-hour society: Understanding human limits in a world that never stops, Addison-Wesley, 1993

Morath, M.: The four-our feeding rhythm of the baby as a free running endogenously regulated rhythm, Int.J. Chronobiol.,1974, 2:39–45

Moser, M. et al.: Das autochrone Bild als Methode zur Darstellung der Rhythmen des menschlichen Herzschlags. In: P. Heusser (Hrsg.): Hygiogenese. Peter Lang: Bern 1999, S. 207–223.

Moser, M. et al.: „Jede Krankheit ein musikalisches Problem" – Rhythmus und Hygiogenese, die Drei 8–9/2004. Online: diedrei.org/tl_files/hefte/2004/Heft%208.../07%20Moser-Krankheit.pdf.

Mueller, P. S., Plevak, D. J., Rummans, T. A.: Religious Involvement, Spirituality, and Medicine: Implications for Clinical Practices, Mayo Clinical Proceeding, 76, 1225–1235, 2001

Müller, A.: Aktive Musiktherapie – Stimmungen, Therapieerleben und immunologisch relevante Speichelparameter, Reihe: Europäische Hochschulschriften, Bd. 444. Peter Lang: Frankfurt a. M 1994.

Müller. S., Balzer, H.-U., Stück, M.: Zusammenhang von Biografie, Stress & Körperreaktionen bei Erziehern, Psycho-physiologische Laboruntersuchungen zur Erziehergesundheit, ErgoMed/Prakt. Arb. med. 6/2014. S. 24–30.

Müller-Limmroth, W.: Arbeitszeit – Arbeitsbelastung im Lehrerberuf. Eine arbeitsphysiologische Bewertung der Belastung des Pädagogen unter Berücksichtigung der Lehrarbeitszeit. In: Im Brennpunkt. Studie 8, Mai 1980.

Müller-Limmroth, W.: Wie Lehrer systematisch krank gemacht werden. Die höhere Schule, 7/8 (Sonderdruck), 1993, S. 1–4.

Müsseler, J., Prinz, W. (Hrsg.): Allgemeine Psychologie. Spektrum Akademischer Verlag: Heidelberg u. a. 2002.

Nagamine, T.: Complete Recovery from Cardiac Arrest Caused by Risperidone-induced Hypothermia. Innov Clin Neurosci. 2016 Dec 1;13(11–12):28–31.

Nagel, F. et al.:'EMuJoy' – Software for continues measurement of perceived emotions in music. Behaviour Research Methods, 2007, 39 (2), 283–90.

Nelson, R.J.: An introduction to behavioral endokrinology. 2nd edn, Sunderland, Massachusetts, Sinauer Associates inc., 2000

Nicolaidis, Sivadjian: High-frequency pulsatile discharge of human sweat glands: myoepithelial mechanism, J Appl Physiol. 32, 1, 1972, p. 86–90.

Nikitopoulou, G., Crammer, J.L.: Change in diurnal temperature rhythm in manic-depressive illness. Br Med J 1976;1:1311, doi: http://dx.doi.org/10.1136/bmj.1.6021.1311

Novitasari, R., Qudsyi, H., Widiasmara, N.: The dynamics of dhikr – A chronobiopsychology approach in single case study. Book of Abstract: The 2nd International Conference on Islamic Psychology. 2015.

Novitasari, R., Puspitasari, E., Qudsy, H., Annatagia, L., Trimulyaningsih, N.: Modul SMARD-Watch®. Yogyakarta: Laboratorium Prodi Psikologi, Fakultas Psikologi dan Ilmu Sosial Budaya, Universitas Islam Indonesia, 2014.

Nussbaumer, B. et al.: Light therapy for preventing seasonal affective disorder, Cochrane Database Syst. Rev. 2015 Nov 8; 11:CD011269. [Epub ahead of print].

Oatley, K., Jenkins, J. M.: Understanding emotions. Blackwell Publishers: Cambridge, Mass 1996.

Oesterreich, R.: Das Belastungs-Beanspruchungskonzept im Vergleich zu arbeitspsychologischen Konzepten, Zeitschrift für Arbeitswissenschaft. 55 (3), 2001, S. 162–170.

Oesterreich, R., Volpert, W. (Hrsg.): Psychologie gesundheitsgerechter Arbeitsbedingungen. Konzepte, Ergebnisse und Werkzeuge zur Arbeitsgestaltung. Huber: Bern 1999.

Olds, B., Milner, P.: Positive reinforcement produced by electrical stimulation of septal area and other regions of rat brain, Journal of Comparative and Physiological Psychology. 1954, p. 47, 419–427.

Orfanidis, S.: Optimum Signal Processing. Mc Graw-Hill Publishing Company: 1988.

OSHA: Stress am Arbeitsplatz. Online-Publikation. 2000. Online: http://agency.osha.eu.int/publications/factsheets/facts8/index_de.stm.

Östberg, O.: Zur Typologie der circadianen Phasenlage. Ansätze zu einer praktischen Chronohygiene, in: Hildebrandt, G. Biologische Rhythmen und Arbeit, Wie. Etc. Springer, 1976, 117–137,

Papez, J. W.: A Proposed Mechanism of Emotion. Arch. Neurol. Psychiatry, 38, 1937, p. 25–743.

Panksepp, J.: Affective neuroscience, New York, NY: Oxford University Press, 1998

Pastor San Luis, E.: Untersuchung der Auftrittsleistung von Pianisten in Zusammenhang mit Medikamenteneinnahme, Diss., Universität für Musik und darstellende Kunst Wien, 2008.

Pawlow, I. P.: Ausgewählte Werke. Berlin: Akademieverlag 1955.

Peng, C.-K. et al.: Quantification of scaling exponents and crossover phenomena in nonstationary heartbeat time series. Chaos 5 (1), 1995, S. 82.

Penzel, T., Petzold, J.: A new method for the classification of sub virgil, stages, using the Fourier transform, and its application to sleep apnea. Comput. Biol. Med., Vol. 18, No. 1, 1988, p. 1–28 .

Pflug, B.: Untersuchungen über die Tagesrhythmik der Körpertemperatur bei Depressionen In: G. Lassmann,.Seitelberger F. (Hrsg.): Rhythmische Funktionen in biologischen Systemen, Teil II: Ihre Bedeutung für die Theorie und Klinik. Facultas-Verlag, Wien. 28–31. 1977

Pflug, B., Engelmann, W., Gaertner, H.-J.: Circardian Course of body temperature and the Excretion of MHPG and VMA in a Patient with bipolar depression. J. Neural Transmission 53: p. 213–215. 1982)

Pflug, B.,. Johnsson, A.,. Tweitoekse, A.: Manic-depressive states and daily Temperature. Acta psychiatri. scaud. 63:277–289. 1981

Pincus, S.M.: Quantification of evolution from order to randomness inpractical time series analysis. Methods Enzymol 240, 1994, S. 68–89.

Pincus, S.M.: Approximate entropy (ApEn) as a complexity measure. Chaos 5 (1), 19, 1995, S. 110.

Pittendrigh, C. S.: On temperature independence in the clock system controlling emergency time in Drosophila, PNAS, 1954, 40:1018–1029.

Plutchik, R.: Emotion. A psychoevolutionary synthesis. Harper & Row: New York 1980.

Pohl, W.: Antonio R. Damasio – „Ich fühle, also bin ich. Die Entschlüsselung des Bewusstseins", Eine Rezension, Aufklärung und Kritik, Heft 1, 2001.

Pollard, L. J., Bates, L. W.: Religion and perceived stress among undergraduates during fall 2001 final examinations, Psychological Reports, 95, 999–1007, 2004

Portelli, C.: The origin of life. A cybernetic and informational process. Acta Biotheor. 28,1, 1979, p. 19–47

Prihantini, A., Kurniawan, I. N.: Tawakal kepada Allah dan kepuasan pernikahan, Unpublished undergraduate thesis, Universitas Islam Indonesia, Indonesia, 2015

Ptitsyn, A. A., Zvonic, S., Gimble, J. M.: Permutation test for periodicity in short time series data, BMC Bioinformatics 2006, 7 (Suppl. 2), 10.

Puspitasari, E.: Community Empowerment Initiatives through Synergy between "Posyandu" Cadres and Community Health Center Psychologists. Unpublished research report, Universitas Islam Indonesia: Indonesia 2010.

Radzievsky A. A. et al.: Suppression of pain sensation caused by millimeter waves – a double-blinded, cross-over, prospective human volunteer study. Anesth. Analg. 1999; 88(4): 836–40.

Randler, C.: Teaching species identification – a prerequisite for learning biodiversity and understanding ecology. Eurasia Journal of Mathematics, Science and Technology Education, 4(3): 2008, 3–11

Randler, C.: Association between morningness-eveningness and mental and physical health in adolescents. Psychol Health Med. 2011 Jan;16(1):29–38. doi: 10.1080/ 13548506.2010.521564.

Rapoport, S. I., Frolov, V. A., Chetagurova, L. G.: Chronobiologiâ i chronomedizina – rukovodstvo, Medizinoe informazionnoe agenstvo, Moskva 2012, ISBN 978-5-8948-1892-4 (ru).

Raschke, F.: Die Kopplung zwischen Herzschlag und Atmung beim Menschen. Diss. Universität Marburg 1981.

Raykova, A.: Untersuchung zum Burn Out und Biodanza. Unveröffentlichte Master Arbeit. Riga Teacher Management Akademie, 2014

Rechtschaffen, A., Kales, A. (Eds.): A Manual of Standardized Terminology, Techniques, and Scoring System for Sleep Stages of Human Subjects. Public Health Service, NIH Publication No. 204. US Government Printing Office: Washington, DC 1968.

Reid, M. R., Mackinnon, L. T., Drummond, P. D.: The effects of stress management on symptoms of upper respiratory tract infection, secretory immunoglobulin A, and mood in young adults. Journal of Psychosomatic Research, 2001, 51 (6): 721–728.

Rensing, L.: Biologische Rhythmen und Regulation. Gustav Fischer Verlag: Jena 1973,S. 217–229.

Resch, M.: Analyse psychischer Belastungen. Huber: Bern 2003.

Reikova, A. Greaves, V. Balzer, H.-U. Stueck, M.: AVEM-Muster, psychophysiologische Korrelate und Biodanza. Unveröffentlichtes Material, 2017

Reiter, R.J. (Ed.): The Pineal Gland, Raven Press, New York, 1984, pp. 1–37.

Richter, P.; Benzenhöfer, W.: Time estimation and chronopathology in endogenous depression. Acta psychiatr. 72: 246–253. 1985

Rieger, D.: Die innere Uhr von Drosophila Melanogaster. Diss. Universität Regensburg 2007. Online: epub.uni-regensburg.de/10612.

Rostrup, M., Mundal, H.H., Westheim, A. & Eide, I. (1991). Awareness of high blood

Roenneberg, T.; Wie wir ticken. DuMont, 2012

Roenneberg, T.: Die Bedeutung der Chronobiologie für unser Leben. DuMont Buchverlag: 2010, ISBN 3-83219520-3.

Rohmert, W., Rutenfranz, J.: Arbeitswissenschaftliche Beurteilung der Belastung und Beanspruchung an unterschiedlichen industriellen Arbeitsplätzen. Bundesminister für Arbeit und Sozialverordnung (Hrsg.): Bonn 1975.

Rohmert, W., Rutenfranz, J. (Hrsg.): Praktische Arbeitsphysiologie. 3. neu bearb. Aufl. Kohlhammer: Stuttgart 1983.

Roitger, A.: Chronos und Psyche – Vom Zeitmaß des Denkens, MaxPlanckForschung 1, 2004, S. 36..40

Roitt, J. M., Brostoff, J., Male, D. K.: Kurzes Lehrbuch der Immunologie. Stuttgart 1991.

Rolls, E. T.: The brain and emotion. Oxford University Press: Oxford 1999.

Rolls, E. T.: Précis of "The brain and emotion", Behavioural and Brain Sciences. 2000, 23, p. 177–234.

Romanov, û. A.: Vremennaâ organizaziâ biologičeskich system, M.: Nauka, 1980, p. 10–56 (ru).

Rosenkranz, J.: Beziehungen zwischen Prüfungsleistungen und psychophysiologischen Regulation. Diss. Medizinische Fakultät Charité, Humboldt-Universität Berlin 1999.

Rosenkranz, J.: Beziehungen zwischen Prüfungsleistungen und psychophysiologischer Regulation. In: K. Hecht, O. König, H.-P. Scherf (Hrsg.): Emotioneller Stress durch Überforderung und Unterforderung. Schibri-Verlag: Berlin, Milow 2001, S. 341–348.

Rösing, H.: Musik und Emotion- Musikalische Ausdrucksmodelle. In: H. Bruhn, R. Oerter, H. Rösing (Hrsg.): Musikpsychologie. 1997, S. 579–588.

Rossi, E.: Hypnosis and ultradian rhythms. In: B. Zilbergeld/ M. Edelstien/ D. Araoz (eds.): Hypnosis – Questions and Answers. W. W. Norton: New York 1986, p. 17–21.

Rossi, E.: Sleep, Dream, Hypnosis and Healing: Behavioral state related Gene. Sleep and Hypnosis: An International Journal of Sleep, Dream, and Hypnosis. 1999, 1:3, 141–157. Updated with additional references on 12-20-01

Rossi, E., Lloyd, D.: Biological Rhythms as Organization and Information. Biological Reviews, Volume 68, Issue 4, November 1993, Pages 563–577

Rossi, E., Nimmons, D.: 20 Minuten Pause. Junfernmann Verlag: Paderborn 1997.

Rudolf, G.,. Hennigsen,: Somatoforme Störungen. Schattauer-Verlag, Stuttgart, New York. ., 1998

Rudow, B.: Belastungs-Management-Training für Lehrer (BMT-L). Manuskript, 1993, (unveröff.).

Rumiani: Self Trauma Healing with S.E.F.T: Empowering Survivor in Dealing with Disaster. Unpublished research report, Universitas Islam Indonesia: Indonesia 2012.

Ryan, R., Deci, E.: On Happiness and Human Potentials: A Review of Research on Hedonic and Eudaimonic Well-Being. Annual Review of Psychology, 52, 141-166, 2001. http://dx.doi.org/10.1146/annurev.psych.52.1.141

Sachbericht: Sachbericht ProFIT Abschlussbericht zum Projekt "FischFIT-Monitoring". Gefördert durch das ProFIT-Programm der Investitionsbank Berlin 2011.

Salovey, P. et al.: Measuring emotional intelligence as a set of abilities with the MSCEIT. In: S. J. Lopez & C. R. Snyder (eds.): Handbook of positive psychology assessment Washington, DC, American Psychological Association, 2001.

Salovey, P., Mayer, J. D.: Emotional Intelligence – Imagination, Cognition and Personality. Harper: New York 1990.

Salovey, P., Mayer, J. D.: What is emotional intelligence? In: P. Salovey & D. Sluyter (eds.): Emotional Development and Emotional Intelligence – Implications for Educators New York, Basic Books, 1997, p. 3–31.

Sammito, S., Böckelmann, I.: Analyse der Herzfrequenzvariabilität. Herz 2015 [Suppl 1] 40, S.:76–84, DOI 10.1007/s00059-014-4145-7, Online: © Urban & Vogel 2014

Sanctorius, S.: Methodi vitandorum errorum omnium qui in arte medica contigent. Aubertum Geneva 1631, p. 289.

Sanger H. L. et al.: Viroid's are single-stranded covalently closed circular RNA molecules existing as highly base-paired rod-like structures. Proc Natl Acad Sci: USA 1976; 73: 3852–3856.

Sapolsky, R. M., Romero, L. M., Munck, A. U.: How do gluccocoticoids influence stress responses? Integrating permissive, suppressive, stimulatory, and preparative actions. Endocrine Reviews, 2000, S. 21, 55–89.

Sari, W. A. I., Kurniawan, I. N.: Peran tawakal kepada Allah Ta'ala dan job crafting dalam work engagement karyawan. Unpublished undergraduate thesis, Universitas Islam Indonesia, Indonesia, 2015

Sartika, A., Kurniawan, I. N.: Skala Tawakal kepada Allah: Pengembangan ukuran-ukuran psikologis surrender to God dalam perspektif Islam. Unpublished undergraduate thesis, Universitas Islam Indonesia, Indonesia, 2014

Schaarschmidt, U. (Hrsg.): Halbtagsjobber? Psychische Gesundheit im Lehrerberuf–Analyse eines veränderungsbedürftigen Zustandes. Beltz: Weinheim, 2005

Schachter, S., Singer, J.: Cognitive, social, and physiological determinants of emotional state. Psychological Review, 1962, p. 69, 379–399.

Schaffer, R. et al.: Microarray Analysis of Diurnal and Circadian-Regulated Genes in Arabidopsis. The Plant Cell, Vol. 13, January 2001, p. 113–123.

Schäfer, A.: Die Wirkung von Licht verschiedener, spektraler Zusammensetzung auf die Variabilität der Herzfrequenz, Diss. Universität Wien 2004.

Scharinger, E.: Altorientalische Musiktherapie als adjuvante Therapieform bei Patienten mit depressiven Episoden – Eine psychiatrische Wirkstudie. Abschlussarbeit am Institut für Ethnomusiktherapie, 2006.

Schedlowski, M.: Streß, Hormone und zelluläre Immunfunktionen. Ein Beitrag zur Psychoneuroimmunologie. Spektrum-Verlag: Heidelberg 1993.

Schedlowski, M., Tews, U.: Psychoneuroimmunologie, Spektrum-Verlag: Heidelberg 1996.

Scheibe, K.: Das Zirkadianmuster der Aktivität von Schafen und seine Veränderung in künstlichen Jahresregimen. Biol. Zbl. 97, 1978a, S. 329–336.

Scheibe, K.: Die zirkannuale Periodik der Fortpflanzung des Schafes, ihr Zeitgebermechanismus und die Zirkadianrhythmik. Zool. Jb. Physiol. 82, 1978b, S. 244–260.

Scheibe, K.: Über die Bedeutung biorhythmischer Untersuchungen für die Umweltgestaltung langwirtschaftlicher Nutztiere. In: G. Tenbrock, E. Geissler, W. Scheler: Philosophische und ethische Probleme der modernen Verhaltensforschung. Berlin, 1978c, S. 48–54.

Scheibe, K. M. et al.: Chronobiological analysis of animal locations – development of an automatic recording system and principles of data processing. 15th Internat. Symp. on Biotelemetry, Juneau, Alaska May 9–14, 1999. In: J.H. Eiler / D.J. Alcorn / M. R. Neuman (eds.): Biotelemetry 15. Wageningen 2000, p. 398–407.

Scheibe, K. M. et al.: Long-term automatic video recording as a tool for analysing the time patterns of utilisation of predefined locations by wild animals. Eur J Wildl Res 54, 2008, p. 53–59. Online: http://www.springerlink.com/content/360j023w1g027238/?p=65b88a6029194d14b26145b8501579c4&pi=11.

Scherer, K. R.: Emotion as a process: Function, origin and regulation. Social Science Information/sur les sciences sociales, Vol 21(4–5), 1982, 555 http://dx.doi.org/10.1177/053901882021004004

Scheuch, K., Schröder, H.: Mensch unter Belastung – Stress als ein humanwissenschaftliches Integrationskonzept. Deutscher Verlag der Wissenschaften: Berlin 1990.

Scheuch, K.: Arbeitspsychologie, eine arbeitsmedizinische Kernkompetenz – Aus der Sicht des Arbeitsmediziners. Jahrestagung Österreichische Gesellschaft für Arbeitsmedizin, Fachgesellschaft Universität Wien, Salzburg 28.09.2002.

Scheving, L. E., Halberg, F., Pauly, J. E.: Chronobiology. Georg Thieme Verlag: Stuttgart, 1974.

Schmiederer, C.: Pilotstudie zur Evaluierung fetaler Herzratenvariabilitätsparameter bei frühem vorzeitigem Blasensprung mittels abdominaler fetaler Elektrokardiographie. Dissertation, Universität Leipzig, 2015

Schmidt-Atzert, H.: Lehrbuch der Emotionspsychologie. Stuttgart, Berlin, Köln 1996.

Schmitz, G. S., Schwarzer, R.: Selbstwirksamkeitserwartung von Lehrern – Längsschnittbefunde mit einem neuen Instrument. Zeitschrift für Pädagogische Psychologie, 14, 2000, S. 12–25.

Schnizer W., Erdl, R.: Zur Objektivierung der Wirkung von Kohlensäurebädern auf die Mikrozirkulation der Haut mit einem Laser-Doppler-Flowmeter. 1984, Z. Phys. Med. 13: 38–41.

Schröder, H.: Emotionen - Persönlichkeit - Gesundheitsrisiko. Psychomed - Zeitschrift für Psychologie und Medizin, 4/2, 81–85, 1992

Schröder, H.: Psychologische Interventionsmöglichkeiten bei Stressbelastungen. In: K. Reschke, Intervention zur Gesundheitsförderung für Klinik und Alltag. Regensburg: Roderer-Verlag, S. 7–26, 1996

Schrüfer, E.: Signalverarbeitung. Numerische Verarbeitung digitaler Signale. Carl Hanser Verlag: München u. a. 1992.

Schubert, C.: Psychoneuroimmunologische Forschung im Kontext biochemischer Erkenntnisfortschritte und ihre paradigmatischen Grenzen. Zeitschrift für psychosomatische Medizin, 44, 1998, S. 1–20.

Schumacher, J., Eisemann, M.-R., Brähler E.: Fragebogen zum erinnerten elterlichen Erziehungsverhalten. Bern: Hans Huber, 2003

Schumacher, J., Reschke, K., Schröder, H.: Mensch unter Belastung. Erkenntnisfortschritte und Anwendungsperspektiven der Stressforschung. Verlag für akademische Schriften: Frankfurt a. M. 2002.

Schulz, H., Lund, R.: Sleep Onset REM Episodes are associated with circadian parameters of body temperature. A Study in depressed Patients on normal controls. Biological Psychiatry 18: 1983, p. 1411–1427.

Schuster, J: Untersuchungen zur Circumnutation des Hypokotyls von Arabidopsithaliana und Helianthus annuus, PhD thesis, Tübingen University, Cuvillier Verlag Göttingen, 1996.

Schwarting, R. K. W.: Zur Neurochemie des Verhaltens: Dopamin und Motivation. Psychologische Rundschau, 48, 1997, S. 211–223.

Schwarzer, R., Leppin, A.: Sozialer Rückhalt und Gesundheit. Eine Meta-Analyse. Hogrefe: Göttingen 1989.

Scott, B.J.H.: Ann. New York Acad.Sci.98,890, 1962

Scott Jr, L. D., Munson, M. R., McMillen, J. C., Ollie, M. T.: Religious involvement and its association to risk behaviors among older youth in foster care, American Journal Community Psychology, 38, 223–236, 2006

Seidemann, R.: Untersuchung der Bewegungsaktivität von Karpfen anhand von 3D-Beschleunigungsdaten. Bachelorarbeit, LGF, Humboldt Universität Berlin, 2010.

Selye, H.: A syndrome prodiced by diverse nocuous agents, Nature, 138 (4), 1936, p. 32–34.

Selye, H.: The general adaptation syndrome and the diseases of adaptation, Journal of Clinical Endocrinology, 6, 117–230, 1946

Selye, H.: The general adaptation syndrome and the diseases of adaptation. Journal of Clinical Endocrinology, 6, 1976a, p. 117–230.

Selye, H.: The stress of life. McGraw Hill: New York 1976b.

Siegmund, R., Vogel, J.: The dependence of heart rate and locomotor activity on water temperature on the carp (cyprinus carpio L.). Experentia 33/12, 1977, p. 1607–1609.

Siegrist, J.: Adverse health effects of high effortlow reward conditions. Journal of Occupational Health Psychology, 1996, p. 1, 27–43.

Siepmann, G., Salzberg-Ludwig, K.: Chrono-psycho-biologische Rhythmik im Tagesverlauf behinderter und nicht behinderter Schülerinnen und Schüler. In: Hofmann, C., Brachet, I., Moser, V. (Hrsg.): Zeit und Eigenzeit als Dimensionen der Sonderpädagogik. Luzern: Edition SZH/ SPC, 2001, S. 131–140

Silbernagel, S., Despopoulos, A.: Taschenatlas der Physiologie. Georg Thieme Verlag: Stuttgart u. a. 1991, ISBN 3 13 567704 4.

Simson, U.: Einfluss psychischer Belastung und Entspannung auf sekretorisches Immunglobulin A im Speichel. Diss. Universität Köln 1996.

Singh, R. K.: Chronemic and chronobiology in health and disease. Indian Journal of Clinical Biochemistry, 24, 2009, p. 319–323.

Sinz, R.: Chronopsychophysiologie, Chronobiologie und Chronomedizin. Akademieverlag: Berlin 1978a.

Sinz, R.: Zeitstrukturen und organismische Regulation. Akademieverlag: Berlin 1978b.

Sinz, R., Scheibe, K.: Systemanalyse der multioszillatorischen Funktionsordnung im zirkadianen und ultradianen Frequenzbereich und ihr Indikationswert für Belastungswirkungen, dargestellt am Beispiel verschiedener Licht-Dunkel-Verhältnisse bei der Intensivhaltung von Schafen. Acta biol. med. germ. 35 (3–4), 1976, S. 465–477.

Smagowska, B.: Effects of Ultrasonic Noise on the Human Body – A Bibliographic Review. International Journal of Occupational Safety and Ergonomics (JOSE), Vol. 19, No. 2, 2012, p. 195–202.

Smolensky MH, et al.: Clinical chronobiology and chronotherapeutics with applications to asthma. Chronobiology International 1999;16:539

Sog und Wellenschlag: Flyer_Sog_und_Wellenschl_1.pdf. http://www.wsa-hh.wsv.de/schifffahrt/Nautik/Flyer_Sog_und_Wellenschl_1.pdf, 2007

Somers, D. E.: The Physiology and Molecular Bases of the Plant Circadian Clock. Plant Physiology, Vol. 121, September 1999, p. 9–19.

Stebel, J., Sinz, R.: Periodische Reaktionszeitschwankungen beim Menschen. Naturwissenschaften 57, 501 (1970). https://doi.org/10.1007/BF00593093

Stechmesser, G.: Die Deklinationsperiodik des Mondes als Zeitgeberkomponente eines bisher unbekannten Langzeitrhythmus bei Mensch und Tier. Diss. Humboldt Universität zu Berlin, 1981.

Steffanowski, M. Oppl, J. Meyerberg, J. Schmidt, W.W. Wittmann, R. Nübling: Psychometrische Überprüfung einer deutschsprachigen Version des Relationship Scales Questionaire (RSQ) In: Basler, M. Störungsspezifische Therapieansätze – Konzepte und Ergebnisse. Psychosozial-Verlag, 2001

Stelzhammer-Reichardt, U.: Möglichkeiten der Musikwahrnehmung bei Gehörlosigkeit und hochgradiger Schwerhörigkeit – Studien zur Ultraschallwahrnehmung. Diss., Universität Mozarteum, Salzburg 2007.

Stepanova, S. I.: Aktual'nye problemy kosmičeskoj bioritmologii. In: Tschernigovskij, V. I. (ed.): Problemy kosmičeskoj biologii, izd. Nauka: Moskva 1977, Tom 23 (ru).

Stucke, D.: Überprüfung der Anwendbarkeit der „Chronopsychobiologischen Regulationsdiagnostik" (CRD) zur Beurteilung von Belastungssituationen und Bestimmung von Stressreaktionstypen bei Pferden, Diss. Hannover, 2012, ISBN 978-3-86345-0, Verlag: DVG Service GmbH

Stueck, M.: Entwicklung und Evaluation eines chronopsychobiologisch fundierten Entspannungsstrainings mit Yogaelementen. Dissertation, Universität Leipzig, 1997

Stueck, M.: SYSRED – Stress management in Schools: an empirical investigation of a stress management system. Social Work Practitioner-Researcher, 16 (2), 216–230, 2004.

Stueck, M.: Entwicklung und Evaluation eines chronopsychobiologisch fundiertem Gesundheitstrainings für belastete Berufsfelder. Habilitation, Universität Leipzig, 2007

Stueck, M.: Neue Wege: Yoga und Biodanza in der Stressreduktion mit Lehrern In: M. Stueck (Hrsg.), Neue Wege in Pädagogik und Psychologie. Bd.1. Strasburg: Schibri-Verlag, 2008

Stück, M.: Wassergestützte Selbstregulation mit Biodanza für Kinder als präventive Intervention zum Abbau kindlicher Verhaltensbesonderheiten und Traumata sowie zur Stärkung des Bindungsverhaltens, in: Beiträge zur Pädagogischen und Rehabilitationspsychologie. Learning, Adjustment and Stress Disorders, hrsg. Von Evelin Witruk, Frankfurt am M.: Peter Lang, S. 359–366, 2010

Stück, M.: School of Empathy: Introduction and First Results. in: Beiträge zur Pädagogischen und Rehabilitationspsychologie. Historical and Cross-Cultural Aspects of Psychology, hrsg. von Evelin Witruk, Frankfurt am M.: Peter Lang, 2013

Stueck, M.: The Pandemic Management Theory. COVID-19 and biocentric development, Health Psychology Report, 2021, https://doi.org/10.5114/hpr.2021.103123

Stueck, M. et al.: Psychological and Psychophysiological effects of a High-Mountains Expedition to Tibet. Journal of Human Performance in Extreme Environments, Vol. 8, Nos. 1–2, 2005, p. 11–20.

Stueck, M, Balzer HU, Mueller S, Utami D, Sack U.: Das Mobile Gesundheitslabor (The mobile Health Laboratory). In: Witruk E, Utami DS, editors. Educational and Rehabilitation Psychology: Traumatic experiences and dyslexia. 8. Frankfurt: Peter Lang Publisher; 2019. German, 2015

Stueck, M., Fernandes, S.: Biodanza und Cortisol – eine Pilotstudie in Portugal. Unveröffentlichtes Material. Bionet-research.com, 2017

Stueck, M., Glöckner, N.: Yoga for children in the mirror of the science: Working spectrum and practice fields of a Training of relaxation with elements of Yoga for children (EMYK). Journal Early child development and care, 175 (4), 371–377, 2005

Stueck, M., Rigotti, T., Balzer, H.-U.: Wie reagieren Lehrer bei Belastungen? Berufliche Bewältigungsmuster und psychophysiologische Korrelate, Psychologie in Erziehung und Unterricht, 2005, 52, 250–260 © Ernst Reinhardt Verlag München Basel

Stueck, M., Tofts, P.S.: Biodanza Effects on Stress Reduction and Well-Being – A Review of Study Quality and Outcome. De Gruyter: Signum Temporis. 8 (1), 57–66, 2016

Stueck, M., Villegas, A.: Zur Gesundheit tanzen? Empirische Forschungen zu Biodanza. In: M. Stueck & A.Villegas (Hrsg.), Biodanza im Spiegel der Wissenschaften. Bd. 1. Strasburg: Schibri-Verlag, 2008

Stueck, M.; Villegas, A.: Dance Towards Health and Wellbeing with Children Potential Effects of Evidencebased BIODANZA Programmes for Children (TANZPRO-Biodanza) in Schools and Kindergartens on Psychology, Physiology, Hormones and the Immune System Oxford Handbook of Dance and Wellbeing p. 77–92, 2017

M. Stueck, A. Villegas, F. Perche, H.-U. Balzer: Neue Wege zum Stressabbau im Lehrerberuf: Biodanza und Yoga als körperorientierte Verfahren zur Reduktion psycho-vegetativer Spannungszustände. Ergomed, 03/2007, 68–75, 2007.

Stück, M.: "Kommunikation fördern und Identität stärken" Systembezogene Stressreduktion SYSRED in pädagogischen Feldern- eine Zusammenfassung-, in: Beiträge zur Pädagogischen und Rehabilitationspsychologie. Learning, Adjustment and Stress Disorders, Hrsg. von Evelin Witruk, Frankfurt am M.: Peter Lang, S. 465–480, 2010

Stück, M., Balzer, H.-U (2013): The psychobiological meaning and measuring of hypersensibility. BIOnet-Area 1. Biopsychological Basics of Life. Volume 2, 2013

Stück, M., Balzer, H.-U., Müller, S.: Zusammenhang von Biografie, Stress &Körperreaktion bei Erziehern: Psycho-physiologische Laboruntersuchungen zur Erziehergesundheit. ErgoMed / Prakt. Arb. med. 6/2014 (38) 24–30

Stück, M., Sonntag, A.: Normativ auffälliges Beanspruchungserleben von Lehrern. Ergomed, (4) 105–113, 2005

Sulistyarini, I.: Terapi relaksasi untuk menurukan tekanan darah dan meningkatkan kulitas hidup penderita hipertensi. Jurnal Psikologi, 40, 2013, p. 1–126.

Szmelczynski, B., Weiland, L.: Psychologische und psychodiagnostische Untersuchungen zur Verifizierung von Stress während verschiedener Etappen einer konservierenden stomatologischen Behandlung. Diss. Humboldt-Universität zu Berlin 1985.

Tarvainen, M. P.et al.: Kubios HRV – heart rate variability analysis software. Comput Methods Programs Biomed. 2013; 113(1):210–20.

Tembrock, G.: Grundlagen der Tierpsychologie. Akademie Verlag: Berlin, 1967.

Teschke, R.: Toxische Leberschäden durch Arzneimittel, Dt. Ärztebl.; 98: A, Heft 40., 2001, S. 2584–2589.

Thakur, C. P., Sharma, D.: Full moon and crime. British Medical Journal, Vol. 289, 1984, p. 22–29.

Thoenes, S., Oberfeld, D.: Time perception in depression –A meta-analysis. Journey of affective disorders, Vol. 175, April 1 2015, p. 359–372.

Tiedt, N., Zwiener, U.: Taschenbuch der Pathophysiologie. Fischerverlag: Jena 1982.

Tiesler, G.: Lärm in der Schule – Arbeitsalltag von Lehrkräften? Wege zu einer neuen Qualität von Schule. ISF: Bremen 2010. Online: www.isf-bremen.de/app/download/.../Schulergonomie_Hi-k.pdf.

Tilger, M.: Biologische Rhythmen bei Nutztieren. Diss. Universität München 2005.

Toko, K. et al.: Oscillations of electrical potential along a root of a higher plant. Biophys. J. Biophysical Society, Volume 57, February 1990, p. 269–279.

Tomczak, M.: Evaluation der psychologischen und physiologischen Effekte einer Expedition zum Pik Leipzig (5725m). Masterarbeit Universität Leipzig 2015.

Tomkins, S. S.: Affect, imagery, consciousness. Bd. 1. Springer: New York 1962.

Toro, R.: Ausbildungsmaterialien zum Biodanza-Lehrer. Unveröffentlichte Materialien der Biodanza-Schulen Hamburg, Köln, Berlin und Wien 1998.

Toro, R.: Das System Biodanza. Tinto Verlag, 2010

Treptow, K.; S. Choinowski; K. Hecht; S. Nitschkoff: Zeit als Umweltfaktor des Organismus. In: K. Hecht (Hrsg.): Zentrale Regulationsdynamik im Adaptationsprozess der Organismus-Umwelt-Beziehungen. Akademie der Wissenschaften der DDR, Inst. Kortikoviszerale Pathologie und Therapie, Berlin-Buch, 1971

Trimulyaningsih, N.: Terapi Kognitif Behavior Religius untuk Mengatasi Depresi. Unpublished research report, Universitas Islam Indonesia, Indonesia 2010.

Tsujimoto, T. et al.: Circadian rhythmus in depression, Part I: Monitoring of the circadian levely temperature rhythm. Part II: Circadian rhythm. in patients with various mental disorders. J. of Affective Disorders 18:1990, p. 193–197 u. 199–210.

Tucek, G., Fritz, F. M., Ferstl, E.: Psychophysiologisches Monitoring während einer Altorientalischen Musiktherapie – Untersuchung der Beziehung zwischen Therapeut und Patient, Musik-, Tanz- und Kunsttherapie. 17 (2), Hogrefe Verlag: Göttingen, 2006, S. 88–95.

Twamley, E., Hami, S., Stein, M.: Neuropsychological function in college students with and without posttraumatic stress disorder. Psychiatry research, 126 (3), 2004, p. 265–274.

Tychinsky, V. P. et al.: A Study of intracellular dynamics with the phase microscope "Airscan". In: I. J. Bigio et al. (eds.): SPIE Proceedings. Vol. 3197, Optical Biopsies and Microscopic Techniques II. 1997.

Ulich, D.: Das Gefühl – Einführung in die Emotionspsychologie. 2. durchges. u. erg. Aufl., Psychologie Verlags Union München 1989.

Ulich, E.: Arbeitspsychologie. 4. Aufl. Schäffer-Poeschel: Stuttgart 1998.

Ulich, K.: Beruf Lehrer/in. Arbeitsbelastungen, Beziehungskonflikte, Zufriedenheit, Beltz: Weinheim 1996.

Undt, W.: Wochenperioden der Arbeitsunfähigkeit im Vergleich mit Wochenperioden von Herzmuskelinfarkt, Selbstmord und täglicher Sterbeziffer. In: Hildebrandt, G. (Ed.) (1976): Biologische Rhythmen und Arbeit. Wien, New York. Springer-Verlag, 73–79

Usichenko T. I., Ivashkivsky O. I., Gizhko V. V.: Treatment of rheumatoid arthritis with electromagnetic millimeter waves applied to acupuncture points – a randomized double blind clinical study. Acupuncture Electrotherapy Res 2003; 28(1–2):11–8.

Uppuluri, V. R. R.: Theory and application of periodic Markoff chains, in Scheving, L. E., Halberg, F., Pauly, J. E. eds. (1974): Chronobiology, Georg Thieme Verlag Stuttgart, 1974, p. 761.765

Uyun, Q., Rumiani: Sabar dan shalat sebagai model untuk meningkatkan resiliensi di daerah bencana. Jurnal Intervensi Psikologi, 4, 2012, p. 145–286.

Varga, A.: Grundzüge der Elektro-Bio-Klimatologie. Verlag für Medizin Dr. Ewald Fischer: Heidelberg 1981.

Villegas, A., Stueck, M., Terren, R., Toro, V., Schröder, H., Balzer, H.-U., Hecht, K., Mazzarella, L.: Psychologische und Physiologische Wirkungen von Biodanza. In Conexión Abierta UAI B. Aires. (2/1999), 15–18 (spanisch), 1999

Virchow, R.: Die Verbindung der Naturwissenschaften mit der Medizin. 1869. In: K. Sudhoff: Rudolf Virchow und die Deutschen Naturforscherversammlungen. Akademische Verlagsgesellschaft GmbH: Leipzig 1922.

Vogel, H.: Gehrtsen Physik. Springer Verlag: 1997.

Vollmer, C.: Zeitgeber des circadianen Rhythmus von Jugendlichen, Quantitative, Fragebogen-studie und Unterrichtsevaluation, Universität Heidelberg, Dissertation, 2012, https://opus.ph-heidelberg.de/frontdoor/deliver/index/docId/39/file/

Vollmer2012_Dissertationsschrift.pdf

von Baer, K. E.: Welche Auffassung der lebenden Natur ist die richtige und wie ist diese Auffassung auf die Entomologie anzuwenden. In: K. E. v. Baer: Reden gehalten in wissenschaftlichen Versammlungen und kleinere Aufsätze vermischten Inhalts. Erster Teil: Reden. St. Petersburg; H. Schmitzdorff. 1864, S. 237–284.

Wachtel, E. et al.: REM-Zyklen als Kriterium zur Beurteilung pathologischer Zustände des Schlafes und von Substanz P-Effekten (SP-Sequenzen). Wiss. Zeitschrift der Humboldt Universität zu Berlin, R. Med. 38, 4., 1989, S. 468–472.

Wachtel, E. et al.: Bewertung der Stress-Reaktivität von Primaten unter Bedingungen antiorthostatischer Hypokinese an Hand des Parameters elektrischer Hautwiderstand. Abstracts, Berichtssymposium, Biosputnik 91, 12.-16.8.91, Leningrad 1991, S. 26–27.

Wagner, U, Born, J.: Neurochemische Emotionssysteme. In: J. Otto, H. A. Euler, H. Mandl. (Hrsg.): Emotionspsychologie – Ein Handbuch. Beltz: Weinheim 2000, S. 498–517.

Wenninger, G.: Lexikon der Psychologie, Spektrum Akademischer Verlag (2003).

Wen Zhou, et al.: Chemosensory Communication of Gender through Two Human Steroids in a Sexually Dimorphic Manner, Current Biology 24, May 19, 2014, S. 1091–1095.

Werner, D., Thuman. C., Maxwell., J.: Where There is No Doctor (Januar Achmad, Penerj.). Yogyakarta: Penerbit ANDI, 2010

Wever, R.: Das Schwingungsgesetz der biologischen Tagesperiodik. Umschau H. 14, 1966, S. 462–469.

Wever, R.: The circadian system of man: Results of experiments under temporal isolation. Springer Verlag: New York 1979.

Whitehead, K. et al.: Diurnally Entrained Anticipatory Behavior in Archaea, 2009, PLoS ONE 4(5): e5485 Doi:10.1371/journal.pone.0005485.

WHOQOL-WHO: Measuring Quality of Life, 1997, http://www.who.int/mental_health/media/68.pdf

Wiener, N.: Kybernetik. ECON Executive Verlags GmbH: Düsseldorf u. a. 1992.

Williams, T. M., Friedl, W. A., Haun, J. E.: The physiology of bottlenose dolphins (Tursiops truncates) – Heart rate, metabolic rate and plasma lactate concentration during exercise. J. exp. Biol. 179, 1993, p. 31, 31–46.

Wise, S. L.: The development and validation of a scale measuring attitudes toward statistics. Educational and Psychological Measurement, 45, 401–405, 1985

Wissen im Überblick-Die Natur. Herder Verlag Freiburg, 1970

Wong-McDonald, A., Gorsuch, R.L.: Surrender to God: An additional coping style? Journal of Psychology and Theology, 28(2), 149–161, 2000, https://doi.org/10.1177/009164710002800207

World Health Organization: WHOQOL – Measuring Quality of Life. 1997. Retrieved at January 6, 2016. Online: http:// www.who.int/mental_health/media/68.pdf.

Wundt, W.: Grundzüge der physiologischen Psychologie. 6.Aufl., Bd.3, Leipzig 1911, S. 1–86.

Youna H. et. al.: GWAS of 89,283 individuals identifies genetic variants associated with self-reporting of being a morning person, Nature Communications, 7:10448, DOI: 10.1038/ncomms10448 | www.nature.com/naturecom munications

Yudhantara, G., Kurniawan, I. N.: Peran tawakal kepada Allah dalam stres pengasuhan. Unpublished undergraduate thesis, Universitas Islam Indonesia, Indonesia, 2016

Zeumann, M.: Untersuchung des Einflusses der affektiv-motorischen Kontakt-Intervention auf die Stressregulation. Bachelorarbeit DPFA Hochschule Sachsen 2015.

Zerssen, D v.: Klinische Selbstbeurteilungs-Skalen (KSb-S) aus dem Münchener Psychiatrischen Informationssystem (PSCHIS München). Weinheim: Beltz-Test, 1976

Zschernitz, A.: Psychophysiologie und Biodanza eine Pilotstudie. Unveröffentlichte Diplomarbeit Universität Leipzig, 2004

Zulley J.: Schlafen und Wachen als biologischer Rhythmus. Roderer Verlag: Regensburg 1993.

Zulley, J. et al.: Chronomedizin. Roderer Verlag: Regensburg 1994.

Zulley, J., Knab, B.: Unsere Innere Uhr. Herder: Freiburg 2003, ISBN 3-451-05365-9.

Zydypov, Č. Z.: Pulsovaâ diagnostika tibetskoj mediziny, Novosibirsk, isdatel'svo „NAUKA", sibirskoe otdelenie, 1988.

Zwicker, E.: Psychoakustik. Springer: 1982.

Chrono-Bio-Psychologische Grundlagen in Bildung und Gesundheit: Chrono-Bio-Psychological Basics in Education and Health

Herausgegeben von / Edited by
Hans-Ullrich Balzer, Marcus Stück und Libbi Annatagia

Band 1 Hans-Ullrich Balzer / Marcus Stück / Libbi Annatagia (Hrsg.): Einführung in die Chrono-Bio-Psychologie. 2025.

www.peterlang.com

www.ingramcontent.com/pod-product-compliance
Ingram Content Group UK Ltd.
Pitfield, Milton Keynes, MK11 3LW, UK
UKHW020711041026
15590UKWH00002B/603